高职高专园林景观类专业教材

中外园林史

第2版

赵书彬 主 编

机械工业出版社

本书介绍中外园林发生、发展、变迁的历史规律，及具有代表性的一些地区和国家典型的园林风格形式，为园林建设提供借鉴。本书将中国园林史作为重点，不仅对中国园林的历史背景及发展规律进行了详细的阐述，还对重点案例进行了深入的分析和评价，有助于读者对古典园林的全面理解。国外园林部分则介绍了欧洲园林史、西亚园林史和日本园林史。本书针对高职高专教育的具体特点和课程体系的设置编写，可供园林景观类、环艺、建筑、规划、园艺等相关专业师生参考使用，也可作为园林爱好者的学习用书。

图书在版编目（CIP）数据

中外园林史/赵书彬主编 .—2 版 .—北京：机械工业出版社，2017.6
（2025.1 重印）
高职高专园林景观类专业教材
ISBN 978-7-111-60783-0

Ⅰ.①中⋯　Ⅱ.①赵⋯　Ⅲ.①园林建筑—建筑史—世界—高等职业教育—教材　Ⅳ.① TU-098.41

中国版本图书馆 CIP 数据核字（2018）第 202896 号

机械工业出版社（北京市百万庄大街22号　邮政编码100037）
策划编辑：赵　荣　责任编辑：赵　荣　张维欣
责任校对：黄兴伟　封面设计：张　静
责任印制：刘　媛
涿州市京南印刷厂印刷
2025年1月第2版第2次印刷
185mm×260mm·24.75印张·566千字
标准书号：ISBN 978-7-111-60783-0
定价：79.00元

电话服务　　　　　　网络服务
客服电话：010-88361066　机　工　官　网：www.cmpbook.com
　　　　　010-88379833　机　工　官　博：weibo.com/cmp1952
　　　　　010-68326294　金　书　网：www.golden-book.com
封底无防伪标均为盗版　机工教育服务网：www.cmpedu.com

高职高专园林景观类专业教材

编审委员会

主任委员：刘福智
委　　员：万　敏　唐　建　张　健　张伟刚　方保金　王菁华
　　　　　　王晓元　姜长征　赵　茸　彭东辉　余　俊　何国生
　　　　　　黄梓良　阎　娓　张金锋　宋　玉　赵书彬　李福龙
　　　　　　吕伟德　张毅川　丁廷发　赵　丹　刘福元　李坚昱
　　　　　　刘淑娟　刘　萍
主　　审：佟裕哲
秘　　书：阎　娓

《中外园林史》编写人员名单

主　　编：赵书彬
参　　编：龙　方　海南大学
　　　　　　申益春　海南大学
　　　　　　李福龙　海南职业技术学院
　　　　　　黎　伟　海南大学
　　　　　　贺晓娟　海南大学
　　　　　　陶一舟　浙江农林大学
　　　　　　林　宁　海南大学

丛 书 序

近年来，园林景观学科在我国发展方兴未艾，我国的城市化进程和环境建设以前所未有的高速度向前推进，全国各地都出现了园林景观设计的热潮，景观建设已经成为城镇建设的重要内容。我国的基本建设工作程序中，也进一步明确了园林景观建设与设计的企业资质核准制度，有力地保障了景观建设的健康发展，我国的大部分景观建设项目的规划与设计也由相应的专业设计单位完成。2004年12月2日，景观设计师被国家劳动和社会保障部正式认定为我国的新职业之一，2005年6月我国成功加入国际景观设计师协会（IFLA），建筑景观、道桥景观、大地景观等概念逐渐成熟，景观房型、景观住宅等居住理念也已家喻户晓，城市周边景区、城市公园、街头绿地、滨水景观等各种城市公共绿地及旅游休闲场所的建设受到越来越多的重视，这为园林景观行业及从业者带来了难得的发展机遇。

由于园林景观设计师从事的工作领域涉及环境景观建设的诸多要素，因此需要从业人员具备良好的工作素质。比起大刀阔斧的城市规划，景观设计师的功力在于对城市环境的精雕细琢，所以又称为城市美容师，他们不是简单的做做设计、画画图样，一个优秀的景观设计师需要懂得城市规划、生态学、环境艺术学、建筑学、园林工程学、植物学，以及人文心理学、社会科学方面的知识。也就是说，要熟知自然科学、社会科学和工程学三个方面，了解景观环境设计艺术与硬科学、工程技术的关系，掌握城市景观环境规划设计的技能。

我国目前园林景观从业人员严重不足，尤其是具备一定专业技能的从事一线施工、管理、设计的高职高专人才更加缺乏。本系列教材的编写与出版将对我国园林景观方面高职高专人才的培养、园林景观建设质量的提升及相关专业人才的培训提供有力的支持。本系列教材共分14册：《园林景观设计初步》《园林景观制图》《中外园林史》《园林景观树木学》《园林景观花卉学》《园林景观艺术鉴赏与评析》《计算机辅助景观园林设计》《园林景观建筑设计》《园林景观规划与设计》《园林景观绿化种植设计》《园林景观工程》《园林景观工程概预算》《园林景观施工与管理》《园林景观政策与法规》涉及园林景观学科教育教学的各个阶段及环节的专业知识，全套

丛书序

书的编写注重原创、突出案例和实训，编写内容力求继承与创新、全面与系统、实用与适用。

本系列教材的编写人员由来自青岛理工大学、华中科技大学、大连理工大学、安徽建筑工业学院、福建农林大学、海南大学、西安建筑科技大学、嘉兴职业技术学院、苏州农业职业技术学院、福建林业职业技术学院、海南职业技术学院、武汉商贸职业学院、鄂州大学、重庆三峡学院、河南科技学院、湖北省恩施职业技术学院、武汉职业技术学院、湖南环境生物职业技术学院、平顶山工学院等数十所大中专院校的近百名长年从事园林景观教学、实践的专家学者组成编写组，横跨中国东北、西北、东南、西南等各区域，具有广泛的地域代表性，适用于我国大部分地区高职高专园林景观类专业的教学及培训工作。本系列教材由我国资深园林景观专家西安建筑科技大学的佟裕哲教授担任主审。

本系列教材适宜于高职高专院校及相关培训机构的景观建筑设计、园林、园艺等专业教学，同时可供建筑学、城市规划、环境艺术、环保、旅游等多个专业的学生教学、职业培训及相关工程技术人员参考使用。

丛书编委会

前　　言

园林是人们不断追求理想环境的成果，不同时代，不同地域，不同民族有其不同的理想环境，所以园林的形式也千差万别，但是每一种具体的园林形式都反映了特定时代特定地域人们的理想，满足了他们物质文化的需求，我们不能用高低上下和好坏优劣评价它们。园林作为一种文化，每一时代每一地域的园林又通过对古代文化的继承和对其他地域优秀文化的借鉴，发展形成自己特有的园林景观，这也反映了园林史的重要地位。我们学习园林史，目的是了解园林发生、发展、变迁的历史规律，了解其他地域国家的园林形式，为今后的园林建设提供重要的借鉴。

本书针对中专高职教育的具体特点和课程体系的设置编写，但书中没有对中国古典园林历史进行分期，其原因在于笔者认为对历史分期，存在有对不同时代的园林文化进行优劣区分的倾向，而作为文化的园林没有高下之分。本书将中国园林史作为重点，对其进行了比较深入详细的介绍，而且除对历史背景及发展规律的综述外，还非常重视重点案例的介绍，这将有助于同学对古典园林的理解。目前我国园林建设发展快速但很多设计都缺乏个性，所以古典园林文化艺术的继承与借鉴显得尤为重要。本书在编写过程中，参阅了大量前辈和同行们的著作和文献，在此谨表谢忱。

非常感谢各位参编人员，他们为完成本书的编写付出了大量的时间和精力。

由于编者水平有限，缺乏经验，加之时间紧迫，书中疏漏错误在所难免，敬请各位读者给予批评指正。

赵书彬

目 录

丛书序
前言
第1部分 中国园林史 ………………… 1
  第1章 绪论 ……………………… 1
    1.1 园林的概念 ………………… 1
    1.2 园林发展的四个阶段 ……… 2
    1.3 园林的类型 ………………… 5
    1.4 园林构成要素 ……………… 8
    1.5 中国古代文化思想与园林艺术 … 11
    1.6 古代的空间意匠——道家
        "天地为庐"观念 …………… 15
  第2章 先秦时期园林 …………… 17
    2.1 社会背景概况 ……………… 17
    2.2 中国园林的起源 …………… 19
    2.3 先秦的城市 ………………… 21
    2.4 先秦的宫室 ………………… 23
    2.5 先秦园林 …………………… 24
    2.6 小结 ………………………… 26
  第3章 秦汉时期园林 …………… 27
    3.1 社会背景概况 ……………… 27
    3.2 秦代园林 …………………… 29
    3.3 汉代园林 …………………… 31
    3.4 小结 ………………………… 38
  第4章 魏晋南北朝时期园林 …… 39
    4.1 社会背景概况 ……………… 39
    4.2 皇家园林 …………………… 42

    4.3 私家园林 …………………… 48
    4.4 寺观园林 …………………… 52
    4.5 小结 ………………………… 57
  第5章 隋唐时期园林 …………… 58
    5.1 社会背景概况 ……………… 58
    5.2 隋唐都城 …………………… 60
    5.3 隋唐皇家园林 ……………… 63
    5.4 唐代私家园林 ……………… 71
    5.5 寺观园林 …………………… 77
    5.6 公共景点建设 ……………… 81
    5.7 小结 ………………………… 82
  第6章 两宋时期园林 …………… 84
    6.1 社会背景概况 ……………… 84
    6.2 北宋都城及皇家园林 ……… 87
    6.3 《洛阳名园记》和北宋洛阳私家
        园林 ………………………… 95
    6.4 南宋临安城与皇家园林 …… 101
    6.5 江南私家园林 ……………… 105
    6.6 寺观园林 …………………… 109
    6.7 公共景区景点 ……………… 114
    6.8 文人园林的发展及特征 …… 115
    6.9 小结 ………………………… 119
  第7章 元明时期园林 …………… 120
    7.1 社会背景概况 ……………… 120
    7.2 元大都城及园林 …………… 123
    7.3 明代北京城和皇家宫苑 …… 127

7.4 明代私家园林 …………… 132
7.5 元明寺观园林 …………… 137
7.6 造园家和理论著作 ……… 140
7.7 小结 ……………………… 150

第8章 清代园林 ……………… 151
8.1 社会背景概况 …………… 151
8.2 皇家园林 ………………… 153
8.3 私家园林 ………………… 192
8.4 寺观园林 ………………… 218
8.5 造园家和园林著作 ……… 227
8.6 小结 ……………………… 229

第2部分 欧洲园林史 …………… 230

第9章 古代时期（约前3000—公元500年） …………… 230
9.1 古埃及园林 ……………… 230
9.2 古希腊园林 ……………… 234
9.3 古罗马园林 ……………… 238

第10章 中古时期欧洲园林（约500—1400年） …………… 245
10.1 意大利寺院庭园 ………… 245
10.2 法国城堡庭园 …………… 247

第11章 文艺复兴时期欧洲园林（约1400—1650年） … 251
11.1 意大利文艺复兴时期的园林 … 251
11.2 法国文艺复兴时期的园林 … 264
11.3 英国文艺复兴时期的园林 … 268
11.4 德国文艺复兴时期的园林 … 270

第12章 勒诺特尔式时期欧洲园林（约1650—1750年） …………… 273
12.1 法国勒诺特尔式园林 …… 273
12.2 英国勒诺特尔式园林 …… 282

12.3 荷兰勒诺特尔式园林 …… 284
12.4 德国勒诺特尔式园林 …… 288
12.5 俄罗斯勒诺特尔式园林 … 291
12.6 意大利勒诺特尔式园林 … 294
12.7 西班牙勒诺特尔式园林 … 296

第13章 自然风景式时期欧洲园林（约1750—1850年） …………… 299
13.1 英国风景式园林 ………… 299
13.2 法国"英中式园林" …… 307
13.3 俄罗斯风景式园林 ……… 310
13.4 德国风景式园林 ………… 311

第14章 西方近代园林（19世纪） …………… 315
14.1 欧洲近代园林 …………… 315
14.2 美国近代园林 …………… 318
14.3 近代园林风格及特征 …… 320

第3部分 西亚园林史 …………… 323

第15章 古代西亚园林 ………… 323
15.1 美索不达米亚的造园 …… 323
15.2 古波斯园林 ……………… 326

第16章 伊斯兰园林 …………… 329
16.1 波斯伊斯兰园林 ………… 329
16.2 西班牙伊斯兰园林 ……… 332
16.3 印度伊斯兰园林 ………… 337

第4部分 日本园林史 …………… 341

第17章 日本园林 ……………… 341
17.1 历史的演变 ……………… 341
17.2 日本造园要素概要 ……… 372

附录 相关名词解释与日本园林综合表 …………… 379

参考文献 ……………………… 385

第1部分 中国园林史

第1章 绪 论

1.1 园林的概念

"园林"一词是我国特有的一个专有名词，相当于外语中的garden和park两词的含义。我国"园林"一词的出现最早见于魏晋南北朝时期。北魏杨衒之在《洛阳伽蓝记》有"司农张伦等五宅……惟伦最为豪侈……园林山池之美，诸王莫及"的描述。陶渊明《庚子岁五月中从都还阻风于规林》中有"静念园林好，人间良可辞"的佳句。宋朝有用以题书名的，如：《吴兴园林记》。明代计成《园冶》一书中也曾用"园林"一词，如"兴造论"中有园林"巧于因借，精在体宜"。

同一专有名词，随历史的发展，时代的变迁，其含义也是变化的，不同时代赋予"园林"不同的含义，我们需要用历史唯物主义的观点来理解它。古代"园林"实为庭园的古名。今之"园林"一词的含义，已经远远超出了庭园的范围。宅园中圃、苑、院池、园、园圃、宅第的部分，山居的别园部分，现今均用"园林"一词来概括。随着社会的发展，不但有庭园、花园、公园，还有小游园、植物园、动物园、森林公园、风景区以及沿河、湖、路、城墙、海岸修筑的带状绿地等均属于"园林"的范畴。

同样，同一范畴的对象，在不同的历史时期曾经采用不同的名词。我国历史悠久，史书记载的有关园林艺术的词汇名目繁多，有园、苑、囿、圃、庭、院、墅、园圃、园池、园宅、田园、山庄、别墅、山居、山池、草堂、花园、公园等。我国最早文字记载的作为游憩生活境域的形式是囿，如西周的灵囿。

要对园林做出比较确切完整的界定还是很困难的，一直以来人们从各自不同的观点来给园林下定义，至今仍然没有一个公认的界定。

汪菊渊《中国大百科全书·建筑·园林·城市规划卷》："在一定地域用工程或艺术手段，通过改造地形（或进一步筑山、叠石、理水）、种植树木花果、营造建筑、布置园路等途径创造而成的优美的自然环境和游憩境域。园林包括庭园、宅园、小游园、花园、公园、植物园、动物园等，随着科学的发展还包括森林公园、风景名胜区、自然保护区或国家公园的游览区及休养胜地。"这一定义从构成要素、营造技术、功能作用、结构特征、内容形式等方面，对园林进行了综合概括，形成了综合性的概念。

周维权《中国古典园林史》："园林乃是为了补偿人们与大自然环境相对隔离而人为创设的'第二自然'。它们并不能提供人们维持生命活力的物质，但在一定程度上能够代替大自然环境来满足人们生理方面和心理方面的各种需求。"周先生从园林产生的根源、园林的本质特征、园林的基本功能等方面给出了园林的定义。

近来，有些学者认为园林（景观）的研究从最广泛的意义上来说，是对人类活动空间及全球综合资源的合理安排、利用和管理。即以处理人类与其生存环境的矛盾为研究对象，是在最高层面上协调人类活动与空间环境的科学。李金路《园林随笔》："广义的园林应该是大一统的园林，即对所有的人类活动及全球综合资源的安排与利用，无论在物质方面，还是在精神方面，它都表现为人与自然的关系，它的处理对象是整个地球的生物圈。"这一定义顺应了时代的发展，强调园林学科的研究对象，突出了园林与自然的联系。

园林的定义众多，不同的学者由于知识背景、从业领域等不同，从不同的角度出发去理解和阐述园林的概念。园林的发展又非常迅速，不断地拓展领域，这些都是造成园林概念界定困难的因素。在现阶段的园林概念界定中也有些相通的地方，以下几个方面一般是被广泛认可的。

1）在构成要素上，园林用地中必然有天然或人工种植的各种花、草、树木。植物是古今中外各类园林必不可少的要素。园林有四大基本构成要素，即植物、山石（基址）、水体、建（构）筑物，其中植物为园林中最基本的要素。自园林的产生开始，植物就是园林中最基本、最广泛的构成要素。

2）在功能上，园林是能够满足人们精神需求，使人们感到精神愉悦的场所。人们通过游览园林景观，参与园中各种有益有趣的活动，愉悦身心，获得积极的休息。在人类社会的初期，园林的功能比较多样，早期的苑囿中存在着大量的物质生产功能，但是园林本质是满足人们的精神需求，而非衣食住行等基本物质需求。

3）在形成过程上，园林内或多或少存在人为的建造工作。也就是说，园林都具有"人工参与建造"的共性。没有人的创造性劳动参与的环境是旷野，园林中一定凝结了人类的再创造。

4）在环境特征上，园林一定是美的环境，具有美学特征。"美"是园林的基本特征，虽然，不同时代、不同地域的人们对"美"的理解和感知是不同的，但是园林必然为一定地域一定时代人们所追求的美好环境的体现。

1.2 园林发展的四个阶段

人类是在自然中产生的，又是依托自然环境和自然资源发展壮大的，纵观人类社会的发展历史，人与自然环境的关系的演变大体上呈现为四个不同的阶段，即完全依赖阶段、探索与亲和阶段、人类为中心阶段、主动和谐自然阶段。相应地，园林发展也可分为四个阶段，园林的发展是连续的，这四个阶段之间并无明显的断裂，但是各阶段的园林在内容、性质、功能、范围上却存在显著的差别。

第一阶段

人类产生之初，经历了漫长的缓慢发展阶段。人类为了生存和繁衍，整日忙于基本生存物质的获得，借助于十分简单的工具，主要通过采集和狩猎来获取生存资料。此时，人们对自然的物质干扰十分有限，但是人类也不总是被动的，人们祭祀名山大川等自然现象，期望获得超自然的能力来摆脱大自然的束缚，这客观上促进了名山大川在人们心目中地位的形成，为后来的名山大川的发展奠定了基础。

人们为了生存繁衍，逐渐走向群居生活，种植业的出现，促进了定居的原始聚落的形成，在聚落周边出现种植场所，房前屋后存在果木蔬圃。这些出于生产目的的园圃，成为后来世界上多数地区园林产生的源头。此时，人类虽然想脱离大自然的束缚，但是没有能力脱离自然，人们只能被动地适应自然环境，人类与自然融为一体，是自然生态循环中的一部分，人类完全依赖于大自然环境而生存发展。

第二阶段

农业的产生是人类发展史上首次技术革命，农业文化的兴起使得人们能够按照自己的需求来利用和改造自然界，开发土地资源。种植和驯养技术的发展，促使作物种植和禽畜养殖代替采集和狩猎，成为生活资料获取的主要方式。

这个阶段相当于中国的奴隶社会和封建社会的漫长时期，人们逐渐了解大自然，对大自然物质干扰能力逐渐加强，人们能够根据自我需要主动开发自然资源。开发自然资源的行动，对自然环境造成一定程度的破坏，但是限于人类的生产力和生产技术，人们对自然环境的破坏是局部的、缓慢的、可控的。这一时期，人们通过对自然的不断探索，能够更加深入地了解自然，人们不再对自然充满恐惧、敬畏，而是逐渐喜欢上了自然。人与自然的关系，不再是被动地依赖，而是主动地探索与适应，人们和自然关系总体上是亲和的。

在这漫长的时期，园林这一人类社会为了满足人们的精神需求而创造的环境场所，在人类对其需求不断丰富的推动下，持续发展，不断完善。由于文化的差异，世界上产生了多种风格的园林，不同风格的园林也有不同的特点。

在园林的使用对象上，大多数是少数社会精英，绝大多数园林为私有。这是因为只有少数社会精英才具有建设园林的能力，拥有游赏园林所需的时间和更加迫切的精神需求，而广大平民多忙于生计，无力建设园林，无暇游赏园林。而在园林功能上，多追求视觉的景观之美和精神的畅适，突出园林的文化功能和游憩功能，而园林的社会功能、环境功能和生态功能并未引起人们的重视，也未自觉追求。园林形式上，多为封闭的、内向的，未能主动与外围环境融合。

营造园林，主要通过筑山、理水、植物配置、建筑营造等营造技术，将山石、水体、植物、建筑等要素组合，构成一个赏心悦目、畅情抒怀的游憩、居住环境。营造园林需要投入一定的人力、物力和财力，所以园林的营造受到生产力和生产关系的制约，早期，只有统治阶级才拥有营造园林所需的物质基础。随着生产力的发展和科学技术的进步，园林的数量越来越多，内容越来越复杂，园林建设越来越精细。通过造园技术，将园林的基本要素组合构筑成一个有机的整体,创造一个美的环境,并不是将各要素简单地罗列,而是艺术创作。艺术创作属于精神文化范畴,与各地的文化紧密联系,世界上不同的地域、不同的民族、不同的历史时代,形成了不同风格的园林体系,它们都根植于各自的文化体系之中,反映出各地人们心目中理想的环境。这个历史阶段,在世界范围内,形成了众多的独立发展的文化体系,导致园林体系众多,风格各异,成为这一阶段园林发展的典型特色。古罗马园林体系、文艺复兴园林体系、古典主义园林体系、英国园林体系、伊斯兰园林体系,东方的中国园林体系、日本园林体系等,相映生辉,造就了灿烂的园林文化。这一阶段人们与自然尚处于亲和阶段,人们尚未远离自然,生存环境尚未威胁到人类的生存发展,因此园林的环境功能未受到重视,人们营造园林亦未自觉追求其环境效益。

第三阶段

18世纪中叶,英国率先进行了工业革命,进入了工业文明时代。而后,许多国家相继由农业社会步入工业社会。工业文明改变了人们的生活生产方式,也改变了人们的认知和思维方式,在社会需求的推动下,园林也发生了很大的变化。

工业社会,人们可以不依附于分散的土地资源,大规模集中生产促使人们向城市集中,城市人口密集,大城市不断膨胀,城市环境不断恶化。工业革命加速了科学技术的发展,人们干扰和开发大自然的能力突飞猛进,人们从大自然中攫取财富的同时,也给自然环境造成了严重的破坏,水土流失、水体和空气污染、自然植被快速减少、全球气候变化,这些都超出了大自然的自我恢复能力范围。科学技术飞速发展,促使人们的自信心极度膨胀,当人们重新审视人与自然的关系,认为人类可以控制自然、征服自然。"人类中心主义"逐渐被人们所认同,在人与自然的价值关系中,只有拥有意识的人类才是主体,自然是客体,价值评价的尺度必须掌握和始终掌握在人类的手中,任何时候说到"价值"都是指"对于人的意义";在人与自然的伦理关系中,应当贯彻人是目的的思想;人类的一切活动都是为了满足自己的生存和发展的需要,如果不能达到这一目的,活动就没有任何意义,因此一切都应当以人类的利益为出发点和归宿。人类自信心的无限膨胀,把人类的生存、发展、需求置于至高无上的位置,肆意地向地球索取资源,毫无顾忌地破坏生态环境。地球也对人类不负责的行为做出了反应,环境持续恶化、自然灾害频发、资源濒临枯竭等问题不断地警示着人们。

工业社会,园林也发生了相应的变化。在园林的服务和使用对象上,园林不再是少数社会精英的私属品,社会公众成为园林的主要使用人群,向公众开放的公共园林占据了主导地位。就园林的功能来说,园林的环境效益和社会效益被人们所重视,人们营造园林的目的不只是为了获得视觉景观之美和精神的陶冶,改善人们的生活生产环境(环境效益)和为公众提供游憩交往场所(社会效益)成为园林建设的主要目标。就园林形式来说,园林突破了私有土地的边界,自觉与其他城市绿地联系成系统,从自我独立的孤岛系统转变为开放的系统,从封闭的内向型转变为开放的外向型。

第四阶段

第二次世界大战后,世界园林又出现了新的趋势。从20世纪60年代开始,发达国家和地区的经济高速腾飞，进入了后工业时代。人类面临的人口爆炸、城市膨胀、能源枯竭、粮食短缺、环境污染、贫富不均、生态失调、全球气候变暖等严峻问题，驱使人们重新深入审视过去对自然资源的掠夺性开发活动，开发、利用自然的程度超出了自然资源的恢复和再生能力的范围，造成了无法弥补的伤害。为了人类的生存发展，人们思索着对策，提出"可持续发展理论"。可持续发展（Sustainable Development）的概念，最早是在1972年在斯德哥尔摩举行的联合国人类环境研讨会上被正式讨论。1980年由世界自然保护联盟（IUCN）、联合国环境规划署（UNEP）、野生动物基金会（WWF）共同发表的《世界自然保护大纲》，明确提出了这一概念。1987年以布伦兰特夫人为首的世界环境与发展委员会（WCED）发表了报告《我们共同的未来》。这份报告正式使用了可持续发展概念，并对之做了比较系统的阐述。可持续发展，需要把社会经济发展规律与自然生态规律协调起来，人与大自然的关系上升到更高的境界，人类需要自觉主动与自然和谐相处，尊重自然生态规律，人与自然又回到了亲和关系。

适应社会发展的新趋势，园林营造思路和内容形式也发生了相应的变化。就园林的服务对象来说，使用人群在不断扩大，园林为全社会提供游憩活动的场所，其面积不断扩大，形式不断增多。就园林的功能而言，生态功能被普遍接受，发挥生态功能成为园林建设的主要目标，改善城市环境质量、创造合理的城市生态系统成为城市园林营建的根本目的。园林设计上普遍紧密结合生态学等相关学科的先进方法与技术。1969年，美国规划师伊安·麦克哈格出版了《设计结合自然》（Design with Nature, 1969），标志着园林规划设计专业勇敢地承担起后工业时代人类整体生态环境规划设计的重任。他强调土地利用规划应遵从自然固有的价值和自然过程，即土地的适宜性，并因此完善了以因子分层分析和地图叠加技术为核心的规划方法论，称之为"层饼模式"，从而将景观规划设计提升到一个科学的高度，成为20世纪园林规划史上一次最重要的革命。就园林布局形式而言，城市中的园林已经成为一个完整的绿地系统，并与外围的自然环境联系起来，共同完成园林的文化、社会、生态等功能。

1.3 园林的类型

1.3.1 按构园方式划分

构园方式主要是园林的规划设计方式，以此把园林区分为规则式园林、风景式园林、混合式园林三种类型。

1. 规则式园林

又称整形式、建筑式、几何式、对称式园林，整个园林及各景区景点皆表现出人为控制下的几何图案美。园林题材的配合在构图上呈几何体形式，在平面规划上多依据一个中轴线，在整体布局中为前后左右对称。园地划分时多采用几何形式，其园路多采用直线形；广场、水池、花坛多采取规则的几何形；植物配置多采用对称式，株、行距明显均齐，花木整形修剪成一定图案，园内行道树整齐、端直、美观。规则式园林的典型代表是法国古典主义园林。

规则式园林讲究规矩格律、对称均齐，具有明显的轴线和几何对位关系，着重显示园林总体的人工图案美，表现一种为人所控制的有秩序的自然、理性的自然。

2. 风景式园林（自然式园林）

园林题材的配合在平面规划或园地划分上随形而定，景以境出。园路多采用曲线形；草地、水体等多采取起伏曲折的自然状貌；树木株距不等，栽植时丛、散、孤、片植并用；蓄养鸟兽虫鱼以增加天然野趣；掇山理水顺乎自然法则。风景式园林是一种全景式仿真自然或浓缩自然的构园方式。风景式园林的典型代表是中国古典园林。

风景式园林布局自由灵活不拘一格，着重显示纯自然的天成之美，表现一种顺乎大自然风景构成规律的缩移和模拟。

园林被认为是能够满足人类生理需求和心理需求的"第二自然"，大自然是其本源，园林均是根据人们对大自然的理解，利用人工造园技术，营造出的美的境域。所以这两种构园方式不同的古典园林体系均源于自然，只是反映东西方对自然的认知的差别和东西方在哲学、美学、思维方式和文化背景上的根本差异。

3. 混合式园林

把规则式和风景式两种构园方式结合起来，是扬长避短的造园方式。一般在园林的入口及建筑物附近采用规则式，而在其他远离建筑物和入口的场地采用风景式，是我国现代造园常用的方式。

1.3.2 按园林的隶属划分

园林可以分为皇家园林、寺观园林、私家（贵族）园林、陵寝（寝庙）园林和公共游览胜地等类型。中国古典园林主要的类型有三个：皇家园林、私家园林、寺观园林。

1. 皇家园林

皇家园林属于皇帝个人和皇室私有，中国古籍里称为苑、宫苑、苑囿、御苑等。

中国古代的皇帝号称天子，奉天承运，代表上天来统治寰宇，其地位至高无上，是人间的最高统治者。严密的封建礼法和森严的等级制度构筑成一个统治权力的金字塔，皇帝居于这个金字塔的顶峰。因此，凡是与皇帝有关的建筑，诸如宫殿、坛庙乃至都城等，莫不利用其建筑形象和总体布局以显示皇家的气派和皇权的至高无上。皇家园林尽管是模拟山水风景的，但是也要在不悖于风景式造园原则的情况下尽量显示皇家的气派。同时，又不断地向民间私家园林汲取造园艺术的养分，从而丰富皇家园林的内容，提高宫廷造园的艺术水平。再者，皇帝能够利用其政治上的特权和经济上的雄厚财力，占据大片的土地营造园林，无论人工山水园或天然山水园，规模之大非私家园林可比拟。皇家园林数量的多寡、规模的大小，也在一定程度上反映了一个王朝国力的盛衰。

中国皇家园林有大内御苑、行宫御苑和离宫御苑之分。大内御苑建置在皇城或宫城之内，即是皇帝的宅园，个别的也有建置在皇城以外、都城以内的。行宫御苑和离宫御苑建置在都城的近郊、远郊的风景地带，前者供皇帝游憩或短期驻跸之用，后者则作为皇帝长期居住、处理朝政的地方，相当于一处与大内相联系着的政治中心。此外，在皇帝巡察外地需要经常驻跸的地方，也视其驻跸时间的长短而建置离宫御苑或行宫御苑。通常把行宫御苑和离宫御苑统称为离宫别苑。

2. 私家园林

私家园林属于官僚、贵族、文人、地主、富商所私有，中国古籍里面称之为园、园亭、园墅、池馆、山池、山庄、别墅、别业等。私家园林亦包括皇亲国戚所属的园林。

中国的封建时代，"耕、读"为立国之根本。农民从事农耕生产，创造物质财富，读书的地主阶级知识分子掌握文化，一部分则成为文人。以此两者为主体的"耕、读"社区构成封建社会结构的基本单元。皇帝通过庞大的各级官僚机构，牢固地统治着疆域辽阔的封建大帝国。官僚、文人合流的士，居于"士、农、工、商"这个民间社会等级序列的首位。商人虽居末流，由于他们在繁荣城市经济，在保证皇室、官僚、地主的奢侈生活供应方面起到重要作用，相应地也提高了自身社会地位，一部分甚至厕身于士林。官僚、文人、地主、富商兴造园林供一己之享用，同时也以此作为夸耀身份和财富的手段，而他们的身份、财富也为造园提供了必要的条件。

民间的私家园林是相对于皇家的宫廷园林而言。封建的礼法制度为了区分尊卑贵贱而对人民的生活和消费方式做出种种限定，违者罪为逾制和僭越，要受到严厉制裁。园林的享受作为一种生活方式，也必然要受到封建礼法的制约。因此，私家园林无论在内容或形式方面都表现出许多不同于皇家园林之处。

建置在城镇里面的私家园林，绝大多数为"宅园"。宅园依附于住宅作为园主人日常游憩、宴乐、会友、读书的场所，规模不大。一般紧邻邸宅的后部呈前宅后园的格局，或位于邸宅的一侧而成跨院。此外，还有少数单独建置，不依附于邸宅的"游憩园"。建在郊外山林风景地带的私家园林大多数是"别墅园"，供园主人避暑、休养或短期居住之用。别墅园不受城市用地的限制，规模一般比宅园大一些。

3. 寺观园林

寺观园林即各种宗教建筑的附属园林，也包括宗教建筑内外的园林化环境。

中国古代，重现实、尊人伦的儒家思想占据着意识形态的主导地位。无论外来的佛教或本土成长的道教，群众的信仰始终未曾出现过像西方那样的狂热、偏执。再者，皇帝君临天下，皇权是绝对尊严的权威，像古代西方那样震慑一切的神权，在中国相对于皇权而言，始终居于次要的、从属的地位。统治阶级方面虽屡有帝王佞佛或崇道的，历史上也曾发生过几次"灭佛"的事件，但多半出于政治上和经济上的原因。从来没有哪个朝代明令定出"国教"，总是以儒家为正宗而儒、道、佛互补互渗。在这种情况下，宗教建筑与世俗建筑不必有根本的差异。历史上多有"舍宅为寺"的记载，梵刹紫府的形象无须他求，实际就是世俗住宅的扩大和宫殿的缩小。就佛寺而言，到宋代末期已最终世俗化。它们并不表现超人性的宗教狂迷，反之却通过世俗建筑与园林化的相辅相成而更多地追求人间的赏心悦目、恬适宁静。道教模仿佛教，道观的园林亦复如此。从历史文献上记载的以及现存的寺观园林看来，除个别的特例之外，它们和私家园林几乎没有什么区别。

寺、观亦建置独立的小园林一如宅园的模式，也很讲究内部庭院的绿化，多有以栽培名贵花木而闻名于世的。郊野的寺、观大多修建在风景优美的地带，周围向来不许伐木采薪。因而古木参天、绿树成荫，再以小桥流水或少许亭榭作点缀，又形成寺、观外围的园林化环境。正因为这类寺观园林及其内外环境的雅致幽静，历来的文人名士都喜欢借住其中读书养性，帝王以之作为驻跸行宫的情况亦屡见不鲜。

1.4 园林构成要素

中国园林主要由建筑、山石、水体、植物四大要素构成。

1.4.1 建筑

园林建筑不同于一般的建筑，它们散布于园林之中，具有双重作用，除了满足居住休息或娱乐等需要外，往往与山、水、花木共同组成园林景观的构图中心，创造了丰富变化的空间环境和建筑艺术。

计成在《园冶》中介绍了15种园林建筑，分别为：门楼、堂、斋、室、房、馆、楼、台、阁、亭、榭、轩、卷、广、廊。实际上园林建筑的类型远不止于此。

1. 亭

亭是园林建设中非常常见的建筑形式，是园林中重要的构景建筑，也是重要的休息场所。

亭，在古时候是供行人休息的地方。"亭者，停也。人所停集也。"园中之亭，应当是自然山水或村镇路边之亭的"再现"。水乡山村，道旁路边多设亭，供行人歇脚，有半山亭、路亭、半江亭等，由于园林作为艺术是自然环境的模仿，所以亭也就成为园林中的主要构筑物。亭在园景中往往是个"亮点"，起到画龙点睛的作用。从形式来说，园林中的亭形式多样，造型灵活多变，追求个性化，突出观赏价值。《园冶》中说，"造式无定，自三角、四角、五角、梅花、六角、横圭、八角到十字，随意合宜则制，惟地图可略式也"。

2. 台

台是一种非常古老的建筑形式，经过长期的历史演变成为中国古典园林中常见的园林建筑小品。《尔雅·释宫》曰："四方而高曰台。"《释名》曰："台，持也。筑土坚高，能自胜持也。"《诗经·大雅》朱熹解曰："国之有台，所以望氛祲，察灾祥，时观游，节劳佚也。"《吕氏春秋》高秀注："积土、四方而高曰台。"《白虎通·释台》曰："考天人之际，查阴阳之会，揆星度之验。"以上是秦汉时期人们关于台的认识，表明台是用土堆积起来、坚实而高大、方锥状的构筑物，具有考察天文、地理、阴阳、人事和观赏游览等功能。台最初是独立的敬天祭神的神圣之地。后来才与宫室建筑结合，春秋之后又与其他观赏建筑相结合，共同构成园林景观，再后成为园林中常见的登高望远的构筑物。计成的《园冶》载："园林之台，或掇石而高上平者；或木架高而版平无层者；或楼阁前出一步而敞者，俱为台。"表明以后园林中设台只是材料有所变化，而仍然保持高起、平台、无遮的形式，达到登高望远等效果。

3. 廊

廊是中国古代建筑中有顶的通道，包括回廊和游廊，基本功能为遮阳、防雨和供人小憩。殿堂檐下的廊，作为室内外的过渡空间，是构成建筑物造型上虚实变化和韵律感的重要手段。园林中的廊是一种重要的带状构筑物，能够承担建筑的穿插、联系作用，又能起到划分景区、形成多种多样的空间变化、增加景深、引导最佳观赏路线等作用。

园林中廊的形式有曲廊、直廊、波形廊、复廊。按所处的位置分，有沿墙走廊、爬山廊、水廊、回廊、桥廊等。

计成对园林中廊的概括为："宜曲宜长则胜""随形而弯，依势而曲。或蟠山腰，或穷水际，通花渡壑，蜿蜒无尽"。

4. 桥

桥的本质：跨越障碍连接起相隔一段距离的两个部分，以利于通行。园林中的桥是风景桥，是园林景观的重要组成部分，其种类繁多，千姿百态，有的矫健秀巧，有的势若飞虹。

园林中的桥种类繁多，形态各异。有平桥、拱桥、亭桥、廊桥、吊桥、汀步、独木桥等。园林中桥的功能并不是简单起到通行的作用，其功能多种多样，如桥本身就可作为风景的一部分，起到丰富园林景观的作用，桥还能起到组景、分割空间的功能。

中国园林中的桥是艺术品，不仅在于它的姿态，还在于它选用了不同的材料。石桥凝重，木桥轻盈，索桥惊险，与园林的其他要素组合，构成美妙的园林画面。

5. 楼、阁

楼与阁极其相似，但又各具特色。早期楼与阁有所区别，楼指重屋，多狭而修曲，在建筑群中处于次要位置；阁指下部架空、底层高悬的建筑，平面呈方形，两层，有平座，在建筑群中居主要位置。

楼阁为中国古典园林中的多层建筑，所以很引人注目。楼阁往往体量较大，造型复杂，位置重要，在园林中经常起到控制全园的作用，同时也是登高望远之处，为上佳的借景场所。园林中的楼具有读书、居住、宴客等实用功能。园林中的楼阁常常选址在高地、水际、建筑群附近。

6. 厅、堂、馆

《园冶》："古者之堂，自半已前，虚之为堂。堂者，当也。谓当正向阳之屋，取堂堂高显之义。"

厅堂常为古典园林中的主体建筑，为全园的布局中心，是全园精华之地，众景汇聚之所。

厅、堂、馆在私家园林中，一般为园主人进行娱乐、游宴之处。厅又有大厅、四面厅、鸳鸯厅、花厅、荷花厅、花篮厅。园林中的厅堂面阔三间、五间不等。

7. 榭、舫

榭与舫，《园冶》："榭者，藉也。藉景而成者也。或水边，或花畔，制亦随态。"

榭与舫多为临水建筑。榭，建于池畔，形式随环境而不同。其平台多挑出水面，建筑的临水面开敞，设有栏杆。建筑基部往往一半在水中，一半在陆上。榭四面敞开，平面形式比较自由，常与廊、台组合在一起。

舫，又称旱船、不系舟，是一种船形建筑，建于水边，前半部多三面临水，使得人们虽然在建筑中，却有犹如置身舟楫之感。舫的基本形式同真船相似，宽约丈余（1丈≈3.3米），一般分为船头、中舱、尾舱三部分。船头做成敞篷，供赏景用。中舱最矮，是主要的休息、宴饮的场所，舱的两侧开长窗，坐着观赏时可有宽广的视野。后部尾舱最高，一般为两层，下实上虚，上层状似楼阁，四面开窗以便远眺。舱顶一般做成船篷式样，首尾舱顶则为歇山式样，轻盈舒展，成为园林中的重要景观。

8. 园门

园林中的门，是园林与外界联系的重要通道，也是园林院落与其他院落等联系的标识和出入口，起到引导游客游览的作用，是园林的重要组成部分。园林中的门，不只是一个功能通道，更是重要的园林景观。中国古典园林中的门，本身就是艺术品。有园林大门、垂花门、洞门、隔扇门等类型。

9. 景墙

中国古典园林中的墙，往往既是围合一定空间的边界，也是园林造景的重要组成部分，还常为空间沟通的、联系的窗口。粉墙漏窗，已经成为我国古典园林的一大标识，形态多样、精巧别致的漏窗是中国古典园林景墙不可分割的组成部分。

园林窗的类型大致可分为：隔扇窗、支摘窗、什锦窗、漏窗、洞窗、景窗、假窗等。漏窗，俗称花墙头、花墙洞、漏花窗、花窗，是汉族传统园林建筑中一种满格的装饰性透空窗，外观为不封闭的空窗，窗洞内装饰着各种镂空图案，透过漏窗可隐约看到窗外景物。为了便于观看窗外景色，漏窗高度多与人眼视线相平，下框离地面一般在1.3米左右。漏窗是汉族园林建筑中独特的建筑形式，也是构成园林景观的一种建筑艺术处理工艺，通常作为园墙上的装饰小品，多在走廊上成排出现，江南宅园中应用很多。漏窗用于园林，不仅可以使墙面产生虚实的变化，而且由于它隔了一层窗花，可使两侧相邻空间似隔非隔，景物若隐若现，富于层次，并具有"外隐内"的意味。用于面积小的园林，可以免除小空间的闭塞感，增加空间层次，做到小中见大。

10. 塔

塔起源于印度，最初为佛门弟子们为藏置佛祖舍利和遗物而建造的。公元1世纪随佛教传入我国。早期，具有明显的印度式或受印度影响的东南亚佛塔造型风格，但很快就与中国的建筑结合起来，特别是与中国早有的木构的楼、台或石阙等高层建筑结合起来，充分体现出了民族趣味。逐步形成了楼阁式塔、密檐式塔、亭阁式塔、覆钵式塔、金刚宝座式塔、宝箧印式塔、五轮塔、多宝塔、无缝式塔等多种形态结构各异的塔系，建筑平面从早期的正方形逐渐演变成了六边形、八边形乃至圆形，期间塔的建筑技术也不断进步，结构日趋合理，所使用的材质也从传统的夯土、木材扩展到了砖石、陶瓷、琉璃、金属等材料。

塔一般分为佛塔和文峰塔。

11. 斋

计成《园冶》曰："斋较堂，惟气藏而致敛，有使人肃然斋敬之义。盖藏修密处之地，故式不宜敞显。"其环境一般比较幽深僻静，其风格大都朴素清雅，具有高雅绝俗之趣。斋在园林中大多为静修、读书、休息之用。

1.4.2 山石

中国古典园林的形式为写意的山水园，山水是园林营造的基础，山水是园林的骨架，直接决定着园林空间的布局，一经建成，难以重置。堆山置石成为中国古典园林建设中非常重要的技艺。自始至终造园都要解决用地空间的有限和自然山水的无限之间的矛盾，人们通过人工堆山置石，希望能够比较有效地解决这一矛盾，所以造园技艺发展的突出表现就是堆山技艺的进步。

我们对园林作品中山水创作的评价，首先要求合乎自然之理，即合乎山水的构成规律，同时要求有自然之趣，也就是说从思想感情上把握山水客观形貌的性格特点，才能生动而形象地表现自然。园林的山水，不是自然的翻版，而是综合典型化的山水。因为地势自有高低，园林的堆山应当以原来的地形为依据，因势利导，顺势而为。低凹可开池沼，掘池得土可构岗阜。

1.4.3 水体

水是中国古典园林艺术中不可缺少的、最富魅力的一种园林要素。水来自于大自然，它带来动的宣泄、静的平和，还有韵致无穷的倒影。古人称水为园林中的"血液"和"灵魂"。有了水，园林就更添活泼的生机，也更富有波光粼粼、水影摇曳的形声之美。

中国山水园中，水的处理往往是与堆山不可分的。所谓"山脉之通，按其水径；水道之达，理其山形"。园林中的理水，首先要察水之源，无源之水，无以为继。然后根据地形地势，建设适宜的水体，或湖或溪，或瀑或潭。

1.4.4 植物

植物是构成园林的要素，是构成园林景观的重要题材。园林里的植物群体是最富变化的景观。植物是有机体，它在生长过程中不断地变换它的形态、色彩等，植物随着四季的变换，产生不同的季相变化，这都给园林景观增添了无穷的魅力。

人们对园林中的植物赋予了不同的品格。梅，傲雪凌霜，高洁志士；兰，深谷幽香，世上贤达；竹，清雅淡泊，谦谦君子；菊，凌霜飘逸，世外隐士。这是国人对植物的艺术认知，正是这种独特的认知方式，决定了园林中各种花木具有不同的性质、品格，古典园林中的植物必须位置有方，各得其所。正是凭借这种拟人化的植物艺术认知，人们常常以植物为题材，创作艺术形象来表现园林的主题，形成意境深远园林主题空间。

1.5 中国古代文化思想与园林艺术

中国古代的造园艺术，具有独特的民族风格和非常鲜明的民族色彩，这种风格的形成与发展，既得益于它形成的历史条件和自然环境，同时也受到古代自然美学的深刻影响。

中国古代的造园艺术之所以不同于其他国家，或者说汉民族文化之所以不同于其他民族的文化，其思想渊源要追溯到先秦的美学思想。中国的美学思想，虽非始于先秦，但到先秦时代才初具体系。

在先秦的美学思想中，以孔子为代表的儒家思想学说占有非常重要的地位。先秦孔学，不管是好是坏，是批判是继承，孔子在塑造中华民族文化——心理结构上的历史地位，已是一种难以否认的客观事实。而以老庄为代表的道家思想，则作为儒家思想的对立和补充，形成中国古代美学思想体系的基石。

1.5.1 先秦自然美学的"比德"

在先秦的美学思想中，孔子的自然美学观，对后世的绘画和造园艺术影响最为直接和深远，这就是被记录在《论语·雍也》中孔子所说的："智者乐水，仁者乐山"。

那么，智者何以乐于水呢？据西汉韩婴在《韩诗外传》中的回答："夫水者，缘理而行，不遗小间，似有智者；动而下之，似有礼者；蹈深不疑，似有勇者；障防而清，似知命者；历险致远，卒成不毁，似有德者。天地以成，群物以生，国家以宁，万物以平，品物以正。此智者所以乐于水也。"

那么，仁者何以乐于山呢？据《尚书大传》载，孔子回答子张的这一提问时说："夫山者，……草木生焉，鸟兽蕃焉，财用殖焉。生财用而无私为，四方皆伐焉，每无私予焉。出云风，以通天地之间，阴阳和合，雨露之泽，万物以成，百姓以飨。此仁者之所以乐于山也。"

孔子所谓的自然美，不是人的美感同自然现象的某种属性的关系，即人与自然的关系去理解的，而是智者对于水，仁者对于山的一种主观感情的外移。美既不在自然山水本身所具有的客观属性，也不在人与自然的社会实践的关系之中，而是智者、仁者从自然山水那里，看到与自己相似的性情和品德，故而产生美感，也就是"乐"。

孔子将自然美归之于审美主体"人"的思想感情，具有唯心主义的色彩，但也说明了美感产生的部分事实，即在审美活动中，人的主观精神状态、心理经验、道德品质和文化修养等具有一定的影响作用，有时会起主要的作用。孔子的自然美学思想，如刘宝楠在《论语正义》中一言以蔽之："言仁者比德于山，故乐于山也。"即自然美在于"比德"。孔子的自然美的"比德"说，是先秦时代十分普遍的美学观。

在《诗经》里就有不少比德的例子：如《诗经·君子偕老》："委委佗佗，如山如河。"以山无不容，河无不润，来比喻仪态之美。《诗经·节南山》："节彼南山，维石岩岩，赫赫师尹，民具尔瞻。"以高山峻石比喻师尹的威严等。管子在《管子·水地》中也是以水来比君子之德。

这种"比德"的自然审美观，对后世的影响所及很广。如刘安《淮南子·俶真训》、司马迁的《史记·伯夷列传》、王符的《潜夫论·交际》等书中，都曾引用并发挥孔子的这一思想，以岁寒比喻乱世，或比喻事难，或比喻势衰，但无不以松柏比喻君子坚贞的品德。

在绘画艺术中，如郭熙的《林泉高致》、黄公望的《论山水树石》，也在构图上把松柏比喻为君子，石比喻为小人。而松、竹、梅、兰等被比喻为人的品德的植物，在中国人的生活和造园艺术中，已成为象征美好的传统的观赏植物。可以说，在人与自然的审美关系中，以对生活的想象与联想，将自然山水树石的某些形态特征，视为人的精神拟态，这种审美心理已成为民族的历史传统。

先秦的自然美学思想，对中国文学艺术的发展有很大的作用。正因为这种"比德"说是主观感情的外移，重在情感的感受，对自然物的各种形式属性，如色彩、线条、形状、比例、韵律、质地等，在审美意识中就不占主要的地位，审美要求在"似"，而不要求"是"，这正好揭示出艺术表现的本质特征。因为任何艺术形式都是有限的具体，而艺术创作的形象，对于客观事物现象，只能"似"而不可能"是"，艺术之妙就妙在"似与不似"（齐白石语）、"真与不真"之间。所以，中国绘画艺术追求的不在于形似，而在神似，唯其神似，才能"以少总多"而情貌无遗。

中国古代的造园艺术，尤其是发展到封建社会后期，园林山水创作，曰山，曰水，不过是一堆土石，半亩（1亩＝666.6$\dot{6}$平方米）池塘而已，要求的就是"有真为假，做假成真"，唯其神似，才能达到"虽由人作，宛自天开""咫尺山林"的效果。先秦的美学思想，对中国古代艺术的民族性和民族特质的形成起着难以估量的作用。

1.5.2 绘画与文论

绘画与文论摆脱了政治伦理束缚，由着重于鉴赏的功能，转向为表现人的内在精神，由工匠的绘饰发展为士大夫的个人雅好。东晋大画家顾恺之开山水画的专题创作之先河，并提出："以形写神""迁想妙得"的绘画思想，要求在形似中求神似，对后世影响很大。南朝宋的画家宗炳，将儒家的"仁知之乐"与道家的"游心物外"交融，认为"身所盘桓，目所绸缪，以形写形，以色貌色"，必须"闲居理气"，而"万趣融其神思"，提出绘画的要旨在"畅神"。南齐的谢赫，概括了前人画理，提出"画有六法"，即气韵生动、骨法用笔、应物象形、随类赋彩、经营位置、传移模写。作为一种法则，为历代画家所遵奉。

南朝梁文学理论家刘勰的《文心雕龙》认为"情在词外"而"状溢目前"，"《诗》、《书》雅言……事必宜广，文亦过焉""辞虽已甚，其义无害也"。已甚的夸饰之所以无害其义，是由于表达感情的真挚。有了真情，则以假喻真，反丑为美，达到"物色尽而情有余"，也是强调感情的抒发。

自唐末司空图的《二十四诗品》提出："超以象外，得其环中"。诗歌意境就日益侧重于写意了。由秦汉的"缘情观景""情在景中"，转化为"景在情中"；由形似中求神似，转化为在神似中见形似。发展到元代，以天真幽淡为宗的山水画家倪瓒，则干脆说："仆之所谓画者，不过逸笔草草，不求形似，聊以自娱耳。"由传神演化为写心，即通过画自然山水来表达画家的心境和意绪。如果说，在倪瓒等元人的山水画中，还存形似的踪迹，到明清便形成一种浪漫主义的思潮，如石涛、朱耷，以及扬州八怪不受形似束缚，纵情挥毫，以极简略的形象、构图和笔墨，表达出画家个人异常的感受，使感情得以充分抒发。如原济和尚石涛在《画语录》中强调的，"夫画者，从于心者也"。要求的是客观服从主观，物我统一于感情。画家能充分抒发自己的情感和意趣，同笔墨技法的高度发展是分不开的。没有精炼的极臻变化的笔墨技巧，也不可能使画家的思想感情充分表达出来。讲究笔墨的趣味，已成为绘画审美的核心，而作为表现手段的笔墨本身具有相对独立的审美价值，这正是中国绘画艺术具有非常鲜明的民族特色的一个重要因素。

造园与绘画，中国艺术在实践和理论上所体现的自然美学思想具有共同性，在历史发展中也是互相影响、渗透、补充和完善的。中国的造园与山水画艺术的发展，大致上是相应的。正如山水画不是成熟于自然经济庄园的山居别业盛行的六朝，而是成熟于城市经济发达的宋代。造园艺术也由于城市经济的繁荣，人口向城市集中，造园的空间日益缩小，才脱离了庄园的自然经济，日益发展其休憩游赏的功能，成为城市居住生活的一个组成部分，即所谓宅园。

园林的艺术创作，与绘画也大致上是同步的。以造山艺术最具典型性和代表性，其发展的轨迹大致概括言之：

汉代的苑囿，是以土筑如坟象征海上神山为特征。六朝时苑囿，则以石为主且体量巨大的模移山水为特征。唐代苑囿未见有造山之说，私家园林尚无明确的造山活动，但具有形象性的太湖石，已被罗列于庭际，作为独立的观赏对象了。自宋代始，土石趋于结合。私家园林中，山的形象塑造尚不明显。但在帝王苑囿中，如北宋"艮岳"的万寿山已土石兼用，成为由模移山水向写意山水过渡的标志，为明清写意山水奠定了基础。明清之际，写意山水造景在艺术上已取得很高的成就。清代盛期的皇家园林，成功地运用"因山构室"法，创造了大体量的北海琼华岛和颐和园万寿山；私家园林造山，则用"未山先麓"法，寓无限之山于有限的山麓之中，令人有涉身岩壑之感。或用石叠，两三块灵石，孤峙独秀，在有限的庭园空间里给人以"一峰则太华千寻"的意趣。叠石艺术以土石为皴擦，可以说与绘画的笔墨之趣，有异曲同工之妙。同样，叠石也是中国造园艺术的民族形式与民族风格中不可缺少的重要因素。

1.5.3 人与自然的伦理关系——天人合一

和谐，是中国古人在长期社会实践中逐渐意识到的人与自然、人与社会、人与人之间相互依存的一种理想状态，是万物生生不息、繁荣发展的内在依据。中国文化中，以"和"为本的宇宙观，以"和"为善的伦理观，以"和"为美的艺术观，共同构成了中国文化核心价值观的重要内容。

天人合一的思想是中国古代关于社会、政治、伦理、自然的哲学思想，该思想源于中国传统的农牧业生产。古代中国是个典型的以农业立国的国家，人们在长期生产实践过程中，逐渐认识到自然规律对生产生活的制约，人们农牧生产必须按自然规律办事。然后人们将这一观念应用到社会、政治、伦理道德等方方面面，便形成了"天人合一"这一传统的基本哲学精神。《周易·文言传》载："夫大人者，与天地合其德，与日月合其明，与四时合其序，与鬼神合其吉凶。"

有观点认为"天"就代表"自然"。"天人合一"便是"天人一致"。宇宙自然是大天地，人则是一个小天地，二者本质上是一致的。"天人合一"也是"天人相应"或"天人相通"。即人和自然在本质上是相通的，故一切人事均应顺乎自然规律，达到人与自然和谐。老子说："故道大，天大，地大，王亦大。域中有四大，而王居其一焉。人法地，地法天，天法道，道法自然。"即说明了人与自然的一致与相通的道理。

"天人合一"的思想影响到古人对山川薮泽的认识，体现在人们对名山大川的崇拜，同时自然界中各种事物的特性也影响着人们思维、性格特征，长期积累便形成了中华民族特有的品性、民族心理。老子说："上善若水。水善利万物而不争，处众人之所恶，故几于道。"这种民族心理影响古人对环境的管理保护意识，形成了保护山川薮泽的观念。

正由于天人和谐的哲理的主导和环境意识的影响，园林作为人类所创造的"第二自然"，其中的山石、水体、植被、动物均按照自然景观构成规律进行布局，尽量保存"自然"的状态。明代造园家计成在所著《园冶》一书中提出"虽由人作，宛自天开"的观点，说明了造园需要顺应自然规律，印证了天人合一思想在造园中的广泛影响。

1.6 古代的空间意匠——道家"天地为庐"观念

一切事物，无不是在空间中存在，在时间中发展。人的空间意识，离不开人与自然的关系和人在社会实践中对自然的认识。人对自然的认识，总是同现实的社会生活方式和意识形态相关，社会生活方式和意识形态不同，也就形成具有特定内容与表达形式的空间意识。在艺术分类中，有的美学著作把园林归入空间艺术一类，尽管对中国园林来说，并不十分恰切，但也可以理解，因为空间意识，对以自然山水为创作主题的山水诗画和园林艺术，有非常重要的作用。

同儒家"比德"的自然美学思想互为补充的，在空间意识上，是道家以"天地为庐"的宇宙观。庄子说："吾以天地为棺椁，以日月为连璧，星辰为珠玑，万物为赍送，吾葬具岂不备邪？何以加此！"庄子生以"天地为庐"，死也要"以天地为棺椁"，用日月、星辰、万物作装殓，将自身与天地融为一体，是以自我为中心，与天地精神相往来的空间意识。

古代的美学思想，由先秦的"比德"，到魏晋的"比兴"，强调个人品德与主观精神的"澄怀味象"的"畅神"的美学思想，反映了当时社会，士族豪门的土地兼并斗争和政治上的极度动乱，门阀士族政治性退避，而隐迹山林之风盛行的现实。这种所谓的隐士生活，如东晋葛洪所说："含醇守朴，无欲无忧，全真虚器，居平味澹。恢恢荡荡，与浑成等其自然。浩浩茫茫，与造化钧其符契。"葛洪所说这种"含醇守朴"的隐士生活，对门阀士族来说并非是无欲无忧的，因为他们并非是看破红尘的社会性退隐，而是怕遭杀戮的一种政治退避的方式。古人认为这"恢恢荡荡""浩浩茫茫"的宇宙，是万物的源泉和根本，具有生生不已、无穷无尽的活力。这是古代根本的宇宙观"道"，即

《易经》上说的"一阴一阳之谓道"。道家名之为"虚无"或"自然",儒家称之为"天"。

用现代汉语说,"道"这个东西,是隐约难测的。虽隐隐约约,其中却有形象;虽难辨莫测,其中却有物质。道是深远难见的,其中却富有生命力,这生命力是非常真实的,是可以信验的。

中国古代的空间意识,对自然的无限空间,不是冒险的探索和执着的追求,而是"与浑成(宇宙)等其自然""与造化(自然)钧其符契",侧重自我心灵的抒发与满足;不是求实践的探索,而是"神与物游""思与境偕",是从人的"身所盘桓,目所绸缪"出发;不是追求无穷,一去不返,而是"目既往还,心亦吐纳",也就是从有限中去观照无限,又于无限中回归于有限,而达于自我。这是"无往不复,天地际也"的空间意识。"际",法也。意为"无往不复",乃天地之法则,自然之规律。

陶渊明有"俯仰终宇宙,不乐复何如"的诗句。这类俯仰自得、游目骋怀之作很多,亦不限用俯仰二字。但却说明一个事实,古人是在相对静止的状态中,以视觉的运动去观察自然的,而这种观察方式是与先秦两汉的高台建筑、魏晋的山居生活有密切的联系。宋代画家郭熙在观赏自然山水的特点时说:"山水大物也,人之看者,须远而观之,方见得一障山川之形势气象。"事实上,要目极四裔,不仅视野要广,视点亦要高。这正是秦汉时喜高台建筑的道理。

传统的"天地为庐"的空间意识,深刻影响着以空间为创作载体的园林艺术,中国古典园林在空间营造上不追求实体空间宏大,而极力追求心理空间的无限,追求意境的深远。在有限的空间里创造无限的意境,反映了古人对空间的认知模式。古典园林的空间营造,极力突破实体空间的限制,古典园林中虚化的边界、蜿蜒曲折的道路、无处不在的借景、小中见大的处理手法等,均为传统空间意识在园林营造中的映射。

思考练习

1. 简述园林的概念在历史发展中的演变。
2. 简述先秦自然美学对中国古典园林发展的影响。
3. 简述不同发展阶段的园林特征。
4. 简述园林的基本要素。
5. 我国古典园林按隶属关系分成哪几类,各自的特征是什么?

第 2 章 先秦时期园林

2.1 社会背景概况

中国进入文明社会的历史可上溯约 5000 年，当时正值传说中的三皇五帝时代，原始共产社会两极分化，出现了统一诸部酋长的"帝王"，统治百姓，以图广其土，众其民。这是个部落大融合的时代，也是英雄辈出的时代，留下了许多动人的传奇故事。

三皇是指燧人氏、伏羲氏、神农氏。燧人氏——教人钻木取火，以火热食；伏羲氏——画八卦，传授渔猎畜牧之法；神农氏——发明耒耜，教导耕种，尝百草，传播医药诸法。五帝是指黄帝、颛顼、帝喾、唐尧、虞舜。

大禹，颛顼之曾孙，治水有功，受禅位于舜，建都安邑（今山西运城），葬于绍兴。一生俭朴惜民，诸侯敬服，自禹以后王位世袭，开始了夏代。

大约前 2100 年，禹建都阳城（今河南登封市境内），废止禅让制，实行家天下，建立国体制度，黄河中下游出现了我国历史上第一个奴隶制国家——夏，这是我国有文化遗迹可考的最早的国家。夏政权传至十四代桀，由于他淫乱废政，为商汤所灭。商灭夏，进一步发展了奴隶制。它以今河南中部和北部为中心，包括山东、湖北、河北、陕西的一部分地方，建立了一个文化相当发达的奴隶制国家。商朝的首都曾多次迁徙，最后的 200 余年间建都于"殷"，在今河南安阳小屯村附近。因此，商王朝的后期又被称为殷。当时，已有高度发达的青铜文化和成熟的文字（甲骨文）。商王朝传至第十七代纣，他是个有名的暴君，即位后大兴土木，厚征赋敛，内滥施酷刑，外穷兵黩武，结果落得个众叛亲离。

大约在前 11 世纪，生活在今陕西、甘肃一带，农业生产水平较高的周族灭殷，建立中国历史上最大的奴隶制王国，以镐京（今西安西南）为首都。周王朝的统治者根据宗法血缘政治的要求，分封王族和贵族到各地建立许多诸侯国。运用宗法与政治相结合的方式来强化大宗主周王的最高统治，各受封诸侯国也相继营建各自的诸侯国都和采邑。

夏商时代的文献典籍尚未成书，到了周代，各种典章制度开始确立、实施并渐趋完备，《周礼》虽然成书于西周晚期以后，但它是依据当时保留下来的档案编成的，因此，翔实而全面地反映了周朝的典章礼乐制度。国家的政治、经济、文化制度从此奠基。

周文王仁德宽厚，众望所归，由岐阳迁都于丰，国势日盛。周武王（文王之子姬发）继父为王，定都于镐，史有丰京、镐京。丰、镐之间，乃为周邦，仁义之域，百姓乐从。当是时，殷纣无道之甚，天怒人怨，武王趁势发动攻击，一举灭殷，统一了天下，仁政爱民，天下归附。后来，诸侯势力渐次强大，甚至有的诸侯企图僭称王号。第十八代的周宣王即位后，礼贤下士，招贤任能，诸侯听命，周室再度兴旺，史称宣王中兴。周代到了晚期，戎狄东山再起，大举侵扰，加之诸侯怀有二心，形势动荡不安。宣王的儿子幽王继父称王，弃国政于不顾，沉溺于女色，宠爱褒姒，惟褒姒之命是从，更有"烽火戏诸侯"之荒唐儿戏，被犬戎杀于临潼骊山脚下。后来，秦襄公战败犬戎，护送平王到洛阳避难，从此以后称为东周。

东周史称"春秋"时代（周平王元年至周敬王四十四年，即前770—前476年），春秋之后称"战国"时代（前475—前221年）。春秋、战国之际，正当中国奴隶社会瓦解，开始向封建社会转化的社会巨大变动时期。

春秋时代的150多个诸侯国互相兼并，到战国时代只剩下七个大国，即所谓"战国七雄"，周天子的地位相对衰微。这时候由于铁制工具的普遍应用、生产力的提高和生产关系的改变，促进了农业和手工业发展，扩大了社会分工，商业与城市经济也相应地繁荣起来，七国之间互相争霸，扩大自己的势力范围，需要延揽各方面的人才。"士"这个阶层受到各国统治者的重用，他们所倡导的各种学说亦有了实践的机会，形成学术上百家争鸣和思想上空前活跃的局面。各国君主纷纷招贤纳士，实行变法，以图富国强兵。秦穆公重用由余、百里奚、伯乐、蹇叔、丕豹、公孙支等，遂霸西戎。秦孝公重用商鞅，两度变法，终于使秦国成为七国之雄长。

前221年，"六王毕，四海一"，秦始皇君临天下，结束了长期战乱纷争的局面，中国从此全面进入封建社会的发展轨道。

自夏立国至秦统一，在长达2000多年的历史时期里，孕育了中国园林的胚胎——囿，并随着生产力的发展和思想、文化艺术的丰富，从囿向苑发展。

早在夏朝前后，发明了夯土技术，在土台上建筑茅草顶的房屋，这一时代已经出现了代表中国建筑特点的坛和前庭。夏、殷时，建筑技术逐渐发展，出现了宫室、世室、台等建筑物，并进一步发展。周代定城郭宫室之制，规定大小诸侯的级别，宫门、宫殿、明堂、辟雍等都定出等级，又规定前朝后寝，左祖右社，前宫后苑等宫苑布局，此后历代相沿，成为中华民族传统的宫苑形式。

由原始的狩猎、游牧、畜牧生活发展为懂得饲育禽兽，出现圈占一定范围专供狩猎取乐的囿。囿、沼、台三者的融合是到了周代确立下来的，王者与民同乐，孕育了苑囿的公共娱乐性。苑囿周围筑墙或篱笆围绕，种植梅、桃、木瓜、杏、李、桑、栗等树，盛栽各种花果树木，牧养各类禽兽等。春秋战国时文化自由开放，霸主逞权奢欲，大兴宫殿园圃，以台阁建筑为标志，中国建筑至此发生重大转变和飞跃，吴王夫差的姑苏台为这一时期建筑的代表。

这一时期，造园仅限于天子、诸侯等奴隶主阶级，只有他们才拥有造园所需的社会资源。此时，园林的发展处于生成阶段，园林（苑囿）中尚存在大量的生产功能，甚至物质生产为园林的主要功能。由于人们尚未把游憩活动与生产等活动在场所上严格区分开来，所以苑囿承担的功能很多，包括狩猎、通神、求仙、生产、游憩等活动。

2.2 中国园林的起源

园林营造是一种社会实践活动，任何社会实践活动均是需要由人类推动的。人类产生某种需求，就产生了为满足需要而从事实践活动的动机，即对实践活动对象进行积极干预，使其产生符合人们需要的效用。价值追求不仅是人类活动的一种目的、意向，而且是人们积极从事各种活动的最终动因。价值追求作为人们活动的一般目的，它直接规定和影响着活动的性质和方向。

造园实践活动，需要投入一定的物力、财力、人力，所以社会生产力也制约着园林的产生与发展。人们在长期的园林建设与利用过程中，对园林的认知也不断加深，对其价值、发展规律、构成规律等的认知不断深化，这也影响着园林的发展方向。事物认知深植于地域民族文化之中，所以地域民族文化对园林的发展具有非常深刻的影响，这也是世界上园林风格迥异，形成百花齐艳局面的主要原因。

2.2.1 园林产生的基本条件

满足人类生理和心理需要的"第二自然"，是一种人造的理想环境，园林营造需要相当的物力和技术支持，没有较高的生产力发展水平和社会经济技术条件不可能完成园林的营造。园林并非人类生产生活的必需品，人类必须在生存繁衍的基本条件得到满足的前提下，有了足够的剩余生产力才有可能营造园林。在旧石器时代，生产力低下，人们连生活资料的获得都很困难，不可能有富余的财力物力营造园林。在依靠渔猎和采集来维持生活的氏族社会，人们过着游移不定的生活，没有相对固定的生活环境，生产力低下，同样没有营造园林所需的物力财力。我国仰韶文化、龙山文化的氏族社会，人们开始饲养牲畜，农业生产已经具有重要的地位，定居生活已经相当固定，出现了村落。这时期的生产资料和财产都属于氏族公有，这样一种社会生活和经济条件，不可能产生游憩为主要功能的园林。步入农业公社，一部分土地分配给家庭，自耕自收，房屋、园地及牲畜、农具等归各家私有，这时虽然具备了产生宅旁园圃的条件，可以在私有耕地或房前宅后种植瓜果蔬菜，但是这些都是以生产为目的，是农业用地，而非以游憩目的为主的园林。随着科学技术的发展和生产力的提高，人类除了获得必要的生存繁衍所需的物质资料外，产生了生产剩余。人类步入阶级社会（奴隶社会），奴隶主阶层在经济和政治上处于支配地位，他们可以把剩余生产力集中起来，这就产生了园林营造所必需的生产力。

需求决定供给，比较发达的生产力和社会经济条件为园林产生提供了必要条件，但是园林的产生还需具有社会需求。园林并非人类生存发展的必需品，只有人类社会发展到一定阶段，产生了对园林空间的社会心理需求，才有可能产生园林。在有了脱离生产劳动的特殊阶层的出现，上层建筑的社会意识形态开始发达的阶段，才有可能营造园林。奴隶制社会是具备这样一种客观条件的社会发展阶段。随着经济的日益发展，财富不断增加，奴隶主的地位发生了变化，他们的生活方式、思维方式、生活趣味也相应地发生了变化。他们贱视劳动，游手好闲，把大量的精力消耗在寻欢作乐上。他们从繁重的物质生产劳动中解放出来，拥有进行文化活动和游憩娱乐活动的时间和动机。奴隶社会统治阶级的这种生活方式的变化，需要有相应的场所满足他们的生活需求。这种需求促进了园林的产生。

奴隶主阶层具有生活上和心理上的需求，同时奴隶制经济基础具有剩余的生产资料可利用，又有相对发达的土木工事技术和可供驱使的劳动力，这就有可能营造满足奢侈享乐生活需要的园林。

随着社会的发展和文明的进步，人们的需求相应地从单一到多样，从简单到复杂，从低级到高级，这就形成了园林发展的最基本的推动力。在解读中国古典园林的历史时，人们往往把注意力集中在思想文化的发展变迁上，而各个时代人们生活方式的不同也不容忽视，生活方式的变革是促使园林形式变化的主要动力。

2.2.2　园林之源

囿是最早见于文字记载的园林形式，出现的历史时期是商殷。根据历史学家的研究，大都认为殷末是奴隶制度占主要地位的时代，畜牧业已经发展到相当高的水平，农业也相当发达，已经具备了园林营造的条件。

囿是一个人工围合的环境，其中植被比较丰富。毛苌对"囿"的解释为："囿，所以域养禽兽也。"《周礼·地官》中有"囿人掌囿游之兽禁，牧百兽"的记载。由此可知，囿是放养禽兽以供畋猎游乐的场所，正是游憩生活的园地。

殷代的帝王、贵族奴隶主很喜欢大规模的狩猎活动，古籍里多有"田猎"的记载。田猎就是在田野中行猎，又叫游猎、游田。田猎是经常性的活动，田猎多在旷野荒地中进行，有时在抛荒、休耕的农田中进行，但田猎往往会波及附近农田，千军万马难免会践踏庄稼，产生民愤。殷末周初的帝王为了避免因田猎而损坏在耕农田，而划出专门的"田猎区"。为了满足帝王观赏狩猎游憩活动的需要，围起一块较大的地块来蓄养禽兽，就形成了囿。囿还有生产功能，兼作宫廷膳食和祭品的供应。所以说，囿的出现与帝王、贵族的游猎活动有直接关系。为了适应当时奴隶主阶层的生活需要，囿的产生是顺理成章的。

渔猎活动是远古先民的一种生产活动，他们的渔猎是为了获得必需的食物，来维持生命的延续。后世帝王划地营造囿，进行狩猎活动，已经不再是生产活动，更多的是一种游乐活动。由于生产力水平的不断发展，人们的物质文化生活的不断提高，奴隶主阶层渐渐地脱离了劳动，脱离了大自然，囿的存在也为奴隶主阶层回归自然提供了场所，田猎也是原始渔猎生活的延伸。艺术史和艺术起源的研究表明：当一个氏族在已经转移到另一种生活方式后，常在艺术活动中再去体验过去的生活方式。商殷时虽然农业生产已经占主要地位，但是为了再现祖先的渔猎生活，体验渔猎的乐趣，把渔猎作为一种游乐和享受而爱好田猎。

早期囿中主要建筑物是"台"。台，即用土堆筑而成的方形高台，《吕氏春秋》高秀注："积土四方而高曰台。"《说文解字》中述："台，观四方而高者也。"

台的原始功能是观天象、通神明。《白虎通·释台》："考天人之际，查阴阳之会，揆星度之验。"上古时代，生产力低下，人们不能科学地去理解自然现象，人们对大自然中的风雨雷电的发生，各种灾害的出现，常常怀有敬畏的心理，并加以膜拜，就产生了原始的自然崇拜。山是古人所见到的体量最大的自然物体，它巍峨高耸仿佛有一种拔地通天、不可抗拒的力量。它直入云霄，拔地而起，与天相交，成为通天的阶梯，通常被人为设想为神仙居住的地方。风调雨顺，是原始农业社会生产生活的基本条件，古代帝王、诸侯均把能"呼风唤雨"的山视为神灵，加以膜拜，中国诸多的圣山、神山就是这一思想的产物。上古时代，人们对自然山川的敬畏崇拜与不断祭祀，使得名山大川深入人心，为以名山大川为主的风景名胜地发展奠定了民族心理基础。

古人模仿自然，夯土筑台，建造楼宇于其上，类似传说中的琼楼玉宇。台是山的象征，有的台即是削平山头加工而成。西汉南越王赵佗利用山岗修筑朝台，《水经注》："佗因冈作台，北面朝汉，圆基千步，直峭百丈，顶上三亩，复道回环，逶迤曲折，朔望升拜，名曰朝台。"古代帝王筑台之风极盛，传说中的帝尧、帝舜均曾筑高台以通神。据《新序·刺奢》记载，殷纣王筑鹿台"七年而成，其大三里，高千尺，临望云雨"。周代，"美宫室""高台榭"成为一种风尚。此时，台已经突破了原来的通神功能，成为一种可游可观的建筑群，是以台为中心的空间环境。因此，台有两层含义：第一是指个体建筑物"台"；第二是指个体建筑物"台"及其周边的环境。

殷周时代，已经有园圃的经营。园多为种植树木（多为果木）的场地。圃多为种植蔬菜的场地。《周礼·地官》："载师掌任土之法""以场圃任园地"，还设"场人"，专门管理官家的这类园圃，隶大司徒属下。场人的职责是"掌国之场圃，而树之果蓏珍异之物，以时敛而藏之。凡祭祀、宾客，共其果蓏。享，亦如之"。场圃应该是供应宫廷的果园或蔬圃。随着社会的发展，民间的园圃亦将普遍起来。老百姓在房前屋后开辟园圃，除了果蔬生产，也兼有观赏的目的，相应地也提供日常游憩的空间。

囿、台、园圃为中国古典园林的三个源头。其中囿和园圃开始是物质生产基地，逐渐融入了游憩的功能。生产功能是早期园林中非常重要的功能，直到魏晋南北朝时期，园林的游憩功能才逐渐上升为园林的主要功能。最初，台的建设旨在通神、观天象，后来才演变为可游可观的空间环境。

2.3 先秦的城市

随着生产工具的进步，生产力的不断提高，产生了剩余产品，催生了私有制，原始公社的生产关系逐渐解体，慢慢过渡到奴隶社会。伴随着私有制的产生，剩余产品集中到少数统治阶级手中，就需要有城郭沟池来保护私有财产。传说中夏代已经"筑城以卫君，造郭以守民"。有了剩余产品和私有财产就需要交换，随着交易的数量增多和范围的日益扩大，就产生了固定的交易场所，这就是"市"或"市井"。随着生产的不断发展，手工业及商业从农业畜牧业中分离出来，手工业逐渐成为一个独立部门，这种生产生活方式的变化也使得居民点产生了分化，出现了以商业手工业为主的城市。所以城市是伴随着私有制和阶级社会而产生的。

2.3.1 商殷都城

商朝都城曾经有过多次迁移，成汤以前就经过七次迁移，成汤以后又经过五次迁移。

商朝的都城是什么样的，缺乏文字记载。通过对历史上城市遗址的挖掘，可以对商殷城市有一些了解。1955年秋，在郑州二里岗一带遗址中心区，发现了规模宏大的商城。城墙周长7100米，城内面积约320万平方米。从发现的情况看，这个商城是一处人口众多、手工业繁荣、对外交通发达的古代大都市。经考证，它可能是商朝中期的敖都。这座距今三千多年的商城，是我国至今发现的最古老的城市遗址。

盘庚时期，迁都到殷。近代，在河南安阳市西北郊小屯村一带，发掘了"殷墟"。从殷墟的遗址来看（图2-1），都城中心是商王朝的宫廷区，坐落在洹河南岸，呈带状，绵延十里。宫廷区西南约300米处有一段人工挖成的巨大壕沟遗址，深约5米，宽约10米，长约750米。围绕小屯村西南向东北，与洹河的弯曲相应构成环形的壕沟。洹河南岸的孝民屯、北辛庄、四盘磨、王裕口、后岗等地，密集分布着许多居民点、手工业作坊和墓葬。

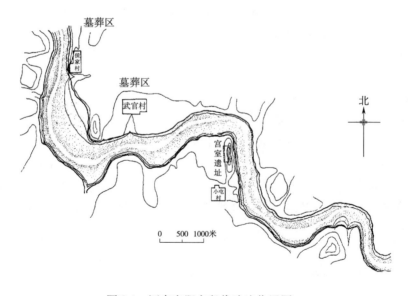

图2-1 河南安阳市殷代遗迹位置图

2.3.2 西周和春秋战国时代的城市

周族最早在现今关中平原的武功、彬县一带活动，前11世纪，迁到岐山之下的周原，定国号为"周"。经多年发展，周强大起来，他们不断扩大自己的势力，灭掉了关中地区的诸侯。灭掉崇国以后，在沣水流域建立了京邑，称丰。《诗·大雅》："既伐于崇，作邑于丰。"周武王继位后，约前1046年，亲自率兵讨伐殷纣王，经过著名的牧野大战，灭亡了商王朝，建立了周王朝，并在距离丰京约二十里的沣水东岸营建了镐京。

周王朝初期，为了控制中原的商族，除了镐京外，还在洛邑（今河南洛阳）建立了王城和成周，并分封王族和贵族到各地建立若干诸侯国来统治全国。周都城具体规划怎样，并没有直接的资料可证。一般认为战国间流传的《考工记》中所记载的是周朝都城的制度。《考工记》："匠人营国（这里的国是指都城），方九里，旁三门，国中九经九纬，经涂九轨，左祖右社，面朝后市，市朝一夫。"由此可见，周王朝都城（图2-2）是以天子为中心的设计思想。都城平面规划严整，纵横各九条道路，街坊也就是整形的。帝王的宫室位居中央，东面有家庙，西面有社坛，前面为朝廷和衙署所在地，后面是市集所在地。

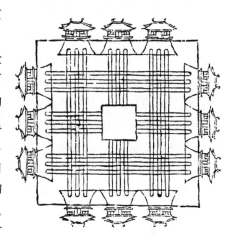

图2-2　周王城示意图

迄今为止，发现的完整的春秋战国时代的大城市遗址有燕下都和赵邯郸等。燕下都建于前4世纪，在河北易县东南，位于中易水与北易水之间。城址平面是两个方形作不规则结合，东西约8300米，南北约4000米。城内分为东西两部分，东部主要是宫室、官署和手工业作坊，西部似乎是逐步扩建而成。

有关周代城市规划制度及其建筑布局存在一些文献记载，虽然未为考古发掘完全证实，但其影响颇为深远。从我国古代一些城市建设的实例来看，很多都继承文献中所记载的周城的规划布局特点。如"旁三门"、宫城居中、"左祖右社"等，大多数都城布局都遵循这些制度，在唐长安、宋汴梁、元大都、明清北京城这些实例中尤为明显。

2.4　先秦的宫室

2.4.1　商殷宫室

在河南偃师二里头文化遗址的发掘中，发现了用夯土筑起来的高3米，面积有1万平方米的台基。台基的中部有座进深三间、面阔八间、四坡出檐的殿堂，堂前是平坦的庭院。南面有宽敞的大门，四周是廊院，围着中间的殿堂，组成一座十分壮观的宫殿。它是我国至今发现最早的宫殿遗址。

20世纪80年代，在河南偃师城西的尸乡沟一带，发掘的商朝早期的都城遗址中，发现了三处大型建筑遗址。其中南部正中的一处面积最大，长、宽各200余米，四周环绕3米厚的夯土围墙，墙内居中是一座长、宽各数十米的宫殿基址，基址前又有笔直的大道通往城南。

殷墟遗址中，宫区位于都城的中心位置，宫室遗址面积相当宏大，并有门庭、庙宇等夯土版筑的土木工事。

2.4.2 西周和春秋战国时代的宫室

春秋战国时代，生产力的提高和生产关系的改变，促进了农业和手工业生产的发达，扩大了社会分工，商业与城市经济逐渐繁荣起来。豪华的宫室建筑，日益成为诸侯们一种享受生活的需要，他们的兴趣所在，促使宫室建筑盛极一时。

燕下都的宫室位于东部北段中央，有高大的夯土台，长130~140米，高约7.6米，呈阶梯状，附近还有附属建筑的遗址。这组建筑之北，散布若干夯土台。燕下都遗址共有夯土台五十余处，表明燕国内的宫室建筑是建在夯土台上的。古代商周以来的"台榭"应该是以夯土台为基础，台基、屋身和屋顶为一座房屋的三个主要组成部分。

总体来说，春秋战国时代的宫室建筑是下有台基，顶为四宇伸张，屋顶、梁柱、墙壁、砖瓦都有精美的装饰。

2.5 先秦园林

2.5.1 商殷的沙丘苑台

《史记·殷本纪》："帝纣……厚赋税以实鹿台之钱，而盈钜桥之粟……益广沙丘苑台，多取野兽蜚鸟置其中。慢于鬼神。大聚乐戏于沙丘，以酒为池，悬肉为林，使男女倮相逐其间，为长夜之饮。"可见沙丘苑台中充盈着非常多的动物，相当于"囿"，为苑与台相结合的整体综合环境。当时有古漳水在这里流过，造就了这片沃土，水草丰美，林木茂盛。纣王还在沙丘苑囿内栽种了树木，放养了供畋猎的禽兽，建造了宫馆。沙丘苑台不仅具有蓄养、通神、种植等功能，还是纣王娱乐、游憩的场所，已经初具园林的功能和特点。

据考古资料显示，普遍认为，沙丘苑台具体地点在今广宗县城北郊大平台、前平台、后平台村一带。上述三个平台村均由"沙丘平台"而得名，遗址有数千亩（1亩 = 666.6̇6̇平方米）。沙丘苑中的宫殿建筑也应是很多的，正如《竹书纪年》记述："纣时稍大其邑，南据朝歌，北据邯郸及沙丘，皆为离宫别馆。"

2.5.2 周代的灵囿、灵沼、灵台

有史料记载的最早的园林形式是囿，灵囿是周文王营建的囿，是文字记载的最早的园林之一。除此之外，周文王还营建了著名的灵沼、灵台。灵囿、灵沼、灵台的结合，构成了中国古代苑园的雏形，可以说是一座划时代的园林作品。

关于这座园林，《诗经·大雅》的"灵台"篇有具体的描写："经始灵台，经之营之；庶民攻之，不日成之。经始勿亟，庶民子来；王在灵囿，麀鹿攸伏。麀鹿濯濯，白鸟翯翯；王在灵沼，于牣鱼跃。"这段文字描述了周文王修建灵台和周文王在灵囿中游

赏的一些情况。周文王开始修建灵台，老百姓勤于劳动，没多久就完成了。老百姓都像儿子为父亲干活那样踊跃参加。文王在灵囿中游乐，看到了雌鹿自由自在地伏在那里，看到了皮毛光亮的雌鹿和洁白而肥泽的白鸟；在灵沼看到了盈满鱼的池沼，欣赏到了鱼跃水面的景象。由此可见，灵囿不仅是狩猎场所，同时也是欣赏自然美景、动物生活的一个审美享受的场所。

周文王在丰京城郊营建灵囿，大概方位见于《三辅黄图》的记载，"文王灵囿，在长安县西四十二里……周文王灵沼，在长安西三十里。"由于年代久远，地面上基本已无迹可寻，灵囿、灵沼、灵台的具体位置难以确定。不过，今天陕西户县以东、秦渡镇以北二里，有一大土台，台上建有平等寺。据传说，这个大土台即周文王的灵台遗址。往西北数里，今董村附近有一片洼地，南北五十多步，东西约二里，传说是灵沼的故址。

总之，这时的囿是就一定的地域加以范围，其中天然的草木滋生，禽兽得以繁育的场所。在其中，还可挖池筑台，是供帝王贵族狩猎游乐之用地，同时也是欣赏自然景观和动物活动的场所。

早期的园囿，是为了奴隶主阶层游猎的需要，而圈划一定的地域，营建而成的游憩区域，但其中的人工设施稀少，多为自然之物。而周文王所建灵囿，人工构筑物明显增多，人工管理的迹象非常明显。周代，已有专人对囿进行管理。《周礼·地官》中记载："囿人中士四人，下士八人，府二人，胥八人，徒八十人。"这些人员的职责是饲养和管理囿中的禽兽，如熊、虎、孔雀、狐、兔、鹤等诸百兽，皆有专人饲养管理。

灵台应是灵囿中的主要建筑物。灵沼是灵囿内的一个池沼，它是天然的，还是人工挖掘而成的？刘向《新序》载："周文王作灵台，及为池沼……泽及枯骨"意思是说，因为筑台需要而挖土，因为挖土，掘得骸骨，文王更葬之。挖土之处，越挖越深，越挖越大，就变成了池沼，台筑成了，池沼也挖成了。类似现代的挖土堆山的做法。

周朝，不仅帝王营建囿，诸侯也可以有囿。毛苌对《诗经·大雅》灵台篇的注释中，有："囿……天子百里，诸侯四十里。"可见诸侯也可以有囿，只是规模大小不同，这是古代的等级制度的需要。

2.5.3 春秋战国时代的苑囿

春秋战国时期，营建苑囿之风大增，天子诸侯纷纷修建华丽的苑囿。由于生产力的发展，这一时期苑囿中的人工构筑物大大地增加了，特别是台的建设趋于复杂和华丽，成为贵族们进行游乐活动的一个主要的场所。作为通神明、观天象的台，此时其功能得到进一步发展扩大，成为一个综合的游憩场所。苑中筑台，台上建有华丽的楼宇，成为苑囿中主要的游憩场所。台与囿结合，以台为中心，成为这一时期贵族苑囿的显著特点。台、宫、苑、囿等称谓也互相混用。

春秋战国时期建筑与文献记载的园林很多，其中楚国章华台和吴国姑苏台就是两个知名的典型苑囿。

1. 章华台

章华台位于湖北省境内，具体位置在云梦泽北沿的荆江三角洲上。章华台始建于楚灵王六年（前535年），楚灵王下令征召10万名工匠，在章华大兴土木，建造富丽堂皇的章华宫。在方圆四十里外修建大围墙，中央建造一冲天高台，以观望四方。台高15丈，广15丈，被称为章华台。高台半入云，巍峨似小山，被誉为"天下第一台"。据说，章华台落成后，楚灵王日日在这里寻欢作乐，过着骄奢淫逸的生活，管弦之声，昼夜不绝。

经考古发掘，章华台遗址东西长约2000米，南北宽约1000米。遗址内有大小不一、形状各异的夯土台，许多宫、室、门、阙遗迹清晰可辨。最大的台长45米，宽30米，高30米，分三层。每层台基上均残存建筑物的柱础。每次登临需休息三次，故又称"三休台"。

2. 姑苏台

姑苏台位于今苏州西南的姑苏山上（又名七子山、姑胥山），始建于吴王阖闾十年（前505年）。其全部建筑在山上，就山成台，规模极其宏大，主台"广八十四丈""高三百丈"。宫苑建筑极其华丽，除了一系列台之外，还有许多宫、馆及其他建筑物，并开凿山涧水池。《述异记》对这座宫苑有如下描述："吴王夫差筑姑苏之台，三年乃成。周旋诘屈，横亘五里，崇饰土木，殚耗人力。宫妓数千人，上别立春宵宫，为长夜之饮，造千石酒钟。夫差作天池，池中造青龙舟，舟中盛陈妓乐，日与西施为水嬉。吴王于宫中作海灵馆、馆娃阁（宫），铜钩玉槛。宫之楹槛皆玉饰之。"

姑苏台是一座山地园林，其总体布局因山就势，曲折高下。能够利用大自然山水环境的优势，发挥其成景的作用。园林人工开凿水体（天池），水体提供水上游乐场，同时也满足了供水的需要。园林中除了栽培树木之外，姑苏台还有专门栽植花卉的地段。

2.6 小结

生产技术的提高和生产力的发展，导致了社会剩余产品的产生，剩余产品集中在少数人手中，就产生了私有制和阶级社会。阶级社会，人们的生产生活发生了变化，少部分人摆脱了繁重的物质生产劳动并且控制社会的剩余生产，为园林的生成创造了必要的条件。为了满足"游娱"的社会需求，物质生产场所"园圃"和"囿"、通神场所"台"逐渐融入了观赏和游憩功能，成为具有园林性质的空间场所。

这一时期园林的建设者和拥有者是天子、诸侯等社会精英，园林的类型可以看作是皇家园林的前身，但是它不是真正意义上的皇家园林。

此时，由于园林的物质生产尚为其非常重要的功能，园林的建设内容大多服务于物质生产，园林布局也非常粗放。

思考练习

1. 论述园林产生发展的基本条件。
2. 阐述灵囿的特点。

第3章 秦汉时期园林

3.1 社会背景概况

3.1.1 秦代的社会概况

秦的祖先早期活动于今甘肃天水一带，东周人东迁时，秦的势力已经发展到关中西部，春秋时期称霸西戎。秦孝公时期，采用商鞅新法，逐渐强大起来，成为一强国。

前221年，秦灭六国，统一天下，建立了历史上第一个统一的集权封建王朝。秦统一天下后，进行一系列的改革，旨在巩固帝国的统治。实行中央集权，废除宗法分封制，立郡县制，划分全国为三十六郡，统一了货币，统一了文字，统一了度量衡，兴修水利，修建驰道等，这些改革措施促进了秦国经济的发展。发展封建制经济，解放了农民对领主的依附，确立了封建土地私有制。新兴地主阶级的力量迅速壮大，成为皇帝集权专政的支柱。文化思想上，尊崇法家思想。秦筑长城，把原秦、赵、燕的北方长城连接起来，成为西起临洮、东至辽东的一项伟大的工程。

秦统一后，将全国的政治、经济、军事集中在一人之手，秦始皇掌握全国的人力、物力、财力，故可营造规模宏大、占地广阔的园林和建筑。秦始皇将天下豪富二十万户迁移到都城咸阳，这二十万户的豪富之家，必定促进了都城的建设，促进了咸阳的经济发展。秦始皇将各国宫室集中建于咸阳北坂。这空前绝后的壮举，必然推动了秦代的宫苑建设。

3.1.2 汉代的社会概况

秦代存在时间较短，经过秦末的大动乱，汉高祖刘邦统一全国建立西汉王朝（前206—公元25年），建都长安。经过王莽篡夺政权建立短暂的新政权及农民起义后，刘秀统一全国，建立东汉政权（25—220年），建都洛阳。西汉、东汉合称两汉。

在社会思想方面。西汉初年，黄老之学的无为而治在社会上流行，这有助于恢复由于长期战争而遭到严重破坏的经济。汉武帝刘彻时，社会经济经过多年的恢复，已经有了很大的发展，农民通过汉初的休养生息，生活已经比较富足，无为而治的思想，在治国上已经显露其弊端。董仲舒提出"罢黜百家，独尊儒术"的主张，儒家的思想逐渐被统治阶级所接受，成为封建社会的主导社会思想。儒家倡导尊王攘夷、纲常伦纪、大义名分。封建礼制得以确立，封建秩序得以进一步巩固。同时，董仲舒将孔孟之道与阴阳五行之说融合，创立一套"天人感应""君权神授"等谶纬神学思想体系。

在社会经济方面。西汉初年，削平诸王叛乱，改革税制，兴修水利，封建制的地主小农经济得到了进一步巩固。工商业发展促进了城市繁荣，开辟了对外贸易交流通道。经过一段时间的发展，到汉武帝时期，国势强盛，疆域广大。东汉，地主阶级中的特权地主逐渐转化为豪族，地方豪族势力强大，兼并土地成为豪族大庄园。他们之中多数拥有自己的部曲（军队编制成私兵）而形成与中央抗衡、独霸一方的豪强。

秦汉时期，中国皇家园林建设发展处于兴盛时期，这一时期建设了规模宏大、雄伟壮丽的宫苑，产生了一批规划宏放、空前绝后的作品。萧何的"天子四海为家，非壮丽无以重威"的思想，敬天法地的思想，天人感应的哲学思想，这些促使秦汉王朝建设规模宏大的宫苑。同时规模宏大的宫苑也反映了当时人们积极向外拓展、勇于展现自己的力量的无比气魄。

3.1.3 神仙思想盛行

神仙思想产生于战国末期，盛行于秦、汉。神仙思想是原始宗教中鬼神崇拜、山岳崇拜与老、庄道家学说杂糅的产物，它把神灵居处于高山这种原始的幻想演化为一系列的神仙境界。

战国时期，齐、燕一代的方士首先开始把神仙与现实人生中人们对长寿的渴望联系起来，声称神仙那里有"不死药"。这就为长生提供了可操作的途径，神仙观念也就和现世的不朽结合在一起。

据《史记·封禅书》记载："自（齐）威、（齐）宣、燕昭使人入海，求蓬莱、方丈、瀛洲。此三神山者，其傅在勃海中，去人不远；患且至，则船风引而去。盖尝有至者，诸仙人及不死之药皆在焉。其物禽兽尽白，而黄金银为宫阙。未至，望之如云；及到，三神山反居水下，临之，风辄引去，终莫能至云。世主莫不甘心焉。"这是我国有关"求仙"的最早记录。

秦始皇称帝后，曾"悉召文学方术士甚众，欲以兴太平，方士欲练以求奇药"，还曾"遣徐市发童男女数千人，入海求仙人"。

至汉初，黄老之学盛行，"黄老起于齐，神仙之说与黄老通"。秦汉方士多兴于齐，故而汉初的神仙思想依然像秦代那样向其他地方蔓延，再加之汉武帝的爱好，传播的广度和深度都有所增加。汉武帝时期，求仙热情发展到荒唐的地步，神仙信仰也就跟着帝王的热情而进一步走向普及。在秦汉时期，在人们的心目中，高山之巅的昆仑和大海深处的蓬莱，居住着永远不老的仙人，那里是无与伦比的仙境，那里有金玉楼台和无穷的享乐。人们渴望到达仙境，脱离尘世生老病死的苦恼。

秦始皇派徐福渡海求仙开始，蓬莱仙岛逐步深入人心。汉武帝的求仙活动更是超越了秦始皇，但是结果却是一样的。求仙不能，便在现实环境中模拟仙境，促进了仙苑式园林的产生与流行。秦始皇在兰池宫中挖池筑山，模拟蓬莱仙境；汉武帝的建章宫中有大湖曰太液池，池中建三岛，曰蓬莱、方丈、瀛洲，象征东海仙岛。这是仙境走入人造园林空间的典型例证，也开创了"一池三山"的中国古典园林建设模式。

3.2 秦代园林

秦始皇在征伐六国的过程中，每灭一国便仿建该国王宫于咸阳北坂。此后，秦始皇逐步实现其"大咸阳规划"，以及京畿、关中地区的史无前例的大规模宫苑建设。秦始皇驱使千百万人民充当夫役，连续不断地营建了许多宫室。

3.2.1 皇室宫馆

秦代及秦代以后所谓的"宫"，总的来说，是指由各种不同单体建筑组合而成的一个建筑群体的总称，即在一个基地上分散布置着殿宇而又互相联系成为一个建筑群体。

1. 信宫（极庙）

《史记·秦始皇本纪》载："（始皇）二十七年（前220年）……作信宫渭南，已而更命信宫为极庙，象天极。自极庙道通骊山，作甘泉前殿。筑甬道，自咸阳属之。"《三辅黄图》载："始皇穷奢极侈，筑咸阳宫，因北陵营殿，端门四达，以则紫宫，象帝居。渭水贯都，以象天汉；横桥南渡，以法牵牛。"

信宫与渭水之北的咸阳宫形成南北呼应的格局。"天极"即北极，又名北辰，是天帝所居的星座。紫宫、天汉、牵牛都是天上星座的名称。信宫、咸阳宫之间，用甬道相连，组成一组宏大的宫殿群。甬道，《史记正义》释为："于驰道外筑墙，天子于其中，外人不见。"

秦始皇统一六国后，在周道的基础上修建以咸阳为中心通向全国的大道。《史记·秦始皇本纪》载："（始皇）二十七年（前220年）……治驰道。"驰道即天子道，就是皇帝行车之路。《汉书·贾邹枚路传》载："（秦）为驰道于天下，东穷燕、齐，南极吴、楚，江湖之上，濒海之观毕至。道广五十步，三丈而树，后筑其外，隐以金椎，树以青松。为驰道之丽至于此"通往全国的驰道是一项巨大工程，路旁植树的记载，以驰道为最早。驰道的完成，对秦始皇而言，便于王朝在政治、军事上对齐、燕、吴、楚等地的控制，而通畅的道路网打破了地域间的闭塞，客观上大大促进不同地域城市间的文化交流，对社会的发展、国家的统一具有深远的影响。

2. 阿房宫

始皇三十五年（前212年），秦始皇又在渭南的原周代丰、镐古都附近修建规模更大的阿房宫。《史记·秦始皇本纪》载："三十五年，……于是始皇以为咸阳人多，先王之宫廷小，吾闻周文王都丰，武王都镐，丰镐之间，帝王之都也。乃营作朝宫渭南上林苑中。先作前殿阿房，东西五百步，南北五十丈，上可以坐万人，下可以建五丈旗。周驰为阁道，自殿下直抵南山。表南山之颠以为阙。为复道，自阿房渡渭，属之咸阳，以象天极阁道绝汉抵营室也。"《三辅黄图》载："阿房宫，亦曰阿城。惠文王造，宫未成而亡，始皇广其宫，规恢三百余里。离宫别馆，弥山跨谷，辇道相属，阁道通骊山八十余里。表南山之颠以为阙，络樊川以为池……作阿房前殿，东西五十步，南北五十丈，上可坐万人，下建五丈旗……以木兰为梁，以磁石为门。"

可见，阿房宫规模之宏大，三百多里的范围，弥山跨谷皆为宫室，于终南山顶上建阙，把樊川之水作水池。阿房宫是皇帝日常起居、视事、朝会、庆典的地方，其性质相当于渭南的政治中心。而其形象为渭南的构图中心，往南一直延伸到终南山，往北与都城咸阳浑然一体。它通过复道连接北面的咸阳宫和东面的骊山宫，复道为两层的廊道，上层封闭，下层开敞。整个规划也继承了天体星象的模拟，从"天极"星座经"阁道"星座、再横过"天河"星座而抵达"营室"星座。

3. 兰池宫

秦始皇十分迷信神仙方术，曾多次派遣方士到东海三仙山求取长生不老之药，当然毫无结果。于是退而求其次，在园林里面挖池筑岛，模拟海上仙山的形象以满足他接近神仙的愿望，这就是"兰池宫"。

据《元和郡县图志》："秦兰池宫在县东二十五里……兰池阪，即秦之兰池也，在县东二十五里。初，始皇引渭水为池，东西二百里，南北二十里，筑为蓬莱山，刻石为鲸鱼，长二百丈。"《史记·秦始皇本纪》载："三十一年十二月，更名腊曰'嘉平'。赐黔首里六石米，二羊。始皇微行咸阳，与武士四人俱，夜出逢盗兰池"。兰池宫在中国园林史上，是目前发现模拟海上仙山且有求仙功能记载的最早实例。

神仙思想的盛行和秦始皇对求仙的执着，促使人们心目中仙境在园林中的再现，兰池宫首次见于文献记载在池中筑山，曰蓬莱山，开创了中国古典园林再现蓬莱仙境的先河。

3.2.2　皇家御苑

秦始皇不仅修建了规模宏大，数量众多的宫室，也营建了大量的苑囿，其中比较重要而且能确定具体位置的有：上林苑、宜春苑、梁山宫、骊山宫、林光宫、兰池宫等几处。但由于没有专门的文字记述苑囿，只能通过零星的文字记载了解秦代苑囿的状况。

上林苑

著名的阿房宫就建在上林苑内，并且为上林苑内最重要的一组建筑群，也是上林苑的核心。"规恢三百余里。离宫别馆，弥山跨谷，辇道相属，阁道通骊山八十余里。表南山之巅为阙，络樊川以为池。"可见上林苑规模之宏大，山水环境和建筑得以有机组合。上林苑原为秦国的旧苑，秦始皇加以扩大、充实成为当时最大的一座皇家园林。上林苑中，除了阿房宫，还有许多宫、殿、台、馆，它们都依托各种自然环境，利用不同的地形条件而构置。

上林苑内有专为圈养野兽而修筑的兽圈，并在其旁修建馆、观之类的建筑，供帝王狩猎和观赏游乐之用。上林苑内的植被丰富，树木繁茂。上林苑中除了自然河流外，还开凿了许多人工湖，如牛首湖、镐池等，既丰富了苑囿中的水景，又起到了蓄水的作用。

3.3 汉代园林

3.3.1 汉代的文化艺术概况

汉武帝时期，国力强盛，并且开辟了经西域的贸易往来和文化交流的通道。伴随着频繁的贸易，中华文化也传播到附近的各民族，同时，佛教、音乐、艺术和西方文化也经西域、南海传入中国。汉代的艺术在楚汉文化的基础上，又吸取了外来文化，发展繁荣起来。

汉代文化，在社会思想方面，基本上可以说是道、儒两家学派互相消长。道、儒两家的思想意识必然反映在各种艺术形式上。汉王朝盛行壁画，壁画所画的内容题材，或者表现统治阶级的尊贵威严以及功臣、孝子、贞女、烈女、圣贤、侠义之类的人物故事，来宣扬封建社会价值观，以巩固帝王统治；或者表现统治阶级的奢侈享乐生活，如宴会、斗鸡等；或者表现远古神话故事，表达灵怪神仙思想。汉画中，以人物故事肖像为主，但是已经显出有描绘自然风光的形迹。雕刻技术也较以前各代有了较大的发展进步，存留的遗迹也比较多。统观汉代的雕刻、绘画，明显的中心主题是劝善戒恶，为封建统治说教，题材以现实生活为主，基本上以写实的手法表现。

在文学上发展了从楚辞脱胎而来的汉赋，它是不歌的纯文学作品。

汉代建筑艺术，在秦代的较成熟的建筑艺术基础上，又向前发展了一步，为我国的木结构建筑打下了坚实的基础，中国古代建筑的结构体系和建筑形式的若干特点已经基本形成，出现了许多雄伟的建筑。建筑材料和建筑技术方面，战国时代屋面已经大量使用青瓦覆盖。砖的种类也在增多，除条砖外，还出现了方砖、空心砖、扇形砖和楔形砖。石料的使用也逐渐增多。春秋战国时期已经建造重屋和高台建筑，但是自东汉起，高台建筑逐渐减少，而高达三四层的楼阁大量增加。木构架结构技术，秦汉时期已日渐完善，两种主要的结构方法——台梁式和穿斗式都已发展成熟。汉代建筑的屋顶已经有五种基本形式：庑殿、悬山、囤顶、攒尖和歇山。

3.3.2 西汉长安都城和皇家宫苑

1. 西汉长安城

西汉都城长安，位于今西安西北郊约10公里处。汉高祖八年（前199年），刘邦还在扫荡异姓王的叛乱时，萧何就着手营建京师，在长乐宫以西修筑壮丽的未央宫，还有东阙、北阙、前殿和武库等，建成后，京师已初具规模，但当时只是宫城，并没修筑外郭城。汉惠帝元年（前194年）开始修筑外郭城，到了汉惠帝五年（前190年）才完成。刘邦入关后，在建汉之初，曾利用一处秦代离宫名曰长安宫，扩建为长乐宫，不久又在其旁修建未央宫和北宫，并以此为基础建造长安城。未央宫是利用龙首山地形，因地制宜地建造前殿，而舍弃以前将大殿建在人工夯筑的工程浩大的土台上的做法。长安城原无城墙，长安城墙是在宫殿等建成后，在惠帝时三次发动农民在冬闲时修筑的。汉武帝时又在城西修建建章宫，还修筑了城内桂宫、明光宫（图3-1）。

长安城每面城墙各有三个城门，共十二门，每个城门各有三个城门洞。城内有八条主要街道，都与城门相通，穿插在宫殿群和居住区之间，纵横交错，作十字形或丁字形相交。由于街道的布局把全城分成大小不同的住宅区，各个住宅区又分成许多闾里。商业区主要在城北的东部和西部，东部多是贵族府第，西部诸市靠近渭河桥，交通便利，商贾云集，最为繁荣。

长安城中以宫室建筑为主要组成部分，长乐宫最早修建在城东南隅，后建未央宫在城西南隅，汉武帝刘彻又在长乐宫以北修建了明光宫，未央宫北面还有北宫、桂宫。在长安西筑有建章宫。据文献记载，各宫之间几乎都有复道周阁相属。这是由于汉代宫室群散布在城内各处，与百姓杂居，不得不用飞阁复道连接起来。

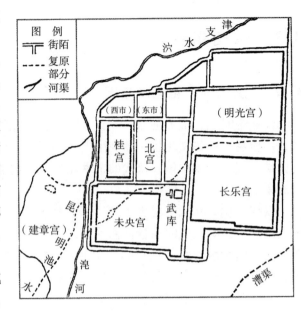

图3-1 西汉长安内宫苑分布图

2. 长乐宫

长乐宫位于汉长安城的东南角，是在秦兴乐宫的基础上修葺而成的，由于位置靠东，故有东宫之称。长乐宫中轴线上是主要宫殿，东部有池有台，西部有四座殿连在一条轴线上。外围建有宫垣，四面辟有宫门，宫垣之外另筑有郭城，并有阙的设置。据记载，长乐宫有鱼池、酒池、鸿台，池中有秦始皇造的肉炙树，这些专供皇帝享乐的园林设施增加了园林的情趣，汉武帝曾舟游池中，在台上观看牛饮者3000人。汉高祖刘邦曾在此处临朝，后来成为皇太后的居室。

长乐宫布局严谨，中轴线上主要宫殿有前殿、临华殿和大厦殿，大殿都是正向朝南，排列疏朗。东部池台供皇族游憩，西部为嫔妃的居所。

3. 未央宫

《史记·高祖本纪》载："萧丞相营作未央宫，立东阙、北阙、前殿、武库、太仓。高祖还，见宫阙壮甚，怒，谓萧何曰：'天下匈匈，苦战数岁，成败未可知，是何治宫室过度也？'萧何曰：'天下方未定，故可因遂就宫室。且夫天子四海为家，非壮丽无以重威，且无令后世有以加也。'"萧何的回答大意是说，帝王的宫殿必须壮丽宏大，否则，不能显示帝王的至尊无上的威严，只有这样才可以使人民慑服在重威下做顺民。

后来，汉武帝刘彻不断对未央宫加以整修更新和新筑，更增加了未央宫的华丽程度。在总体布局上，未央宫建筑群由三部分组成：第一部分是以未央前殿为中心的前宫区；第二部分是由不同功能的几组建筑组成的中宫区；第三部分是以椒房殿为中心的后宫区；这三区之间通过宫垣分隔开。

前宫区，正门叫端门，左右各有掖门。前殿是未央宫的主体建筑，是皇帝临朝听政的正殿，前殿本身是一组建筑。由于前宫区主要是受理朝政之处，故建筑布局严整而庄严。

中宫区，是由几组不同功能的建筑组成，进金马门，又有两组相对的建筑，一组称"官者署"，为皇帝召臣子侍读的场所；一组称"承明殿"，是著述写作的场所。中宫区的东北隅的一组建筑中有天禄阁和温室殿。天禄阁是储藏书籍的场所；温室殿是适宜冬天居住的宫殿。中宫区的西北隅，有一组建筑，适宜夏日居住，有石阙阁、清凉殿、沧池、渐台。

后宫区，以椒房殿为中心，是后妃居住的内宫。《三辅黄图》载："武帝时后宫八区，有昭阳、飞翔、增成、合欢、兰林、披香、凤凰、鸳鸯等殿。后又增修安处、常宁、茝若、椒风、发越、蕙草等殿"。

4. 上林苑

上林苑原是秦代一大型苑囿，西汉初年，上林苑中许多地方已经被农民开垦。到汉武帝刘彻时，经过多年的休养生息，国力富裕，汉武帝又喜欢出猎，故扩建秦上林苑，建成中国历史上面积最大的皇家园林。汉上林苑的苑址，广大惊人，地跨长安、盩厔（今周至）、鄠县（今户县）、咸宁、蓝田等五县。《三辅黄图》载："《汉书》已'武帝建元三年开上林苑，东南至蓝田（县名）、宜春（苑名，在咸宁县内）、鼎湖、御宿（二者为河川名，也是苑名）、昆吾（苑名），旁南山（终南山）而西，至长杨（宫名，在周至县内），五柞（宫名，在周至县内），北绕黄山（今兴平市马嵬镇北），濒渭水而东。周袤三百里。'离宫七十所，皆容千乘万骑。"司马相如的《上林赋》："终始灞浐，出入泾渭；酆镐潦潏，纡馀委蛇，经营乎其内。荡荡乎八川分流，相背而异态。东西南北，驰骛往来"。

上林苑的主要功能仍为大规模的狩猎游乐活动，继承了历史上苑囿的特点。然而上林苑的内容已经不限于狩猎活动，增加了更多的娱乐游戏活动，有多种形式的建筑或建筑群。据《三辅故事》载："昆明池中有龙首船，常令宫女泛舟池中，张凤盖，建华旗，作櫂歌，杂以鼓吹"。据文献记载，上林苑中有苑三十六，宫十二，观三十五。这些苑、宫、观的规模不一，功能不同，各具特色。有文献记载的苑名有：御宿苑、宜春苑、乐游苑、思贤苑、博望苑等。御宿苑是皇帝游玩过程中，休息住宿的场所；宜春苑是皇帝观春景的场所。

见于文献记载的宫名有：建章宫、承光宫、储元宫、包阳宫、广阳宫、望远宫、犬台宫、宣曲宫、昭台宫、葡萄宫、扶荔宫等。这些宫各有其功能，如扶荔宫为栽植热带植物的宫室，应为暖房温室一类的建筑；犬台宫为皇族欣赏狗跑活动的场所。

上林苑中水景丰富，关中八水皆流经上林苑，此外还有多处天然湖泊，人工开凿的水池也不少。昆明池为上林苑中一处比较大的人工水池，位于长安城西南，从现存的遗址来看，面积约10平方千米。昆明池除了造景之外，还有军事训练（水军训练）和为长安城供水的功能。《史记·平准书》载："越欲与汉用船战逐，乃大修昆明池，列观环之。治楼船，高十余丈，旗帜加其上，甚壮。"昆明池的水源主要来自洨水，此外，还接纳樊川、杜曲诸河流的水，水源丰富，使昆明池成为一个人工蓄水的大水库。通过水渠将昆明池的水导入长安城，为长安供水，解决由于人口增加带来的长安城用水压力。

在昆明池中放置巨型的动物石雕（石鲸）。据《三辅故事》："昆明池三百二十五顷，池中有豫章台及石鲸，刻石为鲸鱼，长三丈。"在池的东西两岸分立牛郎、织女两座石雕，作为天上银河天汉的象征。这两件西汉的石雕作品至今尚完整保存，现今在常家庄的石婆庙中的石婆，传说就是当年的织女石雕，在斗门镇的石爷庙中的石爷则是牛郎石雕。昆明池的开凿带动了周围景观的建设，当年环池一带绿树成荫，建有许多观、台建筑。

上林苑地域广大，地势复杂，山水环境良好，自然植被丰富，还栽植了各种奇树异果。《西京杂记》载："初修上林苑，群臣远方，各献名果异树，亦有制为美名，以标奇丽者。"丰富的自然植被，再加上人工种植的各种植物，上林苑俨然一座大型植物园。上林苑同时为皇家狩猎区，还饲养了多种动物。据《汉旧仪》载："苑中养百兽，天子春秋射猎苑中，取兽无数。其中离宫七十所，容千骑万乘。"

总之，上林苑是一个地域广大的皇家苑囿，是在辽阔的天然环境的基础上，加以适当改造营建而成的，苑中既有河流、池沼、植被、野生动物等自然景观，也有人工建造的众多宫、观、台等建筑群散布其中。各个建筑或建筑群疏朗地分布在广大的区域内，在空间上联系松散，形成一个随意的、疏朗的、"集锦"式的总体布局。上林苑的功能是复杂的，是一座多功能的皇家园林，各种建筑群均是为了满足不同功能而建的，每个场所都有其功能。上林苑是一个具有不同功能的场所复合体，它不仅具有狩猎、游赏等游憩功能，还有生产、军事训练等实用功能，另外尚存求仙、通神等功能。

5. 建章宫

建章宫（图3-2）是上林苑中最重要的一座宫室建筑群，太初元年（前104年）营造。汉武帝刘彻因长安城中，未央宫建筑已经十分拥挤，于是在长安城之西，营建建章宫，建章宫与未央宫相邻，与其隔城相望。为了方便往来，飞阁跨过城墙和护城河，连通未央宫和建章宫，辇道相通是西汉宫城建设的一大特点。建章宫规模宏大。《三辅黄图》载："宫在未央宫西长安城外……周二十余里，千门万户"。

建章宫的整体布局可分为三部分。宫城东南部为建章宫的主体建筑群，阊阖、圆阙、前殿、建章宫一同形成该区的中轴线，建章宫左右建有相对称的宫殿，前部间置宫室，轴线西部另成一区。宫城西南部为唐中殿和唐中池，唐中池周回十二里，有广阔的庭，可容万人，还设有虎圈。宫城的北部为宫城的内苑，以太液池为中心，池中建有蓬莱、瀛洲、方丈三座人工岛屿，象征海中神山，太液池北岸，设有石鱼雕刻。《史记·孝武本纪》载："其北治大池，渐台高二十余丈，名曰太液池，中有蓬莱、方丈、瀛洲、壶梁，象海中神山，龟鱼之属。"内苑太液池畔有多种石雕装饰，苑中动植物非常丰富。《三辅故事》载："池北岸有石鱼，长二丈，广五尺，西岸有龟二枚，各长六尺。"《西京杂记》有关于太液池畔植物和禽鸟的记述："太液池边皆是雕胡（茭白之结实者）、紫

图 3-2　建章宫鸟瞰示意图

箨（葭芦）、绿节（茭白）之类……其间，凫雏、雁子布满充积，又多紫龟、绿鳖。池边多平沙，沙上鹈鹕、鹧鸪、鸡鹢、鸿鹔，动辄成群。"

建章宫是一座宫苑，不同于未央宫、长乐宫的建设布局，在宫城的北部出现了以太液池为中心的内苑，这种"前宫后苑"布局是中国古代宫殿建设中典型的布局形式。建章宫一改皇家宫殿那种庄严宏伟的均衡对称布局，总体布局错落有致，建筑布局能够依形就势，不拘泥于形制。从园林发展历程来看，建章宫中的太液池有其重要的意义。太液池中，筑有蓬莱、瀛洲、方丈三座人工山，太液池象征大海，三山象征神山，这种"仙境"的做法，是古典皇家园林常用的方式。"一池三山"成为后世园林理水掇山的范例和典型模式。

3.3.3　西汉私家园林

1. 兔园

汉代土地可自由买卖，土地兼并日益剧烈，土地逐渐集中在少数人手中。地主阶级非常富裕，生活奢侈，也仿效皇家园林营建府第苑囿。

兔园后称梁园，亦称梁苑，由西汉梁孝王刘武所建。梁孝王是汉武帝刘彻的叔叔，深受窦太后的喜爱，好宾客。《西京杂记》载："梁孝王好营宫室苑囿之乐。作曜华之宫，筑兔园。园中有百灵山，山有肤寸石、落猿岩、栖龙岫。又有雁池，池间有鹤洲凫渚。其诸宫观相连，延亘数十里，奇果异树，瑰禽怪兽毕备。王日与宫人宾客弋钓其中。"

园中的百灵山，为人工假山，应为土石结合的人工假山，表明西汉时已经具备人工掇山的技术。兔园有雁池，池中还有突出水面的鹤洲凫渚，说明园中掇山理水技术已经比较成熟，并且突破了皇家园林的神山象征的做法，是纯粹仿山模水的做法，构筑山水已经成为园林中的造景手法。兔园中种植了很多奇果异树，放养了各种禽兽，继承了苑囿的做法，具有传统的狩猎功能。兔园也非常华丽，诸宫观相连，延亘数十里，可见其规模之宏伟。

2. 袁广汉园

《西京杂记》载："茂陵富人袁广汉，藏镪巨万，家僮八九百人。于北邙山下筑园，东西四里，南北五里，激流水注其内。构石为山，高十余丈，连延数里。养白鹦鹉、紫鸳鸯、牦牛、青兕，奇兽怪禽，委积其间。积沙为洲屿，激水为波潮，其中致江鸥、海鹤、孕雏产鷇，延漫林池。奇树异草，靡不具植。屋皆徘徊连属，重阁修廊，行之，移晷不能遍也。广汉后有罪诛，没入官园，鸟兽草木，皆移植上林苑中。"

袁广汉之园，富丽堂皇，反映了当时富豪营造园林的审美取向，同时也说明了西汉富人具有富可敌国的财力。能够"构石为山"，说明当时民间已经具备了比较高的掇山技术。石山堆筑能够在比较狭小的基址上筑出更高的山体，可以节约土地，同时可以创造更加丰富的山体景观，可以说在园林筑山发展历程中是一个重大的进步。在园林中种植奇花异草，放养各种动物，这是受皇家苑囿的影响，当时民间和皇家的营造园林的理念并没有很大的差别。"激流水注其内""积沙为洲屿，激水为波潮"，说明在该园中，引入活水，创造了宏大的水面，水中还建有洲屿，这都是对自然界的模仿。

3.3.4　东汉都城洛阳和皇家宫苑

1. 东汉洛阳城

东汉都城洛阳，原是东周都城"成周"的故址，秦与西汉在此均建有宫殿，东汉时期加以扩大（图3-3）。洛阳的地形，北依邙山，南临洛水，地势北高南低，有穀水和洛水支流汇流横贯城中。城区略呈长方形，共设城门十二座。城内有南宫和北宫两区，合占城区面积的五分之一以上。南宫为秦代旧宫。《汉官典职仪式选用》："南宫至北宫，中央作大屋，复道，三道行，天子从中道，从官夹左右，十步一卫。两宫相去七里。"南北两宫，分别为大朝和寝宫。城区内还有永安宫、濯龙苑、西园、南苑等宫苑，城区内其余多数地段为居住闾里、衙署、市集，占据不到城区的一半。全城没有形成以主要宫殿为中心的中轴线，也未遵循周代都城以皇城为中心的营国制度。宫廷建筑所占比重较西汉长安低，且集中于城市中央及北半部，城市布局趋于严谨。

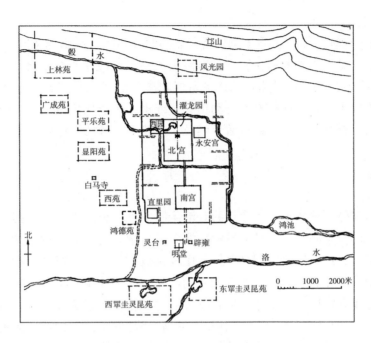

图 3-3 东汉洛阳主要宫苑分布示意图

2. 洛阳宫苑

东汉时期，洛阳城内建有御苑四座，即永安宫、濯龙苑、西园和直里园。濯龙苑是其中面积最大的一座，从北宫起直到北垣，与北宫一起构成前宫后苑的布局。永安宫在城东，《东京赋》："永安离宫，修竹冬青。阴池幽流，玄泉洌清。鸭鹢秋栖，鹍鹒春鸣。鸤鸠丽黄，关关嘤嘤。"西园在城西。直里园又名南园在城的西南隅。

洛阳近郊，陆续修建了皇家宫苑数处，规模大小不一。见于文献记载的有平乐苑、上林苑、广成苑、光风园、鸿池、西苑、显阳苑、鸿德苑等。上林苑和广成苑是东汉皇帝狩猎游乐的场所，较之西汉上林苑面积要小。鸿池在东郊，有广阔的水面，在百顷之上。

3.3.5 东汉私家园林

梁冀的私园

东汉末年，富有的官僚地主多有宅第苑囿之作，较之西汉有过之无不及。桓帝时，大将军梁冀的私园就是典型的作品。《后汉书·梁统列传》载："冀乃大起第舍，而寿（孙寿，冀之妻）亦对街为宅，殚极土木，互相夸竞。堂寝皆有阴阳奥室，连房洞户。柱壁雕镂，加以铜漆；窗牖皆有绮疏青琐，图以云气仙灵。台阁周通，更相临望；飞梁石蹬，陵跨水道。金玉珠玑，异方珍怪，充积臧室。远致汗血名马。又广开园圃，采土筑山，十里九坂，以象二崤，森林绝涧，有若自然，奇禽驯兽，飞走其间。……又多拓林苑，禁同王家，西至弘农，东界荥阳，南极鲁阳，北达河、淇，包含山薮，远带丘荒，周旋封域，殆将千里。又起菟园于河南城西，经亘数十里，发属县卒徒，缮修楼观，数年乃成。"

《后汉书·梁统列传》记载了梁冀所营建的两处私园，园圃和菟园。园圃中的假山，募仿崐山形象，是真山的缩移摹写。堆筑假山的技术已经相当高，自然逼真，假山达到"森林绝涧，有若自然"的效果。假山的营建理念，已经脱离"神仙境界"的创造，而以自然山体为模本。园林同样有珍奇动植物，继承了传统园囿的做法。菟园，从记载来看，规模宏大，绵亘数十里。经过数年建设，才建成，可见工程浩大。

3.4 小结

秦、汉封建体制确立了中央集权的政治体制，皇权至高无上，中国历史上首次出现了真正意义上的皇家园林。园林的游憩功能尚未与物质生产等实用功能分开，就园林的形式和内容来说，这一时期，园林总体上比较粗放。"天子以四海为家，非壮丽无以重威"的思想决定了皇家宫苑具有很强的政治功能，豪华壮丽往往为其典型特征。

园林的建设和使用者，主要为皇族以及地主官僚。皇家园林为这一时期园林的主要类型。虽然少量的私家园林见于文献记载，但就园林的形式、内容、规模方面来说，私家园林并未形成自己的特色，更多的是对皇家园林的模仿。

神仙思想流行和求仙活动的盛行，使得园林中仙境的再现更加突出和多样。从此仙境的内容成为皇家园林非常重要的元素，成为后世皇家园林不朽的主题。

园林中游憩的功能在逐渐加重，虽然园林中尚存物质生产、通神求仙、狩猎等功能，但后期游憩功能在很多园林中占据主导地位。

秦、西汉的大型皇家宫苑布局出于法天象、仿仙境、通神明的目的，有的还兼具皇家庄园和皇家猎场的性质，因此往往宫苑规模宏大、布局粗放。

思考练习

1. 简述汉代上林苑特点。
2. 论述建章宫的空间结构特征及在园林史上的意义。
3. 说明"仙苑式"园林的产生、发展及影响。

第 4 章 魏晋南北朝时期园林

4.1 社会背景概况

东汉末年，军阀地方势力空前壮大，各豪强、军阀互相兼并，最后而成魏、蜀、吴三国鼎立的局面。曹魏统一北方称帝后，司马氏篡魏，建立了晋王朝，晋代的八王之乱，匈奴、鲜卑、氐、羌、羯等少数民族的统治集团侵入北方，致使晋室南迁，偏安江左，形成了南北朝对峙的局面。589 年，隋文帝灭北周和陈，结束了魏晋南北朝这一历史时期，中国复归大统一的局面。

4.1.1 社会经济状况

由于连年战乱，社会经济遭到极大破坏，人口锐减，农田荒芜，生产停滞。西晋初年，由于采取了多项有利于经济生产的改革，社会也出现了短暂繁荣的景象。但是维系封建帝国的地主小农经济并未恢复，庄园经济的继续发展导致豪门大族日益强大而转化为门阀士族。其拥有自己的庄园、部曲和世袭的特权，成为"特权地主"。士族集团在社会上有很高的地位足以和皇室抗衡，所谓"下品无士族，上品无寒门"。

4.1.2 社会思想状况

这三百年政治上的动乱，国家的分裂，造成了社会秩序的解体，儒学独尊的意识形态被打破。人们思想上和信仰上获得了自由，人的个性得到突出发展。在社会意识形态领域里，人们摆脱了汉代"罢黜百家，独尊儒术"的束缚和谶纬迷信的控制，文化思想方面比较自由开放。在社会动荡年代，人们对传统道德规范和思想观念产生怀疑和否定，进而探索新的人生价值和社会意识形态。社会动荡不安，人们普遍流行消极悲观的情绪，在人生无常、生命短促的悲叹中，滋生"及时行乐"思想。

"自然""无为"的老庄思想开始抬头，人们开始崇尚贵生、避世。黄老思想开始兴起，继而出现了魏晋时期的玄学思潮。玄学指魏晋时期以老庄或三玄（《老子》《庄子》和《周易》）思想为骨架，从两汉繁琐的经学解放出来，企图调和"自然"与"名教"的一种特定的哲学思潮。它讨论的中心问题是"本末有无"，即用思辨的方法讨论关于天地万物存在的根据的问题，也就是说它是一种远离"事物"与"事物"的形式来讨论事物存在根据的本体论形而上学的问题。它是中国哲学史上第一次企图使中国哲学在老庄思想基础上建构，把儒道两大家结合起来的极有意义的哲学尝试。这一时期，人对自然和真我的知觉开始苏醒。

4.1.3 文人名士

文人们逃避现实，好谈老庄或注解《老子》《庄子》《周易》等书以抒己志。士大夫知识分子中出现了相当数量的"名士"，名士大多是玄学家，号称"竹林七贤"的阮籍、嵇康、刘伶、向秀、阮咸、山涛、王戎是名士的代表人物。

"反对礼教束缚，追求个性解放"成为时代的主流思想和主导价值取向，具有深厚文化素养的"士"成为追求个性解放、个人自由的先锋。这一时期，文士身上存在特点鲜明的时代特征——魏晋风流。深入广阔自然、畅游名山大川，是魏晋名士的一个鲜明的特征，有些士人整日徜徉在山水之间，甚至结庐于其中，成为真正的隐士。魏晋南北朝的文人士大夫主动与大自然谐和，对之倾注纯真的情感，结合理论探讨不断深化对自然美的认识。文人士大夫不惜笔墨，热情地歌咏大自然，促使全社会形成崇尚自然之风。

名士们以纵情放荡、玩世不恭的态度来反抗礼教的束缚，寻求个性的解放。其行动则表现为饮酒、服食、狂狷、崇尚隐逸和寄情山水。通过饮酒来刻意回避现实，麻醉自己。刘伶自谓"天生刘伶，以酒为名；一饮一斛，五斗解酲"，阮籍听说步兵衙署厨中储美酒数百斛，乃"忻然求为步兵校尉，于是入府舍，与刘伶酣饮"。狂喝滥饮甚至达到荒唐的程度，诸阮皆能饮酒，以大缸盛酒，围坐相向豪饮。时有群猪来，也全然不觉，与猪同饮，其醉如此云云。

服食是指吃五石散或曰寒石散而言，经过何晏的提倡，魏晋名士遂服食成风。这种药吃了之后浑身发热，需要到郊野地方去走动谓之"行散"，因此而增加了他们接触大自然的机会。《世说新语》载："（刘伶）脱衣裸形在屋中，人见讥之。伶曰：'我以天地为栋宇，屋室为裈衣，诸君何为入我裈中？'"由此可见魏晋名士玩世不恭、个性解放的极端表现了。

对名士来说，欲摆脱名教礼制，最好的精神寄托莫过于到远离人事扰攘的山林中去。战乱频繁、社会动荡、人生无常、命如朝露的残酷事实迫使人们对老庄的"无为而治、崇尚自然"思想的再认识。所谓自然即否定人为的、一切保持自然而然的状态，而大自然山林环境正是这种自然而然的最高境界。玄学的返璞归真，佛教、道教的出世思想也在一定程度上激发了人们对自然山水的向往之情。玄学家和名士们还通过清谈进行理论探讨，论证以名教礼法为纲的现实社会的虚伪，大自然才是最纯真的。这种"真"同时也表现为社会意义上的"善"和美学意义上的"美"，只有处于自然而然的状态才能达到人格的自我完善。名士们这种寄情山水的思想基础，是魏晋哲学的鲜明特征，也是魏晋士人寄情山水的理论基础。

魏晋南北朝特殊的政治、经济、社会环境是产生大量隐士、滋长隐逸思想的温床。许多著名人士，为逃避政治迫害而隐迹山林。

"隐士"的特征是清高孤介，洁身自爱，知命达理，视富贵如浮云。士人的政治抱负不见重于当局，或者不愿接受某种政治权威的桎梏，而采取消极逃避的办法即到山林里去把自己隐藏起来，所以称隐士。魏晋以来，政权更迭频繁，社会政治黑暗，士人一且涉入政治，升迁贬谪无常。面对黑暗无常的世道，厌世成了当时许多人共同表征。士人对现实不满，而又无能为力，便把目光转向隐逸，从红尘闹市到人迹罕至的高山峻岭和景色清幽的世外桃源中隐居，成为当时许多士人的选择。于是，崇尚隐逸的思想成为一种社会风尚。加之当时的庄园经济是高度自给自足的经济，物质生活资料很容易获得，几乎不依靠外来的物质资源，使得隐逸生活能够比较容易实现。

4.1.4 自然审美的发展

由于上述种种因缘际会，人们对大自然的审美，摆脱了儒家"君子比德"的单纯功利、伦理附会，从自然界的本来面目去审视它，欣赏它。人们一方面通过"寄情山水"的活动接触大自然，取得与大自然的协调，并对之倾诉纯真的感情；另一方面又结合理论的探讨，去深化对自然美的认识，去发掘、感知自然风景构成的内在规律。于是，人们对自然风景的审美观念便进入到了高级阶段而成熟起来，其标志就是山水风景的大开发和山水艺术的大兴盛。山水风景的开发是山水艺术兴起和发展的直接启导因素，山水艺术的兴盛反过来促进了山水风景的开发。

中国古代自然审美经历了漫长的发展历程，由原始社会时期的从实用功利的观点出发来观察自然山水，一切以"有用"为基础，发展到汉代萌生的以审美的理念来审视自然山水，"有用"已非人们喜爱自然山水的唯一理由，乃至于魏晋时期的自然山水审美意识的大觉醒、大拓展。此刻，自然山水以独立的审美个体走入了人们的生活，自然山水已经不再是满足人们物质生活需求的来源，也不再是象征道德观念的比附物质，而是具有愉悦人们精神的纯粹的美的物质现象。当人们观察审视自然山水并沉浸于其中时，人的精神与自然景观之灵气融合，进而获得超越世俗生活的精神愉悦。南北朝时期的画家认为："峰岫峣嶷，云林森眇。圣贤映于绝代，万趣融其神思。余复何为哉？畅神而已。"这种审美是以人的精神自由为出发点，摆脱功利杂念，以超脱的心境去观赏审视自然风物，进而获得精神上的畅适。

4.1.5 文化发展状况

两晋南北朝时，山水艺术的各门类都有了比较大的发展，包括山水文学、山水画、山水园林。

文学方面，早期的玄言诗很快式微，山水诗大量涌现。这类题材的诗文尽管尚处于幼年期，不免多少带着矫揉造作的痕迹，但毕竟突破了两汉大赋的排比罗列的浮华风气，而追求自然恬淡、情景交融的纯美风格，不能不说具有划时代的创新。

佛教在东汉时期传入中国，在魏晋南北朝时期得到空前的发展。北魏南梁把佛教定为国教，寺庙林立，佛像雕塑盛行。北魏时期开始出现石窟艺术，印度传来的佛传、佛本生等印度题材占据了这些洞窟壁画画面。

在绘画艺术上，绘画的领域扩大了，不仅佛道之类的宗教画、人物肖像成就突出，山水画、杂画都有独立成为一个画科的趋势。开始时，山水只是作为人物画的背景，也很粗略。随着对自然绘画技巧的提高，山水逐渐从人物背景成为专门化题材，独立地描写自然景物的山水画开始产生。绘画理论也有了很大的发展，在众多理论中，对后世影响最大的要推南齐谢赫在《古画品录》中指出的"六法"。"六法者何，一、气韵，生动是也；二、骨法，用笔是也；三、应物，象形是也；四、随景，赋彩是也；五、经营，位置是也；六、传移，模写是也。"宗炳在《画山水序》中指出：山水画家从主观的思想感情出发去接触大自然，可以通过借物写心的途径以实现画中物我为一的境界，从而达到"畅神"目的。欣赏一幅山水画，其主旨意在畅神。王微在《叙画》一文中提出"作画之情"，他认为山水画家必须对大自然之美产生感情，内心有所激荡才能形成创作的动力。

绘画艺术的繁荣还表现在这一时期著名画家辈出，三国西晋时期著名画家有曹弗兴和他的弟子卫协，东晋时有顾恺之、戴逵、戴勃等，刘宋时有陆探微、宗炳、王微等，南齐时有谢赫、毛惠远等，南梁时有张僧繇、陶弘景等，南陈时有顾野王、殷不害等，北朝有蒋少游、杨子华、曹仲达、田僧亮等。

山水诗、山水画促进了园林发展，促进了园林设计理念的更新。魏晋南北朝时期，崇尚隐逸和寄情山水的风气，促进了对山水风景的开发。佛道之教的发展，间接促进了山水风景区的开发建设，后世所谓"天下名山僧占多"在此时已蔚为大观。

魏晋南北朝是我国历史上一个民族大融合的时代，在这个过程中，各民族的文化得到了交流和融合，同时，中国和亚洲各国的文化交流也有了发展。魏晋南北朝在我国历史上是一个重大变化转折时期，哲学、宗教、文化、艺术等都经历了转变，史学、地理学、文学、绘画、雕塑、书法、音乐、舞蹈、杂技以及科学技术方面，都有重大成就。

魏晋南北朝长期处于动乱年代，但是思想、文化、艺术活动却十分活跃，这对中国造园艺术的发展产生了深远的影响。在以自然美为核心的时代美学思潮的直接影响下，中国园林由再现自然进而至于表现自然，由单纯地模仿自然山水进而适当地加以概括、提炼。建筑、山石、水体、植被各造园要素间关系更加紧密。皇家园林的狩猎、求仙、通神的功能基本上消失或仅保存象征的意义，生产功能也很少存在，游憩活动成为主导甚至唯一功能。

私家园林的兴起与兴盛，给我国的园林艺术发展注入了新的活力，并且成为后来我国封建社会园林艺术发展的领导力量。寺观园林拓展了造园活动的领域，也成为我国的风景名胜区开发利用的主导力量，并且奠定了我国风景名胜区建设的基本模式、基本审美理念。

4.2 皇家园林

魏晋南北朝时期，社会政治动荡，朝代更迭频繁，经济发展不能持续，再加上庄园经济为国家主要经济体制，国家经济实力普遍较弱，无力建设类似秦汉时期的宏大园林。皇家园林的规模普遍小于秦汉时代。园林的功能突出休憩、游赏功能，物质生产功能已经弱化，未见园林有生产和经济运作方面的记载。

皇家仍然利用所掌握的社会资源，不断地营造园林，以满足其生理、心理需求。受到时代哲学思想的影响，皇家园林中通神、求仙的功能也已淡化，追求当下的现实生活，而非虚幻的境域。简文帝进入华林园所言"会心处，不必在远，翳然林水，便自有濠、濮闲想也"，便是很好的注释。园林中景观创意也从模仿神仙境界向世俗化题材转变，曲水流觞就是典型的题材，多个皇家园林中均有记载。皇家园林一如既往地追求奢华大气的皇家气派，突出皇家权威。但是也受到时代美学的影响，有些也露出天然之气，如东晋的华林园。

4.2.1 魏晋北朝的邺城和宫苑

1. 曹魏邺城和宫苑

邺城位于今河北省临漳县的漳水北岸，始筑于春秋五霸之一的齐桓公时。东汉末年，曹操封爵魏公，在政治上挟天子以令诸侯，以许昌为"行都"，而锐意经营邺城，修建城池，营造宫苑。后赵、前燕、东魏、北齐皆定都于邺城，成为当时北方的经济、政治、文化中心之一（图4-1）。

《水经注》载："（邺城）东西七里，南北五里，饰表以砖，百步一楼，凡诸宫殿、门台、隅雉，皆加观榭。层甍反宇，飞檐拂云，图以丹青，色以轻素。当其全盛之时，去邺六七十里，远望苕亭，巍若仙居。"曹魏邺城是一个长方形城市，南面有三座城门（广阳门、中阳门、凤阳门），北面两个城门（广德门、厩门），东西两面各有一门（东面建春门、西面金明门），二门相对。一条横贯东西的大道把全城分为南北两部分；中阳门引出一条南北笔直

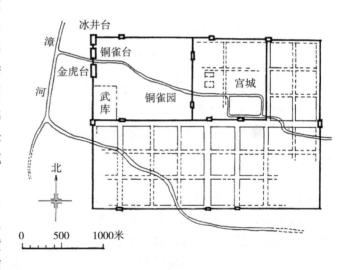

图4-1 曹魏邺城平面想象图

的大道，直抵王城宫殿，形成南北中轴线。北部中央建宫城，大朝所在宫殿位于宫城的中央；宫城以东为贵族居住的坊里（戚里），宫城以西为禁苑（西园或叫铜雀园），园西侧偏北，依托城墙建铜雀三台。宫城南侧有一部分衙署，东西大道以南中间部分建有官署。南半部分除衙署外就是居民居住的坊里和市集。

曹魏邺城结构严整，以宫城为全城的中心，形成明显的中轴线。功能明确，区划整齐，利用东西干道划分全城为南北两大区，北部为宫禁及权贵府第，南区为坊里。道路正对城门，干道丁字相交于宫门前，把中轴对称的布局手法从一般的建筑群，扩大应用于整个城市。这种规划手法对后世都城布局影响很大。

铜雀园又名铜爵园，毗邻于宫城之西。在园的西北角即西城墙的北段筑三个高台：

铜雀台、金虎台、冰井台，宛若三峰，皆建安十五年（210年）所建。梁思成《中国建筑史》载，三台在"邺城西北隅，因城为基。铜雀台高十丈，有屋一百二十间……冰井台有屋百四十五间，有冰室三与凉殿。三台崇举，其高若山，与法殿皆阁道相通"。引园外之水从铜雀台、金虎台之间穿入，园内凿有湖池。

2. 后赵华林园

十六国时期，后赵石虎沿用曹魏邺城为都城，按照原来布局，进行重建。石虎曾在邺城构建了众多的园囿，最著名的为华林园。陆翙的《邺中记》载："华林苑，在邺城东二里，石虎使尚书张群发近郡男女十六万人，车万乘，运土筑华林苑，周回数十里。又筑长墙，数十里，张群以烛夜作，起三观四门。又凿北城，引漳水于华林园。虎于园中种众果，民间有名果，虎作虾蟆车箱，阔一丈，深一丈，四搏掘根，面去一丈，合土载之，植之无不生。"又载"华林园中千金堤上，作两铜龙，相向吐水，以注天泉池，通御沟中。三月三日，石季龙及皇后、百官，临水宴赏。""铜钟四枚，如铎形，高二丈八尺，大面广一丈二尺，小面广七尺。或作蛟龙，或作鸟兽，绕其上"，可见华林园中有天泉池，水源充裕，种植众多果树，名果多种，还有多种形态各异的雕塑装饰。

《邺中记》还记载了后赵石虎在园中的游憩生活，有"三月三日，石季龙及皇后、百官，临水宴赏"，有石虎在园中观看各种游戏表演的记载，说明游憩、娱乐已经成为华林园的主要功能。

3. 北齐仙都苑

东魏孝静帝于天平元年（534年）迁都于邺城，在旧城的南侧增建新城，新旧二城总平面略如T形。550年，高洋废东魏主，建立北齐政权，仍以邺城为都。北齐后主高纬，在武平四年（573年）在邺城西部建造仙都苑。仙都苑周围数十里，苑墙设三门、四观。苑中封土堆筑为五座山。五岳之间，引漳河之水分流四渎为四海——东海、南海、西海、北海，汇为大池，又叫大海。这个水系通行舟船的水程长达二十五里。大海之中有连璧洲、杜若洲、麋芜岛、三休山，还有万岁楼建在水中央。中岳之南有峨眉山，北有平头山，东有鹦鹉楼，西有黄色瓦顶的鸳鸯楼。北岳之南有玄武楼，楼北为九曲山。北海附近有两处特殊的建筑群：一处是城堡，高纬命高阳王思宗为城主据守，高纬亲率宦官、卫士鼓噪攻城以取乐；另一处是"贫儿村"，仿效城市贫民居住环境的景观，齐后主高纬与后妃宫监装扮成店主、伙计、顾客，往来交易三日而罢。

仙都苑规模宏大，总体布局之象征五岳、四海、四渎乃是继秦汉仙苑式皇家园林之后象征手法的发展。引漳河之水汇成大海，形成园林的构图中心，海中堆筑五个岛屿，象征五岳，而不是传统的海上"三神山"，有所创新。岛屿将大水面划分成四个水域，象征四海，而非一片汪洋。四条水道，象征四渎。

4.2.2 魏晋北朝的洛阳和宫苑

1. 北魏洛阳城

周初期曾在洛阳建立了成周和王城，东周、东汉、魏、晋、北魏的都城都在洛阳。东汉末年，董卓之乱，焚毁洛阳。曹丕称帝，迁都洛阳，按照东汉旧规建南北二宫，在城北部营建园囿,主要有芳林园等。西晋时,洛阳城中持续有新建宫苑。永嘉之乱(308—311 年)后这座都城又被毁。北魏孝文帝决定由平城(山西大同)迁都洛阳,又在魏晋故址上重建洛阳(图4-2)。

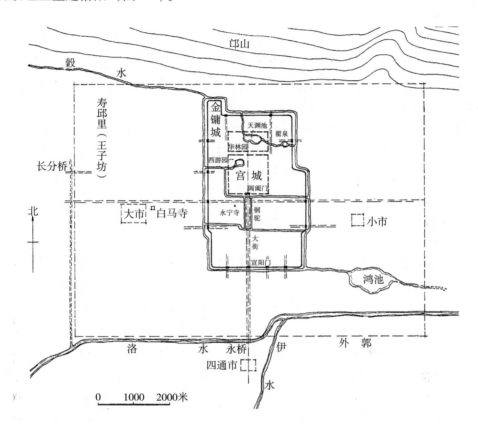

图4-2 北魏洛阳城平面图

洛阳北倚邙山,南临洛水,地势平坦,自北向南有坡度向下。北魏孝文帝太和十七年(493 年)开始大规模改造、整理、扩建洛阳城。北魏洛阳城有宫城和都城两重城垣:都城即汉魏的洛阳城,东西七里,南北九里,南面西面各开四门,东面三门,北面二门。宫城在都城中央偏北的位置,宫北的园囿华林园是在曹魏的旧苑芳林园故址上建起的。宫城南北长约1398米,东西宽约660米,是都城最重要的中心建筑区。宫城之前有一条贯通南北的干道——铜驼大街,街两侧分布着官署和寺院。太庙和太社则建于干道南端的东西两侧。其余部分是居民居住的坊里。方格形道路网,坊里划分整齐。都城的西面,出西阳门外四里御道南,有洛阳大市,周回八里。城南设有灵台、明堂、太学。道路呈方格形,以通向城门的御道为骨架,以铜驼大街为中轴线,城门内道路宽40米。

北魏洛阳在中国城市建设史上具有划时代的意义,其功能分区较之汉、魏时期更为明确,规划格局趋于完备。干道—衙署—宫城—御苑自南而北构成城市的中轴线,这条中轴线是皇居之所在,政治活动的中心。它利用建筑群的布局和建筑体型的变化形成一条具有强烈节奏感的完整空间序列,以此来突出封建皇权的至高无上。大内御苑毗邻于宫城之北，既便于帝王游赏，也具有军事防卫上"退足以守"的用意。这个城市的完全成熟了的中轴线规划体制，奠定了中国封建时代都城规划的基础，确立了此后的皇都格局的模式。

2. 曹魏芳林园

魏文帝黄初元年（220年），初营洛阳宫，黄初二年筑陵云台，三年穿灵芝池，五年穿天渊池，七年筑九华台。到魏明帝曹叡时期，开始大规模宫殿建设，芳林园就是这一时期开始建设的。芳林园是曹魏洛阳最重要的一座皇家园林，在当时洛阳城的东北隅，后因避齐王曹芳的讳改名华林园。

芳林园位于洛阳中轴线的北端，相当于大内御苑。园的西北面为各色文石堆筑而成的土石山景阳山，山上广种松竹杂木。山东南有陂池（可能即天渊池），引谷水绕过主要殿堂而形成完整的水系，创设各种水景，池上可以泛舟。天渊池中有九华台，台上建清凉殿，禽鸟雕塑装饰坐落于流水之上，形成各式水戏。园内畜养山禽杂兽，多有楼观的建置。这些仍旧保留着东汉园囿的遗风。

3. 北魏华林园

《洛阳伽蓝记》记载洛阳城内："高台芳榭，家家而筑；花林曲池，园园而有"。可见，北魏洛阳城内园林十分兴盛。北魏洛阳宫苑，《洛阳伽蓝记》有较详细的记载。

华林园位于城市中轴线的北端，是利用曹魏华林园的大部分基址改建而成。《洛阳伽蓝记》载："建春门内……御道北有空地，拟作东宫，晋中朝时太仓处也。太仓南有翟泉，周回三里，……水犹澄清，洞底明静……泉西有华林园，高祖（孝文帝拓跋宏）以泉在园东，因名苍龙海。华林园中有大海，即汉（魏）天渊池，池中犹有文帝（曹丕）九华台。高祖于台上造清凉殿。世宗（宣武帝元恪）在海内作蓬莱山，山上有仙人馆。上有钓台殿，并作虹霓阁，乘虚来往。……海西南有景山殿。山东有羲和岭，岭上有温风室；山西有姮娥峰，峰上有露寒馆，并飞阁相通，凌山跨谷。山北有玄武池，山南有清暑殿。殿东有临涧亭，殿西有临危台。景阳山南有百果园，果列作林，林各有堂。有仙人枣，长五寸，把之两头俱出，核细如针。霜降乃熟，食之甚美。俗传云出昆仑山，一曰西王母枣。又有仙人桃，其色赤，表里照彻，得霜即熟。亦出昆仑山，一曰王母桃也。柰林南有石碑一所，魏明帝所立也，题云'苗茨之碑'。高祖于碑北作苗茨堂。永安中年，庄帝马射于华林园，百官皆来读碑，疑苗字误……柰林西有都堂，有流觞池。堂东有扶桑海。凡此诸海，皆有石窦流于地下，西通谷水，东连阳渠，亦与翟泉相连。若旱魃为害，谷水注之不竭；离毕滂润，阳谷泄之不盈。至于鳞甲异品，羽毛殊类，濯波浮浪，如似自然也。"

华林园经过曹魏、西晋、北魏两百年的经营，成为当时北方一座著名的皇家园林。引自园外的活水入华林园，形成多个大小水体，有泉有湖（海）。湖中堆筑蓬莱山，象征仙境，园中山、谷相连，形成丰富的地形地势。园中建有多种建筑，以满足游赏需求，建筑山石水体紧密结合，因地制宜，不拘一格。园中栽种各种奇花异草、珍奇树木，俨然一个植物王国。

4.2.3 南朝都城建康和宫苑

1. 建康城

建康（今南京），是魏晋南北朝时期的吴、东晋、宋、齐、梁、陈六个朝代的建都之地（图4-3）。建康城，南北长，东西略狭，周围二十里。南面设有三座城门，中间为宣阳门，东为津阳门，西为广阳门。城东、西、北各设二座城门。东面南侧城门为清明，北侧为建阳；西面南侧城门为阊阖，北侧为西明；北面东侧城门为广莫，西侧为玄武。

宫城位于建康城的北部略偏东，平面呈长方形，建康城南北中轴线上为御道，自大司马门，向南延伸出朱雀门，跨秦淮河建浮桥，称朱雀航，亦称朱雀桥，直抵南郊。街道东西散布着民居、商店、佛寺等。

在六朝豪华的都城内外，不断有宫苑的营建。见于史书上的有，

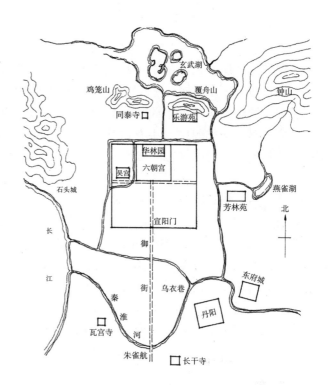

图4-3 六朝建康平面图

东晋有北湖（玄武湖）、华林园，宋有乐游苑、青林苑、上林苑，齐有晏湖苑、新林苑、博望苑、灵邱苑、芳乐苑、元圃等，梁有兰亭苑、江潭苑、建兴苑、延春苑等。这些宫苑都位于城北和城东北一带，基本集中于玄武湖的北、东、南三面，湖山相接、自然形式优越的地区。

2. 华林园

《资治通鉴·晋纪三十》："于华林园举酒祝之曰"下，胡三省注："晋都建康，仿洛都，起华林园。"咸和五年（330年）晋成帝缮造苑城时，模仿洛阳华林园，修筑和命名了"华林园"。建康华林园中的著名景点如景阳山、天渊池、华光殿等的名称也都直接承袭于洛阳华林园。华林园位于建康南北中轴线的北端，构成了干道—宫城—御苑的城市中轴线规划序列。华林园在吴旧苑的基础上，经过东晋、宋、齐、梁、陈各朝的不断经营，成为建康一座重要的皇家园林。

华林园位于玄武湖南岸，建康宫以北，南包鸡公山，东接覆舟山、乐游苑，属于建康都城的大内御苑。华林园地处山水胜地，自然环境良好，有山有水，林木葱郁。南京现存最早的官修地方志——《景定建康志》卷21"吴昭明宫"条也载："（后主）起新宫于太初之东……大开苑囿，起土山，作楼观，加饰珠玉，制以奇石。又开城北渠，引后湖水流入宫内，巡绕堂殿，穷极技巧，功费万倍。"

东晋在吴苑基础上，开凿天渊池，修筑景阳山，建设景阳楼。《世说新语·言语》："简文入华林园，顾谓左右曰：'会心处，不必在远，翳然林水，便自有濠、濮闲想也。觉鸟兽禽鱼，自来亲人。'"说明当时华林园已经初具规模，显示出一派有若天成的景观。

刘宋时，对华林园大加扩建，保留景阳山、天渊池、流杯渠等山水地貌，并对水系加以整理，利用玄武湖的水位高差"作大窦，通入华林园天渊池"，然后再流入宫城，绕经太极殿，由东西掖门流入宫城的南护城河。园内又兴建了诸多亭台楼阁，丰富了园林景观。经过此次对华林园的扩建与修缮，奠定了华林园的山水格局和空间布局。

南齐时，华林园中仅小有添作。梁武帝晚年，侯景作乱，华林园等遭到了严重破坏。陈后主时，再度修建华林园。

3. 乐游苑

乐游苑在华林园东面，又名北苑，始建于刘宋。与华林园相同，乐游苑也是与南朝共始终的大型皇家宫苑。乐游苑东邻青溪，向东可远眺钟山；北临玄武湖，与湖相接处即为覆舟山，乃登高远眺湖光山色最佳之处；西接华林园，南至宫墙北。自然条件得天独厚。内有二池，一池名为乐游池或太子池。覆舟山又称真武山，山上建有道观真武观，刘宋时加以扩建，建正阳殿、林光殿。

乐游苑是南朝一座重要的皇家园林，很多活动在此举行，如，重九登高、射礼、阅武、接见外国使节等。《酉阳杂俎·礼异》记载了梁代在乐游苑举办的一次外事活动。"魏使李同轨、陆操聘梁，入乐游苑西门内青油幕下。梁主备三仗，乘舆从南门入，操等东面再拜，梁主北入林光殿。未几，引台使入。梁主坐皂帐，南面。诸宾及群官俱坐定，遣书舍人殷灵宣旨慰劳，具有辞答。其中庭设钟悬及百戏殿上，流杯池中行酒。具进梁主者题曰御杯，自余各题官姓之杯，至前者即饮。又图象旧事，令随流而转，始至讫于坐罢，首尾不绝也。"

4.3 私家园林

魏晋南北朝时期，庄园经济的持续发展，导致出现了很多大门阀士族，他们拥有大片的土地和强大的经济实力，这些门阀士族地主们营建园林多与他们自给自足的庄园结合在一起。魏晋南北朝时期，寄情山水、崇尚自然的风尚，以及老庄无为而治的哲学思想的流行，都促进了人们对大自然的向往，也促进了造园活动的兴盛和园林艺术的发展。由于造园之人文化素养的差别，审美价值观的不同，造园理念也出现了较大的差异。

出身门阀士族的名士，生来就拥有强大的经济实力，门阀士族也具有极强的政治实力，他们掌控着国家的政治、经济命脉，因此名士们具备了营造私家园林的能力。社会动荡，名士们多"寄情山水，崇尚自然"，热衷于深入自然，畅游自然。在老庄哲学的影响下，文人产生了强烈的回归自然的需求，他们热衷于经营私家园林，尤其自己的庄园，成为他们"归田园居"的场所，满足归隐需求。

文士们畅游自然,发现自然,颂咏自然,开发自然,自然成了私家园林创作的美学标准,影响了中国私家园林的发展。由于文人强力介入园林营造,推高了园林的艺术魅力,丰富了园林的艺术形式。

4.3.1 魏晋南北朝的庄园和别墅

魏晋南北朝较之两汉,庄园经济更加发达。门阀士族一般都受到良好的教育,不少成为高官、名流和知识界的精英。在崇尚自然、寄情山水的社会风气和自然美为核心的时代美学思潮的影响下,他们在经营自己庄园的过程中,能够在相地卜宅、庄园规划及生产建设上,结合对山水自然风景美学的领悟,把自然风景和人为景观很好地组织起来,延纳自然山水之美景,将建筑等人工景观很好地融入自然之中,增添自然风景的人文美,创造一种人文与自然和谐的人居环境。

魏晋南北朝时期的庄园别墅,主要的功能是生产,与后世的别墅尚有很大的差别。它主要是庄园经济发展的产物,名流们对自然环境的向往也促进了庄园的建设发展。

1. 石崇金谷园

石崇,晋武帝时任荆州刺史,后拜太仆,出为征虏大将军、假节、监徐州诸军事,镇下邳,为当时的豪富,"财产丰积,室宇华丽。后房百数,皆曳纨绣、珥金翠。丝竹尽当时之选,庖膳穷水陆之珍。"聚敛了大量财富而广造园宅。

石崇经营金谷园,主要是为了满足其宴游生活的需要,及退休后安享山林之趣的需求。金谷园并非一处单纯为了游憩而建的园林,它应该是一处大型庄园,具有很强的生产功能。石崇的《思归引》序文中写道:"余少有大志,夸迈流俗,弱冠登朝,历位二十五年。五十以事去官,晚节更乐放逸,笃好林薮,遂肥遁于河阳别业。其制宅也,却阻长堤,前临清渠。柏木几于万株,江水周于舍下。有观阁池沼,多养鱼鸟。家素习伎,颇有秦赵之声。出则以游目弋钓为事,入则有琴书之娱。又好服食咽气,志在不朽,傲然有凌云之操。"

金谷园,又叫河阳别业,是一座临河的庄园,自然环境良好。利用便利的自然条件,人工开凿池沼,引园外金谷涧之水入园,河溪穿错萦流于建筑物之间,河道可行船泛舟,沿岸可供垂钓。植物种植以大片的林木为基调,不同种类的植物结合特定地形地貌及环境创造出不同的景象,突出植物的造景作用。茂盛的林木,绿池淡淡的湖面,萦回曲折的溪流,在山间略有起伏的谷地上构成恬适宜人的风貌。正如石崇的挚友、大官僚潘岳在诗中描写的一样:"回溪萦曲阻,峻阪路威夷;绿池泛淡淡,青柳何依依;滥泉龙鳞澜,激波连珠挥。前庭树沙棠,后园植乌椑;灵囿繁石榴,茂林列芳梨;饮至临华沼,迁坐登隆坻。"金谷园中"观"和"楼阁"较多,仍保持着汉代遗风。

在金谷园,石崇整日过着纸醉金迷的生活,经常在园中设宴豪饮,在劝来客喝酒时,如果客人喝酒不能干杯见底,石崇就让侍卫将劝酒的奴婢杀掉。有一次丞相王导与大将军王敦到石崇的金谷园赴宴,王导滴酒不沾,但害怕石崇因此而大杀奴婢,所以在奴婢劝酒时只好勉强喝下,以致烂醉如泥。王敦则不然,当美丽的奴婢劝酒时,他都坚决不喝,结果使三名奴婢被石崇斩杀。

2. 谢灵运的《山居赋》与谢氏庄园

东晋南朝的门阀士族，有自给自足的庄园，有世代沿袭的社会地位、政治特权，他们的兴趣由社会转向自然，遨游山水，放情丘壑。三吴地区（今浙江东北部），是江南经济文化最发达的地区，也是士族的庄园、别墅最集中的地区，由北方迁来的著名的王、谢两姓的士族就落籍在三吴的会稽郡。发达的庄园经济，加之当地青山秀水的自然风光，再结合崇尚老庄、玄学的高度文化修养，催生出很多园林化的庄园别墅。

东晋名将谢玄，因病解职后，在会稽始宁县（今浙江上虞区南部）经营山墅，其孙谢灵运进一步修营。《宋书·谢灵运传》："灵运父祖并葬始宁县，并有故宅及墅，遂移籍会稽，修营别业，傍山带江，尽幽居之美。与隐士王弘之、孔淳之等纵放为娱，有终焉之志。每有一诗至都邑，贵贱莫不竞写，宿昔之间，士庶皆遍，远近钦慕，名动京师。"谢灵运作《山居赋》对山墅作了细致的描述和注释。这所山墅有"南北两居（谓南北两处各有居止），水通陆阻（谓峰岭阻绝，但有水路可通）。观风瞻云，方知厥所。"谢玄原居南山（南山是开创卜居之处也），谢灵运在北山别营居宅。"其居也，左湖右江，往渚还汀（谓四面有水）。面山背阜，东阻西倾（谓东西有山，便是四水之里也）。抱含吸吐（中央复有川），款跨纡萦（谓边背相连）。绵联邪亘（带迂回处谓之邪瓦），侧直齐平（平正处谓之侧直）。"

《山居赋》充分叙述了山林水泽之利，翔实概括了当时自给自足庄园经济的内容。谢氏庄园是魏晋南北朝庄园别墅的典型代表，由此可窥见当时庄园别墅之功能和规制。通过《山居赋》可以领略魏晋南北朝时期文人名士对大自然山水风景的向往程度，以及他们对自然风景的领悟和理解，由此所形成的对自然风景的审美价值取向对后世山水风景的开发和园林景观规划设计都产生了很大的影响。

《山居赋》对于如何相地卜居，如何因水因岩而园景筑屋，怎样近借远借相互因借成景，怎样选线开径等作了较为详细的陈述。作者从遨游大自然和经始山川的经历中总结经验，且有独到的创新发挥。只有在崇尚自然、寄情山水、遨游山川成风的魏晋南北朝时期才能产生这种创新。魏晋南北朝时期的山水文化不仅对于唐朝的自然园林的发展有影响，而且对于风景区开发亦产生了影响。

3. 陶渊明的《桃花源记》与其小型庄园

陶渊明，字元亮，又名潜，浔阳柴桑（今江西九江市）人。东晋末至南朝宋初期的诗人、辞赋家。曾任江州祭酒、建威参军、镇军参军、彭泽县令等职，最后一次出仕为彭泽县令，八十多天便弃职而去，从此归隐田园。

陶渊明的一生，曾三次出仕，三次归隐。辞去彭泽令的陶渊明，退隐庐山脚下，过着日出而作，日落而息的归隐生活，构建了自己的朴实无华的小庄园。"少无适俗韵，性本爱丘山。误落尘网中，一去三十年。羁鸟恋旧林，池鱼思故渊。开荒南野际，守拙归园田。方宅十余亩，草屋八九间。榆柳荫后檐，桃李罗堂前。暧暧远人村，依依墟里烟。狗吠深巷中，鸡鸣桑树颠。户庭无尘杂，虚室有余闲。久在樊笼里，复得返自然。"

陶渊明在此构建了自己心目中的"桃花源"，与始宁县谢灵运的庞大庄园相比，虽然体量大小、设施精致程度不可同日而语，但就二者追求的目标是一致的，回归自然的本真。陶渊明："晨兴理荒秽，带月荷锄归。""晨出肆微勤，日入负耒还。"谢灵运："与隐士王弘之、孔淳之等纵放为娱，有终焉之志。"二者均是回归自然，归隐田园。

陶渊明的一篇《桃花源记》道出了千百年来人们所追求的理想环境和归隐生活。"土地平旷，屋舍俨然，有良田美池桑竹之属。阡陌交通，鸡犬相闻。其中往来种作，男女衣着，悉如外人。黄发垂髫，并怡然自乐。见渔人，乃大惊，问所从来。具答之。便要还家，设酒杀鸡作食。村中闻有此人，咸来问讯。自云先世避秦时乱，率妻子邑人来此绝境，不复出焉，遂与外人间隔。问今是何世，乃不知有汉，无论魏晋。"朴实无华、平易近人的"桃花源"取代了琼楼玉宇的"仙境"成为后世文人不断追求的理想归隐环境，每个人心中都有个"桃花源"，每个人的"桃花源"都是不同的。园林是人们心目中理想环境的现实表现，是不同地域、民族、时代的人们心目中的"桃花源"。

"桃花源"也成了后世园林中永恒的主题，无论是皇家园林，还是私家园林，均不断地重复着这一古老又现实的主题，孜孜不倦，乐此不疲。

4.3.2 城市中的私园

魏晋南北朝时期，城市中除了皇家宫苑外，民间造园活动也多起来。城市中的私家园林大部分还是仿效皇家园林，追求奢华的园林景观，园林仍然作为一种炫耀身份和比夸财富的手段，偏于绮靡的格调。但是在崇尚自然，寄情山水的社会风尚的影响下，亦出现了天然清纯的立意倾向。

城市中的私园与汉代相比，趋于小型化。规模上比汉代小得多了，功能也趋于简单，游憩娱乐成为园林的主要功能。园林创作出现了写意的倾向。园林设计也更加精致，园林掇山理水技术更加成熟，整体空间结构趋于紧密，山水成为园林空间构图的主体，水体的形式多样，假山结构复杂，能够在较小的空间里反映自然山岳的特征。

1. 玄圃

玄圃，南齐武帝文惠太子（萧长懋）所建私园，位于建康台城之北。《南齐书·文惠太子传》载："（文惠）太子与竟陵王子良俱好释氏，立六疾馆以养穷民。风韵甚和而性颇奢丽，宫内殿堂，皆雕饰精绮，过于上宫。开拓玄圃园，与台城北堑等，其中楼观塔宇，多聚奇石，妙极山水。"到了梁代，玄圃又在南齐的基础上踵事增华，成为南朝一座著名的私家园林。《梁书·昭明太子传》记载：梁昭明太子萧统，"性爱山水，于玄圃穿筑，更立亭馆，与朝士名素者游其中。尝泛舟后池，番禺侯轨盛称'此中宜奏女乐'，太子不答，咏左思《招隐诗》曰：'何必丝与竹，山水有清音。'侯惭而止。出宫二十余年，不畜声乐。"可见太子虽为贵胄，也免不了受到时代"崇尚自然，寄情山水"风尚的影响，对园居生活提出自己的看法。

2. 湘东苑

梁元帝（萧绎）即帝位之前，曾受封为湘东王，在封地江陵的子城中作"湘东苑"。湘东苑规模相当宏大，是以山水为主题的园林，建筑形式多样，或倚山、临水，或映衬于华木之间，或见于高处以借景园外，均具有一定的主题，发挥建筑点景和观景的作用。穿池凿山，长数百丈，假山的石洞长二百余步，足见叠山技术已经达到一定的水平。池植莲浦，缘岸杂以奇木。

3. 张伦宅园

张伦，北魏上谷沮阳人，性爱豪奢，孝明帝（516—528年）时官司农少卿。其宅园中，造有一座大的假山，名"景阳山"。《洛阳伽蓝记》中记述张伦的宅园和景阳山："敬义里南有昭德里。里内有……司农张伦等五宅。……惟伦最为豪侈，斋宇光丽，服玩精奇，车马出入，逾于邦君。园林山池之美，诸王莫及。伦造景阳山，有若自然。其中重岩复岭，欹嵌相属；深蹊洞壑，逦迤连接。高林巨树，足使日月蔽亏；悬葛垂萝，能令风烟出入。崎岖石路，似壅而通；峥嵘涧道，盘纡复直。是以山情野兴之士，游以忘归。"天水人姜质曾游览此园，遂作《庭山赋》以咏之："其中烟花露草，或倾或倒。霜干风枝，半耸半垂。玉叶金茎，散满阶墀。燃目之绮，裂鼻之馨。既共阳春等茂，复与白雪齐清。……羽徒纷泊，色杂苍黄。绿头紫颊，好翠连芳。白鹤生于异县，丹足出自他乡，皆远来以臻此，藉水木以翱翔。"

可见，张伦宅园是以大假山景阳山为主景。掇山技术达到了相当高的水平，已经能够把自然山岳的主要特征集中表现出来。畜养多种珍贵禽鸟，则尚保持着汉代遗风。此园具体规模不得而知，想来不会太小。但在洛阳这样人口密集的大城市的坊里内建造私园，用地毕竟是有限的。除个别情况外，一般不可能太大。唯其小而又全面地体现大自然山水景观，就必须求助于"小中见大"的规划设计。也就是说，人工山水园的筑山理水不能再运用汉代私园那样大幅度排比铺陈的单纯写实模拟的方法，必得从写实过渡到写意与写实相结合。

4.4 寺观园林

4.4.1 宗教的传播发展与寺观建设

相传东汉明帝（58—75年）曾派人到印度求佛法，并指定洛阳白马寺藏佛经。"寺"本为政府机构的名称，从此以后成为佛教建筑的专用名称。魏晋南北朝时期，战乱频繁，宗教思想容易盛行。为了使佛教教义在玄学大盛的思想界获得地位，僧侣们钻研老庄，然后再以佛理攻难老庄之说，来折服玄学家。把老庄的一些思想融入佛教教义，以佛理入玄言，引致一部分玄学家开始接触佛经。东晋南朝时，佛学思想逐渐发展起来，当时佛教大乘的空宗学说，比玄学的本无学说来得更彻底，更玄妙。老庄和儒家学说都受佛教思想的影响，把它的一部分融合起来。随着佛教的兴盛，佛寺石窟建筑、雕塑造像、宗教画等大为发展。

东汉末年，道教就开始形成并发展起来。原始道教的传教方法是治病，教病人思过，以符水饮之，可称符水派。后来另一部分人以金丹经、辟谷方、房中术等，来为统治阶级服务，来满足统治阶级的生活欲望，可称金丹派。到了东晋初年，葛洪著《抱朴子》，认为"玄"是万有的本体，是"道"的同义语。他多方论证了神仙不死之道，只要用黄金、丹砂和其他药物来炼丹，凡人吃了"九转仙丹"，三天内便可白日飞升。成仙以后仙人的生活，"饮则玉醴金浆，食则翠芝朱英，居则瑶堂瑰室，行则逍遥太清"而且"或可以翼亮五帝，或可以监御百灵，位可以不求而自致""势可以总摄罗酆（阴间）"（《抱朴子·对俗》）。道教到了葛洪手里，完全合乎世家大族地主妄图永享奢靡腐化生活的愿望，既希望长生不死，又留恋人间富贵。北魏太武帝拓跋焘时，有道士寇谦之清整道教，除去租米钱税（东汉末张陵，跟他受道的要出五斗米），反对房中术，"专以礼度为首，而加之以服食闭练"（《魏书·释老志》）。

高僧和名道具有很高的文化修养，经常与文人、名士等社会精英谈玄说佛，他们精通时代的山水文化，并且为其发展做出很大的贡献。他们也与名士一样广游名山大川，热爱自然山水。名山胜水，远离尘世的喧嚣，生态环境良好，景色优美，非常适合僧道们的修行活动。名山大川本身名气很大，又富有"神性"，在此建设宗教场所，容易出名，吸引更多香客前来。僧侣、道士怀着虔诚的宗教情感，克服生活上极大的困难，进入人迹罕至的深山大泽，修建佛寺、道观，以便长期居住而从事宗教活动。

佛寺首先建置在城市及其近郊，逐渐向远郊的山野地带发展，进入尚未开发的荒野山岳或者进入经过道教率先开发的山岳川泽。魏晋南北朝时期，佛教得到了空前的发展，佛寺遍布全国，从城市到乡村，从平原到山区，均有佛寺出现。佛寺向偏僻的山川林薮拓展，从而促进名山大川的开发，促进了风景名胜的形成发展。

古代，远离城镇的山川林薮往往人迹罕至，人烟稀少。由于缺乏必要的交通和其他生活设施，人们很少涉足这些山川林薮。僧道们为了能够长期在此扎根生活，必须修建佛寺、道观等必要的设施，以便提供宗教活动和居住生活的场所。僧、道中不乏文化素养深厚者，在"寄情山水、崇尚隐逸"的时代风尚影响下，著名僧道亦如世俗名士文人一样热爱自然，喜欢畅游名山大川和感受山水风景之美，并且具备很高的鉴赏能力。僧、道在荒野中修建寺观，固然出于发展宗教的目的和开展宗教活动的需要，但也是时代美学思潮直接影响的结果。他们在野外选址建设寺观时，要考虑满足寺观的基本功能（宗教和生活）和时代审美需求两个主要方面的因素。所以说在荒无人烟的山野地带选址建设寺观，乃是把宗教的出世思想与世俗的审美要求相结合，同时又满足生活上的需要，是宗教意识、审美意识、生活意识与大自然环境的统一。

道教创教之初，有传说神仙居住在大山、大川、大水、大海之中，在人力难以到达之处。人们把风景名胜资源丰富、风景优美的名山大川想象为仙人栖息的仙境。道教徒心目中的仙境绝大部分是风景秀丽的高山和海上仙岛，包括昆仑山、五岳、五镇、三岛、十洲等，从而确立了一系列的道教圣地。再者，道教修习需要到空气清新、环境幽静的大自然中，采药炼丹亦需深入大山密林，远离喧嚣城市的高山峻岭无疑是最为理想的修炼场所。希望修道成仙者必然会自觉寻找这种境域作为修炼场所，到那种人迹罕至的大自然中去，将自身融入大自然。由道家发展而来的道教，形成了"入山修炼"和"栖岩养性"的观念，许多道士选择名山作为洞天福地，试图通过在其中"仰吸天气，俯饮山泉"达到修身养性、得道成仙的目的。故道教徒多在名山大川修建道观，修身养性，开展宗教活动。道士纷纷到名山大川中去建置道观，道教势力的发展也随之向山岳发展，现实中的道教名山便逐渐增多而成为一方的道教中心。早期道教势力是依托名山大川，然后向城市扩展。道教对风景名胜资源的开发，早于佛教。

4.4.2 《洛阳伽蓝记》与北魏洛阳佛寺

《洛阳伽蓝记》，作者杨衒之，北魏北平人。547年，作者行经北魏旧都洛阳，见在丧乱之后，帝室贵族们耗费巨资所建的佛寺，多已被毁，故作此记。据《洛阳伽蓝记》中所载，最盛时佛宇多至1367所，至孝静帝天平元年（534年），迁都邺城，洛阳残破之后，还余421所。"伽蓝"一语，原为梵文，亦名"僧伽蓝摩"，即佛寺。洛阳伽蓝建筑之宏丽，耗资之繁，史无伦比。如《序》云："王侯贵臣，弃象马如脱屣，庶士豪家，舍资财若遗迹。于是昭提栉比，宝塔骈罗，争写天上之姿，竞摹山中之影。金刹与灵台比高，广殿与阿房等壮。岂直木衣绨绣，土被朱紫而已哉！"由此可以看出洛阳伽蓝之伟观也。书中记述，不能遍及全貌。如《序》又言："然寺数最多，不可遍写，今之所录，止大伽蓝。其中小者，取其祥异，世谛俗事，因而出之。先以城内为始，次及城外，表列门名，以记远近，凡为五篇。余才非著述，多有遗漏。后之君子，详其阙焉。"全书共记佛寺66所，虽以记佛寺为主，但对人事、史实以及外国风土等均有记述。此书不但从佛学、文学、史学、考古学角度来看有一定价值，而且从造园学中的古寺园建置方面来看，尤有考证价值，对我国现时保存古迹、再现著名寺庙原风貌、建设旅游景点，均有重要参考价值。

北魏迁都洛阳后大兴土木，敕建佛寺。佛寺建筑普遍使用宫殿式建筑，尤其是帝王敕建的，都雕饰华丽、金碧辉煌。在北魏时期"舍宅为寺"的现象很普遍，大量的住宅转化成佛寺。佛寺的建筑形制和布局上，与世俗建筑没有质的差别，无非是宫殿的缩小和住宅的放大。

随着大量寺、观的修建，相应地出现了寺观园林这种新的园林类型。寺观园林与寺观建筑一样，并不直接表现多少宗教意味和显示宗教特点，而是直接受到时代美学思潮的浸润，更多地追求人间的赏心悦目和畅情抒怀。寺观园林包括三种情况：①毗邻于寺观而单独建置的园林，犹如宅园之于宅邸。②寺、观内部各殿堂庭院的绿化或园林化。③郊野地带的寺、观外围的园林化环境。

历来的佛寺，即使位于城中心区，在殿堂之间的庭院或跨院部分，都有树木花草的种植，这样不仅是为了塑造寺院幽静气氛以修禅，也是为了吸引和接待教徒。《洛阳伽蓝记》载："（永宁寺）栝柏椿松，扶疏檐霤，丛竹香草，布护阶墀。"这是寺内庭院的树木花草种植的情况。还记有"四门外，皆树以青槐，亘以绿水，京邑行人，多庇其下。"门外植青槐，使整个佛寺好似在丛林中，亘以绿水好似城壕一般。

《洛阳伽蓝记》所记载的洛阳佛寺不乏具有独立园林的，如：宝光寺：景明寺、冲觉寺、景林寺。描述宝光寺："在西阳门外御道北。有三层浮图一所，……园中有一海，号'咸池'，葭菼被岸，菱荷覆水，青松翠竹，罗生其旁。京邑士子，至于良辰美日，休沐告归，征友命朋，来游此寺。雷车接轸，羽盖成荫。或置酒林泉，题诗花圃，折藕浮瓜，以为兴适。"这种寺院景色优美，来佛寺，已经超出了拜佛的目的，到此游赏娱乐已经成为京邑士子的日常活动。

寺观不仅是信徒们朝拜供奉的圣地，也是平民百姓游憩的胜地。寺观园林的出现，为平民百姓提供了可以游赏的胜地。平民百姓进入寺庙，即朝佛进香，游客逛庙游憩。园林再不是帝王、贵族专用的场所。

4.4.3 南朝佛寺

佛教传入江东后，在南朝帝王、贵族的倡导下，很快兴盛起来。同泰寺在建康寺院中是规模最大的，园林宏伟壮丽，从东吴起一直作为皇宫后苑。梁普通八年（527年）始建同泰寺。梁武帝十分信仰佛教，对佛教大加扶持，同泰寺位居大内御苑的风水宝地，加上皇帝支持，同泰寺逐渐成为僧徒向往的圣地。同泰寺坐落在鸡笼山上，林深径幽，精舍林立，佛阁七层，木塔十一层。背依玄武湖，南望金碧辉煌的皇宫，东接华林园，西面群山起伏，寺院周围风景绮丽，环境优美。

4.4.4 郊野寺观和风景名胜

寺观不仅兴建在都城，而且遍布天下州郡，不仅在城中和城郭近郊，更多是在山高水秀的郊野之地创造祗垣精舍。对佛教来说，修禅法需要静寂，宜于岩栖山居，所以南北朝很多有名的佛寺都在山区。对道教来说，辟谷方、炼金丹，需要采药，所以道观洞天也都建在山区。自晋以来，僧侣道士大都杖锡而游名山大川，相地合宜构筑寺观。例如东晋释慧远（334—417年）以释道安为师。道安在襄阳分遣弟子四处传教时，慧远南下荆州，后又上庐山，流连于此地风光，在庐山东阜建东林寺。他一住三十年，此后东林寺便成为南方传播佛教的中心。《高僧传·慧远传》："远创造精舍，洞尽山美。却负香炉之峰，傍带瀑布之壑。仍石垒基，即松栽构，清泉环阶，白云满室，复于寺内别置禅林，森树烟凝，石径苔生。凡在瞻履，皆神清而气肃焉。"可见其相地合宜，因借营建之精。不但寺院周围风景优越，还别置禅林于寺内庭院。魏晋南北朝时期，寺庙首选林峦殊胜之地，结果寺观大量进驻名山大川。

据史书记载，前秦景明帝皇始元年（351年）高僧朗公首先来到泰山，并在泰山东北的昆端山创建良公寺。北魏孝明帝正光六年（520年），释法定最先来到灵岩开山，建成灵岩寺。魏晋南北朝时期，泰山周围还先后建立了谷山王泉寺、神宝寺、光化寺、普照寺等。东岳泰山已经初步成为佛光普照的领地。当时的一些名僧经常来往于泰山一带。

早在汉明帝（刘庄）永平十四年（71年）时，大法王寺在嵩山玉柱峰下建立。北魏始有古刹少林寺，后又有北魏时建的嵩岳寺。嵩岳寺最初由北魏时的一座离宫改造而成。寺内大塔，正光四年（523年）建，是我国现存年代最早的砖塔。塔高四十余米，平面作等边十二角形，这在我国古塔中也是唯一的。塔身以上是层次密集的十五层塔檐，这种密檐的做法，在此塔以前也是无实例的。

湖南衡山在佛教史上有着重要地位，南朝时在南岳腹地莲花峰下有方广寺，始建于梁武帝天监二年（503年），为惠思禅师道场。这里古木森森，深邃幽静。惠思禅师于陈废帝光大元年（567年）到南岳后，积极开展佛教的传教事业，并在天柱峰南建立了般若寺（今福俨寺），不久又在祥光峰下建立了小般若寺（今藏经殿）。这里树多、花多、水多、鸟多，风景秀丽。又有南台寺，是南岳佛教五大丛林之一，为梁武帝天监年间（502—519年）海印禅师所建。这里古木成森，绿荫夹道，夏季微风拂面，凉爽宜人。

名山大川风景胜地不仅多寺观，也是隐居讲学之所。魏晋南北朝时期，由于社会动荡混乱，政治斗争和迫害残酷，隐逸思想流行，隐士莫不物色风景优美的地区隐居，并聚徒讲学。明僧绍，就是其中一位。他拒绝了高官的职位，而选择归隐讲学，曾在崂山、云台山和栖霞山隐居游历讲学。郭文曾经在吴兴余杭大辟山中穷谷中，"倚木于树，苫覆其上而居焉，亦无壁障"建设了自己简易的隐居之舍。《宋书·隐逸传》载："翟法赐，寻阳柴桑（今江西九江）人也……少守家业，立屋于庐山顶，丧亲后，便不复还家。"西晋隐士孙登，曾隐居于苏门山，为土窟于山中以居之。由于种种原因，隐士们成为最早离开社会居住群落，到深山中结庐生活的人，虽然他们的居所结构简单，建设材料也是就地取材，但是开创了在深山幽谷中长期居住的先例，为后来风景名胜资源开发和居住房舍的建设提供了经验。

门阀士族为了发展庄园经济经始山川，经营庄园，僧侣们为了相地合宜，构筑寺观而杖锡以历名山大川，隐士们为了隐居讲学而探胜寻幽。他们入涧涉水，登岭山行，披榛薙草，甚至缘木攀岩，务诸艰苦。没有开发的名山大川要想一游也是十分艰苦的。无论是在自然山川中修建寺观，发展宗教，还是营造书院、学馆、精舍而聚徒讲学，或者开辟庄园山墅来发展经济，这些都客观上促进了名山大川的开发，在优美自然风光中，逐步渗入了人文景观，融入了神话传说和风土人情，在名山大川中留下了众多的文物。经过长期的发展，成为今天的风景名胜。

山水庄园是当时庄园经济的产物，主要为生产生活单元。但是，山水庄园的建设，客观上也是在文人主导下的风景名胜资源开发的积极实践，其开发建设规划设计必定反映了当时文人的一种文化价值取向，也就是社会的主流山水开发的价值取向。山水庄园建设，积极探索了风景名胜资源开发和人为景观建设的方式，奠定了中国风景名胜中人为景观建设的基本模式。谢灵运的《山居赋》中，描写了他建寺庙于山上的情况，描写了寺庙的选址方法、地形地貌及建设内容，这对中国以僧寺道观建设为主的风景名胜资源开发利用和风景名胜发展指明了方向，确定了主流价值取向。

这一时期文人、名士等社会精英所经营的山居、别墅，体现了超尘脱俗的隐逸心态，更重视天然的清纯之美。庄园、别墅均地处山林川泽之间，山水自然景观丰富多彩，为广纳自然美提供了更为优越的条件。山水庄园的经营建设，为后世山川薮泽中人文景观建设提供了宝贵经验。

魏晋南北朝是中国名山大川首次大开发的时代，这一时期的发展，奠定了中国风景名胜独具一格的特征，即丰富的人文景观与优美的自然景观的融合，也奠定了风景名胜建设模式和审美模式，这些都有别于西方的国家公园。

4.5 小结

在中国历史上,魏晋南北朝是个很特别的时期,是个大动荡、大分裂的时期。园林经历了脱胎换骨式的发展,为中国古典园林的发展成熟奠定了基础。这一时期园林规模明显小于前代,创作方法由写实走向写意的趋势明显。

园林建设使用的人群增加了,尤其是文人名士的加入,为园林营造事业的蓬勃发展注入了活力。私家园林和寺观园林的快速发展,丰富了园林的类型。庄园、别墅成为魏晋南北朝时期园林的典型形式,其为文人名士们实现归隐理想的载体,同时也为风景资源开发奠定了基础,指明了方向。陶渊明的朴实无华的"桃花源",表现的是天然、纯真、朴实、简洁的田园风光,深刻地影响着后世私家园林的创作,影响着后世园林的审美取向。

园林的休憩、游赏的功能更加突出,秦汉时期的狩猎、通神、求仙、物质生产功能基本消失,园林已经与物质生产场所分离,成为一个纯粹的精神文化场所,也可以说真正意义上的园林诞生了。

思考练习

1. 魏晋南北朝时期中国古典园林发生了哪些重要的变化?
2. 简述寺观园林和庄园园林的特点及对中国风景名胜区发展的影响。
3. 阐述北魏洛阳城的空间结构特征。
4. 阐述《桃花源记》的时代背景,说明"桃花源"对中国古典园林的影响。

第 5 章　隋唐时期园林

5.1　社会背景概况

581年，北周贵族杨坚废北周静帝，建立隋王朝。589年，隋军南下灭陈，统一中国。隋朝终止了连续300年的战争，使人民得以安定和休养生息。隋文帝杨坚，在政治经济上进行了许多改革，勤俭治国，革除弊政，经济有所发展，社会安定繁荣。隋炀帝杨广继位后，穷奢极欲，大力营建宫殿园苑，穷兵黩武。结果民怨沸腾，酿成隋末农民起义。

618年，时任太原留守的李渊，起义反隋，攻陷长安，灭掉隋朝，建立唐王朝，开创了中国历史上空前繁荣的封建大帝国。

5.1.1　经济、政治

隋、唐经济上，推行均田制，限制农民的人身依附关系，把部曲和庄客解放为自耕农，佃农制代替了佃奴制。在经济结构中消除了庄园经济的主导地位，逐渐恢复地主小农经济并奠定其在宋以后长足发展的基础。农业生产工具得到改进，水利工程相当发达，各种水车普遍用于农田灌溉，精耕细作集约经营的程度有所提高，耕地面积也比前代扩大，这些促进了农业生产的进步。随着商品经济的发达，适应交换需要的商业就进一步发展起来。疆域的扩大，国内外贸易的发达，促进了都市的兴盛和繁荣。唐朝著名都市——长安和洛阳，是当时最大的都城，也是重要的商业都会。

在政治结构中削弱门阀士族势力，维护中央集权，确立科举制度，强化官僚机构。意识形态上儒、道、释共尊而以儒家为主，儒学重新获得正统地位。广大知识分子一改前朝避世和消极无为的态度，通过科举积极追求功名，干预世事，成为国家大统一局面的主要力量。秦、汉开创的封建大帝国到这时候得到了进一步的巩固，对外来文化的宽容襟怀使得传统的封建文化能够在较大范围内积极融汇、接纳外来因素，从而促进了本身文化的长足进步和繁荣。

隋唐确立科举制度，使得文人能够通过科举走上管理阶层，成为各级官吏。文人士子为了考取功名进入仕途，刻苦读书，不遗余力。不但名门望族之子能够通过科举考试成为官吏，广大庶族地主甚至普通农民也能通过科举考试获得功名，促使中国各阶层的人们对科举、读书投入了极大的热情，"万般皆下品，唯有读书高"。一旦通过科举考试便能改变他们的生活，使中国读书人的数量大幅度增加，这大大提高了全民的文化素质，文化不再为少数人所垄断，而向全民族普及。

科举取士的确立，驱使隋唐文人一改魏晋南北朝时期的出世价值取向，而采取积极

第 5 章 隋唐时期园林

入世的做法。科举制度确立后，文人士大夫阶层的生活和思想受到前所未有的大统一集权政治的干预。中国文人再不能整日徜徉在山水之中了，必须面向科举，为获取功名而读书。读书成为一种获得功名的手段，读书的功利性增强了，而"魏晋风流"式的隐逸只能成为一种理想了。真正的"隐士"隋唐以后就越来越少了，大多数读书人做隐士的目的是为了表现自己的才气，提高自己的声望，希望能够借此得到朝廷的重视，从而得到各级官吏的推荐，有朝一日被朝廷所招聘，迈入仕途。《新唐书·卢藏用传》记载，唐朝进士卢藏用想入朝做官，隐居在京城长安附近的终南山，借此得到很大的名声，终于达到了做官的目的，中宗朝累居要职。这便是所谓的"终南捷径"。新的政治经济体制迫使文士必须为皇帝服务，承担起管理国家、管理各级政府的责任。文士成为中国政治经济体制中重要的一环，是皇帝与平民之间的管理阶层，通过科举，皇帝能够寻找到全社会的精英来协助管理庞大的帝国，使得中国封建帝国表现出超稳定状态。

与魏晋南北朝时期相较，隋唐宋元文人士大夫尤其中下层的知识分子的社会地位得以显著提高，整个文人群体朝气蓬勃，积极进取，非常活跃。隋朝开始的科举制度，逐步得以完善，政府科举取士的开放政策，给读书人开拓了一个广阔的入仕途径。文人士大夫成为社会上最为活跃的阶层，积极参与政事，四处游览名胜，一旦步入仕途，凭借其时代的文化情怀，利用所掌握的资源，积极保护风景名胜，又可以建设自己的私家园林。

科举制度的确立和发展，改变了文人的生活方式，进而改变了文人对园林（尤其是私家园林）的价值需求，园林成为文人的"庙堂"和自然之间的缓冲地带，成为文人士大夫"中隐"的理想场所。文人士大夫掌握了巨大的社会资源，他们积极建设园林和开发自然风景资源，极大地促进了园林事业的发展。

5.1.2 文化发展

隋唐五代，特别是唐朝，是中国封建社会文化发展十分辉煌灿烂的时期。佛教在隋唐有较快的发展，伴随佛教而来的艺术、文学等，对中国文化都有重大的影响。佛寺建筑和佛像雕塑，对中国的建筑和雕塑艺术影响很大。佛典的翻译文学，丰富了中国文学的内容。中国当时吸取了佛教文化上许多新的营养成分，融会消化，丰富了中国文化的内容并促进其前进。其作为中国当时文艺的营养成分而被吸收消化，如敦煌千佛洞和洛阳龙门的唐朝佛塑、雕刻、绘画等，都已经是融合成熟的中国艺术。

唐朝文学，是我国封建文学发展的新高峰，最繁盛的是诗歌。唐初的诗坛仍为宫体诗所笼罩，应酬诗占统治地位。初唐四杰——王勃、杨炯、卢照邻、骆宾王，开始改变齐梁诗风，写出一些描绘边塞生活，抒发个人抑郁愤怒的诗歌。继之后，陈子昂主张作诗要有"兴寄"和"风骨"，即要有反映现实的内容和风格，为唐诗的发展开辟了道路。陈子昂以后，诗歌进入了鼎盛时代，诗人辈出，流派竞起，在不同的风格下发展、丰富、完备了诗歌的艺术形式。盛唐，涌现出不少优秀诗人，其中李白和杜甫是杰出的代表人物。山水文学也得到了长足的发展，山水诗、山水游记已经成为两种重要的文学体裁。

隋、唐五代的艺术，一方面继承了汉魏南北朝的优良传统，一方面吸收了边疆少数民族和当时国外的艺术成果，发展形成了辉煌的艺术成就和独特的风格。绘画领域已经大为开拓，除了宗教画外还有直接描写现实生活和风景、花鸟的世俗画。绘画开始出现工笔、写意之分。天宝时期，唐玄宗命画家吴道子、李思训于兴庆宫大同殿各画嘉陵山水一幅。吴道子一天就画完，李思训数月始就。事毕，唐玄宗评曰："李思训数月之功，吴道子一日之迹，皆极其妙。"尽管唐朝的绘画主要是人物画、佛道宗教画，但到盛唐时代（即开元、天宝年代），画家和鉴赏家都转向体现祖国山河、自然这个方面，从而山水画名家辈出。继吴、李之后有王维、郑虔、王宰等也都是创造性的山水画家。尤其是王维（字摩诘），既是诗人，又是音乐家兼画家，虽然没有可信的、传留下来的绘画作品，但从文献资料中可以了解到他的成就。王维的画泼墨山水，笔力雄壮，有类似吴道子风格的地方，笔迹劲爽又有李思训的趣味，而表现"重深"，是他独具的地方。苏东坡称赞他说："味摩诘之诗，诗中有画；观摩诘之画，画中有诗。"把诗的意境和画的意境相结合，更丰富了山水画的内容，开始了所谓写意的山水画。山水诗、山水画也影响到园林艺术，诗人、画家直接参与造园活动，园林艺术开始有意融入诗情画意。

5.1.3　科学技术

传统的木结构建筑，无论在技术方面还是艺术方面均已趋于成熟，具有完善的梁架制度、斗拱制度以及规范化的装修、装饰。建筑物的造型丰富，形象多样。在水平方向上的院落延展表现出深远的空间层次，在垂直方向上以台、塔、楼、阁的穿插而显示出丰富的天际线。

观赏植物的栽培技术有了很大的进步，培育出许多珍贵的品种如牡丹、琼花等，也能引种驯化、移栽异地花木。李德裕在洛阳经营私园平泉庄，曾专门写过一篇《平泉山居草木记》，记录园内珍贵的观赏植物七八十种，其中大部分是从外地移栽来的。段成式《酉阳杂俎》一书中的《木篇》《草篇》和《支植》共记载了木本和草本植物200余种，大部分为观赏植物。

5.2　隋唐都城

5.2.1　隋大兴城（唐长安）

隋朝开国之初，因长安已遭破坏，城址也不适用，就在汉长安城的东南，建新都叫大兴（唐称长安）。大兴城的范围，南及南山的子午谷，北据渭水，东临灞水，西枕龙首山，依山傍水，因势而建，占有渭河南岸大片地区。大兴城是宇文恺在考察并吸取了洛阳、邺城各都城规划的优点后，利用大兴地区有六条冈阜（高坡，或称原）的自然特点进行设计的，具有新的特点，值得重视（图5-1）。《雍录》："宇文恺之营隋都也，曰：朱雀街南北。尽郭有六条高坡，象乾卦六爻。故于九二置宫殿，以当帝王之居，九

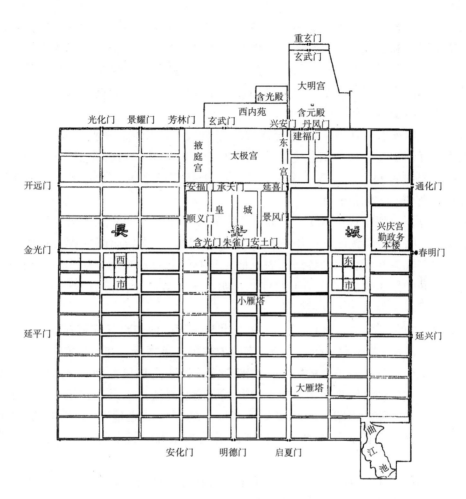

图 5-1　唐长安复原图

三立百司,以应君子之数,九五贵位,不欲常人居之,故置玄都观及兴善寺以镇其地。"这种说法不脱爻卦迷信,但实际上是,宇文恺把宫城放在北高地上,占有了京城中有利地形以控制全城,同时在高坡上修建巍峨的宫殿和寺庙,给城市增添了雄伟的感觉。

据《隋书·地理志》:"开皇三年(583 年)置雍州。城东西十八里一百一十五步,南北十五里一百七十五步。"据考古工作者勘察,南北实为十六里一百二十五步。城东西较长,南北略窄,平面呈长方形,周长约 36.7 千米,总面积达 83 平方千米有余。城"东面:通化、春明、延兴三门,南面:启夏、明德、安化三门,西面:延平、金光、开远三门,北面:光化一门。里一百六,市二。大业三年(607 年),改州为郡,故名焉(名京兆郡),置尹,统:县二十二,户三十万八千四百九十九。"城内有南北向大街 11 条,东西向大街 14 条,其中通南面三门和东西六门的 6 条街,是大兴城内主干大街。除最南面通延平门和延兴门的东西大街宽 55 米外,其余五条大街均宽 100 米以上,特别是由皇城南门通往明德门的朱雀大街,宽达 155 米,大城与皇城之间的那条横街则更宽阔,达 441 米。

城分宫城、皇城、郭城三部分。宫城和皇城位于京城北部居中，再向北为大兴苑。宫城是帝王居住和处理朝政的所在地，称大兴宫。大兴宫城的正殿就是大兴殿，其后为中华殿，又有临光殿、观德殿、射殿、文思殿、嘉则殿等。宫城前，左祖右社，跟周朝王城相同，但前市后朝，又跟周制不同。市集有东西两市，东市称都会市，西市称利人市，是主要商品交易场所。

皇城是官府衙署所在地。《长安志》载："皇城亦曰子城，东西五里一百一十五步，南北三里一百四十步。城中南北七街，东西五街，其间并列台省寺卫……自两汉以后，都城并有人家在宫阙之间。隋文帝以为不便，于是皇城之内，惟列府寺，不使杂居。"这是大兴城规划上一个新的优点。

郭城部分，分列布置有106个"坊"。城东为贵族和统治阶级的居住区，城西为平民的里坊，阶级划分极为明显。小商贩、茶肆、酒馆、旅馆、旅邸（存放货物的场所）、手工业作坊等都设在各坊内。各坊四周有墙，开有门，昼启夜闭，坊内有大街小巷。此外，为解决城内用水需要，开掘了龙首、永明、永安等若干水渠，分别引浐水、藻河、滴河的水，流经城内，北入宫城禁苑。

宫城以北的大兴苑（禁苑），东靠浐河，北枕渭河，西包汉长安城在内，实际上还包括西内苑和东内苑，故又称三苑。城的东南隅为御苑"芙蓉苑"和公共游览地"曲江"。

大兴、雍州虽处沃野千里的关中，物产丰富，但毕竟地狭人稠，与东南的交通也极为不便。黄河三门峡之阻险，南方粮食物资不可能及时通过水运运到长安，因而大量积存在水陆交通均方便的洛阳。洛阳城又是军事上的"四战之地"，为拱卫长安的屏障。因此，隋炀帝便在洛阳另建新都，唐代则以洛阳为东都，长安为西京，正式建立"两京制"。

隋唐长安城的城市规划，仍然继承了中国古代都城规划的思想。长安城平面布局方正，每面三门，宫城居中，宫前左右分别为祖庙和社稷等，均为《周礼·考工记》所列王城规制。都城采用了严格的里坊制度，道路布局突出宫殿。长安城规模宏大，尺度惊人，道路宽度、坊内面积远远超出了实际功能的需要。处处以宏大的体量突出皇帝的权威，反映大一统的威力。中国古代八卦、风水等理念对长安城的规划具有深远的影响。宋人张礼《游城南记》记载："即横岗之第五爻也，今谓之草场坡，古场存焉。隋宇文恺城大兴，以城中有大岗，东西横亘象乾之六爻。故于九二置宫室，以当帝王之居，九三置百司，以应君子之数，九五贵位，不欲常人居之，故置玄都观、大兴善寺以镇之。"

5.2.2　洛阳城

杨广采用阴险毒辣手段夺得太子的位置，于仁寿四年（604年）叫部下张衡入宫杀害病重的父皇，登上帝位。登位后就下诏营建东都洛阳，仍命宇文恺为营东都副监、将作大匠。隋东都洛阳城址在东汉、曹魏、西晋、北魏故城（今白马寺东三里）以西十八里的地方。城分宫城、皇城、东城、含嘉仓城、曜仪城、圆壁城和外郭城。

宫城，又称禁城，位在东都的西北角，是皇帝理政议事和寝宫的所在地。《大业杂记》载："宫城东西五里二百步，南北七里。"城四面有城门六。南面三门，正中曰则天门（唐时神龙元年即705年，避武后尊号，改应天门，又避中宗尊号，改神龙门，后复为应天门），门有两重观，观上曰紫微（因此，宫城隋名紫微城），观左右连阙，阙高7米左右，最为宏伟壮丽。宫城内殿堂林立，有乾阳殿、大业殿、文成殿、元清殿、修文殿、仪鸾殿、观象殿、观文殿、含凉殿……其中乾阳殿（正殿）唐为含元殿，最为华丽，是皇帝举行大典和接待重要外国使团的地方；大业殿、文成殿则是皇帝召见朝臣，商议军国大事的地方。

皇城，在宫城南，"因隋名，曰太微城，亦曰南城，又曰宝城。东西五里一十七步，南北三里二百九十八步（据近年考古调查西墙保存较好，长约1670米）。周一十三里二百五十步，高三丈七尺。其城曲折，以象南宫垣。南面三门，正南曰端门，东曰左掖门，西曰右掖门；东面一门曰宾耀门（隋曰东太阳门）；西面二门，南曰丽景门，北曰宣辉门（隋曰西太阳门）。城中南北四街（旧五街），东西四街。"城内建筑主要是皇子和公主的府邸以及东西朝堂，百官府署。

"以在宫城、皇城之东，故曰东城。东面四里一百九十七步，南北面各一里二百三十步，西属宫城，其南面一百九十八步，高三丈五尺。"据考古调查，东西宽约330米，南北长约1000米。东城之北为含嘉门，门北就是含嘉城的含嘉仓（储藏粮食的大型国家粮仓之一）。

郭城，又称罗城，据《唐两京城坊考》载："周五十二里，南面三门，正南曰定鼎门（隋曰建国门），东曰长夏门，西曰厚载门（隋曰白虎门）。东面三门，北曰上东门（隋曰上春门），中曰建春门（隋曰建阳门），南曰永通门。北面二门，东曰安喜门（隋曰喜宁门），西曰徽安门。城内纵横各十街，凡坊一百十三，市三。当皇城端门之南，渡天津桥，至定鼎门南曰定鼎街（亦曰天门街，又曰天津街，或曰天街）。"《元河南志》引韦述记曰："自端门至定鼎门七里一百三十七步。隋时种樱桃、石榴、榆、柳，中为御道，通泉流渠，今杂植槐柳等树两行。"由于这条长达九里的大街，经过洛河上用大船连架起来的浮桥叫天津桥，所以又称天津街。东都洛阳城的这条中轴线，既有流渠又多佳木，点缀得十分美观。

据今人的考古调查，郭城东壁长7312米，南壁长7290米，北壁长6138米，西壁迂曲长6776米（西南角突出），周长27516米。城的四面共有十个城门。据文献记载和近年考古勘察证明，隋时东都洛阳城共有里坊一百零三，市三。三市都傍着可以行船的漕渠，交通颇为便利。据《大业杂记》中记载，市场内不仅建筑整齐，重楼延阁，互相掩映，而且道旁遍植榆柳，交错成荫。

5.3 隋唐皇家园林

隋结束了300年的分裂格局，又一次建立了大统一的政权。唐政治稳定，海内归一，国势强盛。各种建设，均彰显天朝之威，园林建设也不例外，皇家气派尤为突出。隋唐时期的皇家园林主要集中于两都——长安、洛阳，及其周边风景优美地带。其规模之宏大，数量之多，远远超出了魏晋南北朝时期。由于受到封建礼制的制约，隋唐皇帝出游受到了一定的限制，但其园居生活却变化多样，园林的形式也比较丰富，大内御苑、行宫御苑和离宫御苑三种园林形式区分比较明显，它们各自的规划布局特点比较突出。造园活动主要集中于隋、初唐、盛唐，后期随着国势的衰落和频繁的战乱，皇家造园活动也日趋减少。

5.3.1 隋代洛阳西苑

杨广在营造东京洛阳时，就开始建造大规模的西苑。西苑又称会通苑，在洛阳城西侧，唐代改名东都苑，武后时名神都苑，是一座特大型的皇家园林。据《旧唐书·地理志》载："苑城东面十七里，南面三十九里，西面五十里，北面二十里，东北隅即周之王城。"

西苑具体情况，《隋炀帝海山记》有比较详细的记载：大业元年夏六月筑西苑，"乃辟地，周二百里，为西苑，役民力常百万数，苑内为十六院，聚土石为山，凿池为五湖四海。诏天下境内所有鸟兽草木，驿至京师。""天下共进花卉、草木、鸟兽、鱼虫莫知其数，此不具载。诏起西苑十六院，景明一、迎晖二、栖鸾三、晨光四、明霞五、翠华六、文安七、积珍八、影纹九、仪风十、仁智十一、清修十二、宝林十三、和明十四、绮明十五、绛阳十六。皆帝自制名。院有二十人，皆择宫中嫔丽，谨厚有容色美人实之，每一院，选帝常幸御者为之首。每院有宦者，主出入市易，又凿五湖，每湖方四十里：南曰迎阳湖，东曰翠光湖，西曰金光湖，北曰洁水湖，中曰广明湖。湖中积土石为山，构亭殿曲屈盘旋广袤数千间，皆穷极人间华丽。又凿北海，周环四十里。中有三山，效蓬莱、方丈、瀛洲，上皆台榭回廊。水深数丈，开沟通五湖四海，沟尽通行龙凤舸。""大业六年（610年），后苑草木鸟兽，繁息茂盛；桃蹊李径，翠荫交合；金猿青鹿，动辄成群。自大内开为御道，通西苑，夹道植长松高柳。帝多幸苑中，无时宿御，多夹道而宿，帝往往中夜幸焉。"

西苑的水系比较复杂，有东、西、南、北、中五湖，"每湖方四十里"，其后是水面广阔"周环四十里"的北海。在湖与湖、湖与海之间，均有沟渠相通，渠可通行龙凤舸。此渠应是《大业杂记》中"渠面宽二十步"的龙鳞渠。西苑的理水，是汇为巨浸而成海，积流渠为五湖，龙鳞渠萦纡回环，周绕十六院，贯穿于五湖北海之间。海上有三山，均为"积土石为山"，构亭殿广袤数千间。

十六座宫院，各自独立，渠水周绕，星罗棋布，穷极华丽。每院开东、西、南三门，门前隔水架以飞梁。过桥百步，茂林修竹，将宫院围抱在绿荫之中，环境十分清幽。院内，奇花异草，隐映轩陛。精舍而外，有亭翼然，名为逍遥。亭为方形，四角攒尖，"结构之丽，冠于古今"。院北，置一屯，种植瓜果菜蔬，备养家畜家禽，以供宫院食用。嫔妃宫女，或泛轻舟于流渠，或乘画舸于海湖；习采菱之歌，"或升飞桥阁道，奏游春之曲"。

总的来看，西苑大体上仍沿袭了汉以来的"一池三山"的宫苑模式。五湖形式象征帝国的版图，可能渊源于北齐的仙都苑。可以说水景占主导地位，主要生活区和游娱区中，水面所占比例很大，且有聚有散，聚则为湖为海，散则为溪为渠，溪渠蜿蜒萦回于湖海之间，构成一个复杂而完整的水系。在建筑布局上，不论是围绕在曲溪中的十六院，还是湖海山上的台观亭殿，虽然都是相对独立的组群建筑，但已不同于秦汉的苑中之宫和苑中之苑，体现出建筑与山水景境结合的思想，如十六院与龙鳞渠，竹树围合，水绕宫院，开门临水，架桥飞渡的意匠，就使建筑构成水景的有机部分了。水体在以往的园林中主要是单纯的观赏对象，而在西苑中，它已明确具备组织庞大园林空间和无数自然、建筑景观的艺术功用，水系穿插于十六院建筑群之间，通过水系将其联系起来，使西苑整体感更强并且实现了内容丰富与结构完整的统一。在中国园林发展史上，隋西苑在规划设计方面具有里程碑式的意义。

5.3.2 唐代皇家园林

唐朝是中国历史上最繁荣的封建王朝，近三百年间，政治、经济、文化都有长足的发展，宫殿园苑也很兴盛。皇家园居生活多样化，相应的大内御苑、行宫御苑和离宫御苑这三个类别区分更为明显，特点更鲜明。

1. 长安皇家宫苑

唐长安城中，有三大宫殿区，史称"三大内"，即西内太极宫、东内大明宫、南内兴庆宫。

（1）西内太极宫 太极宫位于长安城中轴线北部，始建于隋文帝开皇二年（582年），隋称大兴宫，唐睿宗景云元年（710年）改称太极宫。太极宫之南为皇城，北倚长安北墙，北墙外为西内苑，内苑之北为禁苑（隋大兴苑），东西两侧分别是太子所居住的东宫与掖庭宫。太极宫是三大内中规模最宏伟庞大的宫殿群，宫城经实测，东西为2520米，南北1492米。西内正殿太极（隋代大兴殿）正对殿皇城的承天门，是长安宫城内主要宫殿，有殿、阁、亭、馆三四十所，加上东宫尚有殿阁宫院二十多所，构成都城长安一组富丽堂皇的汉族宫殿建筑。其中分布着许多著名的宫殿建筑，太极殿、两仪殿、承庆殿、武德殿、甘露殿、凌烟阁等。

有山池亭台的西内苑，在太极宫的西北隅。西内苑的东北部有景福台，台上有阁，台西有望云亭。西内苑的西北隅堆有假山，山前有四个海池，最北的一个在凝云阁北，为北海池，池水流经望云亭西，汇为西海池，再南流，在咸池殿东为南海池，然后折而东，入金水河，再往东北，汇为东海池。东海池有球场亭子（唐时盛行蹴球之戏），其内为凝云殿，再南为凌烟阁。总之，西内苑好比是一个后花园，苑中有假山，有海池四相连环，有亭台楼阁之胜。

（2）东内大明宫 大明宫是三大内中规模较大，建筑最豪华的宫苑。《雍录》载："地在龙首山上，太宗（李世民）初于其地营永安宫（贞观八年即634年初建），以备太上皇（李渊）清暑。九年（635年）正月，改名大明宫……龙朔二年（662年）高宗（李治）染风痹，恶太极宫卑下，故就修大明宫，改名蓬莱宫，取殿后蓬莱池为名也。"次年李治迁居听政。至神龙元年（705年，唐中宗李显年号），又改为大明宫。

大明宫城，可能由于地形制约，形成南宽北狭而不规则的长方形。《长安志》称此宫"北据高原，南望爽垲，每天晴日朗，望终南山如指掌，京城坊市街陌，俯视如在内"，足见其形势之佳。大明宫建筑群主要的大殿，从南到北，有含元殿、宣政殿和紫宸殿三座，再北有蓬莱殿、含凉殿和玄武殿，构成中轴线。轴线左右，大的宫殿很多，还有馆、院、台、观等数十处。

宫城南面五门，正南曰丹凤门，其东望仙门，再东延政门，其西建福门，门外有百官待漏院，再西兴安门。丹凤门内正殿为含元殿。含元殿东侧有翔鸾阁，西侧有栖凤阁，与含元殿有飞廊相接，阁下即朝堂。含元殿北有宣政门，门内有宣政殿，天子常朝所也。宣政殿后为第一横街，紫宸门内为紫宸殿，是天子便殿，即内朝正殿也。紫宸殿北曰蓬莱殿，其西清晖阁。蓬莱殿后为含凉殿，殿后有太液池，又名蓬莱池，占地约16公顷，池水浩荡，中有蓬莱山独峙，山上有亭，别有一番景色。池周围建造有回廊400余间，临水倒影，益增景色。这里是帝王和贵族们划舟游乐的地方。今天虽然只有农田遗址，但就地形约略可见太液池范围，蓬莱山早已因挖土破坏，仅存部分土山。

太液池位于大明宫的北部，在龙首原平地的洼处，池周围建有回廊，绿水弥漫，殿廊相连。池中筑山，山上遍种花木，尤以桃花繁盛，湖光山色，碧波荡漾，成为大明宫苑园中最亮丽之处。

（3）南内兴庆宫　兴庆宫在皇城东南、外廓城的兴庆坊，谓之南内（图5-2）。据说，武则天时期，长安城东隅，民王纯家井溢，浸成大池数十顷，号隆庆池。唐玄宗

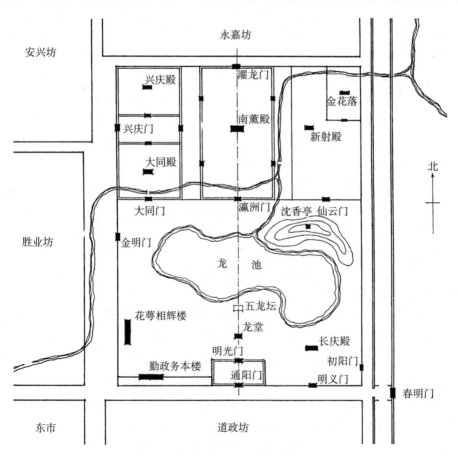

图5-2　兴庆宫平面想象图

（李隆基）未做皇帝前的府邸就在池北，李隆基即位后，开元二年（714年）以旧邸为宫。因忌讳玄宗的名字，池改名兴庆池，坊改兴庆坊，宫以本坊为名，称兴庆宫。建宫后，兴庆池又改名龙池。

李隆基修兴庆宫，主要为游乐，具有宫室与园林相结合的特色，与一般宫苑不同。开元二年七月开始修建，开元十四年（726年）时把邻近的永嘉坊南部也扩入宫内，开元二十年（732年）还在宫墙东修筑夹道（夹城）可通往大明宫与曲江池，便于去曲江池游乐时潜行，不为人觉。

兴庆宫城西面宫门有二，中名为兴庆门，次南名为金明门；东面宫门也有两个，中名为金花门，次南名为初阳门；宫城南面宫门名为通阳门，次东名为明义门；北面宫门名为濯龙门。

兴庆宫城由多组院落组成，整个宫城可分南北两部分，北部为宫殿区，南部为苑园区。宫城南半部，进通阳门后正中宫门为明光门，门上有明光楼。宫内中心位置有龙池，池南主要建筑有龙堂建于台上。龙池为椭圆状，面积约18公顷，原本流潦成池，后引龙首渠渠水灌之，池面相应扩大成为大池。龙池东北有一组建筑群，中心建筑为沉香亭，是为李隆基、杨玉环欣赏木芍药而筑，亭用沉香木构筑。传说亭前牡丹有红、淡红、紫、纯白等色，还有晨纯赤、午浓绿、夕黄、夜白等变色品种，应为苑内观赏牡丹的区域。据载，李隆基在沉香亭还召见过诗人李白，命他作诗咏牡丹，李白挥笔而就清平调三章，最后一章"名花倾国两相欢，常得君王带笑看。解释春风无限恨，沉香亭北倚栏杆。"极为生动。龙堂西面有一组建筑，位于宫城西南沿，包括勤政务本楼和花萼相辉楼，毗邻形成一整体。龙池南也有一组建筑。进明义门，门内翰林院，正殿曰长庆殿，后有长庆楼。

兴庆宫城北半部，居中有一组建筑群，先是瀛洲门，门内有殿叫南薰殿，殿南即池，瀛洲门内西面有一组建筑，宫门叫大同门，门内东西隅有鼓楼、钟楼，正殿叫大同殿。再进才是正殿叫兴庆殿，殿后为交泰殿。大同殿内供奉老子像。瀛洲门内东面又有一组建筑，宫门叫仙云门，门内先是新射殿。再东一组为金花落，俗传是卫士居。

兴庆宫在三大内中仍以富丽的建筑见胜，但在建筑布局上与另外两个很不相同。它的正殿兴庆门是朝西开的，不像太极宫、大明宫等正门朝南。宫苑部分，以龙池为中心，因水布局，景致优美，水面很大，几乎占整个苑的二分之一。池周垂柳如烟云笼罩，池上笙歌画舸。池南临水有龙堂楼台，堂西长庆殿，隐于丛中，池东北，有著名的沉香亭。勤政务本楼与花萼相辉楼联成一体，半抱于西南隅。建筑疏落有致，互相辉映。兴庆宫的主苑部分确是一座优美的园林。

（4）禁苑　唐长安城整个北面为禁苑，其范围"北临渭水，东拒浐川，西尽故都城（指汉长安故城），周一百二十里"（《唐六典》）。据《长安志》载："东西二十七里，南北三十三里，……苑中四面皆有监，南面长乐监，北面旧宅监，东监、西监，分掌宫中植种及修葺园圃等事，又置苑总监领之，皆隶司农寺。苑中宫亭，凡二十四所。"

禁苑是唐长安城郊的主要风景园林区和狩猎区，唐长安城北郊地形起伏，林木葱郁，自然环境良好。建有宫观、楼阁、台亭等20处。

望春宫，在禁苑东面的龙首原上，东邻浐水，清流碧浪，鱼翔浅底，是一处以浐河水色为主的风景游览区。内建有升阳殿、望春亭、放鸭亭等。天宝二年（743年）陕郡太守韦坚曾引浐河水至望春楼下为大潭，以聚江淮漕船，名为广运潭，皇帝多到此游幸。

鱼藻宫，因宫建于鱼藻池中的山上，故名。其是一处以水景为主的风景游览之地，曾多次修浚，池深一丈四尺。皇帝和官僚在此宫欢宴，或观竞渡，或泛舟轻荡。

梨园，位于禁苑之南，光化门正北。园中建有梨园亭，并建有毯场，举行打马毯的比赛。开元二年（714年）唐玄宗在此设置院，专门传习"法曲"和音乐舞蹈，男女艺人300人，玄宗亲自点授，号称"梨园弟子"。安史之乱后，梨园虽遭破坏，但许多梨园弟子宁死不屈。从此"梨园"成为艺人的雅号而受人尊敬。

（5）曲江池（芙蓉园） 唐长安城的东南隅，向里让进二坊之地，就是曲江池，后又称芙蓉园和芙蓉池，曾是唐朝皇帝专用内小苑，外苑又是一定季节里，官僚贵族和老百姓可以游乐的胜地。

古代，曲江池本是旷野中一个大池塘。"其水曲折，有似广陵之江，故名之"（《太平寰宇记》）。秦代在这里修了离宫宜春苑，汉代在这里开渠，修宜春下苑和附近的东游苑，汉武帝刘彻多次到此游乐。隋营建大兴城时，宇文恺以京城东南隅地高，故阙此地，不为居人坊巷，凿之为池，以厌胜之。又会黄渠水自城外南来，可以穿城而入。隋文帝"恶其名曲，改为芙蓉园，为其水盛而芙蓉富也"。芙蓉园迭经战乱，一度干涸。到唐玄宗时，开元中重加疏凿，导引浐河上流水，经黄渠自城外南来，入城为芙蓉池，且为芙蓉园也，并恢复了芙蓉园外曲江池的名称。另外，在曲江池西岸有"汉武泉"，一年四季都有泉水涌出，水量充足。

据《雍录》，曲江池在汉武帝时周长六里，唐时周长七里。池形南北长，东西短，湖就势开凿，池水曲折优美，池两岸有楼阁起伏，景色绮丽动人。根据文献和唐代诗人咏曲江池、芙蓉园的诗句，表明芙蓉园是内苑，在皇帝特许下才能进入游乐饮宴，而曲江宴都只能设在外苑即曲江池。《剧谈录》载："曲江……花卉环周，烟水明媚。"唐朝诗人从不同角度，描绘不同季节里曲江池的明媚风光。如卢纶《曲江春望》："菖蒲翻叶柳交枝，暗上莲舟鸟不知。更到无花最深处，玉楼金殿影参差。"是对曲江美景的绝妙写照。又如杜甫诗："穿花蛱蝶深深见，点水蜻蜓款款飞。桃花细逐杨花落，黄鸟时兼白鸟飞。"这些诗句都对暮春景色作了生动的描绘。"都人游玩，盛于中和（二月初一）上巳（三月三日）之节"。这就是说，在一定节日，这里是都人可以游玩的行乐地。另外中元（七月十五日）、重阳节（九月九日）和每月晦日（月末这一天）这里游人最热闹。

曲江宴或文人学士来曲江饮酒作乐时，放羽觞（酒杯）于曲流之上，羽觞随水势漂泛，得者畅饮，这就是所谓"曲江流觞"，长安八景之一。

唐天宝年间，发生安史之乱后，殿宇亭台尽颓废，曲江景色也衰微了。诗人杜甫曾徘徊曲江岸，作《哀江头》诗篇："少陵野老吞声哭，春日潜行曲江曲。江头宫殿锁千门，细柳新蒲为谁绿。"唐文宗（李昂）于大和九年（835年）二月，曾敕发左右神策军1500人，淘江池。因建紫云楼、落霞亭，岁时赐宴。又诏百司，于两岸建亭馆。唐末战乱中建筑倒毁，池畔荒芜。

曲江池（芙蓉园）不仅是著名皇家宫苑，也是史载的第一个公共游览胜地。

2. 唐长城郊外的皇家宫苑

隋唐时期，中国封建经济高度发展，社会生产力大幅度提高。历代皇帝及其家族，利用所拥有的特权，多占有京畿附近风景资源丰富优越的地带，建设苑园，以供本人及家族游憩、居住而用。隋唐时期，利用良好的天然山水而建的著名苑囿很多，如，隋洛阳西苑、隋仙游宫、唐洛阳上阳宫、唐玉华宫、翠微宫、华清宫、九成宫等。

（1）华清宫　华清宫在西安城以东35公里的临潼区境内，南倚骊山北坡，北向渭河（图5-3）。骊山山形秀丽，植被良好，远看犹如黑色骏马，故名骊山。骊山之麓，自古就有温泉出现，周幽王曾在这里修骊山宫。骊山烽火台（为"褒姒一笑失天下"的故事由来）遗迹犹存。传说秦始皇在此遇"神女"，以石筑室砌池，称"神女汤泉"，也称"骊山汤"。汉武帝刘彻时在秦汤泉的基础上扩建为离宫。隋文帝杨坚，于开皇三年（583年），又加以修建，广种松柏树木。到唐代，这里成为皇帝游乐的胜地。尤其在冬季，唐太宗李世民于贞观十八年（644年），诏令大匠阎立德营建汤泉宫，阎规划建制宫殿楼阁，十分豪华。据《唐书·地理志》："有宫在骊山下，贞观十八年置，咸亨二年（唐高宗李治年号，671年）始名温泉宫……（天宝）六载，（747年）更温泉曰华清宫。治汤井为池，环山到宫室，又筑罗城，置百司及十宅"。唐玄宗长期居住于此，处理朝政，接见臣僚，无疑当时这里已经成为与长安相联系的另一个政治中心，华清宫成为唐代著名的皇家离宫御苑。

图5-3　唐华清宫示意图

华清宫政治中心的功能需要一套完整的宫廷区，宫廷区在骊山北坡，与骊山的苑园区一起构成北宫南苑的格局。华清宫中央为宫城，东西两侧为行政、宫廷辅助用房以及随驾前来的贵族、官员的府邸所在。宫廷区南面为苑林区，呈前宫后院的传统格局。

宫廷区布局方整，受地形地势所限，打破了坐北朝南的宫廷布局模式，采取坐南朝北的布局，两重城垣。

宫廷区的南半部为温泉汤池区，共分布着8处汤池供帝、后、嫔妃及皇室其他人员沐浴用。自东到西分别为：九龙汤、贵妃汤、星辰汤、太子汤、少阳汤、尚食汤、宜春汤、长汤。九龙汤又名莲花汤，是皇帝御用的汤池。进津阳门，东有瑶光楼，瑶光楼之南有殿叫飞霜殿，在飞霜殿之南就是御汤九龙殿，也叫莲花汤，制作宏丽。由莲花汤而西，曰日华门，门之西曰太子汤，太子汤次西少阳汤，少阳汤次西尚食汤，尚食汤次西宜春汤，又西曰月华门，月华门之内有七圣殿。七圣殿南有龙汤16所。

开阳门以东廊成以内的建置有：观风楼、四圣殿、逍遥殿、重明阁、宜春亭、李真人祠、女仙观、桉歌台、斗鸡台等，另建毬场一处。宫城东面开阳门外有宜春亭，亭东有重明阁，阁下有方池，中植莲花。池东凿井，盛夏极甘冷，邑人汲之。四圣殿在重明阁之南，殿东有怪柏。宫城东面还建有观风楼，楼在宫外东北隅，又云有斗鸡殿，在观风楼之南。殿南有桉歌台，南临东缭墙，殿北有舞马台、毬场。

苑林区，为山岳风景游赏胜地，结合不同的地貌规划建设了许多各具特色的景区和景点。山上人工种植各种观赏树木，丰富了景观，不同的植物突出了不同景区景点的特色。据文献记载，华清宫就有松、柏、槭、梧桐、柳、榆、桃、梅、李、海棠、枣、榛、芙蓉、石榴、紫藤、芝兰、竹子、旱莲等30多种植物。

（2）九成宫 九成宫在今西安城西北163千米的麟游县，原隋仁寿宫，隋文帝杨坚诏杨素营仁寿宫，素奏宇文恺和封德彝为土木监，于开皇十三年（593年）春二月动工，至开皇十五年春三月竣工。杨坚开始把它作为避暑的离宫，每年春往冬还，有时住的时间较长。据记载，开皇十九年（599年）二月，杨坚到仁寿宫居住，次年九月，即住了一年半，才回京城大兴。杨坚于仁寿四年（604年）死于仁寿宫的大宝殿。隋炀帝时，宫殿渐荒废。

到了唐贞观五年（631年），唐太宗李世民命修复仁寿宫，规模宏伟，豪华壮丽，改名九成宫。唐太宗李世民和唐高宗李治经常到此避暑，接见群臣，处理朝政。九成宫是隋唐两代著名的离宫御苑。安史之乱后，逐渐荒废，到晚唐时已经是一片废墟了。

麟游县是一个山城，周围溪河纵横，土地腴美。由于地势高亢，气候凉爽，离京城大兴不远，遂为隋文帝所选，修筑避暑离宫。魏征在《九成宫醴泉铭》中写道："至于炎景流金，无郁蒸之气，微风徐动，有凄清之凉，信安体之佳所，诚养神之胜地，汉之甘泉不能尚也。"道出了宫址特点。

九成宫是以麟游县西五里的天台山为中心，随形就势而建。天台山并不高，"山阳崇崖崛起，石骨棱棱，其阴平衍皆土"。四山环抱，幽境天成。南邻杜水，西北有北马坊河流过，因涧为池，而湖光山色之胜自成。关于宫室建筑情况，魏征在《九成宫醴泉铭》中是这样描述的："冠山抗殿，绝壑为池，跨水架楹，分岩耸阙，高阁周建，长廊四起，栋宇胶葛，台榭参差。仰视则迢递百寻，下临则峥嵘千仞，珠璧交映，金碧相辉，照灼云霞，蔽亏日月。……"虽然这是文学作品，难免有夸张之词，但因地就势而筑，却说得十分确切。

九成宫建有内外两重城墙，内垣之内为宫城，为朝宫、寝宫及府库、官寺衙署所在之处。宫城之外、外垣之内为苑林区，包括广大的山岳地带。宫城位于杜河北岸山谷间三条河流（北马坊河、杜水、永安河）的交汇处。

九成宫宫址天台山，山虽不高，但地势高亢，夏季气候凉爽，环境幽雅，风景优美。这里群山环抱，台榭参差，使九成宫成为在自然胜地中随形因势而筑的离宫中一个范例。

5.4　唐代私家园林

唐代政局稳定，经济繁荣，文化昌盛。人们的生活水平和文化素质得到了普遍提高，民间便有更多的人追求园林的乐趣。私家园林较之魏晋南北朝更为兴盛，更加普及，艺术水平亦有所提高。

唐朝时，庄园经济受到抑制，士族豪强势力逐渐减弱。科举制度确立，朝廷的各级官吏通过科举考试来遴选任命，门阀士族不再能够凭借世袭的特权把持朝政，同时，广大庶族地主知识分子有机会通过科举考试进身官僚阶层。唐朝官僚有优厚的俸禄和相应的权力，这促使广大知识分子踊跃参加科考，畅通了人才选拔的渠道，但是官僚没有世袭的保证，宦海沉浮，升迁和贬谪无常。"达则兼济天下，穷则独善其身"是唐代知识分子的真实写照。一朝显达获得优厚的俸禄，就有经济实力，营造私园，即便在困厄时也可以寄情山林，在闹市中获得暂时"避开尘世"之所。园林的享受在一定程度上满足了入世者的避世企望，于是，士人们几乎都刻意经营自己的园林。唐代确立了官僚政治，便逐渐催生一种新风格的私家园林——士流园林。

"隐逸思想、寄情山水"一直是中国知识分子在精神领域所追求的，与他们有解不开的情结。科举制度使这种追求在物质领域和精神领域产生了矛盾，知识分子再没有南北朝时那样超脱的行为，"兼济天下"成为他们人生的理想，但是还需要精神上的"隐逸"。真正的隐士越来越少，更多的是"隐于园"者，他们既可以做官从政，又可以获得精神上的超脱。这种思想的流行促进私家园林的普及和发展，刺激士流园林的创作理念的形成。中唐以后，"隐于园"的思想逐渐被广大知识分子所接受。

首都长安、东都洛阳是唐朝经济最繁荣的两座都市，同时也聚集着大量的官僚、国戚、知识分子，为私家园林最为繁荣的地方。江南富庶地区，私家园林的营造也不是个别现象，正如诗人姚合在《扬州春词三首》中所说的"园林多是宅"。宋人李格非《洛阳名园记》载："唐贞观、开元之间，公卿贵戚开馆列第于东都者，号千有余邸。"唐代私家园林根据基址不同，可以分为城市私园和郊野别墅园。

唐代私家园林的兴盛，与园居生活的多样化是分不开的。园林承载着会客的功能，尤其园林成为文人雅集的重要场所，园林在文人的社会和文化生活中扮演重要角色。园林是园主人日常品茗、饮酒、弹琴、垂钓、小憩、读书等活动的重要场所。

5.4.1 白居易和洛阳履道坊宅园、庐山草堂

白居易（772—846年），字乐天，号香山居士，唐太原（今山西太原市）人，幼聪慧绝伦，胸怀宏放。德宗贞元中（785—805年）擢进士甲科，以刑部尚书致仕。文辞艳丽，尤工于诗，曾在庐山东西二林间香炉峰下筑草堂。庐山草堂利用自然环境借取四周景物，为其所有。白居易善用天然于此，使之成为古代"山居"之典型。其造园风格学说及其实践经验，迄今仍有可借鉴之处。其在洛阳履道坊另有宅园，亦成为当时园林的精品。

白居易提出了中隐的理论。《中隐》："大隐住朝市，小隐入丘樊。丘樊太冷落，朝市太嚣喧。不如作中隐，隐在留司官。似出复似处，非忙亦非闲。不劳心与力，又免饥与寒。终岁无公事，随月有俸钱。君若好登临，城南有秋山。君若爱游荡，城东有春园。君若欲一醉，时出赴宾筵。洛中多君子，可以恣欢言。君若欲高卧，但自深掩关。亦无车马客，造次到门前。人生处一世，其道难两全。贱即苦冻馁，贵则多忧患。唯此中隐士，致身吉且安。穷通与丰约，正在四者间。"边官边隐，似出似处，与现实政治保持着若即若离的关系，既能获得世俗的享乐，又能体会隐逸的乐趣。这种不走极端、行于中道的概念解决了自春秋以来一直困扰着文人的"仕与隐的矛盾"，对人与自然的理论体系做了非常有益的补充，城市中的自然——园林开始代替自然成为隐逸的载体，促进了城市中庭园的繁荣和发展。

隐逸在中唐之前已有一段漫长的历史发展。从早期传说中的巢父、许由开始，隐士就是人们心中高蹈洁身的受人敬仰的人物。不仅道家庄子推崇其为真人、至人、神人，儒家孔子也对隐者表示恭敬。魏晋以后，隐逸者的大量增加使隐逸成为讨论的话题，而渐被理论化；又因自然与名教、三家思想的调和，隐逸遂也与现实政治发生调和。为官的生活繁忙累重，牵扯甚多，如何能享受并满足其爱好自然的幽情野趣呢？通常的处理方式便是：老子忆山心暂缓，退公闲坐对婵娟。（全唐诗卷三三四令狐楚《郡斋左偏栽竹百余竿》）夜直入君门，晚归卧吾庐。（全唐诗卷四二八 白居易《松斋自题》）他们在白昼时入朝或置身公堂，退息下来，就投入园林山水之中，或弹琴读书，或垂钓闲坐，或高卧赏景，尽情享受其清闲的隐逸。在他们看来，这两种类型的生活并不相碍，甚至姚合那样"有时公府劳，还复来此息"。有山水林泉之地都是好地方，大自然无疑是，自然山水园亦然，城市园林也具有可能性。它们对人心的洗涤功能是值得肯定的。因此，晨旦入朝堂理政，全然投入治世工作中，黄昏回到园林里，是可以全然放下尘务而悠游如隐者的。园林固有的特征使其成为缓冲"仕与隐"矛盾的最佳选择，既与热闹的红尘地只有一墙之隔，又具有强烈的自然气息；既具有纯自然的要素，又充满了人文的浸润。

1. 洛阳履道坊宅园

履道坊宅园位于洛阳履道坊，是白居易最喜欢的一所宅园，他曾为此园写了一篇《池上篇并序》，对此园进行了翔实的描写：

第5章 隋唐时期园林

"都城风土水木之胜在东南隅，东南之胜在履道里，里之胜在西北隅。西闬北垣第一第即白氏叟乐天退老之地。地方十七亩，屋室三之一，水五之一，竹九之一，而岛树桥道间之。初乐天既为主，喜且曰：'虽有台池，无粟不能守也'，乃作池东粟廪；又曰：'虽有子弟，无书不能训也'，乃作池北书库；又曰：'虽有宾朋，无琴酒不能娱也'，乃作池西琴亭，加石樽焉。

乐天罢杭州刺史时，得天竺石一、华亭鹤二，以归。始作西平桥，开环池路。罢苏州刺史时，得太湖石、白莲、折腰菱、青板舫，以归，又作中高桥，通三岛径。罢刑部侍郎时，有粟千斛、书一车，泊臧获之习筦、磬、弦歌者指百，以归。先是颖川陈孝仙与酿酒法，味甚佳；博陵崔晦叔与琴，韵甚清；蜀客姜发授《秋思》，声甚淡；弘农杨贞一与青石三，方长平滑，可以坐卧。

太和三年夏，乐天始得请为太子宾客，分秩洛下，息躬于池上。凡三任所得，四人所与，泊吾不才身，今率为池中物。每至池风春，池月秋，水香莲开之旦，露清鹤唳之夕，拂扬石，举陈酒，援崔琴，弹《秋思》，颓然自适，不知其他。酒酣琴罢，又命乐童登中岛亭，合奏《霓裳散序》，声随风飘，或凝或散，悠扬于竹烟波月之际者久之。曲未竟，而乐天陶然石上矣。睡起偶咏，非诗非赋，阿龟握笔，因题石间。视其粗成韵章，命为《池上篇》。

十亩之宅，五亩之园。有水一池，有竹千竿。勿谓土狭，勿谓地偏。足以容膝，足以息肩。有堂有庭，有桥有船。有书有酒，有歌有弦。有叟在中，白须飘然。识分知足，外无求焉。如鸟择木，姑务巢安。如龟居坎，不知海宽。灵鹤怪石，紫菱白莲。皆吾所好，尽在吾前。时饮一杯，或吟一篇。妻孥熙熙，鸡犬闲闲。优哉游哉，吾将终老乎其间。"

白居易在洛阳的履道坊宅园，是他任杭州刺史和苏州刺史期间，经营六七年而成的。这个园的规模，包括住宅在内约1.13公顷，园的净面积约0.7公顷，水面占三分之一，种竹的面积占总面积的五分之一。水面较大，池中有三岛，岛上建亭，中央岛上之亭名"中岛亭"。环池修路，通岛架桥。从桥名"西平"看，可能是从西岸上岛的平板式桥；"中高"桥，可能是连接在岛屿之间的高拱桥。围池布置建筑，池西有琴亭，为宾客琴酒娱乐之处；池东有粟廪，为储藏粮食之仓房；池北有书库，为藏书和课读子弟之家塾。从布局来看，宅在园南，这种宅与园相对的位置关系，是后世城市中大中型园林较典型的模式。

可见白居易在宅园中所营造的构筑物都有其使用价值，如书库之于教育子弟，琴亭之于会友，粟廪之于储粮。园林景境的创造，必须以人的园居生活需要为前提，这就意味着由于不同时代人们的生活方式和审美趣味的不同，对景境会有不同的要求，所以每个时代都有适应其时代生活特点的造园形式与内容。任何独立存在与人生活无关的景境，对人是没有意义的。

《池上篇》在造园学上有重要意义，白居易通过自己的造园实践，对园林规划的土地分配作了一般性的概括。其园林规划思想，已成为后世城市一般宅园的普遍模式，成为后世文人士大夫对园林的一种普遍价值取向，对后世中国园林艺术的发展具有深远的影响。

白居易将他所得的太湖石陈设在履道房宅园内，可见太湖石在唐代已经被人们所欣赏，成为园林里点景的山石，深受文人们的珍爱。但是唐代园林中堆山的记述不多，说明假山在园林中的应用不是很广泛，假山对园林的作用还没有被人们所认识。在狭小的基址内，人们还没有很好地掌握堆叠"宛若自然"的假山的技术，在园林艺术里"写意"还不够成熟。

2. 庐山草堂

元和年间，白居易任江州司马时于庐山修建了一处别墅园林，即著名的庐山草堂（图5-4），他还撰写了《庐山草堂记》一文，该文记述了庐山草堂的选址、建筑概况、周围环境、四季景观、整体布局等。

他在《与元微之书》中写道："始游庐山，到东西二林间（即东林寺、西林寺之间）香炉峰下，见云水泉石，胜绝第一，爱不能舍。因置草堂"在《庐山草堂记》里则说："……介峰寺间，其境胜绝……见而爱之，若远行客过故乡，恋恋不能去。因面峰腋寺，作为草堂。"可见草堂选在香炉峰之北，一块"面峰腋寺"的地块上。

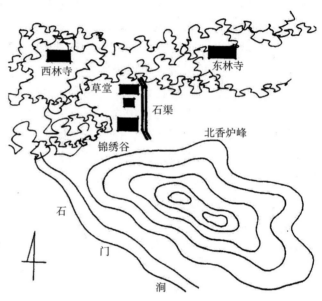

图5-4　庐山草堂平面想象图

草堂建筑极为简朴，"明年（即元和十二年，827年）春，草堂成。三间两柱，二室四牖……木斫而已，不加丹；墙圬而已，不加白。砌阶用石，幂窗用纸，竹帘纻帏，率称是焉。"这样素朴的草堂，与自然环境相协调，自是山居风格。

草堂周围环境得天独厚，近有瀑布、山涧、古松、野花，远可借香炉峰胜景，园林布局结合自然环境，辟池筑台，草堂为园林的主体，布局围绕草堂展开。"是居也，前有平地，轮广十丈，中有平台，半平地；台南有方池，倍平台。环池多山竹野卉，池中生白莲、白鱼。"山中凿池，人为也，但又环以山竹野卉，宛自天开。《庐山草堂记》接着说："堂北五步，据层崖积石，嵌空垤块，杂木异草，盖覆其上。绿阴濛濛，朱实离离，不识其名，四时一色。"又云："堂东有瀑布，水悬三尺，泻阶隅，落石渠，昏晓如练色，夜中如环佩琴筑声（筑，一种古乐器）。堂西倚北崖石趾，以剖竹架空，引崖上泉，脉分线悬，自檐注砌，累累如贯珠，霏微如雨露，滴沥飘洒，随风远去。"上述一是天然瀑布，虽小而水声如琴，一则人工理水，自成水帘。"又南抵石涧，夹涧有古松老杉，大仅十人围，高不知几百尺。修柯戛云，低枝拂潭，如幢竖，如盖张，如龙蛇走。松下多灌丛，萝茑叶蔓，骈织承翳，日月光不到地。盛夏风气如八九月时。下铺白石，为出入道。"涧水流响，风吹松涛，浓荫匝地，风气凉爽，何等优美！此外，草堂四旁"耳目杖履可及者，春锦绣谷花（花为映山红或称杜鹃花），夏有石门涧云，秋有虎溪月，冬有炉峰雪，阴晴显晦，昏旦含吐，千变万状，不可殚记。"由于山居选址合宜，近旁四季美景，杖履可及，皆足观赏。

白居易满足于"三间两柱，二室四牖""木斫而已，不加丹，墙圬而已，不加白"的草堂，而追求"与泉石为伍，与花木为邻，融入自然"的一种"隐逸"精神享受，为后世不得志的文人提供了别墅园林的审美理念，为后世文人园林所借鉴。

总的来说，白居易的庐山草堂，是在天然胜区相地而筑，辟池营台，引泉悬瀑，既有苍松古杉，又植山竹野卉，就自然之胜，稍加润饰而构成别墅园林。草堂能够广借自然之美景，充分融入自然之境，在朴实无华中体现出深刻意境。

5.4.2 王维和辋川别业

王维（699—759年），字摩诘，唐太原郡（今山西太原市）人，进士擢第，与弟缙俱有奇才，博学多艺，亦均齐名。玄宗天宝末（742—756年）为给事中，肃宗乾元中（758—760年）迁尚书右丞，王维诗名盛于开元天宝间（713—755年），书工草隶，画尤擅山水，所画山水松石虽与吴道子相似，而风格特点又各异，在开元寺画竹两丛，有时竟与李思训、李昪相似，而使后人不易辨别。至明代末叶，山水画分为南北两宗，以王维为南宗之祖，并崇南贬北，以南宗为正宗，风行300年，直至近代始予推翻。肃宗时致仕归隐蓝田之辋川，既归辋川，便相地作园，分置孟城坳、华子冈、文杏馆、斤竹岭、鹿柴、木兰柴、茱萸沜、宫槐陌、临湖亭、南垞、欹湖、柳浪、栾家濑、金屑泉、白石滩、北垞、竹里馆、辛夷坞、漆园、椒园等二十景，号称"辋川别业"（图5-5）。摩诘以山水画法之理论施于实际的造园学上，故其造园作品既富诗意，又似画境。

图5-5　辋川图

王维的辋川别业不同于白居易的庐山草堂，它属于一个庄园，具有很强的生产功能。辋川别业在陕西蓝田县南约20千米处。辋川，即辋谷水。《长安志》载："辋谷在县西南二十里……辋谷水出南山辋谷，北流入灞水。"诸水汇合如车辋环辏，故名辋川。辋川别业原是诗人宋之问的蓝田别墅。从宋之问《蓝田山庄》诗："辋川朝伐木，蓝水暮浇田"可知辋川别业有丰富的水源，山上盛产林木，田地膏腴富饶。

辋川别业中的胜景，《辋川集序》中列名的有20处：

孟城坳，是进山的第一景。坳，是低洼地。因在这洼地上，原有座古城堡而名。从裴迪的"结庐古城下"诗句看，他大概就住在这附近。

华子岗，背后环山，面临辋水，有几栋悬山顶房屋，用廊垣分隔围合成院的组群建筑，即王维月夜登眺、"辋水沦涟"之处。

文杏馆，在山里，主体为曲尺形布置的两幢歇山顶建筑，前有两座歇山顶的方亭，用篱落围成院子。馆名"文杏"，梁是文杏木制成，还用香茅草结屋顶，所谓"文杏裁为梁，香茅结为宇"。

斤竹岭，山上生有大竹，故名。

鹿柴，柴，篱障，通"砦""寨"。这里是用木栅栏围护起来，放养野鹿的场所。

木兰柴，用木栅栏围起的一片以木兰为主的树林，谿水穿流其间，环境十分幽静。

茱萸沜，茱萸是有浓烈香味的植物。古代风俗，重阳节佩茱萸以辟邪。王维《九月九日忆山东兄弟》诗："遥知兄弟登高处，遍插茱萸少一人。"沜，同"泮"，水崖或半月形水池。此景大概是因在水池边种有"结实红且绿，复如花更开"的山茱萸而名。

宫槐陌，广植槐树的林荫道，直通欹湖。裴迪诗："门前宫槐陌，是向欹湖道；秋来山雨多，落叶无人扫。"

临湖亭，欹湖边一亭，在其中可眺望欣赏开阔的欹湖。

南垞，欹湖南岸的一座小山岗，上有建筑。

欹湖，园内之大湖，湖中广种莲花，湖上可泛舟。裴迪诗："空阔湖水广，青荧天色同；舣舟一长啸，四面来清风。"

柳浪，湖畔广植多行垂柳，水中倒影婉约多姿。

栾家濑，水流湍急的平濑河道。

金屑泉，泉水涌流涣漾呈金碧色。

白石滩，湖边白石遍布成滩。

北垞，湖北岸的一片平坦谷地，辋川之水流经此处，可能设有码头。

竹里馆，是在幽篁深处的一栋房舍，王维诗"独坐幽篁里，弹琴复长啸"之处。其为大片竹林环抱的一座建筑。

辛夷坞，满种大片辛夷的岗坞地带。

漆园，种植漆树的生产基地。

椒园，种植椒树的生产基地。

总之，辋川别业是个林木茂盛、土地肥沃、山明水秀、风景十分优美的山庄，也是经过人工美化的庄园别墅。

王维的山庄和白居易的草堂，从经济学角度而言，前者是地主的大庄园，后者只能算是一般的农舍而已。从隐居角度而言，虽是两个不同类型的别墅，但有共同的时代特点，即为了逃避尘俗，隐迹山林，都是为了从自然山水中，求得精神上的超脱和心灵上的慰藉。自然山水田园，不只是人的物质生活资料，山水本身已成为他们生活和志趣的主要部分。山水不是与人对立的，而是已经融于诗人的心灵，即思想感情之中了。对人而言，自然山水具有了真正的审美价值和意义。

5.4.3 李德裕与平泉庄

李德裕出生于787年，赵郡（今河北赞皇县）人。他的父亲叫李吉甫，唐宪宗统治时期曾任宰相。有宰相爹铺路、提拔，再加上自身具备不错的政治、文化修养，李德裕前半生的仕途可谓一帆风顺，从监察御史、中书舍人、御史中丞、兵部侍郎、兵部尚书一路高升，直到他"子承父业"，在唐武宗会昌年间（841—846年）任宰相。李德裕在宣宗即位后，历遭严厉贬斥，直至贬死崖州，其相友善者亦皆遭贬。时人咏曰："八百孤寒齐下泪，一时南望李崖州。"直至大中六年（852年），才得以归葬洛阳。年轻时，曾随其父宦游在外14年，遍访名山大川。入仕后瞩目伊洛山水风物之美，便有退居之想。《平泉山居记》载："吾随侍先太师忠懿公在外十四年，上会稽，探禹穴，历楚泽，登巫山，游沅湘，望衡岳。忠懿公每维舟清眺，意有所感，必凄然遐想，属目伊川。"

平泉庄占地广袤，周围十余里。《旧唐书》本传载："东都于伊阙南置平泉别墅，清流翠筱，树石幽奇。"裴潾诗述平泉庄环境曰："飞泉挂空，如决天浔。万仞悬注，直贯潭心。月正中央，洞见浅深。群山无影，孤鹤时吟。"李德裕购园后，乃剪荆棘，驱狐狸，前引泉水，萦回疏凿，营亭台楼阁百余所，又得江南珍木奇石，列于庭际。

唐康骈《剧谈录》卷下："平泉庄去洛城三十里，卉木台榭，若造仙府。有虚槛，前引泉水，萦回穿凿，像巴峡、洞庭、十二峯、九派，迄于海门……皆隐隐见云霞、龙凤、草树之形。"

平泉庄内植被种类丰富，以品种丰富、名贵、珍惜著称于当时。《太平广记》云："初德裕之营平泉也，远方之人，多以土产异物奉之，求数年之间，无所不有。"所谓"陇右诸侯供语鸟，日南太守送名花。"李德裕在《平泉山居草木记》中详细列举了木本树种、花卉、水生植物以及珍稀药苗六十多种，他不无自豪地说："其伊、洛名园所有，今并不载。岂若潘赋《闲居》，称郁棣之藻丽，陶归衡宇，嘉松菊之犹存？"可见，李德裕对洛阳其他名园的收藏十分了解，他所列草木均为平泉庄所独有。

李德裕酷爱奇石，宦游所致，随时收罗。平泉庄中，亦多置奇石。唐代，买石、赠石、赏石成为一种社会风尚，牛僧孺、李德裕更是赏石玩石的专家。宋张洎《贾氏谈录》："李德裕平泉庄，怪石名品甚众，各为洛阳城有力者取去。唯礼星石（其石纵广一丈，长丈余，有文理，成斗极象）、狮子石（石高三四尺，孔窍千万，递相通贯，其状如狮子，首尾眼鼻皆具）为陶学士徙置梁园别墅。"

5.5 寺观园林

佛教经过东晋、南北朝的广泛传布，到唐代13个宗派都已经完全确立。道教的南北天师道与上清、灵宝、净明逐渐合流，教义、典仪、经籍均形成完整的体系。唐代的统治者出于维护封建统治的目的，采取儒、道、释三教并尊的政策，在思想上和政治上都不同程度地加以扶持和利用。

唐代的 20 位皇帝中，除了唐武宗其余都提倡佛教，有的还成为佛教信徒。随着佛教的兴盛，佛寺遍布全国，寺院的地主经济也相应地发展起来。大寺院拥有大量田产，相当于庄园的经济实体。田产有宫赐的，有私置的，有信徒捐献的。农民大量依附于寺院，百姓大批出家为僧尼，政府的田赋、劳役、兵源都受到影响，以至于酿成武宗时的"会昌灭佛"。但不久后，佛教势力又恢复旧观。

唐代皇室奉老子为始祖，道教也受到皇室的扶持。宫苑里面建置道观，皇亲贵戚多有信奉道教的。各地道观也和佛寺一样，成为地主庄园的经济实体。无怪乎时人要惊呼"凡京畿上田美产，多归浮屠"。

寺、观的建筑制度已趋于完善，大的寺观往往是连宇成片的庞大建筑群，包括殿堂、寝膳、客房、园林四部分的功能分区。唐代的城市，市民居住在封闭的坊里之内，缺乏为群众提供公共活动场所的设置。在这种情况下，寺、观往往在进行宗教活动的同时也开展社交和公共娱乐活动。佛教提倡"是法平等，无有高下"，佛寺更成为各阶层市民平等交往的中心。寺院每到宗教节日就举行各种法会、斋会。届时还有杂技、舞蹈表演，商人设摊做买卖，吸引大量市民前来观看。寺院平时一般都是开放的，市民可入内观赏殿堂的壁画，聆听通俗佛教故事的"俗讲"无异于群众性的文化活动。寺院还兴办社会福利事业，为贫困的读书人提供住处，收养孤寡老人等。道观的情况，亦大抵如此。

由于寺观进行大量的世俗活动，成为城市公共交往的中心，它的环境处理必然会把宗教的肃穆与人间的愉悦相结合考虑，因而更重视庭院的绿化和园林的经营。许多寺、观以园林之美和花木的栽培而闻名于世，文人们都喜欢到寺观以文会友、吟咏、赏花，寺观的园林绿化亦适应于世俗趣味，追摹私家园林。

寺观不仅在城市兴建，而且遍及于郊野。但凡风景幽美的地方，尤其是山岳风景地带，几乎都有寺观的建置，"天下名山僧占多"。全国各地的以寺观为主体的山岳风景名胜区，到唐代差不多都已陆续形成。如佛教的大小名山，道教的洞天、福地、五岳、五镇等，既是宗教活动中心，又是风景游览的胜地。寺观作为香客和游客的接待场所，对风景名胜区区域格局的形成和原始型旅游的发展起着决定性的作用。佛教和道教的教义都包含尊重大自然的思想，又受到魏晋南北朝以来所形成的传统美学思想的影响，寺、观的建筑当然也就力求和谐于自然的山水环境，起着"风景建筑"的作用。郊野的寺观把植树造林列为僧、道的一项公益劳动，也有利于风景区的环境保护。因此，郊野的寺观往往内部花繁叶茂，外围古树参天，成为风景名胜之地。许多寺观园林注意绿化，栽培名贵花木，保护古树名木，因而，使一些珍稀花木得以繁衍。

5.5.1 长安寺观园林

长安是寺观集中的大城市。据《长安志》等的记载，唐长安城内的寺观共195所，建置在77个坊里之内。其中大部分为唐代兴建的，或为皇帝、官僚、贵戚舍宅改建，还有一部分为隋代留下来的旧寺观。这些寺现的占地面积都相当可观，规模大者竟占一坊之地。几乎每一所寺观内均莳花植树，尤以牡丹花最为突出。长安的贵族显官多喜爱牡丹，因此，一些寺观甚至以出售各种珍品牡丹牟利。长安城内水渠纵横，许多寺观引来活水在园林里面建置山池水景。寺观园林及庭院山池之美、花木之盛，往往使得游人流连忘返。描写文人名流到寺观赏花、观景、饮宴、品茗的情况，在唐代的诗文中屡见不鲜。新科进士到慈恩寺塔下题名，在崇圣寺举行樱桃宴，则传为一时美谈。足见长安的寺观园林和庭院园林的盛况，也体现了寺观园林所兼具的城市公共园林的职能。

1. 大慈恩寺

该寺始建于隋代，原名无漏寺，武德初年废弃。唐贞观二十二年（648年）12月24日，高宗为其母文德皇后立寺，故以慈恩命名。《唐两京城坊考》记载，该寺占晋昌坊东半部，规模宏大，凡十余院，总1897间，寺僧300人。寺中有唐代著名画家阎立本、吴道子、尉迟乙僧等人所作的多幅壁画，为长安三大译经院之一。玄奘还在此创立了慈恩宗（亦称"法相宗"），使大慈恩寺在中国佛教史上更负盛名。

永徽三年（652年）玄奘为了安置从印度带回的经像，在高宗的资助下，依照印度的建筑形制，在寺西院建立了一座砖表土心的5层佛塔。由于风雨剥蚀而颓坏，武则天于长安元年（701年）又新建7层浮屠，方形，立于高4.2米，边长25米的四方基座上，塔高64米。塔身立锥状，用砖砌成，磨砖对缝，坚固异常，塔下面两层为9间，三、四两层为7间，最上层为5间，塔内有螺旋木梯可盘旋而上，每层的四面各有一拱券门洞，可以凭栏远眺。此塔气势雄伟，是我国劳动人民的艺术创造。塔底层的四面门楣上，有精美的唐石刻建筑图式和佛像，传为大画家阎立本的手笔。塔南面东西两侧的砖龛内，嵌有唐代著名书法家褚遂良书写的《大唐三藏圣教序》和《述三藏圣教序记》二古碑。碑边有乐舞人形浮雕，是极具艺术价值的珍品。此塔，宏伟壮观，登临远眺，京都繁华一览无余，因此成为城南游览胜地。文人雅士到此，无不吟诗作赋，或写景，或抒怀，歌诗精湛，为人称道。岑参的"塔势台涌出，孤高耸天宫。登临出世界，蹬道盘虚空。突兀压神州，峥嵘如鬼工。四角碍白日，七层摩苍穹"，传为咏塔之名篇。唐进士及第，曲江饮宴之后，必入寺登塔，题壁留念，称"雁塔题命"。

唐代的慈恩寺与杏园、曲江池、芙蓉苑、乐游原同在一个大的风景名胜区内，一年四季，风光宜人，桃花杏蕊，莲菖芙蓉，晨钟点点，佛声吟吟，香客不断，游人如织。

2. 玄都观

玄都观位于唐长安城崇业坊，在大兴善寺之西，始建于北周大象三年（581年），名通达观。隋开皇二年（582年）移至新都，名玄都观。

玄都观是长安道教主要道观之一。开元时观中有道士伊崇，身通儒、道、佛三教，积儒书万卷。天宝年间道士荆月出，深有道学，为时所贤，太尉房琯每执师资还礼，当代知名之士，无不游荆公之门。刘禹锡自序说，贞观二十一年他为屯田员外郎时，此观未有花。当年出牧连州，贬朗州司马，元和十年，被召至京师，人人皆言有道士手植仙桃，满观如仙霞，便写有《戏赠看花诸君子》诗云："紫陌红尘拂面来，无人不道看花回。玄都观里桃千树，尽是刘郎去后栽。"后来，刘禹锡又出牧14年，复为主客郎中官,重游玄都观,荡然无复一树,只有葵燕麦,动摇于春风。于是再题诗一首,诗曰:"百亩庭中半是苔,桃花净尽菜花开。种桃道士归何处,前度刘郎今又来。"前后两首游诗,反映了玄都观景观变迁的历史。

3. 兴教寺

兴教寺在长安少陵塬畔,是唐樊川八大寺之一。此地为东西15千米的高原,南对终南山,俯临潏河,北部平缓,南部高耸如山崖,因汉代此园在上林苑内,而凤凰集上林,故得凤栖塬的美名。南麓景色旖旎,坡间林木苍翠,泉水涌流,为历代皇家园林。隋唐以来,塬上广兴佛教,樊川八大寺院中的四大寺:兴教寺、兴国寺、华严寺、牛头寺皆倚塬而建,其中兴教寺为八寺之首。

兴教寺始建于唐高宗总章二年(669年),是唐代著名僧人玄奘法师遗骨的迁葬地,并建寺立塔以示纪念。兴教寺内有3座砖砌的舍利塔,中间最高的5层塔为玄奘的葬骨塔。塔身为仿木结构的斗拱建筑形式,塔底层北侧镶有《唐三藏大遍觉法师塔铭》的刻石,左右两侧的小砖塔,是玄奘的两位大弟子圆测(新罗王之孙)和窥基(尉迟敬德之侄)的墓塔。

兴教寺屡遭兵火,除3座砖塔外,殿宇及园林荡然无存。现寺内的大宝殿、法堂、跨院、慈恩塔院、藏经楼等均为近代建筑。这里倚塬俯川,风景如画,是人们缅怀玄奘法师和游观的佳境。

5.5.2 洛阳寺观园林

洛阳为唐二都之一,又是唐时期佛道宗教活动的中心,佛寺众多。比较有名的有白马寺、奉先寺、潜溪寺、看经寺,著名的龙门石窟就位于洛阳城的南部。洛阳北背邙山,西、南两面都有山丘为屏障,洛、穀二水贯流其中,水源丰沛,沟壑溪涧,花木繁茂,景色宜人,为修造园林提供了良好的自然环境。其城内、郊野寺观园林之盛可与长安比肩。历经沧桑变迁,寺观园林多被毁弃,仅留一些寺观供善男信女朝贡拜佛,仅举二例。

1. 潜溪寺

潜溪寺又名斋袚堂,在洛阳市龙门山(西山)北端,为此处第一大窟。唐代初年开凿,洞窟内雕刻有一佛、二弟子、二菩萨和二天王。主佛阿弥陀佛端坐须弥座上,比例匀称,面部丰满,神情睿智慈祥。二菩萨丰腴圆润,双目俯视,造型敦厚,是唐初雕塑艺术中的佳作。天王身着甲胄,足踏鬼怪,竖眉挺立,表现了武士神情。

2. 奉先寺

奉先寺在洛阳市龙门山(西山)南端,唐咸亨三年(672年)创建,历时四年竣工,是龙门石窟中规模最大的露天大龛,也是唐代雕塑艺术中的代表作。佛龛南北宽36米、东西深41米,有卢舍那佛、弟子、菩萨、天王、力士等11尊雕像。主佛卢舍那佛高17.14米,面容丰腴秀丽,修眉长目,嘴角微翘,流露出对人间的关注和智慧的光芒。两旁的弟子,迦叶佛严谨持重,阿难佛温顺虔诚,菩萨端庄矜持,天王蹙眉怒目,力士威武刚健,布局严谨,刀法圆熟。该窟是龙门石窟的代表,体现了唐代雕塑艺术的最高水平。据造像铭载,武则天为建造此寺曾"助脂粉钱两万贯",并亲率朝臣参加卢舍那佛的"开光"仪式。伊水东岸有一巨石,俗称擂鼓石,相传为武则天当年礼佛时击鼓奏乐之地。

5.6 公共景点建设

隋唐时期,除了离宫禁苑和私家别业外,对平民百姓开放的公共景点也有较大的发展。科举制度确立了文人士大夫在国家管理体制中的重要地位,他们这个群体掌握着庞大的社会资源,他们继承了魏晋时期文人嗜好游山水的品格,并且将嗜好山水、热爱自然的习性带到了日常工作中,故他们很重视景观建设和景点开发,他们对各地风景名胜资源开发和公共景点建设起到了巨大的促进作用。

5.6.1 柳宗元与永州风景

唐代文人士大夫热衷于游山玩水,有时甚至达到痴迷的程度,通过畅游山水,对自然的审美认识更加深化。唐代著名文人柳宗元可为能够自觉展示自然山水之美者。

柳宗元(773—819年)的政治生涯并不顺利,直到中年才获得在政治上施展抱负的机会,但是只有短暂的时间,随后被长期贬于外,在湘、桂、粤等地做官。在永州、中州为官期间,柳宗元长期徜徉在湘、桂一带,上高山,入深林,穷回溪,览泉石,无远不到,山水的游览与欣赏成为其精神生活的重要组成部分。《始得西山宴游记》载:"自余为僇人,居是州,恒惴栗。其隙也,则施施而行,漫漫而游。日与其徒上高山,入深林,穷回溪,幽泉怪石,无远不到。到则披草而坐,倾壶而醉。醉则更相枕以卧,卧而梦,意有所极,梦亦同趣。觉而起,起而归;以为凡是州之山水有异态者,皆我有也,而未始知西山之怪特。"永州位于中国湘西地区,为风景优美之地,这里山水奇幽,石峻泉深,竹茂鱼丰,实属风景绝佳之地。柳宗元官职为永州司马,本为闲职,无实事可做,有官奉足以度日,又有充足的闲暇时间,故可以对永州绝佳山水畅游、观照、审视、品味,能够发现永州山水之美。柳宗元日日浸润于山色水声当中,获得了丰富的审美经验。

柳宗元对山水的自然美进行了理论探讨和总结,创立了欣赏自然风景的"旷、奥"理论,他把山水之景概括为旷、奥两种基本形态,此后"旷奥"逐渐成为风景欣赏和风景设计的理论。《永州龙兴寺东丘记》载:"游之适,大率有二:旷如也,奥如也,如斯而已。其地之凌阻峭,出幽郁,寥廓悠长,则于旷宜;抵丘垤,伏灌莽,迫遽回合,则于奥宜。因其旷,虽增以崇台延阁,回环日星,临瞰风雨,不可病其敞也;因其奥,虽增以茂树丛石,穿若洞谷,蓊若林麓,不可病其邃也。"

柳宗元凭借自己对山水的深刻认知,还参与风景开发的实践工作。《钴鉧潭西小丘记》载:"丘之小不能一亩,可以笼而有之。问其主,曰:'唐氏之弃地,货而不售。'问其价,曰:'止四百。'余怜而售之。李深源、元克己时同游,皆大喜,出自意外。即更取器用,铲刈秽草,伐去恶木,烈火而焚之。嘉木立,美竹露,奇石显。由其中以望,则山之高,云之浮,溪之流,鸟兽之遨游,举熙熙然回巧献技,以效兹丘之下。枕席而卧,则清泠之状与目谋,瀯瀯之声与耳谋,悠然而虚者与神谋,渊然而静者与心谋。"

5.6.2 长安曲江池

隋代建都长安后,曲江池为整个长安城风景区之一,隋文帝时大加浚挖拓展,文帝因嫌曲江之名不正,看池中"水盛而芙蓉富",即改为芙蓉池。唐代建都长安后在隋时的基础上又进一步把芙蓉池凿疏为盛境观光游览之地。自秦汉开始已为名胜游览地的曲江池,唐代又在沿岸复修和新修了芙蓉园、紫云楼、彩霞亭和杏园。唐末时因黄渠年久失修,逐渐断流,池水有所减少,西岸阙间尽成荆棘。

隋唐长安的曲江池,是当时都城最为著名的公共景点,位于长安的东南角。此处地势低洼,就低挖湖,进行景观整治,建设而形成一处公共景点,深受长安各阶层人们的喜爱。

5.6.3 桂林山水

唐代,桂林风景名胜资源的开发和景点的建设也比较好,李渤任桂林刺史期间,疏浚灵渠,开发南溪山、隐山风景名胜资源。宝历二年(826年),李渤开发南溪山,作《南溪诗序》:"溪左屏列岸巘,斗丽争高,其孕翠曳烟,逦迤如画;右连幽野,田园鸡犬,疑非人间……余获之自贺,若获荆璆与蛇珠焉。亦疑夫大舜游此而忘归矣。遂命发潜敞深,磴危宅胜,既翼之以亭榭,又韵之以松竹,似宴方丈,如升瑶台,丽如也,畅如也。"隐山原来是一个不被人注意的小山,李渤发现此山玲珑剔透,山中溶洞相互连通,便令人在山上建设多个亭子,并为隐山六洞题名。会昌年间,元晦出任桂州管都防御观察使兼御史中丞,将叠彩山风景区重新修葺,栽花修路,并增建销忧、拿云诸亭,结果"焕然新奇",成为"公私宴聚较胜争美"之地。

文人士大夫在风景名胜资源开发利用过程中,将其对山水风景审美经验用于风景建设,形成比较成熟的山水风景审美理念和风景设计理论,并且积极参与风景规划设计,文人成为中国风景园林的主要设计者,促进了中国风景名胜景观的传统特色的形成。中国传统文化思想的稳定持续发展,决定园林景观特色的稳定,未曾经历大起大落的变化。

5.7 小结

政治稳定、经济繁荣的隋唐,皇帝及其家族,用于营造园林的资源更加丰富,园林的特点更需彰显皇家的权威,突出政治功能,形成皇家独有的"皇家气派",内容丰富、形式豪华奢侈、规模宏大、尺度惊人。

科举制度改变了文人、士族的生活轨迹,他们被绑在了封建社会的管理体制上,成为皇帝与平民之间的管理阶层。优厚的俸禄和政治特权,使得通过科举的文人拥有了建设自己的私家园林的能力。隋唐的文人刻苦攻读，积极入世，一改魏晋南北朝消极避世的态度，但是他们未改崇尚隐逸、酷爱自然之心。被当时文人普遍接受的"中隐"思想，为文人们现实生活提供了理论支撑，为文人隐与仕找到了结合点。"隐于园"成为时尚，文人普遍存在营造私家园林的强烈需求。文人参与造园活动，把士流园林推向文人化的境地，促进了文人园林的兴起。唐代已经涌现一批文人造园家，把儒、道、佛禅的哲理融会于他们的造园思想之中，从而形成文人的园林观。封建社会思想最活跃的阶层文人士大夫积极介入造园，使造园活动变得非常活跃，促进了园林事业的大发展。

文人是传统社会流动性最强的人群，赶考、做官上任、频繁换岗使他们一生都在四处奔波，他们喜欢畅游名山大川，他们也善于组织人力、物力开发各地的自然风景，尤其是城市郊区的风景更是他们首选的开发对象，并把风景开发作为自己的重要的政绩，受到社会普遍认可。

继南北朝之后，隋唐的佛教和道教进入了高速发展时期，大小寺院遍及全国。城市寺观具有城市公共交往中心的功能，寺观园林绿化相应地发挥了城市公共园林的功能。郊野中的寺观，吸引香客到此拜佛进香，客观上引导游客进入山川，极大地促进了名山大川的开发与建设。

思考练习

1. 简述白居易对中国后世园林发展的重要影响。
2. 阐述隋洛阳西苑主要空间布局特征。
3. 阐述科举制度对园林发展的影响。
4. 简述庐山草堂的空间结构特征。

第6章 两宋时期园林

6.1 社会背景概况

960年，宋太祖赵匡胤陈桥兵变，黄袍加身，979年灭北汉，从而结束了封建割据的局面，建立赵宋王朝，建都开封（汴梁），改名东京，史称北宋。从此，封建王朝的都城便逐渐东移。宋朝实行以文治国，解除骄兵悍将的兵权，出现兵不识将，将不专兵的局面，极大地削弱了军队的战斗力，在异族侵略战争中节节败退，称臣纳贡。1126年，金军攻下东京，又改名汴梁。次年金太宗废徽、钦二帝，北宋灭亡。宋高宗赵构逃往江南，建立半壁河山的南宋王朝，1138年定杭州为"行在"，改名临安，意思是临时安顿，实质上已乐不思蜀了。南宋王朝政治上苟且偷安，卖国投降，生活上纸醉金迷，终于不能享国日久，在经历了几番异族的铁蹄蹂躏之后，被元朝取而代之。

6.1.1 政治、经济

宋太祖赵匡胤建国之后，在经济、文化上采取了一系列有益于社会的措施，使经济得到迅速恢复和发展，在文化上取得了更大的成就。宋代城市商业和手工业空前繁荣，资本主义因素已在封建经济内部孕育。像东京、临安这样的繁华都城，传统的坊里制已经名存实亡。高墙封闭的坊里被打破而形成繁华的商业大街，张择端《清明上河图》所描绘的就是这种繁华大街的景象。而宋代又是一个国势羸弱的朝代，处于隋唐鼎盛之后的衰落之始。北方和西北的辽、金、西夏相继崛起，强大的铁骑挥戈南下。宋王朝从"澶渊之盟"经历"靖康之难"，最后南渡江左，偏安于半壁河山，以割地赔款的屈辱政策换来了暂时的偏安局面。一方面是城乡经济的高度繁荣，另一方面长期处于国破家亡忧患意识的困扰中。社会的忧患意识固然能激发有志之士的奋发图强、匡复河山的行动，相反也滋长了部分人沉湎享乐、苟且偷生的心理。而经济发达与国势羸弱的矛盾状况又成为这种心理普遍滋长的温床，终于形成了宫廷和社会生活浮荡、侈靡和病态的繁华。

在这种浮华、侈靡、讲究饮食服舆和游赏玩乐的社会风气的影响之下，上自帝王、下至富豪，无不大兴土木，广营园林。这一时期大量修建皇家园林、私家园林、寺观园林，其数量之多，分布之广，造诣之高，无不远迈前代。

经过几百年的发展，科举制度更加完善，对社会的影响至深至远。完善的科举制度，造就了强大的士大夫阶层，他们的审美趣味和追求高雅的艺术品位，对当时的园林艺术有很重要的影响。宋代饱读诗书的文化人具有独特的文化品格，清净、空寂、摒去俗务，构成了宋代士大夫的一套人生哲学与行为模式。宋代文人特有的思维模式，对文人园林的营造产生了直接的影响，进而影响了整个社会的园林艺术与园林营造。

6.1.2 科技

宋代的科技成就在当时的世界上居于领先的地位。在世界文明史上有着极重要地位的四大发明均完成于宋代，在数学、天文、地理、地质、物理、化学、医学等自然科学方面有许多开创性的探索，或总结为专论，或散见于当时的著作中。

建筑技术方面，宋代建筑承继了唐代的形式，无论单体或是群体建筑，都没有唐代那种宏伟刚健的风格，却更为秀丽，富于变化。宋时的建筑技术较唐代无论结构上，还是工程作法上都更完善了。李诫的《营造法式》和喻皓的《木经》是官方和民间对当时发达的建筑工程技术实践经验的理论总结。《木经》成为后世木工建造的准则。《营造法式》从简单的测量方法、圆周率的释名开始，依次叙述了基础、石作、大小木作、竹瓦泥砖作、彩作、雕作等制度以及功限、料例，其后附有各式图样，是一部整理完善、集历史建筑经验之大成的典籍。园林建筑的个体、群体形象以及建筑小品的丰富多样，从宋画中也可以看得出来。例如，王希孟的《千里江山图》，仅一幅山水画中就表现了个体建筑的各种平面造型一字形、曲尺形、折带形、丁字形、十字形、工字形；单层、二层、架空、游廊、复道、两坡顶、歇山顶、庑殿顶、平顶、平桥、廊桥、亭桥、十字桥、拱桥、九曲桥等应有尽有；还表现了以院落为基本模式的各种建筑群体组合的形象及其倚山、临水、架岩跨涧结合于局部地形地物的情况。建筑或作为构图中心，或用来充分发挥点缀风景的作用。

园林观赏树木和花卉的栽培技术在唐代的基础上又有所提高，已出现嫁接和利用实生变异发现新种的繁育方式。周师厚的《洛阳花木记》记载了近600个品种的观赏花木，还分别介绍了许多具体的栽培方法：四时变接法、接花法、栽花法、种祖子法、打剥花法、分芍药法。范成大《桂海花木志》记载了桂林花卉10多个品种。除了这些综合性的著作之外，还有专门记述某类花木的如《梅谱》《兰谱》《菊谱》等，范成大《菊谱》定名35种菊花，王观《扬州芍药谱》定名扬州地区39种芍药。太平兴国年间由政府编纂的类书《太平御览》从卷953到卷967，共登录了果、树、草、花近300种，卷994到卷1000共登录了花卉110种。品石已成为普遍使用的造园素材，江南地区尤甚。相应地出现了专以叠石为业的技工，吴兴称其为"山匠"，苏州称其为"花园子"。园林叠石技术水平大为提高，人们更加重视石的鉴赏品玩，刊行出版了多种《石谱》。这些都为园林的繁荣昌盛提供了技术保证。

6.1.3 文化

这时期知识分子的数量陡增，地主阶级、城镇商人以及富裕农民中的一部分文化人跻身知识界。宋徽宗政和年间，光是由地方官府廪给的州县学生就达十五六万之多，这在当时的世界范围内实属罕见。科举取士制度更为完善，政府官员绝大部分由科举出身担任，唐代尚残留着的门阀士族左右政治的遗风已完全绝迹。开国之初，宋太祖杯酒释兵权，根除了晚唐以来军人拥兵自重的祸患。中枢主政的丞相、主兵的枢密使、主财的三司均由文官担任。文官的地位、所得的俸禄高于武官，文官执政可说是宋代政治的特色。这固然是宋代积弱的原因之一，但却成为科技文化繁荣的一个重要因素。政府官员多半是文人，能诗善画的文人担任中央和地方重要官职的数量之多，在中国整个封建时代无可比拟。许多大官僚同时也是知名的文学家、画家、书法家，甚至最高统治者的皇帝如宋徽宗赵佶亦跻身于名画家、书法家之列。再加之朝廷执行比较宽容的文化政策，提供了封建时代极为罕见的一定范围内的言论自由。文人士大夫率以著述为风尚，新儒学"理学"学派林立，各自开设书院授徒讲学。因而两宋人文之盛，远迈前代。这些特殊文化背景刺激了文人士大夫的造园活动，民间的士流园林更进一步文人化，又掀起"文人园林"的高潮，皇家园林、寺观园林亦更多地受到士流园林和文人园林的影响。

宋代诗词失去唐代闳放的、波澜壮阔的气度，而主流转向缠绵悱恻、空灵婉约的风格，其思想境界进一步向纵深挖掘。宋代是历史上以绘画艺术为重的朝代。政府特设"画院"罗织天下画师，兼采选考的方式培养人才。考试常以诗句为题，考中第一名的都是表现出诗意的绘画作品，因而促进了绘画与文学的结合。诗画结合，非始于宋代，但是宋代才自觉地提倡，有意识地把绘画的艺术思想和美学趣味提高到诗情画意的境界。画坛上呈现以人物、山水、花鸟鼎足三分的兴盛局面，山水画尤其受到社会上的重视而达到最高水平。

五代、北宋山水画的代表人物为董源、李成、关仝、荆浩四大家，从他们的全景画幅上，我们可以看到崇山峻岭、溪壑茂林，点缀着野店村居、楼台亭榭。以写实和写意相结合的方法表现"可望、可行、可游、可居"的士大夫心目中的理想境界，说明了"对景造意，造意而后自然写意，写意自然，不取琢饰"的道理。南宋马远、夏圭一派的平远小景，简练的画面构图偏于一角，留大片空白，使观者的眼光随之望入那片空虚之中，顿觉水天辽阔、发人幽思而萌生出无限的意境。另外文人画异军突起，造就了一批广征博涉、多才多艺、集哲理、诗文、绘画、书法诸艺于一身的文人画家，苏轼便是其中的佼佼者。这些意味着诗文与绘画在更高层次上的融糅，诗画作品对意境的执着追求。在这种情况下，士流和文人广泛参与园林规划设计，园林中熔铸诗画意趣，比唐代更为精致。不仅私家园林如此，皇家和寺观园林也同样如此。山水诗、山水画、山水园林互相渗透的密切关系，到宋代已经达到诗、画、园三位一体的艺术境界。

中国的各门类艺术之间，是相互渗透，相互补充，而融会贯通的。以形象表现的思想感情艺术、艺术思想的深化往往借助语言文字以增辉。这就是画上的题款，即绘画艺术的文学化。艺术的文学化，可以说是中国艺术民族特色之一。园林的文学化从宋代开始就发展了。

将书法与建筑结合，已经是非常古老的传统，起初用于建筑题名，书写匾额，悬于明间额枋之上。宫殿匾额，往往由皇帝亲自书写，如唐代兴庆宫苑内之"勤政务本楼"和"花萼相辉楼"，就是唐玄宗李隆基亲自书写的。匾额的主要作用在标名，题义多为颂德、表彰，虽讲究书法，但很少有文学趣味。到南宋，在园林建筑中追求文学趣味的倾向日益显著。凡宫殿、庙宇"皆有名匾",题匾之外,用诗画装饰建筑,多半用诗,而且喜欢用整首诗,用诗句的较少。因为文字较多,多题于室内的屏风上,个别的刻石置于亭旁。

6.2 北宋都城及皇家园林

北宋的皇家园林多集中在东京,园林的规模远远小于唐代,但园林规划设计更加精致。宋代的皇家园林在时代艺术审美理念的影响下,皇家园林更接近于文人园林,与唐代相比减少了"恢宏气魄"的皇家气派。

6.2.1 北宋东京城

北宋时期,开封称为东京,是和当时的西京(洛阳)、南京(即应天府,今河南商丘)、北京(即大名府,今河北大名东)相对而言的。北宋定都东京后,随着城市的更加繁荣,后周新城外的关厢也日益发展起来,共有八个关厢。到宋神宗时,由于外患日益严重,因此在后周新城(宋称里城)外围又展拓修建第三重外郭城(又称罗城,最初周围50里165步),并有堞楼、瓮城。这时,东京为共有三套城垣的都城,由里而外为宫城、里城、外城(图6-1)。

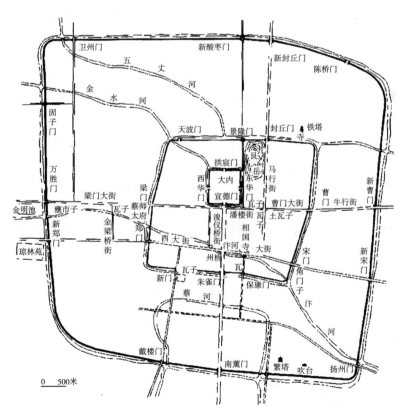

图6-1 宋东京复原想象示意图

东京的宫城，又称皇城，即大内，周长5里，是在五代时期皇宫的基础上修建起来的。赵匡胤即位后，嫌原皇宫太小，便在建隆三年（962年）进行扩建，宫城有门六，南三门，中曰乾元（宋初，依梁、晋之旧，名曰明德，太平兴国三年改丹凤，大中祥符八年改正阳，明德二年改宣德，雍熙元年改今名），东曰左掖，西曰右掖。东、西面门分别为东华门、西华门（旧名宽仁、神兽，开宝三年改今名。熙宁十年东华门北曰景隆门），北门曰拱宸（旧名曰玄武，大中祥符五年改今名）。宫城的四角创建有角楼。宫城的"正门宣德楼列五门"（《东京梦华录》）"后苑东门曰宁阳，苑内有崇圣殿、太清楼，其西又有宜圣、化成、金华、西凉、清心等殿，翔鸾、仪凤二阁。华景、翠芳、瑶津三亭。延福宫有穆清殿、延庆殿……延福宫北有广圣宫……内有……五殿，建流杯殿于后苑。"（《宋史·地理志》）。

东京的里城（或内城），又称阙城，因早于新城（外城），故又称旧城，周围20里155步，位于外城的中央稍偏西北，共有十门。南三门，东二门，西二门，北三门，另有两个角门。里城的主要建筑除宫殿外，有衙署、寺院、王府宅邸以及居住的住宅和商店、作坊等。为了防御上需要，扩建外城时，里城外围的城壕仍保留。真宗时，经广济河（五丈河），新旧城壕可以相通。

东京的外城，又称新城或罗城，是在后周兴筑的基础上，加以扩建的。后周显德三年筑新城，外城原是土城，真宗时始改为砖砌。城周最初为48里233步，经真宗、神宗、徽宗时的增筑、重修，特别是徽宗时，为了给诸王和公主等建邸筑府，扩展了南面城墙，使城周达50里165步。据《汴京遗迹志》载："旧有十三门。南三门，东三门，西三门，北四门。"这些城门，一般是根据它所通往的地方来命名的。此外凡河道从城下通过的地方，都开有水门，以供船只往来。神宗熙宁年间（1086—1077年），开始在外城的城墙上设敌楼，城的偏门设瓮城。

东京城"穿城河道有四（即蔡河、汴河、五丈河和金水河）。南壁曰蔡河。""中曰汴河，自西京洛口分水入京城，东去至泗州，入淮，运东南之粮。凡东南方物，自此入京城，公私仰给焉（汴河上流水门即西水门，下流水门即东水门，其门跨河，两岸各有门通人行路）……东北曰五丈河……自新曹门北入京（卫州门西出城）……西北曰金水河（一名天水），自京城西南分京、索河水筑堤，从汴河上用木槽架过，从西北水门入京城，夹墙遮拥，入大内灌后苑池浦矣。"如上所述，为了通行方便，东京四条河渠上都有桥，这些桥除了个别在城外，大部分在城内，其中最著名的是宛如飞虹的虹桥、州桥和相国寺桥。州桥与相国寺桥，皆低平不通船（因为御街从州桥上通过，所以是低平石桥），唯西河平船可过。

北宋东京城，由于地形和扩建改建，形状不整，大体呈南北长、东西略短的方形。"其外城，状如卧牛，保利门其首，宣化门其项"（徐梦华《三朝北盟全编》卷66），"俗呼为卧牛城"（《汴京遗迹志》卷一"宋京城"）。东京城与隋、唐的长安、洛阳不同，它不是先有完整的规划设计而后修建起来的，而是在后周旧城的基础上，由于城市人口增多、商业经济的繁荣而增筑扩展起来的。虽然有宫城、里城和外城三重城垣，但仍有从（宫城）大内的宣德门向南经里城的朱雀门直达外城南薰门的大街形成的整个京城的中轴线，以及以宫域为中心，正对各城门的宽阔的御街（即一自城桥西经旧郑门至新郑门，一自州桥经旧宋门至新宋门，一自宫城东土市向北经旧封丘门至新封丘门），形成井字形方格网的干道系统。其他一般街巷较狭窄，多成方格形，也有丁字交叉的。里城内、罗城外尚有数条斜街，有的沿河修建。街道以宣德门前御街最宽，两边有御廊，中为空旷庭院。

从城市建设的发展上看，东京城最重要的变化是坊市制度的崩溃。五代后周时期，"大梁城中民侵街衢为舍，通大车者盖寡"（司马光《资治通鉴》卷292），坊里也出现了商业活动（见王辟之《渑水燕谈录》卷9）。北宋初年，东京基本上仍保留坊（市民居住区）和市（商业区，有东市、西市）的制度。随着人口不断增加，商业贸易的日益发达，商业活动已不限于东、西二市。宋太宗至道元年（995年）命张洎把五代延续下来的内外八十余坊改新名，整修了残存的坊墙，在坊门的小楼上挂上坊名的牌子，设置了冬冬鼓，以警昏晓。但到真宗咸平年间（998—1003年）邸舍的侵街，特别是贵要，又严重起来。政府出面干预，又再恢复坊制和禁鼓昏晓之制，但仍不能达到禁止邸舍侵街的预期效果。最后，到景祐年间（1034—1038年），政府不得不做出让步，允许临街开放邸舍。从此，坊市制度彻底崩溃，东京再也听不到街鼓之声了。这就是说，北宋中期以后，东京已经取消用墙包围的坊里和市场。宋时把若干街巷组为一厢，每厢又分若干坊。各坊虽无坊墙坊门，但有坊名的牌坊建在街巷入口处，实际上就是地段名称，坊变成了单纯的行政管理单位。

东京的市肆商业不再限于特定的"市"内，而是分布全城，住宅和店铺、作坊都混杂分布，临街建造。店铺沿着大街两侧开设，形成熙熙攘攘的商业街，而且各种行业分别相对集中起来设在某一条街上，形成后来城市中常见的市街。最繁华的商业地段集中在里城的东部、东南部和外城的东南部，这与河道、码头的分布有密切的联系。为了适应城市商业的发展，有定期开放的货物交易市场，主要是相国寺，相国寺位于城中繁华地区，又在汴河北岸，交通方便，因而形成最大的交易市场。

城内宗教建筑也很多。佛寺，除相国寺外，有上方寺等五十多处。城内道观有朝元万寿宫、佑圣观等二十多处，其他祠、庙、庵、院等六十多处，封丘门内还有祆教、拜火教等教堂。

东京城外，除居民、店肆和手工作坊外，还有皇帝的别苑，主要有琼林苑、金明池、宜春苑、玉津园，宋时谓之四园。琼林苑、金明池在城西顺天门外，宜春苑在城西金耀门外，玉津园则在城南南薰门外。达官贵人的园圃别墅更遍布于东京城外四郭。"大抵都城左近，皆是园圃，百里之内，并无闲地"（《东京梦华录》卷之六）。

6.2.2 艮岳

北宋开国以后145年间，曾多次诏试画工修建宫殿，大都先有构图，然后按图建造。自是国内名手齐来汴京，各献其技，建筑技术自能精进。由于兴筑之盛，一方面促进了建筑技术的成熟和法式则例的规正，同时也发展了界画、台阁画。宋徽宗赵佶时期，更是兴筑日繁，先后修建的宏伟的宫苑主要有玉清和阳宫（政和三年，1113 年）、廷福宫（政和四年，1114 年）、上清宝箓宫（政和六年，1116 年）、宝真宫（重和二年，1119 年）以及给人民带来灾难最大的艮岳（图 6-2）。

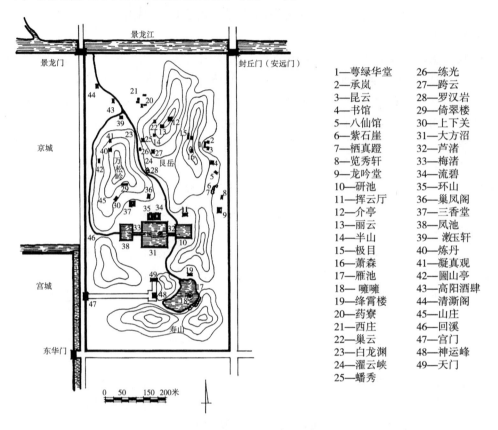

图 6-2 宋寿山艮岳平面示意图

1—萼绿华堂　26—练光
2—承岚　27—跨云
3—昆云　28—罗汉岩
4—书馆　29—倚翠楼
5—八仙馆　30—上下关
6—紫石崿　31—大方沼
7—栖真蹬　32—芦渚
8—览秀轩　33—梅渚
9—龙吟堂　34—流碧
10—研池　35—环山
11—挥云厅　36—巢凤阁
12—介亭　37—三香堂
13—丽云　38—凤池
14—半山　39—漱玉轩
15—极目　40—炼丹
16—萧森　41—凝真观
17—雁池　42—圌山亭
18—嚁嚁　43—高阳酒肆
19—绛霄楼　44—清澌阁
20—药寮　45—山庄
21—西庄　46—回溪
22—巢云　47—宫门
23—白龙渊　48—神运峰
24—濯云峡　49—天门
25—蟠秀

宋徽宗所筑苑圃，以万岁山（后改称艮岳、寿山）最为著称，从政和七年（1117 年）开始建造，到宣和四年（1122 年）增筑岗阜水系，建造亭阁楼观，布置奇树异石，即花了五六年时间，才基本建成。

《汴京遗迹志》载："初，赵佶未有嗣，道士刘混康以法箓符水出入禁城，奏京城西北隅，地协堪舆，倘形势加以少高，当有多男之祥，始命为仞岗埠。已而，后宫生子渐多，帝甚喜。于是命户部侍郎孟揆于上清宝箓宫之东，筑山象余杭（今杭州）之凤凰山，号曰万岁山，即成更名艮岳。""以金芝产于艮岳万寿峰，改名寿岳"，所以后人有时把艮岳寿山连称，作为这个苑圃的名称。又《宋史·地理志》中所述："岳之正门名阳华，故亦号阳华宫。"蜀僧祖秀《华阳宫纪事》称华阳宫，未知孰是。

艮岳的规模宏大，周围十多里。总的山水形势是"冈连阜属，东西相望，前后相续，左山而右水，沿溪而傍陇，连绵而弥满，吞山怀谷"（张淏《艮岳记》）。"其东则高峰峙立"，其最高一峰九十步，上有介亭。分东西二岭，直接南山（即下述"其南则寿山嵯峨"的寿山）。"其下（指主峰之山的东下）则植梅以万数，绿萼承跗（梅花品

第6章 两宋时期园林

种中花萼为绿色的一类称绿萼梅），芬芳馥郁，结构山根，号萼绿华堂。又旁有承岚、昆云之亭。有屋内方外圆如半月，是名书馆，又有八仙馆，屋圆如规。又有紫石之崖，祈真之磴，揽秀之轩，龙吟之堂，清林秀出"（张淏《艮岳记》）。

《枫窗小牍》载有艮岳之外的景物："又于南山之外为小山，横亘二里，曰芙蓉城，穷极巧妙。而景龙江外，则诸馆舍尤精……其北又因瑶华宫火，取其地作大池，名曲江，中有堂曰蓬壶。东尽封丘门而止，西则是天波门。桥引水直西殆半里，江乃折南，又折北。折南者过闾阖门，为复道，通茂德帝姬宅。折北者四、五里，属之龙德宫。"

从概述来看，艮岳这一宫苑的形式，与汉唐的建筑宫苑形式是大不相同的。从内容来看，艮岳完全是为了"放怀适情，游心玩思"而作，游赏是本苑的主要功能，因此作为游息境域的山水创作是主题，是从造景出发来修建的。虽然艮岳（宫苑）中亭堂轩馆楼阁类园林建筑也不少，但它们的布列是从造景上着眼的，而且以单体建筑为主，不像一般宫室那样成组建筑。建筑物俱为游赏性的，没有朝会、仪典或居住的建筑。这就是说，它们是造景的产物，是根据游赏的需要及造景的要求，随形而设，列于上下，自成一景。

宋徽宗本人就是一位画家，艮岳又是按图度地兴筑的，因此可以体会到艮岳总布局跟山水画创作的理论有相一致的地方，从艺术表现上，处处可以体会到以诗情画意写入园林的特色。先从艮岳的山水全景来分析，全苑是以东山（即有介亭之山）为构图中心的，雄壮敦厚，为最高一峰，是整个山系中高而大的主岳，而万松岭、南山是宾是辅。有了它们，即有了"冈阜拱伏"，而后"主山始尊"。从这里我们可以体会到园苑中掇山，布局上要分主宾，要有尊辅。这在山水画的创作上，叫作"先立宾主之位，次定远近之形"（宋李成《山水诀》）。画山的布局上，又有所谓顺逆之分。"大小冈阜，朝揖于前者，顺也，无此者逆也"（宋韩拙《山水纯全集》）。南山和万松岭就是朝揖于前者，顺也。有了顺逆，也就可以"重叠压覆，以近次远，分布高低，转折回绕"（清唐岱《绘事发微》），就可以展开山势。《艮岳记》的描述"冈连阜属，东西相望，前后相属，左山而右水，沿溪而傍陇，连绵而弥满，吞山怀谷"，就是先立主山和宾辅，然后把局势开展出去，产生曲折回绕的多样变化。

山水画论认为，总的立局既定，就可以"布山形，取峦向，分石脉……安坡脚"（五代荆浩《山水节要》）。立局既定，也就可以"土石交覆，以增其高，支陇勾连以成共阔，一收复一放，山渐开而势转；一起又一伏，山欲动而势长"（清笪重光《画筌》）。艮岳的掇山，其形势又未尝不如此。既有峻峭之势的东部山诸峰，又有夷平之势的万松岭，更有山势危险的紫石崖；登山之遭，盘行萦曲，再扪石而上，山绝路隔，继之以倚石排空的木栈。既立东山，又横南山，是重叠之势，是近山和远山，但形状又勿令相犯。东山又分东西二岭直接南山，而南山则是两峰并峙，列障如屏。随着其主山之西的冈阜，或开或合，形成幽谷大壑，或收或放，形成支陇勾连，全局势转而形动。于是才有"仰顾若在重山大壑幽谷深岩之底，而不知京邑空旷，坦荡而平夷也"。

有山又有水，才能生动活泼。诚如宋郭熙《林泉高致集》中所说："山以水为血脉……故山得水而活"艮岳的山水布局，如前所述，是"左山而右水，后溪而前陇"。艮岳的东山与南山之间为溪谷，与万松岭之间有山涧，而且自南往北，行岗脊两石间。水出石口……有大方沼，……沼水西流为凤池，东出为雁池。至于南山，有瀑布下入雁池，初看起来似乎瀑布是雁池之水源，实则非也。因为这个瀑布之水是人力挑运至山顶蓄水池，赏玩时才开闸出水如瀑。雁池之水，西通方沼和凤池，北与溪涧相通，亦即收而为溪，放而为池。瀑布、池沼、溪涧相连接，构成艮岳的水系。水系与山系配合成山嵌水抱的态势，这种态势是大自然界山水成景的最理想的地貌概括。

艮岳的又一特色是在掇山理水所创作的各个境（或境域）中，随着形势穿凿景物，拓出多样景区。东山是双岭分赴，峰势高峻，蹬道盘行，木栈危险的山景区；南山是双峰并峙，瀑布下注的山瀑景区；万松岭是夷平之势，但又设两关以增其险的高岗山景区。东山麓下，植梅以万数的梅林中，又构有萼绿华堂和轩馆等建筑，是以梅花取胜的景区。山之西种植有各种药草的药寮，是药用植物区。西庄是田野村庄区，既有禾麻麦菽等农田，又有室若农家的村舍。至于自南往北，有山涧行岗脊两石间，绵亘数里，与东山相望，水出石口，喷薄如兽面的白龙渊、濯龙峡，正是一个峡谷景区。雁池、方沼、凤池有河流相通，连成一体，或池或沼或涧，各具特色，连起来形成湖沼平原景区。

艮岳中亭堂轩馆楼阁等园林建筑，不是为了以建筑取胜，而是在不同的景区里，因形势和功能上的要求，列布上下，成为景点。也就是说，它们是造景的产物，它本身又自成一景。在这方面，艮岳中不乏范例。例如据峰峦之势可以眺望远景的地点，就有亭的布置，如介亭、半山亭以及巢云亭等。建楼阁，或依山岩而作可以更增其高峻之势，如绛霄楼；或就半山间起楼，如倚翠楼；又有青松蔽密，布于前后，而隐约其中。万松岭本是夷平之势，下为平陆，为了增其险势，上下设关隘，而不是为关隘而关隘。由于雁池，有凫雁浮泳、栖息石间之景可赏，于是其上有噰噰亭。方沼仅水就较平淡，为创河洲之景，于是沼中有洲，洲上有亭，芦中花间隐亭。总之艮岳的园林建筑，无一不是从造景出发，随形而设，好似"天造地设""自然生成"一般。

叠石掇山的技巧和手法，到了宋朝已有很大发展，在置石方面有独到的特色。艮岳的掇山叠石，蜀僧祖秀《华阳宫纪事》中讲得较详。他说："筑冈阜，高十余仞，增以太湖、灵璧之石，雄拔峭峙，功夺天造。"这表明艮岳是土山戴石，用太湖石、灵璧石来增进雄拔峻峭之势。接着又说："石皆激怒舣触，若蹲若啮，牙角口鼻，首尾爪距，千态万状，殚奇尽怪。"可见取用的都是特选奇石，才会有这样的描述。接着又说："辅以蟠木瘿藤，杂以黄杨，对青竹荫其上。"可见不尽是石而有竹木藤萝以妆饰，更形自然。又说："又随其斡旋之势，斩石开径，凭险则设磴道，飞空则架栈阁"，以增险势，"仍于绝顶，增高树以冠之"，树石相结合，既增强对比之感，又赋有城市山林之意。又云："从艮山之麓，琢石为梯，石皆温润净滑，曰朝真磴"，更增自然之趣。至于"凿池为溪涧，叠石为堤捍，任其石之怪，不加斧凿"，也都是为了有若自然。

赵佶好攫取瑰奇特异瑶琨之石，单独特置在一定地点，以资欣赏，好似欣赏雕塑作品一样。但这种独立特置的石，是出之于自然之手的作品，而不是艺术家创作的作品。独立特置岩石以资欣赏的事，南朝时就有了。特置湖石，到宋时为甚。园池中特置湖石的风气，与当时统治阶级自上而下的爱石风尚密切相关。例如，称"米家山水"的画家米芾，就有爱石成癖的怪性情。据说他有一次在无为州（今安徽无为县），看见了一块很怪很丑又很大的石头，竟然穿了礼服向石头行礼，喊它老兄（拜石为丈的典故）。除米芾外，苏东坡等文人佳士也多有石癖。

艮岳的又一特色是在植物造景上有了新的发展，而且是以群植成景为主。园内植物已知的共有数十个品种，包括乔木、灌木、藤本植物、水生植物、药用植物、草本花卉、木本花卉及农作物等。艮岳也继承了苑中养禽兽的传统，但禽兽已不是用来狩猎，而是如同植物造景、建筑成景那样，是欣赏的对象，成为苑囿中的景物。

总得来说，到了北宋，首次出现了艮岳这样纯以创作山水自然之趣为主题的宫苑。艮岳的创作不再以宫室建筑为主体，而是山水风景为主体。艮岳的园林建筑，随形因势而筑，不再是单纯的建筑物，而是景的产物。艮岳的掇山理水，不再是单纯的逼真，而是以诗情画意写入园林，山水要与树木花草相结合，更加突出植物造景。艮岳称得上是一座叠山、理水、花木、建筑完美结合的具有浓郁诗情画意而少皇家气派的人工山水园。艮岳的创作，体现了艺术家对自然美的认识和感情，表现了山水、植物、园林建筑于一体的，一个美的自然和美的生活综合的境域。

6.2.3 东京四苑

北宋年间，在东京城外还建有众多的离宫别苑，如琼林苑、金明池、玉津苑、宜春苑、含芳园等，其中以琼林苑、金明池最为著称。

1. 琼林苑、金明池

琼林苑、金明池位于外城西墙新郑门外干道之南，于乾德二年（964年）始建。太平兴国元年（976年），又在干道之北开凿水池，引汴河注入，另成一区名"金明池"，到政和年间才全部完成。苑东南隅掇山高数丈，名"华觜冈"。"上有横观层楼，金碧相射""下有锦石缠道，宝砌池塘，柳锁虹桥，花萦凤舸。其花皆素馨、茉莉、山丹、瑞香、含笑、射香"，大部分为广闽、江浙所进贡的名花。花间点缀梅亭、牡丹亭等小亭兼作赏花之用。入苑门"皆古松怪柏，两傍有石榴园、樱桃园之类，各有亭榭"。

可以设想，此园除殿亭楼阁、池桥画舫之外，还以树木和南方的花草取胜，是一座以植物为主体的园林。

金明池在顺天门外街北，与琼林苑相对。是在一块平坦无奇的土地上围墙起苑，凿池堆山，叠石造景，完全由人工营建而成的一座水上乐园。

金明池呈方形，周长九里三十步。据孟元老《东京梦华录》载，池南岸的正中有高台，上建宝津楼，楼之南为宴殿，殿之东为射殿及临水殿。宝津楼下架仙桥连接于池中央的水心殿，仙桥"南北约数百步，桥面三虹，朱漆阑楯，下排雁柱，中央隆起，谓之骆驼虹"。池北岸正中为奥屋，即停泊龙舟之船坞。环池均为绿化地带。金明池原为宋太宗检阅"神卫虎翼水军"的水上操练演习的地方，后来水军操演变成了龙舟竞赛的夺标表演，宋人谓之"水嬉"。金明池每年定期开放任人参观游览，每逢水嬉之日，东京居民倾城来此观看，宋代画家张择端的名画《金明池争标图》生动地描绘了这个热闹场面（图6-3）。琼林苑亦与金明池同时开放，届时苑内百戏杂陈，允许百姓设摊做买卖，所有殿堂均可入内参观。金明池东岸地段广阔，树木繁茂，则辟为垂钓区。

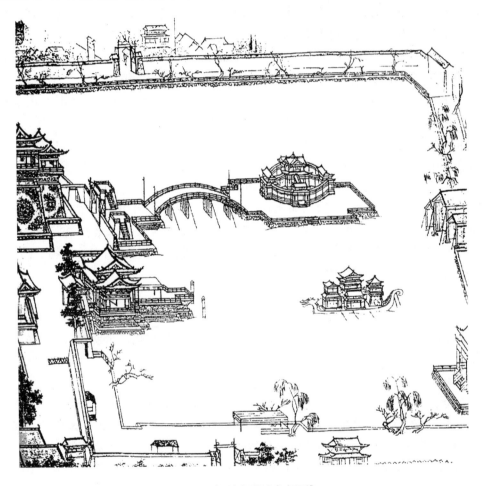

图6-3 宋《金明池争标图》

位于水池中央的宫殿是全园的构图中心，宫殿建在人工岛上。宋人在建造金明池时，把挖池的泥土堆积于池的中央，撮土成山，叠石造景，随后又在南方搜得诸多奇花异草种植其上，建成了大池中心的人工岛。岛的周边呈十字状，用砖石砌成。小岛之上又建成了巍峨的宫殿。金明池以池中央的人工岛为核心，从池的西岸到池心岛修建虹桥。

琼林苑与金明池虽然为两个特色不同的园林，但是二者在空间上相邻相伴，景观上相得益彰，成为一个整体。金明池与琼林苑，形成水、陆两苑相互陪衬的景色。不仅琼林园设置了亭、台、楼、廊、榭、轩、馆阁等传统景观，同时还在金明池的水面上布局了游舫、桥梁与湖心岛上那宏大的殿宇及其点缀于其中的奇花异石、果树珍木，使得琼林园与金明池如两朵并蒂莲花，美丽无比。

2. 玉津园

玉津园在南熏门外，原为后周的旧苑，宋初加以扩建。苑内仅有少量建筑物，环境比较幽静，林木特别繁茂，故俗称"青城"。空旷的地段上"半以种麦，岁进节物，进供入内"。每年夏天，皇帝临幸观看刈麦。在苑的东北隅有专门饲养远方进贡的珍奇禽兽的园苑，养畜大象、麒麟、驺虞、神羊、灵犀、狻猊、孔雀、白鹇、吴牛等珍禽异兽。杨侃在《皇畿赋》描述了玉津园的景象："别有景象仙岛，园名玉津。珍果献夏，奇花进春，百亭千榭，林间水滨。珍禽贡兮何方？怪兽来兮何乡……沙禽万类，尽游泳而往来，或浮沉而出处。柳笼阴于四岸，莲飘香于十里。"

3. 宜春苑

宜春苑在新宋门外干道之南，原为宋太祖三弟秦王别墅园，秦王贬官后收为御苑。此园以栽培花卉之盛而名闻京师。"每岁内苑赏花，则诸苑进牡丹及缠枝杂花。七夕、中元，进奉巧楼花殿，杂果实莲菊花木，及四时进时花入内"。诸苑所进之花，以宜春苑的最多最好，故后者的性质又相当于皇家的"花圃"。宋人有诗云："宜春苑里报春回，宝胜缯花百种催，瑞羽关关迁木早，神鱼泼泼上冰来。"可见当日百鸟啾啾于含苞之木，游鱼浮沉于破冰层下，各种生物冲破春寒，在温暖阳光下萌动的情景。

4. 含芳园

含芳园在封丘门外干道东侧，大中祥符三年（1010年）宋真宗将自泰山迎来的"天书"供奉于此，改名瑞圣园。此园以竹林繁茂而出名，宋人曾巩有诗为证："北上郊园一据鞍，华林清集缀儒冠；方塘渚渚春光渌，密竹娟娟午更寒。"描写此园方塘密竹的景色。

6.3 《洛阳名园记》和北宋洛阳私家园林

洛阳是汉唐旧都，为历代名园荟萃之地。北宋以洛阳为西京，公卿贵戚兴建的邸宅、园林当不在少数，足以代表中原地区私家园林的一般情形。当时就有"人间佳节惟寒食，天下名园重洛阳""贵家巨室，园囿亭观之盛，实甲天下""洛阳名公卿园林，为天下第一"的说法。

《洛阳名园记》，宋李格非著。李格非，章丘（今济南）人，字文叔，累官礼部员外郎，工诗。《洛阳名园记》记述了作者所亲历的当时比较著名的园林19处，大多数是利用唐代的废园的基址，重建而成，其中18处为私家园林。这是一篇关于北宋私家园林的重要文献，对所记诸园的总体布局以及山池、花木、建筑所构成的园林景观描写具体而翔实，可视为北宋中原私家园林的代表。

《洛阳名园记》评述的19个名园，如果以园的类型来划分，可分为三类：一类可称作花园；一类可称作游憩园或别墅；一类是宅园。

属于花园类型的有2个园，即归仁园和李氏仁丰园。这些园都是以收集种植各种观赏植物为主，因此称作花园。

1. 归仁园

归仁园的面积占了整整一个坊，是洛阳城内最大的一座私家园林，因坊名归仁，花园就叫归仁园。"北有牡丹、芍药千株，中有竹百亩，南有桃李弥望"。完全是花木之胜。园曾为唐丞相牛僧孺旧园。牛僧孺园宋时归卢文纪，后又归张全万。"今属中书李侍郎，方创亭其中。"记文的"今"大抵在绍圣年初。李清臣，字叔直，绍圣元年（1094年）十二月为中书侍郎，四年正月罢，知河南府。这时园中尚存有七里桧，是牛僧孺园中故物。《洛阳名园记》作者又赞曰："河南城方五十余里，中多大园池，而此为冠。"

2. 李氏仁丰园

据记文，洛阳名花和品种有"桃、李、梅、杏、莲、菊各数十种，牡丹、芍药至百余种，远方奇卉，如紫兰、茉莉、琼花、山茶之俦，号为难植，独植之洛阳，辄与其土产无异，故洛中园圃，花木有至千种者。甘露院东李氏园，人力甚治，而洛中花木无不有"。根据园名"仁丰"，可见园址在仁丰坊的甘露院东。除花木众多外，记文又说"中有四并、迎翠、濯缨、观德、超然五亭"，作为赏花和休息的建筑。从记文可知，仁丰园是一个搜罗丰富的观赏植物园。

属于游憩园或别墅类型的有11个园，大多位于城中，仅水北、胡氏园在郊垌，园主人经常前去游憩或小住而已。各园都有自己的特点和优势。

3. 董氏西园

《洛阳名园记》中述评较详的名园之一。"自南门入，有堂相望者三：稍西一堂，在大池间；逾小桥，有高台一；又西一堂，竹环之。中有石芙蓉，水自其花间涌出。"再叙"小路抵池，池南有堂，面高亭"。从堂前可返至园南门，形成环路。

记文开头就说"董氏西园，亭台花木，不为行列区处"。也就是说，亭台的布列，不采用轴线、对称等处理方式，花木的种植也不成行列，为了取山林自然之胜。从记文看，西园的布局特点是能够在不大的园地中，展开一区复一区的景物。例如入园后先是三堂相望，但可望而不可及。稍西一堂在大池间，自成一个景区，过小桥（小桥流水本身就是一景），就有一高台，登台而望，全园之胜可以略窥，这里一"起"或称"开"的手法，也是引人入胜的一个起法。又西在竹林中有一堂。竹林深处有石芙蓉，顾名思义是石雕的荷花（这里说的芙蓉即是荷花），但又有水自其花间涌出。这样看来，可能是竹林中有个小池，池中有石雕的荷花，水自花间涌出好似涌泉一般。在幽深的竹林中出现一个涌泉，令人清心。又到了树木森森的一区，所谓"开轩窗，四面甚敞，盛夏燠暑，不见畏日，清风忽来，留而不去"。这里，正是盛夏避暑纳凉最适宜的一区。林木茂盛，才能使清风留而不去，才能有"幽禽静鸣，各夸得意"之境。循林中小路穿行，忽然畅朗。

清水漾漾的湖池区，池的南堂，面高亭，互相呼应。登亭可总揽全园之胜，可说是一绝。记文称"堂虽不宏大，而屈曲甚邃，游者至此，往往相失，岂前世所谓迷楼者类也?"

4. 董氏东园

"东园北向（园门北向），入门有栝，可十围，实小如松实，而甘香过之。有堂可居，……南有败屋遗址，独流杯、寸碧二亭尚完（好）。西有大池，中为堂，榜之曰'含碧'。水四面喷泻池中，而阴出之，故朝夕如飞瀑，而池不溢"。

东园是董氏"载歌舞游"之所，"有堂可居"，宴饮后"醉不可归，则宿此数十日"。东园的特色，除了有可十人合抱的栝树外，大池有突出的景色。记文云："西有大池，……水四面喷泻池中，而阴出之，……而池不溢。"从这段文字看来，想必由地下引水到池，池上四周隐筑有出水口，喷泻池中如飞瀑，池底有出水孔，或可循环，所以池水不溢。这样的理水技巧，自是高人一等。

5. 刘氏园

右司谏刘元瑜的私园。以园林建筑见胜。有"凉堂高卑，制度适惬，可人意"，这就是说，凉堂的高低、比例、构筑都很合人意。园西南"有台一区，尤工致。方十许丈地，而楼横堂列，廊庑回缭，阑楯周接，木映花承，无不妍稳，洛人曰为刘氏小景。"这就是说在不大面积中，楼和堂纵横相列，周围廊庑相接，成为一组完整的建筑群。不但如此，还要结合花木的种植，点缀衬托，使园林建筑更加优美。可以看出，宋人将建筑的环境，与花木相结合，相得益彰。

6. 丛春园

"今门下侍郎安公（即安焘，字厚卿，曾知河南府）买于尹氏，岑寂而乔木森然。桐、梓、桧、柏，皆就行列。"乔木皆成行列，在《洛阳名园记》的游憩园中，只此一园。园有二亭。"大亭有丛春亭，高亭有先春亭。丛春亭出茶蘼架上，北可望洛水"，借景园外。"盖洛水自西汹涌奔激而东。天津桥者，叠石为之，直力湍其怒，而纳之于洪下。洪下皆大石，底与水争，喷薄成霜雪，声闻数十里"。丛春园本身，列树茂林，景色单纯，于是建亭以得景。大亭仅能平眺，而高亭出茶蘼架上，可借景园外，洛水的汹涌奔激，底石与水争而喷起水花，发出吼声，又成一景。像丛春园这样景物岑寂的园，别出心裁地建高亭借景园内外而平添景色，这是我国园林艺术中优秀的造园手法之一。

7. 松岛

松岛原为后梁袁象先园，后归李文定公丞相（即李迪，在宋真宗、宋仁宗时，两次为宰相，曾任河南知府）所有，又为吴氏园。松岛之称，因园多古松。记文云："松岛，数百年松也。其东南隅双松尤奇。"古松参天，苍老劲姿，是本园的特色。此外，"颇葺亭榭池沼，植竹木其旁。""南筑台，北构堂，东北曰道院。又东有池，池前后为亭临之。""自东大渠引水注园中，清泉细流，涓涓无不通处"，这样的既有池、亭，又有清泉细流的美景，"在他郡尚无有，而洛阳独以其松名。"为此园以松岛命名。古松苍劲，已是称胜，加以亭榭池沼，清泉细流和竹木的种植，就成为一个古雅幽美的游憩园了。

8. 东园

"文潞公（即文彦博，曾两次为相，曾任河南知府，封潞国公）东园，本药圃"，东园是以药圃改建为园的先例。"地薄东城（据王铎考，在从善坊），水渺㳽甚广，泛舟游者如在江湖间也"。东园别无他胜，就是借一片大水成景。本园以水景取胜，利用自然水面，稍加建筑而成。

9. 紫金台张氏园

"自东园并城而北，张氏园亦绕水而富竹木，有亭四"。张氏园也是借景于东城水的，因水而富竹木，并有四亭，如斯而已。

10. 水北胡氏园

水北胡氏二园，相距十许步，在邙山之麓。《洛阳名园记》中仅水北、胡氏二园不在里坊而在郊垌。园的特点是"因岸穿二土室，深百余尺，坚完如埏埴，开轩窗其前以临水上，水清浅则鸣漱，湍瀑则奔驰，皆可喜也。"就河岸黄土塬以掘窑室，本是平常，但开轩窗其前以临水上，就有河水之景可借，如漱如哭之声可听。土室之东"有亭榭花木……凡登览徜徉，俯瞰而峭绝，天授地设，不待人力而巧者，洛阳独有此园耳。"这是一个以窑洞建筑为主的园子，窑洞本身并不成景，贵在借景园外。如"其台四望，尽百余里，而瀍伊（水名）缭洛（水名）乎其间。林木荟蔚，烟云掩映，高楼曲榭，时隐时见。使画工极思不可图"，是巧于因借者也。又如"有庵在松桧藤葛之中，辟旁牖，则台之所见，亦毕陈于前，避松桧，搴藤葛，的然与人目相会"，虽与台之所见同，但一则四望旷然纵目远览，一则自松桧藤葛之隙中，隐约窥视，意境亦自不同。

11. 独乐园

独乐园是北宋著名史学家司马光的私园，《洛阳名园记》作者认为："园卑小，不可与他园班（列同等地位，或相比的意思）。"独乐园是司马光的游憩园，规模不大又非常朴素，但《洛阳名园记》语焉不详。司马光自撰《独乐园记》则记述地比较翔实：园林占地大约20亩（约1.33公顷），在中央部位建"读书堂"，堂内藏书5000卷。读书堂之南为"弄水轩"，室内有一小水池，把水从轩的南面暗渠引进，分为五股注入池内，名"虎爪泉"。再由暗渠向北流出轩外，注入庭院有如象鼻。自此又分为二明渠环绕庭院，在西北角上汇合流出。读书堂之北为一个大水池，中央有岛。岛上种竹子一圈，周长三丈。把竹梢札结起来就好像打鱼人暂栖的庐舍，故名之曰"钓鱼庵"。池北为六开间的横屋，名叫"种竹斋"。横屋的土墙、茅草顶极厚实以御日晒，东向开门，南北开大窗以通风，屋前屋后多植美竹，是消夏的好去处。池东，靠南种草药120畦，分别揭示标签记其名称。靠北种竹，行列成一丈见方的棋盘格状，把竹梢弯曲搭接好像拱形游廊。余下的则以野生藤蔓的草药攀缘在竹竿上，枝茎稍高者种于周围犹如绿篱。这一区统名之曰"采药圃"，圃之南为6个花栏，芍药、牡丹、杂花各两栏。花栏之北有一小亭，名"浇花亭"。池西为一带土山，山顶筑高台，名"见山台"。台上构屋，可以远眺洛阳城外的万安、轩辕、太室诸山之景。独乐园在洛阳诸园中最为简素，这是司马光有意为之。他认为"独乐乐，不如与众乐乐"乃是王公大人之乐，并非贫贱者所能办到。人之乐，在于各尽其分而安之。自己既无力与众同乐，又不能如孔子、颜回之甘于清苦，就只好造园以自适，而名之曰"独乐"了。园林的名称含有某种哲理的寓意。

12. 吕文穆园

吕文穆园是宋太宗朝宰相吕蒙正的私园，在章善坊。《洛阳名园记》作者云："伊、洛二水自东南分注河南城中，而伊水尤清澈，园亭喜得之，若又当其上流，则春夏无枯涸之病。吕文穆园在伊水上流（指伊水引至长夏门西入城后水渠之上流），木茂而竹盛。有亭三，一在池中，二在池外，桥跨池上，相属也。"由于伊水无枯涸之病，木茂竹盛，"水木清华"四字，吕文穆园可当之。三亭的布局，一在池中，二在池外，又有桥相连，这种湖亭曲桥的布置，是后世园林中常运用的传统手法。

属于宅园类型的有6个园。所谓宅园就是连接在居住宅第之旁的日常游憩生活的园地，或在宅第之中，园地与居住建筑浑然一体的园宅。

13. 富郑公园

宋仁宗、神宗朝两朝宰相富弼的宅园（图6-4）。《洛阳名园记》云："洛阳园池多因隋唐之旧，独富郑公园最为近辟，而景物最胜。"可见此园不是旧址而是新建之园。

园的概况："……出探春亭，登四景堂，则一园之景胜可顾览而得。"从停"南渡通津桥，上方流亭，望紫筠堂而还。"然后"右旋花木中，有百余步，走荫樾亭、赏幽台，抵重波轩而止。"以上是叙述水之南的一区。从堂"直北走土筼洞，自此入大竹中。凡谓之洞者，皆斩竹丈许，引流穿之而径其上。横为洞一，曰土筼，纵为洞三，曰水筼，曰石筼，曰榭筼。历四洞之北，有亭五，错列竹中，曰丛玉，曰披风，曰漪岚，曰夹竹，曰兼山。稍南有梅台，又南，有天光台，台出竹木之抄。遵洞之南而东，还有卧云堂，堂与四景堂并南北。左右二山，背压通流。凡坐此，则一园之胜可拥而有也"。

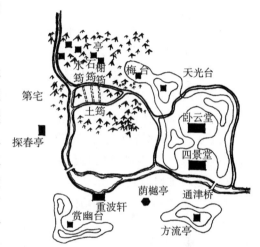

图6-4　富郑公园想象平面示意图

富郑公园的章法：园自其第东出探春亭，是全园的一个小引（探春二字的题名就是一个引子）。四景堂是园中的主体建筑，是全园的起处，同时也是结处（周回而还至此为结）。从富郑公园的布局手法上来看，跟董氏西园有相通一致的地方，那就是在起结开合中展开一区又一区，一景复一景的曲折变化，但又能周而复始，多样变化中又能自然而然地统一。正如《洛阳名园记》作者的赞语："亭台花木，皆出其目营心匠，故透迤衡直，闿爽深密，皆曲有奥思。"

14. 环溪

环溪（图6-5）即宣徽南院使王拱

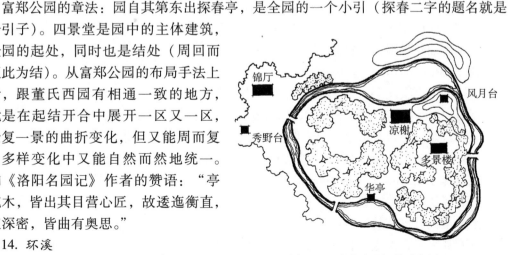

图6-5　环溪平面想象示意图

辰的宅园,坐落在道德坊。南有池,北复有大池,左右以溪相环接,在这个如环的水域中,布置亭榭楼台。《洛阳名园记》中写道:"榭南(指凉榭)有多景楼(即中堂起屋三层),以南望则嵩高、少室、龙门、大谷,层峰翠巘,毕效奇于前。榭北有风月台,以北望则隋唐宫阙楼殿,千门万户,岧峣璀璨……延亘十余里,……可瞥目而尽也。"一楼一台不仅为园中之景,而且得以极望远眺,层峰宫阙尽远借入园。《洛阳名园记》接着写道:"又西有锦厅、秀野台。""凉榭锦厅,其下可坐数百人,宏大壮丽,洛中无逾者。"至于植物造景,《洛阳名园记》云:"园中树,松桧花木,千株皆品,别种列除,其中为岛坞(在树丛中辟出空地;好似树海树山中的岛和坞),使可张幄次(可以搭帐篷),各待其盛而赏之。"可见,此园以水景和借景取胜。

15. 苗帅园

节度使苗授之宅园,原为开宝时期宰相王溥私园。"园既古,景物皆苍老""园故有七叶二树,对峙,高百尺,春夏望之如山然。"园中"竹万余竿,皆大满二、三围,疏筠琅玕,如碧玉椽,今创亭其南。""东有水,自伊水派来,可浮十石舟,今创亭压其溪。有大松七,今引水绕之有池。宜莲荇,今创水轩,板出水上(意即轩临水而突出水上,水中立柱而上承轩前部),对轩有桥亭,制度甚雄侈(对着轩的溪上有一桥亭,即桥上有亭)"。古木皆称大松,景物苍老,自是难得,亦引水成溪池,或亭或轩,布置合宜,造景自然,是苗帅园的特色。

16. 赵韩王园

赵韩王即赵普,宋开国功臣,死后追封韩王。"赵韩王宅园,国初诏将作营治,故其经画制作,殆侔禁省"。由于是皇帝诏令职掌修建宫室的官署来起造,自然可以与禁中或大官署一样雄侈。但《洛阳名园记》所载宅园情况极简,只是说"高亭大榭,花木之渊薮"。

17. 大字寺园

大字寺园原为唐代白居易的洛阳履道坊宅园,园废后改建为佛寺。北宋时,"张氏得其半,为'会隐园',水竹尚甲洛阳。但以其图考之,则某堂有某水,某亭有某木,至今犹存,而曰堂曰亭者,无复仿佛矣。"足见此园基本上保持了原履道坊宅园的山、水、树木,而建筑则为新建的。

18. 湖园

《洛阳名园记》云:"在唐为裴晋公(即裴度,二次入相,封晋国公)宅园。"湖园的概况是:"园中有湖,湖中有堂,曰百花洲,名盖旧,堂盖新也。湖北之大堂曰四并堂,名盖不足,胜盖有余也。"谢灵运曾云:"天下良辰、美景、赏心、乐事,四者难并",故堂称四并,未免过分,但景物可称胜有余也。"其四达而当东西之蹊者,桂堂也。截然出于湖之右者,迎晖亭也。过横池,披林莽,循曲径而后得者,梅台、知止庵也。自竹径望之超然,登之翛然者,环翠亭也。渺渺重邃,犹擅花卉之盛,而前据池亭之胜者,翠樾轩也。其大略如此。"

从布局来看,湖是全园造景的中心,湖面宽阔,展开平远的水景。湖中建堂于岛洲,称百花洲。湖北岸有四并堂,二者遥相呼应,西岸有迎晖亭,正与四并堂、百花洲鼎足而立，构图平稳。湖园无论从岸上望湖中，还是从湖上望四岸，都有亭堂为景点，又有横池，是大湖的余势，有从开朗到幽闭的变化。

过横池，披林莽而进，别有一番境地。循曲径数折才能到达梅台、知止庵，沿竹林中小径上即可望及，然后上登一亭叫环翠亭。这一带是闭合幽曲的景区，跟开朗的湖区成明显的对比。翠樾轩的植物造景，值得注意。在轩四周遍植花卉，以衬托轩式建筑，而又前据池亭之胜，以水的光亮来反衬，使花卉色彩更加鲜明。这里是又一番明亮悦目的境地。《洛阳名园记》作者在记文的开篇就说："洛人云'园圃之胜不能相兼者，六务，宏大者少幽邃；人力胜者少苍古；多水泉者艰眺望。兼此六者，惟湖园而已。'予尝游之，信然。"可见李格非对湖园推崇备至。

6.4 南宋临安城与皇家园林

6.4.1 南宋临安城

杭州之名始于隋。杭州古称钱塘，秦汉时已设县治。隋唐旧州城的城址所在已不可确考。吴越王钱镠以杭州为都城，曾两次修建扩充，城内建子城（皇城），城外至罗城（外城），周七十里。当时的杭州城，东西狭窄，南北修长，形似腰鼓，所以在北宋就有腰鼓城之称。赵构在旧城基础上营建都城时，规模又有了扩大。其一是在吴越的子城基础上修建皇城（包括大内的宫城），"周回九里"。其二是对"外城大有更易"，尤其是东南城垣，作了扩展，使杭州城进一步扩大了。

临安，中心线上有一条御街，又叫天街（今中山路旧址），专供皇帝通行。御街南起皇城和宁门，北至万岁桥，全长12500尺，用数万块巨型石板铺成平坦大道。街宽近200步，街中心另辟"御道"，街的两边有"走廊"，供市民百姓过往，廊之内侧有黑漆杈子，禁止超越。在御街与走廊之间，夹着一条砖石砌成的河道，河里广植莲藕，河岸遍栽桃李（图6-6）。

城内城外，大小河道四通八达，构成了完整的水网。南宋时的临安城，不亚于苏州，同样是"水巷小桥多""人家尽枕河"，洋溢着江南水乡城市的特殊风光。

临安为东南交通枢纽，有运河北通苏、湖、常、秀、润、淮诸州，有钱塘江南通严、婺、衢、徽诸州；城东25里有澉浦锁，是对外贸易商港；海上桅樯林立，船舶云集，各种货物在此集散。

临安城内、凤凰山麓东为皇城、大内，紧挨大内，在和宁门外街北有三省（尚书、门下、中书省）、枢密院、六部（吏、户、礼、兵、刑、工）官署集中地。环绕皇城，又是宗室皇亲和文武大臣的集中住宅区。临安城内厢坊，据《乾道临安志》载，南宋初年划分为七厢六十七个坊巷，到南宋末，《咸淳临安志》统计，已增为九厢八十五坊巷。城内居民结构的最大特点是从事工商业的市民和各级官吏为多。

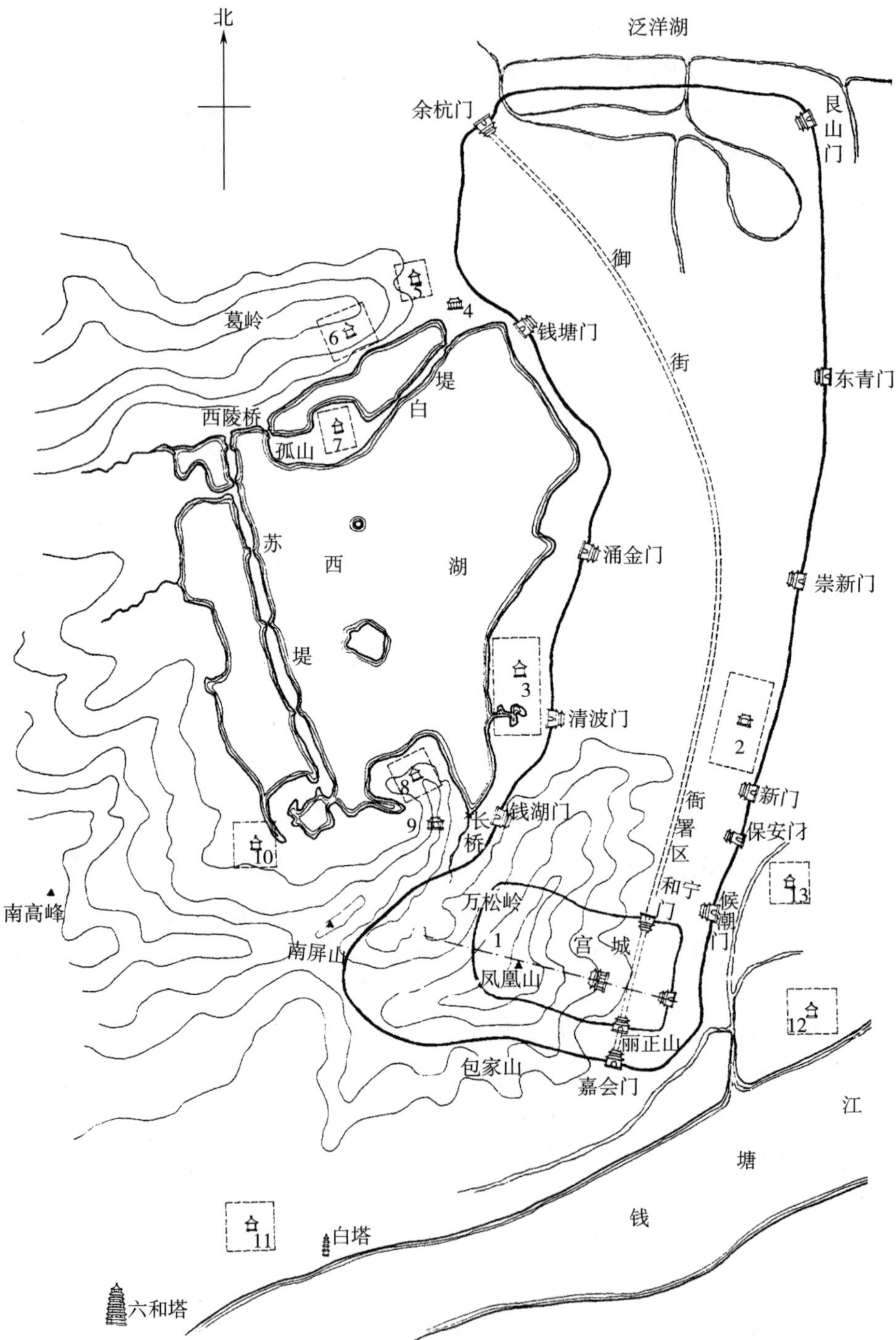

图 6-6 南宋临安平面示意图

1—大内御苑　2—德寿宫　3—聚景园　4—昭庆寺　5—玉壶园　6—集芳园　7—延祥园
8—屏山园　9—净慈寺　10—庆乐园　11—玉津园　12—富景园　13—五柳园

南宋宫城位于凤凰山东麓，这里原是北宋杭州的州治（州政府），建炎三年（1129年）二月，赵构从镇江逃跑到杭州，诏令改州治为行宫，绍兴元年（1131年）十一月诏守臣徐康国措置草创。那时金兵刚刚退走，财政非常拮据，大内宫殿很少。后经多次扩建，成为一座华丽的宫城。大内是一座依山傍水、依势而筑、景色秀丽、庄严雄伟的宫城。不仅有巍峨华丽的宫殿楼阁，更有因势随形而筑的自然山水后苑。

宫城正门曰丽正，丽正门内正衙，即大庆殿，又称文德殿，俗称金銮殿。大内的东部是东宫所在。后苑的位置大抵在凤凰山的西北部。这里有开阔而幽深的岙湾（岙音奥，浙东沿海一带把山间平地叫岙），山上有怪石夹列。据《增补武林旧事》载有关后苑部分，先述四时花木，各冠雅名，"梅花千树，曰梅岗亭，曰冰花亭。枕小西湖（宫中人造大池），曰水月境界，曰澄碧。牡丹曰伊洛传芳，芍药曰冠芳，山茶曰鹤丹，桂曰天阙清香，……橘曰洞庭佳味，……木香曰架雪，竹曰赏静……以日本国松木为翠寒堂，不施丹艧，白如象齿，环以古松，碧琳堂近之。一山崔嵬，作观堂，为上焚香祝天之所。……山背芙蓉阁，风帆沙鸟履舄下。山下一溪萦带，通小西湖，亭曰清涟。怪石夹列，献瑰逞秀，三山五湖，洞穴深杳，豁然开朗，翚飞翼拱。"后苑是专供帝王一年四季享乐的园地。

临安城西紧邻着山清水秀的西湖，唐宋以来直到现代，杭州之所以闻名国内外，全在西湖。吴自牧在《梦粱录》卷十二"西湖"条的开头说："杭城之西，有湖曰西湖，旧名钱塘。湖周围三十余里。自古迄今，号为绝景。"在远古时代，杭州连同西湖都是一片浅海湾，后来由于钱塘江入海口泥沙淤积而形成了泻湖。秦汉时代叫武林水，唐代改称钱塘湖，因其地负会城之西，故通称西湖。并不是所有的泻湖都能保存下来，由于海水的蒸发，水生植物的繁殖，泻湖会逐渐干涸，形成沼泽地，水区会逐渐湮灭消失。西湖之所以能保持"水光潋滟"至今，是依靠历代人工疏浚和整理。据统计，自唐至宋，比较重要的疏浚工作有13次。效果最显著的，要首推由宋代苏轼主持进行的西湖疏浚工作。（1089年宋哲宗元祐四年）苏轼第二次守杭，这时湖上葑田25万余丈，几乎半个西湖被塞，加之漕河失利，江河行船不通，六井（指唐大历年间，刺史李泌主持的开六井，引进西湖之水，供杭城市民饮用）也废。经此情景，苏轼深知保护西湖的重要性，花了20万工把葑草打捞干净，并利用葑草、淤泥，自南至北，筑起了一条长堤，横贯西湖，这就是著名的苏堤，并在堤上遍植桃柳以保护堤岸，还在西湖中立石塔3座，严禁在石塔内湖面种植菱藕，以免再次淹塞。此次大治，使西湖重回烟水渺渺，绿波盈盈。

著名的西湖十景，南宋时期就已经形成。南宋人祝穆撰《方舆胜览》载："近者画家称湖山四时景色最奇者十，曰：苏堤春晓；曲院风荷；平湖秋月；断桥残雪；柳浪闻莺；花港观鱼；雷峰落照；两峰插云；南屏晚钟；西湖三塔。""雷峰落照"被清康熙皇帝改成"雷峰西照"，现通称"雷峰夕照"，"两峰插云"改成"双峰插云"。"西湖三塔"是指苏轼修筑的3座石塔，明弘历年间倒塌，万历年间，郡守杨孟瑛曾重建，位置有所变动。

经过一代又一代人的疏浚建设，西湖才能保持永远秀丽，人文景观才能不断丰富。

6.4.2 离宫别苑

1. 德寿宫

德寿宫，是高宗赵构禅位于养子孝宗赵昚以后，退居的地方。这里本是秦桧的旧第，秦桧亡故以后，宅第收回官有，改筑新宫。绍兴三十二年（1162 年），赵构移居于此，就把新宫命名为德寿宫。德寿宫经过多次扩建筑新，成为一座华丽的宫殿。当时叫宫城大内为南苑，叫德寿宫为北内。清朱彭《南宋古迹考》概括了德寿宫的概貌曰："凿大池，续竹笕数里，引湖水注之。其上叠石为山，象飞来峰，有堂名冷泉，楼名聚远。又分四地，为四时游览之所。"吴自牧《梦粱录》载："其宫中有森然楼阁，匾曰聚远，屏风上书苏东坡诗：'赖有高楼能聚远，一时收拾与闲人'之句，其宫四面游玩亭馆，皆有名匾。东有梅堂，匾曰香远。栽菊、间芙蕖、修竹处有榭，匾曰梅坡、松菊三径。荼䕷亭匾曰新妍（或作清妍）。木香堂，匾曰清新。芙蕖冈南御宴大堂，匾曰载忻。荷花亭，匾曰临赋、射厅。金林檎亭，匾曰灿锦。池上（堂），匾曰至乐。郁李花亭，匾曰半绽红。木樨堂，匾曰清旷，金鱼池，匾曰泻碧。西有古梅，匾曰冷香。牡丹馆，匾曰文杏（或作文香），又名静乐。海棠大楼子，匾曰浣溪。北有椤木亭，匾曰绛叶。清香亭前栽春桃，匾曰倚翠（或作依翠、俯翠）。又有一亭，匾曰盘松。"

所谓"四分地"即按景色不同分为四个景区：东区以观赏各种名花为主；南区主要为各种文娱场所；西区以山水风景为主调；北区则建置各式亭榭。四个景区的中央为人工大水池，引西湖水注入，池中遍植荷花，水上可泛舟。大假山模仿西湖灵隐寺的飞来峰。把西湖的一些景观缩移模仿入园，故又称"小西湖"。

2. 聚景园

聚景园在清波门外之湖滨，园内沿湖岸遍植垂柳，故有柳之林之称，旧名西园。《武林旧事》及《天逸阁集》载有含芳殿、瀛春堂、揽远堂、芳华亭、花光亭、瑶津、翠光、桂景、艳碧、凉观、琼若、彩霞、寒碧、花醉、澄澜等目，及柳浪（"柳浪闻莺"一景，便在此园）、学士二桥。宁宗以后此园荒废，元代改建佛寺。

3. 延祥园

在孤山四圣延祥观内，又名四圣延祥观御苑。《武林旧事》："西依孤山，为和靖故居，与琼华小隐园并。"《梦粱录》称："此湖山胜景独为冠"。园有瀛屿六一泉，香月、香莲二亭，挹翠、清新二堂。花明水洁，气象幽古，三朝俱尝临幸。

4. 玉壶园

在钱塘门外南清堂后，从玉壶轩旧名。南宋初为陇右都护刘锜的别业。后归御前，为宋理宗之御苑。

5. 富景园

在新门外，俗名东花园。《都城纪胜》："城东新开门外，则有东御园（今名富景园）"。《咸淳临安志》："北宫规制略仿湖山"。《游览志》："东花园。此地多名园，高孝两朝常幸东园阅市，至今有孔雀园、茉莉园。"

6. 真珠园

《武林旧事》:"有真珠泉、高寒堂、杏堂、水心亭、御港,曾经临幸。"

7. 屏山园(翠芳园)

《武林旧事》:"南屏御园,正对南屏山,又名翠芳"。《梦粱录》:"内有八面亭堂,一片湖山,俱在目前"。《咸淳临安志》:"面南屏山,故旧名屏山园,咸淳四年(1268年)尽徙材植,以相宗阳宫之役,今惟门闼俨然。"

6.5 江南私家园林

6.5.1 临安(杭州)私家园林

临安作为南宋都城,是当时江南最大的城市,是当时的政治、经济、文化中心,聚集大量的皇亲国戚、官僚贵族、文人士大夫,这里三面环山,具有得天独厚的西湖风景区,这些都为民间造园提供了优越的条件。私家园林多数分布在西湖一带和城市的东南郊钱塘江畔。

1. 南园(庆乐园)

南园位于西湖东南岸之长桥边,为平原郡王韩佗胄的私园,后来收归御前,淳祐年间赐予福王,改名庆乐园。《梦粱录》:"南山长桥庆乐园,旧名南园,隶赐福邸园内,有十样亭榭。工巧无二,俗云:'鲁班造者。'射圃、走马廊、流杯池、山洞,堂宇宏丽,野店村庄,装点时景,观者不倦。"陆游《南园记》描述较详,云:"庆元三年(1197年)二月丙午,慈福有旨,以别园赐今少师平原郡王韩公,其地实武林之东麓,而西湖之水汇于其下,天造地设,极湖山之美。公既受命,乃以禄赐之余,葺为南园,因其自然,辅以雅趣。方公之始至也,前瞻却视,左顾右盼,而规模定。因高就下,通塞去蔽,而物象列。奇葩美木,争效于前,清流秀石,若拱若揖。飞观杰阁,虚堂广厦,上足以陈俎豆,下足以奏金石者,莫不毕备。升而高明显敞,如蜕尘垢;入而窈窕邃深,疑于无穷。……堂最大者曰许闲,……其射厅曰和容,其台曰寒碧,其门曰藏春,其阁曰凌风,其积石为山,曰西湖洞天,其潴水艺稻为囷场,为牧羊牛、畜雁鹜之地,曰归耕之庄。……自绍兴以来,王公将相之园林相望,皆莫能及南园之仿佛者"。

2. 蒋苑使花园

蒋苑使花园是定期开放的园圃。《梦粱录》载:"内侍蒋苑使住宅侧筑一圃,亭台花木,最为富盛,每岁春月,放人游玩,堂宇内顿放买卖关扑,并体内庭规式,如龙船、闹竿、花篮、花工,用七宝珠翠,奇巧装结,花朵冠梳,并皆时样。官窑碗碟,列古玩具,铺列堂右,仿如关扑,歌叫之声,清婉可听,汤茶巧细,车儿排设进呈之器,桃村杏馆酒肆,装成乡落之景。数亩之地,观者如市"。唐长安的曲江池,北宋汴京的金明池,都是帝王别苑,定期放人游玩,而南宋临安的蒋苑使花园,是私家园林放人游玩,是嬉乐园即今称游乐园的一个先例。

3. 水乐洞园

水乐洞园在满觉山，为权相贾似道之别墅园。据《武林旧事》记载，园内"山石奇秀，中一洞嵌空有声，以此得名。"《西湖游览志》："又即山之左麓，辟莽确为径而上，亭其三山之巅。杭越诸峰，江湖海门，尽在眉睫。"建筑有声在堂、界堂、爱此留照、独喜玉渊、漱石宜晚、上下四方之宇诸亭，水池名"金莲池"。

4. 后乐园

原为御苑集芳园，后赐贾似道。据《齐东野语》记载，此园"古木寿藤，多南渡以前所植者。积翠回抱，仰不见日"。建筑物皆御苑旧物，皇帝宋高宗御题之名均有隐喻某种景观之意。例如，"蟠翠"喻附近之古松，"雪香"喻古梅，"翠岩"喻奇石，"倚绣"喻杂花，"挹露"喻海棠，"玉蕊"喻荼蘼，"清胜"喻假山。此外，山上之台名"无边风月""见天地心"，水滨之台名"琳琅步、归舟"等。架百余"飞楼层台，凉亭燠馆""前挹孤山，后据葛岭，两桥映带，一水横穿，各随地势以构筑焉"。山上"架廊叠磴，幽渺透迤，极其营度之巧……隧地通道，抗以石梁，旁透湖滨"。

5. 裴园

裴园即裴禧园，在西湖三堤路。此园突出于湖岸，故诚斋诗云："岸岸园亭傍水滨，裴园飞入水心横。旁人莫问游何处，只拣荷花闹处行。"

临安东南部之山地以及钱塘江畔一带，气候凉爽，风景亦佳，多有私家别墅园林之建置，《梦粱录》记载了六处。其中如内侍张侯壮观园、王保生园均在嘉会门外之包家山，"山上有关，名桃花关，旧匾：'蒸霞'，两带皆植桃花，都人春时游者无数，为城南之胜境也。""钱塘门外溜水桥东西马塍诸圃，皆植怪松异桧，四时奇花，精巧窠儿，多为龙蟠凤舞、飞禽走兽之状，每日市于都城，好事者多买之，以备观赏也。"

6.5.2 《吴兴园林记》与吴兴私家园林

《吴兴园林记》，宋代周密著，周密，字公谨，号草窗，先世山东济南人。生于宋绍定五年（1232年），卒于元大德二年（1298年）。历官不显，以词著名。《吴兴园林记》记述了作者亲身游历过的吴兴园林36处，记述有略有详。

吴兴（即今湖州）为江南主要城市之一，紧邻太湖，景色优美，文人士大夫多居于此。园林颇为兴盛。

1. 南沈尚书园

南沈尚书园在吴兴城南，为尚书沈德和私园（园主沈介，字德和，官至尚书），规模约百余亩（1亩=666.6̇平方米）。可见规模之大。"果树甚多，林檎尤盛。"园中主体建筑，"内有聚芝堂、藏书室"。园中主景是"堂前凿大池，几十亩，中有小山，谓之蓬莱。"最为突出的是"池南竖太湖三大石，各高数丈，秀润奇峭，有名于时。"

2. 北沈尚书园

"沈宾王尚书园，正依城北奉胜门外，号北村（园主沈作宾，字宾王，官至户部尚书，园在城北故称北沈尚书园）。""园中凿五池，三面皆水，极有野意"，是以水景取胜。建筑"有灵寿书院、怡老堂、溪山亭、对湖台,尽见太湖诸山(远借)"。

3. 丁氏园

"丁总领园,在奉胜门内,后依城,前临溪,盖万元亨之南园、杨氏之水云乡,合二园而为一。"背城面溪已得形胜,"后有假山及砌台"。值得一提的是,丁氏园"春时纵郡人游乐(成为公共游乐地)。郡守每岁劝农还,必于此舣舟宴焉。"

4. 丁氏西园

"丁葆光之故居(园主丁注,字葆光),在清源门之内"。其地"前临苕水,筑山凿池,为寒岩",有水可引而凿池筑山,是池山之胜。"临苕有茅亭",以符野趣。

5. 莲花庄

"在月河之西,四面皆水,荷花盛开时,锦云百顷,亦城中所无也。"按《吴兴园林记》,月河在湖州府城内贡院东,前溪支流环绕,形如初月。该庄四面皆水,借景于百顷荷塘,盛开时一片锦云。

6. 叶氏石林

"左丞叶少蕴之故居(叶梦得,字少蕴,为尚书左丞),在弁山之阳,万石环之,故名。且以自号。正堂曰兼山,傍曰石林精舍。有承诏、求志、从好等堂,及净乐庵、爱日轩、跻云轩、碧琳池;又有岩居、真意、知止等亭。其邻有朱氏怡云庵、涵空桥、玉涧,故公复以玉涧名书(叶梦得著有《玉涧杂书》)。大抵北山一径,产杨梅,盛夏之际,十余里间,朱实离离,不减闽中荔枝也。此园在雪最古,今皆没于蔓草,影响不复存矣。"

范成大《骖鸾录》记述了他于乾道壬辰(1172年)冬,游北山石林云:"松桂深幽,绝无尘事……则栋宇多倾颓……正堂(即兼山堂)无恙……堂正面,卞山之高峰层峦空翠,照衣袂……自堂西过二小亭,佳石错立道周。至西岩,石益奇且多,有小堂曰承诏,叶公自玉堂归守先垄,经始之初,始有此堂,后以天官召还(诏再起为吏部尚书),受命于此,因以为志焉。其旁登高有罗汉岩,石状怪诡,皆嵌空装缀,巧过镌劚。自西岩回步至东岩,石之高壮礌砢,又过西岩。小亭亦颓矣。"

6.5.3 绍兴沈园

沈园,又名"沈氏园",南宋时一位沈姓富商的私家花园,始建于宋代,初成时规模很大,占地七十亩(约4.67公顷)之多。园内亭台楼阁,小桥流水,绿树成荫,尽显江南景色。沈园是绍兴历代众多古典园林中唯一保存至今的宋式园林。

绍兴沈园是因陆游和唐婉的一段悲剧而著称于世。陆游初娶表妹唐婉,"于其母夫人为姑侄。伉俪相得,而弗获于其姑(婆媳不能相处,姑厌恶媳妇)。既出(被迫赶出),而未忍绝之,则为别馆,时时往焉。姑知而掩之,虽先知挈去,然事不得隐,竟绝之,亦人伦之变也。""唐(婉)后改适同郡宗子(赵)士程。尝以春日出游(陆游三十一岁那年),相遇于禹迹寺南之沈氏园。唐以语赵(士程),遣致酒肴,翁(陆游,字务观,号放翁)怅然久之,为赋《钗头凤》一词,题园壁间云:红酥手,黄滕酒,满城春色宫墙柳。东风恶,欢情薄,一怀愁绪,几年离索。错、错、错!春如旧,人空瘦，泪痕红浥鲛绡透。桃花落，闲池阁，山盟虽在，锦书难托。莫、莫、莫！实绍兴乙亥岁也（1155年）。翁居鉴湖之三山，晚岁每入城，必登寺眺望，不能胜情……未久，唐氏死。至绍熙壬子岁（1192年），复有诗。序云："禹迹寺南，有沈氏小园。四十年前，尝题小词一阕壁间。偶复一到，而园已三易主，读之怅然……沈园后属许氏，又为汪之道宅"（《齐东野语》卷一）。

目前，沈园拥有古迹区、东苑和南苑三处相对独立、各具特色的园林。古迹区内葫芦池与小山仍是宋代原物遗存，其余大多为在考古挖掘的基础上修复的；东苑，占地面积达6000多平方米，位于古迹区东侧，又被称为情侣园，尽显江南造园特色；南苑，占地面积达6000多平方米，位于古迹区南首，主要由沈园之夜演艺剧场和陆游纪念馆组成。在布局上，沈园内部三个"园中之园"各自的景观组合均以水为景观主题。除南苑有务观堂、安丰堂等系纪念性景观，因而采用规则的中轴对称布局外，沈园的三个院落仍旧是自然式园林院落布局。同时，各园之间相互呼应，相互因借，创造出更美的画面和更多的情趣。在自由式布局的基础上，各个院落的景物呈向内"聚合"态势的布置，即院落所有建筑都朝向水面，所有景物的安排从高度上来看有一个从外向内跌落的趋势，这就是江南园林中以水体为中心的造园常用的"内向性"布局特点。沈园在保证基本的园林活动空间外，对水体、建筑、山体及植被（花木）进行了合理的配置。整个沈园内建筑不多，满地绿荫，挖池堆山，栽松植竹，临池造轩，极为古朴。园林四要素的完美结合，相互协调，营造出咫尺山林的意境，突出了各苑的主题气氛。

6.5.4 苏州（平江）沧浪亭

沧浪亭在苏州城南，据园主人苏舜钦自撰的《沧浪亭记》记载，北宋庆历年间（1044年），因获罪罢官，旅居苏州，购得城南废园，据说是吴越国节度使孙承佑别墅废址。"纵广合五六十寻，三向皆水也。杠之南，其地益阔，旁无民居，左右皆林木相亏蔽"。废园的山池地貌依然保留原状，乃在北边的小山上构筑一亭，名沧浪亭。苏舜钦有感于《孟子》"沧浪之水清兮，可以濯我缨；沧浪之水浊兮，可以濯我足"。"前竹后水，水之阳又竹，无穷极。澄川翠干，光影会合于轩户之间，尤与风月为相宜。"看来园体的内容简朴，很富于野趣。《宋史》载："家有园林，珍花奇石，曲池高台，鱼鸟留连，不觉日暮"。可知沧浪亭一派天然野趣中不乏人工点缀之美。苏舜钦死后，此园屡易其主，后归章申公家所有。申加以扩充、增建，园林的内容较前丰富得多。清初，有人将苏舜钦和欧阳修的名句连缀成联，"清风明月本无价""近水远山皆有情"，其诗情画意与沧浪亭的深远意境高度融合在一起。

元、明废为僧寺，以后又恢复为园林，屡经改建，至今仍为苏州名园之一。元代时，沧浪亭废为僧居。明沈周、杨君谦常栖息于此。康熙二十三年（1684年），江宁巡抚王新命在沧浪亭遗址内建苏公祠。康熙三十四年（1695年）宋荦抚吴时，寻访子美沧浪亭遗迹，已是灰飞烟灭。于是即谋规复，并构亭于山之巅，又得文徵明隶书"沧浪亭"三字作揭诸楣。名为重修，实同再创。但园规模已逊于宋代，不复有水北及南部旷地。康熙五十八年（1719 年），巡抚吴存礼将康熙御诗一章，饬工庀材建御碑亭于园中，房屋也进行了增修。乾隆三十八年（1773 年），按察使胡季堂在沧浪亭西侧（南禅寺遗址一部分）建中州三贤祠。乾隆帝南巡屡驻此园，在园南部曾筑拱门并有御道。道光七年（1827 年）梁章钜又重修亭，又作《沧浪亭图咏跋》记述。清咸丰十年（1860 年），沧浪亭毁于兵火。中州三贤祠亦残毁过半。同治十一年（1872 年）布政使应宝时、巡抚张树声再重修，复修古亭于原址，并于沧浪亭南侧明亮处修建明道堂。明道堂后侧西部为五百名贤祠，应宝时为祠题名。祠南侧为翠玲珑，北侧为面水轩。临水建筑有静吟、藕花水榭。另有清香馆、闻妙香室、瑶华境界、见心书屋、步碕、印心石屋、看山楼等，诸堂构以廊贯通，轩馆亭榭多为旧名。1949 年 4 月苏州解放，苏州市人民政府接管沧浪亭，由市文教局管理。1953 年 9 月交园林修整委员会动工修建，移旧葺新。1954 年园林管理处接管。

6.6 寺观园林

6.6.1 宗教的发展

佛教发展到宋代，内部各宗派开始融汇，相互吸收而复合变异。天台、华严、律宗等唐代盛行的宗派已日趋衰落，禅宗和净土宗成为主要的宗派。禅宗势力尤盛，不仅成为流布甚广的宗教派别，而且还作为一种哲理渗透到社会思想意识的各个方面，甚至与传统儒学相结合而产生新儒学——理学，成为思想界的主导力量。虽然宋代禅宗在宗教思想和教理上并没有多少创新，但与唐代相比却有一个主要的不同之点，即大量的"灯录"和"语录"的出现。早期的禅宗，提倡"教外别传""不立文字"，以"体认""参究"的方法来达到"直指人心、见性成佛"的目的，不需要发表议论，也不借助于文字著述。后来由于这种方法对宗教传播不利，"禅"不仅只是"参""悟"，而且也需要靠讲说和宣传。于是，大量文字记载的"灯录"和"语录"应运而出现了。它们标志着佛教进一步汉化，也十分切合文人士大夫的口味，他们之中的一些人还直接参与灯录的编写工作，这样，佛教就与文人士大夫在思想上沟通起来，反过来又促进了禅宗的盛行。

北宋初期，朝廷一反后周斥佛毁寺的政策，对佛教给予保护。宋太祖建隆元年（960 年）度僧 8 万余人，太宗太平兴国元年（976 年）到七年（982 年）共度僧 17 万人。真宗时（998—1022 年）在东京和各路设立戒坛 72 所，放宽度僧名额，僧、尼大量增加，寺院也相应地增加到 4 万所。寺院一般都拥有田地、山林，享有豁免赋税和徭役的特权，有的还经营第三产业。北宋很重视佛经的印行，官刻、私刻的大藏经共有五种版本，其中蜀版大藏经被公认为海内珍品。南宋迁都临安，本来佛教势力就大的江南地区较前更为隆盛，逐渐发展成为佛教禅宗的中心，著名的"禅宗五山"都集中在江南地区。

随着佛教的完全汉化，大约在南宋时禅宗寺院已相应地确立了"伽蓝七堂"的制度，完全成为中国传统的一正两厢的多进院落的格局，就连唐时尚保留着的一点古印度佛寺建筑的痕迹也已消失了。禅宗寺院既如此，其他宗派的寺院当然亦步亦趋。所以说，佛寺建筑到宋代已经全部汉化，佛寺园林世俗化的倾向也更为明显。随着禅宗与文人士大夫思想上的沟通，儒、佛的合流，一方面在文人士大夫之间盛行禅悦之风，另一方面禅宗僧侣也愈文人化。许多禅僧都擅长书画，诗酒风流，以文会友，经常与文人交往，文人园林的趣味也就更广泛地渗透到佛寺的造园活动中，从而使得佛寺园林由世俗化而更进一步地文人化。

随着佛教的兴盛，佛教组织内部已经广泛建起了丛林制度。寺院经济也相应发展起来，古代寺院往往拥有大量的田产、山林等，相当于地主庄园的经济实体，寺院雇佣"净人"的俗世人管理庄园，收租放贷等。道观也有相似的经济管理制度。宋代，寺院日益与社会上各种经济活动建立起联系，寺院普遍开展各种商业活动，发展盈利事业。

道教方面，宋代南方盛行天师道，金王朝统治下的北方盛行全真道。全真道的创始人是王重阳，道士一律出家，教旨以"澄心定意、抱元守一、存神固气"为真功，"济贫扶苦、先人后己、与物无私"为真行。宋末，南方与北方的天师道逐渐合流。到元代，天师道的各派都归并为正一道，授张道陵的第三十八代后裔为"正一教主"，世居江西龙虎山。正一道的道士绝大多数不出家，俗称"火居道士"。从此以后，在全国范围内正式形成正一、全真两大教派并峙的局面。宋代继承唐代儒、道、释三教共尊的传统更加发展儒、道、释的互相融合。宋徽宗信奉道教，自称为道君皇帝，甚至一度诏令佛教与道教合并，改佛寺为道观，把佛号和僧、尼的名称道教化，表明道教更向佛教靠拢。这一时期，道观建筑的形制亦受到禅宗伽蓝七堂之制的影响而成为传统的一正两厢、多进院落的格局。

道教从魏晋以后发展起来的那一套斋醮符禁咒以及炼丹之术，固然迎合了许多人享受欲望和迷信的心理，但也受到不少具有清醒理性头脑的士大夫的鄙夷，因而逐渐出现分化的趋势。其中一种趋势便是向老、庄靠拢，强调清净、恬适、无为的哲理，表现为高雅闲逸的文人士大夫情趣。同时，一部分道士也像禅僧一样逐渐文人化，"羽士""女冠"经常出现在文人士大夫的社交圈里。相应地，道观园林由世俗化而进一步地文人化，当然也是不言而喻的。

随着宗教由世俗化进而达到文人化的境地，寺观园林与私家园林之间的差异，除了尚保留着一点烘托佛国、仙界的功能之外，其他已基本上消失了。

两晋、南北朝时，僧侣和道士纷纷到远离城市的山水风景地带建置佛寺、道观，促成了全国范围内山水风景的首次大开发。宋代，佛教禅宗崛起，禅宗教义着重于现世的内心自我解脱，尤其注意从日常生活的细微小事中得到启示和从对大自然的陶冶欣赏中获得领悟。禅僧的这种深邃玄远、纯净清雅的情操，使得他们更向往于远离城市尘俗的幽谷深山。道士讲究清静简寂，栖息山林犹如闲云野鹤，当然也具有类似禅僧的情怀。再加上僧道们的文化素养和对自然美的鉴赏能力，从而掀起了继两晋、南北朝之后的第二次全国范围内山水风景大开发的高潮。过去已开发出来的风景名胜，如传统的五岳和五镇，佛教的大小名山，道教的洞天福地等，则设施更加完善，区域格局更为明确。因此，宋代以寺观为主体的风景名胜的数量之多，远远超过前代，从而奠定了我国风景名胜和寺观园林的基本格局。在这些风景名胜区内，寺观注重经营园林、庭院绿化和周围的园林化环境，逐渐成为风景名胜区的保护者、管理者和游客、香客的接待场所。

6.6.2 胜地寺观位置选择

宋代，风水学已经形成，风水学是我国古代城镇、村落、住宅、庙宇基址选择和设计建设普遍遵守的理论。山水名胜中的寺观往往选址于风水上佳之地，选择"形胜"之地，即形势重要，景色优美之地。重峦叠嶂，烟雾云气，景色优美，堪称形胜。所谓"形势"，在风水学中有"千尺为势，百尺为形"之说，形势并称，则远近、大小等均含其中。用于选址中，则观山形地势，以左右山峦环抱，即左龙山右虎山，后倚后龙山，前有浅岗或峰峦为案山者为上选之地。古代大型寺观在建设之初，往往要对周围的地理山势进行周密的考察，以期找到能趋吉避凶、世代兴盛的风水宝地作为寺观的理想环境。

由于佛僧出家修行，脱离尘俗，需要远离尘世、清心幽静的环境，寺院多选择在大山中。在此僧人可以安心修行，终生奉佛。佛家还选择奇险之地修建佛寺，以彰显佛的神圣。其选址概括起来有：山顶、山腰、山麓、山洞、山峡、悬崖之上、悬崖之下、水边（河边、海边、湖边等）、水中孤岛等。寺观的建设为中国古代风景名胜资源开发中极其重要的人文景观建设，寺观等人为景观与名山大川一同构成了中国风景名胜，寺观由此成为我国传统风景名胜不可或缺的组成部分。

山麓建设寺观，一般在通往山上的必经之路处，作为登山入口的一个标志，说明由此寺观可以登山。山麓一般地势较为平坦，可建设用地比较多，交通便捷，可达性强。

山腰建设寺观，山地中的寺观许多都建在山腰峡谷的位置，选择地势较为平坦之处建设，由于地形地貌的限制，其空间布局变化较多，一般能够因地制宜，与自然山体融合，成为山地建筑的典范。山腰寺观一般隐藏在古树茂林之中，远处很难纵览寺观全貌。但站在寺观中，却视野开阔，可远望山下十里风光，村落田园尽收眼底，美不胜收。一般寺观所在地，便是绝佳的观景之处。

山顶建寺观一般都在林间，有些经济实力雄厚的寺观，在山中建设大寺观，分上寺、中寺、下寺，其中上寺一般建在山顶。山顶寺观一般选址非常巧妙，既能展开各种功能，又不破坏整个山体的景观环境。山顶视野开阔，四望无碍，周围景观可一览无余。我国山顶建设寺观的现象很多，如，峨眉山、九华山、五台山、武当山。山顶建设寺观，必定要建设必要的道路通抵寺观，引导香客信徒登山拜佛，无形中，使广大民众增加欣赏名山胜水的自然风光的机会，使社会各阶层均能深入深山大泽。登山过程中由山麓开始，一般溯溪而上，先经过深奥幽邃之处，最后到达山顶，其景观开阔旷达，游客可以从不同的角度纵览山岳自然风光。促进了人们对山岳风景的审美研究，促进了对山岳风景名胜资源的认识，从而促进了风景名胜资源的开发与利用。

山洞中建设寺观，自然山洞，如果洞内比较空旷，有足够的可利用空间，即可建设寺院，早期的道士多利用其修行、炼丹。

孤岛建设寺观，岛屿四周均为水面，水天相接，雄伟的寺观突出于天际。无论在河间还是湖中，此景无疑都是最为引人注目的。寺观建在此处，更容易突出宗教的神秘性和神圣性。

水边建设寺观，在中国的传统观念中，面水背山本就是风水上佳之地，寺观也要根据传统理论来选址和建设，所以水边往往是寺观容易选择之地。江边、河旁、湖畔、海滨等水域边缘，环境优美、空气清新、安静恬淡，在此修心，可以使人心旷神怡。历史上很多寺观都选在大河、大江、大湖、大海边。

6.6.3 汴梁（东京）寺观园林

北宋东京城内及附廓的许多寺观都有各自的园林，其中大多数在节日或一定时期向市民开放，任人游览。寺观的公共活动除宗教法会和定期的庙会之外，游园活动也是一项主要内容，因而这些园林多少具有类似现代城市公园的职能。寺观的游园活动不仅吸引成千上万的市民，皇帝游览寺观园林也是常有的事。《东京梦华录》卷六有一条，详细记载了正月十四日皇帝到五岳观迎祥池观览，并赐宴群臣的盛况。每年新春灯节之后，东京居民出城探春，届时附廓及近郊的一部分皇家园林和私家园林均开放任人参观，但开放最多的则是寺观园林。京师居民不仅到此探春，还有消夏，或访胜寻幽等活动。

相国寺

在河南开封市内，我国著名的佛教寺院之一，为战国时魏公子信陵君的故宅。北齐天保六年（555年）在此创修建国寺，后毁于兵火。唐睿宗旧封相王时重建，改名大相国寺，并御书题额，习称相国寺。寺广达545庙。明末黄河泛滥，开封被淹，建筑全毁。清乾隆三十一年（1766年）重修。现存清代建筑藏经阁和大雄宝殿，均为重檐歇山，斗拱层层相叠，黄绿琉璃瓦覆盖。殿与月台周围绕以白石栏杆，八角琉璃殿中央高亭耸起，四周附围游廊，顶盖琉璃瓦件，翼角皆悬铃铎，迎风作响。殿内置木雕密宗四面千手千眼观世音巨像，高约7米，全身贴金。相传为一棵大银杏树雕成，精美异常。钟楼内存清代巨钟一口，高约4米，重万余斤，故有"相国晨钟"之称，为汴梁八景之一。

6.6.4 临安寺观园林

南宋杭州的西湖风景名胜区是寺观建设、园林建设与山水风景开发相结合的典范。

早在东晋时，环西湖一带已有佛寺的建置，咸和元年（326年）建成的灵隐寺便是其中之一。隋唐时，各地僧侣慕名纷至沓来，一时西湖南、北两山寺庙林立。吴越国建都杭州，更广置伽蓝寺庙，如著名的昭庆寺、净慈寺等均建成于此时。在佛教广泛建寺的同时，道教也在西湖留下了踪迹，东晋的著名道士葛洪就曾在北山筑庐炼丹，建台开井。西湖之所以逐渐成为风景名胜区，历来地方官的整治建设固然是一个因素，但寺观建置所起的作用也不容忽视。

南宋时，在西湖山水间大量兴建私家园林和皇家园林，而佛寺兴建之多，也绝不甘为其后。由于大量佛寺的建置，杭州成了东南的佛教圣地，前来朝山进香的香客络绎不绝。东南著名的佛教禅宗五山十刹，有三处在西湖——灵隐寺、净慈寺和中天竺寺。为数众多的佛寺一部分位于沿湖地带，其余分布在南北两山。它们都能够因山就水，选择风景优美的基址，建筑布局则结合于山水林木的局部地貌而创建园林化的环境。因此，佛寺本身也就成了西湖风景区的重要景点。西湖风景因佛寺而成景的占着大多数，而大多数的佛寺均有单独建置的园林，这种情况一直持续到明代。

1. 灵隐寺

清康熙南巡时赐名"云林禅寺"。位于西湖西北妙高峰下，前临冷泉，面对飞来峰。东晋咸和元年（326年）有印度僧人慧理，见飞来峰叹道："此乃中天竺国灵鹫山之小岭，不知何以飞来？"遂面山建寺，取名"灵隐寺"，峰名曰"飞来峰"。唐宋时期，寺院持续繁荣，尤其在五代吴越统治时期拥有九楼、十八阁、七十二殿，僧徒三千人，盛极一时。寺院古木苍郁，遮天蔽日。传说骆宾王曾隐居此寺，写下了"楼观沧海日，门对浙江潮，桂子月中落，天香云外飘"的不朽诗篇。寺前飞来峰岩石突兀，古木参天，峰下有许多天然岩洞，回旋幽深，洞壁布满石窟造像。当年济公和尚出家灵隐寺，长期在此下榻。

唐宋时期，灵隐寺以优美的外围园林化环境倍受文人青睐。据《西湖记述》载，寺最奇胜，门景尤好。由飞来峰至冷泉亭一带，涧水溜玉，画壁流青，是山之极胜处。亭在山门外，白居易曾有记云："亭在山下，水中央，寺西南隅。高不倍寻，广不累丈，而撮奇得要，地搜胜概，物无遁形。春之日，吾爱其草薰薰，木欣欣，可以导和纳粹，畅人血气。夏之夜，吾爱其泉淳淳，风泠泠，可以蠲烦析酲，起人心情。山树为盖，岩石为屏。云从栋生，水与阶平。坐而玩之者，可濯足于床下；卧而狎之者，可垂钓于枕上，矧又潺湲洁彻，粹冷柔滑……眼耳之尘，心舌之垢，不待盥涤，见辄除去。"

2. 净慈寺

位于西湖南屏山慧日峰下，依山面湖，有南屏晚钟之景为世人称道。始建于五代后周显德元年（954年）。吴越王钱镠为永明禅师所造，原名慧日永明院。南宋绍兴九年（1139年）改名净慈寺（"净慈报恩光孝禅寺"）。寺分前、中、后三殿。寺院西侧有济公殿，供奉宋代高僧道济塑像。东侧有运木古井，是从济公运木建寺的传说而来。史载，济公走出灵隐寺后，晚年住净慈寺，在此圆寂。当年的净慈寺是文人骚客聚居之地，他们同僧人一道在此饮酒、赋诗、作画。净慈寺门右边有座"南屏晚钟"的碑亭，为杭州西湖十景之一。每当盛夏六月，夜听悦耳晚钟，晓看一湖碧波，万柄荷花，清爽可人，其乐陶陶。有诗为证："毕竟西湖六月中，风光不与四时同。接天莲叶无穷碧，映日荷花别样红。"（杨万里《晓出净慈寺送林子方》）。

6.7 公共景区景点

宋代公共景观的建设较之唐代尤甚，掀起了一个建设高潮。韩琦指出："天下郡县无远迩小大，位置之外必有园池台榭观游之所，以通四时之乐。"北宋以来，随着商业的繁荣，城市社会结构与市民生活方式都发生了巨大的变化，游园活动不仅仅局限于文人士大夫的风雅吟诵中，在普通民众中更为兴盛。许多皇家、私家园林也定期向民众开放。西湖既蕴涵了中国文人雅士追求的禅境，诗意的审美意境，又融入了市井生活情趣，促使园林成为文人审美和平民口味相融合的产物。

宋代的很多城市，都具有"园林"化的特征。这不仅是因为城市之中私家园林众多，还因为城市中或城市附近有很多公共场所，以及标志性建筑周围都形成了园林化的风光景观，供人休憩娱乐，让百姓身在其中好似置身园林之内。例如南宋临安的南山路上有丰乐楼，是座高大宏丽的建筑，其周围有"鳌月池，立秋千，梭门植花木，构数亭"，形成了一处开放式的园林景观。每逢春天便"游人繁盛"，并且"为朝绅同年会拜乡会之地"，赵汝愚为其作词云："水月光中，烟霞影里……云间笑语，人在蓬莱"，由此可见其景致之美，让人流连。另外，市郊的一些公共园林，也为市民出游提供了理想的玩赏之地。节庆日的出游，是宋代人都市生活中的重要组成部分。元宵、清明、寒食等节日都是百姓相携出游的大好时节。在这些宋人热衷的出游活动中，许多市郊的公共园林发挥了重要作用。《东京梦华录》中有这样的一段记载："收灯毕，都人争先出城探春，州南则玉津园外学方池亭榭、玉仙观，转龙湾西去一丈佛园子、王太尉园，奉圣寺前孟景初园……自转龙弯东去陈州门外，园馆尤多。"便是很生动地描绘了元宵节过后人们出城游玩的景象。

宋时，临安西湖经过多年的建设，成为市民争相前往的风景名胜之地。唐代白居易在小孤山南修筑了著名的白堤。宋代苏轼在西湖又修筑了著名的苏堤，"以余力复完六井，又取葑田积湖中，南北径三十里，为长堤以通行者。吴人种菱，春辄芟除，不遣寸草。且募人种菱湖中，葑不复生。收其利以备修湖，取救荒余钱万缗、粮万石，及请得百僧度牒以募役者。堤成，植芙蓉、杨柳其上，望之如画图，杭人名为'苏公堤'。"南宋定都临安后，对西湖上原有景点进行了改造、重建、改建、增建，另外也新建了不少景点，一举奠定了西湖的空间格局，西湖十景此时就已经形成了。南宋政府对西湖原有景点进行定期维护，维护资金由政府承担。对西湖定期疏浚和整治，制定规章制度，保护西湖风景名胜资源免遭破坏。包括禁止向湖中抛弃粪土和在湖边浣衣洗马、严禁包占增迭堤岸、不准在湖中种植荷菱等水生植物等条款。《永乐大典》载，"乾道五年，周安抚淙奏。臣窃惟西湖，所贵深阔，而引水入城中诸井，尤在涓洁，累降指挥禁止。抛弃粪土，栽植茭菱，及浣衣洗马，秽污湖水，罪赏固已严。"南宋吴自牧《梦粱录》卷一载，"二月朔，……州府自收灯后，例于点检酒所开支关会二十万贯，委官属差吏雇唤工作，修葺西湖南北二山，堤上亭馆园圃桥道，油饰装画一新，栽种百花，映掩湖光景色，以便都人游玩。"

6.8 文人园林的发展及特征

从汉代一直到唐代占主导地位的贵族化的社会精英在9—10世纪的混乱年代中失去了势力，取而代之的则是以知识定义的精英，他们进入了权力中心。文人学士变成一个有自我意识的、以共同的文化理论和实践为核心的社会形态，这种社会形态以儒家科举制为基础，并在审美和物质层面，以更进一步地加强他们共同的身份感。园林作为文人社会生活和个人隐退的场所，它在物质和文化方面的建构已经成为体现文人的精英身份和他们在社会和政治领域所占据的主导地位的一个重要维度。进入权力中心的文人群体，对社会的影响力得以极大的加强，其所创造的"文人园林"对当时的各种形式的园林营造均产生了深远的影响。

6.8.1 文人园林的发展概况

文人园林乃是士流园林的发展，它更侧重于以赏心悦目的园景而寄托理想，陶冶性情，表现隐逸情趣，泛指那些受到文人趣味的浸润而"文人化"的园林，不仅仅是文人经营和建造的园林。文人园林是一种园林艺术风格，文人园林在造园思想上融入了中国古代文人士大夫的独立的人格、价值观念和审美取向。

唐宋时代科举取士，许多文人以文入官，入官之后又不忘吟诗赏景。由于文人经常写作山水诗文，对山水风景的鉴赏必然具备一定的能力和水平。许多著名文人担任地方官职，出于对当地山水风景的向往之情并利用他们的职位和权力对风景的开发多有建树。例如，中唐杰出的文学家柳宗元在贬官永州期间，十分赞赏永州风景之佳美，并且亲自主持、参与了好几处风景区的开发建设，为此而写下了著名的散文《永州八记》。柳宗元经常栽植竹树、美化环境，把他住所附近的小溪、土丘、泉眼、水沟分别命名为"愚溪""愚丘""愚泉""愚沟"。他还负土垒石，把愚沟的中段开拓为水池，命名"愚池"，在池中堆筑"愚岛"，池东建"愚堂"，池南建"愚亭"。这些命名均寓意于他的"以愚触罪"而遭贬谪，"永州八愚"遂成当地名景之一。诗人白居易在杭州刺史任内，曾对西湖进行了水利和风景的综合治理。他力排众议，修筑湖堤，提高西湖水位，解决了从杭州至海宁的上塘河两岸千顷良田的旱季灌溉问题。同时，沿西湖岸大量植树造林、修建亭阁以点缀风景。西湖得以进一步开发而增添魅力，以至于白居易离任后仍对之眷恋不已，"未能抛得杭州去，一半勾留是此湖"。

这些文人出身的官僚不仅参与风景的开发、环境的绿化和美化，而且还参与营造自己的私园。根据他们对自然风景的深刻理解和对自然美的高度鉴赏能力来进行园林的规划设计，同时也把他们对人生哲理的体验、宦海浮沉的感怀融注于造园艺术之中。于是，文人官僚的士流园林所具有的那种清沁雅致的格调得以更进一步地提高、升华，披上一层文人的写意色彩，这便出现了"文人园林"。它的渊源可上溯至西汉中期董仲舒舍园，经过魏晋六朝的发展，唐代白居易、王维、杜甫、柳宗元等文人开辟了写意山水园林的新途径。两宋时期，司马光、苏轼、陆游、欧阳修、林逋、苏舜钦等更多的文人参与造园规划设计，使中国山水园林完全写意化。

唐宋时代文人园林大盛的原因，还有更深刻的社会文化背景。从殷周到汉代，绘画一般都是工匠的事，两晋南北朝以后逐渐有文人参与，绘画逐渐摆脱狭隘的功利性而获得美学上的自觉和创作上的自由，成为士流文化的一个组成部分。唐代"文人画"兴起，尤其是宋代"文人画"呈现繁荣局面，意味着绘画艺术更进一步地文人化而与民间的工匠画完全脱离。文人画是出自文人之手的抒情表意之作，其风格的特点在于讲求意境而不拘泥细节描绘，强调对客体的神似更甚于形似。文人园林的特点与文人画的风格特点有某些类似之处，文人所写的"画论"可以引为指导园林创作的"园论"。园林的诗情正是文人诗词风骨的复现，园林的意境与文人画的意境异曲同工。诗词、绘画以园林作为描写对象的屡见不鲜。诸如此类的现象，均足以说明文人画与文人园林的同步兴起，绝非偶然。

诗园艺术逐渐放弃外部拓展而转向开掘内部境界，出现了诸如"壶中天地""须弥芥子""诗中有画，画中有诗"之类的审美概念。促成了各个艺术门类之间广泛地互相借鉴和触类旁通。在这种情况下，文人画影响文人园林当属势之必然。南宋园林中越来越多的"壶中天地"式"抒情"的园林格局也可以说是日益精微的审美在园林中的缩影。壶中天地语出《后汉书》费长房的故事：东汉时有个叫费长房的人。一日，他在酒楼喝酒解闷，偶见街上有一卖药的老翁，悬挂着一个药葫芦兜售丸散膏丹。卖了一阵，街上行人渐渐散去，老翁就悄悄钻入了葫芦之中。费长房看得真切，断定这位老翁绝非等闲之辈。他买了酒肉，恭恭敬敬地拜见老翁。老翁知他来意，领他一同钻入葫芦中。他睁眼一看，只见朱栏画栋，富丽堂皇，奇花异草，宛若仙山琼阁，别有洞天。宋代，写意山水园林已经趋于成熟，文人们不再局限于茫茫九派、东海三山、世外桃源，而以写意的理念和手法，在较小的空间内创造无限的意境。根据造园者对山水的艺术认识和生活需求，因地制宜地表现山水真情和诗情画意的园林。

诗、画艺术对园林艺术的直接影响是显然的。而宋代所确立的独特的艺术创作和鉴赏方法对于文人园林的间接浸润也不容忽视。唐宋时期，诗画艺术的创作和鉴赏，在老庄哲学和佛教玄言妙理的启迪下，运用直觉感受，主观联想的方法，把中国传统比兴式的象征引喻发展为"以形传神"的理论。特别重视作品的风、骨、气、神，尤其到了宋代，在佛教禅宗的影响下发生了质的变化。

宋代社会的忧患意识和病态繁荣，文人士流处处进退祸福无常，逐渐在这个阶层中间造成了出世与入世的极不平衡的心态，赋予他们一种敏感、细致、内向的性格特征。唐代逐渐兴盛起来的佛教禅宗到这时已经完全中国化了。禅宗的"直指本心，见性成佛"的教义与文人士大夫的敏感、细致、内向的性格特征最能吻合，因而也为他们所乐于接受。于是，在文人士大夫之间"禅悦"之风盛极一时。禅宗倡导"梵我合一"之说，认为人世的沧桑全是一片混沌，合我心者是，不合我心者非，"顿悟"而后是，未"顿悟"则非。南禅的所谓顿悟，就是完全依靠自己内心的体验与直觉的感受来把握一切，无须遵循一般认识事物的逻辑、推理和判断的程序。这种通过内心观照、直觉体验而产生顿悟的思维方式渗入到宋代文人士大夫的艺术创作实践中，便促成了艺术创作之更强调"意",也就是作品的形象中所蕴含的情感与哲理,以及更追求创作构思的主观性和自由无羁,从而使得作品能够达到情、景与哲理交融的境界——完整的"意境"创造的境界。因此,宋人的艺术创作轻形似、重精神,强调直写胸臆、个性之外化。所谓"唐人尚法,宋人尚神""书画之妙,当以神会"。苏轼、米芾、文同都是倡导、运用这种创作方法的巨匠,也都是善于谈论禅机的文人。鉴赏方面,则由鉴赏者自觉地运用自己的艺术感受力和艺术想象力去追溯、补充作家在构思联想时的内心感情和哲理体验。所谓"说诗如说禅,妙处在解悬",形成以"意"求"意"的欣赏方式。这种中国特有的艺术创作和鉴赏方法的确立,乃是继两晋南北朝之后的又一次美学思想的大变化和大开拓,它对于宋代园林艺术有着潜移默化的影响,从而对促进文人园林的发展产生了不可估量的作用。

6.8.2 文人园林的特征

文人园林的风格特征由著名园林史专家周维权先生概括为简远、疏朗、雅致、天然四个方面。

1. 简远

简远即景象简约而意境深远,这是对大自然风景的提炼与概括,也是创作更多地趋向写意的表征。简约不意味着简单、单调,而是以少胜多、以一当十。造园要素如山形、水体、花木、鸟兽、建筑不追求品类之繁复,不滥用设计之技巧,也不过多地切分景域或景区。司马光的独乐园因其在"洛中诸园中最简素"而名重于时。简约是宋代艺术的普遍风尚。

2. 疏朗

园内景物的数量不求其多,因而园林的整体性强,不流于琐碎。园林掇山往往主山连绵、客山拱伏而构成一体,且山势多平缓,不作故意的大起大伏。如《洛阳名园记》所记,洛阳诸园甚至以土山代石山。水体多半以面积大来营造园林空间的开朗。植物配置亦以大面积的丛植或群植成林为主,林间留出隙地,虚实相衬,于幽奥中见旷朗。建筑的密度低,数量少,而且个体多于群体。不见有游廊连接的描写,更没有以建筑而围合或划分景域的情况。因此,就园林总体而言,虚处大于实处。正由于造园诸要素特别是建筑布局着眼于疏朗,园林景观更见其开阔。

3. 雅致

与世俗园林的"俗"相对照,文人士流园林追求"雅",并把这种志趣寄托于园林中的山水花木,通过它们的拟人化寓意表现得淋漓尽致。

唐宋时期,园中种竹十分普遍,而且呈大面积的栽植。竹是宋代文人画的主要题材,也是诗人吟咏的主要对象,它象征人的高尚节操。园中种竹也就成了文人追求雅致情趣的手段,园中有竹成为园林具有雅致格调的象征。再如菊花、梅花也是诗、画的常见题材,北宋著名文人林逋写下了"疏影横斜水清浅,暗香浮动月黄昏"的咏梅名句。私家园林中大量栽植的梅、菊,除了观赏之外也同样具有诗、画中的"拟人化"的寓意。唐代的白居易很喜爱太湖石,宋代文人爱石成癖则更甚于唐代。米芾每得奇石,必拜之呼为"石兄"。苏轼因癖石而创立了以竹、石为主题的画体，逐渐成为文人画中广泛运用的体裁。园林用石盛行单块的"特置"，以"漏、透、瘦、皱"作为太湖石的选择和品评的标准亦始于宋代。它们的抽象造型不仅具有观赏的价值，也表现了文人爱石的高雅情趣。此外，建筑物多用草堂、草庐、草亭等，亦示其不同流俗。景题的命名，主要是为了激发人们的联想而创造意境。这种由"诗化"的景题而引起的联想又多半引导为操守、哲人、君子、清高等寓意，抒发文人士大夫脱俗的、孤芳自赏的情趣，也是园林雅致特点的一个主要方面。

4. 天然

天然之趣表现在两方面：力求园林本身与外部自然环境的契合，园林内部的成景以植物为主要内容。园林选址很重视因山就水，利用原始地貌。园内建筑更注意收纳、摄取园外之景，使得园内园外浑然一体。文献中常提到园中多有高出于树梢的台，即为观赏园外风景而建置的。

园林的天然之趣，更多地得之于园内大量的植物配置。文献和宋代画作中所记载、描绘的园林绝大部分都以花木种植为主，多运用树木的成片栽植而构成不同的景域主题，如竹林、梅林、桃林等，也有混交林，往往借助于"林"的形式创造幽深而独特的景观。例如司马光的独乐园在竹林中把竹梢扎结起来做成两处庐、廊的模拟，代替建筑物而作为钓鱼时休息的地方，环溪留出足够的林间空地，以备树花盛开时作为游览观赏的场地。翁郁苍翠的树木，姹紫嫣红的花卉，既表现园林的天然野趣，也增益浓郁的生活气息。另外，在园林中放养飞禽走兽，听取虎啸猿啼，更使园林野趣横生。

6.8.3 文人园林的影响

宋代科举制度更加成熟，并且宋代实行的是"与士大夫治天下"的文官政治，这些都促进了宋代文人社会地位的提高，文人对社会的影响无处不在。文人园林的理念必定影响整个社会造园的发展，甚至对皇家园林的影响也非常明显，使得两宋皇家园林的皇家气派明显趋淡。

宋代雅、俗文化的界限被逐渐打破。一方面宋代文人士大夫的审美情趣、生活方式、风流雅事，都是宋代社会争相模仿的对象，并对社会风俗产生了巨大影响。无论是皇室贵族还是富商大贾，包括市井平民，都以行文人的风雅之事为标榜。另一方面，"郁郁乎文哉"的宋王朝，文化兴盛发达，许多富商、官吏，甚至皇帝，都具有较高的文化素养，甚至兼具文人身份，加之宋代市民阶层的兴起和平民审美能力的提高、通俗文化的盛行，使得士大夫阶层的雅文化在社会的各个阶层都得到了普及。因此，体现文人士大夫文化底蕴的文人园林成了宋代人修筑园林的主流风尚，无论是富商大贾的私人宅园，还是皇家园林、官署园林或者寺院园林，都带有明显的文人化风格，促成了文人化园林的广泛发展。

文人的这种筑园理念，已经成为宋代私家园林建造的主流风格，并且对其他种类的园林都产生了巨大的文化冲击。在时代精神的浸润下，无论是帝王园囿、还是寺院园林，都变得更具有文人气息和文化内涵。"文人园林"已经成为私家园林中最主要的一种,"文人化园林"更成为可以代表那个时代特色,并浸润到各类园林建造的理念和审美中的园林风格。

6.9 小 结

宋代,经济发达,文化昌盛。中国的写意山水园已经趋于成熟,以文人园林为代表的私家园林是宋代园林中最为活跃的园林形式,成就也最高,对后世的园林营造影响也最大。园林艺术逐渐放弃外部拓展而转向开掘内部境界,"壶中天地""须弥芥子"审美概念已经流行于当时的园林领域。文人园林作为一种风格几乎涵盖了所有私家造园活动,深刻影响皇家园林和寺观园林的营造。文人画的画理介入造园艺术,从而使园林呈现为"画化"的表述。景题、匾联的运用,又赋予园林"诗化"的特征。

皇家园林较多地受到文人园林的影响,出现了比任何时期都更接近私家园林的倾向。寺观园林由世俗化而更进一步文人化。公共园林进一步发展,公共景区景点的建设更加普遍,出现了许多城市公共园林景区景点。某些私家园林和皇家园林也定期向社会开放,亦多少发挥了公共园林的职能。

总之,两宋园林所显示出的蓬勃的艺术生命力和创造力,达到了中国古典园林史上登峰造极的境地。

思考练习

1. 简述文人园林的发展过程及主要特征。
2. 阐述北宋东京艮岳的规划设计特点及重要历史成就。
3. 简述《洛阳名园记》所述园林的特点。
4. 阐述"壶中天地"园林审美概念。

第7章 元明时期园林

7.1 社会背景概况

7.1.1 政治、经济

1206年，铁木真统一蒙古诸部，号称成吉思汗，起兵西征，创建了版图辽阔、幅员广大的帝国，后意图灭金而在南征西夏的途中病死。其第三子窝阔台即帝位，继其父太祖遗志，率军南征，与南宋联合而灭金。然后东降高丽，西平波斯，征服欧洲诸地。定宗（窝阔台之子贵由）享国日短，宪宗蒙哥旋即竞争为帝，派其弟旭烈兀征服波斯及小亚细亚诸地，又派其弟忽必烈经略南国，征服大理及吐蕃，平交趾，正将攻宋的时候，宪宗死于军中，忽必烈不得已暂时与南宋议和。1260年，忽必烈即帝位，再图南征，南宋抵抗乏术，终归灭亡。

自成吉思汗建国以来，以族名为国名，称大蒙古国。1264年8月，忽必烈下诏燕京（金中都，金亡后称燕京）仍改名为中都，准备在此建立新都。直到至元八年（1271年），才改正式国号为"大元"。至元九年（1272年）二月，改中都为大都，宣布在此建都。

元代统治者起自漠北，征服四方而得以统治广大地域，由于民族文化所限，故需广为招收人才，辽、金遗臣来归者皆授以官职，汉人之有才能者则延为幕宾。元代的统一虽然是空前罕见的伟大事业，但是由于频频外征而荡尽国力，于是加重聚敛苛捐杂税，终于招致国家紊乱。另一方面，实行民族压迫之策，汉人不论才识多么高明，但总是不得不屈居蒙古人、色目人之下，从而招致汉人反抗。元世祖以后每遇帝位继承时总要发生党争纠纷，这也成为元朝崩溃的祸根。

元代末年，各地纷纷起义，但是元顺帝依然耽于淫乐，不顾国政。这时朱元璋随郭子兴起兵，经过15年东征西讨，1368年建都于金陵。朱元璋就是明太祖，年号为洪武。后来明太祖平定北方各族，分封诸王子于全国各地。他认为元朝帝室因为孤立无援而灭亡，所以分封诸王，并将从军立功的众将或罢免或杀死。明太祖在位31年而死，其孙朱允炆继帝位，就是惠帝。燕王朱棣以"靖难"为号召，率兵大举南下，攻陷金陵而登帝位，是为明成祖。明成祖改北平为北京，改旧都金陵为南京。

1644年正月，李自成改西安为西京，接着拥兵东进，攻取居庸关，威逼北京。崇祯皇帝万般无奈，于3月29日爬上煤山自缢而亡，至此明灭亡。

元代全国统一后，随着农业、手工业的恢复发展，商品生产逐渐兴盛。明代时，在一些发达地区开始出现资本主义的生产关系，一大批半农半商的工商地主和市民阶层崛起。但是由于封建制度和中央集权政治处于"超稳定"状态,资本主义不可能有更大的发展。但是资本主义生产方式毕竟会给社会的经济生活和政治生活打上某些烙印。像北方的陕、晋商人,南方的徽州商人,大批外出经商形成强大的帮伙,在全国范围内声势之大。就徽州商人而言,长江中下游及南方各省都有他们的足迹。尤其在当时最发达地区的江南,徽商几乎控制了主要城镇的经济命脉,所谓"无徽而不成镇"。经济实力的急剧膨胀使得商人的社会地位比起宋代大为提高,他们中的一部分向士流靠拢,从而出现"儒商合一",反过来更有助于商人地位的提高。因此,以商人为主体的市民作为一个新兴的阶层,对社会的风俗习尚、价值观念等的转变,产生了明显的影响。

7.1.2 文化

宋代开始出现的具有人本主义色彩的市民文化,到明初加快了发展的步伐,明中叶以后随着商品经济的发展而大为兴盛起来。诸如小说、戏曲、说唱等通俗文学和民间的木刻绘画等十分流行,民间的工艺美术如家具、陈设、器玩、服饰等也都争放异彩。市民文化的兴盛必然会影响民间的造园艺术,给后者带来某种前所未有的变异。如果说,宋代的民间造园活动尚以文人、士流园林为主,那么,明中叶以后这种垄断地位已逐渐被冲破。市民的生活要求和审美意识在园林的内容和形式上都有了明显的反映,从而出现以生活享乐为主要目标的市民园林与重在陶冶性情的文人、士流园林分庭抗礼的局面。

明代废除宰相制,把相权和君权集中于皇帝一身。绝对集权的专制统治需要更严格的封建秩序和礼法制度。由宋代理学转化为明代理学的新儒学更加强化上下等级之名分、纲常伦纪的道德规范。因而皇家园林又复转向表现皇家气派,规模又趋于宏大了。元代在蒙古族的统治下,汉族文人地位低下。明代大兴文字狱,对知识分子施行严格的思想控制。因而,宋人相对宽容的文化政策已不复存在,整个社会处于人性压抑的状态。但与此相反,明中叶以后资本主义因素的成长和相应的市民文化的勃兴则又要求一定程度的个性解放,在这种矛盾的情况下,知识界出现一股人本主义的浪漫的思潮,以快乐代替克己,以感性冲动突破理性的思想结构,在放浪形骸的厌世背后潜存着对尘世的眷恋和一种朦胧的自我实现的追求,这在当时的小说、戏曲以及通俗文学上表现得十分明显。文人士大夫由于苦闷感、压抑感而企求摆脱礼教束缚,追求个性解放的意愿比宋代更为强烈,这也必然会反映在园林艺术上面并且通过园林的游赏而得到一定程度的满足。因此,文人造园的意境就更披上一层追求个性自由的色彩。这种情况促成了私家园林的文人风格的深化,把园林的发展推向了更高的艺术境界。

元朝统治时期,知识分子不屑于侍奉异族,或出家为僧道,或遁迹山林,或出入柳街花巷,放浪形骸。即使出仕为官的,也一样心情抑郁。在绘画上所表现的就是借笔墨以自示高雅,山水画发展了南宋马远、夏珪一派的画风而更重意境和哲理的体现。他们作画,非以写愁,即以寄恨,因而描绘的对象,不再是客观景物的忠实再现,而是凭意虚构,不是工细的刻画,而是信笔挥毫,借笔墨以传神。元人之画,非但不重形似,不尚真实,乃至不讲物理,纯于笔墨之中求神趣,求灵性。在构图上,由宋代的多样(北宋）与精巧（南宋），趋向简率，而且"愈简愈佳"。宋画与元画的不同，欣赏的要求与方法亦各异，如论画者云，看宋画是"先观其气象，后定其去就，次根其意，终求其理"（《圣朝名画评》），元画则要"先观天真，次观意趣，相对忘笔墨之迹，方为得之"（《画鉴》）。

　　元代写意画的另一重要特征，是在画面中题字作诗，以诗文点出画意，将诗文直接与画面配合。开创了中国画与诗文、书法、篆刻艺术有机结合的独特形式，在世界绘画艺术中独树一帜。如明代的沈颢所说："元以前多不用款，款或隐之石隙，恐书不精，有伤画局。后来书绘并工，附丽成观"（《画尘》）。书绘并工，诗画兼长，这就对画家提出更高的要求，也把中国画的文学趣味，升华到更高的境界。元人在画面题诗写字有时多达百字，占据很大的画面，而且有意使文字成为画面构图的有机组成部分，诗情画意，给人以无穷的意趣和美的享受。

　　明初由于专制苛严，画家动辄得咎，画坛一时出现泥古仿古的现象。到明中叶以后，元代那种自由放逸、别出心裁的写意画风又复呈光辉灿烂。文人画则风靡画坛，竟成独霸之势。在文化最发达的江南地区，山水画的吴门派、松江派、苏松派崛起。明中期，以沈周、文徵明为代表的吴门派主要继承宋元文人画的传统而发展成为当时画坛的主流。比宋代文人画更注重笔墨趣味即所谓"墨戏"，画面构图讲究文字落款题词，把绘画、诗文和书法三者融为一体，文人、画家直接参与造园的比过去更为普遍，个别的甚至成了专业的造园家。造园工匠亦努力提高自己的文化素养，从他们中间涌现出一大批知名的造园家。诸如此类的情况必然会影响园林艺术尤其是私家园林的创作，相应地出现两个明显的变化：其一是由以往的全景山水缩移模拟的写实与写意相结合的创作方法，转化为以写意为主的趋向。明末造园家张南垣所倡导的叠山流派，截取大山一角而让人联想到山的整体形象，即所谓"平岗小坂""陵阜陂陀"的做法，便是此种转化的标志，也是写意山水园林的意匠典型。其二是景题、匾额、对联在园林中普遍使用犹如绘画的题款，意境信息的传达得以直接借助文学、语言而大大增加信息量，意境表现手法亦多种多样，状写、寄情、言志、比附、象征、寓意、点题等。园林意境的蕴藉更为深远，园林艺术比以往更密切地融合诗文、绘画趣味，从而赋予园林本身以更浓郁的诗情画意。

　　在一些发达地区，市民趣味渗入园林艺术。不同的市民文化、风俗习尚形成不同的人文条件制约着造园活动，加之各地区之间的自然条件的差异，逐渐出现明显不同的地方风格。其中，经济、文化最发达的江南地区，造园活动最兴盛，园林的地方风格最为突出。北京自永乐迁都以后成为全国统治中心之所在，人文荟萃，园林在引进江南技艺基础上逐渐形成地方风格的雏形。岭南地区虽受江南、江北园林艺术影响，但由于特殊的气候物产，加之地处海疆，早得外域园林艺术的影响，而逐渐形成自己的独特风格。不同的地方风格既蕴涵于园林总体的艺术格调和审美意识之中，也体现在造园的手法和使用材料上面。它们受制于各地社会的人文条件和自然条件，同时也集中反映了各地园林风格特点。

7.2 元大都城及园林

7.2.1 元大都城

元灭金后，即筹划把都城迁至中都的事宜。当时中都的宫殿、民居大部分毁于战火，而地处东北郊的大宁宫得以保存下来。至元四年（1267年），以大宁宫为中心另建新的都城"大都"，这就是北京的前身（图7-1）。琼华岛及其周围的湖泊再加以开拓后被命名为"太液池"，包入大都的皇城之内而成为大内御苑的主体部分。首先修建琼华岛，在太液池东建宫城，池西建太后宫，外以萧墙回绕西宫、琼华岛御苑和宫城作为皇城。以皇城为中心，在外郭建土城，叫作大都城。

元大都是自唐长安以后，平原上新建的最大的都城。京城"右拥太行，左注沧海，抚中原，正南面，枕居庸，奠朔方，峙万岁山（琼华岛），浚太液池，派玉泉，通金水，萦畿带甸，负山引河。壮哉帝居，择此天府"。陶宗仪在《南村辍耕录》中，把大都的

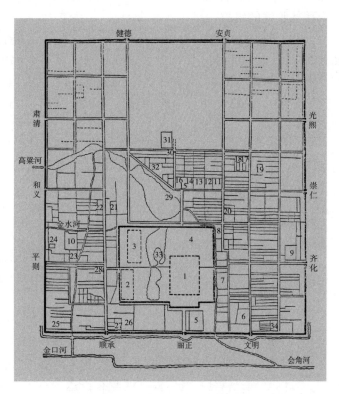

图7-1 元大都复原想象图

1—大内　2—隆福宫　3—兴庆宫　4—御苑　5—南中书省
6—御史台　7—枢密院　8—崇真万寿宫　9—太庙　10—社稷
11—大都路总管府　12—巡警二院　13—倒钞库　14—大天寿万宁寺
15—中心阁　16—中心台　17—文宣王庙　18—国子监学　19—柏林寺
20—太和宫　21—大崇国寺　22—大承华普庆寺　23—大圣寿万安寺
24—大永福寺　25—都城院庙　26—大庆寿寺　27—海云可庵双塔
28—万松台老人塔　29—鼓楼　30—钟楼　31—北中书省　32—斜街
33—琼华岛　34—太史院

形势做了这样简明生动的描述。大都的建设，事先经过周密的计划，详细的地形测量，充分利用了原有条件和地理特点，尤其是以太液池琼华岛为中心建皇城，然后制定完整的布局。

大都城市形制为三套方城，分外城、皇城及宫城。宫城居中，中轴对称的布局。这种三套方城、中轴对称布局是继承我国古代城市规划的优秀传统手法，从邺城、北魏洛阳、唐长安、宋汴京、金中都到元大都逐步发展形成的。大都城的中轴线尤其突出，它

南起丽正门，穿过皇城的灵星门，宫城的崇天门和厚载门，经万宁桥（又称海子桥，即今地安门桥），直达城市中央的中心阁。中心阁西十五步，有一座"方幅一亩"的中心台。中心台是全城真正的中心。在城市计划和建造时，把实测的全城中心做出明确的标志，这在我国城市建设史上是没有先例的创举。实际上大都南、北城墙与中心台的距离是相等的，但东城墙与中心台的距离比西城墙要更近一些，这是遇到低洼地带，不得已向内稍加收缩的缘故。

大都"城方六十里，分十一门"，实际上是南北略长的长方形，据实地勘测，东西6635米，南北7400米，周围共约28600米。城墙全部用夯土筑成。大都城的十一个城门是东、南、西三面各为三个门，北面二门。"正南曰丽正（今天安门南），右曰顺承（今西单南），左曰文明（今东单南，又称哈达门）；北之东曰安贞（今安定门小关），北之西曰健德（今德胜门小关）；正东曰崇仁（今东直门），东之右曰齐化（今朝阳门），东之左曰光熙（今和平里东，俗称广熙门）；正西曰和义（今西直门），西之右曰肃清（今学院南路西端，俗称小西门），西之左曰平则（今阜成门）。"门外设有瓮城，惟肃清门和健德门的瓮城土墙，部分还残存于地面上。大都南面的丽正门有城门洞三，正中一门只有当皇帝出巡时才打开，平时不开，西边一门亦不开，只有东边一门供行人往来。

大都城的四角建有巨大的角楼。现在建国门南侧明清观象台旧址，原来就是元大都东南隅角楼的所在地。城墙外部还建有加强防御的马面，其外再绕以又宽又深的护城河。

第二重城为皇城，周围约20千米，它的东墙在今南、北河沿的西侧，西墙在今西皇城根，北墙在今地安门南，南墙在今东、西华门街以南。皇城城门都用红色，称为红门。皇城南墙正中的门叫作灵星门，其位置大致在今午门附近，灵星门正对大都城的丽正门，二门之间是宫廷广场，左右两侧有长达七百步的千步廊。皇城中部为太液池琼华岛，其东为宫城，宫城北部东北部均为御苑，西部为隆福宫及兴圣宫，占地很大。

大都城有一条明显的南北中轴线，南起丽正门直达中心阁。从崇仁门到和义门之间有一条横轴线大街，与南北中轴线相交于全城中心的中心阁，但由于积水潭海子中隔，延长线向西北斜上，中心阁和中心台之西，就是当时的鼓楼。钟楼与鼓楼，相对屹立，但元时的钟、鼓楼都不在城市的中轴线上，而是稍偏西，到了明清时才落在中轴线上。

大都的街道规划整齐，纵横竖直，互相交错。街道的基本形式是相对的城门之间都有宽广平直的大街，组成城市的干道。但是由于城市南部中央有皇城，再加上积水潭海子在城市西部占了很大一块地方，以及南北城门不相对应，有些干道不能相通，故有些街道作丁字相交，在海子的东北岸出现斜街。在南北向的主干道两侧，等距离地平列许多东西向的胡同。

大都城的祖（太庙）、社、朝、市之位，基本符合"左祖右社，前朝后市"的规制，建造上太庙在先，社稷坛在后。

大都城内则有五十个坊，坊各有门，门上置有坊名。坊内有小巷和胡同。胡同多东西向，形成东西长南北窄的狭长地带，由一些院落式住宅并联而成。"市"即商业区。

大都的商业区主要有两处，一处设在皇城以北，钟鼓楼周围地区。另一处则在皇城以西，顺承门的羊角市。

大都的引水工程规模巨大，从西北郊外导引泉水解决大都的供水问题。主要供水河道有两条：一条是由高粱河、海子、通惠河构成漕运系统；另一条是由金水河、太液池构成宫苑用水系统。大都的排水工程相当完整，在房屋和街道修建之前，就先埋设全城的下水道。排水渠通向城外经过城墙时，在城墙基部筑有石砌的排水涵洞，这是在夯筑城墙前预先构筑好的。

7.2.2 大都园林

1. 大内御苑

大内御苑主体为太液池，池中三个岛屿南北一线排列，沿袭了历来皇家园林的"一池三山"传统模式。

《析津志》："有熟地八顷，内有田。上自构小殿三所。每岁，上亲率近侍躬耕半箭许，若藉田例……东有水碾一所，日可十五石碾之。西大室在焉，正、东、西三殿，殿前五十步即花房。苑内，种苕、若谷、粟、麻、豆、瓜、果、蔬菜，随时而有……海子水逶迤曲折而入，洋溢分派，沿演湻注贯，通乎苑内，真灵泉也，蓬岛耕桑，人间天上，后妃亲蚕，实遵古典"。上文表明御苑主要是种植供统治者观赏用的花木的园地。除了花房花畦外，还有"熟地八顷"，元代统治者为了表示重农，有时要举行仪式，拿着农具做做样子，"熟地"就是为此而置的。

《故宫遗录》："由浴室西出内城，临海子。海广可五六里，驾飞桥于海中，西渡半起瀛洲圆殿（仪天殿），绕为石城圈门，散作洲岛拱门，以便龙舟往来。由瀛洲殿后，北引长桥上万岁山（即琼华岛），高可数十丈，皆崇奇石，因形势为岩岳"。

元时太液池，只包括现在北海和中海（南海当时尚未开凿）。当时太液池"周回若干里，植芙蓉。"南面的小岛，称瀛洲（即今天团城所在地），上有圆殿，即仪天殿；北面的小岛，面积较大，即琼华岛，至元八年（1271年）改称万寿山，后又改称万岁山。两个岛都是四面临水。瀛洲两侧都有飞桥，东边是木桥，西边是木吊桥，与陆地相通。"东为木桥，长一百廿尺，阔廿二尺，通大内之夹垣。西为木吊桥，长四百七十尺，阔如东桥，中阙之，立柱，架梁于二舟，以当其空。至车驾行幸上都，留守官则移舟断桥，以禁往来，是桥通兴圣宫前之夹垣"。

万寿山，陶宗仪《南村辍耕录》："桥之北有玲珑石，拥木门五，门皆为石色。内有隙地，对立日月石。西有石棋枰，又有石坐床。左右皆有登山之径，萦纡万石中。洞府出入，宛转相迷（即琼华岛后山的叠石山洞）。至一殿一亭，各擅一景之妙。"这是过桥登山后对全山的概说。人工汲水至山顶，出注方池，伏流至仁智殿后喷水仰出，然后分东西流入太液池，形成山上人工水系。过山之东的石桥就是灵囿。再往北就是太液池东岸和北岸，元时尚未有任何建设。

万寿山上建筑群中，主体建筑广寒殿建在山顶，七间，东西一百二十尺，深六十二尺，高五十尺。金露亭在广寒殿东，玉虹亭在广寒殿西。山南坡居中为仁智殿，三间，高三十尺。介福殿在仁智东北，三间，东西四十一尺，高二十五尺。延和殿在仁智西北，制度如介福。万寿山有三峰顶，正中山顶上为广寒殿，东山顶上是荷叶殿，西山顶是温石浴室。"荷叶殿……三间，高三十尺，方顶，中置琉璃珠温石浴室……三间，高二十三尺，方顶，中置涂金宝瓶"。综观万寿山建筑群的设计，可说是仿秦汉神山仙阁的传统。殿亭的命名，也可看出仿仙境之意。如广寒、方壶、瀛洲、金露、玉虹等。广寒殿是元世祖忽必烈时的主要宫殿，不少盛典是在这里举行的。因此，这里的殿亭虽然依山因势而筑，但还是左右对称，格局整齐。广寒殿左有金露，右有玉虹。半山腰，三殿并列，中为仁智，右为介福，左为延和。方壶、瀛洲也是一左一右互相对称。广寒殿，坐落于大都城地势最高之处，耸高雄伟，光辉灿烂。登广寒殿四望空阔，远眺西山云气，缥缈山间，下瞰大都市井，栉比繁盛。万岁山和太液池，山水相映，益增光彩。山上松桧隆郁，池畔杨柳垂荫。

2. 西湖、西山

大都西郊稍远的地方，便是当时著名的游览胜地西湖和西山。西山是那一带连绵不断的丛山的总称，其中以玉泉山、寿安山和香山最为有名。

玉泉山行宫早在辽圣宗时就建立，金章宗时又在山顶建芙蓉殿等，元代继续作为游览胜地。

蒋一葵《长安客话》载："西湖去玉泉山不里许，即玉泉龙泉所潴。盖此地最洼，受诸泉之委，汇为巨浸，土名大泊湖。环湖十余里，荷蒲菱芡，与夫沙禽水鸟，出没隐见于天光云影中，可称绝胜。"西湖之北有山，原称金山，后来因在此山掘得花纹古雅的石瓮，改称瓮山，西湖也叫瓮山泊。由于这里景色优美，所以当时民间有"西湖景"之称。

金代第一个皇帝完颜亮就曾在这个地区建立行宫。元中期以后，统治者又大力经营西湖地区。元文宗天历二年（1329年），建大承天护圣寺。至顺二年（1331年）命留守司发军士筑驻跸台于大承天护圣寺东。

西湖湖心有双阁，双阁之间有桥相连，作丁字形，一端通向岸边。两阁建筑华丽，大寺（护圣寺）规模宏大壮丽，使西湖更加壮丽。元代诗人吴师道描写西湖景致的一首诗，也指出了大寺的宏伟，双阁的华丽。诗中有"行行山近寺始见，半空碧瓦浮晶荧。先朝营构天下冠，千门万户伴宫廷。寺前对峙两飞阁，金铺射日开朱棂。"西湖的另一方，瓮山脚下，有元初期政治家耶律楚材的墓，墓前为耶律楚材的石像。

从西湖有河道直通大都，这就是高梁河。元代统治者为了解决宫廷用水，为了补给通惠河北端的水量，保证漕运畅通，至元二十九年（1292年）郭守敬奉诏兴举水利，上自昌平县白浮村筑堰，引神山泉西折南转，绕过瓮山而汇聚于瓮山泊汇成巨浸，于瓮山泊南端，开凿河道通大都，称玉河，在和义门北的水门入城，汇为积水潭。

从玉泉山再向西行，有寿安山，又名五华山。元英宗硕德八年在寿安山修造大昭孝寺，经营多年。这座佛寺经后代修葺，部分至今尚存，即今卧佛寺。由五华山再往西去，便是香山。山腰有金代修建的大永安寺，到了元代，又加以整修。从西湖到香山这一带，当时已成为都人四时游览的胜区。特别是每年九月，到西山看红叶，已经成为一时的风尚。

7.3 明代北京城和皇家宫苑

7.3.1 明北京城

明永乐四年（1406年），永乐帝朱棣下令筹建北京宫殿，并重新改造整个北京城（图7-2）。"永乐十四年（1416年）八月，作西宫……为视朝之所。中为奉天殿，殿之侧为左右二殿。奉天殿之南为奉天门，……奉天门之南为午门……奉天殿之北有后殿，有凉殿、暖殿及仁寿、景福……长春等宫"（《明典汇》）。永乐十五年（1417年）动工建宫城，永乐十八年（1420年）改建竣工。这年诏改京师为南京（为留都），北京为京师，十一月以迁都北京诏天下。南京除没有皇帝之外，其他各种官僚机构的设置完全和北京一样。

明初朱元璋攻占元大都后，曾于洪武四年（1371年）派大将军徐达修复元大都城垣，改名北平。当时为了减少建城的工程量及缩短防线，将元大都的城北较荒凉的部分划出城外。永乐帝改建时，为容纳官署，延长了宫门前御道长度，将城墙南移一里；东西墙仍是元大都的城垣。这时的北京城呈扁方形，分内城、皇城、宫城（紫禁城）三套方城。

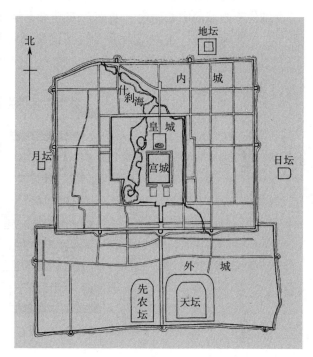

图7-2 明代北京略图

内城东西长约7000米，南北长约5700米。南开三门，中为正阳门（原曰丽正，正统初更名），左为崇文（原曰文明），右为宣武（原曰顺承）；东面二门，北为东直，南为朝阳（原曰齐化）；西面二门，北为西直，南为阜成（原曰平则）；北开二门，东为安定门，西为德胜门。这些城门都有瓮城，建有城楼和箭楼。内城的东南和西南两个城角上还建有角楼。

内城的街巷，大体沿用元大都的规制。在崇文、宣武两门内各有一条宽阔大道，直达内城北部，与东直门、西直门两条大街相交，北京街道系统都与这两条南北大道联系在一起。大干道如脊椎，形如栉比的胡同则分散在干道两旁，在胡同与胡同之间再配以南北向或东西向的次要干道，大小干道上散布着各种各样的商业和手工业，胡同小巷则是市民居住区。

明代北京虽设顺天府两县，而地方分属王城，每城有坊，中城9坊，东城5坊，南城7坊，西城6坊，北城9坊，共36坊。这些坊只是城市用地管理上的划分，不是有坊墙坊门严格管理的坊里制。居住区以胡同划分为长条形的居住地段，间距70米左右，中间一般为三进的四合院相并联，大多为南进口。一般居民饮用水主要靠人工凿井。大小街道下面，有用砖修筑的排泄雨水和污水的暗沟。

皇城位于内城的中心偏南，西南角缩进呈不规则的方形，包括三海和宫城，周围十八里余。城四向开门，正南门为承天门（清称天安门），在它的前边还有一座皇城的前门称大明门（清改名大清门）（图7-3）。大明门内左右分别设有太庙和社稷坛。在承天门与大明门之间有一条宽阔平直的石板御路，两侧配以整齐的廊庑，廊的外侧，隔着街道建有五府六部等衙署。承天门墩台高大宽长，下用白石须弥座，红墙上建有高大城楼，门前是一个T字形闭合广场，两侧以东、西两座门与东西长安街分隔。承天门前有玉带河，上有五座桥，广场内还配有华表、石狮，以衬托皇城正门的雄大。承天门内，其东一门内为太庙，其西一门内为太社太稷，两组建筑群。

宫城或称紫禁城是皇帝居住

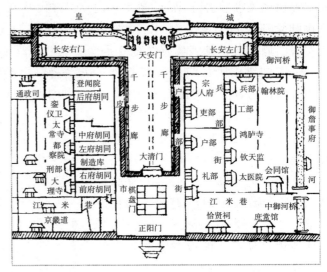

图7-3 明清天安门图

的禁地，有规模宏大的宫殿组群。宫城南北长960米，东西宽760米，外面用高大城墙围绕，四角建有形制华丽的角楼，宫城外绕有护城河，四面开有高大的城门；南正门为午门，用凹形城楼，形制特别庄严；北为玄武门正对景山；东西有东华门、西华门正对两条大街。午门内居中向南者曰奉天门（后称皇极门），左曰东角门（即弘政门），右曰西角门（即宣治门），西向曰右顺门（即归极门），东向曰左顺门（即会极门）。奉天门内居中向南者曰奉天殿（后改皇极殿），左向西者曰文楼（后改文昭阁），右向东者曰武楼（后改武成阁）。奉天殿之北有华盖殿（后改中极殿），如穿堂之制，再北曰谨身殿（即建极殿），奉天、华盖、谨身殿所谓三大殿也。

万岁山寿皇殿，宫城后矗立着万岁山，高十四丈七尺（约50米），中轴线至此发展到最高峰，是凸出全城的制高点，"为大内之镇山，高百余丈，周回二里许。林木茂密，其巅有石刻御座，两松覆之"（《西元集》）。万岁山俗称煤山。山上有土城蹬道，每重九日驾登山觞焉。山北有寿皇殿，北果园。

北京作为明代都城以来，城市人口增加很快，到嘉靖、万历年间（1522—1620年）接近百万人口，内城南部形成大片市肆及居民区。由于边防吃紧，出于防卫目的，拟筑外罗城。加筑外城时将天坛和先农坛包围进去。这样，就形成了北京城的最后规模，呈凸字形。

明北京城的布局，继承了历代都城以宫室为主体的规划传统。整个都城以皇城为中心。皇城前，左建太庙，右建社稷，并在城外四方建天（南）、地（北）、日（东）、月（西）四坛。皇城北门的玄武门外，每月逢四开市，称内市，这完全符合"左祖右社，前朝后市"的传统城制。它继承了过去传统，运用了强调中轴线的手法，从外城南门永定门直至钟鼓楼构成长达8千米的中轴线，经过笔直的街道，九重门阙（永定门两重、正阳门两重、大明门、承天门、端门、午门、太和门）直达三大殿，并往北延经景山、皇城北门地安门到钟鼓楼，作为中轴线的终点，沿着这条轴线上和两旁布置城阙、宫殿、建筑组群，永定门内两旁布置有两大建筑组群，东为天坛，西为先农坛。大街向北行延经正阳门、大明门到承天门的门阙雄伟。承天门前的天街则横向展开。进入承天门、端门，御路导入宫城。体量大小不同的宫殿建筑集结在这中轴线上。宫城后矗立着高约50米的景山，是全城的制高点。在景山之后，经地安门，最后以形体高大的钟楼、鼓楼为中轴线的终点。总的来说，运用了强调中轴线的手法和城阙、宫殿的建筑组群，造成宏伟壮丽的景象。

明北京城的商业区市肆分布与元大都不同。元大都时商业中心偏北，在鼓楼一带。明时城市向南发展，除鼓楼外，在东四牌楼及内城正阳门外形成繁荣的商业区。明代行业制度发展，与北宋汴京一样，同类商业相对集中。城市内有些地区形成集中交易或定期交易的市。

7.3.2　明代皇家宫苑

明代的大内御苑共有六处：位于紫禁城中轴线北端的御花园，紫禁城内廷西路的建福宫花园，皇城北部中轴线上的万岁山（清初改称景山），皇城西部的西苑，西苑之西的兔园，宫城东南部的东苑。

1. 西苑

明代初期，西苑大体上仍然保持着元代太液池规模和格局。到天顺年间（1457—1464年），进行了第一次扩建。扩建工程包括三部分内容：一、填平圆坻与东岸之间的水面，圆坻由水中的岛屿变成了突出于东岸的半岛，把原来的土筑高台改为砖砌城墙的"团城"；横跨团城与西岸之间水面上的木吊桥，改建为大型的石拱桥——"玉河桥"。二、往南开凿南海，扩大太液池的水面，奠定了北、中、南三海的布局，玉河桥以北为北海，北海与南海之间的水面为中海。三、在琼华岛和北海北岸增建若干建筑物，改变了这一带的景观。以后的嘉靖、万历两朝，又陆续在中、南海一带增建新的建筑，开辟新的景点，使得太液池的天然野趣更增加了人工的点染。

西苑的水面超过园林总面积的1/2。东面沿三海东岸筑宫墙，设三门：西苑门、乾明门、陟山门。西面仅在玉河桥的西端一带筑宫墙，设棂星门。"西苑门"为苑的正门，正对紫禁城之西华门。循东岸往北为蕉园，又名椒园，崇智殿平面呈圆形，屋顶饰黄金双龙。殿后药栏花圃，有牡丹数百株。殿前小池，金鱼游戏其中。西有小亭临水名"临漪亭"，再西一亭建水中名"水云榭"。再往北，抵团城。

团城自两掖洞门拾级而登，东为昭景门，西为衍祥门。城中央的正殿承光殿即元代仪天殿旧址，平面圆形，周围出廊。殿前古松三株，皆金、元旧物。团城的西面，大型石桥玉河桥跨湖，桥之东、西两端各建牌楼"金鳌""玉𧉧"，故又名"金鳌玉𧉧桥"。桥中央长约丈余，用木枋代替石拱券，可以开启以便行船。桥以西的御路过棂星门直达西安门，桥之东经乾门直达紫禁城东北，为横贯皇城的东西干道。

团城北面，过石拱桥"太液桥"，即为北海琼华岛，也就是元代的万岁山。桥之南、北两端各建牌楼"堆云""积翠"，故又名"堆云积翠桥"。琼华岛上仍保留着元代的叠石嶙峋、树木翁郁的景观和疏朗的建筑布局。循南面的石蹬道登山，有三殿并列，仁智殿居中，介福殿与延和殿配置左右。山顶为广寒殿，天顺年间于元代广寒殿旧址重修，是一座面阔七间的大殿。广寒殿的左右有四座小亭环列：方壶亭、瀛洲亭、玉虹亭、金露亭。岛的西坡，水井一口深不可测，有虎洞、吕公洞、仙人庵。岛上的奇峰怪石之间，还分布着琴石、棋局、石床、翠屏之类。琼华岛浮现北海水面，每当晨昏烟霞弥漫之际，宛若仙山琼阁。由琼华岛东坡过石拱桥抵陟山门，东岸往北为凝和殿，前有涌翠、飞香二亭临水。再往北为藏舟浦，是停泊龙舟风舸的大船坞。

西苑之东北角为什刹海流入三海之进水口，设闸门控制水流量，其上建"涌玉亭"。嘉靖十五年（1536年）在其旁建"金海神祠"，祭祀宣灵宏济之神、水府之神、司舟之神。自此处折而西即为北海北岸的一组佛寺建筑群——"大西天经厂"，其西为"北台"。台顶建"乾祐阁"，与琼华岛隔水遥相呼应。天启年间，钦天监言其高过紫禁城三大殿，于风水不利。遂将北台平毁，在原址上建嘉乐殿。

北海北岸之西端为太素殿。这是一组临水的建筑群，正殿屋顶以锡为之，不施砖甓，其余皆茅草屋顶，不施彩绘，风格朴素。夏天作为皇太后避暑之居所，后来改建为先蚕坛，作为侍奉蚕神、后妃养蚕的地方，嘉靖二十二年（1543年）又把临水的南半部改建为五龙亭。

过太素殿折而南，西岸为天鹅房，有水禽馆两所，饲养水禽。临水建三亭：映辉、飞露、澄碧。再往南为迎翠殿，殿前有浮香、宝月二亭临水。迎翠殿之西北为清馥殿，前有"翠芳""锦芬"二亭。"金鳌玉𧉧桥"之西为一组大建筑群——"玉熙宫"，这是明代梨园子弟荟萃的地方，皇帝经常到此观看"过锦水戏"演出。

中海西岸的大片平地为宫中跑马射箭的"射苑"，中有"平台"高数丈。台上建圆顶小殿，南北垂接斜廊可悬级而升。平台下临射苑，是皇帝观看骑射的地方。后来废台改建为紫光阁，每年端午节皇帝于阁前参加赛龙舟的水戏活动，并观看御马监的骑手驰骋往来。

南海中堆筑大岛"南台"。台上建昭和殿，殿前为澄渊亭，降台而下，左右廊庑各数十楹，其北滨水一亭名涌翠是皇帝登舟的御码头。南台一带林木深茂，沙鸥水禽如在镜中，宛若村舍田野之风光。皇帝在这里亲自耕种"御田"，以示劝农之意。南海东岸设闸门泄水往东流入御河。闸门转北为小池一区，池中有九岛三亭，构成一处幽静的小园林。

三海水面辽阔，榆柳夹岸，古槐多为百年以上树龄。海中萍荇蒲藻，交青布绿。北海一带种植荷花，南海一带芦苇丛生，沙禽水鸟翔泳于山光水色间。皇帝经常乘御舟水上游览，冬天水面结冰，则做拖冰床和冰上掷球比赛之游戏。

总体看，明代的西苑，建筑疏朗，树木蓊郁，既有仙山琼阁之境界，又富水乡田园之野趣，无异于城市中保留的一大片自然生态环境。

2. 御花园

御花园又名"后苑"，始建于明永乐十八年（1420年），以后曾有增修，现仍保留初建时的基本格局。全园南北纵80米，东西宽140米，占地面积12000平方米。坐落于紫禁城的南北中轴线上，在内廷中路坤宁宫之后。御花园位于内廷中路坤宁宫之后。这个位置也是紫禁城中轴线的尽端，体现了封建都城规划的"前宫后苑"的传统格局。

明永乐年间，御花园与紫禁城同时建成。它的平面略成方形，面积1.2公顷，约占紫禁城总面积的1.7%。南面正门坤宁门通往坤宁宫，东南和西南隅各有角门分别通往东、西六宫，北门顺贞门之北即紫禁城之后门玄武门。

这座园林的建筑密度较高，十几种不同类型的建筑物一共二十多幢，几乎占去全园1/3的面积。建筑布局按照宫廷模式即主次相辅、左右对称的格局来安排，园路布设亦呈纵横规整的几何式，山池花木仅作为建筑的陪衬和庭院的点缀。建筑布局对称而不呆板，舒展而不零散。以钦安殿为中心，两边均衡地布置各式建筑近20座，无论是依墙而建还是亭台独立，均玲珑别致，疏密合度。这在中国园林中实属罕见，主要由于它所处的特殊位置，同时也为了更多地显示皇家气派。但建筑布局能于端庄严整之中力求变化，虽左右对称而非完全均齐，山池花木的配置也比较自由随意。因而御花园的总体于严整中又富有浓郁的园林气氛。

御花园于明初建成后，虽经多次重修，个别建筑物也有易名的，但一直保持着这个规划格局未变。全园的建筑物按中、东、西三路布置。中路居中偏北为体量最大的钦安殿，内供玄天上帝像，明代皇帝多有信奉道教的，故以御花园内的主体建筑物钦安殿作为宫内供奉道教神像的地方，以后历朝均承传未变。

3. 万岁山（景山）

明永乐年间，明成祖朱棣在北京大规模营建城池、宫殿和园林。依据"苍龙、白虎、朱雀、玄武，天之四灵，以正四方"之说，紫禁城之北乃是玄武之位，当有山。故将挖掘紫禁城筒子河和太液、南海的泥土堆积在"青山"，形成五座山峰，称"万岁山"。明初，朝廷在景山堆煤，以防元朝残部围困北京引起燃料短缺。因此该山又称"煤山"。山下遍植果树，通称"百果园"或"北果园"。在山东北隅建寿皇殿等殿台，供皇帝登高、赏花、饮宴、射箭。园内东北面的观德殿原是明代帝王的射箭之所。山下豢养成群的鹤、鹿，以寓长寿；每到重阳节皇帝必到此登高远眺，以求长生。

明崇祯十七年（1644年）三月十九日，李自成攻入北京，明思宗朱由检缢死于万岁山东麓一株老槐树上。清军入关后，为笼络人心，将此槐树称为"罪槐"，用铁链锁住，并规定清室皇族成员路过此地都要下马步行。清顺治十二年（1655年）将"万岁山"改称"景山"。

万岁山位于紫禁城之北、皇城的中轴线上，园林亦相应地采取对称均齐的布局。四周缭以古墙，四面设门，南门"北上门"正对紫禁城的玄武门。园内居中是人工堆筑的土山万岁山，呈五峰并列之势。中峰最高，两侧诸峰的高度依次递减。山的位置正好在元代大内的旧址上，当时的用意在于镇压元代的"王气"，乃是出自风水迷信的考虑，而非仅为了园林造景。但客观上确也形成京城中轴线北端的一处制高点和紫禁城的屏障，丰富了漫长中轴线上的轮廓变化的韵律。

万岁山上嘉树葱郁，鹤鹿成群，有山道可登临。中峰之顶设石刻御座，两株古松覆荫其上有如华盖，这是每年重阳节皇帝登高的地方。山的南麓建毓秀、寿春、长春、玩景、集芳、会景诸亭环列，平地上的树林中多植奇果，故名百果园。殿堂建筑分布在山以北偏东的平地上。正殿寿皇殿是一组多进、两跨院的建筑群，包括三幢楼阁。寿皇殿之东为永寿殿，院内多植牡丹、芍药，旁有大石壁立，色甚古。再东为观德殿，殿前开阔地是皇帝练习骑射的场地，经园的东门可直通御马厩。

景山由五座山峰组成，高43米，为旧时北京城内的制高点，东、西、北三面砌有爬山磴道。山顶五亭建于清乾隆十五年（1750年），造型优美，秀丽壮观。居于中峰的叫万春亭，是一座方形、三重檐、四角攒尖式的黄琉璃瓦亭，宏伟壮观。其两侧是两座双重檐、八角形、绿琉璃瓦亭，西侧的称为"辑芳亭"，东侧的称为"观妙亭"。两亭外侧还有两座圆形、重檐蓝琉璃瓦亭，西为"富览亭"，东侧的名叫"周赏亭"。五亭矗立山脊，中高侧低，主从分明，左右对称。更兼梁柱飞金，顶瓦映彩，绿树环合，蓝天相衬，构成一幅壮阔、精美的画图。

7.4 明代私家园林

7.4.1 北京私家园林

北京为明代的都城，经济繁荣，文化昌盛，是全国的政治、经济、文化中心。这里是文人、官僚、皇亲贵戚汇集之地，这些人拥有造园所需的经济和政治实力，同时他们一般都受过良好的教育，具有造园的需求且有较高文化品位。民间造园亦以官僚、贵戚、文人的园林为主流，数量上占绝大多数。北京西北郊一带，湖泊罗布，风景宛如江南，早在元代已成为京师居民游览胜地。瓮山和西湖以东的平坦地段地势较低，泉水丰沛，汇集着许多沼泽，俗称"海淀"。明初，从南方来的移民在这里大量开辟水田，经多年经营，把这块低洼地改造成为西北郊的一处风景优美的地区。优美的环境和充沛的供水使这里成为西北郊园林最集中的地区。

明代北京私家园林声名最著者为米万钟所筑之勺园和清侯李氏的清华园，二园比邻，均位于海淀地区。但风格颇有差异。勺园是文人园林的代表，追求雅致幽远的意境，清华园则充分反映了豪门园林的风尚，追求富丽恢弘的气息。

1. 清华园

清华园在海淀镇的北面。园主人李伟（一说为李伟的后人）是明神宗的外祖父，官封武清侯，是一位身世显赫的皇亲国戚。园的规模根据清康熙时在它的废址上修建的畅春园的面积来推算，估计在 80 公顷左右，其占地之广，在当时无疑是一座特大型的私家园林。

清华园是一座以水面为主体的水景园，水面以岛、堤分隔为前湖、后湖两部分。《明水轩日记》中说："清华园，前后重湖，一望漾渺，在都下为名园第一。若以水论，江淮以北，亦当第一也。"重要建筑物大体上按南北中轴线呈纵向布置。南端为两重的园门，园门以北即为前湖，湖中蓄养金鱼。《帝京景物略》载："方十里，正中挹海堂。堂北亭，置清雅二字，明肃太后手书也。亭一望牡丹，石间之，芍药间之，濒于水则已。"前、后湖之间为主要建筑群"挹海堂"之所在，这也是全园风景构图的重心。堂北为清雅亭，大概与前者互成对景或犄角之势。亭的周围广植牡丹、芍药之类的观赏花木，一直延伸到后湖的南岸。后湖之中有一岛屿与南岸架桥相通。岛上建亭"花聚亭"，环岛盛开荷花。后湖的北岸，利用挖湖的土方模拟真山的脉络气势堆叠成高大的假山。湖畔水际建高楼一幢，楼上有台阁可以清楚地观赏园外西山玉泉山的风景，这幢建筑物也是中轴线的结束。后湖的湖面很大，很开阔，冬天可以走冰船。

园林的理水，大体上是在湖的周围以河渠构成水网地带，便于因水设景。河渠可以行舟，既作水路游览之用，又解决了园林供应的交通运输问题。园内的叠山，除土山外，使用多种名贵山石材料，其中有产自江南的。山的造型奇巧，有洞壑，也有瀑布。植物配置方面，花卉大片种植的比较多，而以牡丹和竹子当时最负盛名，大概低平原上土地卑湿，北方极少见的竹子在这里比较容易生长。园林建筑有厅、堂、楼、台、亭、阁、榭、廊、桥等，形式多样，装修彩绘雕饰都很富丽堂皇。

清华园的建成迟至万历十年（1582 年），李伟以皇亲国戚之富，经营此园可谓不惜工本。像这样的私家园林，不仅当时的北方绝无仅有，即使在全国范围内也不多见。所以清康熙时在清华园的故址上修建畅春园，这个选择恐怕不是偶然的。一则可以节省工程量，二则它的规模和布局也能适应离宫御苑在功能和造景方面的要求。由此看来，清华园对于清初的皇家园林有一定的影响。就其规划而言，也可以说是后者的"先型"。

2. 勺园

《日下旧闻考》载："淀水滥觞一勺，明时米仲诏浚之，筑为勺园。李戚畹构园于其上流，是勺园应在清华园之东。今其园不可考，海淀之东有米家坟在焉。"可知，勺园在清华园之东南面。但具体位置究竟在哪里，则有两种说法：一说在今北京大学未名湖一带，一说在未名湖的西南面。勺园大约建成于万历年间，稍晚于清华园。园主人米万钟，字仲诏，号友石，官太仆寺少卿，是明末著名的诗人、画家和书法家。他平生好石，家中多蓄奇石。他曾在江南各地做官多年，看过不少江南名园，晚年曾把勺园的景物亲自绘成《勺园修禊图》传世。米万钟另有两处私园——湛园、漫园在城内，但文人的题咏几乎全部集中于勺园，足见勺园的造园艺术自有其独到之处。

《春明梦余录》中，用三十二字就把勺园的轮廓、布局勾画出来。文云："园仅百亩，一望尽水，长堤大桥，幽亭曲榭，路穷则舟，舟穷则廊，高柳掩之，一望弥际。"

由此可见勺园的特色是一望尽水，水景为主，而以堤桥分隔水面，构成多个景区。勺园比清华园小，建筑也比较朴素疏朗，"虽不能佳丽，然而高柳长松，清渠碧水，虚亭小阁，曲槛回堤，种种有致，亦足自娱"。勺园虽然在规模和富丽方面比不上清华园，但它的造园艺术水平较后者略胜一筹。

米万钟曾手绘《勺园修禊图》长卷，展示全园景物一览无余。抵勺园园门之前，有一条路，"入路，柳数行，乱石数垛"（《帝京景物略》）。这条路径，名曰"风烟里"。抵勺园前，先见树丛中有一荆扉，扉门前有驻马小台地。进扉门前望，面前是一片清水。在桃柳夹道的弯曲的长堤中部有一座拱桥，透过拱桥的桥洞可以望见隔水一带的粉垣和亭馆。顺长堤曲折前进，来到堤中之桥，桥名"缨云桥"。站桥上望出去，所见皆水。

"下桥而北，园始门焉。"屏墙上勒石，书"崔滨"二字。人们从进园门起，就有一种迷离的感触。入门，折而北，为一独立景区，叫作"文水陂"，但眼前为一堵粉墙所障，仅墙头微露树木楼台，令人急欲进门一游。"文水陂"区的门之外，水际置茅屋数间，竹篱几许，对门临溪又有一月台突入水面，铺虎皮石，为渡船码头。

入"文水陂"门，也就立即进入跨水而筑的平桥上的一座榭式建筑物，叫作"定舫"，明窗洞开，边走得以边眺左右。出"定舫"，往西行，有一高阜，上有台，题曰："松风水月"。这块高凸的台地上，有古松数株，松荫下置有石桌棋盘，清雅古朴。立古松下前眺，隔水有"勺海堂""逶迤梁"及它们后背的四方亭；左望有"太乙叶""翠葆楼"；右望即"定舫"和"文水陂门"，全园景色尽在眼前，是全园制高点。出"定舫"住西北行，在山阜断处，有跨水六折的曲桥，叫作"逶迤梁"。过桥西北就是"勺海堂"。勺海堂东端有廊，直通"太乙叶"，它是一屋形如舫的建筑。廊子、太乙叶连同驳石池岸，围合成一个小水面，别具一格。

太乙叶东南为另一景区。先是一片茂密翠筠的竹林，竹中立有碑，刻"林于澨"三字，竹梢上隐约露出一高楼之顶。穿竹林，至水际，有一座重楼，叫作"翠葆楼"，半出水面，隔水对岸，尽是瘦长山石，林立如屏。登楼远眺，西山景色最为优胜。米万钟曾有诗曰："更喜高楼明月夜，悠然把酒对西山。"

到了翠葆楼，水穷有舟北渡，这个渡口名"槎桠渡"。渡水北岸一带就是勺园的尽头，为最后一个景区。这个景区的中心建筑是"色空天"。这座建筑的前部凸入水际，它的后背有石阶，拾级而上为一台，台上置阁，阁周围尽叠山石，嶙峋有致，并有古松数株。登阁启北窗外望，则隔水为稻畦千顷。勺园的北界，不用缭垣，使园内外融成一片。

园林的总体规划重在因水成景，水是园林的主题。勺园也是一座水景园。利用堤、桥将水面分隔为许多层次，呈堤环水抱之势。建筑物配置成若干群组，与局部地形和植物配置相结合，形成各具特色的许多景区，如色空天、太乙叶、松坨、翠葆榭、林于澨。各景区之间以水道、石径、曲桥、廊子为之联络。建筑物外形朴素，很像浙江农村的民居，多接近水面，与水的关系很密切。所谓"郊外幽闲处，委蛇似浙村""到门惟见水，入室尽疑舟"。建筑的布局也充分考虑到园外西山的借景。有关的诗文谈到山石的不多，绿化种植只提到竹子、荷花之类，可见勺园叠山并没有使用特殊的石材，花卉也无名贵品种。

米万钟自作诗中有"先生亦动莼鲈思，得句宁无赋水山"之句，因勺园而触景生情，动了莼鲈之思，可见这座园林的景物必定饱含着江南的情调。据此一例亦可看到明代北京园林模仿江南园林的明显迹象。此后的数百年间，北方园林就一直有意识地吸收江南园林的长处并结合北方的具体情况而加以融合。勺园模拟江南之所以如此惟妙惟肖，固然由于园主人宦游江南多年，饱览江南名园胜景，而北京西北郊的地理环境，特别是丰富的供水也为此提供了优越的条件。

7.4.2 江南私家园林

元明时期的江南，经济之发达冠于全国。经济发达促成文化水平的不断提高，文人辈出，文风之盛亦居全国之首。江南河道纵横，水网密布，气候温和湿润，适宜花木生长。江南的民间建筑技艺精湛，又盛产优质石材，这些为造园提供了优越的条件。江南的私家园林遂代表着中国园林发展的又一个高峰，代表着中国风景式园林艺术的最高水平。这个高峰的标志，不仅是造园活动的广泛兴旺和造园技艺的精湛高超，还有一大批涌现出来的造园家和匠师，以及刊行于世的许多造园理论著作。

江南私家园林数量之多，为全国其他地区所不能企及。绝大多数城镇都有私家园林，扬州和苏州更是精华荟萃之地。

明代扬州园林见于文献著录的不少，绝大部分是建在城内及附廓的宅园和游憩园，郊外的别墅园尚不多。这些大量兴造的"城市山林"把扬州的造园艺术推向一个新的境地，明末扬州望族郑氏兄弟的四座园林：郑元勋的影园、郑元侠的休园、郑元嗣的嘉树园、郑元化的五亩之园，被誉为当时的江南名园。其中，规模较大、艺术水平较高的当推休园和影园。

1. 休园

休园是郑元侠于明末建设的私家园林。休园在新城流水桥畔，原为宋代朱氏园的旧址，占地50亩（约3.33公顷），是一座大型宅园。宋介之《休园记》载：园在邸宅之后，入园门往东为正厅，正厅的南面是一处叠石小院。园的西半部为全园山水最胜处，"随径窈窕，因山引水。"正厅的东面有一座小假山，山麓建空翠楼。由山趾窍穴中出泉水，绕经楼之东北汇入水池"墨池"，"池之水既有伏引，复有溪行；而沙渚蒲稗，亦淡泊水乡之趣矣"。池南岸建水阁，阁的南面叠石为大假山，"皆高山大陵，中有峰峻而不绝"。山顶近旁建"玉照亭"，半隐于树丛中，登山顶可眺望江南诸山。水池之北岸建屋如舟形，园之东北隅建高台"来鹤台"。园内游廊较多，晴天循园路游览，雨天则循游廊亦可遍览全园。

休园分东、中、西三部分。中部景区为主体，以墨池构成的水景为主，景点围绕水体设置，墨池中部玉照亭所在的山体将墨池水分进行了划分，凸显了水面的层次，也为水体的多样性奠定了基础；西部以建筑围合的院落组成由南向北递进的空间，院落中采用堆叠山石的方法障景，既可分割出较大的空间，又可作为点缀；东部前宅后囿，南半部建筑以主人读书楼为主。楼后的园地构造了具有田园野趣的景象。

休园以山水之景取胜。山水贯穿全园,虽不划分为明确的景区,但景观变化较多,尚保存着宋园简远、疏朗的特点。其组景亦如画法,不余其旷则不幽,不行其疏则不密,不见其朴则不文,是按照山水的画理而以画入景的。园内建筑物很少,但使用长廊串联及分隔景区、景点的做法,又与宋园有所不同。

2. 影园

影园为明末进士、文学家郑元勋的私家园林,建成于崇祯七年(1634年),是明清时期扬州著名园林之一。因其建在柳影、水影、山影之间,明代书画家董其昌题名"影园"赠予郑元勋。

影园在旧城墙外西南角的护城河——南湖中长岛的南端,由当时著名的造园家计成主持设计和施工,造园艺术当属上乘,也是明代扬州文人园林的代表作品。影园的面积很小,只有5亩左右(约0.33公顷)。选址却极佳,据郑元勋自撰的《影园自记》的描写:这座小园林环境清旷而富于水乡野趣,虽然南湖的水面并不宽广且背倚城墙,但园址"前后夹水,隔水蜀岗(扬州西北郊的小山岗)蜿蜒起伏,尽作山势。环四面柳万屯,荷千余顷,菰苇生之。水清而多鱼,渔棹往来不绝"。园林所在地段比较安静。又有北面、西面和南面的极好的借景条件,"升高处望之,迷楼、平山(迷楼和平山堂均在蜀岗上)皆在项臂,江南诸山,历历青来。地盖在柳影、水影、山影之间",故命园之名为"影园"。

《扬州画舫录》载:"入门山径数折,松杉密布,间以梅杏梨栗。山穷,左荼蘼架,架外丛苇,渔罟所聚。右小涧,隔涧疏竹短篱,篱取古木为之。围墙乱石,石取色斑似虎皮者,人呼为虎皮墙。小门二,取古木根如虬蟠者为之。入古木门,高梧夹径。再入门,门上嵌(董)其昌题影园石额。转入穿径多柳,柳尽过小石桥,折入玉勾草堂,堂额郑元岳所书。堂之四面皆池,池中有荷,池外堤上多高柳。柳外长河,河对岸,又多高柳。柳间为阆园、冯园、员园。河南通津。临流为半浮阁,阁下系园舟,名曰'泳庵',堂下有蜀府海棠二株,池中多石磴,人呼为小千人坐。水际多木芙蓉,池边有梅、玉兰、垂丝海棠、绯白桃,石隙间种兰、蕙及虞美人、良姜洛阳诸花草。由曲板桥穿柳中得门,门上嵌石刻'淡烟疏雨'四字,亦元岳所书。入门曲廊,左右二道入室,室三楹,庭三楹,即公读书处。窗外大石数块,芭蕉三四本,莎罗树一株,以鹅卵石布地,石隙皆海棠。室左上阁与室称,登之可望江南山……庭前多奇石,室隅作两岩,岩上植桂,岩下牡丹、垂丝海棠、玉兰、黄白大红宝珠山茶、磬口蜡梅、千叶榴、青白紫薇、香橼,备四时之色。石侧启扉,一亭临水,有姜开先题'菰芦中'三字,山阴倪鸿宝题'潦翠亭'三字,悬于此。亭外为桥,桥有亭,名湄荣。接亭屋为阁,曰荣窗。阁后径二。一入六方窦,室三楹,庭三楹,曰一字斋,即徐硕庵教学处。阶下古松一,海榴一。台作半剑环,上下种牡丹芍药。隔垣见石壁二松,亭亭天半。对六方窦为一大窦,窦外曲廊有小窦,可见丹桂,即出园别径。半阁在湄荣后径之左,陈眉公题'媚幽阁'三字。阁三面临水,一面石壁。壁上多剔牙松,壁下石涧,以引池水入畦,涧旁皆大石怒立如斗,石隙俱五色梅,绕三面至水而穷。一石孤立水中,梅亦就之。阁后窗对草堂。园至是乃竟。"

影园以一个水池为中心，呈湖（南湖）中有岛、岛中有池的格局，园内、园外之水景浑然一体。靠东面堆筑的土石假山作为连绵的主山把城墙障隔开来，北面的客山较小则代替园林的界墙，其余两面全部开敞以便收纳园外远近山水之借景。山为衬托的山环水抱的园林境地。通过借景能够突破自身在空间上的局限，借入周围环境内的极佳景色，延伸与扩大视野的广度和纵深度，使园子与自然景色融汇一体，人作与天开紧密结合。园内树木花卉繁茂，以植物成景，还引来各种鸟类栖息。建筑疏朗而朴素，各有不同的功能，如"幽媚斋"前临小溪，"若有万顷之势也，媚幽所以自托也"，故取李白"浩然媚幽独"之诗意以命名。园林景域之划分亦利用山水、植物为手段，不取建筑围合的办法，故极少用游廊之类。总之，此园之整体恬淡雅致，以少胜多，以简胜繁，所谓"略成小筑，足征大观"。

园主郑元勋出身徽商世家，明崇祯癸未进士，工诗画，已是由商而儒厕身士林了。他修筑此园当然也遵循着文人园林风格，成为园主人与造园家相契合而获得创作成功之一例，故而得到社会上很高的评价，大画家董其昌为其亲笔题写园名。

7.5 元明寺观园林

元代以后，我国佛教和道教的发展势头有所减弱，失去了唐宋蓬勃发展的趋势。但是佛寺和道观的建设却始终没有停止，寺、庙建筑不断兴建，遍布全国各地，城市、乡村均有建设。名山大川中的寺观经过元末战乱的洗礼，多已荒废，旧的寺观建筑普遍更新换代，在原址上重建、扩建或改建，亦有异地重建的，所以今天我们所见到的古寺庙多为明清建筑。新的寺庙也在名山大川中不断出现，连同旧有的寺观构成了山水名胜中的主要建筑群落。以山川为背景、宗教活动为主体功能、寺观建筑群为核心的主要接待设施、道路交通体系等框架基本定型，形成了传统的风景名胜空间结构模式。

每一处佛教名山、道教名山均聚集了数十处甚至上百处寺观，寺观与山水风景相结合，形成了风景名胜的独特特色，大多成为公共游览胜地。各种道教神庙，遍布各地城镇乡村，星罗棋布，如关帝庙、土地庙、火神庙、城隍庙、娘娘庙、山神庙、玄帝庙等。道教的宗教祭祀活动与民间的节日活动结合在一起，相沿成俗，成为百姓世俗生活的一部分。

元代实行多教并尊以笼络人心，鼓舞士气，在开疆拓土的统一战争中尽显神威。同样，在实现统一以后，对稳定社会，凝聚人心，缓和社会矛盾都发挥了重要作用。因此，元代各种宗教进一步繁荣，寺观遍布城乡郊野，尤其以大都（北京）地区最为发达。元代新皇登基，立即营建寺观，已成惯例。因而，都城内外，寺观林立，僧众之多，远超前代。据《析律志》的记载：大都一地就有庙15所、寺70所、院24所、庵2所、宫11所、观55所，共计177所。其中多有附属园林的，就外围园林环境的经营而言，位于西湖之滨的大承天护圣寺是比较出色的一例。

1. 大承天护圣寺

西湖在元代时，为皇帝来此休憩之所。于元文宗天历二年（1329年），在西湖岸畔兴修了大承天护圣寺，到至顺三年（1332年），始告落成。大承天护圣寺规模宏大壮丽，为玉泉、西湖增色不少。

大承天护圣寺位于西湖的北岸偏西，坐落于玉泉山脚下，此寺规模宏大，建筑极为华丽，但最精彩的则是它的临水处的园林化的艺术处理。当时到过大都的朝鲜人写的《朴通事》一书中对此有详尽生动的描写，从中可知，湖心中有两座琉璃阁。远望高接青霄，近看远浸碧汉。殿是缠金龙木香柱，泥椒红墙壁，龙凤凹面花头筒瓦和仰瓦。两角兽头，都是青琉璃，地基铺饰都是花斑石、玛瑙幔地。两阁中间有三叉石桥，栏杆都是白玉石。桥上丁字街中间正面上，有白玉玲珑龙床，西壁厢有太子坐地的石床，东壁也有石床，前面放着一个玉石玲珑酒桌。北岸上坐落一座大寺，即大承天护圣寺，内外大小佛殿、影堂、半廊、两壁钟楼、金堂、禅堂、斋堂、碑殿错落有致。殿前阁后，有擎天耐寒傲雪苍松，也有带雾披烟翠竹，名花奇树不知其数。寺观前水面上鸳鸯成双成对，快活亲昵，湖心中一群群鸭子浮上浮下，无数的水老鸭还在河边窥鱼，还有弄水穿波觅食的鱼虾，无边无涯的浮萍蒲棒，喷鼻眼花的红白荷花。大承天护圣寺以其外围的园林化的环境而成为西湖游览区的一处重要的景点。

明代，自成祖迁都北京之后，随着政治中心的北移，北京逐渐成为北方的宗教中心。寺观建筑又逐年有所增加，佛寺尤多。永乐年间撰修的《顺天府志》登录了：寺111所、院54所、阁2所、宫50所、观71所、庵8所、佛塔26所，共计300余所。到成化年间，京城内外仅敕建的寺、观已达636所，民间建置的则不计其数。

2. 崇福寺（法源寺）

法源寺在北京外城宣武门外教子胡同，前身为唐代的"悯忠寺"。以后屡毁屡建，较大规模的重建是在明正统二年（1437年），改名崇福寺。此后，明万历年间及清初均进行过多次修整和增建，雍正十二年（1734年）改名法源寺。它的庭院花木繁荣，四季如春，园林绿化在明清的北京颇负盛名，有"花之寺"的美称。

崇福寺前后一共六进院落：山门之内第一进为天王殿，第二进为大雄宝殿，第三进为观音殿，第四进为毗卢殿，第五进为大悲坛，第六进为藏经阁。每进的庭院均有花木栽植，既予人以曲院幽深和城市山林之感，又富于花团锦簇的生活气息。寺中不乏古树名木，当然，其他品种的树木也不少，而最为世人所称道的则是满院的花卉佳品如海棠、牡丹、丁香、菊花等，是当地居民赏花游玩，文人作诗、聚会的佳境。

法源寺花事之盛大约始于乾隆年间。海棠为该寺名花之一，主要栽植在第六进的藏经阁前。直到清末，法源寺之海棠仍十分繁茂，不断吸引游人，所谓"悯忠寺前花千树，只有游人看海棠"。此外，牡丹、丁香、菊花等，亦是法源寺之名花。

另外，法源寺种植的花卉还出售供应市场之需要，为此而专设花圃，雇用专业的花匠。为了补偿寺内井水灌溉之不足而远道取水于阜成门外，足见花圃的规模是很大的。

第7章 元明时期园林

3. 月河梵苑

月河梵苑位于北京朝阳门外，苑主道深为西山苍雪庵主持。这座小园利用月河溪水结合原始地形而巧妙构筑。《春明梦余录》对此园有详细的描述："苑之池亭景为都城最。苑后为一粟轩……轩前峙以巨石，西辟小门，门隐花石屏。北为聚星亭……亭东石盆池高三尺许，元质白章……亭之前后皆盆石，石多采自崑山、太湖、灵壁、锦川之属。亭少西为石桥，桥西为雨花台，上建石鼓三。台北为草舍一楹，曰希古，桑枢瓮牖……草舍东聚石为假山，西峰曰云根，曰苍雪，东峰曰小金山，曰壁峰；下为石池，接竹以溜泉，泉水涓涓自峰顶下，竟日不竭……台南为石方池，贮水养莲。池南入小牖为槐室。古樗一株，枝柯四布，荫于阶除，俗呼龙爪槐……槐屋南为小亭，中庋鹦鹉石，其重二百斤，色净绿……凡亭屋台池四周皆编竹为藩，诘曲相通。花树多碧梧、万年松及海棠、榴之类。自一粟折南以东，为老圃，圃之门曰曦先，曦先北为窖，春冬以藏花卉。窖东为春意亭，亭四周皆榆杜桑，柳丛列密布。游者穿小径，逼仄以行，亭东为板凳桥，桥东为弹琴处，中置石琴，上刻苍雪山人作。西为下棋处，少北为独木桥，折而西曰苍雪亭，亭为击壤处，有坐石三。逾下棋处，为小石浮图。浮图东循坡陀而上，凡十余弓，为灰堆山。山上有聚景亭，上望北山及宫阙，历历可指。亭东隙地植竹数挺，曰竹坞，下山少南门曰看清，入看清结松为亭，逾松亭为观澜处。自聚景而南，地势转斗如大堤，远望月河之水，自城北逶迤而来，下触断岸有声潺潺。别为短墙，以障风雨，曰考槃榭。出看清西渡小石桥，薄行丛莽中，回望二茅亭，环以苇樊，隐映如画。盘旋而北，未至曦先，结老木为门曰野芳。出曦先少南为蜗居，东为北山晚翠楼，楼上望北山，视聚景尤胜。出楼后为石级，乃至楼下，盖楼处高阜……下视若洞然。楼下为北窗，窗悬藤箩……楼阁出小牖为梅屋，盆梅一株，花时聚观者甚盛。梅屋东为兰室，室中莳兰，前有千叶碧桃，尤北方所未有者。"

诸如此类的寺观园林，以池亭风月取盛，每为文人雅士聚会之地，故而留下大量描写园景诗文题咏。

4. 香山寺

香山寺位于香山东坡，正统年间由宦官范弘捐资七十余万两，在金代永安寺的旧址上建成。此寺规模宏大，佛殿建筑极壮丽，园林也占有很大比重。建筑群坐西朝东沿山坡布置，有极好的观景条件，所谓"一迳杳回合，双壁互葱翠。虽矜月碧容，未掩云林致。冯轩眺湖山，一一见所历。千峰青可扫，凉飙飒然至"。入山门即为泉流，泉上架石桥，桥下是方形的金鱼池。过桥循长长的石级而上，即为五进院落的壮丽殿宇。这组殿宇的左右两面和后面都是广阔的园林化地段，散布着许多景点，其中以流憩亭和来青轩两处最为世人称道。流憩亭在山半的丛林中，能够俯瞰寺垣，仰望群峰。来青轩建在面临危岩的方台上，凭槛东望，玉泉、西湖以及平野千顷，尽收眼底。冬季白雪皑皑，秋天满山红叶，香山寺因此而赢得当时北京最佳名胜之美誉："京师天下之观，香山寺当其首游也"。寺周围松柏林间杂有枫树、柿树和山花椒，每当深秋霜降，红叶片片，绿海红波，更惹人爱。文人墨客多会于此，留下众多诗文题咏。

7.6 造园家和理论著作

在中国造园史上,明清时代私家园林之兴盛,分布城市之广,数量之多,艺术水平之高,都是空前的。尤其是经济繁荣之地,风尚华丽之所的城市,如苏州、扬州等地,园林之多数以百计,造园已不可能皆由园主自出机杼,造园已成为一种普遍的需求。商品经济的大发展,促进了商业城镇的产生与繁荣,城市居民成为社会中非常重要的阶层,城市中不乏富商巨贾,他们亦有强烈的造园需求,他们又多缺乏造园所需的文化修为,需要专业人士为其修建园林,这促进了职业造园家的产生,也促进了用以指导造园实践的造园理论著作的发表。

正是社会对造园的强烈需求,才使得造园逐渐成为一种谋生手段、专门的职业,才造就了张南垣、计成等对造园业有重要贡献的杰出人物。

7.6.1 张涟

张涟,字南垣,原籍华亭人(今上海松江区),晚岁徙居嘉兴。张南垣(1587—1671年)是明末清初杰出的造园叠山艺术家,其生平事迹,史籍多有记载。

清康熙二十四年(1685年)《嘉兴县志》云:"张涟,字南垣,少学画,得山水趣,因以其意筑圃垒石,有黄大痴、梅道人笔意,一时名籍甚……吴梅村尝为之传,子孙多世其术。"可见张南垣少年时就学画,并对山水画亦颇有造诣。

张南垣在造园叠山艺术上之所以能达到很高的境界,取得杰出的成就,同他"能以意垒石为假山",或"因以其意筑圃垒石"有关。简言之,就是能以画意叠山,所谓"画意"指中国画家对自然山水长期的观察,经过概括、提炼,把握自然山水的形质特征和规律,能充分体现中国传统的自然美学思想和借笔墨表现山水精神的创作思想。

张南垣之所以能"画意叠山",正是由于他"少学画,得山水趣",写意山水的创作,其经验,源自当代自然文学作品,其审美思想,直接受写意山水画的影响。若叠山者缺乏修养,"胸中无丘壑,眼底无性情",能模仿者,尚可得形似;模仿也无能者,只会千疮百孔,如乱堆煤渣,毫无山林意境可言了。

据记载,张南垣所为之园,著称者"则李工部之横云,虞观察之予园,王奉常之乐郊,钱宗伯之拂水,吴吏部之竹亭为最著。"

乐郊,是张南垣为清初画家王时敏(1592—1680年)所造之园。王时敏是当时著名的画家,赞张南垣叠山,"巧艺直夺天工",评价可谓高矣。张南垣"以此游于江南诸郡者五十余年",积累了丰富的经验,并在一生大量实践的基础上,改变前人以高架叠缀为工,不喜见土的旧模,独辟蹊径。吴伟业《张南垣传》中写道:"南垣过而笑曰:是岂知为山者耶!今夫群峰造天,深岩蔽日,此夫造物神灵之所为,非人力可得而致也。况其地辄跨数百里,而吾以盈丈之址,五尺之沟,尤而效之,何异市人搏土以欺儿童哉!惟夫平冈小坂,陵阜陂陁,版筑之功,可计日以就。然后错之以石,棋置其间,缭以短垣，翳以密篠，若似乎奇峰绝嶂，累累乎墙外而人或见之也。其石脉之所奔注，伏而起，突而怒，为狮蹲，为兽攫，口鼻含牙，牙错距跃，决林莽，犯轩楹而不去，若似乎处大山之麓，截溪断谷，私此数石者为吾有也。"

张南垣抓住了园林造山最根本的矛盾，即广漠无垠的自然山水之大，和环堵之内的园林空间之小，彻底否定了园林造山模仿自然的写实方法，提出将山的形象寓于山麓的意象之中的写意式的表现方法，可谓之"截溪断谷法"。他主张堆筑"曲岸回沙""平岗小坂""陵阜陂陁""然后错之以石，撩以短垣，翳以密篠"，从而创造一种幻觉，仿佛园墙之外还有"奇峰绝嶂"。这种主张以截取大山一角而让人联想大山整体形象的做法，把写意山水园推向了一个更高的境界。

张南垣30岁名满江南诸郡，入清后其作品被誉为"海内为首推焉"，晚年京师公卿亦来聘请。如吴伟业《张南垣传》："晚岁辞涿鹿相国之聘，遣其仲子行。"《清史稿》亦有"晚岁大学士冯铨聘赴京师，以老辞，遣其仲子往"。南垣子孙多世其术，王士祯《居易录》："南垣死，然继之。今瀛台、五泉、畅春苑，皆其所布置也。"张南垣之子张然，曾参与北京皇家园林的造园叠山工作。戴名世《张翁家传》记张然事云："益都冯相国构万柳堂于京师，遣使迎翁至，为之经画，遂搜燕山之胜。自是诸王公园林，皆成翁手，会有修葺瀛台之役，召翁治之，屡加宠赉。请告归，欲终老南湖。南湖者君所居地也。畅春苑之役，复召翁至，以年老赐肩舆出入，人皆荣之。事竣复告归。卒于家。"可见张涟父子，在明清时代对造园事业的贡献。

7.6.2 计成和《园冶》

计成（1582年生人），字无否，号否道人，吴江人（今属江苏省苏州市）。其生平资料很少。计成在《园冶·自序》中说："不佞少以绘名，性好搜奇，最喜关仝、荆浩笔意，每宗之。游燕及楚，中岁归吴，择居润州。"按计成自述，他少年时就以绘画知名了。性好游山玩水，寻奇搜胜，最喜五代画家关仝、荆浩的重峦叠嶂、气势雄横的笔法，而师法之。青年时他游历了河北、两湖等地，凡名胜园林，多其游踪，这就为他以后从事造园，积累了丰富的感性经验。

他"中岁归吴"，即在四五十岁时回到江南，定居润州，今江苏镇江市。一个偶然的机会，为人垒过石壁，遂以叠石远近闻名。《园冶·自序》："环润皆佳山水，润之好事者，取石巧者置竹木间为假山，予偶观之，为发一笑。或问曰：何笑？予曰：世所闻有真斯有假，胡不假真山形，而假迎勾芒者之拳磊乎？或曰：君能之乎？遂偶为成壁，睹观者俱称：俨然佳山也。遂播闻于远近。"得到做过常州布政使的吴又予邀请，为其造园。落成，吴甚喜"自得谓江南之胜，惟吾独收矣"。从此计成也就以造园为业了。

计成从事造园的偶然性中，同样有其必然性。明清时代随着社会经济的发展，尤其是土沃风淳，会达殷振的江南，造园之风盛行，兴建了大量园林。造园作为一种专业，也就必然成为社会的需要。计成原是个"传食朱门"的寒士，本有多方面的技艺和才能，在这种形势之下，他留心造园之学，以便获得更好的谋生手段，不能说没有他的必然性。

计成后半生专门从事筑园叠山事业，足迹遍于镇江、常州、扬州、仪征、南京等地，可惜没有具体的园林作品遗存迄今，但留下了《园冶》一书，于崇祯七年（1634年）刻版印行。《园冶》一书可以说是计成通过园林的创作把实践中的丰富经验结合传统进行总结并提高到理论的一本专著，可以说是我国第一本专论园林艺术和创作的著作。这本书中也有他自己对我国园林艺术的精辟独到的见解和发挥，对于园林建筑也有独到的论述，并绘有基架、门窗、栏杆、漏明墙、铺地等图式二百多种。《园冶》是用骈体文（四六文句）写成的，在文学上也有它的地位。这是一部全面论述江南地区私家园林的规划、设计、施工以及各种局部、细部的综合性著作。

《园冶》一书，据计成"自序"，定稿于崇祯四年（1631年）。计成在为仪征汪士衡造寤园时，闲中整理书稿，原题书名为《园牧》。姑孰（今安徽省当涂县）曹元甫来仪征，游园中对计成所作，大加赞赏。计成就将《园牧》拿给他看，他说："斯千古未闻见者，何以云'牧'？斯乃君之开辟，改之曰：'冶'可矣！"这是《园冶》书名的由来了。据书后"自识"，书刊行于崇祯七年（1634年），计成时年53岁。此时"惟闻时事纷纷，隐心皆然"，社会已很不安定。仅时隔10年，明王朝覆灭，计成亦不知所终。

《园冶》共三卷，第一卷首篇"兴造论"和"园说"是总论，下为"相地、立基、屋宇、装折"四篇；第二卷"栏杆"；第三卷分"门窗、墙垣、铺地、掇山、选石、借景"六篇。从园林的总体规划到单体建筑位置，从结构构架到建筑装修，从景境的意匠到具体手法，涉及园林创作的各个方面，内容十分丰富。统观《园冶》的十篇立论中，"相地""掇山"和"借景"三篇特别重要，是全书的精华。《园冶》一书，是中国造园艺术发展成熟的理论总结，其中所蕴藏的园林创作思想方法和规律性的东西，对后世的造园实践，无疑具有普遍性的启示意义。

"兴造论"是专论营造要旨，先论园屋的兴造，所谓"三分匠七分主人"的意思"非主人也，能主之人也"，即能规划设计营造的行家也。至于筑园，他说"第园筑之主，犹须什九，而用匠什一何也？园林巧于因借，精在体宜，愈非匠作可为，亦非主人所能自主者，须求得人"，得能主持的筑园专家。"巧于因借，精在体宜"，这八个字可以说是计成对园林创作评价的一条基本原则。什么叫作因和借，怎么才得体呢？"因者随基势之高下，体形之端正，碍木删桠，泉流石注，互相借资，宜亭斯亭，宜榭斯榭，不妨偏径，顿置婉转，斯谓精而合宜者也"。这段文字首先申说了园林创作，要充分利用原来地基地势，随高就低，因地制宜，原有树木或有妨碍时不妨删去一些枝丫，有水源的就可引泉流注石间，景物可以互相借景，哪里适宜安置亭榭，才布置亭榭，反过来说，不适合安置亭榭的地点就不应有亭榭，园林建筑的位置，不妨偏在路径一边，总之要安顿布置得婉转一些。只有上述那样才能精致，才能合宜。接着说"借者园虽别内外，得景则无拘远近"，这就是说除了园景的创作，还应充分利用园外的景物，借资成为园景之一。接着指出：秀丽的山峦，蔚蓝的天空，绿油油的田野都是美景，只要在园内用眼能够看到的景物都可用各种手法收到园内，假若视线所及，有不美观、不需要的可用各种手法障住屏去,"斯所谓巧而得体者也"。总之能够巧妙地因势布局,随机借景,就能够做到得体合宜。

"园说"的篇首指出:"凡结林园,无分村郭,地偏为胜"。园林中造景,必须"景到随机",山水环境的创作要达到"虽由人作,宛自天开"的艺术效果。园林中的山水、屋楼、植物都不是原来就有的,而是造园时人工创作的。但要达到宛若天然生成,天造地设般的效果,屋楼的配置也必须协调于山水环境。

1)相地:为什么相地是开章明义第一篇,其原因在于要"构园得体",首先必须"相地合宜"。相地篇的中心内容是从"园"字来申说的。筑园首先要选择合宜的地段和审查园地的形势,所谓"园基不拘方向,地势自有高低",应当就地势高低来考虑布局,因为"得景随形"即得景是要从形势中获得的,又说:"高方欲就亭台,低凹可开池沼",地势高的地方便于眺望,可设亭台,低凹的地方水自下注,可以开凿池沼,也省土方。接着说什么形胜下置虚阁、浮廊、借景等一些手法。特别值得我们重视的是计成对园址原有树木的爱护,即使有碍建筑也不应损毁,他说"多年树木碍筑檐垣,让一步可以立根,斫数桠不妨封顶,斯谓雕栋飞楹构易,荫槐挺玉成难"。

园地的类型不同,筑园的因势处理的手法也就不同,为此必须"相地合宜"地构园才能得体。计成把可供营园的园地分为山林地、城市地、村庄地、郊野地、傍宅地、江湖地六类,指出各类园地都有它的客观环境及特点,应当巧妙地结合并充分运用这些特点来筑园,使不同园地的筑园,能各有其特色。书中对不同类型园地的布局造景手法都有描述。

2)立基:主要是以园林建筑位置为对象来讨论的。这里所谓的"基"既可以当作园林建筑的位置基地讲,也可以当作园林的总平面的布局讲。本篇开头就有一段总说:"凡园圃立基,定厅堂为主。先乎取景,妙在朝南……筑垣须广,空地多存,任意为持,听从排布,择成馆舍,余构亭台,格式随宜,栽培得致……开土堆山,沿池驳岸……编篱种菊……锄岭栽梅……高阜可培,低方宜挖。"然后分厅堂、楼阁、门楼、书房、亭榭、廊房、假山七类,在怎样选择位置方向,如何"按基形式",它们本身的结构与四周环境的关系,与全园的关系等方面都有扼要精辟的论述。

3)屋宇:这是就园林中的屋宇,如亭堂廊榭,即园林建筑的特点来论述的。头一段总说指出了园林屋宇与家宅住房不同。文中不但对于园林屋宇的平面布置如何变化加以申说,就连色彩或雕楼的装饰问题,亭榭楼阁怎样跟园林结合的问题,都有所发挥,是从把园林建筑看作与园林一体的角度来加以申说。接着又把各种园林屋宇的定义,即门楼、堂、斋、室、房、馆、楼、台、阁、榭、轩、卷、广、廊等的定义、目的,它们和景物的关系加以申说。本篇后七段讲屋宇的结构,列举五架梁、七架梁、九架梁、草架、重橼、磨角的结构,如何变化,怎样才能经济耐久。计成还特别强调地图式的重要性,他说:"夫地图者,主匠之合见也。假如一宅基,欲造几进,先以地图式之。其进几间,用几柱着地,然后式之,列图如屋。欲造巧妙,先以斯法……"。这就是说,必须先从平面布置着手,然后据以设计立面。篇后附有架梁式图共八图,厅堂和亭的地图式三。

4）装折：装折是指园林屋宇内部可以装配、折叠，可以互相移动的门窗等类的装饰。本篇只就屏门、仰尘（即天花板）、户槅（窗框）、风窗、栏杆为科目来申说各种式样图案的原理，变化的根源，繁简的次第。篇后附有屏门、户槅、风窗式图四十多幅，栏杆诸式一百样。这种种变式都是根据基本式样加以变化的举例，不愈规矩自可举一反三。

5）门窗：这是就不能移动的门窗而说的，门式作图约17幅，窗式约14幅。窗式中有型大的也可作为门空式样用。

6）墙垣：这里指"园之围墙"。从墙垣材料来说，"多于版筑，或于石砌，或编篱棘"。接着说："夫编篱斯胜花屏，似多野致，深得山林趣味。如内花端、水次，夹径、环山之垣，或宜石宜砖，宜漏宜磨，各有所制。从雅遵时，令人欣赏，园林之佳境也。"篇中所述墙垣，分白粉墙、磨砖墙、漏砖墙（有漏窗之墙）和乱石墙。除了述说筑墙材料和做法外，还论及在什么条件下适宜哪种墙。篇末附"漏砖墙，凡计一十六式，惟取其坚固，如栏杆式中亦有可摘砌者，意不能尽，犹恐重式，宜用磨砌者佳。"

7）铺地："大凡砌地铺街，小异花园住宅"。文中论及在什么样的地点，应当怎样砌地，用什么样的材料，宜什么样的样式。总说之后，专论乱石路、鹅子地、冰裂地、诸砖地，宜铺于何处，式样要合宜，篇末附铺地式图十五幅。

8）掇山：这是就园林的叠石假山来立论的。先讲掇山的立根基，"掇山之始，桩木为先，较其短长，察乎虚实。随势挖其麻柱，谅高挂以称竿……立根铺以粗石，大块满盖桩头，堑里扫以查灰，着潮尽钻山骨。"然后论述构叠原则和技巧。"方堆顽夯而起，渐以皴纹而加，瘦漏生奇，玲珑安巧。峭壁贵于直立，悬崖使其后坚……多方景胜，咫尺山林，妙在得乎一人，雅从兼于半土。"然后论述了峰石的安置，如何构山成景，安置亭榭以及理水技巧。又指出"欲知堆土之奥妙，还拟理石之精微。山林意味深求，花木情缘易短"。最后指出叠山要做到"有真为假，做假成真"。园林中叠的山是假山，但要以真山为师，创作假山是做假，然而不能模拟得像模型一般，而是要做假，对真山有艺术的认识和提炼。而表现真山，在形似中求神似，达到做假成真，"稍动天机，全叨人力"。

计成把园中掇山分为八类，即：园山、厅山、楼山、阁山、书房山、池山、内室山和峭壁山，分别论其宜忌。"假山以水为妙"，于是有山石池、金鱼缸、涧、曲水、瀑布等理水手法，关于峰、峦、岩、洞的塑造也有精辟的发挥。

9）选石：开头就提出用石要"夫识石之来由，询山之远近"，因为"石无山价，费只人工"。叠石时选石也要根据用途而定。"取巧不但玲珑，只宜单点；求坚还从古拙，堪用层堆。须先选质无纹，俟后依皴合掇。多纹恐损，无窍当悬"。计成再三致意于就地就近取材，不要"只知花石"，因为"块虽顽夯，峻更嶙峋，是石堪堆，便山可采。"又说"夫葺园圃假山，处处有好事，处处有石块，但不得其人。欲询出石之所，到地有山，似当有石，虽不得巧妙者，随其顽夯，但有文理可也"。此外论及人们钻求的"旧石"，"某名园某峰石，……某代专至于今，……又有惟闻旧石，重价买者"。他认为

"夫太湖石者，自古至今，好事采多似鲜矣。如别山有未开取者，则其透漏、青骨、坚质采之，未尝亚太湖也，斯亘古露风，何为新耶？何为旧耶？"。

10）借景：这是结束篇，开头便说："构园无格，借景有因，切要四时"。接着描述了各种景物，并说："因借无由，触情俱是"。结语是"夫借景，林园之最要者也，如远借、邻借、仰借、俯借、应时而借。然物情所逗，目寄心期，似意在笔先，庶几描写之尽哉"。

7.6.3 张南阳

张南阳，上海人，始号小溪子，更号卧石生，明代著名造园家。祖辈是农民，父亲是画家，"幼即娴绘事""居久之，遂薄绘事不为，则以画家三昧法试累石为山""随地赋形"，做到千变万化，仿佛与自然山水一样。当时江南一些官僚地主，在花园中要建造一丘一壑，都希望由他来设计与建造，邀请他的人和信札，差不多每天都有。为苏南名园之冠的上海潘允端的豫园，陈所蕴的日涉园，太仓王世贞的弇园，都出自他手。他除设计外，自己也参加实际工作。

今日尚存的上海豫园假山，与（后来的）张涟、张然父子的平冈小坂、曲岸沙有所不同。张南阳的叠山是见石不露土，能运用大量黄石堆叠，或用少量的山石散置。像豫园便是以大量的黄石堆叠见称，石壁深谷，幽壑蹬道，山麓并缀以小岩洞，而最巧妙的手法是能运用无数大小不同的黄石，将它们组合成为一个浑成的整体，磅礴郁结，具有真山水气势，虽只片段，但颇给人以万山重叠的观感。

7.6.4 文震亨及其《长物志》

文震亨，字启美，明末江南省（又称南隶）苏州府长洲（今江苏吴县）人。生于万历十三年（1585年），卒于顺治二年（1645年）。文震亨出身"簪缨世族"。其曾祖文徵明，是明代翰林院待诏，著名诗文书画家，与沈周、唐寅、仇英齐名，世称"明四家"。祖父文彭，为国子监博士。兄文震孟，天启二年（1622年）殿试第一，授修撰，官至礼部尚书，东阁大学士。文震亨本人于天启元年（1621年）以诸生卒业于南京国子监。以琴、书誉满禁中，崇祯时以恩贡出仕中书舍人，后因礼部尚书黄道周案，受牵连入狱。又屡受阮大铖、马士英的迫害，他仕途坎坷，很不得志，明末弘光二年（1645年）五月，清军陷南京，六月陷苏州，文氏避难阳澄湖畔，不忍剃发受辱，投河自尽，幸被救起，后又绝食六日而死，"捐生殉国，节概炳然"。

文氏一生著述甚丰，其中《长物志》与园林学关系最为密切。文震亨生当明末社会动乱之际而又仕途坎坷，为逃避现实，便寄情山水，热衷于园林艺术，有比较系统的见解，而且有营园的实践。他曾在冯氏废园的基础上，构筑香草堂（位于苏州市高师巷）。

《长物志》共十二卷，包括室庐、花木、水石、禽鱼、书画、几榻、器具、位置、衣饰、舟车、蔬果、香茗，各卷又分若干节，全书共269节。该书论述内容广泛，除有关园林学的室庐建筑、观赏树木、花卉、瓶花、盆玩、理水叠石外，还述及禽鱼，室庐内几榻、器具，室外舟车，甚至香茗。

卷一"室庐"中把不同功能性质的堂、山斋、楼阁、台等以及门、阶、窗、栏杆、照壁等分别论述，共十七节。对于相地、园址的选择，文震亨认为"居山水间者为上，村居次之，郊区又次之。吾侪纵不能栖岩止谷，……而混迹廛市，要须门庭雅洁，市庐清靓，亭台具旷士之怀……又当种佳木怪箨，陈金石图书，令居之者忘老，寓之者忘归，游之者忘倦。"对于各种建筑类型，除提出不同的要求外，还重视植物的配置。认为"阶"要"自三级以至十级，愈高愈古，须以文石剥成，种绣墩或草花数茎于内，枝叶纷披，映阶旁砌。以太湖石叠成者，曰：'涩浪'，其制更奇，然不易就。复室须内高于外，取顽石具苔斑者嵌之，方有岩阿之致。""广池巨浸，须用文石为桥，雕镂云物，极其精工，不可入俗，小溪曲涧，用石子砌者佳，四傍可种绣墩草。"总之，建筑设计须"随方制象，各有所宜；宁古无时，宁朴无巧，宁俭无俗"。还要种草栽花具自然之趣。

卷二"花木"中列举了园林中常用的观赏树木和花卉，附以瓶花、盆玩，共四十二节。对于树木花卉，除描述其品种、形态、习性及栽培养护等措施外，特别注意总的布置原则，配置方式以发挥其植物的品格之美。园林中观赏植物要布置合宜，配置恰当，自能构成宜人的景观，陶情的意境。至于"豆棚菜圃，山家风味，固自不恶，然必辟隙地数顷，别为一区，若于庭除种植，便非韵事"。

卷三"水石"中分别讲述园林中多种水体如广池、小池、瀑布、天泉、地泉、流水、丹泉，怎样品石如灵璧石、英石、太湖石、尧峰石、昆山石等多种石类，共十八节。他认为"石令人古，水令人远，园林水石，最不可无"。水石是园林的骨干。他提出叠山理水的原则："回环峭拔，安插得宜。一峰则太华千寻，一勺则江湖万里。又须修竹、老木、怪藤、丑树，交覆角立，苍崖碧涧，奔泉汛流，如入深岩绝壑之中，乃为名区胜地。"对于水池，认为"自亩以及顷，愈广愈胜，最广者，中可置台榭之属，或长堤横隔，汀蒲、岸苇杂植其中，一望无际，乃称巨浸……池傍植垂柳，忌桃杏间种，中畜凫雁，须十数为群，方有生意。最广处可置水阁，必如图画中者佳。"以他水体布局的思路来看，不仅要注意比例的大小，植物甚至水禽的配置也要合宜，要互相搭配以构成景物。

卷四"禽鱼"中，禽鸟类仅列鹤、鹦鹉、画眉等六种，鱼类仅朱鱼一种，但对每一种的产地，良种的选择，其形态、色彩、习性、饲养训练方法以及造景的手法都加以论述。我国园林中有放养鹿鹤之类鸟兽的传统，使景物静中有动，生机盎然。

卷入"位置"中专论亭、榭等建筑，及室内器具陈设都应选适宜的位置和方向。"位置之法，繁简不同，寒暑各异，高堂广榭，曲房奥屋，各有所宜，即如图书鼎彝之属，亦须安设得所，方如图画。""画桌可置奇石或盆景之属，忌置朱红漆等架。""亭榭不蔽风雨，故不可用佳器，……古朴自然者置之。露坐宜湖石平矮者，散置四傍。其石墩瓦墩之属，具置不用"。

7.6.5 李渔与《闲情偶寄》

李渔，字笠鸿，号笠翁，浙江兰溪人，生于明代万历三十九年（1611年），卒于清康熙十九年（1680年）。李渔自幼随父辈生长在江苏如皋，家境还较厚实。李渔十九岁时，父亲去世，不久便回到了家乡兰溪，二十五岁中秀才，此后两赴乡试，前次名落孙山，后次因兵乱中途折回。这时，他家已逐渐衰落下去，最后连他亲自置下的百亩伊山和苦心经营的"园亭罗绮甲邑内"的宅园，即所谓"伊山别业"也卖掉了。

入清以后，李渔绝意仕途，从事传奇小说戏曲的创作和导演。李渔一向以戏曲家和戏剧理论家著称，也是一位戏曲小说作家，著有戏曲《十种曲》，短篇小说集《无声戏》、《十二楼》，长篇小说《合锦回文传》等，还著有《闲情偶寄》，该书于康熙十年（1671年）首次雕版印，题名《笠翁秘书第一种》分十六卷，后来李渔把他的诗文编为《一家言》，《闲情偶寄》改名为《笠翁偶集》收入其中，由原十六卷并为六卷。在李渔全部著作中，以《闲情偶寄》最有价值，特别是其中关于戏曲创作和演出的《词曲部》《演习部》和《声容部》，具有重要的理论价值和实践意义，在中国戏曲理论发展史上占有重要的地位。另一方面，其中《居室部》《器玩部》和《种植部》是有关筑园理论以及室屋建筑、山石堆叠、室内器具及其陈设、制度、位置、观赏植物运用等有精湛和独到的发挥，丰富和发展了园林学传统遗产。

李渔在园林学方面成就卓越，与他遨游大江南北，观览各地名园是密切相关的，更与他的亲身筑园实践，积累了丰富的经验是分不开的。"予（李渔）尝谓人曰：生平有两绝技，自不能用，而人亦不能用之，殊可惜也。人问绝技维何？予曰：一则辨审音乐，一则置造园亭"（《闲情偶寄·居室部》）。李渔一生中为自己营建过三处宅园，即早年在浙江兰溪老家造的伊园（伊山别业），寓居金陵时造的芥子园，终老杭州时造的层园。

李渔早年居兰溪时，曾在故里下李村，为自己造了一幢住宅，名"伊山别业"。虽说是数间草堂茅屋，却因背山临溪，小桥流水，加上院内栽花筑池，所以和周围的田园风光配合得非常协调。

顺治十四年（1657年）李渔从杭州迁居金陵后营建了他的第二个别业，即芥子园。其故址在今南京市中华门内东侧老虎头，与金陵胜迹"周处台"相邻。芥子园面积很小，"芥子园之地，不及三亩"。但是园小而蕴大，李渔本人也自诩芥子园云："此予金陵别业也，地止一丘，故名芥子，状其微也，往来诸公，见其稍具丘壑，谓取'芥子纳须弥'之义，其然岂其然乎"。芥子园内，一轩一阁一丘一水，莫不富有诗情画意。园中有假山一座，"高不逾丈，宽止及寻"，更妙不可言的是在山脚碧水环流，水边石矶俯伏的假山石上有雕塑高手为李渔塑造的一尊执竿垂钓的坐像，李渔本人对这一巧思十分喜爱。

芥子园种植了桂花、海棠、山茶、梅花、石榴、枸杞、芭蕉等园林中常用的花木。李渔特别偏爱刚直不阿的修竹。李渔对于原来基地上的多年大树，不是斫了而是保存并用以造景。李渔不但保留了大树，还使之与建筑、叠石结合在一起，相得益彰，轩榭楼台，掩映于花木山石之间，使芥子园形成一派秀丽清新的园景。李渔这种使树木与山石、建筑有机结合的手法，是值得我们借鉴与继承的。

李渔认为取景在借，而"开窗莫妙于借景"。他除了在"来山阁"楼上置景窗，以"窥钟山气色"外，还创造性地应用了"无心画"的手法。芥子园的假山位于"浮白轩"的后面，"是此山原为像设（指李渔垂钓坐像），初无意于为窗也。后见其物小而蕴大，……尽日坐观，不忍阖牖。乃瞿然曰：是山也，而可以作画；是画也，而可以为窗；……遂命童子裁纸数幅，以为画之头尾，及左右镶边。头尾贴于窗之上下，镶边贴于两旁，俨然堂画一幅，而但虚其中，非虚其中，欲以屋后之山代之也。坐而观之，则窗非窗也，画也；山非屋后之山，即画上之山也……而'无心画''尺幅窗'之制，从此始矣。"

《闲情偶寄》一书中的《居室部》分房舍、窗栏、墙壁、联匾、山石等五章，《器具部》制度、位置二章，《种植部》有木本、藤本、草本、众卉、竹木等五章。以下重点介绍《居室部》。

《居室部》房舍第一，开宗明义第一句："人之不能无屋，犹体之不能无衣。"提出"房舍与人，欲其相称"，向背以面南为正向。值得注意的是在"高下"款中指出："房舍忌似平原，须有高下之势，不独园圃为然，居宅亦应如是。前卑后高，理之常也。然地不如是，而强欲如是，亦病其拘。总有因地制宜之法，高者造屋，卑者造楼，一法也；卑处叠石为山，高处浚水为池，二法也；又有因其高而愈高之，竖阁磊峰于峻坡之上，因其卑而愈卑之，穿塘凿井于下湿之区。总无一定之法，神而明之，存乎其人，此非可以遥授方略者矣"。

窗栏第二，提出"制体宜坚"和"取景在借"二款，尤其是后款，通过窗栏以借景的发挥，可称一绝，且"能得其三昧"。"制体宜坚"中指出"窗棂以明透为先，栏杆以玲珑为主，然此皆属第二义；其首重者，止在一字之坚，坚而后论工拙。"式样"宜简不宜繁，宜自然不宜雕斫"。又说："窗栏之体，不出纵横、欹斜、屈曲三项"，并各图一则以例之。"取景在借"款中指出"开窗莫妙于借景"。先从湖舫说起，"止以窗格异之"。湖舫"四面皆实，独虚其中，而为'便面'之形。实者用板，……虚者用木作框，上下皆曲而直其两旁，所谓便面是也，纯露空明，……是船之左右，止有二便面，……坐于其中，则两岸之湖光山色，寺观浮图，云烟竹树，以及往来之樵人牧竖，醉翁游女，……尽入便面之中，作我天然图画。且又时时变幻，不为一定之形。非特舟行之际，摇一橹，变一象，撑一篙，换一景，即系揽时风摇水动，亦刻刻异形……此窗不但娱己，兼可娱人……固是一幅便面山水，而以外视内，亦是一幅扇头人物……予又尝作观山虚牖，名'尺幅窗'，又名'无心画'……予又尝取枯木数茎，置作天然之牖，名曰梅窗。"

山石第五，是论及园庭中叠山极为精粹的一章。开头便说"幽斋磊石，原非得已。不能致身岩下，与木石居，故以一卷代山，一勺代水，……然能变城市为山林，招飞来峰使居平地，自是神仙妙术，假手于人以示奇者也，不得以小技目之。"意思是说即使不能居住在大自然环境中，而住在城市中，只能在住宅中以一卷代山，一勺代水的创作

第7章 元明时期园林

来表现自然。他认为"且磊石成山,另是一种学问,别是一番智巧"。他又说"从来叠山名手,俱非能诗善绘之人。见其随举一石,颠倒置之,无不苍古成文,纡回入画,此正造物之巧于示奇也"。李渔指出叠山磊石"有工拙雅俗之分,以主人之去取为去取。主人雅而喜工,则工且雅者至矣;主人俗而容拙,则拙而俗者来矣"。这也是《园冶》中所谓"三分匠七分主人""第园筑之主,犹须什九,而用匠什一"的意思。当然叠石掇山不仅要胸有丘壑,而且有工程技术问题,需要依靠工匠来完成。

李渔认为"山之小者易工,大者难好。予遨游一生,遍览名园,从未见有盈亩累丈之山,能无补缀穿凿之痕,遥望与真山无异者"。他指出:"累高广之山,全用碎石,则如百衲僧衣,求一无缝处而不得,此其所以不耐观也。"他主张"以土间之,则可泯然无迹,且便于种树。树根盘固,与石比坚,且树大叶繁,浑然一色,不辨其为谁石谁土。列于真山左右,有能辨为积累而成者乎?此法不论石多石少,亦不必定求土石相半,土多则是土山带石,石多则是石山带土。土石二物原不相离,石山离土,则草木不生,是童山矣"。

至于小山的堆叠,又当别论。他认为"小山亦不可无土,但以石作为主,而土附之"。因为"土之不可胜石者,以石可壁立,而土则易崩,必仗石为藩篱故也。外石内土,此从来不易之法"。可见他认为庭园中筑小山,要以石为主,而土附之。又云:"瘦小之山,全要顶宽麓窄,根脚一大,虽有美状,不足观矣。"至于用山石而"言山石之美者,俱在透、漏、瘦三字。此通于彼,彼通于此,若有道路可行,所谓透也;石上有眼,四面玲珑,所谓漏也;壁立当空,孤峙无倚,所谓瘦也。然透、瘦二字在于宜然,漏则不应太甚。"还说"石眼忌圆,即有生成之圆者,亦粘碎石于旁,使有棱角,以避混全之体。"叠石时"石纹石色,取其相同。如粗纹与粗纹,当并一处,细纹与细纹,宜在一方,紫碧青红,各以类聚是也。然分别太甚,至其相悬接壤处,反觉异同,不若随取随得,变化从心之为便。至于石性,则不可不依;拂其性而用之,非止不耐观,且难持久。石性维何?斜正纵横之理路是也。"

李渔谈到石壁时说:"假山之好,人有同心,独不知为峭壁,……山之为地,非宽不可;壁则挺然直上,有如劲竹孤桐,斋头但有隙地,皆可为之。且山形曲折,取势为难,……壁则无他奇巧,其势有若累墙。但稍稍纡回出入之,其体嶙峋,仰观如削,便与穷崖绝壑无异。且山之与壁,其势相因,又可并行而不悖者,凡累石之家,正面为山,背面皆可作壁。匪特前斜后直,物理皆然,……即山之本性,亦复如是,透迤其前者,未有不崭绝其后,故峭壁之设,诚不可已。但壁后忌作平原,令人一览而尽。须有一物焉蔽之,使坐客仰观不能穷其颠末,斯有万丈悬崖之势,而绝壁之名为不虚矣。蔽之者维何?曰:非亭即屋。或面壁而居,或负墙而立,但使目与檐齐,不见石丈人之脱巾露顶,则尽致矣。"至于石器的位置,"不定在山后,或左或右,无一不可,但取其地势相宜。或原有亭屋,而以此壁代照墙,亦甚便也。"谈到石洞时,他说:"假山无论大小,其中皆可作洞。洞亦不必求宽,宽则借以坐人。如其太小,不能容膝,则以他屋联之,屋中亦置小石数块,与此洞若断若连,是使屋与洞混而为一,虽居屋中,与坐洞中无异矣。"鉴于"贫士之家,有好石之心而无其力者,不必定作假山。一卷特立,安置有情，时时坐卧其旁，即可慰泉石膏肓之癖。"零星小石"亦能效用于人，岂徒为观瞻而设？使其平而可坐，则与椅榻同功；使其斜而可倚，则与栏杆并力；使其肩背稍平，可置香炉茗具，则又可代几案。花前月下，有此待人，……名虽石也，而实则器矣。"

总体来说，李渔的山石一章立论中，处处有他独特的发挥，而且也像前人一样还从叠石掇山形势上，从工程技术上和结合植物配置上立论。

《种植部》，李渔首先注云："已载群书者片言不赘，非补未逮之论，即传自验之方。欲睹陈言，请翻诸集"。表明"一家言"的宗旨。他认为"草木之种类极杂，而别其大较有三，木本、藤本、草本是也。"这是一种简单分法。在论述中木本第一，计 24 种；藤本第二，计 9 种；草本第三，计 18 种；众卉第四，计 9 种；竹木第五，计 12 种，总计 72 种。他的论述着重对树木花草的品评，它们的特性，偶及品种以及艺植之法。

7.7 小结

元明商品经济持续发展，促进了城镇的发展和繁荣，市民队伍不断壮大，成为社会的重要阶层，他们的社会需求和社会生活对整个社会产生了深远的影响，园林世俗化的现象非常明显。

以文人士大夫为代表的社会精英仍然主导着园林的发展方向，士流园林的全面"文人化"，文人园林主导了民间造园活动，促进了中国写意山水园林的成熟，成就了中国古典园林艺术发展的高峰。

随着我国商业城镇的快速发展，城镇市民数量大幅度增加，城镇市民成为使用园林、建设园林的不可忽视的阶层，推动了市民园林的产生与发展。私家园林呈现出多样化的发展趋势，园林形式地域分化尤为明显。明末清初，经济文化繁荣的江南地区，涌现出一大批职业造园家，他们总结造园实践经验，刊行了多部有关造园理论的书籍。

在时代艺术创作思想的影响下，尤其受到元明文人画的影响，造园中重要的叠山技艺有了较大的突破，明末清初出现了以张南垣、计成为代表的造园家，强调"截溪断谷""未山先麓"的叠山手法，再现大自然中人们经常可以接触到的山根山脚。

思考练习

1. 论述张涟的造园叠山创新思想及对中国园林发展的影响。
2. 简述《园冶》的主要内容。

第8章 清代园林

8.1 社会背景概况

8.1.1 政治、经济

明末，女真族的杰出人物努尔哈赤起兵于建州，经过多年奋斗而建立后金国，于1616年称汗。经过抚顺东郊萨尔浒之战击败明军，后又攻占沈阳并以之为都城（1625年）。努尔哈赤去世后，其子太宗皇太极继位，1636年，改国号为清，次年攻陷朝鲜京城。清太宗逝世后，世祖顺治帝嗣位（1644年）。当年3月李自成攻下了明都北京城，驻在山海关防清的明将吴三桂"冲冠一怒为红颜"，引狼入室，联合清军攻打李自成。清人利用这个机会，宣称为明帝报仇，遂于该年5月进入北京城，取得了全国的统治地位。

康熙之世，削平三藩之乱，收复台湾，与俄国签订《尼布楚条约》，西征准噶尔，平定西藏。乾隆继祖雄风，平定回疆，使缅甸入贡，击败廓尔喀，剿灭郑氏割据，收复台湾。乾隆晚年时，世风渐趋奢华，政治和武力出现缓怠。清朝在康熙、雍正、乾隆三代连续130年的治世下，出现了中国封建社会最后一个灿烂辉煌的太平盛世。

从这个时代起，欧洲诸国锐意向东方强制通商，实行侵略。英国殖民印度，进而威胁中国。清政府软弱无力，军队腐败，致使在鸦片战争中失败，于是割地赔款，丧权辱国。又经过第二次鸦片战争、中法战争、中日甲午战争、八国联军侵华，清政府不断丧失国土，与法、英、日、俄、德、意、比、荷、奥等列强签订一系列不平等条约。在此民族危机的岁月中，先后发生了太平天国、戊戌变法、义和团等救亡图存运动，但由于帝国主义和封建顽固派的联合剿杀都归于失败。

然而，帝国主义列强和封建顽固派的屠刀并没有吓倒英勇的中国人民。伟大的民主革命先行者孙中山先生，审时度势，提出"驱逐鞑虏，恢复中华，建立民国，平均地权"等战斗号召，掀起了轰轰烈烈的武装推翻封建王朝的斗争。1911年10月，在武昌起义的炮声中，统治中国长达268年的最后一个封建王朝，终于轰然倒塌了。

清代经济发达，人口大增，乾隆时期已达3亿人。清代采取开垦荒地、移民边区及推广新作物以提高粮食产量的政策，以满足社会需求。明清时期的农业和手工业进一步发展，商业也很发达，商品货币经济空前活跃。商品性生产的发展，商品流通范围的扩大，促使一些新的工商业市镇的兴起和发展，例如汉口镇和朱仙镇就是位处交通枢纽点而兴起，而佛山镇和景德镇发展为专司生产如丝绸、瓷器等高价值产品的城镇。至嘉庆年间，这四镇并称为"四大名镇"。许多重要城市如北京、江宁（今南京）等地，更趋发达。

8.1.2 文化

清统治中原后，清室也尽可能保留本族文化，并且维持本身文化与汉文化的平衡。清初以来，所有施政文书都以汉文、满文两种文字发布。自康熙起大力推行以儒学为代表的汉文化，汉传统经典成为包括皇帝在内的满族人必修课。

清代学术兴盛，文人学者对明以前各朝代的种种学术都加以钻研、演绎而重加阐释，集历代之大成，梁启超称清代为中国的"文艺复兴时代"。鉴于晚明政治腐败、内忧外患不断，宋明理学流于空泛虚伪，致使清初学者多留心经世致用的学问。明亡于流寇，清定鼎中原后，一时学者痛定思痛，排斥空谈心性的宋明理学与阳明学，推究各朝代治乱兴衰的轨迹，提出种种改造政治与振兴社会的方案，使清初学术思想呈现实用主义的风气，发展出实事求是的考据学。清代文学多元发展，兼容并包历代之文学特色。清代文学面向相当复杂多样，但质量上也良莠不齐。清代画坛由文人画占主导地位，山水画科和水墨写意画法盛行，更多画家追求笔墨情趣。

清代是我国历史上造园最多的时期，北方的皇家园林和江南的私家园林，同为中国古代后期园林发展史上的两个高峰。清代所建皇家苑囿之多，规模之大，内容之丰富，建筑之华丽，为历史上以往任何时代所不及。康熙、乾隆多次南巡，足迹遍及江南园林荟萃的扬州、苏州、无锡、杭州、海宁等地，对江南私家园林产生极大的兴趣。乾隆有较高的汉文化素养，喜好游山玩水，自诩"山水之乐，不能忘于怀"，对造园艺术亦有一定的见解。清代在宫苑建设中，吸收了许多江南园林的布局、结构和风韵，有的建筑则是直接仿照南方园林的景物而建的，如圆明园内的安澜园是仿海宁陈氏园而建的，小有天则是仿自西湖汪氏园，颐和园内的惠山园，后改名谐趣园，是仿自无锡秦氏寄畅园而建的。

清中叶后，宫廷和民间的园居活动频繁，园林已由赏心悦目、陶冶性情为主的游憩场所转化为多功能的活动中心。同时又受到封建末世的过分追求形式和技巧纤缛的艺术思潮的影响，园林里面的建筑密度较大，山石用量较多，大量运用建筑来围合、分隔园林空间或者在建筑围合的空间内经营山池花木。这种情况，一方面固然得以充分发挥建筑的造景作用，促进了叠山技法的多样化，有助于各式园林空间的创设；另一方面则或多或少地削弱了园林的自然天成的气氛，助长了园林创作的形式主义倾向。

康、乾之际，中、西园林文化交流得到一定发展。秦、汉以来，历代皇家园林都曾经引进国外园林花木、鸟兽，乃至建筑、装饰等艺术。乾隆年间任命供职内廷如意馆的欧洲籍传教士主持修造圆明园内的西洋楼，西方的造园规划艺术首次全面引进中国宫苑。一些对外贸易的商业城市，华洋杂处，私家园林出于园主人的赶时髦和猎奇心理而多有模拟西方的。东南沿海地区因地缘关系，早得西风欧雨，大量华侨到海外谋生，致富后在家乡修造邸宅或园林，其中便掺杂不少西洋的因素。同时，中国园林通过来华商人和传教士的介绍而远播欧洲。在当时欧洲宫廷和贵族中掀起一股"中国园林热"，首先在英国，促进了英国风景式园林的发展，法国则形成独特的"英中式"风格，成为冲击当时流行于欧洲规整式园林的一股强大潮流。

8.2 皇家园林

清代的造园盛期是自康熙皇帝开始到乾隆皇帝为止。康熙皇帝用武力取得了政局的稳定，经济得到恢复和发展以后，就开始了皇家园林的建设。建设集中在北京的西郊和河北的承德两地。

承德是清代皇帝带着皇族狩猎和习武的地方，那里山清水美，气候凉爽。康熙四十二年（1703年）开始在那里利用山丘起伏和热河泉水汇集之地兴建皇家园林，占地面积共8000余亩（500多公顷），造就了清代最大的皇家园林——承德避暑山庄。北京的地形是三面环山，中间为一小平原，地势由西向东逐渐倾斜，北京的西郊正处于西面山脉与平原交接之处，多丘陵，除西山外，还有玉泉山、瓮山，地下水源充足。自金代开始，这里就建有不少皇家和私家园林。到清代，把这些官私园林都没收入官，康熙利用明代官吏李伟的"清华园"旧址建造了畅春园。接着又将玉泉山的澄心园改建为静明园，在香山建造了静宜园。康熙四十七年（1708年），在畅春园的北面特别建造了圆明园赐给他的儿子胤禛，胤禛当皇帝后，把圆明园扩建，可以在里面处理政务和居住，成了雍正皇帝的离宫。乾隆皇帝即位，国内经过一段休养生息，国力昌盛，经济繁荣，加以这位皇帝好大喜功，又醉心于游乐，在六次下江南巡视过程中饱览了各地风光之美，返京后大兴土木，将园林建造推向高峰。他进一步扩大圆明园，把附近的长春、万春两园并入，成为占地面积5000余亩（300多公顷）的大型离宫御苑。乾隆九年（1744年）圆明园工程完成，乾隆皇帝写了一篇"圆明园后记"，记叙了这座园林规模之宏伟，景色之绮丽，并告诫后世子孙不要再废弃此园而重费民力另建新园了。但是，事隔不久，他自食其言，又在圆明园西边不远的地方，利用瓮山和西湖水面，兴建起另一座皇家园林清漪园。再加上附近的蔚秀园、朗润园、勺园（上三园在今北京大学内）、熙春园、近春园（园在今清华大学内）等，在北京西郊方圆几十里的范围内，几乎是园园相通，楼阁相望，成为一个历史上空前的、举世无双的宫廷园林区。

康熙、雍正、乾隆时期是清代的盛世，经济、文化均呈现出繁荣的局面，有康乾盛世之誉。这一时期，皇家园林建设的规模和艺术的造诣都达到了后期历史上的高峰境地。大型园林的总体规划、设计有许多创新，全面地引进和学习江南民间的造园技艺，形成南北园林艺术的大融糅，为宫廷造园注入了新鲜营养，出现一批具有里程碑性质的、优秀的大型园林作品。然而，皇家园林中亦不乏模仿的痕迹。另外，随着封建社会的由盛而衰，经过外国侵略军的焚掠之后，皇室再没有那样的气魄和财力来营建苑囿，宫廷造园艺术相应地一蹶不振，从高峰跌落低谷。

8.2.1 大内御苑

清代的皇家园林建设主要集中在行宫御苑和离宫御苑，大内御苑多数继承了明代的苑园，在原有的基础上进行了一定的改建。明代的东苑，已经改建为民宅，东苑消失；景山建筑多有增建，改变了原来景山的功能；兔园，园林全部消失；紫禁城内增建了

"建福宫花园"和"宁寿宫花园",御花园和慈宁宫花园基本保持原样;西苑三海以西空地大大缩减,但是园内增加了大量建筑物,苑内景色大为改观。本节仅对最著名的西苑加以详细的介绍。

西苑(图8-1)

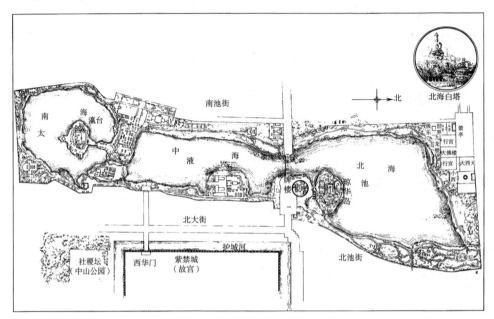

图8-1　清代西苑南、北、中海平面图

西苑:为明代的旧苑,清时对西苑继续进行营建,尤其是乾隆年间,土木工程更为浩繁,现在所见到的西苑三海中的建筑,主要是清代的遗物。清代皇帝崇尚佛教,顺治八年(1651年)听从西藏喇嘛恼木汗的建议,在万岁山上广寒宫旧址建造藏式白塔,并于塔前建造白塔寺(后改名永安寺)。乾隆六年(1741年)至三十六年(1771年)间,不仅在琼华岛上建起许多亭、台、楼、榭,还在太液池的北岸修建了阐福寺、小西天、潋观堂和静心斋等建筑;在太液池的东岸增建了濠濮间、画舫斋等小型园林。中海和南海内的许多建筑,也多是这一时期创建或重建的。晚清时期,慈禧太后挪用海军经费重修三海,在太液池的西岸和北岸,沿湖铺设了小铁路,在静心斋前修建了火车站。光绪二十六年(1900年),八国联军入侵北京,三海遭到野蛮践踏,北海万佛楼中的万尊金佛,被洗劫一空,园中的许多珍贵文物遭到掠夺和破坏。

《国朝宫史》云:"西苑在西华门之西面,门三,中榜曰西苑门"。入苑门即太液池,周广数里,水面占全苑的三分之二。池"上跨长桥,树坊楔二,东曰玉蝀,西曰金鳌。桥北为北海,桥南为中海,瀛台南为南海"。

南海和中海,总面积约100公顷,其中水面面积约47公顷,湖面周围和岛上分布有勤政殿、涵元殿、瀛台、长春书屋、翔鸾阁、千尺雪、万字廊、紫光阁、海宴堂、蕉园、万善殿、水云榭等建筑。

北海(图8-2),总面积约68公顷,其中水面面积39公顷。北海的布局,最初采用传统的"一池三山"模式,太液池中的琼华岛、圆坻和水云榭,象征神话中的蓬莱、瀛洲和方丈三座仙山。北海的主要建筑景物,依其地域分布,可分做团城、琼华岛、太液池北岸和东岸四个部分。

团城:独立于承光左门的西面,其西南紧接金鳌玉蝀桥的东端。金、元时期这里是太液池中的一座小岛,元代称为瀛洲,也因其为圆形而称为圆坻,其上建有仪天殿。圆坻四面环水,东西两面有木桥与池岸相通。明代对仪天殿进行重修,改称承光殿,俗称圆殿。并把小岛东边水面填为陆地,取代原来的木桥,同时在圆坻周围用砖包砌城墙,墙顶砌筑堞垛口,遂形成一座独立的圆形小城,即团城。城高4.7米,周长276米,占地面积4500平方米。团城上的主要建筑有承光殿、古籁堂、余清斋、敬跻堂和玉瓮亭等(图8-3)。

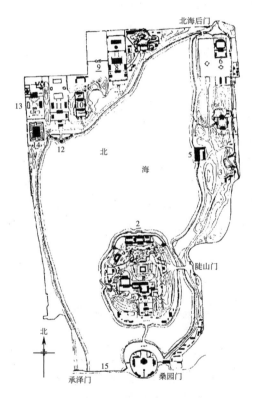

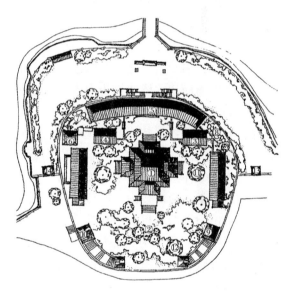

图8-2 清代北海总平面图
1—团城 2—琼华岛 3—濠濮间 4—画舫斋
5—船坞 6—先蚕坛 7—静心斋 8—西天梵境
9—九龙壁 10—澄观堂 11—阐福寺 12—五龙亭
13—万佛楼 14—极乐世界 15—金鳌玉蝀桥

图8-3 清初团城平面图
1—承光殿 2—玉瓮亭 3—古籁堂 4—余清斋
5—敬跻堂 6—沁香亭 7—镜香亭 8—朵云亭
9—昭景门 10—衍祥门 11—遮荫侯 12—白袍将军
13—承光左门 14—承光右门

承光殿位于城的中央,圆形,是团城的主体建筑。清康熙初年,承光殿毁废,康熙二十九年(1690年)重修时,将圆殿改建成平面呈十字形的重檐歇山式建筑。乾隆年间又进行了全面的修缮,即成为现在所见的形式。大殿坐北朝南,正方形,四周各有单檐卷棚式抱厦一间,形成富有变化的十字形平面,重檐歇山顶,上覆黄琉璃瓦绿剪边,瓦顶飞檐翘首。殿内供奉一尊白玉佛。承光殿的东侧有一株古松,称栘子松,相传为金、元时所植。附近还有一株白皮松和一株探海松，均为数百年的古树。承光殿南面建有玉瓮亭一座，面阔及进深各一间，汉白玉石柱，拱形门，庑殿顶，上覆蓝色琉璃瓦。亭内陈设一件大型玉瓮，又称渎山大玉海，高65厘米，直径1.5米。敬跻堂位于承光殿的北面，为一组沿团北缘环列的廊屋。平面呈半圆形，共15间。古籁堂和余清斋位于承光殿与敬跻堂之间。

团城与琼华岛之间有永安桥相连，桥南北两端，分置堆云、积翠木制牌坊，故永安桥又称堆云积翠桥。桥南端与团城的中轴线对位，但桥北端则偏离琼华岛的中轴线少许。为了弥补这一缺陷，乾隆八年（1743年）改建新桥呈折线形，桥北端及堆云牌坊均东移，使桥之南北端分别与团城、琼华岛对中，从而加强了岛、桥、城之间的轴线关系。

琼华岛（图8-4），在元代称为万岁山，亦称万寿山，明清时期又称琼华岛或万岁山。顺治八年（1651年），在山顶建造白塔，因此又有白塔山之称。琼华岛四面临水，南面和东面有桥与陆岸相通。岛中间为白塔山，山高32.8米，周长937米。全岛面积为4.5公顷。

白塔，为一座藏式喇嘛塔，由塔基、塔身和塔顶三部分组成，高35.9米。琼华岛以白塔为中心，南、西、北、东四面，都布置有建筑景物。

白塔山南面的主要建筑为永安寺，建于顺治八年（1651年）。永安寺是一组布局均齐对称的建筑群。由永安桥北的堆云坊而北，拾级而上即永安寺的寺山门。山门内东西两侧，有钟鼓楼各一间，北面正中为法轮殿。法轮殿后拾级而上左右各有一亭，东曰引胜，西曰涤霭。两亭之北为叠石假山和石洞，玲珑窈窕，刻峭崔嵬，各极其致，即所谓的金代由北宋汴京艮岳移来的太湖石。洞之上，左有右有云依和意远二亭。平台正中为佛殿，前曰正觉，后曰普安。两侧各有配殿。普安殿后石蹬道之上为善因殿，殿后即山顶白塔。自山门至白塔构成明显的中轴线。普安殿之西为一进小院落，正厅静憩轩。再西为一进大院落，前殿为悦心殿，后殿为庆霄楼，楼后为撷秀轩。悦心殿前有宽敞的月台，视野开阔，可俯瞰琼华岛以南之三海全景。整个南坡建筑布置轴线、构图严谨，颇能显示宫苑的皇家气派。

西坡地势陡峭，建筑物布置依山就势。主要建筑有琳光殿、蟠青室和阅古楼。临水码头、琳光殿、甘露殿、白塔构成西坡的轴线，但总体来看此轴线不甚突出。由庆霄楼西折而下，有二道，其一，循楼而南，为一房山，因室内有堆砌的太湖石而得名。由石岩盘旋而下，为蟠青室，室皆回廊环抱。由悦心殿西角门出，山半有亭曰揖山，其下有石桥，桥之北正中为琳光殿。琳光殿以北为两层的阅古楼25间，左右围合相抱。西坡的建筑体量较小，布局中轴线不明显，强调因山就势，曲折有致，景观趣味不同于南坡。

北坡的景观又与南坡、西坡不同。北坡地势陡峭，下缓上陡，建筑亦分上下两部分。上部是人工叠石构成的山地景观，这部分建筑物的体量最小，分散为许多组群。西侧的酣古堂是一个幽邃的小院，堂之东侧倚石洞，循石洞而东为写妙石室，其南为揽翠轩。北侧居中为扇面房延南薰，其西为承露盘，其东为环碧楼。白塔山北侧山下部分，傍水有环岛而建的半圆形建筑，东起倚晴楼，西至分凉阁，延楼游廊各六十楹，左右环绕。楼为上下两层，外绕三百余米长的白石栏杆。延楼上层，东为碧照楼，西为远帆

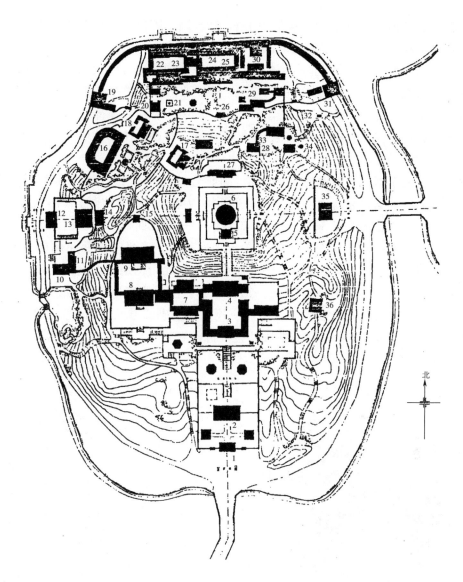

图 8-4 琼华岛平面图

1—永安寺门 2—法轮殿 3—正觉殿 4—普安殿 5—善因殿 6—白塔
7—静憩轩 8—悦心殿 9—庆霄楼 10—蟠青室 11—房山 12—琳光殿
13—甘露殿 14—水精域 15—揖山亭 16—阅古楼 17—酣古堂 18—亩鉴室
19—分凉阁 20—得性楼 21—承露盘 22—道宁斋 23—远帆阁 24—碧照楼
25—漪澜堂 26—延南薰 27—揽翠轩 28—交翠亭 29—环碧楼 30—晴栏花韵
31—倚晴楼 32—琼岛春阴碑 33—看画廊 34—见春亭 35—智珠殿 36—迎春亭

阁；里面，东为漪澜堂，西为道宁斋。这组建筑建于乾隆三十六年（1771年）。游廊之上隔湖北眺，可望见对面的五龙亭、小西天、天王殿等景物。

白塔山的东面，古木参天，山路弯转，含昏吐秀，智珠殿高踞半月城上，半月城又称般若香台，是一座半圆形砖城，亦称小团城。智珠殿建于乾隆十六年（1751年），同时建成的还有城脚下的四柱三楼牌坊。白塔、智珠殿、牌楼、三孔石桥构成明显的中轴线。东坡以植物之景为主，建筑比重最小。

琼华岛四面因地制宜而创造各不相同的景观，规划设计可谓独具匠心。它的总体形象，婉约而又端庄，尤其是从北海的西岸、北岸一带观赏，整个岛屿由汉白玉栏杆镶嵌承托而浮现于水面之上，绿树丛中透出红黄诸色的亭台轩榭，顶部以白洁的小白塔作为收束，通体比例匀称，色彩对比强烈，倒影天光上下辉映，仿佛仙境一般。突出表现了"海上仙山"创作理念。

北海太液池东岸，主要建筑有濠濮间、画舫斋和蚕坛等。东岸沿湖，明代建有藏舟浦，清代在其旧址上建起高大船坞。船坞东面即为濠濮间和画舫斋。（图8-5、图8-6）濠濮间建于清乾隆二十二年（1757年）。濠濮间为一座三面临水的水榭，水上建有九曲石平桥，桥北端有一仿木构石舫，桥南端与水榭相连。濠濮间南面曲廊向上延伸至山顶，廊东有崇椒室，山顶有云岫厂。画舫斋在濠濮间北面，是一组幽雅别致的建筑，亦建于乾隆二十二年。院内有水殿回廊，结构精巧。南面为春雨林塘殿，北面为画舫斋（正殿），东为镜香室，西为观妙室，中间有用条石垒砌的方池。画舫斋东侧有古柯庭，西侧有小玲珑。画舫斋和小玲珑有曲廊相接。古柯庭前有一株古槐，俗称唐槐，约有千余年的历史。古柯庭院内筑堆石假山。

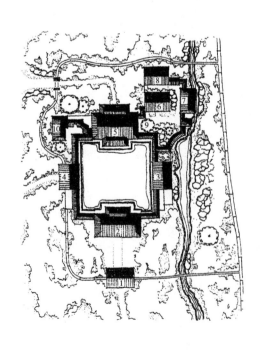 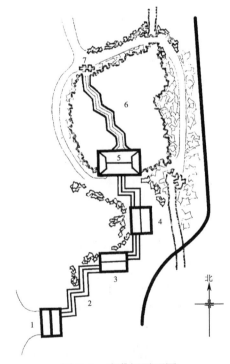

图8-5 画舫斋平面图
1—宫门 2—春雨林塘殿 3—镜香室 4—观妙室
5—画舫斋 6—古柯庭 7—得性轩 8—澳旷室
9—唐槐 10—小玲珑室 11—垂花门

图8-6 濠濮间平面图
1—园门 2—曲廊 3—云岫厂
4—崇椒室 5—濠濮间
6—曲桥 7—石舫

蚕坛：又称先蚕坛，在画舫斋之北，建于乾隆七年（1742 年），是后妃们亲蚕的地方，祭祀蚕种之所。蚕坛为一座碧瓦红墙大院，东北面为亲蚕台，西北面有桑园，正北为亲蚕门，门内即亲蚕殿。亲蚕殿广五楹，东西配殿各三楹。亲蚕殿后为浴蚕池，池北为后殿。东面有一条用方条石砌成的小河，贯通南北，名洗蚕河。蚕坛东另有一座小院，内为先坛殿、打牲亭、井亭、神厨、蚕署等建筑。在洗蚕河东面还有一排二十七间房舍，是蚕妇工作的地方。蚕坛的主要殿宇全部为绿琉璃砖瓦，构造精美，色彩艳丽。

北海太液池北岸建筑较多，自东而西有静心斋、天王殿、九龙壁、澂观堂、阐福寺、五龙亭、小西天、万佛楼等。

静心斋（图 8-7），原名镜清斋，建于清乾隆二十一年（1756 年）至二十四年（1759 年），当时曾名乾隆小花园。静心斋是一座自成格局的庭院。院内以叠石假山为主景，周围配以各种建筑，幽雅而宁静。清代末年，慈禧太后在光绪十一年（1885 年）挪用海军经费，对静心斋进行了大规模修建，在园内西北角增建叠翠楼，同时把镜清斋改名静心斋。并由中南海西岸至北海北岸铺设铁轨，在静心斋前修建一座小火车站。光绪二十六年（1900 年），八国联军侵入北京，小火车站和铁路被捣毁，静心斋被洗劫。1902 年，慈禧太后对静心斋再度进行修葺。

静心斋园林的主要部

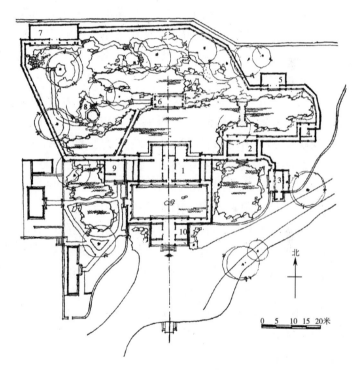

图 8-7　静心斋平面图

1—静心斋　2—抱素书屋　3—韵琴斋　4—焙茶坞　5—罨画轩
6—沁心廊　7—叠翠楼　8—枕峦亭　9—画峰室　10—园门

分靠北，是一个以假山和水池为主的山水空间，也是全园的主景区。它的南面和东南面分别布置着四个独立的小空间。这四个空间以建筑、小品分隔，但分隔之中有贯通，障抑之下有渗透，由迂回往复的游廊、爬山廊串联为一个整体。主要的山水空间最大，绝大多数建筑物则集中在园南部的四个小庭院，作为主体山水空间的烘托。

从烟波浩渺的北海北岸进入园门，迎面为一座方整水院。由开阔而骤然幽闭，通过空间处理的一放一收完成了从大园到小园的过渡。水院正厅即全园的主体建筑"静心斋"。绕过正厅进入园林主体山水空间，则又豁然开朗。

主体山水空间，周围游廊及爬山廊围成一圈。正厅静心斋北临水池，对岸堆筑假山，跨水建水榭"沁心廊"，将水池分为两个层次，与正厅、园门构成一条南北中轴线。池北假山也分为南北并列的北高南低的两重，与水池环抱嵌合，形成了山脉的两个层次。通过增加空间层次来扩大进深感，一定程度上缓解了景区地段进深过浅的缺陷，使南北进深看起来比实际的要深远得多。假山全部用北太湖石叠筑，北倚宫墙，挡住墙外的噪声，保持园内环境的安静。山西北高东南低，一定程度上为园林创造了冬暖夏凉的小气候条件。整组假山博大雄厚中又见婉约多姿。主景区的建筑不多，但与山水的关系处理得很好。沁心廊作为景区的构图中心，与静心斋形成南北主轴线。西北角假山最高处的两层的叠翠楼为景区的制高点。在楼上可远眺园外的什刹海和北海景观，创造了良好的借景条件。西南岗峦上建八方小亭"枕峦亭"，枕峦亭与叠翠楼成犄角呼应之势，又与东面的汉白玉小石拱桥成对景，形成东西向的次轴线。

园内另外三个小庭院罨画轩、抱素书屋、画峰室，均以水池为中心，山石驳岸，厅堂、游廊、墙垣围合，但大小、布局形式各不相同。院内水池与主景区的大水池连通，形成一个完整的水系。

西天梵境，是一座规模较大的寺庙建筑，始建于明代，原是大西天经厂，称大西天禅林。清初殿宇荒芜，乾隆二十四年（1759年），又进行扩建，改称大西天梵境。寺前有一座琉璃牌坊。山门内左右竖石雕经幢，左刻金刚经，右刻药师经。中院正殿为大慈真如宝殿，明代建筑，楠木结构。乾隆时在后院增建八角形佛塔，称七佛塔，还有塔亭。塔亭北建两层琉璃阁，亦称大琉璃宝殿，榜曰华严清界。在琉璃壁上满嵌五色琉璃砖，每块砖上都模印有佛像，因此又称万佛殿。

九龙壁为一座仿木构彩色琉璃建筑，据说是乾隆在看了山西大同明代代王府前的九龙壁后下令仿建的。九龙壁后原有大圆镜智宝殿，殿前有真谛门，九龙壁为真谛门前的一座照壁。大圆镜智宝殿是明代大西天经厂主庙的一部分，1919年大殿失火被焚毁。九龙壁高5米，厚1.2米，长27米，用黄、白、紫、绿、赭、蓝彩色琉璃砖瓦镶砌而成，两面各有蟠龙九条。全国现存九龙壁有三座，大同明王府前的一座为最大，建于明永乐年间。故宫皇极殿门前的一座，建于清代。以上两座均为单面有龙，只有北海的这座是两面都有九条蟠龙。

澂观堂在九龙壁的西北，为一处三重大殿。这三重大殿依次是澂观堂、浴兰轩、快雪堂。此处原为明代太素殿东西值房，乾隆七年（1742年）把太素殿北面的行宫改为先蚕茧馆，乾隆十一年（1746年）改茧馆为阐福寺。乾隆四十四年（1779年）又在澂观堂后院增建快雪堂。

阐福寺在五龙亭的北面，乾隆十一年仿河北正定金代隆兴寺而建，殿内供一尊金丝楠木千手千眼佛。1900年八国联军将大佛捣毁，抢走佛身上镶嵌的无数珍宝。1919年失火，大佛殿及后殿全部被焚毁。现在保存有山门殿钟鼓楼和东西配殿。

五龙亭始建于明万历三十年（1602年），清代曾多次重修，现在的五龙亭是顺治八年（1651年）在明代原有的基础上改建的。五龙亭曲折排列于太液池北岸，宛如一条水中游龙。五龙亭中以中间的一座为最大，上圆下方，名龙泽亭，其顶部为双重檐，亭的四周台基前后均有长方形月台。东面的两座，一名滋香亭、一名浮翠亭，西面的两座，一名涌瑞亭、一名澄祥亭，四亭皆为方形。五亭均建于水中，有桥与陆地相通，五亭之间亦有石桥相连。

小西天本名观音殿，建于清乾隆三十五年（1770年），位于五龙亭的西侧，是北海中一座大型建筑。殿为方形，总面积达1200平方米。方殿四周环水，有桥可通。四面各有一座琉璃牌坊，四角有方亭。

万佛楼位于阐福寺西面，高三层，楼内墙壁布满大小佛洞一万个，每个洞内供一尊金质无量寿佛，因称万佛楼。万佛楼是乾隆十六年（1771年）弘历为庆贺其母八十寿辰而建的。1900年八国联军入侵北京时，万佛楼中的万尊金佛被洗劫一空。万佛楼今已不存，院内尚存一座二层的宝积楼，其西北为妙香亭，亭中有八角形须弥座，上为十六面石构佛塔。

8.2.2 行宫御苑

清王朝在入关前，即与内蒙古各部结成同盟，到康熙年间，采取一系列团结蒙、藏各族人民的政策，外蒙各部亦相继内附，中国作为多民族的国家日臻壮大。北京的西北郊解除了蒙古部族的军事威胁，塞外也处于相对稳定的局面。北京西北郊野，群山环布，流水汇翠，春夏萍藻蒲苻，交青布绿，野鸟虫鱼翔泳其间，风光明媚，清爽异常。这些风景、气候条件较好的郊野地区也就成为清皇室修建"避喧听政"的宫苑时选择的风水宝地。乾隆时期的西北郊，已经形成了一个庞大的皇家园林群。其中规模宏大的有圆明园、畅春园、香山静宜园、玉泉山静明园、万寿山清漪园，这就是后来著名的"三山五园"。

1. 静宜园

静宜园是曾经存在于北京西山余脉香山上的皇家园林，在清乾隆年间建造完成并定名，后在1860年英法联军和1900年八国联军的浩劫中损毁，1913年成为辅仁大学发祥地，现在是香山公园。静宜园两次遭受外国侵略军的焚掠、破坏之后，原有的建筑物除见心斋和昭庙外，都已荡然无存。但它的山石泉水、奇松古树所构成的自然景观，仍然美不胜收。春夏之际，林木蓊郁，群芳怒放，泉流潺潺；秋高气爽之时，满山红叶，层林尽染，尤为引人入胜。

香山是西山山脉北端转折部位的一个小山系，形似香炉，峰峦涌翠的地貌形态为西山其他地方所不及。早在辽、金时即为帝王游猎之地，许多著名的古寺也建置在这里，更增益了人文景观之胜。康熙十六年（1677年），在原香山寺旧址扩建香山行宫，作为"质明而往，信宿而归"的一处的临时驻跸行宫御苑。乾隆十年（1745年），再一次扩建香山行宫，乾隆十二年（1747年）改名为"静宜园"，成为著名的三山五园之一。

静宜园占地140公顷，园内叠岭青铺，层林翠染，泉流澄碧，苔石凝苍。全园分为"内垣""外垣"和"别垣"三部分，共有大小景点五十余处，为著名的"西山雪晴"观赏区。其中乾隆题署的二十八景即：勤政殿、丽瞩楼、绿云舫、虚朗斋、璎珞岩、翠微亭、青未了、驯鹿坡、蟾蜍峰、栖云楼、知乐濠、香山寺、听法松、来青轩、唳霜皋、香岩室、霞标蹬、玉乳泉、绚秋林、雨香馆、晞阳阿、芙蓉坪、香雾窟、栖月崖、重翠崦、玉华岫、森玉笏、隔云钟。从二十八景题名看，人文典故与自然景观相融，诗画凝结其中，而深化了意境。如"青未了"出自杜甫"岱宗夫如何，齐鲁青未了"的诗句；又如"知乐濠"典出庄子与惠子在濠上观鱼的对话，虽谓无果之争，却成为中国园林流传经久不衰的景题。

2. 静明园

静明园位于北京西郊玉泉山麓，占地约65公顷。玉泉山小山岗平地突起，山形秀美，林木葱翠，尤以"玉泉趵突"水景而著称。金代已有行宫的建置，寺庙也不少。康熙十九年（1680年），在玉泉山的南坡建另一座行宫御苑——"澄心园"，康熙三十一年（1692年）改名"静明园"。乾隆十八年（1753年）扩建，将玉泉山及山麓的河湖地段全部圈入宫墙之内，成为一座以山景为主兼有小型水景的天然山水园。园内经乾隆命名的景点有十六处，即静明园十六景：廓然大公、芙蓉晴照、玉泉趵突、竹垆山房、圣因综绘、绣壁诗态、溪田课耕、清凉禅窟、采香云径、峡雪琴音、玉峰塔影、风篁清听、镜影涵虚、裂帛湖光、云外钟声、翠云嘉荫。乾隆五十七年（1792年），全园进行过一次大修，是为该园的全盛时期。

静明园南北长1350米、东西宽590米，园门六座。正门南宫门五楹，西厢朝房各三楹，左右罩门，其前是三座牌楼形成的宫前广场。东宫门、西宫门的形制与南宫门相同。此外，另有小南门、小东门和西北夹墙门。园内共有大小景点三十余处，其中寺、观就占十所之多。许多石穴洞景也都与佛、道的题材有关，山上还建置了四座不同形式的佛塔，足见此园浓厚的宗教色彩。

玉泉山的主峰高出地面五十余米，如果按山脊的走向与沿山湖泊所构成的地貌环境划分，全园可以大致分为三个景区：南山景区、东山景区和西山景区。

山坡南面为南山景区，是以玉泉湖为中心的全园建筑精华荟萃之地。南宫门内有两进整齐对称的院落。前进院落正殿七楹，名"廓然大公"，后进院落殿名"涵万象"，这组建筑是园内的宫廷区，北临玉泉湖，和玉泉湖的乐成阁及南宫门在一条南北轴线上。玉泉湖是园中最大的一处湖面，湖中布列三岛。玉泉泉眼在湖西岸，泉北有龙王庙。龙王庙之南为竹垆山房，是仿无锡惠山听松庵而建的。西岸山坡上还有开锦斋和赏遇楼两处小景点及吕祖洞、观音洞两处洞景。吕祖洞前建道观真武庙，南有双关帝庙。玉泉山主峰上有一组依山势层叠而建的佛寺建筑群，香岩寺、普门观和玉峰塔，构成了南山景区的重点风景，玉峰塔为仿镇江金山塔的形制的八角九层琉璃砖塔。香岩寺以南山坡上还有很多石洞，玉峰塔以东是裂帛洞，湖泉自石壁出溢为渠，湖西岸建观音阁，北岸临水有清音斋，东有心远阁，北为含晖堂，自成别具一格的幽邃小园林。湖水流经园东墙闸口注入玉河流往昆明湖。

玉泉山东坡及东麓为东山景区，以宽10米，长22米的影镜湖为中心，沿湖环列建筑，构成一座水景园，北岸楼阁廊榭，高低错落、曲折围合。植物配置以竹为主，故景题"风篁清听"，湖东岸有船坞及水榭延绿厅，沿湖岸有分鉴曲、写琴廊，向南直达试墨泉。镜影湖北为宝珠湖，泉名宝珠泉，湖西岸有含泛堂、书画舫。山顶主要景点是妙高寺，寺后有锥形五塔名"妙高塔"是园内另一制高点，又后为"该妙斋"。侧峰南面山坡上有楞伽洞、小飞来、极乐洞等景洞。

西山景区即山脊以西的全部区域。山西麓的开阔平坦地段上建置园内最大的一组建筑群，包括道观、佛寺和小园林。道观东岳庙居中，坐东朝西，共有四进院落。第一进山门殿，其前是三座牌楼围合成的庙前广场。第二进正殿仁育宫，第三进后殿玉宸宝殿，第四进后照殿泰钧楼。这是一座规模很可观的道教建筑，乾隆帝认为玉泉山下出泉随地涌流，与泰山之"不崇朝而雨天下"具有同样的神圣意义，故而应建东岳庙以便岁时祭祀，足见此庙的重要性了。东岳庙之南邻为佛寺圣缘寺，规模稍小但也有四进院落。东岳庙北邻之小园林名"清凉禅窟"，正厅坐北朝南，周围亭台楼榭连以曲廊，随意穿错于假山叠石之间。东岳庙之右，转东北沿山坡磴道盘行，当年"山苗礀叶，菲馥缘径"，这就是鸟语花香的采芝云径一景。清凉禅窟之北为含漪湖，湖的北岸临水建含漪斋和游船码头。自此处循山之西麓往北可达崇霭轩。含漪斋之东即园之角门，自香山经石渡槽导引过来的泉水在此穿水门而汇入于玉泉水系。角门外的石铺御道南连南宫门，往西直达香山静宜园。

3. 南苑

南苑是元、明、清三代的皇家苑囿，因苑内有永定河故道穿过，形成大片湖泊沼泽，草木繁茂，禽兽、麋鹿聚集。南苑又称"南海子"，元代是皇家猎场。清代皇帝多次到南苑打猎和阅兵。

南苑即南海子，位于外城永定门外 10 千米。元代为放飞泊，明永乐时复增广其地，清代又多次扩建。南苑占地面积大约 230 公顷。南苑主要是四座行宫，分别为旧衙门行宫（又称德寿寺），南红门行宫，新衙门行宫，团河行宫。

南苑地域辽阔，除了三个海子，都是平坦地带。苑内建筑疏朗，到处松柏苍翠、绿草如茵，成群的麋鹿、黄羊奔逐于茂林之中，一派自然原野的粗犷风光。皇帝经常到这里狩猎，举行阅兵演武活动，即所谓"春蒐冬狩，以时讲武"。南苑实为一座皇家狩猎的行宫御苑。

8.2.3 离宫御苑

1. 畅春园

康熙二十三年（1684 年），康熙帝首次南巡，对于江南秀美的风景和精致的园林印象很深。归来后立即在北京西北郊明代皇亲李伟的别墅——"清华园"的废址上，修建这座大型的人工山水园。

自畅春园落成之后，康熙帝每年约有一半的时间在园内居住，并于康熙六十一年（1722 年）于园内清溪书屋去世。此后雍正、乾隆等皇帝居住于圆明园，畅春园凝春堂一带改为皇太后居所。至道光年间，畅春园已趋破败。咸丰十年（1860 年），英法联军攻入北京火烧圆明园时将其一并烧毁。光绪二十六年（1900 年）八国联军占领北京时，畅春园再次遭到附近居民及八旗驻军的洗劫，园内树木山石均被私分殆尽。至民国时期，畅春园遗址已成荒野，仅有恩佑寺及恩慕寺两座琉璃山门残存。

畅春园于康熙二十六年（1687 年）竣工，供奉内廷的江南籍山水画家叶洮参与规划，延聘江南叠山名家张然主持叠山工程。所以说，畅春园也是明清以来首次较全面地引进江南造园艺术的一座皇家园林。

畅春园建成后，每年的大部分时间康熙均憩于此，处理政务，接见臣僚，这里遂成为与紫禁城联系着的政治中心。为了上朝方便，在畅春园附近明代私园的废址上，陆续建成皇亲、官僚居住的许多别墅和"赐园"。畅春园曾在乾隆时增建，但园林的总体布局仍然保持着康熙时的原貌。如今园已全毁，遗址也被夷为平地。

畅春园占地约60公顷。宫廷区位于园的南面偏东，外朝三进院落：大宫门、九经三事殿、二宫门，内廷两进院落：春晖堂、寿萱春永，成中轴线左右对称布局。苑林区是一水景园，水面以岛堤划分为前湖和后湖两个水域，外围环绕萦回的河道。建筑及景点的安排，按纵深三路布置。据《日下旧闻考》所载，畅春园坐北朝南，园区南部为议政和居住用的宫殿部分，北部是以水景为主的园林部分。从横向来说，畅春园主体建筑分为中、东、西三路，三路建筑各成体系，但又彼此相连。畅春园虽为皇家园林，但整体上仍然具有自然雅淡的特色。

2. 承德避暑山庄

避暑山庄是清康熙帝开始，在热河上营沿武烈河西岸一带狭长的谷地上修建的离宫别苑，在《热河志》和《承德府志》中称作热河行宫，康熙帝亲题"避暑山庄"的匾额后，在康熙和乾隆的诗文中，才见有"避暑山庄"四字，有人称它为承德离宫，坐落在今河北省承德市北部，距北京约250千米。

承德，作为一个城市来说，是因避暑山庄的兴建而发展起来的，作为一个地名，是雍正年间才开始有的。从自然地理区域上说，承德属于冀北山地热河丘陵区西南部一个东西向断陷盆地。承德以及围场一带是我国河北草原区之一，历史上曾是蒙古游牧之地。清朝建立后，由于当时的历史条件，热河的地理位置引起统治阶级的注意。为了适应避暑山庄的建立，人口的增多和社会经济的发展，清政府先后设置了厅、州、府。

清代初年，承德这个城市还未兴起之前，这里原有一个小居民点，叫热河上营，其南还有一个小居民点，叫热河下营。从一个"人烟尚少"的小居民点，迅速发展成为一个"市肆殷阗"的都会，主要由于木兰围场设置后，建立了一系列行宫，特别是热河行宫兴建后，避暑山庄成为仅次于北京的一个重要政治中心。

承德周围，群山起伏，峰峦怪石，奇峰突兀。最奇特的是市区东面的磬锤峰（又名琵琶山），在山巅的一块硕大天然巨石，突然挺立，上肥下瘦，状若洗衣槌，俗称棒槌山。

避暑山庄（图8-8），占地面积约560公顷，是清代修建的离宫别苑中最大的一个，庄址的东面是武烈河；南面是市街；西面是广仁岭的西沟；北面是狮子岭、狮子沟。山庄的整个外围线近似一个多边形，周围筑有宫垣并雉堞。就自然地势来讲，山庄的地形复杂，有山岭、沟谷、泉涧、湖沼、谷原等多种地貌景观，山岭部分约占山庄总面积的76%，因此宫以山庄命名，正体现了山区是主体的这一特色。山岭部分，岗峦起伏，峡谷交错，有大抵自西北往东南走向的山峪四条。谷内有涓涓细流的山涧和四条主沟。由南往北，依次为水泉沟、水泉沟西端的西峪（又称棒子峪）、梨树峪和松林峪以及松云峡（又称旷观沟）。除西峪较短，走向为微偏西的南北向外，其余三条都是西北东南走向。在避暑山庄的东部偏南有一泉,叫作热河泉,不仅出水较旺,且水温也较高,即使隆冬季节也不会结冰。这个泉水以及山涧奔汇而来的水,构成低地的湖泊区。湖泊区北部是一望无垠的呈三角状的谷原,有山地,有榆杨之属的树林。湖区和谷原的平均海拔约350米,由于地势较高,林木茂密,水面开阔,直接影响到这里的小气候,即使在盛夏季节,也凉爽宜人,到了冬季,由于这一带山峦恰似为谷原湖区树起一道巨大的风障,有效地遮挡了西北寒风的直接侵袭,所以气候比附近地区更为温暖。

图8-8　乾隆时期避暑山庄平面图

避暑山庄周围有优美山峦景色：南望有形似僧帽的冠帽峰；东南望近处有罗汉山，远处有峰峦高低不一如鸡冠状的鸡冠山；东望近处有磐锤石、蛤蟆石，再远处有天桥山；西望广仁岭一带岗峦起伏；北望金山黑山一带峰峦重叠，景色如画。此外，随着年月的发展，山庄外围的附近山岭上陆续建有雄伟壮丽的寺庙11处，可资因借，这在园林史上更是绝无仅有的。

避暑山庄的整体布局，左面有湖，右面有山。山势自北向西，四面环抱，湖水自东北向南流。园内有宫殿、庭园、寺庙等建筑约120处，大体可分为宫殿区和苑林区两个大的部分。

宫殿区在山庄内东南部平地上，自西向东排列有正宫、松鹤斋、万壑松风和东宫等四组建筑。

正宫在宫殿区的最西部，是皇帝在山庄期间处理朝政和寝居的地方。宫前有宫门三重，门内有正殿澹泊敬诚及依清旷、十九间诸殿，北面有后寝烟波致爽楼和云山胜地楼等建筑。

正宫门，即山庄正门，名丽正，是袭用元大都皇城的名字。丽正门建于乾隆十九年（1754年），为乾隆题额三十六景之一。门前列石狮一对及下马碑，左右连接宫墙，迎门为红色照壁。穿过外午门为内午门，又称阅射门，建于康熙四十九年（1710年），1711年康熙题额避暑山庄，因此又称避暑山庄门。

澹泊敬诚殿，又称楠木殿，在午门内。始建于康熙四十九年（1710年），乾隆十九年（1754年）又用楠木将整个大殿进行了改建。每当夏雨连绵，楠木发香，沁人心肺。庭院植古松四十余株，苍劲淡雅。清代皇帝在避暑山庄期间，各种隆重典礼都在这里举行。

依清旷殿在澹泊敬诚殿后，建于康熙四十九年（1710年），乾隆时改称四知书屋，是清帝大典时休息更衣和平时召见大臣、处理事务的场所。

烟波致爽殿是寝宫的主要建筑，亦建于康熙四十九年（1710年）。卷棚歇山顶，面阔七间，青砖素瓦，门窗廊柱均不饰彩绘，保持原木本色，建筑风俗及形制与前朝各殿保持一致。殿内正中是皇帝接受后妃朝拜和幼年皇子晨昏定省的地方。殿东梢间两间，是皇帝处理政务之暇与后妃们闲谈之处。西梢两间，外间为仙楼，是皇帝每天早晨拜佛的地方；里间又称暖阁，是皇帝的寝室。

云山胜地楼在烟波致爽殿之后，亦建于康熙四十九年（1710年），是一座玲珑别致的两层楼房，面阔五间，楼内不设楼梯，楼前点缀小巧的假山，山上叠成蹬道代替楼梯。楼上西间为佛堂，门用楠木雕成莲花状，故又称莲花室，内供青玉观音。楼上东间是帝后赏月和眺望北面山庄景物之地。楼后有垂花门，名岫云门，出门为驯鹿坡，即苑景部分。

松鹤斋在澹泊敬诚的东面，与正宫平行。康熙时期皇太后于山庄避暑，常住在榛子峪的松鹤清樾。乾隆十四年（1749年）仿正宫形制建松鹤斋，供皇太后居住。松鹤斋是一组七进院落的建筑群。正殿七间，有乾隆题额松鹤斋，后改为含晖堂。堂后大殿七间，名绥成殿，后改为继堂，道光十二年（1832年）将以前各代清帝画像供奉于此殿。

继堂后为乐寿堂，后改为悦性居，是皇太后的寝宫。再后为畅远楼，二层，形式与正宫的云山胜地楼相似。楼后右垂花门，与万壑松风相通。

万壑松风在山庄宫殿区的北部，建于康熙四十七年（1708年）。此地高敞，据岗临湖，主要建筑为万壑松风大殿，面阔五间，殿南为三间平房，名鉴始斋，还有静佳室等。各殿之间有回廊相通，北面有叠石蹬道。此处是皇帝赏景、读书、批阅奏章和接见官员的地方。

东宫在山庄宫殿区的东部，故称东宫，建于乾隆十六年（1751年）。其前连德汇门，后接湖区水心榭，地势较正宫约低6米。其布局由南而北有门殿，东、西井亭，前殿，清音阁，福寿阁，勤政殿，卷阿胜境殿等。勤政殿是皇帝处理朝政的别殿，其后为卷阿胜境殿，是乾隆奉母进膳的地方。此殿于1933年被日本侵略军烧毁。东宫的其他殿堂亦于1945年失火被焚。

苑林区，又可分为湖区、平原区和山岳区三个部分。

湖区在宫殿区以北，面积约43公顷，湖光变幻，洲岛错落，亭榭掩映，花木葱茏，是山庄风景的中心，一派江南景色。以热河泉为主流，山庄内松云峡、梨树峪、松林峪、榛子峪、西峪等峡谷山水，在这里汇成湖面，统称塞湖，另外，园外武烈河和狮子沟西来的间隙水也成为湖水的重要水源。湖面被细径长堤和大小洲岛分割成为澄湖、长湖、西湖、半月湖、如意湖、银湖、镜湖等若干小的水面，其中以如意湖的水面为最大。长堤仿杭州西湖的苏堤，建于康熙四十二年（1703年），是开辟山庄时修建的最早景点之一。堤为南北走向，正好与湖面狭长形相适应，也吻合于以宫廷区为起点的游览路线。湖泊的东西两半部分之间设置水心榭，下设闸门调节水量，保证枯水季节有一定的水位。

湖区面积不到全园的六分之一，但却集中了全园一半以上的建筑物，乃是避暑山庄的精华所在。康熙、乾隆都曾六次巡游江南，尽览园林景物之美。他们选取江南园林名胜中的佳处，仿建于山庄湖区，汇集江南水乡泽国的园林景胜，形成塞外的江南。洲岛上有仿镇江金山寺修建的金山寺，仿嘉兴南湖烟雨楼修建的烟雨楼，仿苏州沧浪亭修建的沧浪屿，仿苏州狮子林修建的文园狮子林。之外，还有水心榭、清舒山馆、月色江声、戒得堂、花神庙、静寄山房、采菱渡、如意洲、热河泉和船坞等建筑和景物。整个湖区内建筑布局都能够恰当而巧妙地与水域的开合聚散、洲岛桥堤和绿化种植的障隔通透结合起来。

水心榭在东宫之北，坐落在下湖与银湖间的石桥上，水榭共三座，建于康熙四十八年（1709年），康熙题额水心榭。南北两亭为重檐四角攒尖顶，中间一亭为重檐卷棚歇山顶，建筑比例匀称，组织紧凑。两端原有牌坊。榭下设八孔水闸，俗称八孔闸。亭榭东面莲叶荷翠，芙蓉满池；西面则银波涟漪，亭榭倒映水中，秀丽如画。

文园狮子林位于镜湖南部西岸，水心榭之东，西、南两面临银湖、上湖与下湖。乾隆南巡时，曾临幸苏州狮子林，非常赞赏，遂命画师绘图以归，在圆明园的长春园和避暑山庄各仿建了一座，各具特色。文园狮子林由三个独立的院落组成，入口一院为中院，院中前有纳景堂，后有延景楼，布置端正，中轴线分明。西院为文园，东院为狮子林，二院均以水面为主。文园有虹桥、横碧轩等景胜。狮子林小湖石叠落，磴道盘曲，山顶建亭，中间建有清閟阁。文园狮子林结构精巧，布局灵活，是独具江南特色的园林代表作。

清舒山馆在文园北侧，旁临东湖，西与月色江声隔元宝湖相望，南与水心榭相连，建于康熙四十八年（1709年）。馆内有含德斋、静妙堂、澄云楼、颐志堂、畅远台等建筑，秋天景色最美。此组建筑现已无存。

戒得堂在清舒山馆东面镜湖中心岛上。康熙晚年曾刻"戒之在得"小玺。乾隆四十五年乾隆七十寿辰，驻跸山庄时题额戒得堂。戒得堂南向五楹。后庑为镜香亭。堂北为问月楼，五间，二层。楼东为群玉亭，亭南为含古轩，轩南为来薰书屋，再南为佳荫室，室外俯临流水，有面水斋三楹，与佳荫室相对，建筑已毁。

月色江声在水心榭之北，是与芝径云堤相连的一个岛屿。临湖门殿三楹，康熙曾题额月色江声。门内为静寄山房，门殿西有冷香亭。静寄山房后面是莹心堂，堂后为湖山罨画。各殿堂之间有回廊相通。

如意洲是澄湖与如意湖间的一座小岛，西南有芝径云堤与正宫相通，因岛的形状像只如意，故名如意洲，是山庄的主要景点之一。洲上原有建筑很多，集景近二十处之多。全部建筑采用封闭四合院形式，高低参差，主要建筑有无暑清凉门殿。由芝径云堤北行，东侧有门殿五楹，长廊环抱，门前红莲满湖，绿树缘堤，康熙题名无暑清凉。门殿内有延薰山馆，不饰雕绘，朴素雅致。馆后为寿乐堂，康熙时原名水芳岩秀。无暑清凉之西有一个小景区，有观莲所，亭北是金莲映日，因庭前植旱金莲而得名。金莲映日之西是云帆月舫，是一座临水的船形建筑，周围石栏。云帆月舫右面为西岭晨霞，其后有室三楹，后檐北向，康熙题额沧浪屿，窗外临池，为如意洲中的一个小园。全洲绿树成荫，花香袭人。

烟雨楼建于如意洲北面的青莲岛上，仿嘉兴南湖烟雨楼而建，是湖区中路的结景部分。烟雨楼建于乾隆四十五年（1780年），楼高二层，上下各五间，四面有回廊环抱。烟雨楼坐落水中，每当夏雨绵绵，登楼远眺，水天一色，一片苍茫。楼东有平房三间，名青杨书屋。楼东南有一方亭，东北有一八角亭，西南有平房三间，为对山斋。斋前堆假山，山顶有一六角亭。假山下有洞府。

金山在澄湖和如意湖的东侧，建于康熙四十二年（1703年）。金山为水中岛屿，全部用石砌筑，亦是一座规模宏大的假山，上为旷台，下为岩洞。岛上建筑高低错落，参差有致，北面和西面环湖，以假山为蹬道，两边有码头。山顶旷台上建天宇咸畅殿，三楹，南向。殿北筑上帝阁，仿镇江金山寺而建，俗称金山，上帝阁六角三层，是金山的主体建筑。金山亭作为湖区的重要建筑物，发挥了重要的成景作用，它是许多风景画的构图中心。

热河泉在金山之北，澄湖的东北角，是沿燕山断裂带涌出的深层地下水，即使在寒冬时节水温亦在8℃左右，泉边雾气蒸腾，蔚为壮观，是避暑山庄主要的水源。泉侧有巨石，上刻热河二字。

远近泉声位于湖区西北山脚下，原来是一座观瀑亭。这一带峰岭回抱，瀑布悬空。

山顶居高临下，置珠源寺、绿云楼，山腰有云容水态、涌翠岩、千尺雪等。观瀑亭，俯临碧水。湖水紧抱山脚，峰岭益增清秀，山吐瀑布溪流，愈显水的深远。

平原区在湖区以北，东界宫墙，西、北依山，占地80公顷。平原区的建筑物很少，大体上沿山麓布置，以便显示平原之开阔。沿湖岸自东而西有莆田丛樾、莺啭乔木、濠濮间想、水流云在四亭，作为观水赏林的小景点，可坐揽湖光山色，同时也是平原区域湖区交接部的过渡处理。平原区的收束处恰好是它与山岭交会的枢纽部位，在这里建置全园最高的建筑物永佑寺舍利塔。平原区大体可分成万树园和试马埭两部分。

万树园在平原区的东部，建于康熙四十二年（1703年），占平原区的大部分。这里林木丛生，绿草如茵。原有古榆、古松、巨槐、老柳，挺拔劲立，翁郁苍莽，麋鹿出没，富于山野情趣。其中原有嘉树轩、春好轩、永佑寺、乐成阁等建筑，掩映林间。清代皇帝经常在万树园一带野宴少数民族王公贵族，有时也在此接见外国使节。每次组织活动时，都要搭起几处大蒙古包，进行大规模的摔跤、杂技、魔术等表演，有时晚上还要施放焰火。

试马埭在万树园的西面，为一片绿地，是一处很大的赛马场，乾隆题名试马埭。此地绿草如绒，平齐如剪，点缀数处蒙古包，颇有蒙古草原风光。

莆田丛樾在澄湖北岸，地近热河泉，原建有一座重檐六角亭，亭东南有流杯亭和瓜圃，亭北临万树园。水流云在亭在澄湖北岸，为沿湖四亭最西的一座，四面出厦呈十字形。濠濮间想在澄湖北岸，为一座单檐六角亭，前临芳洲，后翳密林。莺啭乔木在水流云在亭之东，为单檐六角亭，南临澄湖，北连万树园。

在万树园北，宫墙拥抱山脚一带，原有澄观斋、宿云檐等一组建筑，是文人们编纂、校理书籍的地方，康熙时曾在这里编纂了《数理精蕴》，乾隆时曾根据乾隆的指令编纂了《热河志》。今天我们对避暑山庄的了解，很多都是根据《热河志》的记载。

文津阁是一座仿浙江宁波范氏天一阁而建的藏书楼，建于乾隆三十九年（1774年），位于平原区的西部，长湖北面的土岗之北。文津阁是一处园中之园，外有石砌虎皮墙环绕，自成院落。阁的外观为两层，实为三层，即在上下层之间有一暗层。阁前有水池，池东有石桥，将池分成大小两池，池下有暗渠与长湖相通。水池的东、西、南三面，有假山环绕，呈半月形。沿石磴而上，山西有四角形趣亭，山东有月台碑，刻乾隆御书月台二字。山下有洞府，前后贯通。设计者巧妙地利用山洞南壁构出的缺口，在水池中倒映出新月形。站在阁前向池中望去，可见一弯新月在水中轻轻抖动，抬头仰望则天空丽日高悬，真是"日月同辉"，别具情趣。热河的文津阁同大内的文渊阁、圆明园的文源阁、沈阳清故宫的文溯阁，合称内廷四阁，又称北四阁，都是藏书楼。

山岳区在山庄的西北部。山岭大体为西北东南走向，自北而南而西有松云峡、梨树峪、松林峪、榛子峪、西峪等数条峡谷。山内幽谷溪流，峰回路转，极为清雅幽静。以峡谷为骨干，因山布置有许多建筑，如南山积雪、青枫绿屿、北枕双峰、凌太虚、山近轩、宜照斋、碧静堂、梨花伴月、创得斋、绿云楼、食蔗居、四面云山、秀起堂、静含太古山房、有真意轩、绮望楼、松鹤清樾、锤峰落照等。此外，还有许多寺庙，佛寺有琳源寺、旃檀林、水月庵、碧峰寺、鹫云寺；道观有广元宫、丰老阁等。

松云峡是山庄最北的一条峡谷，谷中苍松挺拔，溪水潺潺，陂陀雄浑，松涛呼啸，俗称避暑沟。峡中原有很多建筑。松云峡南山麓的最深处，山岭呈"丫"字形，入口处有一六角形阁，近山顶处有碧静堂，左有松鹤间想楼，右有静赏堂，跨涧飞梁为净练溪楼。松云峡北面一条小山谷中有山近轩。

梨树峪在山区的中部，有梨花万树。康熙四十二年（1703年）在梨树峪建殿五间，名梨花伴月。

在山岳区的四个高峰上，置有锤峰落照、四面云山、南山积雪、北枕双峰四亭，控制全园的空间，居高临下，可从不同角度观赏全园的景色。锤峰落照在芳园居的西岭上，建于康熙年间，与山庄东面五里许的磬锤峰遥遥相对。每当夕阳西下，东部诸峰大多暮色苍然，惟磬锤峰孤立高耸，金碧辉煌，故名锤峰落照。四面云山在山区西北。东望磬锤峰挺拔独立，蛤蟆石外行欲跳，天桥山和平桥凌空飞架。四面群山环抱，千状万态，云蒸岗绕。南山积雪在松云峡的北坡，为康熙四十二年建造的一座方亭，康熙题名南山积雪。秋末，登亭可望见塞外诸峰积雪。北枕双峰在南山积雪之北，当秋高气爽，纵目北眺，五六十里外的黑山、金山，并峙天际，深远高洁。金碧辉煌的须弥福寿之庙、普陀宗乘之庙等建筑，亦历历在目。

除此之外，在避暑山庄的东面和西面山麓间，从康熙五十二年（1713年）至乾隆四十五年（1780年），还相继建成十一座寺庙，即溥仁寺、溥善寺、普乐寺、安远庙、普宁寺、普佑寺、须弥福寿之庙、普陀宗乘之庙、殊象寺、广安寺、罗汉堂。其中有八座庙由朝廷派驻喇嘛，由理藩院发放银饷，又由于这些庙宇地处京师之外，所以人们习惯地称其为外八庙。所有这些寺庙，均规模宏大，壮丽豪华，集中了汉藏等各式佛寺的建筑风格，是避暑山庄外围的重要景观。同时，由于这些寺庙的位置得当，使山庄得以借景，为山庄增色非浅。

避暑山庄的三大景区，湖泊区具有浓郁的江南情调，平原区宛若塞外景观，山岳区象征北方的名山，乃是移天缩地、融冶荟萃南北风景于一园。婉转的宫墙犹如万里长城，园外有若众星捧月的外八庙分别为藏、蒙、维、汉的民族形式。园内外整个浑然一体的大环境就无异于以清王朝为中心的多民族大国的缩影。山庄不仅是一座避暑园林，也是塞外的一个政治中心。

3. 圆明园

圆明园位于长春园的北面，原为明代的一座私家园林，清初收归内务府，康熙四十八年（1709年）赐给皇四子作赐园。开始时，规模比较小，雍正三年（1725年）开始扩建。乾隆（弘历）在作皇子时，赐居在圆明园内的长春仙馆，把桃花坞作为他读书的地方。乾隆在位时，对圆明园曾连续不断地有新的修建。

长春园跟圆明园并列而居其西。弘历即位后以畅春园作为太后居住奉养的别苑，以圆明园作为"御以听政""游观旷览之地"。不久（至迟乾隆十年），就开始修建长春园。绮春园在圆明园东南、长春园西南。

乾隆时期，圆明、长春、绮春三园同属圆明园总管大臣统辖，因此，一般通称的圆明园也包括长春、绮春二园在内。为了明确起见，或称圆明三园。

第8章 清代园林

兴建圆明园的基本思想，在胤禛的《圆明园记》中已提得很明确，就是为了要"宁神受福少屏烦喧，而风土清佳，惟园居为胜"。对于好燕游的帝王来说，禁宫的建筑格局严整，法式一定，即使雕栋画梁，也易久居生厌，于是离宫别苑的营建年繁。别苑中的建筑，不拘泥于格式，可以有曲廊回屋的变化，更重要的是可以"因高就深，傍山依水，相度地宜，构结亭榭"，取得自然之趣。清代帝王，自玄烨（康熙帝）以来，每到熙春盛夏，就在离宫别苑居住，为能"避暑迎凉"，只在冬至大礼的前夕才返回禁宫，过了农历新正，郊视完毕后，就又到别苑中居住。圆明园初为皇子邸园，胤禛即位后，为了"御以听政"才扩建有临朝视政的正殿，"宵披章奏""召对咨询"、接见臣子的殿，还"分列朝署，俾侍直诸臣有视事之所。"

圆明园，无论是从山水、景物的创作上，还是园林的布局上，建筑的布置上，都有其突出的成就，独特的特色，是中国园林艺术史上一个光辉的杰作。

圆明园位于北京西郊一个泉源丰富的地段，圆明园的创作能够巧妙地利用这一地区自然条件的特点，把自流泉水（包括引入万泉和玉泉两个水系），用溪河方式形成自己的完整水系，同时就可运用溪河作为构图上分区的范围线，又把水汇注在低洼处，形成众多水面，大小水面和河道占全园面积的一半以上。大的水面称海，如福海宽达600余米，中等水面如后湖，宽200米左右。其余众多小水面，宽度约四五十米至百米不等。回环萦流的溪河把这些大小水面串联为一个完整的河湖水系，在功能上提供了乘舟游览和水运的方便。在挖溪河湖池的同时，就高垒上叠石堆成岗阜（最高山峰不超过20米，通常高10米左右），彼此连接，形成众多的山谷隈坞。在这些溪岗萦环的境域中，随形就势，构筑成组的园林建筑群，诚如胤禛《圆明园记》中所写："因高就深，傍山依水，相度地宜，构结亭榭"。就是在这样的形势中创作了一区又一区，一景复一景多样变化的宏伟园林，这正是圆明园布局上的特色。古人对于布局的基本原则之一，叫作"景从境出"，就是说景物的丰富和变化，都要从"境"产生。这里所谓的"境"，也就是布局的意思。圆明园的布局创作出众多的曲水围绕、岗阜回抱等可以构景的形势，或者说境域。如果仅仅曲水回绕而且一望平坦，就难有形势可言，正因为有岗阜回抱才得以或障或隔，就得以因高就深，傍山依水，创作出各种形势——境，此后不同的景就出之于不同的境了。

园林的布局当然不是单纯的山水地貌创作，圆明园的布局不仅从山水地貌创作上着手，同时还从建筑布置上着眼，因为建筑才是圆明园的表现主题。它们与局部山水地貌和树木花草的布置相结合，从而创作出丰富多彩、性格各异的景点、景区和园中园。

圆明园的建筑类型是极为丰富的，建筑物个体的尺度与宫中、寺庙中同类型的建筑无论是柱高、开间和进深都要小一些。这也与全园的堆山叠石都不高大，水面也不宽有关。除了后湖（宽200米）、福海（宽600余米）外，一般都是小水面或仅一弯泓水；除九孔桥外，一般都是简朴的小桥、平桥。建筑物的个体形象，除少数殿堂外，大都能突破宫式规范的束缚，甚至采取民居形式。园中殿宇，除安佑宫、舍卫城与正大光明殿外，鲜用斗拱，屋顶形状，仅安佑宫大殿为四柱庑殿顶，其余为歇山、硬山、挑山，都作卷棚式，一反宫殿建筑之积习，其平面布置，亦于均衡对称中力求变化，有工字、口字、田字、井字、偃月、曲尺诸形及三卷、四卷、五卷诸殿。亭之平面，有四角、六角、八角、十字、流杯、方胜数种，以爬山、叠落各式游廊与殿宇委曲相通。桥梁则有圆拱、瓣拱、尖拱及木板桥多种样式，又或覆以廊屋，若古之阁道。其余内部装修与坊楔、船只，名目繁多，不能殚举。

圆明园中，建筑群体的组合上，除了少数为帝王后妃等居住寝所的建筑群，例如九州清宴、保合太和殿、十三所等格局严整，以及像茹古涵今、长春仙馆等建筑组合略有变化外，各个景区的建筑组合都是富有变化的。虽然都是平屋曲室，但在组合上或错前或错后，并依势而用爬山、叠落等游廊连接组成。不仅平屋的图式有异，廊的样式也不同，或墙廊、复廊、敞廊，或直或曲或弯，各依势因景而定。总之，各个室屋的安排，看起来好像散断，实际是左呼右应，曲折有致，极尽变化之能事。所有这些有错落有曲折的变化，绝不是平面构图上单纯追求形式上的变化，而是为了构景而有的，各有其造景主题要求。令人惊奇的是圆明园中数十组建筑群的组合没有两组是雷同的。

圆明园在园林艺术成就上，虽然以建筑组群为表现主题，但跟北京其他的宫苑是不同的。圆明园不像颐和园那样有万寿山上佛香阁建筑群或北海琼华岛上白塔建筑群那样宏伟的建筑作为全园中心，并以此来表现帝王的至尊庄严。然而圆明园却以包罗丰富的景点、景区（圆明园约有一百多个景点、景区），众多的精美建筑群，来表现帝王的尊荣富贵。从总平面图约略地一看，可以看出圆明园虽然有福海和后湖为水系的中心，但主要还是溪涧四引和岗阜隈坞的安排，在溪岗曲绕或回抱中，结合形势布置建筑组群，就形成一个景区，或以单幢的或成组的建筑，其作用在于点景或就此赏景，或兼而有之的景点。圆明园的每个景区、景点各有其不同的造景主题的表现，从平面图上看，都是以不同组合的建筑群为主体。除了少数例外，圆明园中大部分景区都是四面绕以溪河。

圆明园在园林艺术上的成就，主要是除创作山水地貌的形势，结合建筑组群以构景之外，树木花草的种植也自有其特色。就全园来说，无论山岗上、山坡上，遍植林木芳草，葱郁翠密；或依山面湖，竹树蒙密；庭院中嘉树张荫，草卉丛秀；尤多花木。总的说来，松竹树木葱郁，四季花木怒放，沼有蒲莲，池养锦鳞，鸟语禽鸣，宛若优美的大自然环境。虽然圆明园各景点、景区的种植，不能一一详考，但从四十景图咏的诗序可以了解到园中有不少的景是以植物作为造景主题的：如镂月开云，以牡丹胜；天然图画以竹胜；碧桐书院因庭左右修梧数株而命名；杏花春馆环植文杏，花开如霞；武陵春色则山桃万株；曲院风荷，也因荷花最多而有是名。总之，采用了以群植某一观赏植物成景的传统手法，但又结合建筑组群构成景区。

帝王的宫苑，在内容上必然要反映出封建统治阶级的意识形态，体现在布局上、建筑内容上和命名上。例如，环绕后湖的九岛，象征"禹贡九州"，寓意"普天之下莫非王土"，还有寓意四海升平的九州清宴、万方安和。有标榜帝王孝行的鸿慈永祜，有歌颂帝王德行的涵虚朗鉴、茹古涵今。宗教是封建统治的精神支柱，有取材于佛经的洛迦胜景和舍卫城（供奉佛像），有仿雍和宫后佛楼的日天琳宇，有取意于道家仙山琼阁的方壶胜境和象征东海三神山（一池三山格局）的蓬岛瑶台。有清代最崇拜的关帝庙，祀花神的汇万众春之庙，此外还有龙王庙、刘猛将军庙等。有表示崇文尊道，储四库全书的文源阁，有表示崇农弄田的多稼如云和竹篱茅舍、田家风味的北远山村。此外，为着适应园居生活上需要而有酬节听戏的同乐园，园西之南北长街为模仿民间市肆的买卖街，有锡宴校射陈火戏之地，在山高水长区中央的空旷地。

宏伟壮丽的圆明园，大体上可依水系构图分为五大区（图8-9）。第一区包括大宫门、分列朝房、各衙门直房以及朝贺听政的正大光明殿、勤政亲贤殿组合、保和太和殿组，可称作宫廷区。第二区总称后湖区，包括环着后湖为中心的九岛（即九州清宴和逆时针方向为序的镂月开云、天然图画、碧桐书院、慈云普护、上下天光、杏花春馆、坦坦荡荡、茹古涵今）；包括九岛东面（自北而南为序）的曲院风荷、苏堤春晓、九孔桥、前垂天貎和洞天深处、如意馆；包括九岛西面（自北而南为序）的万方安和、山高水长、十三所、长春仙馆以及西南隅的园中园即藻园。第三区可称北园区，虽也有水系联络，但不像第二区那样以有较大水面的后湖为中心而明显，就地位来说，大体还可分为东、中、西三部分，东部（自北而南为序）包括西峰秀色、舍卫城、坐石临流和同乐园；中部包括濂溪乐处、汇万总春之庙、武陵春色、柳浪闻莺、文源阁、水木明瑟、映水兰香和澹泊宁静；西部包括汇芳书院、鸿慈永祜、日天琳宇、瑞应宫、月地云居和法源楼。第四区可称福海区（或东园区），福海中心为蓬岛瑶台，环海南岸（自西而东为序）有湖山在望、一碧万顷、夹镜鸣琴、南屏晚钟、西山入画、山容水态和东南隅园中

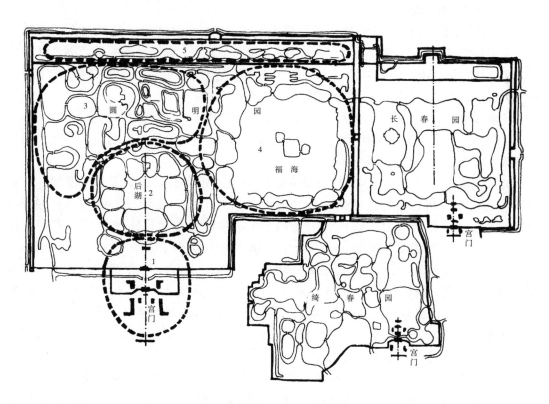

图8-9　圆明园分区图

1—大宫门-宫廷区　2—九州景区　3—北部景区　4—福海景区　5—内垣外北条景区

园别有洞天；东岸（自南至北为序）有观鱼跃、接秀山房、涵虚朗鉴、雷峰夕照、福海东北隅的方壶胜境和蕊珠宫以及三潭印月；北岸（自东至西）有藏密楼、君子轩、水山乐、双峰插云、平湖秋月和安澜园；西岸（自北而南为序）有廓然大公、深柳读书堂、延真院、望瀛洲和澡身浴德。第五区为内宫垣北墙外的长条地区简称内垣外北条区，自东起有天宇空明、关帝庙、若帆之阁、北远山村、鱼跃鸢飞、多稼如云、顺木天，到西端的紫碧山房止。

从功能上说，第一区即宫廷区是专为受朝贺听政和理政而设置的。第二区即后湖区除了帝王后妃王子居住的寝殿如九州清宴、慎德堂、长春仙馆、十三所等外，其他景区都是游憩燕乐的园林建筑组群。第三区即北园区的各组建筑群大都有特殊的用途，如安佑宫是供奉清圣祖、世宗等神位的祖庙，月地云居是包括有严坛、大悲坛、宴坐水月道场的庙宇，日天琳宇是截断红尘的化外之城，普贤源海是禅区，汇万总春之庙是供十二月花神的庙宇，文源阁是藏书之处，同乐园是市货娱乐的地方，舍卫城是为了供各地进献的佛像而筑，其他为园林建筑。第四区即福海区，福海中心的蓬岛瑶台是神仙传说，一池三山的格局，环绕福海诸景点、景区大都是仿江南名胜或名园之意来建造的，全都是赏心游乐的建筑组区。第五区，有一部分是封建帝王为了调换口味，在宫苑里建成农村样式的北远山村，显示帝王重农，有稻田等多稼如云。

4. 清漪园（颐和园）

清漪园（颐和园的前身）始建于乾隆十五年（1750年），是一座以瓮山（原称金山，弘历建清漪园后改称万寿山）和瓮山泊（又称大湖泊、金海，明时称西湖，弘历建清漪园后改称昆明湖）为主体的离宫御苑。颐和园是光绪十二年（1886年）光绪为讨慈禧太后的欢心，将英法联军焚毁的清漪园修复后改名的。

清漪园所在地区早在金元时代已经是郊野风景名胜区，有行宫别苑的设置。明孝宗时，瓮山南坡中部兴建有圆静寺。清代初期，西湖瓮山的情况虽然没有多大变化，但寺庙等因年久失修，风貌已远不如昔年。

乾隆十四年（1749年），弘历开始在西湖瓮山兴建大报恩延寿寺和清漪园，乾隆十五年三月改西湖之名为昆明湖，改瓮山之名为万寿山。乾隆二十九年（1764年）全部园工完成。乾隆以后的嘉庆、道光两朝，清漪园仍保持原来的规模、内容和格局，只是极个别的增减或易名。咸丰十年（1860年）九月，英法联军进犯北京，十月五日联军占领海淀，第二天开始掠夺和纵火焚毁圆明园、畅春园、清漪园、静明园、静宜园诸苑，清漪园数日间被劫被焚十分惨重。光绪十二年（1886年）开始重建，光绪十四年改名颐和园，颐和园的工程结束于光绪二十一年（1895年）。颐和园修复历时约十年之久，但也没有完全修复。光绪、慈禧太后重建后的颐和园，其性质已变，从一个离宫御苑变成行宫御苑。

明代瓮山、西湖、玉泉山之间山水连属，景观上互为资借的关系十分密切。玉泉山的山形轮廓秀美清丽，故时人多以玉泉山与西湖并称，在玉泉山南坡特为观赏湖景而修建"望湖亭"。至于瓮山，山形比较呆板而又是一座秃山，也就不大受到游人的重视。当年的西湖并不像现在昆明湖的样子，它与瓮山的连属关系也不同于现在的情况。瓮山与西湖的位置虽具有北山南水的态势，但两者的连属关系却不理想（图8-10）。

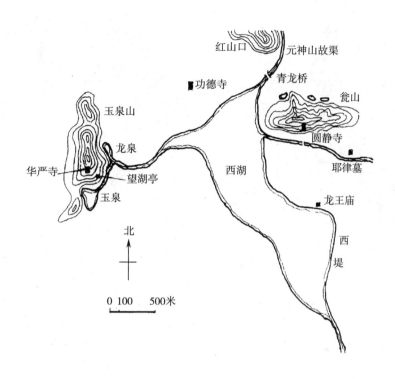

图8-10 明代西湖附近平面图

经过疏浚后，昆明湖湖面往北拓直抵万寿山南麓，龙王庙保留为湖中的一个大岛——南湖岛。湖东岸利用康熙时修建的西堤以及元、明的旧堤加固改造之后，成为昆明湖东岸大堤，改名"东堤"。东堤北建一座三孔闸，控制昆明湖往东流泄水量。"西堤"为昆明湖中纵贯南北的另一条大堤，西堤以东的水域广而深，是昆明湖的主体。西堤以西的水域比较小一些，浅一些，在这个水域中堆筑两个大岛——治镜阁、藻鉴堂，与南湖岛成鼎足而立的布列，构成"一池三山"的皇家园林传统理水模式。昆明湖的西北角另开河道往北延伸，经万寿山西麓，通过清水桥沿着元代白浮堰的引水故道连接北面的清河，这就是昆明湖的溢洪干渠。干渠绕过万寿山西麓再分一条支渠兜而转东，沿山北麓把原来零星的小河泡连缀成一条河道"后溪河"，也叫"后湖"。湖面经过开拓、改造之后，构成山嵌水抱的形势，万寿山仿佛托出水面的仙岛，完全改变了原来西湖与瓮山尴尬的山水连属关系，为造园提供了良好的地貌基础（图8-11）。

清漪园的范围，包括万寿山和昆明湖，大体说来，约计295公顷，水面约占3/4（图8-12）。由于三面不设宫墙，使园内园外连成一片且更为广阔，也更有利于借景。

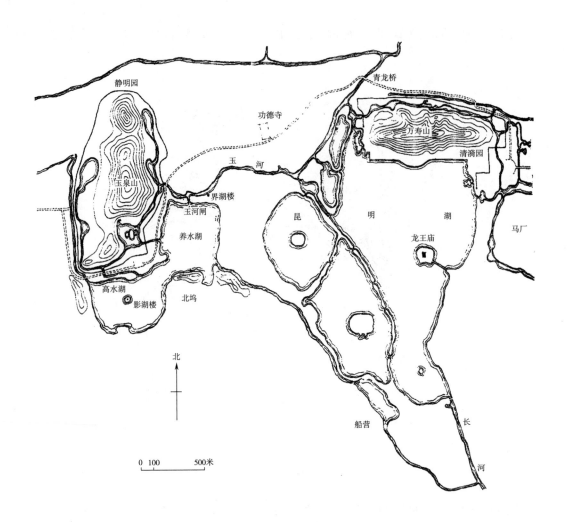

图 8-11 乾隆时期清漪园及其附近总平面图

清漪园有着优美的自然环境,地势高凸低凹,万寿山巍然矗立,昆明湖千顷汪洋,湖光山色,相映成趣,近景有玉泉山,有稻畦千顷、农家村落,远景有峰峦秀丽的小西山。这个地区原就是自然风景胜区,经人力经营,依山临水建筑亭阁楼台,长廊轩榭,湖中又筑有长堤岛洲,成为帝王的行宫别苑。

作为行宫别苑,遵循宫与苑分置的规制,清漪园不例外,也有宫廷区,即紧接于园的正门东宫门内一个相对独立的小区。虽有勤政殿,弘历一般也不在这里进行政治活动,只具有象征意义。弘历主要居住在圆明园,清漪园是日常游赏饮宴之所,宫殿、辅助用房所占比重极小,多半集中在宫廷区。

清漪园,从平面构图上来看,辽阔的湖区是全园的主体,从立体构图上来看,巍然的万寿山是主体,然而这个山和水彼此又互相关联。辽阔的湖跟巍然的山是平面和立面的对比,纵形和横形的体量对比,是动和静的情态对比。成为对比的湖和山又互相借景而呈现了湖光山色的多种形态,荡舟湖上时,万寿山及其豪华壮丽的建筑群是视景的焦

第8章 清代园林

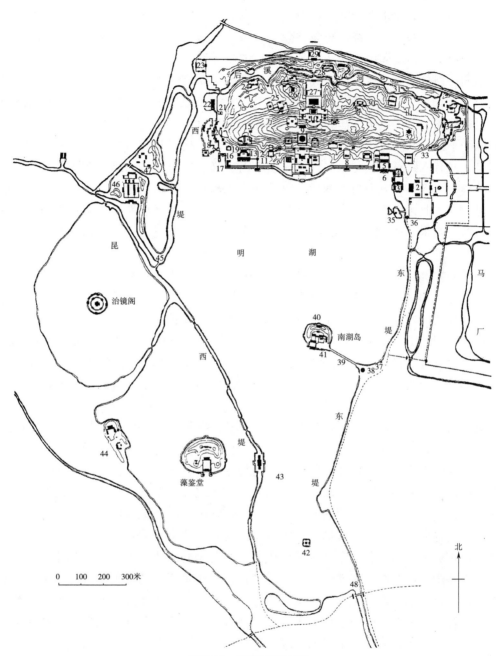

图 8-12 清漪园平面图

1—东宫门 2—勤政殿 3—玉澜堂 4—宜芸馆 5—乐寿堂 6—水木自亲 7—养云轩 8—无尽意轩 9—大报恩延寿寺 10—佛香阁 11—云松巢 12—山色湖光共一楼 13—听鹂馆 14—画中游 15—湖山真意 16—石丈亭 17—石舫 18—小西岭 19—蕴古室 20—西所买卖街 21—贝阙 22—北船坞 23—西北门 24—绮望轩 25—赅春园 26—构虚轩 27—须弥灵境 28—后溪买卖街 29—北宫门 30—花承阁 31—澹宁堂 32—昙华阁 33—赤城霞起 34—谐趣园 35—知春亭 36—文昌阁 37—铜牛 38—廓如亭 39—十七孔桥 40—望蟾阁 41—鉴远堂 42—凤凰墩 43—景明楼 44—畅观堂 45—玉带桥 46—耕织图 47—蚕神庙 48—绣漪桥

点，身在山上时，湖水清澈涟漪以及堤桥岛洲辉映又成为视景的焦点。但到了后山后溪河区，则又是一番景色。缘河行忽狭忽宽，或收或放，两岸树木森森，轩馆堂斋，列于上下，而惠山园这一园中之园正好是后溪河的收势处。

全园可划分四大景区：山前湖区、前山景区（附宫廷小区）、后山景区、后溪河区。

（1）山前湖区　山前湖区东堤，北端为文昌阁，是在方形、敦实、高大的城关上建置的两层楼阁，下层供奉文昌星君，上层供奉玉皇大帝。在文昌阁西北的近岸湖中，平卧着两个小岛，其间有小桥连接成一体。东岛较大，岛上建置有重檐攒尖顶的方亭——知春亭，并有六跨石板桥与东岸连接。这个岛、亭、桥与文昌阁组成东堤北端的一个景点。知春亭小岛，一方面与玉澜堂、夕佳楼、水木自亲等临湖建筑互为对景，一方面包围了昆明湖东北角半抱状小水面，增加了亲切气氛。知春亭小岛又是可以北眺山麓临湖建筑，西眺西堤、西湖和玉泉山远景，南眺廓如亭、十七孔桥、南湖岛诸景的重要景点。

东堤的中部有十七孔长桥连到湖中心的一个大岛，桥的东端偏南建置一座特大型八角重檐亭即廓如亭，岛、桥、亭结合成为一组景点。

清漪园建园之前，原西湖东岸（明代称西堤或西湖长堤）有龙王庙。弘历开拓西湖为昆明湖，把龙王庙址保留在湖心，堆筑大岛（后人称南湖岛），岛重新修建为广润祠。南湖岛位置正好在昆明湖最大水域的中央，无论从山上或湖上，自东堤或西堤眺望湖面，它都是一个视景焦点，如点睛一般，同时从南湖岛又可四面环眺，四周景色全收眼底。

南湖岛的平面近似椭圆形，东西宽约120米，南北长约105米，占地面积为1公顷。在地形创作上，岛的北部堆土较高，形成有起伏的山岗，并在山岗最北端叠石筑台，台上建三层高阁即望蟾阁。这样，既提高了岛屿的高度，又形成了湖中有山的形势。山岗和北半部以山林为主，成为岛南部较密的建筑群的北障。东部的堆土成山也较高，山上密树成林，构成树障。岛的西面则相反，树木较稀疏，以利纵观湖光山色。岛的南部主要有两组建筑群：偏东的广润祠，是供奉龙王的庙宇建筑，偏西的澹会轩是一组四合院型居住建筑群。广润祠和澹会轩分别构成东、西两侧的南北向轴线。岛的中央为雄踞高台之上的涵虚堂与左右的配楼云香阁和月波楼，成鼎足而三的配列，并构成岛中央南北向中轴线。这一东一西一中的三条轴线各有一端延伸到岸边而成为码头或水榭。涵虚堂这组建筑轴线，跟万寿山中轴线上排云殿、佛香阁、智慧海及其左右配列，隔水遥遥相对。登堂凭栏北望，万寿山全景如一幅长卷横展眼前，丛翠中高阁崇楼金碧辉煌，俯视昆明湖绿波中画舫点点。鉴远堂在岛南临水而筑，这里的湖水波平如镜，遥望西岸垂柳护堤，南望凤凰墩在烟水悠悠中，又是一番景色。

岛由一座宽8米、长150米的十七孔长桥与东堤相连，式仿卢沟桥。长桥不仅是连接东堤和洲岛的桥梁，而且无形中把昆明湖水面划分，同时桥本身又是湖上一景，无论从万寿山上俯望，或从东西堤上眺望，都可成为视景焦点，尤其是水中倒影更显得优美动人。长桥东端偏南建置的廓如亭，体形特大。岛、桥、亭三者组合成一组。在廓如亭的斜对面，长桥东端偏东北，有镇水铜牛。

湖水收束于绣漪桥,为石制高拱桥,桥面石级急峻,实际为交通上需要少,着重在水面观赏,或登临桥顶,凭眺湖光山色。绣漪桥北,湖中圆岛,上为凤凰墩。后来到道光年间,因公主多于皇子,奉旨拆除凤凰墩上建筑,仅存一孤州。

前述瓮山泊,明代称为西湖,清乾隆年间经疏浚拓展为昆明湖,但也有仿杭州西湖那样邑郊风景胜地来规划清漪园的意图,尤其是西堤。据说西堤是仿杭州西湖苏堤筑起来的。堤上的六桥,除界湖桥、玉带桥无亭外,其他四桥上都建有敞亭,式样各异。亭桥是仿自扬州瘦西湖的一种建筑形式。西堤上大量种植柳树,同时柳间栽桃,形成柳绿桃红的景色。西堤六桥是串缀在柳绿桃红堤上的六颗明珠,使西堤更加景色宜人。

西堤以西的水域称西湖,在镜桥与玉带桥之间有一堤斜向西南横隔,分为上、下西湖。下西湖的湖心有岛,岛上建有藻鉴堂、烟云舒卷殿和春风啜茗台一组建筑。有荷池,有柏树杂木,四周多灌木。

为了由水路从大内航运清漪园、玉泉山,玉河和长河也按照水上游览航道的要求加以规划,沿长河建置了一系列码头和殿宇,如西直门外高梁桥畔的绮虹堂是水路和陆路的中转站。乾隆十六年(1751年)秋天,长河—昆明湖—玉河—玉泉山这条水路正式通航,也成为一条长达12千米的皇家专用水上游览线。

上西湖的治镜阁北湖岸为延赏斋,西为蚕神庙,北为织染局,其后为水村居。延赏斋在玉带桥之西,前为玉河斋,左右廊壁嵌耕织图石刻,河北立石刻耕织图三字。

(2)宫廷区、前山景区 清漪园万寿山的前山中央部分正是壮丽的建筑群集中地区,构成一条明显的南北中轴线,并依轴线的左右对称布置建筑,形成东西两条次轴线,在清漪园时期中轴线上为大报恩延寿寺,东侧次轴线上为转轮藏和慈福楼,西侧次轴线上为宝云阁和罗汉堂。

大报恩延寿寺是弘历修建清漪园的借口之一,是为祝母后六十整寿,表孝心报亲恩、祝长寿而建。寺从湖岸至山顶,沿山坡逐层起台地而筑。《日下旧闻考》卷八十四载:"大报恩延寿寺,前为天王殿,为钟鼓楼,内为大雄宝殿,后为多宝殿,为佛香阁,又后为智慧海。"可知,此寺可分为由下而上的前、中、后三部分。

前部,临湖为寺前场院,建牌楼三座,山门即天王殿,五楹。山门内庭院西厢为钟楼,东厢为鼓楼,钟鼓楼之北各建石幢一座。庭院正中长方形水池,上跨石桥,过桥第一层台地,寺之正殿即大雄宝殿坐北,面阔七间。殿前出月台,月台正中建碑亭一座,石碑上刻弘历制《万寿山大报恩延寿寺记》全文。正殿后第二个台地院,坐北为后罩殿多宝殿,五楹,殿前设八字形石磴道,东西厢各建碑亭一座。

中部倚半山腰构筑石砌高台,台平面方形,边长45米,地面高程约42米,台的南壁高23米,设置八字形大石磴道。石台上最初要修建的是一座九层佛塔称延寿塔,是弘历第一次南巡时看到杭州开化寺六和塔巍峨壮观,归来后在清漪园最显要位置上仿六和塔而建的重点工程。在塔身修建到第五层和第八层时,弘历还赋诗以纪其事,但到乾隆二十三年(1758年)接近完工的时候突然发现坍圮的迹象,奉旨停修,全部拆除。拆塔是因工程事故,又由于京师西北隅不宜建塔的风水迷信和其他原因,不再恢复建塔而改建阁即佛香阁。佛香阁为平面八角形，外檐四层，内檐三层的楼阁，第一层供千手观音菩萨，第三层供旃檀古佛，屋顶为八角攒尖顶。

佛香阁居石台中部，沿四周建回廊成廊院形式，其东、西、北三面就坡因势堆叠山石，构筑假山。假山内洞穴蜿蜒穿插于山道间，把佛香阁与转轮藏、宝云阁、多宝殿沟通起来，作为往来通道。但在堆叠的技法上较之北海琼华岛后山洞稍逊一筹。

大报恩延寿寺的后部有一条盘旋在假山石堆叠的山道，逐级上登来到了一座五色琉璃牌坊，额"众香界"。北出就是雄踞山顶的智慧海，面阔五间，两层，全部用砖石发券构筑（俗称无梁殿）。前山中轴线就以这样富丽灿烂的建筑作为结束。

佛香阁东侧山坡上为转轮藏一组建筑。正殿面阔三间，两层三重檐。两翼以飞廊连接到东西配亭，配亭为上下两层，有木制彩油四层木塔可转动即转轮藏。大报恩延寿寺之西为罗汉堂，田字式，堂之前有八角形水池。

除了前山主轴线上和分列左右的各组建筑，整个前山，顺着山麓、山腰和山脊部分还因势布列上下的园林建筑，有轩有斋，有亭有厅，主要是借景因景而设，大都各具特色，富有变化和景趣，用长廊把山麓东段、西段各组建筑联系起来。

前山山麓东段勤政殿后北达怡春堂，西为玉澜堂，北为宜芸馆，馆之西为乐寿堂。这些为东段主要建筑。

怡春堂，勤政殿后往东北赴赤晨霞起小道，往西北上山小道相交的三角地建有怡春堂正殿和后罩殿，圈以墙廊（光绪修颐和园时在其址上扩建为德和园）。

宜芸馆、勤政殿西近湖处有一组建筑称玉澜堂，分两进院落。第一进院落正殿为玉澜堂，东配殿霞芬室，西配殿藕香榭，周接以廊。第二进为庭园，庭中以假山作为主景，分成东西两组。假山堆叠虽基地面积不大，但也峰峦迭起、洞壑相通。庭园西面临湖有楼两层，名叫夕佳楼。由于楼在立面上高出于平房之上，打破了沿湖建筑群的平板单调感，又可登楼眺望湖景和西山，尤其是夕阳中景色最佳。宜芸馆为正殿，其东配殿为近西轩，西配殿为道存斋，组成一院落。从布局而言，也可视为玉澜堂的后院。

乐寿堂，清漪园时期的乐寿堂建筑。类似紫禁城内宁寿宫的乐寿堂。据相关档案材料上记载，乐寿堂正殿面阔七楹，朝南凸出五楹以加大正殿的进深，朝北凸出三楹抱厦，内部两旁做成"后楼"，楼下是书斋，楼上供佛像。乐寿堂的东西配殿均为五楹穿堂殿。正门也是五楹穿堂殿，面临湖水，题额曰：水木自亲。"乐寿堂前（靠南）有大石如屏，恭镌御题青芝岫三字，东曰玉英，西曰莲秀"。

乐安和、扬仁风，"乐寿堂后折而西为方池，池北为乐安和"（《日下旧闻考》）。据档案资料记载，乐安和面阔五楹，后出抱厦，两侧和后部有夹层的仙楼（自道光年间被拆毁后迄今未恢复）。乐安和这组建筑自成一院，入口为圆洞门，进门南部为方池。池后随山势起伏，布置假山叠石，北端最高处为扇面式小殿，称扬仁风。

"乐安和之西长廊相接，直达石丈亭（长廊最西端）……乐安和西北为养云轩，轩后为餐秀亭，亭西为无尽意轩，又西稍北为圆朗斋"（《日下旧闻考》）。

养云轩、餐秀亭，这组建筑自成一院，门为钟式门，额题川咏云飞，门前为葫芦形水池。正殿称养云轩，东配殿曰随香，西配殿曰含绿。养云轩后山坡上建有一亭曰餐秀。

无尽意轩、写秋轩、圆朗斋，餐秀亭西下有敞厅三间，称意迟云在，背叠山石，傍通曲路。再下为无尽意轩，与长廊的对鸥舫在同一轴线。这组建筑，自成一院，前临荷池，周绕曲垣，其西北为写秋轩、圆朗斋一组平面对称均齐的建筑群。由于地势关系，对基址的局部地形作了较多的改造。北部削山砌筑崖壁，南部填土铺砌宽敞的平台。正厅写秋轩方形居中，左右分列两个重檐方亭曰寻云亭，曰观生意，有斜廊相通，若把它们连起来看，整组建筑的组合，心裁别出，好似鸟在飞翔时展开两翼一般。在可以小憩的亭和平台可远眺湖光景色与俯视圆花台等近景。圆朗斋作为东跨院，紧贴平台的东侧布置并有斜廊相连为一体。南房称瞰碧台，北房称圆朗斋，均为三楹，卷棚硬山顶的斋屋。瞰碧台面南敞开，便于俯瞰昆明湖景色。

重翠亭、千峰彩翠、圆朗斋景点，位于前山山麓东段干道的尽端，往东为意迟云在。北循蹬道可上至重翠亭，供文殊菩萨，再上为千峰彩翠，为城关上单层阁之名，往南下达湖岸长廊。

长廊，前山的山麓临湖部分建有长廊，东起邀月门，西至石丈亭，这个长达728米，共273间的走廊好似望不到尽头一样的深远。它像一条彩带般压在山脚，既把山麓东段、西段的各组建筑联络起来成为一种交通建筑物，它本身也起造景作用成为园中一景。长廊始建于乾隆十九年（1754年）以前，1860年被焚毁，现存长廊是光绪年间修颐和园时按原样重建。

为避免过长过直易有单调感，长廊的修建，在平面上并非一条直线，而是直中有曲有变化。即在中央部位随湖岸的突出而弯成新月状，正中折向排云门，形成临湖的广场，以突出中轴线上主建筑群的显要地位。在长廊中间又穿插有四亭两榭。两个水榭，对称地布置在中央主轴线的两旁，成为长廊东、西两翼的中心，并突出到水中。在东的为对鸥舫，与无尽意轩的轴线对应，在西的为鱼藻轩，与山色湖光共一楼轴线对应，既丰富了临湖的景观，又成为观赏湖面平远水景的景点。四亭中除东段第一亭留佳亭不与山坡景点成一定轴线对应关系外，东段第二亭寄澜亭与写秋轩轴线对应，西段秋水亭与云松巢轴线对应，清遥亭与听鹂馆轴线对应。

作为前山山麓诸景的联络带以及它本身的造景作用，长廊的尺度比一般的游廊要高大，廊宽2.28米，柱高2.52米，柱间2.49米。273开间的柱间上部都一律安装楣子，下面一律装设坐凳栏杆，所有梁、枋上都施以苏式彩画。

前山山麓西段，"宝云阁西为邵窝，为云松巢，又西为澄辉阁。阁东南有三层楼（三层楼上御书额曰山色湖光共一楼），楼西为听鹂馆……听鹂馆西为石丈亭，为石舫"（《日下旧闻考》）。

云松巢、邵窝这一组建筑在宝云阁下西南，依势错落布置。这里松柏蓊郁，是前山最富于山林野趣的地段，建筑群的布置充分利用了地形特点。这组建筑包括东、西两部分。云松巢位于西部是一座由曲垣斜廊围合成院落的单体厅堂。庭院部分因原来坡势较陡而筑成两层台地。庭的外墙上饰以什锦窗可以观赏院外景色。南入口垂花门外利用山石堆叠成高近5米的蹬道，外墙转角处也以山石包嵌，使建筑与环境较好地结合起来，堂后围以曲垣。邵窝是一座以厅、亭、廊穿插布置的小园。邵窝是面阔三间、硬山顶的厅堂，由于厅堂所处地势较高，厅前建置有宽敞平台，以便南眺湖景，它的西侧接曲折的爬山敞廊与云松巢连通，廊中部还穿插一亭，称绿畦亭。

听鹂馆、三层楼，听鹂馆是在一个高起的台地上按四合院形式布置的建筑群，庭院北面的正殿建小戏楼一座，供小型演出之用。所谓三层楼即题额曰湖光山色共一楼的建筑物，楼上层供千手千眼观音，下层供出山观音。由楼经走廊至长廊的鱼藻轩，成轴线对应。

画中游、澄辉阁，听鹂馆北面的山坡上有一组分两个层次的建筑群称画中游（第一层次中心）和澄辉阁（第二层次中心）。这组建筑群所处的地位有两个特点：一是它正处在前山西南坡的转折部位，从这里向南、向西都有宽广的视野，南可观赏前湖洲岛，西可远眺玉泉、西山。二是这里的地面坡度较大，20多度，依坡而建的亭、台、楼、阁之间互相很少遮挡，形成有空间层次的变化。具有这样一些特点条件，就能充分发挥既是"景点"又"点景"的双重作用。

画中游这组建筑群，以楼、阁为重点，以亭、台为陪衬，以爬山游廊上下串联，又运用较大量的叠石假山和浓密的松柏树木，构成以建筑见胜的山地小园，它因坡就势大体上分为上下两个层次。爱山楼、借秋楼和石牌坊以南的庭园部分为第一层次。它以八方形阁画中游为中心，东接爱山楼，西接借秋楼，顺地形的等高线布置叠落状的三层台地。第二层次以澄辉阁为中心，由两条环抱状爬山廊抱合起来。整组建筑群有四座主要建筑物：画中游突出于建筑群中轴线的最南端，澄辉阁位于中轴线的最北端，而爱山、借秋两楼分列于一东一西。四者用廊连接构成重点突出，左右均衡，前后衬托，互不遮挡，有如仙山琼阁的画意。

湖山真意，经澄辉阁后的垂花门，循山道而上，可登临"湖山真意"敞轩。这座阔三间四敞的单体建筑物位于前山山脊西端的地形转折点上，从亭里俯瞰昆明湖清波如镜，西眺玉泉山的塔景正好在两柱之间，天然成一幅框景。亭的北面有山石叠成屏障，半抱亭址。

石丈亭、石舫，长廊西尽头处为石丈亭，亭中有太湖石高约丈余，北宋米芾嗜石，尊石为丈，因以名亭曰石丈。亭北有榭西临小水湾曰浮青榭，榭西北，南临小水湾有堂曰寄澜堂，小水湾西水中为石舫。据记载，这里原是圆静寺放生台，弘历就遗址用巨石雕造而成船体，上部的舱楼原本是传统的木构船舱式样，分前、中、后舱，后舱为二层（光绪年间，慈禧将舫改建）。

前山西麓及长岛、西所买卖街，《日下旧闻考》卷八十四载："石舫之北有楼为延清赏，西为旷观斋，又西为水周堂。"西堤北端从桑苎桥到柳桥这一段堤以东为狭长形水域，是前湖通后溪河过渡衔接的水道。在靠近前山西麓水中有一条窄长形似新月的洲渚，可称为长岛。它把水面分为东、西两个航道，长岛西面的航道比较宽阔，景观也比较开朗，长岛东面的航道很狭，临河建筑密集仿江南水街市肆，即西所买卖街。长岛南有荇桥通至前山西麓。

蕴古室、延清赏，浮青榭北的山麓下有一组建筑，格局严整，正殿曰蕴古室，东西有配殿。往北一组建筑，则前后相错。南为穿堂殿，为斜门殿，北有小亭名小有天，其北有楼为延清赏，楼上下三层。上述几组建筑已是属于贝阙以南沿河地段的西所买卖街（又叫小苏州街），位于街的东侧部分。

西所买卖街、旷观斋，清漪园中仿江南水乡河街市肆的有两处，一在后溪河西段，一即此处。它与后溪河买卖街不同的是建筑物背面朝河，是前街后河的布置形式。在长岛东这条狭窄而又曲折的（或称万字河）航道上，具有苏杭一带常见的有河无街的格局。

荇桥、五圣祠、水周堂，在石舫之北，一桥横跨，即荇桥，是通长岛的桥梁，桥上为敞亭。桥之西长岛南端为五圣祠，长岛北端为水周堂。长岛西部临水一带是饰以各式什锦窗的白粉墙垣，点缀有几处码头。从水周堂眺望隔水的西堤上烟树迷漾，宁静的水面倒映着天光云影，一派自然景色如画，远眺西北水域的水村野居，则又是另一番情调。

贝阙、北船坞、半壁桥、西宫门，《日下旧闻考》卷八十四按语云："自此（指西所买卖街）以北建城关，额曰宿云，檐曰贝阙，上有楼，奉关圣，御书额曰浩然正气。循城关以北，折而西，是为园之西门矣。"贝阙是城关式建筑，下为城关式，上建八角重檐亭。贝阙的西北为北船坞，与西所买卖街为对景，但船坞经嘉庆间扩建后体量过大，尺度上不相称，破坏了景观。过城关迤北，渡后溪河西口一石桥，曰半壁桥，再北、折而西是为园之西宫门。宫门外有南、北朝房。

（3）后山后溪河　后山即山阴部分或曰北坡部分，坡势较前山为缓，南北纵深较前山为大，最大处可达280米进深，地面较宽。由于是北坡，土层较厚，土壤较湿润，因此树木森森并有高大的松柏。以油松为主，间有白皮松。落叶树有槲、槭、槐、杨、柳之属，有不少树龄在200年以上的松、柏、槲、槐等古树。到处灌木丛生。春天里自然成林的山桃盛开，一片粉云，接着山杏夺艳，还有各种鲜花，例如紫花地丁、山丹、飞燕草、风铃草、桔梗、紫菀等从春到秋相继开放，花色鲜美。其次，后山部分的形势也与前山不同，山起伏不一，横贯的山路随势盘桓，虽然有上有下，但坡度平缓。后山的东、西原有排泄山水的沟壑，经整理修治润饰后造成涧谷美景。

后山地下水源比较丰富，雨后沟壑的山水也可截留，更有充裕的湖水可以引用，于是在后山山麓，就低挖河，开挖了一条由西至东的后溪河，全长约1000米。再利用挖河的土方，在河的北岸堆山丘，形成两山夹一水的峡谷形式。后溪河的水面忽宽忽狭，忽收忽放，曲尽幽致。后溪河的水是从西堤的最北的一座桥即柳桥身下流过来的，又再经半壁桥下进入后溪河的起点。临河及北坡山麓，随着形势而有多组园林建筑的景点，除河道外还有山麓道路来连通。山腰以上另有一条山路，连贯山腰以上和山脊的园林建筑组群。除了贯穿东西的后溪河、山麓路和山腰山路之外，还有一条南北主轴线，从北楼门起过三孔长桥，登两层高台到须弥灵境，然后登上山顶的香岩宗印之阁。

后山主轴线与前主轴线不在一条线上。后山主轴线上佛寺建筑，体量巨大，不像前山主轴线上佛香阁等成为湖山之景。从北楼门进园，开始有两座小山遮住望向两侧的视线，过了山口就直抵三孔大石桥，这时人们的注意力完全被对面华丽的牌楼和仰之弥高的宏伟大庙所吸引。过桥上第一层台地为寺前广场，也是后山东西干道与后山主轴线交叉点。长方形广场的北、东、西三面各建牌坊一座，外围种植白皮松与柏树，至今尚保存着树龄二百年以上的白皮松二十余株。往南即往上为第二层台地，高出第一层约2.8米，仅在东西两侧建配殿，东曰宝华楼，西曰法藏楼，均为面阔五间的两层楼房。再上，第三层台地高出第二层4.6米，建有体量巨大的正殿"须弥灵境"。正殿面阔九间，总长47.7米，进深六间，总深29.4米，重檐歇山顶，黄琉璃瓦殿式做法。殿内北面石造神台上安木胎金背光莲花座，上供三世佛三尊，菩萨二尊。须弥灵境是与承德的普宁寺分别在两地同时兴建的同一形制的汉、藏混合式佛寺。它的殿堂布局按照"伽蓝七堂"传统的规制。但由于地形限制而省去山门、钟鼓楼和天王殿，仅有正殿和东西配殿。须弥灵境殿南面，高出于地面约10米的金刚墙之上为西藏式的大红台，南北全长85米，东西宽130米。这里的山势比较陡峭，整组藏式建筑群的布置以居中而偏于北的香岩宗印之阁为中心，周围环着许多藏式碉房建筑物和喇嘛塔，分别在若干层的台地上随坡势而交错布置。

香岩宗印之阁最下层金刚墙，墙上镶嵌成排成列的藏式盲窗而做成"大红台"的形式，这样就使得全部建筑物都能承托展露出来，颇有西藏山地喇嘛寺院的气度。主体建筑香岩宗印之阁，平面略近方形，面阔五间，总宽19米，进深五间，总深17.5米。内檐两层，首层的后攒金柱之间安有石造神台，台上供铜胎站像四十二臂观音。外檐北面是两层廊步，东、西、南三面墙身饰以藏式盲窗，墙身以上则为三重屋顶，第一重单檐四柱顶，第二重亦为单檐四柱，但在四角另起四个方形攒尖顶，第三重为居中的单檐庑殿顶。总之，主体建筑香岩宗印之阁通体为汉式楼阁建筑的形象（仅东、西墙上以藏式盲窗点缀），华丽璀璨，体量高大而凌驾于一切之上。香岩宗印之阁是这个建筑群的中心，同时也象征着众神居住的"须弥山"。

香岩宗印之阁建筑群不仅因主体建筑的体量高大，形象华丽而十分突出。在建筑的个体设计上，展示了汉、藏两样风格不同程度的融糅，在总体布局上，则以中轴线和左右的辅助轴线作为纲领，于繁复中显示严谨，变化中寓有规律。香岩宗印之阁这个部分，兼有山地园林的风趣。在这个地段范围内，因山就势，堆叠山石，假山叠石与各层台地之间有磴道盘曲，树木间植。一座座精致的塔、台、殿堂布列于嶙峋的山石间，点缀以五色的琉璃，映衬着苍松翠柏，更有叠石而筑的蜿蜒的洞穴。这样，把佛寺与造园相结合，构成别具风味的具有山地园林景观的佛寺。它把宗教的内容与园林的形式结合起来，把宗教的庄严气氛与园林的赏心悦目统一起来，运用造园的手法来渲染、烘托佛国天堂的理想境界。

云会寺、善观寺，香岩宗印之阁西为云会寺，它完全采取园林形式，因势叠石，坡路曲折，环筑建置，松柏参天，幽雅清静。香岩宗印之阁东为善观寺。

（4）后山后溪河西段　以北楼门到须弥灵境的主轴线为中心线，将后山后溪河划分为西段和东段两部分。当年游后山后溪河，多从前湖乘船经半壁桥下进后溪河。溪河的起点，先是较狭的水面，忽向北扩展成为一湾河水，然后又忽然一收。就在这个收缩处，两岸山石壁立好像峡谷一般，峡口的南岸安置了绮望轩，北岸安置了看云起时，隔岸相对峙。过了峡口，水面忽然又一放，向南尖突，形成一个三角形水面。这个三角水面的顶点就是后山西段一条山沟的尽处，雨季时候，后山西半部的雨水径流就汇集到沟中，下泄到后溪河里。为了预防山水冲刷，沟两旁垒有防洪墙，在入河地点建有涵洞，洞上建有方亭曰澄碧，既是工程又是装饰成景。从方亭这里上行或从后山过了贝阙登山腰的山路上行，都可到达味闲斋和赅春园这两个景点。三角形水面东，过了通云关就进入了狭而曲折水路，沿河两岸是挨肩接踵的铺面房，河岸也用整齐的料石砌筑。这里就是茶幡酒旗，店铺林立的买卖街（或称苏州街），宛若江南水乡的水街。水街过三孔石桥后就属后山东段了。

绮望轩、看云起时，分别位于后溪河西峡口的南北两岸。位于南岸山坞地段的绮望轩是由一组结合地势布置的建筑群组成的小园或景点。与绮望轩隔水相峙的"看云起时"是一组小型园林建筑，互为对景。

后溪河买卖街，买卖街西起后溪河通云城关，经三孔长桥下，到东段的寅辉城关，全长约270米，模仿江南水乡集镇的河街市肆而筑。买卖街的布局，令水有歧路，岸有曲折，每隔一段距离架设各式桥梁跨越河面。两岸的建筑具体模仿浙东一带常见的"一河两街"的格局，但店面则采取北方风格的牌楼、牌坊、拍子三种式样。

据内务府有关档案的记载，买卖街的全部店面估计二百余间，其中牌楼式的至少有六座，牌坊式的15座，拍子式的60座。各行各业的买卖应有尽有。除大量平房外，至少有楼10余座。每逢帝、后亲临时，以宫监扮作店伙顾客，水上岸边熙来攘往，一时十分热闹。

买卖街的重点在东部，三孔石桥以东，河面放宽，放宽处达45米，为了求得曲折变化，在水中靠北堆筑一个长岛，岛的东西两端各架石拱桥和木板桥。绕着长岛形成一条环状水路，船行其中，仿佛置身水网，几乎每一转弯，都有店铺或桥梁的对景。东南端寅辉城关峭壁脚下，水面出现一个90°的弯，过此就进入水面一收又一放、两岸树木森森且景趣幽静的后溪河东段了。

（5）后山后溪河东段　三孔桥以东的买卖街，在后山主轴线以东地段。从寅辉城关及其西南的南方亭开始，上山坡可达花承阁，沿河东行可达云绘轩一组园林建筑。从花承阁登山脊东行先是昙花阁，阁东北为延绿轩。从云绘轩沿后溪河东行，到了后溪河东尽处，北为霁青轩、南为惠山园两个园中园。从惠山园西南行，过赤城霞起就又回到宫廷区勤政殿。

寅辉、南方亭，前述买卖街东段，水面放宽，在东南端水面来了一个90°的弯，看到在峭壁绝涧上的城关寅辉。这个形势并非天成地就，而是通过造园家的巧思，在沿一条排水山沟的东侧把山脚切成一块三角形，形成一段高10米的断崖，排水沟被截断在中间，从这里一下子挖深到原出水口的标高，于是造成了绝涧。北部的假山也配合着延伸过来，使后溪河拐两个90°的弯，直逼崖下。人在河中仰望城关更觉雄伟奇特。由于寅辉城关南依高山，北踞断崖，西临深涧，东面是曲折的水路，大有"一夫当关，万夫莫开"之势。由于位置绝佳，从各个角度欣赏，都各有其制胜之处。从城关沿陡坡下水路上行，在山涧口建有方亭曰南方亭。

花承阁，是一组园林化佛寺建筑群，全部建置在一个直径约60米，倚山而筑的半月形高台上。

昙华阁、延绿轩，从花承阁上山脊东行最东端制高点上有一座楼阁，名昙华阁。1860年被焚毁，光绪十八年（1892年），在原址上改建为景福阁。

云绘轩，从花承阁东行到了后山坡，左右伸山臂拥抱，前敞（北面）临水的小地形，也可说是三面环山，一面临水的形胜，环境颇为幽静。这里的园林建筑也就相应地做成两进四合院的布局。从南门入，第一进的前厅曰云绘轩，面阔五间，做成过厅的形式；第二进的正厅曰澹宁堂，面阔七间，临水一面凸出三间抱厦，其前设码头，可从后溪河坐船至此而上。厅东西各有叠落廊，配合叠石和山涧，意趣自然。

惠山园（图8-13），后溪河的东段，三放三收，水到东端，一由东北门西垣下闸口出，一由东垣下闸口出，并归圆明园西垣外河；又一由惠山园水池南流出垣下闸，为宫门前河。惠山园不仅是后溪河东端尽处，也是全园东北隅的一个园中园。是仿无锡惠山的寄畅园建造的。

无锡寄畅园位于惠山东麓，以一座古庙的旧基作为园址。它西向借景惠山，东南借景锡山，东北方向有新开河（可通大运河），惠山泉顺着山势流入园内。寄畅园内的土石假山的堆叠技法高超，宛若园外真山的余脉。以水池为全园的中心，建筑疏朗。因园址本是古庙，有千年古樟。山、水、古树、建筑的结合，创作出高台曲池、长廊复室、澄池嘉树、叠石清泉（八音涧）等园林胜景。

惠山园在清漪园东北角的幽邃地带，在其北侧有土丘和高出地面5米左右的七块岩石，宛若万寿山余脉东麓。这个地段的地势比较低洼，从后溪河引来的水流入园内聚以为池。由于这里与后溪河之间有将近2米的落差，经穿山加工成峡谷，引水如水瀑，类似寄畅园的八音涧。惠山园处东北角，环境幽静深邃，但它与东宫门、宫廷区相距不远，又位于后溪河水道的尽端，水陆交通却很方便。从总体布局来看，惠山园既是前山景区向东北方向的一个延伸景点，又是作为后山后溪河景区的一个收拾点，有了它，清漪园的东北隅这一角落就变活了。

清漪园时期的惠山园，据《日下旧闻考》卷八十四记载："惠山园门西向，门内池数亩，池东为载时堂，其北为墨妙轩。""园池之西为就云楼，稍南为澹碧斋。池南折而东为水乐亭，为知鱼桥。就云楼之东为寻诗径，径侧为涵光洞，迤北为霁清轩，轩后有石峡，其北即园之东北门。"这就是惠山园建成初期的基本布局情况。嘉庆十六年（1811年）曾加以改造扩建，并改名谐趣园，咸丰十年（1860年）被焚毁，光绪十八年（1892年）重建，今天的谐趣园大体上就是重建为颐和园时的面貌。

惠山园的理水以水池为中心，曲尺形水池使水面在东西和南北方向上都能保持70～80米的进深，避免了寄畅园锦汇漪在东西向过大过浅的弊病。惠山园水池的四个角位都以跨水的廊、桥来划分出水湾与水口，增加水面层次，意图与寄畅园相同，东南向斜跨的知鱼桥与寄畅园的七星桥的位置、走向也大致相同。惠山园又以挖池的土方堆筑池东南和东北角沿界墙的土丘，一以遮挡高大的界墙，一以陪衬北部的叠石假山，仿佛是万寿山以连绵不断之势自西向北再兜转到池之东南的形胜。

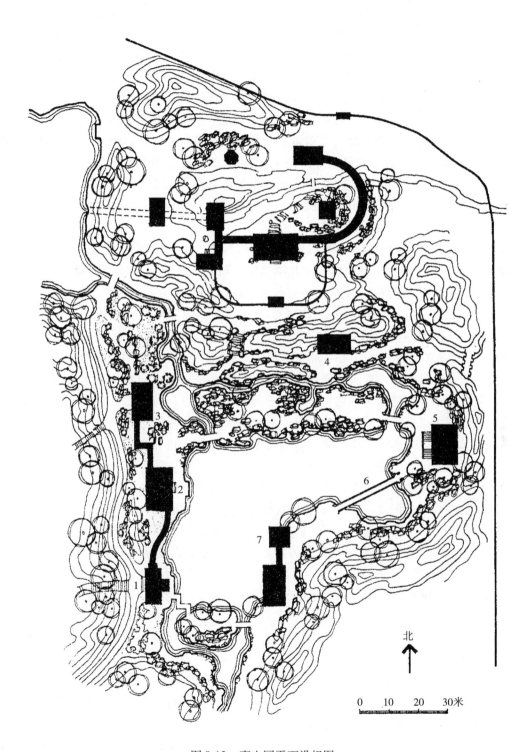

图 8-13 惠山园平面设想图

1—园门 2—澹碧斋 3—就云楼 4—墨妙轩 5—载时堂 6—知鱼桥 7—水乐亭

惠山园的建筑，环曲池而建，比较疏朗，以曲廊将池南与池东、池西岸的个体建筑相连贯，尤其园北部更以山石林泉取胜。惠山园的主体建筑物是池东岸的载时堂（今知春堂），若以知鱼桥来说，堂在桥东，故弘历诗句云："桥东为堂"。它的位置是"背山得胜地，面水构闲堂。"堂北，"曲径迤东，疏轩面势，壁间石刻，翠墨留香"，轩即墨妙轩。水池的西北，"抗岭岑楼，每当朝暮晦明，水面山腰，云气蓬勃，顷刻百变。"因此楼曰就云楼（今瞩新楼）。"楼南闲馆，俯瞰远碧，流憩之余，神心俱澹。"就是指楼南东临水的澹碧斋（今澄爽斋）。"过就云楼而东，苔径缭曲，护以石栏，点笔题诗，幽寻无尽。"这条叠石构成的曲径名寻诗径。"石栏遮曲径"还有条石涧，那里有类似寄畅园八音涧那种逐层跌落的流水。寻诗径北径侧多奇石，"为厂为窦，深入线天，层折而出，仿佛灵鹫飞来"的涵光洞。水乐亭（今饮绿亭）在池岸南。弘历诗序云："绕池为园，亭在岸南，洞庭广乐，恍然遇之。"

惠山园，尤其水池北岸一带水石林泉，情调自然，山与水紧密结合，相得益彰，但经嘉庆十六年（1811年）的改建，池北岸建置体量较大的涵远堂（原为墨妙轩），光绪十八年（1892年）重建时，又在北部的水池与叠石的结合部位，增筑了曲廊，隔开了山水之间的密切关系，人工建筑的气氛增强，失去了惠山园原来的风格。

谐趣园（图8-14），现存的谐趣园是慈禧重建颐和园时改建、扩建的。总体布局仍然以0.2公顷左右的水池为中心，环绕水池，布列了亭台楼榭并用曲廊回接，围成一个小天地。进入正门前廊，有曲桥通往水中的方亭知春亭，又用曲桥接临水的饮镜亭，阔三间，其东有廊通到洗秋亭，它是一座宽三间四敞的建筑，背依山岩，前临水，紧接着又是一个方亭，建在湾口，名为饮绿亭。水池南部，四亭相望。

出饮绿亭，折东前行数步，有斜依水边用青石铺的平桥，名为知鱼桥，桥的东西两端建有石牌坊。过桥登阶就是建筑在一个白石台上的知春堂，西向湖池。堂北接有走廊，行数步拐角处是一个重檐八方小亭，折西曲廊数折，通涵远堂的后庑。涵远堂是谐趣园的中心建筑，是正殿。堂西又有曲廊通瞩新楼（清漪园时原名就云楼），上下二层，上层的墙脚跟园外山路的地面路平，西向辟有门，下层依低下的岩壁筑造。因此，从园外看来以为是一个轩式平屋，但到园内看它分明是两层高的楼。楼下曲廊南通澄爽斋（清漪园时叫澹碧斋），斋前有月台，凸出水面。斋前有廊通往正门殿屋。

在涵远堂和瞩新楼之间，即水池西北隅进水口处，有刚竹一片，往北行山石间，碧水淙淙好似山涧一样，但涧宽不过三五尺。涧上架以板桥，穿桥下循涧旁石径上去后，才发现好似泉流一样的水源乃是后溪河之水。我们可以这样说，谐趣园乃是后溪河水汇为池的一个收拾处，是一个园中之园。

涵远堂后，叠石成岗，堆筑十分自然。堂东新建湛清轩，轩首一条小径往东北行，夹径山石叠岗，好像一条深远的山谷，走不多远，折向西行却是一扇墙门，折向西南行就是知春堂北的重檐八方小亭的东口。

霁清轩在惠山园的北面。惠山园北有巨石冒出地面，粗犷有力，劈削如斧刃，又有另一股后溪河之水经石峡东出，在这样既有巨石又有水流的基础上，建造了另一座园中之园——霁清轩。

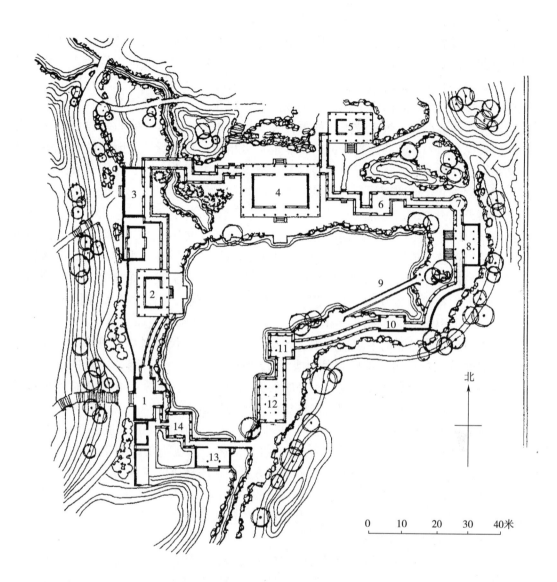

图 8-14　谐趣园平面图
1—园门　2—澄爽斋　3—瞩新楼　4—涵远堂　5—湛清轩　6—兰亭　7—小有天
8—知春堂　9—知鱼桥　10—澹碧　11—饮绿　12—洗秋　13—引镜　14—知春亭

8.2.4　皇家园林的主要成就

清代皇家园林的建设规模和艺术造诣都达到了后期历史上的高峰境地。精湛的造园技艺结合宏大的园林规模，使得皇家气派得以更充分地凸显出来，皇家造园艺术的精华差不多都集中于大型园林，尤其是大型的离宫御苑。其成就主要表现在以下几方面：

1. 独具壮观的总体规划

完全在平地起造的人工山水园与利用天然山水而施以局部加工改造的天然山水园，

由于建园基址的不同，相应地采取不同的总体规划方式。

大型人工山水园的横向延展面极广，但人工筑山不可能太高峻，这种纵向起伏很小的尺度与横向延展面极大的尺度之间的不协调，对于风景式园林来说，将会造成园景过分空疏、散漫、平淡的情况。为了避免出现这样的情况，园林的总体规划乃运用化整为零、集零成整的方式：园内除了创设一个或两个比较开朗的大景区之外，其余的大部分地段则划分为许多小的、景观较幽闭的景区、景点。每个小景区、景点均自成单元，各具不同的景观主题、不同的建筑形象，功能也不尽相同。它们既是大园林的有机组成部分，又相对独立而自成完整小园林的格局。这就形成了大园含小园、园中又有园的"集锦式"的规划方式，圆明园便是典型的范例。

大型的天然山水园，情况又有所不同。

清王朝以满族入主中原，前期的统治者既有很高的汉文化素养，又保持着祖先的驰骋山野的骑射传统。传统的习尚使得他们对大自然山川林木另有一番感情，此种感情必然会影响他们对园林的看法，在一定程度上左右皇家造园的实践。而皇家又能够利用政治上和经济上的特权把大片天然山水风景据为己有，这就大可不必像私家园林那样以"一勺代水，一拳代山"，浓缩天然山水于咫尺之地，仅作象征性而无真实感的模拟了。所以乾隆主持新建、扩建的皇家诸园中，大型天然山水园不仅数量多、规模大，而且更下功夫刻意经营。对建园基址的原始地貌进行精心的改造加工，调整山水的比例、连属、嵌合关系，突出地貌景观的幽邃、开旷的穿插对比，保持并发扬山水植被所形成的自然生态环境的特征，并且力求把我国传统的风景名胜区的那种以自然景观之美而兼具人文景观之胜的意趣再现到大型天然山水园林中来。后者在建筑的选址、形象、布局、道路安排、植物配置等方面均取法、借鉴于前者，从而形成类似风景名胜区的大型园林。这就是清代皇家园林所开创的另一种规划方式——园林化的风景名胜区。

避暑山庄的山区、平原区和湖区，分别把北国的山岳、塞外草原、江南水乡的风景名胜汇集于一园之内，无异于一处兼具南北特色的风景名胜区。

2. 突出建筑形象的造景作用

从康熙到乾隆，皇帝在郊外园居的时间愈来愈长，园居的活动内容愈来愈广泛，相应地就需要增加园内建筑的数量和类型。匠师们也就因势利导，由于园内建筑分量的加重而更有意识地突出建筑的形式美，将其作为造景和表现园林的皇家气派的一个手段。园林建筑的审美价值被推到了新的高度，相当多的景点都离不开建筑，建筑往往成为许多局部景域甚至全园的构图中心。

建筑形象的造景作用，主要是通过建筑个体和群体的外观、群体的平面和空间组合而显示出来，因而清代皇家园林建筑也相应地趋于多样化，几乎包罗了中国古典建筑的全部个体、群体的形式，某些形式还为了适应特殊的造景需要而产生多种变体。建筑布局很重视选址、相地，讲究隐、显、疏、密的安排，务求其构图协调、亲和于园林山水风景之美，并充分发挥其"点景"的作用和"观景"的效果。凡属园内重要部位，建筑群的平面和空间组合，一般均运用严整的轴线对位和几何格律，个体建筑则多采取"大式"的做法，以此来强调园林的皇家肃穆气氛。其余的地段，建筑群就局部地貌作自由随意的布局，个体一律为"小式"做法，则又不失园林的婀娜多姿。

建筑本体的风格也在很大程度上代表着皇家园林的风格，但这种风格亦非千篇一律。如果说，避暑山庄的建筑为了协调于塞外"山庄"的情调而更多地表现其朴素淡雅的外观，但作为外围背景衬托的外八庙，却是辉煌宏丽的"大式"建筑，就环境全局而言仍不失雍容华贵的皇家气派。西苑（三海）是大内御苑，它的建筑就更为富丽堂皇，具有更浓郁的宫廷色彩。清漪园（颐和园）则介乎两者之间，在显要的部位，如前山和后山的中央建筑群，一律为"大式"做法，其他的地段上则多为皇家建筑中最简朴的"小式"做法，以及与民间风格相融糅的变体。正是这些变体建筑的点缀，使得整个园林于典丽华贵中增添了不少朴素、淡雅的民俗气息。

3. 全面引进江南园林的技艺

江南的私家园林发展到了明代和清初，以其精湛的造园技巧、浓郁的诗情画意和工细雅致的艺术格调，而成为我国封建社会后期园林史上的另一个高峰。清初，皇家的御苑已经开始引进江南造园技艺，乾隆时期对江南园林艺术进行了更广泛、更全面的吸收。皇家园林引进江南园林的技艺，大体上通过三种方式：

（1）引进江南园林的造园手法　在保持北方建筑传统风格的基础上大量使用游廊、水廊、爬山廊、拱桥、亭桥、平桥、舫、榭、粉墙、漏窗、洞门、花街铺地等江南常见的园林建筑形式，以及某些小品、细部、装修，大量运用江南各流派的堆叠假山的技法，但叠山材料则以北方盛产的青石和北太湖石为主。临水的码头、石矶、驳岸的处理，水体的开合变化，以平桥划分水面空间等，也都借鉴于江南园林。此外，还引种驯化南方的许多花木。但所有这些，都并非简单的抄袭，而是结合北方的自然条件，使用北方的材料，适应北方的鉴赏习惯的一种艺术再创造。其结果，宫廷园林得到民间养分的滋润而大为开拓了艺术创作的领域，在讲究工整格律、精致典丽的宫廷色彩中融入了江南文人园林的自然朴素、清新素雅的诗情画意。

（2）再现江南园林的主题　清代皇家园林里面的许多"景"，其实就是把江南园林的主题在北方再现出来，也可以说是某些江南名园在皇家御苑内的变体。例如：圆明园内的"坐石临流"一景，通过三面人工筑山、引水成瀑潺而为小溪的布局，来浓缩、移植和摹写著名的浙江绍兴兰亭的崇山峻岭、茂林修竹、曲水流觞的构思。狮子林是苏州的名园，在北京的长春园、承德的避暑山庄和盘山的静寄山庄内，分别建置小园林亦名"狮子林"，它们并不完全一样，也都不同于苏州的狮子林，但在以假山叠石结合高树茂林作为造景主题这一点上却是一致的。所以说，长春园、避暑山庄、静寄山庄的狮子林乃是再现苏州狮子林的造景主题的变体。

（3）具体仿建名园　以某些江南著名的园林作为蓝本，大致按其规划布局而仿建于御苑之内，例如圆明园内的安澜园之仿海宁陈氏园，长春园内的茹园之仿江宁瞻园，避暑山庄内的文津阁之仿宁波天一阁，而最出色的一例则是清漪园内的惠山园之仿无锡寄畅园。但即使仿建亦非单纯模仿，用乾隆的话来说乃是"略师其意，就其自然之势，不舍己之所长"，重在求其神似而不拘泥于形似，是运用北方刚健之笔抒写江南柔媚之情，是一种更为难能可贵的艺术再创造。

4. 复杂多样的象征寓意

古代，凡是与皇帝有直接关系的营建，如宫殿、坛庙、陵寝、园林乃至都城，莫不利用它们的形象和布局作为一种象征性的艺术手段，通过人们审美活动中的联想意识来表现天人感应和皇权至尊的观念，从而达到巩固帝王统治地位的目的。御苑既然是皇家建设的重点项目，则园林借助造景而表现天人感应、皇权至尊、纲常伦纪等象征寓意，就比以往的范围更广泛、内容更驳杂，传统的象征性的造景手法在清乾、嘉时的皇家诸园中又得到了进一步的发展。园林里面的许多"景"都是以建筑形象结合局部景域而构成五花八门的模拟：蓬莱三岛、仙山琼阁、梵天乐土、文武辅弼、龙凤配列、男耕女织、银河天汉等，寓意于历史典故、宗教和神话传说；此外，还有多得不胜枚举的借助于景题命名等文字手段而直接表达对帝王德行、哲人君子、太平盛世的歌颂赞扬。象征寓意甚至扩大到整个园林或者主要景区的规划布局。例如，圆明园后湖景区的九岛环列象征"禹贡九州"，圆明园整体象征古代所理解的世界范围，从而间接地表达了"普天之下，莫非王土"的寓意；而避暑山庄连同其外围的环园建筑布局，则作为多民族封建大帝国的象征。

在皇家园林内大量修建寺、观，尤以佛寺为多。几乎每一座大型园林内都不止一所佛寺，有的佛寺成为主要景区内的主景，甚至全园的重点和构图中心。这也是一种象征性的造景手法，它寓意于清王朝的满族统治者以标榜崇弘佛法来巩固自己的统治地位，与当时朝廷为团结、笼络信奉藏传佛教的蒙藏民族的上层人士，以确保边疆防务和多民族国家的统一的政治目的也有直接的关系。

诸如此类的象征寓意，大抵都伴随着一定的政治目的而构成了皇家园林的意境的核心，也是儒、道、释作为封建统治的精神支柱在造园艺术上的反映。正如私家园林的意境的核心乃是文人士大夫不满现状、隐逸遁世的情绪在造园艺术上的体现一样。

8.3 私家园林

8.3.1 私家园林的地域分化

从明中叶到清末，民间的私家造园活动遍及全国各地，在一些少数民族地区也有相当数量的私家园林建成，从而出现不同的地方园林风格。在众多的地方园林风格中，江南、北方、岭南是风格成熟、特征迥异的三大地方园林。其中，江南园林形成于明中后期，北方园林接踵而至，形成于明末清初，而岭南园林最晚，形成于清中后期。江南园林以苏州、扬州为中心，波及范围至整个长江流域，尤以长江中下游最为繁荣；北方园林以北京为中心，波及范围至整个黄河流域，尤以黄河中下游最为发达；岭南园林以珠江三角洲为中心，包括两广、海南、福建、台湾等地。就全国范围内的造园活动而言，除了某些少数民族地区之外，几乎都受到三大地方园林风格的影响而呈现出许多"亚风格"。三大地方风格集中地反映了成熟期私家造园艺术所取得的主要成就，也是这个时期的中国园林的精华所在。

第 8 章 清代园林

处在封建社会将解体的末世，文人士大夫普遍追名逐利，追求生活享乐，传统的清高、隐逸、避世的思想越来越淡薄了。园林的娱乐、社交功能上升，陶冶性情、赏心悦目已由过去的主导地位下降为从属地位。私家园林，尤其是绝大多数宅园，都成为多功能的活动中心，成为园主人夸耀财富和社会地位的手段，这种趋向越到后期越显著。唐宋以来文人园林的简远、疏朗、雅致、天然的特色逐渐消失，所谓雅逸和书卷气亦逐渐溶解于流俗之中。从表面上看来，文人园林风格似乎更广泛地存在于私家的造园活动，但就实质而言，其中相当多的一部分只不过是僵化的模式，徒具外表而内蕴缺失。

江南园林、北方园林、岭南园林这三大地方风格主要表现在各自造园要素的用材、形象和技法上，园林的总体规划也多少有所体现。

1. 江南园林

江南园林叠山石料的品种很多，以太湖石和黄石两大类为主。石的用量很大，大型假山石多于土，小型假山几乎全部叠石而成。能够模仿真山之脉络气势，做出峰峦丘壑、洞府峭壁，或仿真山之一角创为平岗小坂，或作为空间之屏障，或散置，或倚墙而筑为壁山等，手法多样，技艺高超。江南气候温和湿润，花木生长良好，种类繁多。园林植物以落叶树为主，配合若干常绿树，再辅以藤萝、竹、芭蕉、草花等构成植物配置的基调，并能够充分利用花木生长的季节性构成四季不同的景色。花木也往往是观赏的主题，园林建筑常以周围花木命名，还讲究树木孤植和丛植的画意经营，尤其注重古树名木的保护利用。园林建筑以高度发达的江南民间乡土建筑作为创作的源泉，从中汲取精华。苏州的园林建筑为苏南地区民间建筑的提炼。扬州则利用优越的水陆交通条件，兼收并蓄扬州、皖南乃至北方地区民间建筑，因而建筑的形式极其多样丰富。江南园林建筑的个体形象玲珑轻盈，具有一种柔媚的气质。室内外空间通透，木构件髹饰为赭黑色，灰砖青瓦、白粉墙垣配以山石花木组成的园林景观，显示一种恬淡雅致犹若水墨渲染画的艺术格调。木装修、家具、各种砖雕、木雕、漏窗、洞门、匾联、花街铺地均表现出极精致的工艺水平，园内有各式各样的园林空间，纯山水空间，山水与建筑围合的空间，庭院空间，天井，甚至院角、廊侧、墙边亦做成极小的空间，散置花木，配以峰石，构成楚楚动人的小景。由于园林空间多样富丽又富于变化，为静观组景、动观组景以及对景、框景、透景创造了更多的条件。

2. 北方园林

北方气候寒冷，建筑形式比较封闭、厚重，园林建筑亦别具一种刚健之美。北京是帝王之都，私家园林多为贵戚官僚所有，布局就难免较注重仪典性的表现，因而规划上使用轴线亦较多。叠山用石以当地所产的青石和北太湖石为主，堆叠技法亦属浑厚格调。植物栽培受气候的影响，冬天叶落，水面结冰，很有萧索寒林之感。规划布局的轴线、对景线运用较多，当然也就赋予园林更为浑厚凝重的气度。

3. 岭南园林

岭南园林以宅园为主。叠山常用姿态嶙峋、皱折繁密的英石包镶即所谓"塑石"的技法，山体的可塑性强，姿态丰富，具有水云流畅的形象。在沿海一带也常见用石蛋和珊瑚礁石叠山的，则又别具一格。小型叠山与小型水体相结合而成的水局，尺度亲切，婀娜多姿。少数水池呈规整的几何形式，则是受到西方园林的影响。园林建筑由于气候炎热必须考虑自然通风，故形象上的通透开敞更胜于江南，以装修、壁塑、细木雕工见长。岭南地处亚热带，观赏植物品种繁多，园内一年四季都是花团锦簇、绿荫葱翠，老榕树大面积遮蔽的阴凉效果尤为宜人。就园林的总体而言，要求通风良好则势必加大室内高度，因而建筑物体量偏大，楼房又较多，故略显壅塞，深邃幽奥有余而开朗之感不足。

8.3.2 北方私家园林

北京是北方造园活动的中心，亦是私家园林荟萃之地。其数量之多，质量之高均足以作为北方私园的典型。北京的王府很多，因而王府花园是北京私家园林的一个特殊的类型。它们一般规模比普通的宅园大，规制也稍有不同。

北京的私家园林，绝大多数为宅园，分布在城内各居民区内。北京城内，地下水位低而水源较缺，御河之水则非奉旨不得引用。因此民间造园多有不用水景的"旱园"的做法。即便有水池，面积一般都很小。

北京西北郊一带，湖泊罗布，泉水充沛，供水条件很好。这里分布着许多皇室成员和元老重臣的赐园。

1. 半亩园

半亩园在北京内城弓弦胡同（今黄米胡同），始建于清康熙年间，为贾汉复的宅园，相传著名的文人造园家李渔曾参与规划，所叠假山誉为京城之冠。之后屡次易主，逐渐荒废。道光二十一年（1841年），由金代皇室后裔、大官僚麟庆购得。麟庆自撰的《鸿雪因缘图记》一书中有七节文字描写园景甚详，并随文附插图七幅。麟庆时期的半亩园，"垒石成山，引水作沼，平台曲室，奥如旷如"，一时成为京城的名园。其后直到民国年间，又屡易其主，曾不断地进行改建、扩建。1948年以后归北京市公安局所有，20世纪80年代初尚能见到大部分建筑物以及假山的山洞，1984年全部拆毁。

园林紧邻邸宅的西侧，夹道间隔。园的南半部以一个狭长形的水池为中心，叠石驳岸曲折有致，池中央叠石为岛屿，岛上建十字形的"玲珑池馆"，东、西两侧平桥接岸，把水池划分为两个水域，池北的庭院正厅名"云荫堂"。

麟庆时期的半亩园，园林的面积比后期的略小一些，包括南、北两区。南区是园林的主体，正厅"云荫堂"。庭院内陈设日晷、石笋、盆栽等小品，其南为长方形的小水池，种植荷花。东厢做成随墙的曲折游廊，设门通往夹道。西厢"曝画廊"的南端连接书斋"退思斋"，后者的南墙和西墙均与大假山合而为一。循假山之蹬道可登临平屋顶，退思斋、曝画廊的平屋顶做成"台"的形式，名"蓬莱台"。台的北端为"近光阁"，两者均可观赏园外借景，也是赏月、消夏的地方，近光阁在平台上，为半亩园最高处，近光阁上可望紫禁城大内门楼、琼岛白塔、景山皇寿殿并中峰顶万春、观妙、辑芳、周赏、富览等五亭，故名。利用房屋的平屋顶结合假山叠石作"台"的处理是北方园林中常见的手法。

大假山之南一亭翼然，名"留客亭"，亭前一弯溪水衔接于假山。这一带是园中花木种植最多的地方。溪水往东绕过"玲珑池馆",池馆三开间、前出厦、随南园墙而建,与正厅云荫堂构成南北对景。北区由两个较大的院落组成。"拜石轩"坐南朝北,是园主人日常读书、赏石的地方。

麟庆时期的半亩园,南区以山水空间与建筑院落空间相结合,北区则为若干庭院空间的组织而寓变化于严整之中,体现了浓郁的北方宅园性格。利用屋顶平台拓展视野,也充分发挥了这个小环境的借景条件。园林的总体布局自有其独特的章法,但在规划上忽视了建筑的疏密安排,若与类似格局的苏州网师园相比,则不免有所逊色了。

2. 萃锦园

萃锦园即恭王府后花园（图8-15）,位于北京内城的什刹海一带。这里风光优美,颇有江南水乡的情调。

恭王府是清代道光皇帝第六子恭忠亲王奕䜣的府邸,它的前身为乾隆年间大学士和珅的邸宅。萃锦园紧邻于王府的后面。同治年间曾经重修过一次,光绪年间再度重修,当时的园主人为奕䜣之子载滢。1929年萃锦园由辅仁大学收购,作为大学校舍的一部分。如今已修整开放,大体上仍保持着光绪时的规模和格局。

萃锦园占地大约2.7公顷,分为中、东、西三路。中路呈对称严整的布局,它的南北中轴线与府邸的中轴线对位重合。东路和西路的布局比较自由灵活,前者以建筑为主体,后者以水池为中心。

中路包括园门及其后的三进院落。园门在南墙正中,为西洋拱券门的形式。入园门,东西两侧分列"垂青樾""翠云岭"两座青石假山,虽不高峻但峰峦起伏、奔趋有势。此两山的侧翼衔接土山往北延绵,因而园林的东、西、南三面呈群山环抱之势。此两山左右围合,当中留出小径,迎面"飞来石"耸立,此即"曲径通幽"一景。飞来石之北为第一进院落,建筑成三合式,正厅"安善堂"建在青石叠砌的台基之上,面阔五开间、出前后厦,两侧用曲尺形游廊连接东、西厢房。院中的水池形状如蝙蝠,故名"蝠河"。院之西南角有小径通往"榆关",这是建在两山之间的一处城墙关隘,象征万里长城东尽端的山海关,隐喻恭王的祖先从此处入主中原、建立清王朝基业。院之东南角上小型假山之北麓有亭翼然,名"沁秋亭"。亭内设置石刻流杯渠,仿古人曲水流觞之意。亭之东为隙地一区,背山向阳,势甚平旷,"爱树以短篱,种以杂蔬,验天地之生机,谐庄田之野趣",这就是富于田园风光的"艺蔬圃"一景。安善堂的后面为第二进院落,呈四合式。靠北叠筑北太湖石大假山"滴翠岩",姿态奇突,凿池其下。山腹有洞穴潜藏,引入水池。石洞名叫"秘云",内嵌康熙手书的"福"字石刻。山上建盝顶敞厅"绿天小隐",其前为月台"邀月台"。厅的两侧有爬山廊及游廊连接东、西厢房,各有一门分别通往东路之大戏楼及西路之水池。山后为第三进院落,庭院比较窄狭,靠北建置庞大的后厅,后厅当中面阔五间,前后各出抱厦三间,两侧连接耳房三间,平面形状很像蝙蝠,故名"蝠厅",取"福"字的谐音。

东路的建筑比较密集,大体上由三个不同形式的院落组成。南面靠西为狭长形的院落,入口垂花门之两侧衔接游廊,垂花门的比例匀称,造型极为精致。院内当年种植翠竹千竿。正厅即大戏楼的后部,西厢房即明道堂之后卷,东厢房一排八间。院之西为另

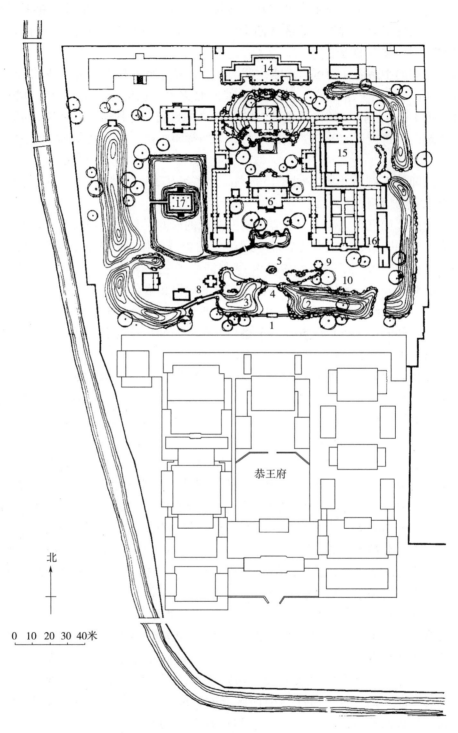

图 8-15 萃锦园平面图

1—园门 2—垂青樾 3—翠云岭 4—曲径通幽 5—飞来石 6—安善堂 7—蝠河 8—榆关 9—沁秋亭
10—艺蔬圃 11—滴翠岩 12—绿天小隐 13—邀月台 14—蝠厅 15—大戏楼 16—吟香醉月 17—观鱼台

一个狭长形的院落，入口之月洞门额曰"吟香醉月"。北面的院落以大戏楼为主体，戏楼包括前厅、观众厅、舞台及扮戏房，内部装饰极华丽，可作大型的演出。

西路的主景为大水池及其西侧的土山。水池略近长方形，叠石驳岸，池中小岛上建敞厅"观鱼台"。水池之东为一带游廊间隔，北面散置若干建筑物，西、南环以土山，自成相对独立的一个水景区。

萃锦园作为王府的附园，虽属私家园林的类型，但由于园主人具皇亲国戚之尊贵，在园林规划上也有不同于一般宅园的地方。这主要表现在园林三路的划分，中路严整均齐，由明确而突出的中轴线所构成的空间序列颇有几分皇家气派。因而园林就其总体而言，不如一般的私家园林活泼、自由。西路以长方形大水池为中心，则无异于一处观赏水景的"园中之园"。从萃锦园的总体格局看来，大抵西、南部为自然山水景区，东、北部为建筑庭院景区，形成自然环境与建筑环境之对比。既突出风景式园林的主旨，又不失王府气派的严肃规整。

园林的建筑物比起一般的北方私园在色彩和装饰方面要更浓艳华丽，均具有北方建筑的浑厚之共性。叠山用片云青石和北太湖石，技法偏于刚健，亦是北方的典型风格。建筑的某些装修和装饰，道路的花街铺地等，则适当地吸收江南园林的因素。植物配置方面，以北方乡土树种松树为基调，间以多种乔木。水体的面积比现在大，水体之间都有渠道联络，形成水系。

8.3.3 江南私家园林

江南自宋、元、明以来，一直都是经济繁荣、人文荟萃的地区，私家园林建设继承上代势头，普遍兴旺发达。除极少数的明代遗构被保存下来之外，绝大多数都是在明代旧园基础上改建或者完全新建的。其数量之多、质量之高均为全国之冠，一直保持着在中国后期古典园林发展史上与北方皇家园林并峙的高峰地位。它们分布在长江下游的广大地域，但造园活动的主流仍然像明代一样，集中于扬州和苏州两地。因而此两地的园林，可视为江南园林的代表作品。

扬州园林在明末已十分兴旺的基础上，到清乾隆年间更臻鼎盛，获得了"扬州园林甲天下"的隆誉。园林建筑之独具风格，内外檐装修之精致，花木品类之丰富，均一如上代。而叠石筑山则更臻新的造诣，所以《扬州画舫录》卷二有"扬州以名园胜，名园以叠石胜"的评价。早在明代，许多江南的叠山巨匠都在扬州留下他们的作品。到嘉庆年间，江南的最后一位叠山巨匠戈裕良，也在扬州为秦氏意园堆筑"小盘谷"假山。戈裕良，常州人氏，他的叠山艺术在吸取前辈如计成、张南垣等人的成就的基础上，又有新的创意，作品气势浑宏而且精雕细琢，创造了构造石洞用大小石钩带联络之法（类似发券），实为一代宗师。江南的叠山艺术经过几代人的创造、师承，积累了大量的艺术作品，也达到了更高的水平。

康熙年间，扬州园林已经从城内逐渐发展到城外西北郊保障河一带的河湖风景地。在这一带陆续有许多别墅园建成。这些园林依托于狭长形湖面的水景，使得沿湖地带"芜者芳，缺者殖，凹凸者因之而高深"。再加之"堂以宴，亭以憩，阁以眺"等的建筑，从而收到了延纳借景、映带湖山、"隔江诸胜，皆为我有矣"的造景效果。

乾隆时期，是扬州园林的黄金时代。城区的园林遍布街巷，绝大多数在新城的商业区。乾隆以后，历经多次毁坏、重建、新建，至今尚完整保存着的园林约有三十余座，其中比较有代表性的当推片石山房、个园、寄啸山庄、小盘谷、余园、怡庐、蔚圃等。

片石山房又名双槐园，在新城花园巷。如今尚存假山一丘，被誉为石涛叠山的人间孤本。扬州名园的另一处集中地在城外西南古渡桥附近，九峰园便是其中之一。

乾隆时期的扬州，西北郊保障湖一带，别墅园林尤为兴盛，鳞次栉比，罗列两岸。从城东北约三里许的"竹西芳径"起始，沿着漕河向西经保障河折而北，再经新开凿通的莲花埂新河一直延伸到蜀岗大明寺的"西园"；另由大虹桥南向，延伸到城南古渡桥附近的"九五园"；大大小小共有园林六十余座。特别是从北城门外的"城闉清梵"起直到蜀岗脚下平山堂坞这一段尤为密集。园林一座紧邻着一座，它们之间几乎无尺寸隙地。这就是历史上著名的、长达十余公里的"瘦西湖"带状园林集群。

瘦西湖园林集群至迟在乾隆三十年（1765年），也就是乾隆帝第四次南巡的这一年，已全部建成，分别命名为24景：卷石洞天、西园曲水、虹桥揽胜、冶春诗杜、长堤春柳、荷浦熏风、碧玉交流、四桥烟雨、春台明月、白塔晴云、三过留踪、蜀岗晚照、万松叠翠、花屿双泉、双峰云栈、山亭野眺、临水红霞、绿稻香来、竹楼小市、平冈艳雪、绿杨城郭、香海慈云、梅岭春深、水云胜概。这24景中的大部分为一园一景，景名就是园名，也有一园多景的。瘦西湖不仅是私家园林荟萃之地，也是一处具有公共园林性质的水上游览区，湖中笙歌画舫昼夜不绝，游船款式有十几种之多。

嘉庆时，郊外的湖上园林已逐渐趋于衰落；道光年间终于一蹶不振，无复旧观。但城内宅园之盛，仍不减当年，如著名的"个园""棣园"等均建成于此时。道光中叶，朝廷改革纲盐之制，贩运食盐已不能谋大利，故"造园旧商家多歇业贫散"，扬州的造园活动大不如前。鸦片战争后，开放五口通商。海上轮船运输日益发达，大运河日渐萧条。扬州在经济、交通上失去了原有的地位，继之以太平天国革命战争的影响，前一段时期之园林兴旺局面，到此时遂一落千丈。同治年间，清政府镇压了太平天国革命，江南地区结束战乱，经济有所复苏，扬州园林又相应呈现一度兴旺。官僚、富商纷纷利用扬州优越的地理、文化条件，又兴造了许多园林，不少也具备一定的艺术水平，但已远不如前了。

同治以后，江南地区私家园林的造园活动中心逐渐转移到太湖附近的苏州。

乾、嘉时期的苏州园林，大体上仍然保持着清初的发展势头。东园屡易其主，到乾隆时归刘恕所有，扩充而建成"寒碧山庄"，也称"刘园"。咸、同年间，苏州曾经是太平天国在江南的重要根据地，忠王李秀成建苏福省，将拙政园改为忠王府。清军攻占之后大肆焚烧劫掠，城市遭到严重破坏，阊门外繁华的山塘街几乎全被夷为平地。昔日经营的园林大部分被毁，少数幸存者亦残破不堪。同、光年间苏州再度恢复往昔的繁荣，加之地近半殖民地经济中心的上海，交通往返十分方便。各地致仕告老的官僚、军阀，到此置田宅、设巨肆以娱晚年，大地主、资本家也纷纷涌聚苏州定居。他们在享受城市的物质和精神生活之余，还要坐延山林之乐趣，以园、宅作为争奇斗富的手段，再加上苏州所具有的优越文化传统,于是私家园林的建设便兴旺一时。许多过去的名园,如宋代的沧浪亭,元代的狮子林,明代的拙政园、留园、艺圃等,都得以修复,但经过改建、扩建之后原来的面貌所存无几,有的甚至全然改观。另外还新建了大量的宅园,宅园占苏州园林总数的9/10以上。这些宅园绝大部分集中在城内,尤以城西北部的观前与阊门之间为最多,观前与东北街之间次之,城东南部又次之。究其原因,乃在于园主人贪图城市生活之享受,经营宅园自然是以靠近繁华区和水陆交通方便为宜。它们之中的大部分都保留至今,20世纪50年代城内完整的宅园尚有188处之多。足见苏州园林之胜,冠于江南地区。

1. 个园

个园(图8-16)在扬州新城的东关街,清嘉庆二十三年(1818年)大盐商黄应泰利用废园"寿芝圃"的旧址建成。黄应泰本人别号个园,园内多种竹子,故取竹字的一半而命园之名为"个园"。

这座宅园占地面积大约0.6公顷,紧接于邸宅的后面。从宅旁的"火巷"进入,迎面一株老紫藤树,夏日浓荫匝地,倍觉清心。往前向左转经两层复廊便是园门。门前左右两旁花坛满种修竹,竹间散置参差的石笋,象征着"雨后春笋"的意思。进门绕过小型假山叠石的屏障,即达园的正厅"宜雨轩",俗称"桂花厅"。厅之南丛植桂花,厅之北为水池,水池驳岸为湖石孔穴的做法。水池的北面,沿着园的北墙建楼房一幢共七开间,名"抱山楼"。两端各以游廊连接于楼两侧的大假山,登楼可俯瞰全园之景。

抱山楼之西侧为太湖石大假山,它的支脉往楼前延伸少许,把楼房的庞大体量适当加以障隔。大假山全部用太湖石堆叠,高约6米。山上秀木繁荫,有松如盖,山下池水蜿蜒流入洞屋。渡过石板曲桥进入洞屋,宽敞而曲折幽邃。洞口上部的山石外挑,桥面石板之下为清澈的流水,夏日更觉凉爽。假山的正面向阳,皴皱繁密、呈灰白色的太湖石表层在日光照射下所起的阴影变化特别多,有如夏天的行云,又仿佛人们常见的夏天的山岳多姿景象,这便是"夏山"的缩影。循假山的蹬道可登山顶,再经游廊转至抱山楼的上层。

楼东侧为黄石堆叠的大假山,高约7米,主峰居中,两侧峰拱列成朝揖之势。通体有峰、岭、峦、悬岩、岬、涧、峪、洞府等的形象,宾主分明。其掩映烘托的构图经营完全按照画理的章法,据说是仿石涛画黄山的技法为之。山的正面朝西,黄石纹理刚健,色泽微黄。每当夕阳西下,一抹霞光映照在发黄而峻峭的山体上,呈现醒目的金秋色彩。山间古柏出石隙中,它的挺拔姿态与山形的峻峭刚健十分协调,无异于一幅秋山画卷,也是秋日登高的理想地方。山顶建四方小亭,周以石栏板,人坐亭中近可俯观脚下群峰,往北远眺则瘦西湖、平山堂、绿杨城郭均作为借景而收摄入园。在亭的西北沿,一峰耸然穿越楼檐几欲与云霄接。亭南则山势起伏、怪石嶙岣,又有松柏穿插其间,玉兰花树荫盖于前。

黄石大假山的顶部,有三条蹬道盘旋而下,全长约15米,所经过的山口、山峪、削壁、山涧、深潭均气势逼真。山腹有洞穴盘曲,与蹬道构成立体交叉,山中还穿插着幽静的小院、石桥、石室等。石室在山腹之内,傍岩而筑,设窗洞、户穴、石凳、石

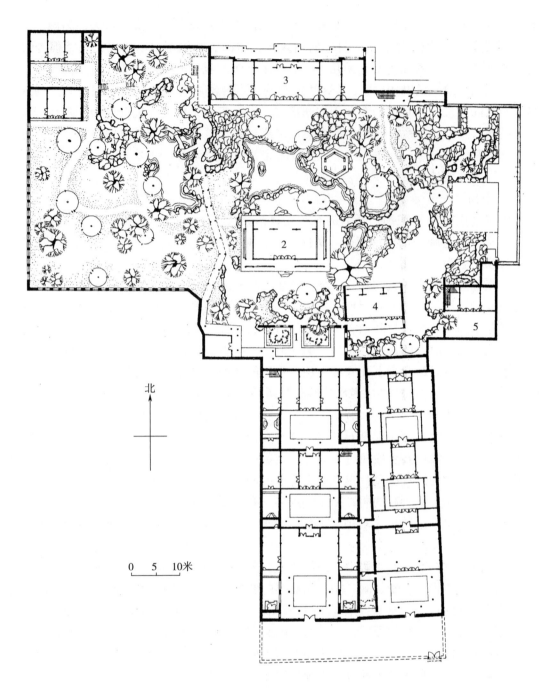

图 8-16 个园平面图
1—园门 2—桂花厅 3—抱山楼 4—透风漏月 5—丛书楼

桌,可容十数人立坐。石室之外为洞天一方,四周皆山,谷地中央又有小石兀立,其旁植桃树一株,赋予幽奥洞天以一派生机。这座大假山为扬州叠山中的优秀作品,如此精心别致的设计构思在其他园林中是很少见到的。

个园的东南隅建置三开间的"透风漏月"厅,厅侧有高大的广玉兰一株,偏东为芍药台。厅前为半封闭的小庭院，院内沿南墙堆叠雪石假山。透风漏月厅是冬天围炉赏雪的地方，为了象征雪景而把庭前假山叠筑在南墙背阴的地方，雪石上的白色晶粒看上去仿佛积雪未消，这便是"冬山"的立意。南墙上开一系列的小圆孔，每当微风掠过发出声音，又让人联想到冬季北风呼啸，更渲染出隆冬的意境。庭院西墙上开大凹洞，隐约窥见园门外的修竹石笋的春景。"丛书楼"在透风漏月厅之东少许。楼前一小院，种一二株树，十分幽静，是园内的藏书之所。

园中的水池并不大，但形状颇多曲折变化。石矶、小岛、驳岸、曲桥穿插罗布，益显水面层次之丰富，尤其是引水成小溪导入夏山腹内，水景与洞景结合起来，设计多有巧妙独到之处。水池的驳岸多用小块太湖石架空叠筑为小孔穴。

个园以假山堆叠之精巧而名重一时。个园叠山的立意颇为不凡，它采取分峰用石的办法，创造了象征四季景色的"四季假山"，这在中国古典园林中实为独一无二的实例。分峰用石又结合于不同的植物配置：春景为石笋与竹子，夏景为太湖石山与松树，秋景为黄石山与柏树，冬景的雪石山不用植物以象征荒漠疏寒。它们以三度空间的形象表现了山水《画论》中所概括的"春山淡冶而如笑，夏天苍翠而如滴，秋山明净而如妆，冬山惨淡而如睡"，以及"春山宜游，夏山宜看，秋山宜登，冬山宜居"的画理。这四组假山环绕于园林的四周，从冬山透过墙垣上的圆孔又可以看到春日之景，寓意于一年四季、周而复始，隆冬虽届，春天在即，从而为园林创造了一种别开生面的、耐人玩味的意境。不过，"四季假山"的说法并无文献可证。时人刘凤浩所写的《个园记》中并未提到此种情况，也许是后人的附会之谈。但从园林的布局以及分峰用石的手法来加以考查，又确实存在此种立意。

就个园的总体来看，建筑物的体量有过大之嫌，尤其是北面的七开间楼房"抱山楼"，如此一个庞然大物，似乎压过了园林的山水环境。造成这种情况的原因，主要在于作为大商人的园主人需要在园林里面进行广泛的社交活动，同时也要利用大体量的建筑物来显示排场，满足其争奇斗富的心理。虽然园内颇有竹树山池之美，但附庸风雅的"书卷气"终于脱不开"市井气"，这是后期扬州园林普遍存在的现象。

2. 网师园

网师园（图8-17）在苏州城东南阔家头巷，始建于南宋淳熙年间，当时的园主人为吏部侍郎史正志，园名"渔隐"。后来几经兴废，到清代乾隆年间归宋宗元所有，改名"网师园"。网师即渔翁，仍含渔隐的本意，都是标榜隐逸清高的。乾隆末年，园归瞿远村，增建亭宇轩馆八处，俗称瞿园。同治年间，园主人李鸿裔又增建撷秀楼。今日之网师园，大体上就是当年瞿园的规模和格局。

网师园占地0.4公顷，是一座紧邻于邸宅西侧的中型宅园。邸宅共有四进院落，第一进轿厅和第二进大客厅为外宅，第三进"撷秀楼"和第四进"五峰书屋"为内宅。园门设在第一进的轿厅之后，门额上砖刻"网师小筑"四字，外客由此门入园。另一园门设在内宅西侧，供园主人和内眷出入。园林的平面略成丁字形，它的主体部分（也就是主景区）居中，以一个水池为中心，建筑物和游览路线沿着水池四周安排。从外宅的园门入园，循一小段游廊直通"小山丛桂轩"，这是园林南半部的主要厅堂；取庾信《枯

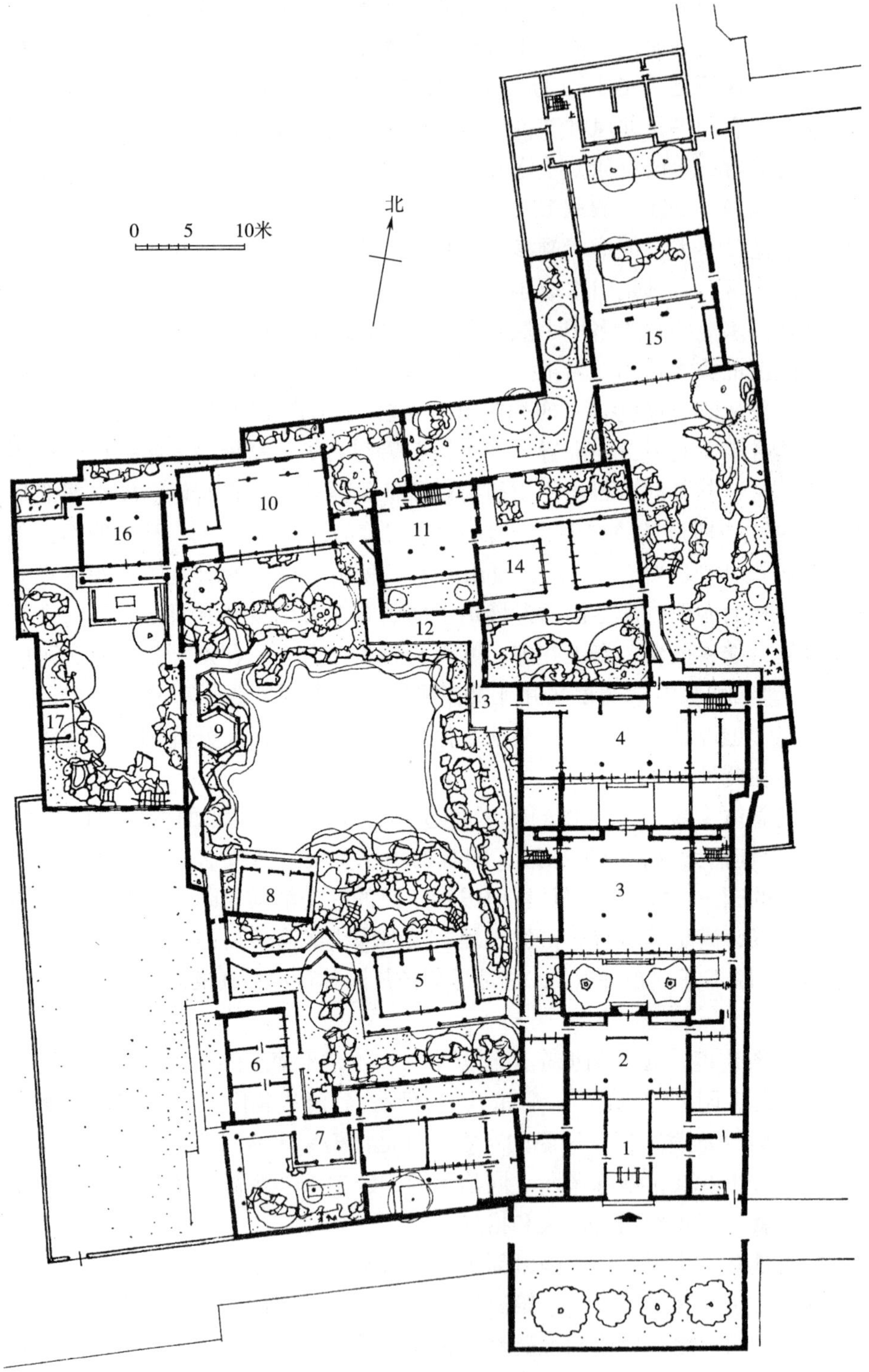

图 8-17 网师园平面图

1—宅门　2—轿厅　3—大厅　4—撷秀楼　5—小山丛桂轩　6—蹈和馆　7—琴室　8—濯缨水阁　9—月到风来亭　10—看松读画轩　11—集虚斋　12—竹外一枝轩　13—射鸭廊　14—五峰书屋　15—梯云室　16—殿春簃　17—冷泉亭

树赋》中"小山则丛桂留人"的诗句而题名,以喻迎接、款留宾客之意。轩之南是一个狭长形的小院落,沿南墙堆叠低平的太湖石若干组,种植桂树几株,环境清幽,有若置身岩壑间。透过南墙上的漏窗可隐约看到隔院之景,因而院落虽狭小但并不显封闭。轩之北,临水堆叠体量较大的黄石假山"云岗",有蹬道洞穴,颇具雄险气势。它形成主景区与小山丛桂轩之间的一道屏障,把后者部分隐蔽起来。

轩之西为园主人宴居的"蹈和馆"和"琴室",西北为临水的"濯缨水阁",取屈原《渔父》:"沧浪之水清兮,可以濯吾缨"之意,这是主景区的水池南岸风景画面上的构图中心。自水阁之西折而北行,曲折的随墙游廊顺着水池西岸山石堆叠之高下而起伏,当中建八方亭"月到风来亭"突出于池水之上,此亭作为游人驻足稍事休息之处,可以凭栏隔水观赏环池三面之景,同时也是池西的风景画面上的构图中心。亭之北,往东跨过池西北角水口上的三折平桥达池之北岸,往西经洞门则通向另一个庭院"殿春簃"。

水池北岸是主景区内建筑物集中的地方,"看松读画轩"与南岸的"濯缨水阁"遥相呼应构成对景。轩的位置稍往后退,留出轩前的空间类似三合小庭院。庭院内叠筑太湖石树坛,树坛内栽植姿态苍古、枝干遒劲的罗汉松、白皮松、圆柏三株,增加了池北岸的层次和景深,同时也构成了自轩内南望的一幅以古树为主景的天然图画,故以"看松读画"命轩之名。轩之东为临水的廊屋"竹外一枝轩",它在后面的楼房"集虚斋"的衬托下益发显得体态低平、尺度近人。倚坐在这个廊屋临池一面的美人靠坐凳上,南望可观赏环池之景有如长卷之舒展,北望则透过月洞门看到"集虚斋"前庭的修竹山石,楚楚动人宛似册页小品。

竹外一枝轩的东南为小水榭"射鸭廊",它既是水池东岸的点景建筑,又是凭栏观赏园景的场所,同时还是通往内宅的园门。三者合而为一,入园即可一览全园之胜,设计手法全然不同于外宅的园门。射鸭廊之南,以黄石堆叠为一座玲珑剔透的小型假山,它与前者恰成人工与天然之对比,两者衬托于白粉墙垣之背景则又构成一幅完整的画面。假山沿岸边堆叠,形成水池与高大的白粉墙垣之间的一道屏障,在视觉上仿佛拉开了两者的距离从而加大了景深,避免了大片墙垣直接临水的局促感。这座假山与池南岸的"云岗"虽非一体,但在气脉上是彼此连贯的。水池在两山之间往东南延伸成为溪谷形状的水尾,上建一座小石拱桥作为两岸之间的通道。此桥的尺度极小,颇能协调于局部的山水环境。

水池的面积并不大,仅 400 平方米左右。池岸略近方形但曲折有致,驳岸用黄石挑砌或叠为石矶,其上间植灌木和攀缘植物,斜出松枝若干,表现了天然水景的一派野趣。在西北角和东南角分别做出水口和水尾,并架桥跨越,把一泓死水幻化为"源流脉脉,疏水若为无尽"之意。水池的宽度约 20 米,这个视距正好在人的正常水平视角和垂直视角范围内,得以收纳对岸画面构图之全景。水池四周之景无异于四幅完整的画面,内容各不相同却都有主题和陪衬,与池中摇曳的倒影上下辉映成趣,益增园林的活泼气氛。在每一个画面上都有一处点景的建筑物,同时也是驻足观景的场所:濯缨水阁、月到风来亭、竹外一枝轩、射鸭廊。沿水池一周的回游路线又是绝好的游动观赏线,把全部风景画面串缀为连续展开的长卷。网师园的这个主景区的确是静观与动观相结合的组景设计的佳例，尽管范围不大，却仿佛观之不尽，十分引人流连。

整个园林的空间安排采取主、辅对比的手法，主景区也就是全园的主体空间，在它的周围安排若干较小的辅助空间，形成众星拱月的格局。西面的"殿春簃"与主景区之间仅一墙之隔，是辅助空间中之最大者。正厅为书斋"殿春簃"，位于长方形庭院之北，院南有清泉"涵碧"及半亭"冷泉"，院内当年辟作药栏，遍植芍药，每逢暮春时节，唯有这里"尚留芍药殿春风"，因此命名。南部的小山丛桂轩和琴室均为幽奥的小庭院。"小山丛桂轩"之南是曲折状的太湖石山坡，其南倚较高的园墙而成阴坡，山上丛植桂树，更杂以蜡梅、海棠、梅、天竺、慈孝竹等。"琴室"的入口从主景区几经曲折方能到达，一厅一亭几乎占去小院的一半，余下的空间但见白粉墙垣及其前的少许山石和花木点缀，其幽邃的气氛与操琴的功能十分协调。园林北角上的"集虚斋"前庭是另一处幽奥小院，院内修竹数竿，透过月洞门和竹外一枝轩可窥见主景区水池的一角之景，是运用透景的手法而求得奥中有旷，设计处理上与琴室又有所不同。此外，尚有小院、天井多处。正由于这一系列大大小小的幽奥的或者半幽奥的空间，在一定程度上烘托出主景区之开朗。因此，网师园虽地只数亩（1亩=666.6$\dot{6}$平方米），而有迂回不尽之致。

网师园的规划设计在尺度处理上也颇有独到之处。如水池东南水尾上的小拱桥，故意缩小尺寸以反衬两旁假山的气势；水池东岸堆叠小巧玲珑的黄石假山，意在适当减弱其后过于高大的白粉墙垣所造成的尺度失调。类似情况也存在于园的东北角，这里耸立着邸宅的后楼和集虚斋、五峰书屋等体量高大的楼房，与园中水池相比，尺度不尽完美，而又非堆叠假山所能掩饰。匠师们乃采取另外的办法，在这些楼房前面建置一组单层小体量、玲珑通透的廊榭，使之与楼房相结合而构成一组高低参差、错落有致的建筑群。前面的单层建筑不但造型轻快活泼，尺度亲切近人，而且形成中景，增加了景物的层次，让人感到仿佛楼房后退了许多，从而解决了尺度失调的问题。不过，池西岸的月到风来亭体量似嫌过大，屋顶超出池面过高，多少造成与池面尺度不够协调的现象，虽然美中不足，毕竟瑕不掩瑜。

建筑过多是清乾隆以后尤其是同、光年间的园林中普遍存在的现象，网师园的建筑密度高达30%。人工的建筑过多势必影响园林的自然天成之趣，但网师园却能够把这一影响减小到最低限度。置身主景区内，并无囿于建筑空间之感，反之，却能体会到一派大自然水景的盎然生机。足见此园在规划设计方面确实是匠心独运，具有很高的水平，无愧为现存苏州古典园林中的上品之作。

3. 拙政园

拙政园（图8-18）在苏州娄门内之东北街，始建于明初。正德年间，御史王献臣因官场失意，致仕回乡，占用城东北原大弘寺所在的一块多沼泽的空地营建此园，历时五载落成。王死后，园林屡易其主。后来分为西、中、东三部分，或兴或废又迭经改建。太平天国占据苏州期间，西部和中部作为忠王李秀成府邸的后花园，东部的"归田园居"则已荒废。光绪年间，西部归张履谦为"补园"，中部的拙政园归官署所有。

现在，全园仍包括三部分：西部的补园、中部的拙政园紧邻于各自邸宅之后，呈前

第8章 清代园林

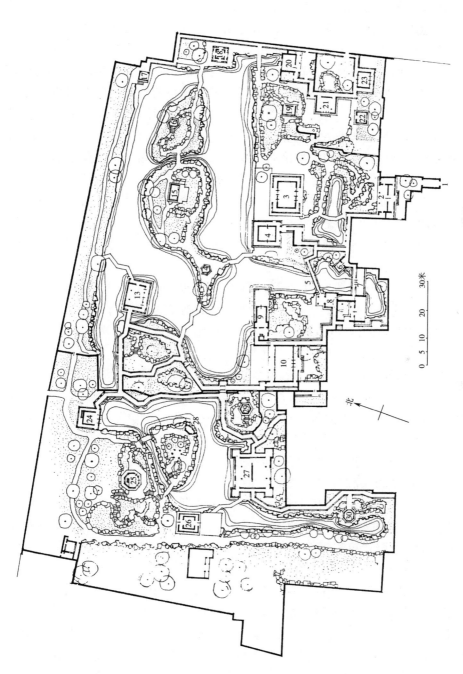

图8-18 拙政园中部及西部平面图

1—园门 2—腰门 3—远香堂 4—倚玉轩 5—小飞虹 6—松风亭 7—小沧浪 8—得真亭 9—香洲 10—玉兰堂 11—别有洞天 12—柳荫曲路 13—见山楼 14—荷风四面亭 15—雪香云蔚亭 16—待霜亭 17—绿漪亭 18—梧竹幽居 19—绣绮亭 20—海棠春坞 21—玲珑馆 22—嘉宝亭 23—听雨轩 24—倒影楼 25—浮翠阁 26—留听阁 27—三十六鸳鸯馆 28—与谁同坐轩 29—宜两亭 30—塔影亭

宅后园的格局，东部重加修建为新园。全园总面积为4.1公顷，是一座大型宅园。

中部的拙政园是全园的主体和精华所在，它的主景区以大水池为中心。水面有聚有散，聚处以辽阔见长，散处则以曲折取胜。池的东西两端留有水口、伸出水尾，显示疏水若为无尽之意。池中垒土石构筑成东、西两个岛山，把水池分划为南北两个空间。西山较大，山顶建长方形的"雪香云蔚亭"；东山较小，山后建六方形的"待霜亭"藏而不露，与前者成对比。岛山以土为主，石为辅，向阳的一面黄石参差错落，背阴面则土坡苇丛，景色较多野趣。两山之间有溪谷，架小桥。山上遍植落叶树间以常绿树，岸边散植灌木藤蔓，此外还栽植柑橘、梅花。植物配置非常丰富，可谓花果树木俱全。太湖中的诸岛多有种柑橘的，每当秋季一片橙黄翠绿之景十分引人注目，拙政园中部岛山之柑橘山花、丛林灌木，显然意在模拟太湖诸岛之缩微，也与"待霜亭"之景题暗合。而大片梅花林则取意于苏州郊外的著名赏梅景点"香雪海"，并以"雪香云蔚"为亭之名。因此，这岛山一带极富于苏州郊外的江南水乡气氛，为全园风景最胜处。西山的西南角建六方形"荷风四面亭"，它的位置恰在水池中央。亭的西、南两侧各架曲桥一座，又把水池分为三个彼此通透的水域。西桥通往"柳荫曲路"，南桥衔接"倚玉轩"，为全园之交通枢纽。

原来的园门是邸宅备弄（火巷）的巷门，经长长的夹道而进入腰门，迎面一座小型黄石假山犹如屏障，免使园景一览无余。山后小池一泓，渡桥过池或循廊绕池便转入豁然开朗的主景区，这就是造园的大小空间转换、开合对比手法运用之一例。

越过小池往北为园中部的主体建筑物"远香堂"，周围环境开阔。堂面阔三间，安装落地长窗，在堂内可观赏四面之景犹如长幅画卷。堂北临水为月台，闲立平台隔水眺望东西两山，小亭屹立，叠石玲珑，林木苍翠，赏心悦目。夏天荷蕖满池，清香远溢，故取宋代著名理学家周敦颐《爱莲说》中"香远益清，亭亭净植"句之意，题名为"远香堂"。它与西山上的雪香云蔚亭隔水互成对景，构成园林中部的南北中轴线。

自平台西侧的"倚玉轩"循曲廊往南折而西便是一湾水尾，此即水池在南轩处分出的一支，向南延伸至园墙边。廊桥"小飞虹"横跨水上，过桥往南经方亭"得真亭"，又有水阁三间横架水面，名"小沧浪"。它与小飞虹南北呼应，配以周围的亭、廊构成一个空间内聚的独立幽静的水院。自小沧浪凭栏北眺，在这段纵深约七八十米的水尾上，透过亭、廊、桥三个层次可以看到最北端的见山楼，益显景观之深远、层次之丰富。得真亭面北，前有隙地栽植圆柏四株，成为亭前之主景。

由得真亭折北，有黄石假山一座。其西是清静的小庭院"玉兰堂"，院内主植玉兰花，配以修竹湖石。假山北面临水的为仿舟船形象的船厅"香洲"，它的后舱二楼名"澄观楼"。香洲与倚玉轩一纵一横隔水对望，此处池面较窄，故于舫厅内安装大玻璃镜一面，反映对岸景物，以便利用镜中虚景而获致深远效果。过玉兰堂往北即为位于水池最西端的半亭"别有洞天"，它与水池最东端的小亭"梧竹幽居"遥相呼应成对景，形成了主景区的东西向的次轴线。梧竹幽居亭的四面均为月洞门，在亭内透过这些洞门可以收纳不同的"框景"。

见山楼位于水池之西北岸，三面临水。由西侧的爬山廊直达楼上，可遥望对岸的雪香云蔚亭、倚玉轩、香洲一带依稀如画之景。爬山廊的另一端连接曲折的游廊,通往略有起伏的平地上,形成两个彼此通透的、不规则的廊院空间,廊院中遍植垂柳故名"柳荫曲路"。往西穿过半亭,便是西部的"补园"。

在园的东南角上,有一处园中之园"枇杷园",用云墙和假山障隔为相对独立的一区。园内栽植枇杷树,建"玲珑馆"和"嘉宝亭"。北面的云墙上开月洞门作为园门,自月洞门南望,以春秋佳日亭为主题构成一景;回望,又以雪香云蔚亭为主题构成一幅绝妙的、宛若小品册页的"框景"。

中部的拙政园,水体约占全园面积的3/5。水面广,故建筑物大多临水,藉水赏景,因水成景。水多则桥多,桥皆平桥,取其横线条能协调于平静的水面。靠北的主景区即是以大水面为中心而形成的一个开阔的山水环境,再利用山池、树木及少量的建筑物划分为若干互相穿插、处处沟通的空间层次,因而游人所领略到的景域范围仿佛比实际的要大一些。主景区的建筑比较疏朗。整个环境虽由人作,自然生态的野趣却十分突出,尚保留着一些宋、明以来的平淡简远的遗风。靠南的若干次景区则多是建筑围合的内聚和较内聚的空间,建筑的密度比较大,提供园主人生活和园居活动的需要。它们都邻近邸宅,实际上是邸宅的延伸。很明显,园中部的建筑布局是采取"疏处可走马,密处不透风"的办法,以次景区的"密"来反衬主景区的"疏",既保证了后者的宛若天成的大自然情调,又解决了因园林建筑过多而带来的矛盾。

中部的拙政园是典型的多景区、多空间复合的大型宅园,园林空间丰富多变、大小各异。有山水为主的开敞空间,有山水与建筑相间的半开敞空间,也有建筑围合的封闭空间。这些空间之间既有分隔又有联系,能够形成一定的序列组合,为游人选择不同的游览路线创造了条件。

西部的补园亦以水池为中心,水面呈曲尺形,以散为主、聚为辅,理水的处理与中部截然不同。池中小岛的东南角正当景界比较开阔的转折部位,临水建扇面形小亭"与谁同坐轩",取宋代文人苏轼"与谁同坐?明月清风我"的词意。此亭形象别致,具有很好的点景效果,同时也是园内极佳的观景场所。凭栏可环眺三面之景,并与其西北面岛山顶上的"浮翠阁"遥相呼应构成对景。

池东北的一段为狭长形的水面,西岸延绵一派自然景色的山石林木,东岸沿界墙构筑水上游廊——水廊,随势曲折起伏,体态轻盈,仿佛飘然凌波。水廊北端连接于"倒影楼",作为狭长形水面的收束。它的前面的左侧以轻盈的水廊、右侧以自然景色作为烘托陪衬,倒影楼映于澄澈的水面,构成极为生动活泼的一景。水廊的南端为小亭"宜两亭",此亭建在假山之顶,与倒影楼隔池相峙、互成对景,既可俯瞰西部园景,又能邻借中部之景,故名"宜两"。

宜两亭的西侧,便是西部的主体建筑物"鸳鸯厅"。此厅方形平面,四角各附耳室一间,为昔日园主人于厅内举行演唱活动时仆人侍候之用。厅的中间用隔扇分隔为南、北两半。南半厅名"十八曼陀罗花馆",馆前的庭院内种植山茶花(唐代称之为曼陀罗花,与今曼陀罗不同),庭院之南即为邸宅;北半厅名"三十六鸳鸯馆",挑出于水池之上。由于此馆体形过于庞大,因而池面显得逼仄,难免造成尺度失调之弊。

馆之西，渡曲桥为临水的"留听阁"，当年此处水面遍植荷花，借唐代诗人李商隐"留得残荷听雨声"句而得名。由此北行登上岛山蹬道，可达山顶的"浮翠阁"，这是全园的最高点。自留听阁以南，水面狭长如盲肠，西岸又紧邻园墙，这是造园理水的难题，一般应予避免。匠师们在水面的南端建置小型的点景建筑"塔影亭"，与留听阁构成南北呼应的对景线，适当地弥补了水体本身的僵直呆板的缺陷，可谓绝处逢生之笔。

东部原为"归田园居"的废址，1959年重建。根据城市居民休息、游览和文化活动的需要，开辟了大片草地，布置茶室、亭榭等建筑物。园林具有明快开朗的特色，但已非原来的面貌了。

4. 留园

留园（图8-19）在苏州阊门外，原为明代"东园"的废址。清嘉庆年间改筑，更名"寒碧山庄"。光绪初年为大官僚盛康购得，又加以改建、扩大，更名"留园"，面积大约2公顷。

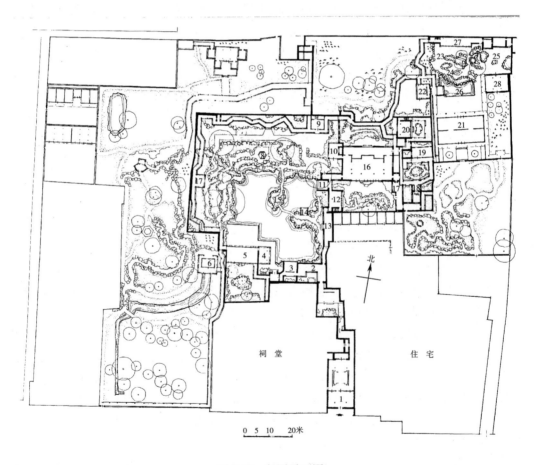

图8-19 留园平面图

1—大门 2—古木交柯 3—绿荫 4—明瑟楼 5—涵碧山房 6—活泼泼地 7—闻木樨香轩
8—可亭 9—远翠阁 10—汲古得绠处 11—清风池馆 12—西楼 13—曲谿楼 14—濠濮亭
15—小蓬莱 16—五峰仙馆 17—鹤所 18—石林小屋 19—揖峰轩 20—还我读书处 21—林泉耆硕之馆
22—佳晴喜雨快雪之亭 23—岫云峰 24—冠云峰 25—瑞云峰 26—浣云池 27—冠云楼 28—伫云庵

园林紧邻于邸宅之后，分为西、中、东三区，三区各具特色：西区以山景为主，中区以山、水兼长，东区以建筑取胜。如今，西区已较荒疏，中区和东区则为全园之精华所在。当年因主人和内眷可从内宅入园，而宾客和一般游客不能穿越内宅，故此另设园门于当街，从两个跨院之间的备弄入园。备弄的巷道长达 50 余米，夹于高墙之间。匠师们采取了收、放相间的序列渐进变换的手法，运用建筑空间的大小、方向、明暗对比的技法，入园门便是一个比较宽敞的前厅，从厅的东侧进入狭长的曲尺形走道，再进一个面向天井的敞厅，最后以一个半开敞的小空间作为结束。过此转至"古木交柯"，它的北墙上开漏窗一排，可隐约看见中区的山池楼阁。折而西至"绿荫"，北望中区之景豁然开朗，则已置身园中了。

中区的东南大部分开凿水池、西北堆筑假山，形成以水池为中心，西、北两面为山体，东、南两面为建筑的布局，这是留园中的一个较大的山水景区。临池的假山用太湖石间以黄石堆筑为土石山，一条溪涧破山腹而出，仿佛活水的源头。北山上建六方形小亭"可亭"作为山景的点缀，同时也是一处居高临下的驻足观景场所。水池的东、南面均为高低错落、连续不断的建筑群所环绕，池南岸建筑群的主体是"明瑟楼"和"涵碧山房"，成船厅的形象。它与北岸山顶的可亭隔水呼应成为对景。涵碧山房之前临池为宽敞的月台，后为小庭院，植牡丹、绣球等花木。西侧循爬山游廊随西墙北上，折而东沿北墙连接于中区西北角上的"远翠阁"，再与东区的游廊连接，构成贯穿于全园的一条迂回曲折而漫长的外围廊道游览路线。

池东岸的建筑群平面略成曲尺形转折而南，立面组合的构图形象极为精美："清风池馆"西墙全部开敞，凭栏可观赏中区山水之全景。"西楼"与"曲溪楼"皆重楼迭出，它们较为敦实的墙面与清风池馆恰成虚实之对比。楼的南侧有廊屋连接古木交柯，廊墙上开连续的漏窗。自室内观之，透出室外山池之景有若连续的小品画幅，自室外观之，则漏窗的空透图案又成为墙面上连续而有节奏的装饰。这一组高低错落有致、虚实相间的建筑群形象，造型优美、比例匀称、色彩素雅明快，再配以欹奇斜出的古树枝柯和驳岸的嵯峨山石，构成一幅十分生动的画面，与池中倒影上下辉映。在后期园林建筑较为密集的情况下，它的精致的艺术处理无愧为一大手笔。

西楼、清风池馆以东为留园的东区。东区又分为西、东两部分，"五峰仙馆"和"林泉耆硕之馆"分别为这两部分的主体建筑物。

东区的西部，五峰仙馆的梁柱构件全用楠木，又称"楠木厅"。它的前后都有庭院，前庭的大假山是利用当年"寒碧山馆"主人刘蓉峰所搜集的 12 个峰石为主体叠筑而成，模拟庐山的五老峰。馆前的踏跺，亦用天然石块叠置如山之余脉，饶有野趣。馆的两侧有小天井，由室内透过侧窗收摄天井内的竹石小品而构成绝好的"框景"。五峰仙馆之东为"揖峰轩"，轩的西面和后面均留出小天井点缀少许花木石峰，既便于通风采光，又能创造精致的室内小品框景。轩前的庭院，一带曲廊回旋。院中叠置小型品石若干组有若人工石林，院南设小轩足资观赏，故名"石林小屋"。屋之南，天井、曲廊、粉垣、洞门穿插，构成一个室内外彼此融糅、相互流通的空间复合体。揖峰轩之北，则是封闭的小庭院"还我读书处"，尤为安谧宁静独具书斋的私密性。

东区的西部仅占全园面积的 1/20 左右，却是园内建筑物集中、建筑密度最高的地方。这部分的规划，利用灵活多变的一系列院落空间创造出一个安静恬适、仿佛深邃无穷的园林建筑环境，满足了园主人以文会友和多样性园居生活的功能要求。建筑物一共有五幢，其余均为各式游廊。正厅"五峰仙馆"是接待宾客的地方，"还我读书处"和"揖峰轩"属书斋性质，"鹤所"和"石林小屋"则是一般的游赏建筑。曲折回环的游廊占着建筑的极大比重，对于多变空间的形成起着决定性的作用。从一幢建筑物到另一幢建筑物都很近便但却要经过多次转折的曲廊盘桓，在有限的地段范围内能够予人以无限深远之感。由建筑实体围合而成的院落有 12 个之多，其中 4 个为庭院，8 个为小天井。庭院的大小、形式、山石花木配置、封闭或通透程度，均视各自建筑物的性质而有所不同：五峰仙馆的前庭翠竹潇洒，峰石挺拔，点出"五峰"的主题，后庭较为开敞，透过游廊借入隔院之景；还我读书处的小院静谧清雅，仿佛与世隔绝；揖峰轩前庭怪石罗列，花木满院，以石峰为造景之主题，故命轩之名为"揖峰"。小天井依附于建筑物的一侧，便于室内的通风和采光，但更重要的作用在于为室内提供精致的框景，即李渔所谓的"尺幅窗""无心画"。天井中点缀的芭蕉竹石、悬萝垂蔓以白粉墙为画底，以窗洞或廊间为画框，构成一幅幅的立体小品册页，实墙的封闭感亦因之而消失。游廊与庭院、天井相结合，彼此渗透沟通，又创造了众多的出入孔道和复杂的循环游览路线。"处处虚邻""方方胜境"，创造出行止扑朔迷离、景观变化无穷的效果。空间创作的巧思，确乎是十分出色的。

东区的东部，正厅"林泉耆硕之馆"为鸳鸯厅的做法。厅北是一个较大而开敞的庭院，院当中特置巨型太湖石"冠云峰"，高 5 米余，左右翼以"瑞云""岫云"二峰，皆明代旧物。三峰鼎峙构成庭院的主景，故庭院中的水池名"浣云池"，庭北的五间楼房名"冠云楼"，均因峰石而得名。这是留园中的另一个较大的、呈庭园形式的景区，自冠云楼东侧的假山登楼，可北望虎丘景色，乃是留园借景的最佳处。

留园的景观，有两个最突出的特点：一是丰富的石景，二是多样变化的空间之景。

石景除了常见的叠石假山、屏障之外，还有大量的石峰特置和石峰丛置的石林。冠云峰是苏州最大的特置峰石。因其高居群峰之冠，而峰石又称作"云根"，故名曰"冠云"。它的两侧分别屏立"瑞云""岫云"二配峰，益发烘托出主峰之神秀。

园内既有以山池花木为主的自然山水空间，也有各式各样以建筑为主或者建筑、山水相间的大小空间——庭园、庭院、天井等。园林空间之丰富，为江南诸园之冠。它称得上是多样空间的复合体，集园林空间之大成者。留园的建筑布局，看来也是采取类似拙政园的手法，把建筑物尽可能地相对集中，以"密"托"疏"，一方面保证自然生态的山水环境在园内所占的一定比重，另一方面则运用高超的技艺把密集的建筑群体创为一系列的空间的复合——一曲空间的交响乐。规划设计的水平不可谓不高，但就园林的总体而言，毕竟不能根本解决因建筑过多而造成的人工雕琢气氛太重，多少丧失风景式园林主旨的矛盾。

5. 寄畅园

寄畅园（图8-20）位于无锡城西的锡山和惠山间平坦地段上，东北面有新开河

第 8 章 清代园林

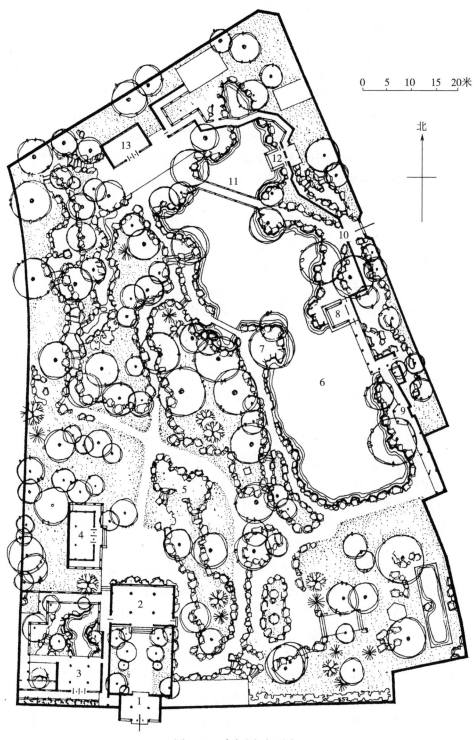

图 8-20 寄畅园平面图
1—大门 2—双孝祠 3—秉礼堂 4—含贞馆 5—九狮台 6—锦汇漪
7—鹤步滩 8—知鱼槛 9—郁盘 10—清响 11—七星桥 12—涵碧亭 13—嘉树堂

（惠山滨）连接大运河。园址占地约1公顷，属于中型的别墅园林。元代原为佛寺的一部分，明代正德年间，兵部尚书秦金辟为别墅，初名"凤谷行窝"，后归布政使秦良。万历十九年（1591年），秦耀由湖广巡抚罢官回乡，着意经营此园并亲自参与筹划，疏浚池塘、大兴土木成二十景。改园名为"寄畅园"，取王羲之《兰亭集序》"一觞一咏，亦足以畅叙幽情……因寄所托，放浪形骸之外"的文意。此园一直为秦氏家族所有，故当地俗称"秦园"。清初，园曾分割为两部分，康熙年间再由秦氏后人秦德藻合并改筑，进行全面修整，延聘著名叠山家张南垣之侄张鉽重新堆筑假山，又引惠山的"天下第二泉"之泉水流注园中。经过秦氏家族几代人的三次较大规模的建设经营，寄畅园更为完美，名声大噪，成为当时江南名园之一。清代康熙、乾隆二帝南巡，均曾驻跸于此园。

园林总体布局，水池偏东，池西聚土石为山，两者构成山水骨架。据明王稚登《寄畅园记》：园门设正东墙，入门后折西为一扉门"清响"，此处多种竹子。出扉门便是水池"锦汇漪"，水源来自出山泉。由清响经过一段廊到达"知鱼槛"，从此处折而南为"郁盘"，有廊连接于"先得月"，廊的尽端为书斋"霞蔚"。往南便是三层的"凌虚阁"高出林梢，可俯瞰全园之景。再折而西，跨涧过桥登假山上的"卧云堂"，旁有小楼"邻梵"，"登之可数（惠山）寺中游人"。循径往西北为"含贞斋"，阶下一古松。出含贞斋循山径至"鹤景"和"栖玄堂"，"堂前层石为台，种牡丹数十本"。往北进入山涧，涧水流入锦汇漪。经过跨越锦汇漪北端的七星桥，到达"涵碧亭"。亭之西侧为"环翠楼"，登楼南望"则园之高台曲榭、长廊复室、美石嘉树、径迷花亭醉月者，靡不呈祥献秀，泄秘露奇，历历在掌"。

清咸丰十年（1860年），园曾毁于兵火，如今的园林现状是后来重建的。南部原来的建筑物大多数已不存在，新建双孝祠、秉礼堂一组建筑群作为园林的入口，北部的环翠楼改建为单层的"嘉树堂"。其余的建筑物按原样修复，山水的格局也未变动，园林的总体尚保持着明代的疏朗格调，故有诗咏之为"独爱兹园胜，偏多野兴长。"

入园经双孝祠再出北面的院门，东侧以太湖石堆叠的小型假山"九狮台"作为屏障，绕过此山便到达园林的主体部分。

园林的主体部分以狭长形水池"锦汇漪"为中心，池的西、南岸为山林自然景色，东、北岸则以建筑为主。西岸的大假山是一座黄石间土的土石山，山并不高峻，最高处不过4.5米，但却起伏有势。山间的幽谷堑道忽浅忽深，予人以高峻的幻觉。山上灌木丛生，古树参天，这些古树多是四季常青的香樟和落叶的乔木，浓荫如盖，盘根错节。加之山上怪石嵯峨，更突出了天然的山野气氛。从惠山引来的泉水形成溪流破山腹而入，再注入水池之西北角。沿溪堆叠为山间堑道，水的跌落在堑道中的回声叮咚犹如不同音阶的琴声，故名"八音涧"。假山的中部隆起，首尾两端渐低。首迎锡山，尾向惠山，似与锡、惠二山一脉相连。把假山做成犹如真山的余脉，这是此园叠山的匠心独运之笔。

水池北岸地势较高处原为环翠楼，后来改为单层的嘉树堂。这是园内的重点建筑物，景界开阔足以观赏全园之景。自北岸转东岸，点缀小亭"涵碧亭"并以曲廊、水廊连接于嘉树堂。东岸中段建临水的方榭"知鱼槛",其南侧粉垣、小亭及随墙游廊穿插着花木山石小景,游人可凭槛坐憩,观赏对岸山林景色。池的北、东两岸着重在建筑的经营,但疏朗有致、着墨不多,其参差错落、倒映水中的形象与池西、南岸的天然景色恰成强烈对比。知鱼槛突出于水面,形成东岸建筑的构图中心,它与对面西岸凸出的石滩"鹤步滩"相峙,而把水池的中部加以收束,划分水池为南北两个水域。鹤步滩上原有古枫树一株,枯干斜出与知鱼槛构成一幅绝妙的天然画卷。可惜这株古树已于20世纪50年代枯死。

水池南北宽而东西窄,于东北角上做出水尾,以显示水体之有源有流。中部西岸的鹤步滩与东岸的知鱼槛对峙收束,把水池划分为似隔又合的南、北二水域,适当地减弱水池形状过分狭长的感觉。北水域的北端又利用平桥"七星桥"及其后的廊桥,再分划为两个层次,南端做成小水湾架石板小平桥,自成一个小巧的水局。于是,北水域又呈现为四个层次,从而加大了景深。整个水池的岸形曲折多变,南水域以聚为主,北水域则着重于散,尤其是东北角以跨水的廊桥障隔水尾,池水似无尽头,益显其水脉源远流长的意境。

此园借景之佳在于其园址选择(图8-21),能够充分收摄周围远近环境的美好景色,使视野得以最大限度地拓展到园外。从池东岸若干散置的建筑向西望去,透过水池及西

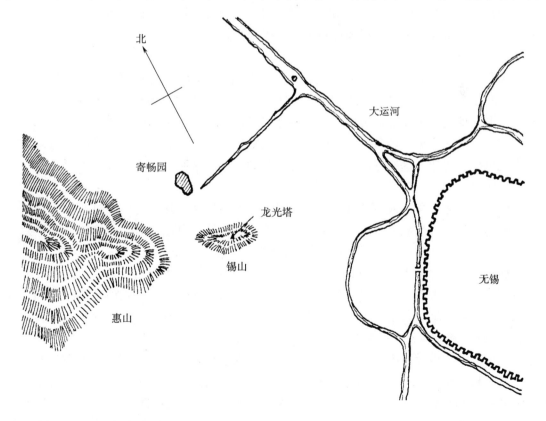

图8-21 寄畅园位置图

岸大假山上葱郁林木远借惠山优美山形之景，构成远、中、近三个层次的景深，把园内之景与园外之景天衣无缝地融为一体。若从池西岸及北岸的嘉树堂一带向东南望去，锡山及其顶上的龙光塔均被借入园内，衬托着近处的临水廊子和亭榭，则又是一幅以建筑物为主景的天然山水画卷。

寄畅园的假山约占全园面积的23%，水面占17%，山水一共占去全园面积的1/3以上。建筑布置疏朗，相对于山水而言数量较少，是一座以山为重点、水为中心、山水林木为主的人工山水园。它与乾隆以后园林建筑密度日愈增高、数量越来越多的情况迥然不同，正是宋以来的文人园林风格的承传。不过，在园林的总体规划以及叠山、理水、植物配置方面更为精致、成熟，不愧为江南文人园林中的上品之作。

8.3.4 岭南私家园林

岭南泛指我国南方的五岭以南的地区，古称南越。汉代，岭南地区已出现民间的私家园林，广东出土的西汉明器陶屋即能看到庭园的形象。清初，岭南的珠江三角洲地区，经济比较发达，文化亦相应繁荣，私家造园活动开始兴盛，逐渐影响及潮汕、福建和台湾等地。到清中叶以后而日趋兴旺，在园林的布局、空间组织、水石运用和花木配置方面逐渐形成自己的特点，终于异军突起而成为与江南、北方并列的地方风格之一。顺德的清晖园、东莞的可园、番禺的余荫山房、佛山的梁园，号称粤中四大名园，它们都比较完整地保存下来，可视为岭南园林的代表作品。

1. 余荫山房

余荫山房（图8-22）在广州番禺南村，始建于清同治三年（1864年），历时5年，于同治八年（1869年）竣工。山房故主邬彬，字燕天，是清代举人，曾任刑部主事，官至从二品。他的两个儿子也是举人，因而有"一门三举人，父子同登科"之说。邬燕天告老归田，隐居乡里，聘名工巧匠，吸收苏杭庭园建筑艺术之精华，结合闽粤庭园建筑艺术之风格，兴建了这座特色鲜明、千古流芳的名园。余荫山房至今保留完整，是粤中四大名园之一。

园门设在东南角，入门经过一个小天井，左面植蜡梅一株，右面穿过月洞门以一幅壁塑作为对景，折而北为二门，门上对联："余地三弓红雨足；荫天一角绿云深"点出"余荫"之意。进入二门，便是园林的西半部。

西部以一个方形水池为中心，池北为正厅"深柳堂"，面阔三间。堂前月台左右各植炮仗花一株，古藤缠绕，花开时宛如花雨一片。深柳堂隔水与"临池别馆"相对，构成西部庭院南北轴线。水池东面为一带游廊，当中有一座跨拱形亭桥，此桥与主体建筑"玲珑水榭"相对应，构成东西向轴线。

东半部面积较大，中央开凿八方形水池，有水渠穿过亭桥，与西半部的方形水池连通。八方形水池的正中建置八方形的"玲珑水榭"，八面开敞，可以环眺八方之景。沿着园的南墙和东墙堆叠小型的英石假山，周围种植竹丛，犹如雅致的竹石画卷。园东北角跨水渠建方形小亭"孔雀亭"，贴墙建半亭"来薰亭"。水榭的西北面有平桥连接游廊，迂曲蜿蜒通达西半部。

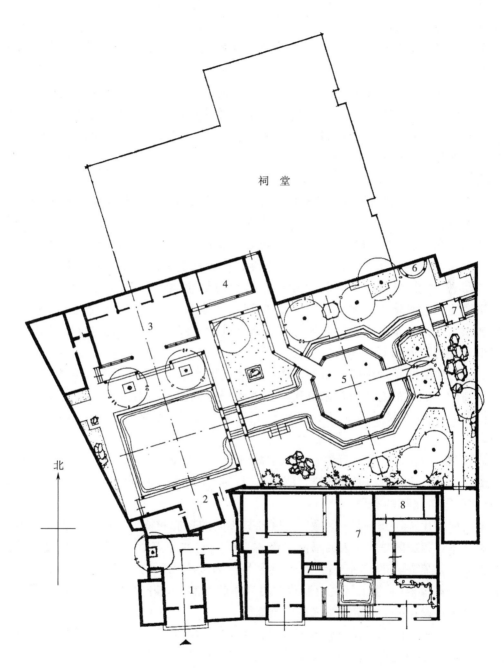

图 8-22 余荫山房平面图
1—园门 2—临池别馆 3—深柳堂 4—榄核厅
5—玲珑水榭 6—来薰亭 7—船厅 8—书房

余荫山房的总体布局很有特色，两个规整形状的水池并列组成水庭，水池的规整几何形状受到西方园林的影响。余荫山房的某些园林小品，如栏杆、雕饰以及建筑装修，运用了西洋的做法。广州地处亚热带，植物繁茂，因而园林中经年常绿、花开似锦。园林建筑内外敞透，雕饰丰富，尤以木雕、砖雕、灰塑最为精致。主要厅堂的露明梁架上均饰以通花木雕，如百兽图、百子图、百鸟朝凤等题材。总的看来，建筑体量稍嫌庞大，东半部"玲珑水榭"的大尺度与小巧的山水环境不甚协调，相形之下，后者不免失之拘板。

园林的南部为相对独立的一区"愉园"，是园主人日常起居、读书的地方。愉园为一系列小庭院的复合体，以一座船厅为中心，厅左右的小天井内散置花木水池，呈小巧精致的水局。登上船厅的二楼可以俯瞰余荫山房的全景以及园外的借景，多少抵消了因建筑密度过大而给人的闭塞之感。

2. 林本源园林

林本源园林（图8-23）又名林家花园，在台湾省台北市郊板桥镇。林家为台湾望族，其先祖林平侯于乾隆年间自福建漳州移居台北，经商起家，富甲一方。嘉庆年间，林国华在任监生捐纳布政使期间募佃开垦而益富。光绪年间，林维源辅佐当时的台湾巡抚刘铭传推行新政。林家遂身列缙绅，成为社会上的领袖人物，乃扩建其在板桥镇的邸宅。宅园始建于同、光之际，光绪十四年（1888年）又经林维源之弟林本源改筑增建，迄光绪十九年（1893年）完成，占地1.3公顷，属中型宅园，也是台湾省的名园之一。日本占据台湾时期，此园逐渐荒废，部分析为民居，1978年由台北市政府出资进行全面修复。

宅园用地呈略不规则的三角形，西邻老宅（旧大厝），南邻新宅（新大厝），北面和东面临街。园林的总体布局采取化整为零的一系列庭园组合方式，这固然是具体地形条件限制和多次扩建的结果，但也保持了岭南园林之着重于庭园和庭院的传统格局。

林本源园包含来青阁、月波水榭、定静堂等多处房舍与人造山水，花园内部的亭、台、楼、阁，精巧雅致，回廊环绕，清幽曲折，搭配假山、水池，胜景处处，自古享有"园林之胜冠台北"的美誉。

全园利用建筑划分为五个区域，各区独具不同的功能和特色，而又互相联通为一个有机的整体：第一区是园主人的书斋"汲古书屋"与"方鉴斋"；第二区是接待宾客的"来青阁"、观赏花卉的"香玉簃"；第三区是作为宴集场所的"定静堂"；第四区是登高远眺的"观稼楼"；第五区是山池游赏的"榕荫大池"。园门两座，一座设在第一区的南端，另一座设在第三区定静堂之东兆侧临街。

主人和内眷由内宅入园，宾客入园则必须经过老宅（旧大厝）东邻的窄而长的"白花厅"方能通往园之正门，情况类似于苏州留园的备弄。所不同的是白花厅还兼作林家接待外客的客厅，前后共两进院落，自第二进之后经过修长的游廊再折而东，方能进入园内的汲古书屋小庭院。

汲古书屋之正厅坐东朝西，庭院十分雅静，满植树木，设花台、鱼缸、盆景。正厅后的南端以两层游廊联通于另一个小庭院方鉴斋。方鉴斋之轴线转折，正厅坐南朝北，为林维源兄弟读书、以文会友之处，取朱熹"半亩方塘一鉴开"之诗意。庭深为池，池岸的两株大榕树浓荫蔽日犹如大伞盖。池中设戏台供小型演出和纳凉、拍曲，利用水面回声以增加音响效果。庭院右侧假山倚壁，沿假山上的小径渡曲桥可达戏台；左侧通往

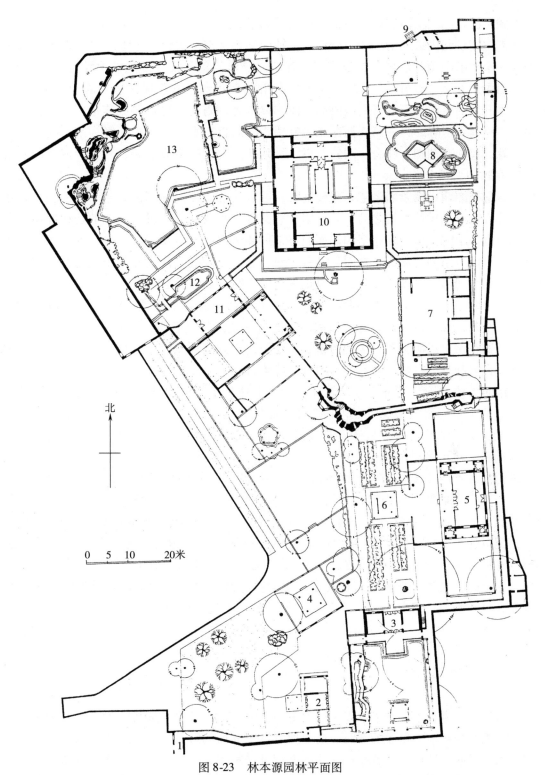

图 8-23 林本源园林平面图

1—长游廊 2—汲古书屋 3—方鉴斋 4—四角亭 5—来青阁 6—开轩一笑 7—香玉簃
8—月波水榭 9—后园门 10—定静堂 11—观稼楼 12—海棠池 13—榕荫大池

来青阁，游廊的墙上镶嵌宋、明诸大家之书画条石。

来青阁是园内最大的一个三合庭院，轴线到此又作一次转折。正厅"来青阁"坐东朝西，重檐歇山顶两层楼，全部用樟木建造。登楼四望，园外远近青山绿野尽收眼底。庭院当中建方亭"开轩一笑"，亦兼作演出用之小戏台。方亭周围散置若干园林小品，西面为开阔的哄哩岩石坪。庭院沿墙三面均设游廊，南与方鉴斋游廊连接，往北分为两路，一路通香玉簃，另一路折西循廊经虹桥、岩洞直达观稼楼。香玉簃为来青阁之附属小庭院，院内有菊圃、花台，间置石桌。每到秋天，满院菊黄似锦，乃是园内专门观赏花卉的地方。

观稼楼的西山墙紧邻老宅，登楼远眺，可借观音山下一片田园之景，阡陌相连，眼底尽是农家稼穑风情。楼之前、后，用云墙围合为小空间，透过云墙上的连续漏窗，可窥见前庭院中的假山、梅花亭和后面的海棠形装饰水池，以及榕荫大池一区的山池花木之景，形成一系列精彩的"框景"小品画面。这一区比较封闭的建筑空间与其后的榕荫大池区的开朗山水景观恰成对比，也是进入后者的一个前奏空间。

定静堂是园内最大的建筑物，也是园主人招待宾客、举行宴会的地方。坐南朝北，北临二小院，院墙设漏窗，它的右侧当街的另一座园门，额曰"板桥小筑"。入门正对规整式的小园，以海棠形的水池为中心。池中建六方套环亭，前为草坪，后为小型山池一组。自定静堂之左侧经月洞门，即进入榕荫大池。

榕荫大池不同于其他各区，是唯一创造山林景色、以山池花木的开朗景观取胜的一区。就全园的游览路线而言，它汇合观稼楼、定静堂而形成一个高潮。此区以大水池"云锦淙"为中心，顺应于不规则的地段亦成不规则的池面，驳岸用料石砌筑。池之西端跨水建半月桥和方亭，把池面划分为大小两个水域以增加景深的层次。沿水池北岸仿照林家故乡漳州的山水而堆筑假山，这座带状假山或起或伏，或聚或散，沿墙布列，其间穿插隧道、山洞，种植花树，颇有气势。游人自定静堂左侧月洞门入池旁小径，盘旋曲折，步移景异。沿路有半月桥、石门、隧洞、形似佛像和熊虎形之叠石，配以佳木异卉，俨若置身山林幽谷、百花深处。绕池之凉亭台榭，有方形、圆形、菱形、三角形、六方形、八方形，形态变化无一雷同。池中可泛舟，供家人及宾客作水上游。几株大榕树的杈桠美姿，更增益园林生气，巨大的遮阴效果则造成清凉世界，虽在炎夏，暑气全消。不仅提供了一派赏心悦目的自然景色，也作为园内消夏纳凉的理想场所。

8.4 寺观园林

清代，对佛、道二教采取以利用为主、限制为辅的政策。清代统治阶级在运用暴力维护和巩固封建统治秩序的同时，竭力加强思想方面的统治。早在清太祖努尔哈赤、太宗皇太极时期，满族统治者在辽沈地区就积极扶植佛、道二教，大量建造寺庙。清王朝定鼎北京后，从中央到地方普遍设立了寺僧衙门和道教衙门，管理佛、道二教事务。乾隆年间，清高宗废除了度牒制度，允许僧尼自由出家；对道教受戒传徒也大开绿灯。清代统治者出于笼络蒙古、藏族上层人士的需要，始终礼遇藏传佛教——喇嘛教，尊崇宗教领袖，不惜国帑修盖喇嘛庙，这对于维护满蒙藏人民的团结、巩固国家的统一具有进步意义。

佛教世俗化，使得入寺进香成为民众日常的社会活动和社会普遍现象，进入名山大川观光游览人数剧增，依托寺观发展起来的商业成为当时寺观收入的重要来源。"商业一条街"普遍成为名山大寺的标志，寺观邸肆登峰造极。如五台山、峨眉山、普陀山、九华山四大佛教名山均有自己的邸店或寺街。峨眉街位于峨眉山脚报国寺前，呈"一"字形，仅供饮食、纸香、杂货、念珠等。普陀山商业街位于普陀山中心，由两条街道——横街与直街组成，呈"T"字形。直街主要是商业街道，普陀特产如云雾佛茶、南海紫菜、九死还魂草、紫竹石、观音水仙、石刻观音、石花菜等均有货卖；横街则以客栈商铺为主，或供香客寄宿，或租赁给岛民居住。九华街位于九华山中心，呈条状展开，周围有抵园寺、化成寺、肉宝殿等大型寺庙簇拥。街长数里，客店、饮食、香药、杂货应有尽有。

清代末年，西方自然科学、社会人文科学大量涌入中国，唯物主义思潮盛行于中国，无神论思想在中国空前高涨，反传统、反宗教的呼声此起彼伏，致使传统宗教发展举步维艰。各传统宗教为了适应社会的发展，纷纷采取措施，做出相应调整和变化。在调整和变化中，各宗教在文化、教育和公益慈善事业等方面都发展迅速，同时也促使各宗教更加社会化、世俗化，切实地参与了当时的社会生活。清末、民国期间，寺庙大量的庙产被侵占，很多被用作教育等公益慈善事业，盛行的"庙产兴学"之风对佛教、道教赖以生存发展的经济基础造成了巨大的冲击。

1. 大觉寺

大觉寺（图8-24）在北京西北郊小西山山系的旸台山。寺后层峦叠嶂，林莽苍郁，前临沃野，景界开阔。寺始建于辽代，名清水院，为金章宗时著名的"西山八院"之一。明宣德三年（1428年）重修扩建，改今名。清康熙五十九年（1720年），当时的皇四子、后来的雍正帝对该寺进行了一次大规模的修建。乾隆十二年（1747年）重修。以后又陆续有几度增改、修葺，遂成今日之规模。

寺观建筑群坐西朝东，包括中、北、南三路。中路山门之后依次为天王殿、大雄宝殿、无量寿佛殿、大悲坛等四进院落。北路为方丈（北玉兰院）、僧房和香积厨等生活用房。南路为戒坛和清代皇帝行宫，后者即南玉兰院、憩云轩等几进院落，引流泉绕阶下，花木扶疏，缀以竹石，景观清幽雅致之至。

寺后的小园林即大觉寺附属园林，位于地势较高的山坡上。西南角上依山叠石，循蹬道而上，有亭翼然名"领要亭"。居高临下可一览全寺和寺外群山之景，园的中部建龙王堂，堂前开凿方形水池"龙潭"。环池有汉白玉石栏杆，由寺外引入山泉，从石雕龙首吐水注入潭内。园内还有辽碑和舍利塔等古迹，但水景与古树名木却是此园的主要特色。参天的高树大部分为松、柏，间以槲、栎、梨树等。浓荫覆盖，遮天蔽日，为夏日之清凉世界。

方池即中路山门内之功德池，其上跨石桥，水中遍植红白莲花。

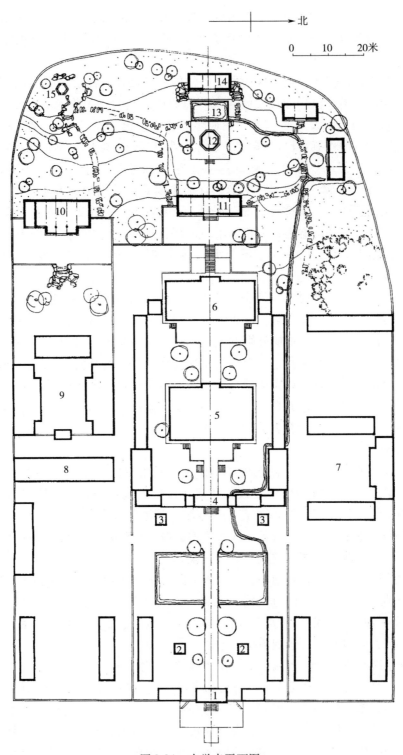

图 8-24 大觉寺平面图

1—山门 2—碑亭 3—钟鼓楼 4—天王殿 5—大雄宝殿 6—无量寿佛殿 7—北玉兰院 8—戒坛 9—南玉兰院 10—憩云轩 11—大悲坛 12—舍利塔 13—龙潭 14—龙王堂 15—领要亭

以松柏银杏为主的古树遍布寺内，尤以中路为多。四季常青，把整个寺院覆盖在万绿丛中。南、北两路的庭院内还兼植花卉，如太平花、海棠、玉兰、丁香、玉簪、牡丹、芍药等，更有多处修竹成丛。因此，大觉寺于古木参天的郁郁葱葱之中又透出万紫千红、如锦似绣的景象。至今寺内尚有百龄以上的古树近百株，三百年以上的十余株，而无量寿佛殿前的千年银杏树早在明、清时已闻名京师。

2. 白云观

白云观（图8-25）位于北京阜成门外，为道教全真派的著名道观之一，始建于唐开元年间，原名"天长观"，金代重建，改名"太极宫"。元代初年作为著名道士长春真人丘处机的居所，改名"长春宫"。明洪武年间改用今名，又经晚清时重修为现在的规模。

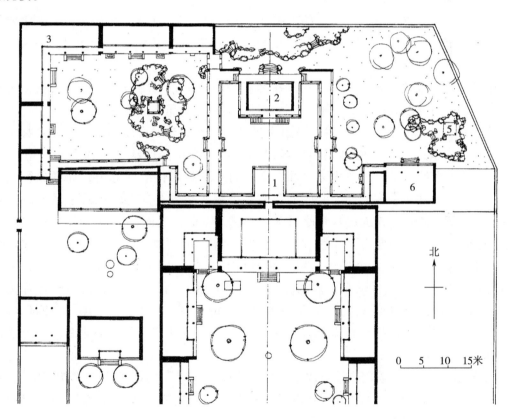

图8-25 白云观后部平面图
1—戒台 2—云集山房 3—退居楼 4—妙香亭 5—有鹤亭 6—云华仙馆

白云观建筑群坐北朝南，呈中、东、西三路之多进院落布局，其后的园林是光绪年间增建的。此园的总体布局略近于对称均齐，以游廊和墙垣划分为中、东、西三个类似庭院的景区。

中区的庭院正当中为建于石砌高台上的"云集山房"，这是全园的主体建筑物和构图中心。它的前面正对着中路的"戒台",后面对着土石假山。假山的周围古树参天,登山顶则近处的天宁寺塔在望,远处可眺览西山群峰,故时人有诗句描写此山为"一丘长枕白云边,孤塔高悬紫陌前。"中区两侧有游廊分别与东、西两区连接。西区建角楼"退居楼",院中的太湖石假山为此区的主景,山下石洞额曰"小有洞天",寓意于道教的洞天福地。自石洞侧拾级登山,有碣,上书"峰回路转"。山顶建小亭"妙香"作为点缀,兼供游人小憩。东区的院中亦以叠石假山为主景,山上建亭名"有鹤"。亭旁特置巨型峰石,上携"岳云文秀"四字,诱发人们对五岳名山的联想,从而创造道家仙界洞府之意境。假山之南建置三开间、坐南朝北之"云华仙馆",有窝角游廊连接于中区之回廊。

3. 普宁寺

普宁寺(图 8-26)在河北省承德市避暑山庄东北约 2.5 千米的山脚下,始建于乾隆二十年(1755 年),为著名的"外八庙"之一。寺院建筑群沿南北中轴线纵深布置,分为南、北两部分。

南半部为"汉式"部分,建筑布局按照我国内地佛寺"伽蓝七堂"的汉族传统格式,由山门、钟楼、鼓楼、天王殿、大雄宝殿及其两配殿组成三进院落。

北半部为"藏式"部分,建在高出南半部地平约 9 米的金刚墙之上,建筑物沿山坡布置,均为藏、汉混合的形式。北半部的总体布局仿照西藏的一座著名古寺"桑耶寺"。正当中的四层高阁"大乘之阁"象征佛和众神居住的须弥山,周围象征茫茫的"咸海"。它的东、南、西、北四面各有一个藏式平台及其上的汉式小殿,象征咸海中的"四大部洲"。南面的梯形小殿为"南瞻部洲",北面的方形小殿为"北俱卢洲",东面的半月形小殿为"东胜神洲",西面的椭圆形小殿为"西牛贺洲",此四殿各自的左右或两侧另有八个平台及其上的小殿象征"八小部洲"。这十二部洲就是人类居住的地方。大乘之阁的东、西两侧为"日殿"和"月殿",象征出没于须弥山两侧和佛的两肩的太阳和月亮,位于大乘之阁的四角方位上的红、绿、黑、白四色塔则象征佛教密宗的"四智"。根据佛经的说法,所谓"大千世界",即是由上千个这样的"世界"组成的。

大乘之阁以北,寺院的围墙略成半圆形,象征"世界"的终极边缘"铁围山"。这部分利用山坡叠石为起伏的假山,山间蹬道蜿蜒,遍植苍松翠柏,形成小园林的格局,相当于普宁寺的附属园林。

园林内的五幢建筑物呈对称均齐的布置。中轴线上靠后居高的为北俱卢洲殿,它的前面、左右分列两小部洲殿和建在不同标高的台地上的白色、黑色塔。这座略近于规整式的小园林因山就势,堆叠山石,真山与假山相结合。在假山叠石与各层台地之间,蹬道盘曲,树木穿插,殿宇塔台布列于嶙峋山石之间,色彩斑斓的琉璃映衬在浓郁的苍松翠柏里,构成别具风味的山地小园林的景观。它把宗教的内容与园林的形式完美地结合起来,寓佛教的庄严气氛于园林的赏心悦目之中,运用园林化的手法来渲染佛国天堂的理想境界。这在我国内地的寺观园林中乃是罕见的一例。

第 8 章 清代园林

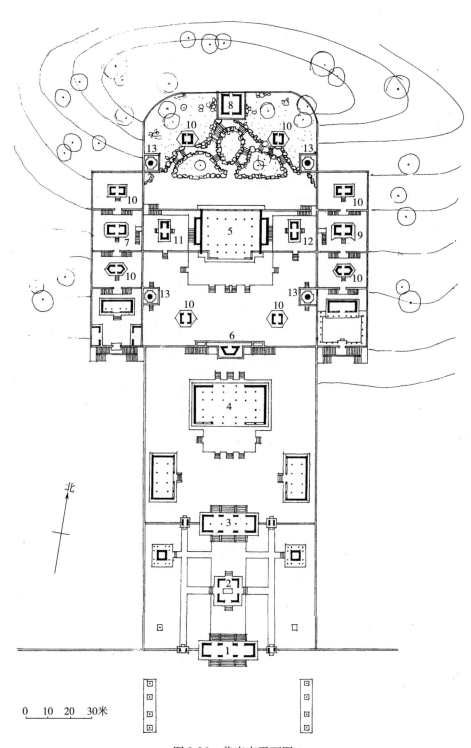

图 8-26 普宁寺平面图

1—山门 2—碑亭 3—天王殿 4—大雄宝殿 5—大乘之阁 6—南瞻部洲 7—西牛贺洲 8—北俱卢洲 9—东胜神洲 10—八小部洲 11—月殿 12—日殿 13—四色塔

4. 黄龙洞

黄龙洞（图8-27）在杭州西湖北山栖霞岭的西北麓。始建于南宋淳祐年间（1241—1252年），原为佛寺，清末改为道观，它的特点是园林的分量远重于宗教建筑。全观一共仅三幢殿堂：山门、前殿、三清殿，但却穿插着大量的庭园和园林。这是一所典型的"园林寺观"，园林气氛远远超过宗教气氛，为西湖新十景之一，有"黄龙吐翠"之美誉。

图8-27　黄龙洞平面略图
1—山门　2—前殿　3—三清殿

黄龙洞的地段三面山丘环绕，西面的平坡地带敞向大路，基址选择能做到闹中取静。

三清殿与前殿之间的庭院十分宽敞，两厢翼以游廊，把庭院空间与两侧的园林空间沟通起来，益显前者的开朗。北侧的庭园以竹林之美取胜。南侧为寺内的主要园林，以一个水池为中心。水池北临游廊，山石驳岸曲折有致，利用石矶划分为大小两个水域，水域上跨九曲平桥沟通东西两岸交通。池的东西和南面利用山势以太湖石堆叠为假山，山后密林烘托，虽不高却颇具峰谷起伏的气度，为杭州园林叠山之精品。从栖霞岭上引来泉水，由石刻龙首中吐出形成多叠的瀑布水景，再流入池中。池的西面集中布置各式园林建筑，二厅、一舫、一亭随地势之高下而错落，再以三折的曲廊连接于主庭院，把西岸划分为两个层次的空间。东西的假山一直往北延伸，绕过三清殿之后在寺之东北角上依山就势堆叠。上建亭榭稍加点缀，又成一处山地小园林。假山腹内洞穴蜿蜒，山上有盘曲的蹬道把这两处联系起来。

前殿以东是一片开阔的略有起伏的缓坡地，地势东高西低。在这片坡地上遍植竹林和高大的乔木，形成一个以林景为主的园林环境。连接山门与前殿之间的石板道路，沿着园林的边缘布设。三开间的门楼式山门面临大道，入门后的道路微弯，随坡势缓缓升起，夹道高树参天，显示一派刚健之美。往北经陡坡之转折，一侧是粉墙漏窗，另一侧是凤尾婀娜，景色一变而为柔媚之美。道路穿过竹林再经转折，便是前殿的入口小院了。这条不长的石板道路，采取"一波三折"的方式，结合地形的地势起伏，利用树木竹林的掩映，在渐进过程中创作了极力多样化的景色变换。

5. 乌尤寺

乌尤寺（图8-28）在四川乐山嘉陵江畔的一个小岛上，始建于唐天宝年间（742—756年），现存规模则为清末修建的。寺院的建筑布局充分利用地形的特点，把建筑群适当地拆散、拉开，沿着岛的临江一面延展为三组。当中的一组为寺院的主体部分，坐北朝南，包括弥勒殿、大雄宝殿、藏经楼三进院落及东、西的若干小跨院。东侧的一组是由天王殿直到江岸山门码头之间的漫长迂曲山道的渐进序列。西侧的一组即罗汉堂。罗汉堂以西循台阶登上山顶的台地。台地上建置小园林即乌尤寺的附属园林。这样沿江展开的布局可以一举四得：一是能够最大限度地收摄江面的风景，获得最佳的观景；二是能够最大限度地发挥寺院建筑群的点景作用，成为泛舟江上的主要观赏对象；三是有利于结合岛屿地形地貌作外围园林化的处理；四是把码头与山门合二为一，满足了交通组织的合理功能要求。

香客和游人乘渡船登上码头，迎面即为山门。过山门循石级蹬道北上以"止息亭"作为对景，到此可稍事休息。再转折而西南继续前进，山道两旁竹林茂密，环境幽邃。过"普门殿"，高台之上的"天王殿"翼然在望。循高台一侧的石级而登，经天王殿正对山岩构成小广场，岩壁上刻弥勒佛像作为对景。小广场的南侧建扇面形敞亭，凭栏观赏江上风景如画。自扇面亭以西，道路的北侧为陡峭的山岩，南侧濒临大江。经"过街楼"即到达寺院主体部分的弥勒殿前。殿以西的道路继续沿江迂曲，临江的"旷怡亭"又可稍事休息，凭栏观赏江景。绕过罗汉堂，则上达山顶台地上的小花园。

乌尤寺的这条由江边码头直到山顶小园林的交通道路，也就是经过园林化的序列所构成的游动观赏路线。天王殿以东的一段以幽邃曲折取胜，以西的一段则全部为开朗的景观。一开一合形成对比，颇能激发游人情绪上的共鸣。在沿线适当的转折处和过渡部

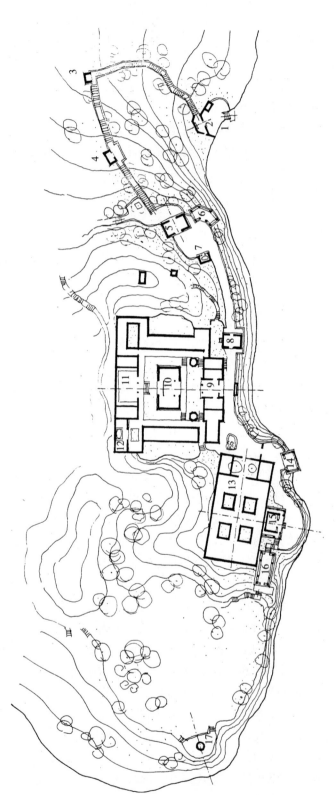

图8-28 乌尤寺平面图

1—码头 2—山门 3—止息亭 4—普门殿 5—天王殿 6—扁面亭 7—弥勒佛像 8—过街楼 9—弥勒殿 10—大雄宝殿
11—藏经楼 12—观音阁 13—罗汉堂 14—旷怡亭 15—尔雅台 16—听涛轩 17—山亭

位建置不同形式的小品建筑物,以加强这个漫长序列上的空间韵律感,同时也提供游人以驻足小憩、观景的场所。因此,它不仅充分发挥了步移景异的观赏效果,而且还具有浓郁的诗情画意。

6. 布达拉宫

布达拉宫在西藏拉萨市西北,玛布日山上,是我国著名的宫堡式建筑群,是藏族古建筑艺术的精华。布达拉,或译普陀,梵语衍生意为"佛教圣地"。相传7世纪时,吐蕃赞普松赞干布与唐太宗联姻,为迎娶文成公主,在此首建宫室,后世屡有修筑。至17世纪中叶达赖五世受清朝册封后,又由其总管第巴·桑结嘉措主持扩建重修工程,历时近五十年,始具今日规模。为历代达赖喇嘛的冬宫,也是当时西藏政教合一的统治中心。布达拉宫占地面积10万平方米,宫体主楼13层,高117米,东西长360米,全部为石木结构。内有宫殿、佛堂、习经室、寝宫、灵塔殿、庭院等。全部建筑依山势垒砌,群楼重叠,殿宇嵯峨,气势雄伟,体现了藏式建筑的鲜明特色和汉藏文化融合的雄健风格。有达赖喇嘛灵塔8座,塔身以金皮包裹,宝玉镶嵌,辉煌壮观。各殿堂墙壁绘有题材丰富、绚丽多姿的壁画,工笔细腻,线条流畅。宫内还保存有大量珍贵文物,如明、清两代皇帝封赐西藏官员的诏敕、封诰、印鉴、礼品和精雕细镂的工艺珍玩,罕见的经文典籍以及各类佛像、店卡(卷轴佛画)、法器、供器等。新中国成立后,经多次维修整理,已成为游览胜地。

8.5 造园家和园林著作

1. 戈裕良

戈裕良,清中叶叠山名家,江苏常州人,生于乾隆二十九年(1764年)十月十一日,卒于道光十年(1830年)三月十九日,享年67岁。戈裕良好钻研,师造化,能融泰、华、衡、雁诸峰于胸中,所置假山,使人恍若登泰岱、履华岳,入山洞疑置身粤桂,曾创"钩带法",使假山浑然一体,既逼肖真山,又可坚固千年不败,驰誉大江南北。他以少量之石,在极有限的空间,将自然山水中的峰峦洞壑概括提炼,使之变化万端,崖峦耸翠,池水相映,深山幽壑,势若天成。有"咫尺山水,城市山林"之妙。著名建筑专家刘敦桢教授曾赞誉戈裕良为环秀山庄所做假山:"苏州湖石假山,当推之为第一"。

戈裕良的叠山作品,据钱泳《履园丛话·丛话十二》艺能"堆假山"条:"近时有戈裕良……其堆法尤胜于诸家,如仪征之朴园,如皋之文园,江宁之五松园,虎丘之一榭园,又孙古云家书厅前山子一座,皆其手笔。"

很可能戈裕良在三十几岁就已经从事叠山,其叠法已胜于诸家,才有人请他叠山。戈裕良叠山筑园众多,但迄今尚存的只有苏州环秀山庄和常熟燕谷园。秦氏意园小盘谷乃乾隆年间太史秦恩复所筑,久已湮没无存。现在的小盘谷原为私家园圃,多次易主,光绪年间两江、两广总督购为己有,予以重修,作为宅园。关于戈裕良的叠石艺术,尤其是他堆叠石洞的技法上能使大小石钩带联络如造环桥法,积久弥固,可以千年不坏,如真山洞壑一般。

2. 钱泳及其《履园丛话》

钱泳（1759—1844年），字立群，号梅溪，梅溪居士，清江苏常熟人，一作金匮（今无锡）人。工篆隶书，精镌碑版，善画山水风景，著《说文识小锦》《守望折书》《履园金石目》《述德编》《登楼杂记》《梅花溪诗钞》《履园丛话》等。《履园丛话》一书记载京师、苏、浙、皖一带园林（庭园）之胜迹。全书24卷，道光五年孙原湘《履园丛话序》称："履园主人于灌园之暇，就耳目所睹闻，著《丛话》二十四卷。……举凡人情物理，宇宙间可喜可愕之事，无不备也。"卷二十为《园林》，共57篇，卷末篇为"造园"，畅述其对造园之理论，为全书精华所在，传之后世，得益无穷。文中有曰："造园如作诗文，必使曲折有法，前后呼应，最忌堆砌，最忌错杂，方称佳构。"又曰："余忽发议论曰：园亭不必自造，凡人之园亭，有一花一石者，吾来啸歌其中，即吾之园亭矣。"其造园观点着重法乎自然，舒展意境，实已指出造园之法则。

3. 李斗与《扬州画舫录》

李斗（1749—1817年），字北有，号艾塘，江苏仪征人。据自述："斗幼失学，疏于经史，而好游山水。尝三至粤西，七游闽浙，一往楚豫，两上京师。"他疏于经史，但博学工诗，通数学音律。除撰有《扬州画舫录》外，还著有《永报堂集》《艾塘乐府》《奇酸记》等。

李斗既说"疏于经史"，也就弃科举，不入仕途，而寄情山水。如杨炤《题画舫录》诗："艾塘孔子徒，不作而述之。往来闽粤间，去楚游京师。于世阅历深，于物探索奇。……归来坐蓬户，一砚赏自随。……忆我与子游，冰雪怀丰仪。霜鬓遂如此，相见重低眉。"

《扬州画舫录》仿《水经注》之例，"以地为经，以人物记事为纬"。按扬州郡城之地，以上方寺至长春桥为"草河录"，以便益门为"新城北录"，以北门为"城北录"，以南门为"城南录"，小东门为"秦淮录"。分虹桥外为"虹桥"上、下、东、西四录，分莲花桥外为"冈东录""冈西录""蜀冈录"，共十六卷。别记"工段营造录""舫扁录"二卷，共十八卷，绘图三十一幅。

李斗中年回乡，正逢瘦西湖大造园林，"则时泛舟湖上，往来诸工段间"，以目之所见，耳之所闻，皆登而记之。并"考索于志乘碑版，咨询于故老通人，采访于舟人市贾"，历三十年之积累，"故凡城市山林之胜，缙绅轩冕之尊，富商大贾之豪，学薮词林之彦，旧德先畴之族，岩栖石隐之流；以及忠孝实迹，节烈遗徽，寓公去留，游士来往，禅师说法，羽客谈玄，莫不析缕分条，穷源竟委。俗不伤雅，琐不嫌闾，其叙述之善也如此。"上述囊括了《扬州画舫录》的所有内容，其中记园林之多不下数十座，所记亦有详略。据李斗说："虹桥为北郊佳丽之地"，也是当时"文酒聚合之地"。而多绘有图，虽"昔人绘图，经营位置，全重主观，谓之为园林，无宁称为山水画。"其实文字，也是作者兴之所至，信笔而书，非科学著作，但有图文互参，易于了解罢了。

8.6 小 结

清代，中国经历了激烈的变革，中国历史由古代进入近代、现代，中国古典园林由顶峰转入终结。园林实物大量完整地保留下来，成为了解"古典园林"的现实载体。

皇家园林营造有了很大的突破，康乾时期，建设了众多的大型皇家苑囿。造园家能够充分利用自然山水环境，加以适当人工调整山水关系，在北京、承德等地营建了多个行宫御苑和离宫御苑，承德避暑山庄、圆明园、颐和园便是其中优秀杰出的代表作。大型皇家苑囿的规划、设计有许多创新之处。北方皇家园林全面引进江南民间技艺，形成了南北园林艺术的大融合。

民间私家园林技艺持续发展，地域分异明显，形成了北方、江南、岭南三大地方风格。江南私家园林的造园技艺精湛，造园活动频繁，留下了数量众多的优秀园林作品，其中以苏州私家园林最为著名。

园林的世俗化，"娱于园"的倾向明显。园林的功能有了较大的转变，园林承载着更多的日常娱乐活动，成为多种活动的场所，一改前代的陶冶性情的隐逸场所。园林中功能的增加，需要有建筑承载这些功能，这也促进了园林中建筑的增加，园林中建筑密度的增大。

 思考练习

1. 论述清代皇家园林的主要成就。
2. 简述北方私家园林、江南私家园林、岭南私家园林各自的主要特征。
3. 阐述颐和园、承德避暑山庄、圆明园、寄畅园、拙政园、网师园各自空间结构特征。

第 2 部分 欧洲园林史

第 9 章 古 代 时 期
（约前 3000—公元 500 年）

欧洲的园林文化传统，可以追溯到古埃及，虽然埃及地处北非，但其园林文化越过地中海，对欧洲的园林文化产生了深远的影响。园林最初产生之时，一般均与物质生产活动紧密联系在一起的，欧洲古代园林就是模仿当时人类耕种生产景观，是几何式的自然，或者说：人为控制的有序的自然，因而西方园林就是沿着几何式的道路开始发展的。

欧洲园林是世界三大园林体系之一。其早期为规则式园林，以中轴对称或规则式建筑布局为特色，以大理石、花岗石等石材的堆砌雕刻、花木的整形与排行作队为主要风格。文艺复兴后，先后涌现出意大利台地园林、法国古典园林和英国风景式园林。近现代以来，又确立了人本主义造园宗旨，并与生态环境建设相协调，出现了城市园林、园林城市和自然保护区园林，引领世界园林发展新潮流。

9.1 古埃及园林

9.1.1 古埃及园林产生背景

埃及为世界四大文明古国之一，地处非洲大陆的东北部，尼罗河由南至北穿越其境。距今约两万年前，埃及雨量充沛、树林繁茂、水草丰美，古埃及人以采集和狩猎为生。大约前一万年，气候变得日益干燥，持续干旱少雨，土地沙化，树木枯萎，野兽消失。古埃及人不得不走向尼罗河河谷，从此将自己的命运与尼罗河紧紧连在一起，这对古埃及园林的形成及发展产生了显著的影响。

大约前 3100 年，南方的美尼斯统一了上、下埃及，开创了法老专制政体，即所谓前王国时代（约前 3100—前 2686 年）。这一时期开始出现象形文字。从古王国时代（约前 2686—前 2181 年）开始，埃及出现种植果木、蔬菜和葡萄的实用园，与此同时，出现了供奉太阳神的神庙和崇拜祖先的金字塔陵园，这些成为古埃及园林形成的标志。中王国时代（约前 2040—前 1786 年），重新统一埃及的底比斯贵族重视灌溉农业，大兴宫殿、庙宇及陵寝园林，使埃及再现繁荣昌盛气象。新王国时代（约前1570—前1085年）的埃及国力十分强盛，埃及园林也开始从树木园、葡萄园及蔬菜园等实用性质的园林向具有宗教和美学意义的园林转化。

人们把古王国时期的第四、第五王朝及中王国时期的第十二王朝称为埃及园林发展的鼎盛期，不少记载着当时许多种树木、葡萄及蔬菜种植情况的资料在后世广为流传，如壁画（图9-1）就是极好的例子，画中描绘着用堰堤、水闸调节的运河网来引导尼罗河水，用桔槔将尼罗河水抽上来浇灌植物的情景。

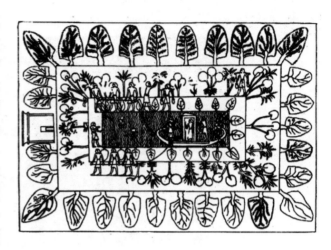

图9-1　雷克马拉庭院

9.1.2　古埃及园林类型

古埃及园林主要有宅苑、圣苑和陵寝园林三种类型。

1. 宅苑

宅苑是指古埃及法老及王公贵族为满足其奢侈的生活需要而建设的与住宅相连的花园。这种花园一般都有游乐性的水池，四周栽培着各种树木花草，花木中掩映着游憩凉亭。在特鲁埃尔，阿尔马那遗址发掘出一批大小不一的园林，都采用几何式构图，以灌溉水渠划分空间。花园的中心为矩形水池，大者如湖泊，可供泛舟、垂钓和狩猎水鸟。周围树木成排成行种植，有棕榈、柏树或果树，以葡萄棚架将园林围合成几个方形区域。直线型的花坛中混植着虞美人、牵牛花、黄雏菊、玫瑰和茉莉等花卉，边缘以夹竹桃、桃金娘等灌木为篱。

有些大型的宅苑呈现宅中有园、园中套园的布局。如古埃及底比斯某墓室中发掘出的石刻图（图9-2）。据考证，这幅石刻图正是该大臣的住宅及花园。由图可知，该园林呈正方形，四周高墙围合，入口的塔门正对远处的三层住宅楼，构成全园的中轴线。园林中的水池、凉亭等构筑物，均衡对称地布置在中轴线两侧。园内成排地种植着埃及榕、椰枣、棕榈等园林树木，矩形水池中栽培着莲类水生花卉。庭园中心区域是大片成行作队的葡萄园，反映出当时贵族花园浓郁的生活气息。

约前1400年的陵墓壁画中，描绘了奈巴蒙花园（Nebamon Garden）的情景，它正是这座大型贵族花园中的一处小花园。矩形的水池位于园林中央，池中种植着水生植物并养殖着动物，池边栽植芦苇和灌木，周围种植着椰枣、石榴、无花果及其他果树，布局对称、有规则，反映出当时埃及贵族王公们的游乐和生活习俗。

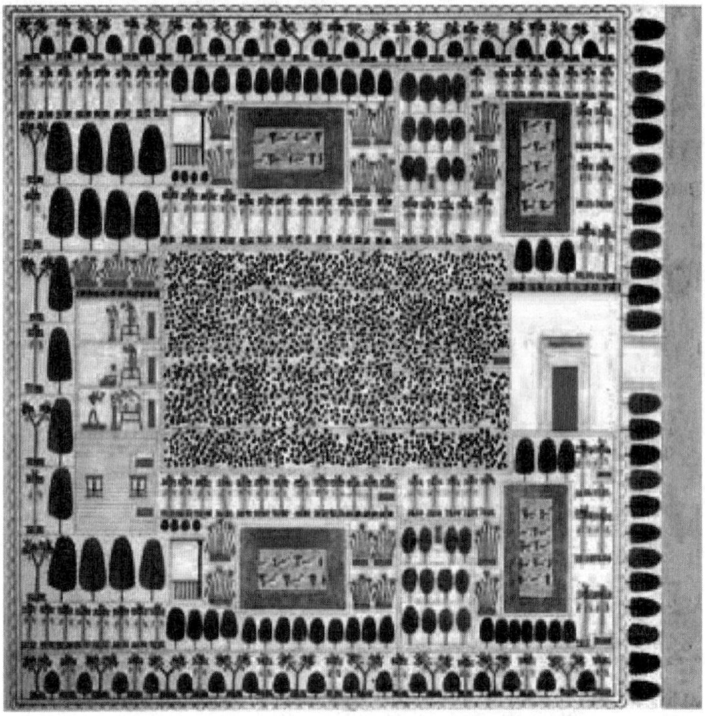

图 9-2 某墓室中的宅苑园林壁画

2. 圣苑

圣苑是指为埃及法老参拜天地神灵而建筑的园林化的神庙，周围种植着茂密的树林以烘托神圣与神秘的色彩。宗教是埃及政治生活的重心，法老即是神的化身。为了加强这种宗教的神秘统治，历代法老都大兴圣苑，拉美西斯三世（Ramses Ⅲ，前1198—前1166年在位）设置的圣苑多达514座，当时庙宇领地约占全国耕地面积的1/6。图 9-3 所示是著名的埃及女王哈特谢普苏特（Hatshepsut，约前1503—前1482年在位）为祭祀阿蒙神（Amon）在山坡上修建的宏伟壮丽的巴哈利神庙复原图。

神庙选址在狭长的坡地上，恰好避开了尼罗河的定期泛滥对神庙的威胁。人们将坡地削成三个台层，上两层均有以巨大的有列柱廊装饰的露坛嵌入背后的岩壁，

图 9-3 巴哈利神庙的复原图

一条笔直的通道从河沿径直通向神庙的末端，串连着三个台阶状的广阔露坛。入口处两排长长的狮身人面像，神态威严。神庙的线性布局充分体现了宗教的神圣、庄严与崇高的气氛。神庙的树木配置据说遵循阿蒙神的旨意，台层上种植了香木，甬道两侧是洋槐排列的林荫树，周围高大的乔木包围着神庙，一直延伸到尼罗河边，形成了附属于神庙的圣苑。古埃及人视树木为神灵的祭品，用大片树木绿化表示对神灵的崇拜。许多圣苑在棕榈、埃及榕等乔木为主调的圣林间隙中，设有大型水池，驳岸以花岗岩或斑岩砌造，池中栽植荷花和纸莎草，放养着被视为圣物的鳄鱼。

3. 陵寝园林

陵寝园林是指为安葬埃及法老以享天国仙界之福而建筑的墓地及其环境。其中心是金字塔，四周有对称栽植的林木。古埃及人相信灵魂不灭，如冬去春来，花开花落一样。所以，法老及贵族们都为自己建造了巨大而显赫的陵墓，陵墓周围一如生前的休憩娱乐环境。著名的陵寝园林是尼罗河下游西岸吉萨高原上建筑的八十余座金字塔陵园。

金字塔是一种锥形建筑物，外形酷似汉字"金"，故名。它规模宏大、壮观，显示出古埃及科学技术的高度发达。其中，胡夫（古埃及第四王朝国王）金字塔为世界之最，高146米，边长232米，占地面积5.4公顷，用230万块巨大的石灰岩石砌成，平均单块重约2000千克，最大石块重达15000千克。10万多名奴隶，历经30多年劳动方才竣工。其建筑工艺之精湛令人惊叹，虽无任何黏着物，却石缝严密，刀片不入。金字塔陵园中轴线有笔直的圣道，控制着两侧的均衡，塔前设有广场，与正厅（祭祀法老亡灵的享殿）相望。周围成行对称地种植椰枣、棕榈、无花果等树木，林间设有小型水池。

陵寝园林的地下墓室中往往装饰着大量的雕刻及壁画，其中描绘了当时宫苑、园林、住宅、庭院及其他建筑风貌，为了解数千年前的古埃及园林文化提供了珍贵资料。

9.1.3 古埃及园林风格与特征

1）古埃及园林的风格与特征是其自然条件、社会生产、宗教风俗和人们生活方式的综合反映。从造园思想来看，浓厚的宗教思想及对永恒的生命的追求，促使了相应的圣苑及陵寝园林的产生。

2）古代埃及园林脱胎于尼罗河两岸发达的农业生产景观，园林景观具有强烈的人工气息。水体在古埃及园林中非常重要，因此古埃及园林大多建造在临近水源的平地上。农业生产发展促进了引水及灌溉技术的提高，这也有助于园林中水体的营造。园林花木采用规则的行列式种植方式，水池为几何造型，这些都反映出在恶劣的自然环境中人们力求改造自然的思想。

3）园林基址多呈方形或矩形，总体布局规则有序，中轴对称的规则布局形式，给人以均衡稳定的感受。园林四周围以厚重的高墙，园内以墙体分隔空间，或以棚架绿廊分隔成若干小空间，小空间之间互有渗透，相互联系。

4）树木和水体为古埃及园林中最基本的造园要素。在干燥炎热的气候条件下，阴凉湿润的环境成为园林功能中至关重要的部分。古埃及人在早期的造园活动中，除了强调种植果树、蔬菜以产生经济效益外，还十分重视植物在改善园林小气候上的作用。在法老及贵族们巨大而显赫的陵墓周围有墓园，规模通常不大，大量的树木结合水池，形成凉爽、湿润而又静谧的空间气氛。园中的动植物种类的运用也受到宗教思想的影响。埃及人将树木视为奉献给神灵的祭祀品，雄伟而有神秘感的庙宇建筑周围都有大片林地围合而成的圣苑。其中往往还有大型水池，池中种有荷花和纸莎草，亦有鳄鱼作为圣物放养。

5）水体在园中具有重要作用，水体增加空气湿度，为灌溉提供水源。水池既是造景要素，又是娱乐享受的奢侈品，是古埃及园林中不可或缺的组成部分。

6）对阴凉的追求，使得古代埃及园林除了树木的庇荫之外，棚架、凉亭等园林建筑也应运而生。

9.2 古希腊园林

古希腊是欧洲文明的摇篮，其园林艺术是欧洲园林的发端之一，对欧洲园林的发展产生了深远的影响。古希腊园林艺术直接影响到古罗马帝国的园林建设，进而影响了文艺复兴时期的欧洲园林，乃至影响到世界园林艺术的发展。

9.2.1 古希腊园林发展背景

前8世纪—前6世纪，希腊进入奴隶制社会，产生了奴隶制国家。随着社会各阶级、集团和派别之间矛盾斗争的进展，人们探寻协调各种社会关系的体制或组织，确定人们社会活动的"限度"或"界限"，以维持社会秩序，达到共同生活的和谐。古希腊是由100多个独立自治的城邦组成的。在城邦内部，以奴隶主为主的公民集团构成城邦的统治阶级。公民的经济与政治权力依赖于所属的集团。公民的一切活动离不开城邦，每个公民均把自己的城邦看成实现幸福生活的保障，只有参与城邦的生活和活动才能获得最大幸福。

古希腊位于欧洲东南部的希腊半岛，包括地中海东部爱琴海诸岛、爱奥尼亚群岛及小亚细亚西部的沿海地区。全境多山，海岸曲折，天然良港甚多，航海事业发达。古希腊文化源于爱琴文化，由众多城邦组成，以克里特岛为中心。古希腊于前5世纪进入古典时期，哲学思想家、文人和市民的民主精神兴起，各地大兴土木，包括园林建设，著名的雅典卫城就是在这个世纪建成的。此后，虽然由于遭到多利安人的野蛮摧残而逐渐衰落，但古希腊文化对古罗马及后世的欧洲文化都产生了巨大影响。

古希腊人信奉多神教，他们曾经编纂了丰富多彩的神话。古希腊的哲学家、史学家、文学家、艺术家们常以古希腊神话作为创作的素材。盲人作家荷马（Homer）的《荷马史诗》中有大量的关于树木、花卉、圣林和花园的描述。古希腊庙宇林立，除了祭祀活动外，往往兼有音乐、戏剧、演说等文娱内容。古希腊的音乐、绘画、雕塑和建筑等艺术都达到了很高水平，尤以雕塑著称于世。古希腊人因战争、航海等需要，酷爱体育竞技运动，由此产生了奥林匹克运动会，又由于民主思想的发达，公共集体活动的需要，促进了大型公共园林娱乐建筑和设施的发展。古希腊在哲学、美学、数理学领域都取得了巨大成就，以苏格拉底（Socrates，前469—前399年）、柏拉图（Plato，前427—前347年）、亚里士多德（Aristotle，前384—前322年）为杰出代表，他们的思想和学术成就曾经对古希腊园林乃至整个欧洲园林都产生了重大影响，使西方园林朝着有秩序的、有规律的、协调均衡的方向发展。

古希腊是欧洲文明的摇篮，古希腊园林艺术，也对后来的欧洲园林产生了深远的影响。古希腊园林与人们生活习惯紧密结合，属于建筑整体的一部分。建筑是几何形空间，园林布局也采用规则式以求得与建筑的协调。同时，由于数学、美学的发展，也强调均衡稳定的规则式园林。

9.2.2　古希腊园林类型

古希腊园林由于受到特殊的自然植被条件和人文因素的影响，出现了许多艺术风格的园林，可划分为庭园园林、圣林、公共园林和学术园林等四种类型。这些园林类型还成为后世欧洲园林的雏形，如近代欧洲的体育公园、校园、寺庙园林等都残留有古希腊园林的痕迹。

1. 庭园园林

古希腊时代，贵族们的目光关注着海外的黄金和奇珍异物，而对国内的政治权力不甚关心。与此同时，平民甚至奴隶都可以议论朝政，管理国家大事，他们通过个人奋斗可以跻身于贵族行列。因此，古希腊没有东方那种等级森严的大型宫苑，王宫与贵族庭园也无显著差别，故统称庭园园林。

前5世纪的希腊在波希战争中大获全胜后，国势日趋强盛，造园活动日益增多。中庭成了家庭生活的中心，中庭逐渐演变为四面环绕柱廊的庭院，被称为列柱廊式中庭。中庭内是铺装地面，里面有漂亮的雕塑、华丽的瓶饰和大理石喷泉等园林小品，中庭中种植各种美丽的花卉。

这一中庭布局形式，对欧洲的庭院园林影响深远，在古罗马时期的庭院、中世纪的修道院中都能看见它的影子。

2. 圣林

古希腊庙宇的周围种植着大片树林，它使神庙增添了神圣与神秘之感。古希腊人对树木怀有神圣的崇敬心理，相信有主管林木的森林之神，因而在庙宇及其周围种植树林，并统称为圣林。最初，圣林内不种果树，只栽植庭荫树，如棕榈、悬铃木等，后来才以果树装饰神庙。在荷马史诗中也描写过许多圣林，而当时的圣林是把树木作为绿篱围在祭坛的四周，以后才发展为苍茫一片的神圣景观。如奥林匹亚祭祀场的阿波罗神殿周围有长达60～100米宽的空地，据考证就是圣林遗址。另外，圣林中还常设有雕像、瓶饰和瓮等，所以圣林既是祭祀神灵的场所，又是人们休闲娱乐的园林。

3. 公共园林

古希腊人的公共生活活动很丰富，这也促使了承载公共活动的公共空间的完善，包括公共园林。古希腊人通过多种形式参与公共生活，其中最典型的是公民大会、陪审制度、宗教节日、戏剧节和运动会，这些公共活动形式涉及城邦生活的方方面面，共同维持着城邦的运转，并展示了城邦的文化和魅力。

公共活动空间有多种形式，按活动形式主要分三种。与公民参与城邦政治生活密切相关的空间，如市政广场，是个大型的活动空间，这里也是多种公共活动的集中地，包括宗教生活、司法活动、戏剧表演和商业活动，甚至知己朋友和哲学家们也在此相聚，相互探讨哲学问题；宗教性的公共空间，雅典卫城是该公共空间的代表；文体性的公共空间，满足人们通过竞争获得荣誉并展示自己身体的要求，这类的公共空间包括体育场馆和剧场等。

公共园林是指由体育运动场增加建筑设施和绿化而发展起来的园林。最早的体育场只是用来进行体育训练的一片空地，其中连一棵树也没有。后来一位名叫西蒙的人在体育场内种上了洋梧桐树来遮阴，供运动员休息。从此，便有更多的人来这里观赏比赛、散步、集会，直到发展成公共园林。

雅典、斯巴达、科林思诸城的体育场不仅规模宏大，而且占据了水源丰富的风景名胜之地。如帕加蒙（Pagamon）城的季纳西姆体育场规模最大，它建筑在山坡上，分为三个台层，层间高差12～14米，有高大的挡土墙，墙壁上有供奉神像的神龛。上层台地为中庭式庭园（柱廊园），中层台地为庭园，下层台地是游泳池。周围有大片森林，林中放置众多神像及其他雕塑、瓶饰。

4. 学园

古希腊的文人喜欢在优美的公园里聚众讲学，如公元前390年柏拉图在雅典城内的阿卡德莫斯公园开设学堂，发表演说。后来，为了讲学方便，文人们又开辟了自己的学园。园内有供散步的林荫道，种有悬铃木、齐墩果、榆树等，还有爬满藤本植物的凉亭。学园里布设有神殿、祭坛、雕像和座椅以及杰出公民的纪念碑和雕像等。如哲学家伊壁鸠鲁（Epicurus，前341—前270年）的学园占地面积较大，并具田园情趣，被认为是第一个把田园风光带进城市的人。

9.2.3　古希腊园林特征

1）古希腊园林与人们生活习惯紧密结合，属于建筑整体的一部分。因此建筑是几何形空间，园林布局也采用规则式，以求得与建筑的协调。同时，由于数学、美学的发展，也强调均衡稳定的规则式园林。

2）古希腊园林类型多样，成为后世欧洲园林的雏形，近代欧洲的体育公园、校园、寺庙园林等都残留有古希腊园林的痕迹。

3）园林植物丰富多彩，泰奥弗拉斯托斯的《植物研究》记载了五百余种植物，而以蔷薇最受青睐。当时已发明蔷薇芽接繁殖技术，培育出重瓣品种。人们以蔷薇欢迎大捷归来的战士，男士也可将蔷薇花赠送未婚姑娘，以示爱心，也可装饰神庙、殿堂及雕像等。

9.2.4 园林实例介绍

1. 克里特·克诺索斯宫苑（Palace of Knossos）

该园（图9-4）建于前16世纪，位于克里特岛，属希腊早期的爱琴海文化，此宫苑可学习之处及影响有：

图9-4 宫苑中大厅和台地遗址（Marie Luise Gothein）

一是选址好，重视周围绿地环境建设，建筑建在坡地上，背面山坡上遍植林木，能创造良好的优美环境。

二是重视基址风向，夏季可引来凉风，冬季可挡住寒风，冬暖夏凉。

三是对植物的利用，克里特人喜爱植物，除种植树木花草外，在壁画和物品上绘有花木，用以装饰室内，冬季在室内亦可看到花和树。

四是建有迷宫，后来世界各地建造的迷园起源于此。

2. 德尔斐体育馆园地

这是一个公共活动的场所（图9-5、图9-6），雅典人喜欢群众活动生活，园林与聚会广场、体育比赛场所等常结合起来，他们在这里聚会、比赛、交换意见、辩论是非。德尔斐体育馆园地的特点：

一是对地形的利用，体育馆位于两层台地上，台地的层层绿化与周围的树林，创造了适合运动的自然环境。在低台部分建有室外沐浴池，这是第一个建在室外的浴池。

二是在建筑方面的设计，体育馆上部有多层边墙，起挡土作用，下部有柱廊，柱廊有顶盖，供运动员使用或休息。

图 9-5　遗址全貌（Marie Luise Gothein）

图 9-6　沐浴池（Marie Luise Gothein）

9.3　古罗马园林

9.3.1　古罗马园林发展背景

古罗马文明是西方文明的另一个重要源头，起源于意大利中部台伯河入海处。古罗马在在建立和统治国家过程中，吸收和借鉴了先前的各古代文明的成就，并在基础上创建了自己的文明。

罗马最初是个较小的城市国家，前 753 年立国，250 多年后废除王政，实行共和，并开始建造罗马城，将其势力范围扩大到地中海地区。古罗马历经罗马王政时代、罗马共和国，于 1 世纪前后扩张成为横跨欧洲、亚洲、非洲的庞大罗马帝国。到 395 年，罗马帝国分裂为东西两部。西罗马帝国亡于 476 年。东罗马帝国（即拜占庭帝国）变为封建制国家，1453 年为奥斯曼帝国所灭。

古罗马北起亚平宁山脉，南至意大利半岛南端，境内多丘陵山地，只在山峦间有少量平缓的谷地。冬季温暖湿润，夏季闷热，而坡地比较凉爽。这些地理气候条件对园林布局风格有一定影响。古罗马在园林方面有所发展，引进了许多植物品种，发展了园林工艺，将实用的果树、蔬菜、药草等分开设置，提高了园林本身的艺术性。

前 146 年罗马征服了希腊之后全盘接受了希腊文化。罗马在学习希腊的建筑、雕塑和园林艺术的基础上，进一步发展了古希腊园林文化，同时吸取了埃及、亚述、波斯运用水池、棚架、植树遮阴等作法。

9.3.2　古罗马园林类型

古罗马园林可以分为宫苑、别墅庄园、中庭式庭园（柱廊式）和公共园林四大类型。

1. 宫苑

在古罗马共和国后期，罗马皇帝和执政官选择山清水秀、风景秀美之地，建筑了许多避暑宫苑。如在共和制后期，执政长官马略（Gaius Marius）、恺撒大帝（Gaius

Julius Caesar)、大将庞培之子马格努斯·庞培（Magnus Pompeius）及尼禄王等人，都有自己的庄园。其中，以皇帝哈德良（Publius Aelius Hadrianus，117—138年在位）的山庄最有影响。距罗马城不远的梯沃里（Tivoli）景色优美，成为当时皇帝集中的避暑胜地。

2. 别墅庄园

希腊贵族热爱乡居生活，古罗马人在吸收希腊文化的同时，也热衷于仿效希腊人的生活方式，罗马人更具雄厚的财力和物力，这就促进了别墅庄园在郊外的流行。当时著名的将军卢库卢斯（Lucius Lucullus，前117—前56年）被称为贵族庄园的创始人。他在那不勒斯湾风景优美的山坡上开山凿石，建造花园，其华丽程度可与东方王侯的宫苑相媲美。著名的政治家与演说家西塞罗（Marcus Tullius Cicero，前106—前43年）提倡一个人应有两个住所，一个是日常生活的家，另一个就是庄园，这一理论使他成为推动别墅庄园建设的重要人物。另外，他在传播希腊哲学思想的同时，还介绍希腊园林的成就，对罗马庄园的发展产生了一定的影响。这些庄园的建造，为文艺复兴时期意大利台地园的形成打下了基础。

作家小普林尼（Gaius Plinius Caecilius Secundus，约62—113年）也留下了不少有关罗马人乡村生活的文字资料，如他详细地描述了自己的两座庄园，即洛朗丹别墅园和托斯卡那庄园，为后人留下了宝贵的资料。这两座庄园将在后面的实例分析中详细介绍。

古罗马郊外的别墅园，多建于面海的山坡上，利用地形地貌，开凿出多层规则的台地，然后布局多样园林空间，这种别墅园林艺术对欧洲的园林艺术影响深远，文艺复兴时期的意大利台地园就是以其为原型的。

3. 中庭式庭园（柱廊园）

古罗马庭园通常由三进院落组成，第一进为迎客的前庭（通常有简单的屋顶）；第二进为列柱廊式中庭（供家庭成员活动之用）；第三进为露坛式花园，是对古希腊中庭式庭园（列柱廊式中庭）的继承和发展。近代考古专家从庞贝城遗址的发掘中证实了这一点（图9-7）。潘萨（Pansa）住宅是典型的庭园布局；弗洛尔（Flore）住宅则有两座前庭，并从侧面连接；阿里安（Arian）住宅内有三个庭院，其中两个都是列柱廊式中庭。

4. 公共园林

古罗马人从希腊接受了体育竞技场的设施后，却并没有用来发展竞技，而是把它变为公共休憩娱乐的园林。在椭圆形或半圆形的场地中心栽植草坪，边缘为宽阔的散步马路，路旁种植悬铃木、月桂，形成浓郁的绿荫。公园中设有小路、蔷薇园和几何形花坛，供游人休息散步。

在古罗马，沐浴几乎成为人们的一种嗜好，因此古罗马的浴场遍布城郊。浴场除建筑造型富有特色、引人注目外，还设有音乐厅、图书馆、体育场和室外花坛等，实际上也成为公共娱乐的场所，人们可以在此消磨时间。剧场也十分壮丽，周围有供观众休憩的绿地，有些露天剧场建在山坡上，利用天然地形和得天独厚的山水风景进行巧妙布局，令人赏心悦目。

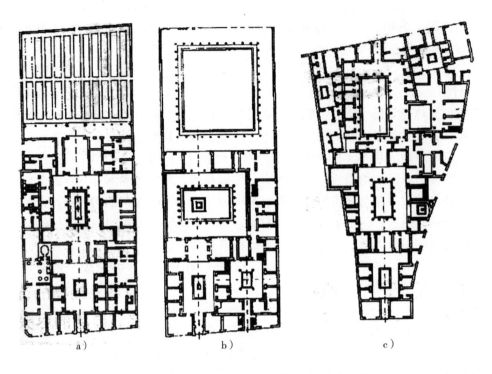

图9-7 根据庞贝城遗址绘制的住宅复原平面图
a）潘萨住宅 b）弗洛尔住宅 c）阿里安住宅

古罗马的公共建筑前都布置有广场（Forum），作为公共集会的场所，也是美术展览的地方。人们在这里休息、娱乐、社交等，它成为后世城市广场的前身。

9.3.3 古罗马园林风格特征

1）古罗马时期园林以实用为主要目的，包括果园、菜园和种植香料、调料的园地，后期学习和发展古希腊园林艺术，逐渐提升园林的观赏性、装饰性和娱乐性。

2）由于罗马城一开始就建在山坡上，夏季的坡地气候凉爽，风景宜人，视野开阔，促使古罗马园林多选择山地，辟台造园，这便是文艺复兴时期意大利台地园的滥觞。

3）罗马人把花园视为宫殿、住宅的延伸，同时受古希腊园林规则式布局影响，因而在规划上采用类似建筑的设计方式，地形处理上也是将自然坡地切削成规整的台层，园内的水体、园路、花坛、行道树、绿篱等都有几何外形，无不展现出井然有序的人工艺术魅力。

4）古罗马园林中常见乔灌木有悬铃木、白杨、山毛榉、梧桐、槭、丝柏、桃金娘、夹竹桃、瑞香、月桂等，果树按五点式栽植，呈梅花形或"V"形，以点缀园林建筑。古罗马园林非常重视园林植物造型，把植物修剪成各种几何形体、文字和动物图案，称为绿色雕塑或植物雕塑。黄杨、紫杉和柏树是常用的造型树木。花卉种植形式有花台、花池、蔷薇园、杜鹃园、鸢尾园、牡丹园等专类植物园，另外还有"迷园"。迷园图案设计复杂，迂回曲折，扑朔迷离，娱乐性强，后在欧洲园林中很流行。

5）古罗马园林后期盛行雕塑作品，从雕刻栏杆、桌椅、柱廊到墙上浮雕、圆雕，为园林增添艺术魅力。

6）古罗马横跨欧、亚、非三大洲，它的园林除了受到古希腊影响外，还受到古埃及和中亚、西亚园林的影响。例如，古巴比伦空中花园、猎苑，美索不达米亚的金字塔式台层等都曾在古罗马园林中出现过。

9.3.4 园林实例介绍

1. 洛朗丹别墅园（Villa Laurentin）

此园建于1世纪，系罗马富翁小普林尼（Pliny the Younyer）在离罗马17英里（约27.4公里）的洛朗丹海边建造的别墅园（图9-8、图9-9）。此地非常安静，只有在大风时才能听到波涛响声。

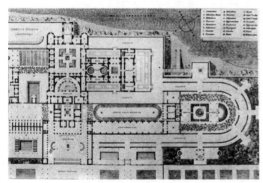

图9-8 平面复原图

图9-9 透视复原图

这一别墅园的设计特点是：主要面朝向海，建筑环抱海面，留有大片露台，露台上布置规则式的花坛，可在此活动，观赏海景；建筑的朝向、开口，植物的配置、疏密，都与自然相结合，有利于形成冬暖夏凉的小气候；建筑内有三个中庭，布置有水池、花坛等，很适宜休息闲谈；入口处是柱廊，有塑像，各处种上香花，取其香气，主要建筑小品有凉亭、大理石花架等，内容十分丰富。

该设计重视同自然的结合，重视实用功能是值得我们今日借鉴参考的。

2. 托斯卡那庄园（Villa Pliny at Toscane）

托斯卡那庄园（图9-10）位于环境优美，群山环绕，林木葱茏之处。依自然地势形成一个巨大的阶梯剧场，远处的山丘上是葡萄园和牧场。别墅前面布置一座花坛，环以园路，两边有黄杨篱，外侧是斜坡，坡上有各种动物的黄杨造型。花坛边缘的绿篱修剪成各种不同的栅栏状。园路的尽头是林荫散步道，呈运动场状，中央是上百种不同造型的黄杨和其他灌木，周围有墙和黄杨篱。花园中的草坪也精心处理。此外，还有果园。

别墅建筑入口是柱廊。柱廊一端是宴会厅，厅门对着花坛，透过窗户可以看到牧场和田野风光。柱廊后面的住宅围合出托斯卡那式的前庭，还有一较大的庭园，园内种有

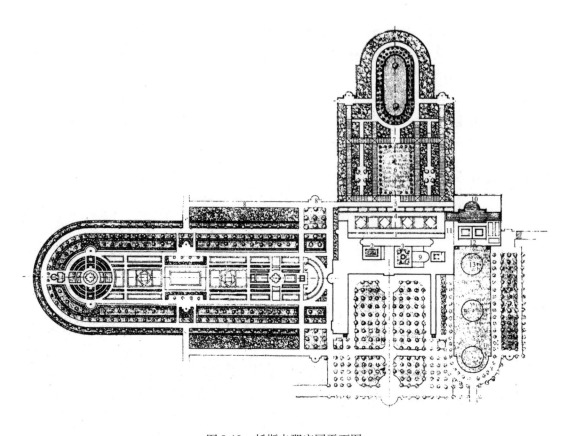

图 9-10　托斯卡那庄园平面图
1—柱廊式中庭　2—前庭　3—四悬铃木庭园　4—露台　5—装饰性坡道
6—各类花卉　7—散步道及林荫道　8—运动场丛林　9—住宅　10—大理石水池
11—大客厅　12—浴室　13—球场　14—工作及休息亭

四棵悬铃木，中央是大理石水池和喷泉，庭园内阴凉湿润。庭园一边是安静的居室和客厅，有一处厅堂就在悬铃木树下，室内以大理石做墙裙，墙上有绘着树林和各色小鸟的壁画。厅的另一侧还有小庭院，中央是盘式涌泉，带来欢快的水声。柱廊的另一端、与宴会厅相对的是一个很大的厅，从这里也可以欣赏到花坛和牧场，还可看到大水池，水池中巨大的喷水，像一条白色的缎带，与大理石池壁相呼应。

园内还有一个与规则式的花园产生强烈对比并充满田园风光的地方。在花园的尽头，有一座收获时休息的凉亭，四根大理石柱支撑着棚架，下面放置白色大理石桌凳。当在这里进餐时，主要的菜肴放在中央水池的边缘，而次要的盛在船形或水鸟形的碟上，搁在水池中。

古罗马的庄园内既有供生活起居用的别墅建筑，也有宽敞的园地，园地一般包括花园、果园和菜园。花园又可划分为供散步、骑马及狩猎用的三部分。建筑旁的台地主要供散步用，这里有整齐的林荫道，有黄杨、月桂形成的装饰性绿篱，有蔷薇、夹竹桃、素馨、石榴、黄杨等花坛及树坛，还有番红花、晚香玉、三色堇、翠菊、紫罗兰、郁金香、风信子等组成的花池。一般建筑前不种高大的乔木，以免遮挡视线。供骑马用的部分主要是以绿篱围绕着的宽阔林荫道。至于狩猎园则是有高墙围着的大片树林，林中有纵横交错的林荫道，并放养各种动物供狩猎、娱乐用，类似古代巴比伦的猎苑。在一些豪华的庄园中甚至建有温水游泳池，或者有供开展球类游戏的草地。总之，这时庄园的观赏性和娱乐性已明显地增强了。

3. 哈德良山庄(Hadrian's Villa)

此园建于124年，地点在罗马东面的梯沃里（Tivoli），是哈德良皇帝周游列国后，将希腊、埃及名胜建筑与园林的做法、名称搬来组合的一个实例，是宫苑园林的典型（图9-11）。其特点是面积大，建筑内容多，除皇宫、住所、花园外，还有剧场、运动场、图书馆、学术院、艺术品博物馆、浴室、游泳池以及兵营和神庙等，像一个小城镇。

图9-11　总体模型复原图（Georgina Masson）

哈德良山庄占地面积760英亩（约308公顷），位于两条狭窄的山谷间，地形起伏较大。山庄中心区为规则式布局，其他区域如图书馆、画廊、艺术宫、剧场、庙宇、浴室、竞技场、游泳池等建筑能够顺应自然，随山就水布局。园林部分富于变化，既有附属于建筑的规则式庭园、中庭式庭园（柱廊园），也有布置在建筑周围的花园。花园中央有水池，周围点缀着大量的凉亭、花架、柱廊、雕塑等，很有古希腊园林艺术风味。

整个山庄以水体统一全园，有溪、河、湖、池及喷泉等。园中有一半圆形餐厅，位于柱廊的尽头，厅内布置了长桌及榻，有浅水槽通至厅内，槽内的流水可使空气凉爽，酒杯、菜盘也可顺水槽流动，夏季还有水帘从餐厅上方悬垂而下。园内还有一座建在小岛上的水中剧场，岛中心有亭、喷泉，周围是花坛，岛的周边以柱廊环绕，有小桥与陆地相连。在宫殿建筑群的背后，面对着山谷和平原，延伸出宽阔的平台，设有柱廊及大理石水池，形成视野极好的观景台。

模型A处是海的剧场，它是一个小花园房套在圆形建筑内，由圆形的水环绕着，其形如岛，故称海剧场，内部有剧场、浴室、餐厅、图书室，还有皇帝专用的游泳池。B处是运河，是在山谷中开辟出长 119 米、宽 18 米的开敞空间，其中一半的面积是水，是仿埃及运河"Canopus Canal"的景点。在其尽头处为宴请客人的地方，水面周围是希腊形式的列柱和石雕像，其后面坡地以茂密柏树等林木相衬托，其布局仍属希腊列柱中庭式，只是放大了尺度。C 处是长方形的半公共性花园，长 232 米，宽 97 米，四周以柱廊相围，内有花坛、水池，可在这里进行游泳和游戏比赛。D 处是珍藏艺术品的博物馆。

4. 庞贝洛瑞阿斯·蒂伯廷那斯住宅（The House Of Loreius Tiburtinus）

庞贝（Pompeii）城在意大利南部，于 79 年 8 月 24 日因维苏威火山爆发被埋毁，18 世纪被挖掘出，现介绍的这所庞贝住宅园是 2000 年前的实物。它是庞贝城中最大的住宅园，具有宅园多方面的特点。

前宅后园，整体为规则式。住宅部分包括三个庭院，为两种类型。入口进来是一水庭内院，中心为方形水池，设有喷泉，周围种以花草，这可称之为水池中庭；在此中庭的前、侧面有两个列柱围廊式（Peristyle）庭院，此内院周围是柱廊，中间做成绿地花园，这种装饰的花园叫 Viridarium。这两种类型中庭式宅园是源于希腊。在住宅部分与后花园之间，以一横渠绿地衔接，在横渠流动的水中有鱼穿梭，在一端布置有雕塑和喷泉，墙上绘有壁画，渠侧面有藤架遮阴。

后花园的中心部分是一长渠，形成该园的轴线，直对花园出口，此长渠与横渠垂直相连通，中间布置一纪念性大喷泉，这里成为全园的核心景观。长渠两侧，平行布置葡萄架，葡萄架旁种有高树干的乔木以遮阴。此园虽规则但很有层次。

 思考练习

1. 阐述古希腊园林是怎样产生的？
2. 古希腊园林类型有哪些，它们是怎样形成的，各有什么特点？
3. 古罗马的园林类型有哪些，各有什么特点？
4. 试述古罗马园林是怎样继承和发展古希腊园林的？
5. 简述古埃及园林的类型及其主要特征。

第 10 章　中古时期欧洲园林
（约 500—1400 年）

中世纪即从罗马帝国灭亡的 5 世纪到文艺复兴开始的 14 世纪这一区间，历时大约一千年，这段时期又因古代文化的光辉泯灭殆尽，故称为黑暗时代。在这个动荡不定的时代，人们自然而然地到宗教中寻求慰藉，而欧洲以基督教为主，所以，中世纪文明主要是基督教文明。与此相对应，这个时期的园林以寺院园林为主，它以意大利寺院庭园为代表。但寺院庭园由于受到基督教禁欲主义的影响，反对追求美观与娱乐，装饰性或游乐性花园的胚芽不可能在修道院中找到适合其滋生的土壤。因此在中后期，王公贵族的城堡庭园适应了这一要求而得到发展，其中以法国的城堡庭园为代表。

但当欧洲大部分国家受控于基督教的统治，文化艺术处于停滞阶段之时，比利牛斯山南部的伊比利亚半岛上，却有着迥然不同的形势。8 世纪初，信奉伊斯兰教的摩尔人统治了半岛的大部分地区。摩尔人大力移植西亚文化，尤其是波斯、叙利亚的伊斯兰文化，在建筑与园林上，创造了富有东方情趣的西班牙伊斯兰样式。

中世纪欧洲的园林由意大利的寺院庭园、法国的城堡庭园和西班牙的伊斯兰园林三大块组成。西班牙的伊斯兰园林将在其他章节与伊斯兰园林统一讲述，所以下面将从意大利的寺院庭园、法国的城堡庭园两个方面来阐述中世纪欧洲园林的概况。

10.1　意大利寺院庭园

10.1.1　寺院庭园的发展概述

在古罗马的和平时代结束之后，是长达几个世纪的动荡岁月，人们会很自然地到宗教中寻求慰藉。早期的寺院多建在人迹罕至的山区，僧侣们过着极其清贫的生活，既不需要，也不允许有园林与之相伴。随着寺院进入到城市，这种局面才逐渐有了转变。基督教徒们最初是利用罗马时代的一些公共建筑，如法院、市场、大会堂等公共建筑作为他们活动的场所。后来，他们又效法名为巴西利卡（Basilica）的长方形大会堂的形式来建造寺院。所以，按照这种样式建造的寺院就叫作巴西利卡式寺院。

在罗马的巴西利卡寺院中，建筑物的前面有用连拱廊围成的露天庭院，称为"前庭"（attrium）。前庭的中央有喷泉或水井，供人们进入教堂时用水净身。这种前庭作为建筑物的一部分，虽然只是硬质铺装，但却是不久之后出现的寺院庭园的雏形。古代文明的残余也被僧侣们保存下来，并在遍布欧洲的寺院里逐步发展起来。这首先表现在僧侣们对园艺的关心上，因为菜园和果园的产品是他们的重要经济来源；此外，卫生保健和医学的发展也是和僧侣们分不开的，庭园中的一部分很快就用来种植药草。后来，由于僧侣们习惯用鲜花装点教堂和祭坛,为了种植花卉就修建了具有装饰性的花园。因此,寺院庭园内包含了实用性与装饰性两种不同目的、不同内容的园林。

10.1.2 意大利寺院庭园的特征

从布局上看,寺院庭园的主要部分是教堂及僧侣住房等建筑围绕着的中庭,面向中庭的建筑前有一圈柱廊,类似希腊、罗马的中庭式柱廊园,柱廊的墙上绘有各种壁画,其内容多是圣经中的故事或圣者的生活写照。稍有不同的是,希腊、罗马中庭旁的柱廊多是楣式的,柱子之间均可与中庭相通;而中世纪寺院内的中庭旁,柱廊多采用拱券式,并且,柱子架设在矮墙上,如栏杆一样将柱廊与中庭分隔开,只在中庭四边的正中或四角留出通道,起到保护柱廊后面壁画的作用。中庭内仍是由十字形或对角线交叉的道路将庭园分成四块,正中的道路交叉处为喷泉、水池或水井,水既可饮用,又是

图10-1 寺院中由柱廊环绕的中庭

洗涤僧侣们有罪灵魂的象征(图10-1)。四块园地上以草坪为主,点缀着果树和灌木、花卉等。有的寺院中在院长及高级僧侣的住房边还有私人使用的中庭。此外还有专设的果园、药草园及菜园等。

10.1.3 实例介绍

圣·保罗·富奥瑞修道院(S·Paolo Fuori Cloister)

该园位于罗马城郊。其建筑与庭园布局形式为回廊式中庭,是仿效希腊、罗马周围柱廊式中间为露天庭园的做法,只是尺度放大了(图10-2)。周围建筑由教堂及其他公共用房组成。方形中庭由十字形路划分成四块规则形绿地,这个庭园是僧侣休息和交往的地方。从布局来看,这是修道院的基本模式。至于绿地的内容和建筑小品、喷泉、水池的配置则各有不同。

修道院封闭式庭园中的绿地内容,包括种植药材、果树和蔬菜,以供生活需要。有的修道院庭园用地宽敞,种果树,

图10-2 圣·保罗教堂以柱廊环绕的中庭

但主要种药用植物,如柠檬(可止痛)、春黄菊(治肝病)等。后来经发展,有的庭园将这些实用植物搬至另外地方种植,庭园以花坛配观赏树木,中心放置水池喷泉,变为纯观赏庭园。

10.2 法国城堡庭园

10.2.1 城堡庭园的发展概述

在中世纪初期动荡不安的年代中，宗教统治，封建割据，战争不断，社会混乱，王公贵族们只有在带有防御工事的城堡中，才会有安全感。因此，城堡庭园在法国和英国等地发展起来，并以法国为代表。城堡庭园的建造，首先考虑的是实用，其次才是美观。

中世纪前期，为了便于防守，城堡多建在山顶上，由带有木栅栏的土墙及内外干壕沟围绕，当中为高耸的、带有枪眼的碉堡式中心建筑，作为住宅。11世纪，诺曼人（Norman）在征服英格兰之后，动乱减少了，石造城墙代替了土墙木栅栏，城堡外有护城河，城堡中心的住宅仍有防御性。诺曼人喜爱园艺，他们开始在城堡内的空地上布置庭园，但其水平不及当时的寺院庭园。

11世纪之后，实用性庭园逐渐具有了装饰和游乐的性质，十字军东征对这种变化无疑具有一定的影响。去耶路撒冷和拜占庭等东方圣地朝拜的骑士们对东方文化的精致和奢侈的生活感受至深。他们把东方文化的一些精华包括园林情趣甚至一些园林植物带回欧洲，促使了这一时期城堡庭园中园林气息的加浓，如两旁种满蔷薇等花的小径、中央布置有喷泉的草地、园内还有修剪过的果树及花坛等。

13世纪后，由于战乱的平息，城堡的结构发生了显著的变化，它摒弃了以往沉重抑郁的形式，使其变得更开敞而宜于居住。14世纪后期，这种变化更为明显，建筑在结构上更为开放，外观的庄严性也减弱了。到15世纪后期，城堡建筑的防御功能几乎消失殆尽，变成完全的专用住宅了。城堡的面积也变大了。城堡内还有宽敞的厩舍、仓库、供骑马射击的赛场、果园及装饰性花园等。城堡四角带有塔楼，围合出方形或矩形庭院，城堡外围仍有城墙和护城河，城堡的入口处架桥，易于防守。庭园的位置也不再局限于城堡之内，而是扩展到城堡周围，但是庭园与城堡仍然保持着直接的联系。

10.2.2 法国城堡庭园的特征

中世纪的法国城堡庭园布局简单，由栅栏或矮墙围护，与外界缺乏有效联系。最开始以实用性为主，与寺院庭园有相似之处，根据自给的需要，栽植果树、药草和蔬菜等；后来逐步增多观赏的花木、修剪的灌木和建筑小品、喷泉、盆池、花台、花架等，将观赏娱乐和实用结合在一起，其装饰性和美化性逐渐增强。

园中常有方格形的花台，除此之外，最重要的造园元素就是一种三面开敞的龛座（图10-3），上面铺着草皮，用作坐凳。偶尔可见小格栅、凉亭。

水尽可能多地被运用于庭园之中，喷泉是庭园很需要的组景元素，常成为庭园的中心装饰物，它使园中充满欢乐氛围。喷泉的形式及色彩种类繁多，既有朴素的，也有华丽的。

植物强调造型，树木常被修剪成各种几何形体，与古罗马的植物造型相似，且以单

图 10-3　中世纪城堡中常见的龛座

株种植为多。芳香植物也有所运用，如玫瑰、百合、紫花地丁、石竹等，但更多的是为了实用，而非为了美观。

始建于中古时期的法国的城堡有：比尤里、盖尔龙、蒙塔吉斯、枫丹白露、舍农索、温桑城堡等。

10.2.3　实例介绍

1. 蒙塔吉斯城堡园（图 10-4）

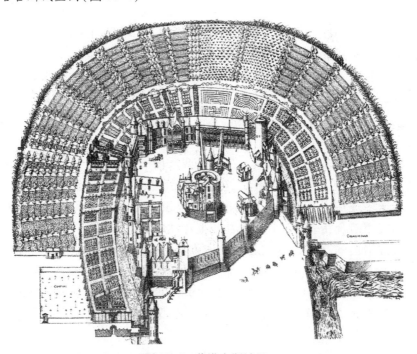

图 10-4　蒙塔吉斯城堡

蒙塔吉斯城堡布局为圆弧形,花园部分已扩展到城堡以外,但构图仍比较简单,只有畦式种植的花草和覆盖着棚架的园路。

2.《玫瑰传奇》中的庭园插图

13世纪的法国作家吉姆·德·洛里斯(Guillaume de Lorris)写的寓事长诗《玫瑰传奇》(Le Roman De La Rose)中的庭园插图是对当时城堡庭园的真实写照,因此可从插图中了解当时城堡庭园的概况(图10-5)。

这是城堡内一庭园,庭园在城墙之内,墙外是一对情人,进门来是以石围起来的花坛,后面种着整齐的果树,再往左通过木制的格门进入另一庭园,中心是圆形水池,池中立着铜制的狮头喷泉,水顺着沟渠流到墙外,人们在欢娱,脚下是青草,背后是花木。庭园鸟语花香,绿树成荫,流水潺潺,亲切、简朴、美妙,并给人以美的享受,庭园技艺已达到较高水平。

图10-5 《玫瑰传奇》中的庭园透视图(Le Roman De La Rose)

思考练习

1. 阐述意大利寺院庭园是怎样产生的?
2. 试结合实例说明意大利寺院庭园的特色。
3. 试述法国城堡庭园产生的背景。
4. 简述法国城堡庭园的特点。

第 11 章 文艺复兴时期欧洲园林
（约 1400—1650 年）

11.1 意大利文艺复兴时期的园林

11.1.1 文艺复兴时期的历史背景

文艺复兴是 14—16 世纪欧洲新兴的资产阶级掀起的思想文化运动。新兴资产阶级为了反映自身的利益和要求，以复兴古希腊、古罗马文化为名，提出了人文主义思想体系。人文主义以人为衡量一切的标准，重视人的价值，反对中世纪的禁欲主义和宗教神学，从而使科学、文学和艺术整体水平得到了长足进步。

文艺复兴开始于意大利，后发展到整个欧洲。文艺复兴首发于意大利有两个方面的原因，一是历史的渊源，二是经济发展的需要。当时意大利虽由一些分散的独立城市组成，尚未形成统一的国家，但由于海上交通和贸易较发达，经济发展迅速，当时已成为欧洲最富裕、最先进的地方。在这些城市当中，佛罗伦萨最为繁荣。因此佛罗伦萨成为意大利乃至整个欧洲文艺复兴的策源地和最大中心。

经济的发展、资本的积累，新兴资产阶级日益发展，为文艺复兴打下了经济基础；而自然科学的发展，动摇了基督教的神学基础，把人和自然从宗教统治中解放出来，这一切都为文艺复兴创造了条件。文艺复兴使欧洲从此摆脱了中世纪教会神权和封建等级制度的束缚，使生产力和精神文化得到彻底解放。文学艺术的世俗化和对古典文化的传承弘扬都标志着欧洲文明出现了古希腊之后的第二个高峰，其影响波及各个领域，也带来了欧洲园林的新时代。

意大利位于欧洲南部，境内多山地和丘陵，占国土面积的 80%。阿尔卑斯山脉呈弧形绵延于北部边境，亚平宁山脉纵贯整个半岛。北部山区属温带大陆性气候，半岛及其岛屿属亚热带地中海气候。夏季谷地和平原闷热逼人，而山区丘陵凉风送爽，所以人们喜欢在坡地造园。这些独特的地形和气候条件，是意大利台地园林形成的重要自然因素。

再加上欧洲的文艺复兴是以意大利为中心而兴起，文艺复兴运动冲破了中世纪封建教会统治的黑暗时期，也给造园带来了契机，意大利的造园出现了以庄园为主的新面貌。下面按发展的三个阶段，即文艺复兴初期、中期、后期来分别对其造园特色进行阐述。

11.1.2　文艺复兴初期的庄园（台地园）

1. 文艺复兴初期的庄园概况

文艺复兴的策源地和最大中心是意大利佛罗伦萨，佛罗伦萨是一个经济发达的城市，城市中最有影响力的是美第奇家族，家族中最有名的是科西莫·德·美第奇（Cosimo de Medici，1389—1464 年）和其孙子洛伦佐·德·美第奇（Lorenzo de Medici，约 1449—1492 年）。科西莫是佛罗伦萨无冕王朝的创建者，从此开始了美第奇家族对佛罗伦萨的统治。洛伦佐 21 岁主政佛罗伦萨，15 世纪下半叶在自己的别墅与花园中分别建立了"柏拉图学园"和"雕塑学校"。在洛伦佐的感召下，佛罗伦萨集中了大批文学艺术家，可谓群星灿烂，创作空前。佛罗伦萨的豪门和艺术家皆以罗马人的后裔自居，醉心于豪华的生活享受，享受的主要方式是追求华丽的庄园别墅，因此营造庄园或别墅在佛罗伦萨甚至意大利的广大地区逐渐展开，并由此推动了园林理论的研究。

真正系统论述园林的是阿尔贝蒂（Leon Battista Alberti，1404—1472 年），他在 1452 年完成并于 1485 年出版的《论建筑》（De Archi tectura）一书中详细阐述了他对理想庭园的构想：在长方形的园地中，以直线道路将其划分成整齐的长方形小区，各小区以修剪的黄杨、夹竹桃或月桂绿篱围边；园路末端正对着以月桂、松柏、杜松编织成古典式的凉亭；用圆形石柱支撑棚架，上面覆盖藤本植物，形成绿廊，架设在园路上，可以遮阳；沿园路两侧点缀石制或陶制的瓶饰，花坛中央用黄杨篱组成花园主人的姓氏；绿篱每隔一段距离修剪成壁龛状，内设雕像，下面安放大理石的坐凳；园路的交叉点中心位置用月桂修剪成坛；园中设迷园等。

他所提出的以绿篱围绕草地（称为植坛）的做法成为文艺复兴时期意大利园林以及后来的规则式园林中常用的手法，甚至在现代的中国园林中也屡见不鲜。他还十分强调园址的重要性，主张庄园应建于可眺望佳景的山坡上，建筑与园林应形成一个整体，如建筑内部有圆形或半圆形构图，也应该在园林中有所体现以获得协调一致的效果。他强调协调的比例与合适的尺度的重要作用。但是，他并不欣赏古代人所推崇的沉重、庄严的园林气氛，而认为园林应尽可能轻松、明快、开朗，除了形成所需的背景以外，尽可能没有阴暗的地方。这些论点在以后的园林中有所体现。

文艺复兴初期的庄园主要是美第奇式园林，代表作品有卡雷吉奥庄园（Villa Careggio）、卡法吉奥罗庄园（Villa Cafaggiolo）和菲耶索勒的美第奇庄园（Villa Medici，Fiesole）等。前两座园林尚保存着中世纪城堡园的某些风格，同时体现出文艺复兴初期园林艺术的新气象。菲耶索勒的美第奇庄园则似乎完全摆脱了中世纪城堡园风格的困扰，使园林艺术更加成熟、完美，它也是保存较完整的文艺复兴初期的庄园之一，对于它的具体情况，将在实例分析中详细论述。

2. 文艺复兴初期的庄园特征

1）依据地势高低开辟台地，各层次自然连接。意大利文艺复兴初期的庄园多建在佛罗伦萨郊外风景秀丽的丘陵坡地上，选址时比较注重周围环境，要求有可以远眺的前景。园地顺山势辟成多个台层，但各台层相对独立。

2）主体建筑在最上层台地上，可借景于园外，并保留部分城堡式传统。如开窗小并有雉堞式屋顶等，不过正面入口处有开敞、宽阔的台阶。

3）分区简洁，有树坛、树畦、盆树等。建筑和庭园部分都比较简朴、大方，有很好的比例和尺度，给人以亲切之感。绿丛植坛是常见的装饰，但图案花纹也很简单，多设在下层台地上。

4）喷泉、水池常作为局部中心，并且与雕塑结合，注重雕塑本身的艺术性。水池形式则比较简洁，理水技巧也不甚复杂。

此外，这一时期由于人们对植物学的兴趣浓厚，开始了对古代植物学著作的研究，同时也开展了对药用植物的研究。在此基础上产生了用于科研的植物园，如威尼斯共和国与帕多瓦（Padua）大学共同创办的帕多瓦植物园和比萨植物园。由于帕多瓦植物园和比萨植物园的影响，佛罗伦萨等地也陆续建造了几个植物园，并且波及欧洲其他国家，相继建造了各自的植物园。如1580年的德国莱比锡植物园，1587年的波兰莱顿植物园，都是最早的一批植物园。此后，1597年英国建了伦敦植物园，以药用植物为主；巴黎植物园建于1635年，是法国的第一个植物园。各地如雨后春笋般兴建起来的植物园，丰富了园林植物的种类，对园林事业的发展起到了积极的推动作用。同时，植物园本身也逐渐加强了装饰效果和游赏功能，以后成为一种更具综合功能的园林类型。

3. 实例分析——菲耶索勒的美第奇庄园（Villa Medici, Fiesole）

该园位于菲耶索勒丘陵中一个朝阳的山坡上，建于1458—1462年间，是至今保留比较完好的文艺复兴初期的庄园之一（图11-1）。设计者在这块很不理想的园地上表现出了非凡的才能，巧妙地划分空间、组织景观使每一空间显得既简洁，整体上又很丰富，避免了一般规则式园林容易产生的平板单调、一览无余的弊病。它的具体特点有：

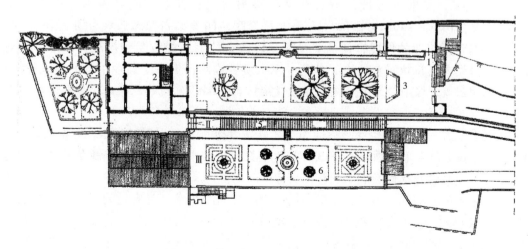

图11-1 菲耶索勒的美第奇庄园平面图

Ⅰ—上层台地　Ⅱ—中层台地　Ⅲ—下层台地

1—入口　1—府邸建筑　3—水池　4—树畦　5—廊架　6—绿丛植坛　7—建筑后的秘园

1) 为三层台地园。依山势将园地辟为不同高程的三层台地，建筑设在最高台层的西部。由于地势所限，各台层均成狭长带状。

2) 庄园入口设在上台层的东部，入口广场后的道路分设在两侧，当中为绿荫浓郁的树畦，既作为水池的背景，又使广场在空间上具有完整性。树畦后为相对开阔的草坪，角隅点缀着栽种在大型陶盆中的柑橘类植物，这是文艺复兴时期意大利园林中流行的手法。草坪形成建筑的前庭，建筑设在西部，其后还有一块后花园，使建筑处在前后庭园包围之中。

3) 由入口至建筑约80米长，而宽度却不到20米，设计者在主要轴线和通道上采用顺向布置，依次设有水池广场、树畦、草坪三个局部，空间处理上由明亮（水池广场）到郁闭（树畦），再由豁然开朗（草坪）到封闭（建筑），形成一种虚实变化，打破了园地的狭长感。

4) 由建筑的台阶向入口回望，园墙的两侧均有华丽的装饰，映入眼帘的仍是悦目的画面，处处显示出设计者的匠心。

5) 下层台地中心为圆形喷泉水池，内有精美的雕塑及水盘，但并未过分强调水的技法，显示了文艺复兴早期的特点。周围有四块长方形的草地，东西两侧为大小相同而图案各异的绿丛植坛。这种植坛往往设置在下层台地，便于由上面台地居高临下欣赏，图案比较清晰。

6) 中间台层只是一条4米宽的长带，也是联系上、下台层的通道，其上设有覆盖着攀缘植物的棚架，形成一条绿廊。

11.1.3 文艺复兴中期的庄园

1. 文艺复兴中期的庄园概况

15世纪末，洛伦佐去世，美第奇家族势力日衰；其后，法兰西国王查理八世（Charles Ⅷ，1483—1498年在位）入侵佛罗伦萨，使美第奇家族没落。在经济方面，英国新兴的毛纺织业的发展，使佛罗伦萨赖以致富的毛纺织业受到挑战；新开辟的航线，使海外贸易转向大西洋方向，这样一来，佛罗伦萨也失去了商业中心的地理优势。经济衰退也破坏了文化繁荣的基础，加之战乱与政局不稳，人文主义者纷纷逃离佛罗伦萨。

16世纪，罗马继佛罗伦萨之后成为文艺复兴运动的中心。具有新思想的教皇尤里乌斯二世（Pape Julius Ⅱ，1443—1513年）同美第奇家族中的科西莫及洛伦佐一样，支持并保护人文主义者，提倡发展文化艺术事业。一时之间，巨匠云集，为罗马带来了文艺复兴文化艺术的鼎盛期。不过，尤里乌斯二世所提倡的艺术，首先是为了宣扬教会的光辉和最高权威，让艺术大师的才华充分体现在教堂建筑的宏伟壮丽上，发挥在主教花园的豪华气派上。米开朗基罗、拉斐尔等人正是这一时期离开佛罗伦萨来到罗马的，并在罗马留下了许多不朽的作品。

在造园方面，当时最有才华的建筑师兼城市规划师多纳托·布拉曼特（Donato Bramante，1444—1514年）的影响不可低估。布拉曼特幼年学画，后改学建筑，成为著名建筑师，建造了卡斯特罗花园内的优美柱廊，以及罗马圣彼得广场上的喷泉等。在梵蒂冈，他首先建造的是连接梵蒂冈宫与丘陵、坐落在山谷上的两座三层的柱廊。柱廊不仅解决了交通问题，并且形成很好的观景点，从其中一座可以看到山坡上一片郁郁葱葱的林海；而从另一柱廊，近可欣赏梵蒂冈全貌，远可眺望罗马郊外的景色。此外，布拉曼特还在柱廊周围规划了著名的望景楼花园。

这一时期，除布拉曼特建造的庭园处，还有拉斐尔为朱利奥·德·美第奇建造的玛达玛庄园（Villa Madama）及这一时期的三大著名庄园：法尔奈斯庄园（Villa Palazzina Farnese）、埃斯特庄园（Villa d'Este）及兰特庄园（Villa Lante）等。

2. 文艺复兴中期的庄园特征

1) 文艺复兴中期庄园的主要特征是依山就势开辟若干台层，形成独具特色的台地园。这个时期的意大利庄园多建在郊外的山坡上，园林布局严谨，有明确的中轴线贯穿全园，联系各个台层，使之成为统一的整体，景物对称布置在中轴线两侧。各台层上常以多种理水形式，或理水与雕像相结合作为局部的中心，建筑有时也作为全园主景而置于最高处。或许由于庄园的设计者多是著名的建筑师，他们将庭园看作建筑的室外延续部分，往往运用建筑设计原则来布置园林，力求在空间形式上与室内取得协调和呼应。

2) 理水技巧已十分娴熟。不仅强调水景与背景在明暗与色彩上的对比，而且注重水的光影和音响效果，甚至以水为主题，形成丰富多彩的水景。以音响效果为主的水景有水风琴（Water Organ）、水剧场（Water Theatre）等，它们利用流水穿过管道，或跌水与机械装置的撞击，产生不同的音响效果。还有突出趣味性的水景处理，如秘密喷泉（Secret fountain）、惊愕喷泉（Surprise fountain）等，产生出其不意的游戏效果：将喷水的开关设在隐蔽处，并由人工控制，当人们正聚精会神地欣赏水池中的优美雕像时，忽然喷出水柱；或将开关设在喷泉附近，游人无意中触及时，会出其不意地被喷水浇淋一身。设计者挖空心思想出种种办法，使人耳目一新，达到取悦游人的目的。

3) 植物造景日趋复杂。常将密植的常绿植物修剪成高低不一的绿篱、绿墙、绿荫、剧场的舞台背景、侧幕、绿色的壁龛、洞府等。

4) 花坛、水渠、喷泉等的细部造型也多由直线变成各种曲线造型，令人眼花缭乱。此外，这一时期的园艺造型也日益复杂，外形轮廓多种多样，园路也愈加变化多端。

3. 实例分析

（1）玛达玛（Villa Madama）庄园　玛达玛庄园位于马里奥的山坡上，是美第奇家族的后裔朱利奥·德·美第奇（Giulio de Medici，1478—1534年），即以后的教皇克雷芒七世（Clement Ⅶ，1523—1534年在位）的庄园。它是文艺复兴中期意大利台地园的典范。

园址地形起伏，又不十分陡峭，并可眺望山下开阔的草地、河流，以及远处的山峦，是造园的理想之地。朱利奥委托艺术大师拉斐尔及其助手、建筑师桑迦洛（Antonio da Sangallo，1483—1546年）进行规划。拉斐尔是文艺复兴时期最杰出的艺术家之一，他的艺术作品饱含人文主义思想，并赋予这种思想以无比的表现力。桑迦洛也是当时罗马杰出的建筑师之一，是拉斐尔流派的主要继承人。拉斐尔深受哈德良宫苑遗址的启发，想在马里奥山坡上重现此园。在规划布局中，他力图使建筑与园林相互渗透，并按照阿尔贝蒂的观点，在建筑及园林中常常用圆或半圆形的处理方式。拉斐尔去世时，玛达玛庄园尚未建成，由他的助手们继续他未完成的工作。

玛达玛庄园建于1516年，但曾遭火焚烧，受到严重破坏，目前按原状保留下来的只有面对马里奥山的两层台地。入口在上层台地的北端，有高大的墙和门，门旁有两尊巨大的雕像。两个台层靠山坡的一侧都砌有高高的挡土墙，上面各镶嵌着三座壁龛。上层台地的壁龛装饰精美，当中的壁龛内有一大象雕塑，水流从象鼻中吐出，注入下面的水池中，据说这是乌迪内·乔万尼的作品。两侧壁龛中是希腊神话中的创世神和丘比特的雕像。台地上还有长方形的水池，大门外是种植着七叶树和无花果的宽阔大道。东部从留下的复原图上看共有三个台层，上边的两台层正中有"〈〉"形台阶相连，中层为柑橘园，下层较宽敞，为不同图案组成的绿丛植坛，中心为圆形喷泉，尽端有半圆形的突出部分。

拉斐尔设计的东北部为了适应地形，将园地分成三个台层。上层为方形，中央有亭，周围以绿廊分成小区。中层是与上层面积相等的方形，内套圆形，中央有喷泉。下层面积稍大，为椭圆形，对称设置了两个喷泉。各台层之间均有宽台阶相连。在拉斐尔的设计中，无论建筑或花园都常用圆形、半圆形、椭圆形构图，使内外相互呼应。同时，他还十分注意花园中各部分与总体之间的比例关系，在变化中寻求统一的构图。

1530年教皇克雷芒七世回到罗马，让桑迦洛修复庄园。然而，有些部分如圆形剧场的柱廊等只能作为废墟保留下来了。1534年教皇去世后，庄园被一僧侣购买。1538年，皇帝查理五世的女儿玛达玛·玛格丽塔（Madama Margherita）因十分喜爱这座庄园，便购为己有，以后就称此园为玛达玛庄园了。

拉斐尔的设计意图并未完全实现，但其设计的基本原则却成为以后的设计典范，影响极大，成为不少庄园竞相仿效的对象。

（2）法尔奈斯庄园（Villa Palazzina Farnese）（图11-2）　大约在1540年，红衣主教亚历山德罗·法尔奈斯（Alessandro Farnese，即保罗三世，1534—1549年在位）委托建筑师贾科莫·维尼奥拉（Giacomo da Vignola，1507—1573年）为他的家族建造一座庄园。庄园坐落在罗马以北约70千米处的卡普拉罗拉小镇边缘，故又名卡普拉罗拉庄园（Villa Caprarola）。府邸建于1547—1558年，由桑迦洛设计，他死后由米开朗基罗继续其工作。建筑平面为五角形，具有城堡般的外观，是文艺复兴兴盛期杰出的建筑之一。法尔奈斯主花园在府邸之后，与府邸隔着一条狭窄的壕沟，自成一体。

该庄园的特点：

1）庄园由四台层组成。栗树林围绕着的方形草坪广场形成的入口为第一台层，入口中心还有圆形喷泉。广场边有两个岩洞，洞内有河神守护着跌水，洞旁有亭，从亭可欣赏广场上的喷泉。中轴线上是由墙面夹峙的一条宽大的缓坡，中间是联系着上下层的蜈蚣形石砌水槽，设有一系列跌水景观。第二台层是椭圆形广场，两侧弧形台阶环抱着贝壳形的水盘，上方有巨大的石杯，珠帘式瀑布从中流下，落在水盘中。石杯左右各有一河神雕像，手握号角，倚靠着石杯，守护着水景与小楼。第三台层是真正的花园台

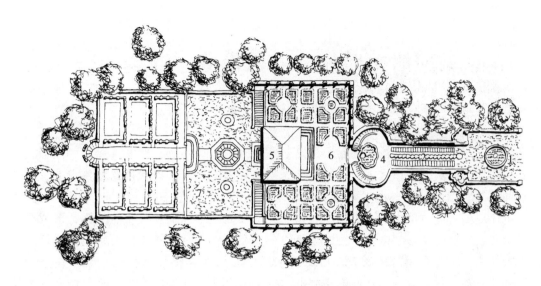

图 11-2 法尔奈斯庄园平面图
1—入口广场 2—坡道及蜈蚣形跌水 3—岩洞
4—第二台层椭圆形广场及水池 5—主建筑 6—第三台层 7—第四台层花园

地,中央部分为二层小楼,周围是黄杨篱组成的四块绿丛植坛,两座马匹塑像喷泉使气氛更加活跃。小楼后面,两侧有横向台阶通至最上层台地,台阶下有门通向外面的栗树林及葡萄园。

2)用贯穿全园的中轴线联系各个台层,中轴线从入口开始,一直通到庄园终端的半圆形柱廊。柱廊由四座石碑组成,呈六角形布置。庭园建筑设在较高的台层,便于借景园外。并对各台层之间的联系都做以精心处理,在平面和空间上都取得了良好的效果。

3)虽然园地呈狭长形,最宽处与纵深长度之比仅为1:3,但在每一局部都有较好的比例关系。

4)园中善用精美雕刻与石作。如联系一、二层的蜈蚣形石槽、台阶的栏杆及轴线终端的石碑。碑身带有龛座及坐凳,装饰着半身神像、雕刻及女神像柱。这些雕刻与石作既丰富了花园的构图,又活跃了气氛,同时也使得花园更加精致、耐看。此外,与实用功能相结合的石作,体现了既美观、又实用的设计原则。

(3)埃斯特庄园(Villa d'Este)(图 11-3) 埃斯特庄园建造在罗马以东 40 千米处的梯沃里小镇上,为红衣主教伊波利托·埃斯特(Ippolito Este)所有。埃斯特庄园坐落在梯沃里一块朝西北的陡峭山坡上,全园面积约 4.5 公顷,园地近似方形。1549 年,伊波利托·埃斯特在竞选教皇失败之后,被教皇保罗三世任命为梯沃里的守城官。1550 年,他委托维尼奥拉的弟子利戈里奥改建他的府邸。此外,参加建园工作的还有水工师奥利维埃里(Orazio Olivieri)和建筑师波尔塔(Giacomo della Porta)等。利戈里奥是意大利著名建筑师、画家和园艺师,他在庄园规划中吸收了布拉曼特和拉斐尔等人的设计思想,将花园看作住宅的补充,并运用几何学与透视学的原理,将住宅与花园融合成一个建筑式的整体。

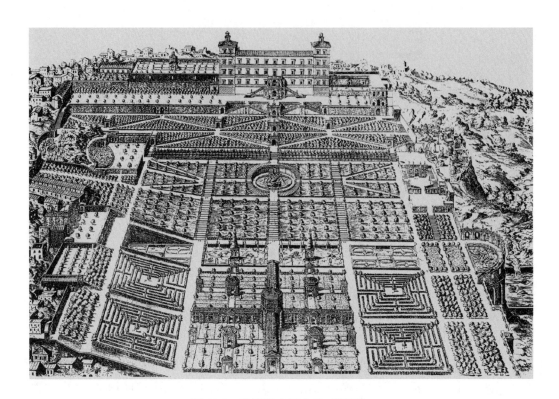

图 11-3　埃斯特庄园全景（版画）

埃斯特庄园的特点是：

1）埃斯特庄园以其突出的中轴线，加强了全园的统一感。并且，沿着每一条园路前进或返回时，在视线的焦点上都做了重点处理。庄园被划分为六个不同高程的台层，上下高差近 50 米，并用中轴线贯穿全园，既有强烈的纵深感，又有高程的变化。在意大利，出于气候的原因，花园应尽量朝着北面，而原地形不利于这样布局，因此，利戈里奥通过台层的方式将原地形作了重大改造，全园被分成了六个台层。

2）花园处理成明显的三个部分：平坦的底层和由系列台层组成的两个台地。

入口设在底层花园。这是一个大约 90 米 × 180 米的矩形园地，三纵一横的园路将其分为八个方块。两边的四块是阔叶树丛林，中间四块布置成绿丛植坛，中央设有圆形喷泉，四周环绕一圈细水柱，在高大的丝柏背景前，十分耀眼。这里既是底层花园的中心，也是贯穿全园的中轴线上的第一个高潮。透过圆形喷泉，在丝柏形成的景框中，沿中轴展开了深远的透视线，在高高的台阶上面是泉水喷涌的"龙喷泉"，它形成中轴线上的第二个高潮。而在底层花园的横向空间处理上，从中心部分的绿丛植坛，至周边的阔叶丛林，再至园外的茂密山林，由强烈的人工化的处理方式，逐渐向自然过渡，最终融于自然之中。

从过去留下的版画中可以看出，16 世纪时，底层花园的中央是以十字形的两座绿廊，将花园分为均等的四个方块，中心有凉亭；中心花园的两侧，各有两个迷园方格，但只建成了西南边的两块；在底层花园的东南面，原设计有四个鱼池，只建成了其中三个。为了强调由鱼池构成的第一条横轴，西端的山谷边设计有龛座型的观景台，但也未能建成，现这里为四个矩形的水池，东北端的水池尽头呈半圆形，半圆形水池后面便是著名的"水风琴"，它是以水流挤压管中的空气，发出类似管风琴的声音，同时还有活动的小雕像的机械装置。表现出设计者的精巧手法。水池横轴之后，有三段平行的台阶，连接两层树木葱郁的斜坡，边缘饰以小水渠。当中台阶在第二层斜坡上，处理成两段弧形台阶，环绕着中央称为"龙喷泉"的椭圆形泉池，为全园的中心。

紧接着的第三层台地，有著名的"百泉台"。在长约150米的台地上，沿山坡平行辟有三条小水渠；上端有洞府，洞内有瀑布直泻而下，流入水渠；渠边每隔几步，就点缀着数个造型各异的小喷泉，如方尖碑、小鹰、小船或百合花等，泉水落入小水渠，再通过狮头、银鲸头等造型的溢水口，落在下层小水渠中，形成无数的小喷泉。百泉台上浓荫夹道，非常幽静，百泉台构成园内的第二条主要横轴，与第一条水池横轴产生动静对比。它的东北端地形较高，依山就势筑造了水量充沛的"水剧场"，高大的壁龛上有奥勒托莎雕像，中央是以山林水泽仙女像为中心的半圆形水池及间有壁龛的柱廊，瀑布水流从柱廊正中的顶端倾泻而下。百泉台的另一端也为半圆形水池，后有柱廊环绕，柱廊前布置了寺院、剧场等各种建筑模型组成的古代罗马市镇的缩影。

3）庄园的主体建筑高大雄伟，位于台层顶端，控制着全园的中轴线，并给人一种权力至上、崇高和敬仰的感觉。然而，葱郁的树丛和水雾迷蒙的喷泉的设置，又使建筑于庄重中带有动人的情趣，并不显得过于严肃呆板。

另外，在庄园的最高层，在住宅建筑前布置有约12米宽的平台，边缘有石栏杆，近可俯瞰全园景观，远可眺望丘陵上成片的橄榄林和远处的群山。

4）埃斯特庄园因其丰富多彩的水景和水声而著称于世。这里有宁静的水池，有产生共鸣的水风琴，有奔腾而下的瀑布，有高耸的喷泉，也有活泼的小喷泉、溢流，还有缕缕水丝，在园中形成一幅水的美景，一曲水的乐章。

5）埃斯特庄园内没有鲜艳的色彩，全园笼罩在一片深浅不同的绿色植物中。这也为各种水景和精美的雕像创造了良好的背景，给人留下极为深刻的印象。

（4）兰特庄园（Villa Lante）（图11-4） 兰特庄园位于罗马以北96千米处的巴涅

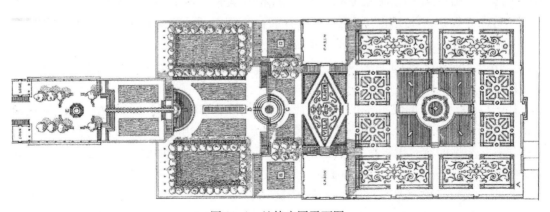

图11-4 兰特庄园平面图

亚（Bagnaia）村，此园初建于14世纪，当时只是一个狩猎用的小屋，15世纪添了一个方形建筑。1566年红衣主教甘巴拉（Gambara）请维尼奥拉修建了此庄园。庄园后来又租给兰特家族，因此得名兰特庄园。这个台地园的特点是：

1）风格统一。全园建筑、水系、绿化整体统一协调，这种总体控制的思想超过了其他的意大利园林。

2）台地完整。花园位于自然的山坡，创造了四层台地。最低一层呈方形，由花坛和水池、雕塑、喷泉组成；第二层台地上有两座相同的建筑，对称布置在对称轴两侧，依坡而建，建筑后种有林荫树，中间轴线设有圆形喷泉；然后，通过奇妙的圆形喷泉池两边的台阶上到第三层平台，这里的空间大了一些，中间为长方形水池，两侧对称布置种有树木的草坪；顶层台地中心为造型优美的八角形水池喷泉，其后以半圆形洞穴结束。这四层台地，在空间大小、形状、种植、喷泉、水池等方面都是有节奏地变化着，以中轴线和台地间的巧妙处理，将四层台地连成为一个和谐的整体。

3）水系新巧。各层平台的喷泉流水，达到了极好的装饰效果。由顶层尽端的水源洞府开始，将汇集的泉水送入八角形泉池；再沿斜坡上的水梯将水引入第三层平台，以溢流的形式送入半圆形水池中；接着进入长条形水渠中，在第二、第三台层交界处形成帘式瀑布，流入第二台层的水池中；最后，在第一台层以水池环绕的喷泉作为高潮而结束。

4）高架渠送水。全园用水是由别墅后山上引来的流水供应，是采用一条小型的22.5厘米宽的高架渠输送。

5）围有大片树林。在此园左侧成片坡地上栽植树木，形成大片树林，称之为Park，这是公园（Park）的来源。这一树林的作用是多方面的，改善气候，保持水土，还可衬托出花园主体。

11.1.4 文艺复兴后期的庄园

1. 文艺复兴后期的庄园概况

16—17世纪，欧洲的建筑艺术进入巴洛克式时期。巴洛克（Baroque）一词原为奇异古怪之意，引申义为巴洛克风格。巴洛克风格在文化艺术上的主要特征是反对墨守成规，反对保守教条，而主张艺术更加自由奔放，富于生动活泼的造型、装饰和色彩。文艺复兴运动是在文化、艺术、建筑等方面首先开始的，以后才逐渐波及园林。由于16世纪末建筑才进入巴洛克时期，而这一时期巴洛克园林艺术尚处于萌芽状态，所以半个世纪后，巴洛克式园林才广泛流行起来。

16—17世纪之交的阿尔多布兰迪尼庄园（Villa Aldobrandini）的建立成为巴洛克园林萌芽的标志。17世纪上半叶是巴洛克园林的流行盛期，出现了许多巴洛克园林作品，其中最具代表性的有：伊索拉·贝拉庄园（Villa Isola Bella）、加尔佐尼庄园（Villa Garzoni）、冈贝里亚庄园（Villa Gamberaia）等。

2. 文艺复兴后期的庄园特征

1）这时的庄园，注意境界的创造，极力追求主题的表现。常对一些局部单独塑造，以体现各具特色的优美效果。对园内的主要部位或大门、台阶、壁龛等作为视景焦点而极力加工处理。在构图上运用对称、几何图案或模纹花坛等。但是，有些庄园过分雕琢，对四周景色照顾不够，格局上欠和谐。

2）园林艺术也倾向于追求新异、喜欢夸张的表现手法，并且在园中充斥大量的装饰小品。园内建筑的体量很大，占有明显的统率作用。建筑与雕塑都倾向于重点刻画细部繁琐的装饰。园内林荫道纵横交错，甚至采用城市广场中三叉式林荫道的布置方法。

3）对植物进行修剪及大量使用造型树木。植物修剪技术日益发达，绿色雕塑图案和绿丛植坛的花纹也日益复杂精细。滥用造型树木是巴洛克式造园的一个主要特征。造型树木是改变树木原来的天然生长形态。在巴洛克时代，猎奇求异之风盛行，造型树木这类人工的、非自然的培植之物便大受人们的青睐，其形态也愈来愈不自然。利用这种造型树木构成的迷园等，也都是当时流行的繁杂无益的游戏之物。

4）花园形状也从正方形变成了矩形，并在其四隅加上了各种形式的图案。花坛、水渠、喷泉及其他细部的线条较少使用简洁的直线而更喜欢采用曲线。

3．实例分析

（1）伊索拉·贝拉庄园（Villa Isola Bella）（图 11-5） 该园在意大利最北端的马乔列（Maggiore）湖中的一个岛上，对着斯特雷萨（Stresa）镇，是卡罗伯爵于 1632 年兴建，由其子在 1671 年完工。其名称取自卡罗伯爵母亲的姓名。它是现存唯一一座文艺复兴时期的湖上庄园。它的特点有：

1）水岛花园风貌。周围是青翠群山、如镜湖面，环境幽美，视野开阔，加上精巧的台地花园布置，使它具有传奇梦幻的色彩。

2）层层台地，轮廓起伏，俯览仰视景色皆宜。从东面和南面都能登上安排有方形草地花坛的第一层台地面，花坛角上以瓶或雕像装饰。通过八角形台阶可步入第二层台地，这里有两个长方形花坛。第三层台地是一个土岗，通过两边的台阶可登上岗顶，这里是岛的最高点，可俯览广阔湖面景色和壮观的山峦。从湖面上仰视这个岛上花园，层层的林木与台地建筑，有节奏地升起，格外动人。在这最高台地上安排一个水剧场，壁上布满壁龛和贝壳装饰，中间顶上立有骑马雕像，属于典型的巴洛克式，装饰过于繁琐（图 11-6、图 11-7）。

3）突出中轴线贯穿全园。尽管岛形状不规则，但长条形土岗的花园部分仍采用对称的布局，突出了纵向的中轴线，显得十分严整。

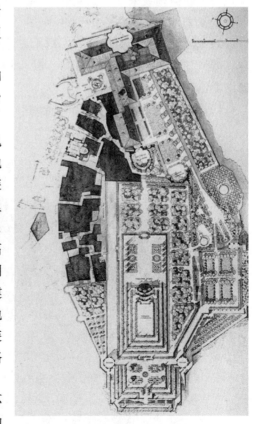

图 11-5 伊索拉·贝拉庄园平面图

别墅建筑在北面，东北面有一岛的入口，能从环形码头登上岸，结合地形采用了转轴手法，进入花园。

图 11-6　巴洛克式水剧场正面图　　　　　图 11-7　巴洛克式水剧场背面

4）采用遮障转轴法与花园主轴线衔接。这个方法很巧妙，从岛的东北面上岸，斜向往前可步入一个小椭圆形庭院，从北面别墅房屋的一个长画廊亦可进入这个小庭院，该庭院遮住了周围的空间，人们在庭院中不知不觉地转了个角度，通过台阶走进花园，在感觉上好似轴线未变，而实际上轴线已转了个角度。这种遮障转轴法在地形或建筑要求有变化之处是一种很好的设计手法。

5）装饰过分。除前述中心水剧场装饰过多外，台基边上的栏杆、瓶饰、角上方尖碑、雕像、后面的两个六角亭等，缺少精炼，使人一眼望去，感到矫揉造作，是典型的巴洛克作法。

（2）加尔佐尼庄园（Villa Garzoni）（图 11-8）　加尔佐尼庄园位于小城柯罗第附

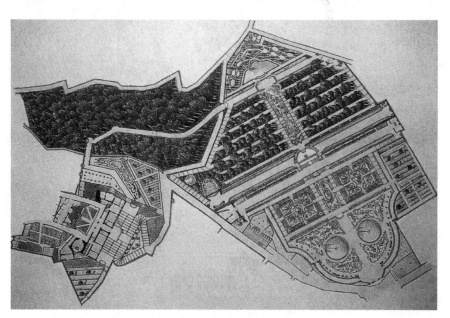

图 11-8　加尔佐尼庄园平面图

近，始建于 17 世纪初，是建筑师奥塔维奥·狄奥达蒂（Ottavio Diodati）为罗马诺·加尔佐尼建造的庄园，故得名加尔佐尼庄园。花园部分则由弗朗西斯科·斯巴拉（Francesco Sbarra）设计，斯巴拉花了几年时间才建成花园的台地部分和宽敞的半圆形入口。直到一个世纪之后，罗马诺·加尔佐尼的孙子才将花园最终建成并定型，一直保持到现在。

在入口处，有花神弗洛尔（Flore）和吹芦笛的潘神迎接游人。园中首先映入人们眼帘的是色彩艳丽的大花坛。两座圆形水池中有睡莲和天鹅，中央喷水水柱高达 10 米。水池边还有花丛，构图不再严格对称，以花卉和黄杨组成的植物装饰更注重色彩、形状的对比效果和芳香的气息，明显受到法国式花园的影响。此外，园中到处有装饰着卵石镶嵌的图案和黄杨造型的各种动物形象，烘托出轻松欢快的气氛。

第一部分花园以两侧为蹬道的三层台阶作为结束，与水平的花坛对比强烈。台阶的体量很大，有纪念碑式的效果。挡土墙的墙面上，饰以色彩丰富的马赛克组成的花丛图案，还有装饰着陶土人像的壁龛。第一层台阶通向棕榈小径的过渡层；第二层台阶两侧的小径设有大量的雕像，小径的一端是果树的保护女神波莫娜（Pomona）雕像，另一端是树荫笼罩中的小剧场。第三层台阶处理得非常壮观，在花园的整体构图中起着主导作用，这里又是花园的纵轴与横轴的交会处。台阶并不是将人们引向别墅建筑，而是沿纵轴布置一长条瀑布跌水，上方有罗马著名的代表性形象"法玛"（Fama）像，水柱从他的号角中喷出落在半圆形的池中，然后逐渐向下跌落，形成一系列涌动的瀑布和小水帘。雕像后面过去有惊愕喷泉，细小的水柱射向游客，取悦于人。

花园的上部是一片树林，林中开辟出的水阶梯犹如林间流淌的瀑布，与中轴垂直的甬道等距离地布置在水阶梯两侧。两条穿越树林的园路将人们引向府邸建筑，一条经过竹林，另一条沿着迷园布置。穿越竹林的园路尽端是跨越山谷的小桥，小桥两侧的高墙上有马赛克图案和景窗，由此可俯视迷园。

加尔佐尼庄园的特色是在规划上将周围的乡村景观、佛罗伦萨文艺复兴时期的"吕卡式花园"和渐渐兴起的巴洛克风格三者融会在一起，显得非常独特。简明的形式和质朴的空间，无疑是古典作品的手法。而花园中几乎全年都可见到起主要装饰作用的花卉布置和一些造园要素或细部的处理手法，都表现出受巴洛克风格的影响，有着某种程度的轻浮和明显的矫揉造作的特点。

11.1.5　文艺复兴时期的意大利台地园特征

意大利特殊的地理条件和气候特点，是台地园形成的重要原因之一。人文主义者渴望古罗马人的生活方式，向往西塞罗提倡的乡间住所，这就促使了富豪权贵们纷纷在风景秀丽的丘陵山坡上建造庄园，并且采用连续几层台地的布局方式，从而形成了独具特色的意大利台地园。

意大利台地园还十分强调园林的实用功能。哪怕再小的空间，也有其存在的目的，在某个时刻或某个季节，适合休息或散步。意大利人喜爱户外生活，建造庄园的目的首先是为了有一个景色优美、适于安静居住的环境。花园被看作是府邸的室外延续部分，是作为户外的起居间而建造，因而也就由一些几何形体来构成。在庄园中除必要的居住建筑以外，还要有能够满足人们室外活动需要的各种设施。

设计师善于用建筑设计的方法来布置园林。设计者多为建筑师，他们常将庄园作为一个整体进行规划，而建筑只是组成庄园的一部分，使植物、水体、建筑及小品等组成一个协调的、建筑似的整体。这些建筑师并不只着眼于建筑本身，而具有全局观念，使组成庄园的各局部、各景点融合于统一的构图之中。中轴对称、均衡稳定、主次分明、变化统一、比例协调等原则得以运用。当然在文艺复兴后期，受巴洛克风格的影响，往往在某一局部或景点上过于精雕细刻，使其绚丽夺目，也出现了忽视整体效果的倾向。

台地园的平面一般是严整对称的，建筑常位于中轴线上，有时也位于庭园的横轴上，在中轴线的两侧对称排列。庭园轴线有时只有一条主轴，有时分主、次轴，甚至还有几条轴线或直角相交，或平行，或呈放射状。早期的庄园中，各台层有自己的轴线而无联系各层之间的轴线；至中期则常有贯穿全园的中轴线，并尽力使中轴线富于变化，各种水景，如喷泉、水渠、跌水、水池等，以及雕塑、台阶、挡土墙、壁龛等，都是轴线上的主要装饰，有时完全以不同形式的水景组成贯穿全园的轴线，兰特庄园就是这样处理的一个佳例。轴线上的不同景点，能使轴线产生多层次的变化。

府邸或设在庄园的最高处，作为控制全园的主体，显得十分雄伟、壮观，给人以崇高敬畏之感，在教皇的庄园中常常采用这种手法，以显示其至高无上的权力；或设在中间的台层上，这样，既可从府邸中眺望园内景色，出入也较方便，府邸在园中也不占据主导地位，给人以亲近之感；由于庄园所处的地形、方位等原因，府邸设在最底层，接近入口，这种处理方式往往出现在面积较大、而地形又较平缓的庄园中。

除主建筑外，庄园中也有凉亭、花架、绿廊等，尤其在上面的台层上，往往设置拱廊、凉亭及棚架，既可遮阳，又便于眺望。此外，在较大的庄园中，常有露天剧场和迷园。

11.2 法国文艺复兴时期的园林

11.2.1 法国园林发展背景

法国位于欧洲西部，地势东南高西北低，国土以平原为主，间有少量盆地、丘陵与高原。除南部属亚热带地中海气候外，境内大部分地区属温带海洋性气候，全年温和湿润。因而农业十分发达，森林茂盛，约占国土面积的25%。森林分布亦得天独厚，北部以栎树、山毛榉林为主，中部以松、桦和杨树林为多，而南部则为地中海植被，如无花果、油橄榄和柑橘等。开阔的平原、众多的河流和大片绿油油的森林构成法国秀丽的国土景色，也为其独特的园林风格形成提供了重要的物质条件。

在15世纪初期，以佛罗伦萨为中心的人文主义运动从意大利北部蔓延到北方各国，大约一个世纪后，这个运动传到了法国，法国的文艺复兴运动始于查理八世的"那波利远征"之时，即1494年到翌年。这次远征使查理八世目睹了辉煌灿烂的意大利文化之花,并深受感染。归国时,他随身带回了意大利的书籍、绘画、雕刻、挂毯等文化战利品及 22 位意大利艺术家。意大利艺术家们移居法国,使当时的法国民众愈发倾慕意大利文化。后来,年轻的建筑师们频繁地前往意大利,造成了一种喜欢古代及文艺复兴时期的作品的倾向。但是,法国人素以既富创新精神而又保守著称于世。在意大利,文艺复兴初期的佛罗伦萨别墅建筑尚带着中世纪城堡式的外观,但从 15 世纪左右开始,就逐渐变成了开敞式的文艺复兴风格。那波利远征尽管时值那样一个时代,但法国本身的建筑样式却没有向开敞式转化,外观上仍是戒备森严的城堡式,因而,它的庭园在细部上虽然可以见到意大利风格的影响,但整体却还是围着厚墙,保持着规则的形状。

法国的文艺复兴运动是以弗朗索瓦一世时代为中心繁荣起来的,造园也在这个时代异军突起。弗朗索瓦一世确实不负"文艺之父"的赞誉,他给这个国家文艺事业的发展带来了巨大的影响。到亨利二世、弗朗索瓦二世、查理九世、亨利三世时代(1547—1589 年),战乱使法国艺术衰落一时,亨利四世时期,艺术再度复兴起来,并且,由于玛丽·德·美第奇王妃对园艺的钟爱,致使造园也明显地兴旺发达起来。

11.2.2 法国园林类型

这一时期法国园林类型主要为城堡式。城堡如同小宫廷,还有些城堡与庄园相结合。除此以外,还出现了府邸园林。所以这一时期的园林类型可分为:城堡花园、城堡庄园、府邸园林。下面将结合实例来分析这些类型的特征。

1. 法国城堡花园

舍农索城堡花园(Le Jardin du Chateau de Chenonceaux)中的城堡是法国最美丽的城堡建筑之一,城堡曾经历拆毁、重建、转手,后来由伯耶(Thomas Bohier)在弗朗索瓦一世时期改建,后由他的遗孀布里松内(Catherine Briconnet)接替,但也只建成了北岸的一部分;亨利二世(Henri Ⅱ,1547—1559 年)拥有了这座城堡之后将它送给狄安娜·普瓦捷。国王死后,王太后凯瑟琳·德·美第奇(Catherine de Medici,1519—1589年)又要回了这座城堡,并请建筑师德劳姆建造了这座廊桥式建筑。城堡的主体建筑采用廊桥的形式,跨越在谢尔河上,非常独特。

王太后的花园分两处,分别位于城堡的西面和谢尔河的南岸,前者为一简洁的花坛,中央为圆形水池,具有意大利文艺复兴的特点。舍农索城堡花园有着很浓的法国味,表现在水体所起的重要作用上。水渠包围的府邸前庭、花坛、跨河的廊桥,创造出一种令人亲近的环境气氛。近处的花园,周围的林园,流水产生的魅力,形成一个和谐的整体。尽管面积不大,视线也伸展不远,却非常亲切宁静。在城堡前的草坪上,现在布置有一组牧羊犬及羊群的塑像,给花园带来欢快的田园情趣,园内还饰有大量的电动铸铁动物塑像,起着点景或框景的作用,并为这座古老的园林增添了一些现代气息。

2. 法国城堡庄园

现在的维兰德里庄园(Le Jardin du Chateau de Villandry)建于 20 世纪初,是一座按照法国文艺复兴时期园林特点建造的仿古庄园。城堡过去的花园始建于 1532 年,园主为当时的财政部长勒布雷东(Jean Le Breton),曾任法国驻意大利大使。在意大利期间,他潜心研究意大利的建筑及园林，回国后在旧城堡的基础上以16世纪初法国园林的风格建造了维兰德里庄园。18世纪，花园改建成英国风景式园林，1906年，卡尔瓦洛（Joachim Carvallo，1869—?）开始重建这座庄园，使其与城堡建筑风格更加协调（图11-9）。

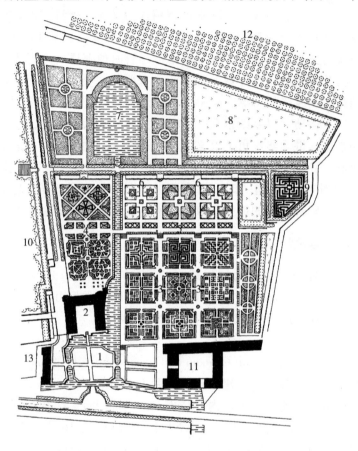

图11-9　维兰德里庄园平面图
1—前庭　2—城堡庭院　3—菜园　4—装饰性花园　5—棚架　6—游乐性花园
7—水池　8—牧场　9—迷园　10—山坡　11—附属设施　12—果园　13—门卫

维兰德里庄园建造在临近谢尔河合流处的山坡上。花园布置在城堡西南两侧，因借地形，在坡地上开出三层台地，以石台阶联系。在府邸的西侧，一条南北向水渠贯穿全园，它的北端连接着水壕沟，南端为上层台地中的水池，园中的水景用水由此池供给。水池两边是简洁的草坪花坛，显得简朴、宁静。在台地的一角还设有迷园。中层台地呈拐角形，与府邸的基座等高，布置成装饰性和游乐性花园，游乐性花园是三块方形花坛，为16世纪文艺复兴样式，以黄杨篱做图案，其中镶嵌各色花卉。向北下15级台阶，进入底层台地中独特的观赏性菜园。菜园面积约1公顷，是完全按照16世纪杜塞尔索（Jacques Androuet du Cerceau）绘制的版画而建的。

维兰德里庄园在整体布局上，以及府邸与花园的结合方式上，尤其是喷泉、建筑小品、花架和黄杨花坛中的花卉和香料植物等的处理手法，反映了意大利园林的影响。

3. 法国府邸花园

卢森堡花园（Le Jardin de Luxembourg）是巴黎市内的一座大型府邸园林，它是为国王亨利四世的王后玛丽·德·美第奇（Marie de Medici，1573—1642年）建造的。王后从彼内·卢森堡公爵（le Duc Pinei Luxembourg）手中买下了园地，并在亨利四世死后，为自己建造了一所府邸。建成后的花园按照园址原主人的名字命名为卢森堡花园（图11-10）。

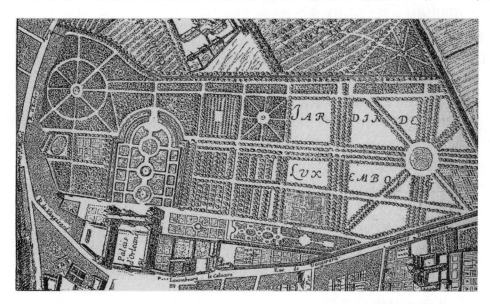

图11-10　卢森堡花园平面图（Marie Luise Gothein 1652年时期）

玛丽王后在法国生活的十多年当中，始终十分怀念故乡佛罗伦萨美妙的风景与庄园。由于她童年生活在彼蒂宫中，因此，她要求建筑师仿照彼蒂宫来建造她的府邸，并且希望花园也带有意大利风格。从平面图上可以看出，卢森堡花园的中轴线十分明显，总体布局与波波利花园有相似之处。

花园是由德冈（de Camp）在1612年设计建造的，后来经雅克·德布鲁斯（Jacques Desbrosses）的美化装饰，形成一座由阶梯式挡土墙夹峙的花园。园中有花卉种植带、喷水、泉池、小水渠，以及由紫杉和黄杨组合而成的花坛。宫殿附近有一部分至今仍保留着17世纪时的风貌。

在法国园林中，卢森堡花园的中心部分最接近文艺复兴时期意大利庄园的风格。

11.2.3　法国园林风格特征

在法国文艺复兴初期，法国园林整体构图逊色于意大利园林，园林艺术没有明显进展。园林中仍然保持着中世纪城堡园林的高墙和壕沟，或大或小的封闭院落组成的园林在构图上与建筑之间毫无联系，各台层之间也缺乏联系。花园大都位于府邸一侧，园林的地形变化平缓，台地高差不大。意大利的影响主要表现在建园要素的利用上，建筑因素渐渐由哥特式变为意大利式。法国人也开始对建筑小品及装饰开始重视了，园内出现了石质的亭、廊、栏杆、棚架等。花坛出现了绣花纹样的简单图案，偶尔用雕像点缀。

岩洞和壁龛也传入法国，内设雕像，洞口饰以拱券或柱式。

至 16 世纪中叶后，法国园林风格焕然一新。意大利园林对法国园林的影响更加广泛、深刻，不再停留在花园的局部处理及造园要素上，而是影响了庄园的整体布局。府邸不再是平面不规则的封闭堡垒，而是主楼、两厢和门楼围着方形内院布置，主次分明，中轴对称。花园观赏性增强了，通常布置在邸宅的后面，从主楼脚下开始伸展，中轴线与府邸中轴线重合，采用对称布局。

另外，法国园林在学习意大利园林的同时，结合本国特点，有所创新。其一是运用适应法国平原地区布局法，用一条道路将刺绣花坛分割为对称的两大块，明显具有法国民族特色。有时图案采用阿拉伯式的装饰花纹与几何图形相结合。其二是用花草图形模仿衣服和刺绣花边，形成一种新的园林装饰艺术——刺绣花坛，也被称为"摩尔式"或"阿拉伯式"装饰。绿色植坛划分成小方格花坛，用黄杨做花纹，除保留花草外，有时还使用彩色页岩细粒或砂子作为底衬，以提高装饰效果。其三是花坛艺术进步较大，花坛是法国园林中最重要的构成因素之一，从把整个花园简单地划分成方格形花坛，到把花园当作一个整体，按图案来布置刺绣花坛，形成与宏伟建筑相匹配的整体构图效果，是法国园林艺术的一个重大进步。

11.3 英国文艺复兴时期的园林

11.3.1 英国园林发展背景

英国是大西洋中的岛国，西临大西洋，东隔北海，东以多佛尔海峡与欧洲大陆相望。国土由英格兰、苏格兰、爱尔兰三大岛及其附属岛屿组成，其中以英格兰面积最大，人口最多，文化最为发达。英格兰北部为山地和高原，南部为平原和丘陵，属海洋性气候，雨量充沛，冬温夏润，多雨多雾，为植物生长提供了良好的自然条件。英国历史上是以畜牧业为主的国家，拥有丰富的草原资源。这种自然景观为英国园林风格的形成奠定了天然的环境条件。

最初生活在这里的居民是凯尔特语民族，1 世纪被罗马人征服，5—6 世纪盎格鲁人、撒克逊人开始迁入，6 世纪传来基督教，7 世纪形成封建制度，8—9 世纪经常遭到北欧海盗的骚扰。1066 年，法国诺曼底公爵征服英格兰，于当年圣诞节加冕，成为威廉一世（William I，1066—1087 年在位）。1072 年征服苏格兰，1081 年征服威尔士。威廉一世通过分封土地建立了一套严密的封建等级制度。此后，又通过全国土地财产调查、编制土地调查书、组织商讨国事的枢密院等措施，建立了强大的诺曼底封建王朝。1154—1485 年间金雀花王朝（或称安茹王朝）统治英格兰，国王被迫接受了旨在保护封建领主利益的《大宪章》，产生了具有立法权的上、下两院的议会制度，客观上刺激了自由贸易和商品经济的发展。15 世纪末叶，意大利文艺复兴的一缕春风刮进英伦三岛，英国在接触欧洲文化以后焕发出青春活力。英国从都锋王朝（1485—1603 年）开始，意味着中世纪的结束，加强了对外联系。

去过欧洲大陆的英国人对意大利、法国园林表现出极大的兴趣,并开始模仿。尤其到了伊丽莎白时代,英国作为欧洲的商业强国,聚天下富饶之财,王宫贵族愈益憧憬并追求欧洲大陆国家王宫贵族豪华奢侈的生活方式,纷纷兴建宏伟富丽的宫室与府邸。

英国文艺复兴后的二百多年间,依次出现的圈地运动、海内外扩张和资产阶级革命,意味着其从封建社会过渡到了资本主义社会。经济的发展、思想的进步,使英国的园林艺术得到了一定发展。当然,这个时期的园林建筑艺术除受到意大利台地园林影响之外,还深受本国社会变迁因素的影响。

11.3.2 英国园林类型及实例分析

英国文艺复兴时期园林模仿意大利和法国台地园林规则式布局风格,主要有国王宫苑园林和贵族府邸园林两种类型。

1. 国王宫苑园林——汉普顿宫苑(Hampton Court)

汉普顿宫苑是国王宫殿园林中最有影响力的宫苑,是英国文艺复兴时期最为著名的大型规则式园林作品,位于伦敦以北20千米处的泰晤士河畔。最初属于红衣主教沃尔西(Cardinal Thomas Wolsey,1475—1530年)的庄园,沃尔西于1516年建成其府邸建筑,沃尔西去世以后此园归国王亨利八世所有。亨利八世扩大花园的范围,在园内兴建了网球场,成为英国最早的网球场地。1553年,亨利八世又在花园中新建了"秘园"(图11-11),在整形划分的地块上有小型结园,绿篱中填充着五彩缤纷的花卉,其中有雏菊、桂竹香、勿忘我、藿香蓟、三色堇、一串红等,还用彩色的沙砾铺路;另一空间以圆形水池喷泉为中心,两端为图案精美的结园。秘园的一端为"池园",呈长方形,以"申"字形道路划分,中心交点为水池及喷泉,纵轴的终点用修剪的紫杉围成半圆形

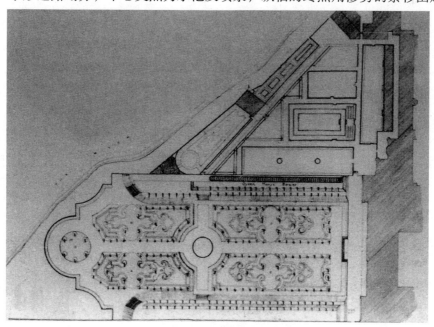

图11-11 秘园及池园平面图

壁龛，内有白色大理石的维纳斯雕像。整个池园是一个沉床园，周边逐层上升，形成三个低矮的台层，外围是藤蔓爬满的绿墙。池园的一角是亨利八世的宴会厅。

2. 贵族府邸园——波维斯城堡园（Powis Castle）

波维斯城堡园建在利物浦（Liverpool）与加的夫（Cardiff）之间的一片坡地上，主要由台地组成，建成于17世纪。建筑建在最高层台地上，有窄长的露台，沿建筑中心的中轴线布置层层台地（图11-12、图11-13）。第二层台地亦比较窄长，由花坛、雕像和整形的树木组成。最底层的台地十分开阔，规则形水池对称布置在中轴线两侧，池中心立有雕像，在侧面还安排有菜园，并种有果树，建筑后面与两侧栽植大片树林。从低层台地水池旁仰望建筑，层层花木，景色丰富。若从建筑前眺望，可俯视全园和远处山峦，景色更为壮观。

图11-12　波维斯城堡园全景雕刻画（Arthur Hellyer）　　图11-13　上部台地（Arthur Hellyer）

波维斯城堡园是完全吸取意大利文艺复兴时期台地园的特点的典型实例，这种情况在英国是少见的。

11.3.3　文艺复兴时期英国园林风格特征

文艺复兴传入英国后，英国园林出现了中世纪庭园与意大利规则式园林的结合，既有宏伟高大的宫殿，又有富丽堂皇的府邸园林。秘园、绿丛植坛、绿色壁龛及其雕像、池园及喷泉等无不受到意大利台地园林风格的影响。

英国文艺复兴盛期，造园家们摆脱中世纪封闭式园林风格的束缚，追求更宽阔、优美的园林空间，将本国的优秀传统与意、法、荷等园林风格融合起来。

在吸取意大利、法国园林样式的基础上，英国园林结合本国情况，增加了花卉内容。根据本国天气灰暗的特点，在继续保持绿色的草地、色土、沙砾、雕塑及瓶饰的风格基础上，以绚丽的花卉增加园林鲜艳、明快的色调。

11.4　德国文艺复兴时期的园林

11.4.1　德国园林发展背景与概况

在文艺复兴时期，法国艺术家、医生、植物学家等大批前往意大利研究学问，与此同时德国学者们也成群结队地奔赴意大利，他们回国时带回了意大利式造园设计思想。文艺复兴时期的德国，皇室及宫廷的庭园几乎都是按意大利式或法国式来建造的，它们均由荷兰造园家们设计。只有小规模的城市庭园，即富裕市民们的庭园，才会在设计及植物材料的选用上表现出他们传统的兴趣爱好。

在这个时期德国的园林发展史中，萨洛蒙·德·考斯和弗滕巴赫值得一提。萨洛蒙·德·考斯曾因筑造城郊的海德尔堡庭园而名声大振。德·考斯的一生历经周折，最初在法国学建筑，后赴英国成为英国王子的家庭教师，并在那里出版了关于英国庭园与喷泉的著作《Des Grottes et Fontaines pour L'ornement des Maisons de Plaisance et Jardins》。1615 年，德·考斯因在海德尔堡委员会任职而返回德国。四年后他又赴法国听命于路易十三的宫廷。在法国，他写了一本有趣的水力学著作《Les Raisons des Forces Mouvantes》。在这本著作中，他介绍了在当时的庭园中必不可少的、利用水力学原理设计的一些水景装置的制作方法，如水风琴、音乐车、报时小号等，这些形形色色的水景技巧都被采用在海德尔堡的庭园中。此庭园现已不存，我们只能从绘画作品中了解一二（图 11-14）。

弗滕巴赫为建筑师，曾去过意大利，意大利式造园对他的影响可从他所建造的弗滕巴赫庭园窥见一斑（图 11-15）。即住宅的围墙上建有园亭；在角落部位造有小型的洞窟凉亭（grotto summer house）。此外，庭园的其他部分都铺满了板石，在板石路的两边筑造了狭长的花园。弗滕巴赫还出版过包括两个庭园设计方案在内的两本书籍，即《Architecture Recreations》和《Architecture Private》。他还为学校设计庭园，让儿童们在那里学会观察植物的生长、栽培并知道它们的价值。

图 11-14　17 世纪的海德尔城堡（特格斯）

图 11-15　弗滕巴赫的庭园（特格斯）

德国人对技巧性喷泉的设计尤其得心应手。喷泉材料多用金属而不用石材。喷泉常被排列呈阶梯状，通过台阶可走近它们，其四周还围着栏杆。在德国庭园中，大多建有园亭、凉亭、养禽屋、鸟屋等，它们被布置在花坛的中央或其他地方。除此之外，假山也是造园要素之一。

11.4.2 德国园林发展特征

这一时期德国造园的发展突出地表现热衷于新植物的栽培及植物学的研究。造园最早流行于 16 世纪初期,由黑森州的方伯首开先河,他经营了一个私人植物园。1580 年,萨克森的选侯在莱比锡创建了第一个公共植物园。后来庭园的主人们仍继续不断地收集尚不知名的花卉、灌木、藤蔓、乔木等。霍华德开始在他的奥格斯堡的庭园中种植郁金香,1559 年种植初告成功,郁金香终于绽开了迷人的花朵。这一时期,在植物学方面最早著书立说的人是纽伦堡的药剂师巴兹尔·贝斯勒。1613 年他出版了一本题为《Hortus Eystettensis》的著作,它记载了僧侣杰明根所收集的植物。

这一时期,德国的庭园大部分被包围在具有防御性设施的城堡之中。城堡外面的壕沟由于没有水,所以在不设壕沟的地方建造了防御塔,并围着坚固的围墙。如查伊勒伦城的庭园全都围在壕沟之内。

另外,造型树木在德国庭园中非常流行,园中的树篱、树木等都被修剪得千姿百态。

思考练习

1. 简述文艺复兴产生的历史背景。
2. 简述文艺复兴时期意大利庄园发展的三个阶段及特点。
3. 简述文艺复兴时期的意大利台地园特征。
4. 简述文艺复兴时期其他欧洲主要国家园林的特征。

第 12 章　勒诺特尔式时期欧洲园林
（约 1650—1750 年）

12.1　法国勒诺特尔式园林

12.1.1　法国勒诺特尔式园林产生的背景

经过英法百年战争、侵略意大利的战争和 1562 年爆发的长达 30 多年的宗教战争，到 16 世纪末，波旁王朝的第一个国王亨利四世继位后极力恢复和平，休养生息，其后经过黎塞留和马扎然的整顿，到路易十四亲政时，法国专制王权进入极盛时期。路易十四大力削弱地方贵族的权力，采取一切措施强化中央集权，宣称"朕即国家"，经济上推行重商主义政策，鼓励商品出口，建立庞大的舰队和商船，成立贸易公司，促进了资本主义工商业的发展。文化上以古典主义作为御用文化，因此，古典主义的戏剧、美学、绘画、雕塑、建筑和园林艺术都获得了辉煌成就。古典主义文化体现着唯理主义的哲学思想，而唯理主义哲学则反映着自然科学的进步，以及资产阶级渴望建立合乎"理性"的社会秩序的要求。

法国古典主义园林艺术理论在 17 世纪上半叶已逐渐形成并日趋完善。到 17 世纪下半叶，绝对君权专制政体的建立及资本主义经济的发展，使社会安定，也使部分人有条件追求豪华的生活，这些都为法国古典主义园林艺术的发展提供了适宜的环境。于是，安德烈·勒诺特尔这位天才得以脱颖而出，使古典主义园林艺术在法国得到了巨大发展，取得了辉煌的成就。

安德烈·勒诺特尔出自造园世家，其祖父皮埃尔是宫廷园艺师，其父在路易十三时期在圣日耳曼庄园工作过，去世前是路易十三的园艺师。勒诺特尔从 13 岁起师从巴洛克绘画大师伍埃习画，结识过当时著名的古典主义画家勒布伦，建筑大师芒萨尔等鼎级人物，丰富了自己的艺术思想。1636 年，他离开伍埃画室改习园艺，并刻苦自学建筑、透视知识和笛卡尔唯理论哲学，为他以后成为园林创造的天才奠定了雄厚的实力。勒诺特尔的成名作是沃勒维贡特府邸花园，这是法国园林艺术史上一件划时代的作品，也是法国古典主义园林的杰出代表。大约从 1661 年开始，他投身凡尔赛宫苑的建造，并表现出非凡的艺术才华。他还设计和改造了许多府邸花园，如枫丹白露城堡花园（1660 年）、圣日耳曼庄园（1663 年）、圣克洛花园（1665 年）、尚蒂伊府邸花园（1665 年）、丢勒里花园（1669 年）、索园（1673 年）、克拉涅花园（1674—1676 年）、默东花园（1679 年）等。他的杰出才能和巨大成就，为他赢得了极高的荣誉和地位，也促使了风靡欧洲长达一个世纪之久的勒诺特尔园林风格的形成。

法国古典主义园林在最初的巴洛克时代，由布瓦索等人奠定了基础；在路易十四的伟大时代，由勒诺特尔进行尝试并形成伟大的风格；18世纪初，由勒诺特尔的弟子勒布隆（Jean Le Blond）协助德扎利埃（Dezallier d Argmville）写作了《造园的理论与实践》（La Theorie et la Pratique du Jardinage）一书，被看作是"造园艺术的圣经"，标志着法国古典主义园林艺术理论的完全建立。

12.1.2　法国勒诺特尔式园林特征

以园林的形式表现以君主为中心的等级制度。宫殿位于放射状道路的焦点上，宫苑中延伸数千米的中轴线，都强烈地表现出唯我独尊、皇权浩荡的思想。花园本身的构图，也体现出专制政体中的等级制度。在贯穿全园的中轴线上加以重点装饰，形成全园视觉中心。最美的花坛、雕像、泉池等集中布置在中轴上。横轴和次要轴线，对称布置在中轴两侧。小径和甬道的布置，以均衡和适度为原则。整个园林因此编织在条理清晰、秩序严谨、主从分明的几何网格之中。各个节点上布置的装饰物，都强调了几何构图的节奏感。

在园林构图中，府邸居中心地位，起着控制全园的作用，通常建在园林的制高点上。建筑前的庭院与城市中的林荫大道相衔接，后面的花园在规模、尺度和形式上都服从于建筑。前后花园中都不种高大的树木，以突出府邸或便于俯瞰整个花园。林园既是花园的背景，又是花园的延续。

法国古典主义园林环境完全体现了人工化特点。追求空间无限性，表现广袤旷远，具有外向性等，是园林规模与空间尺度上的最大特点。尽管设有许多瓶饰、雕像、泉池，却并不密集，反而有简洁明快、庄重典雅之效。

法国式园林又是作为府邸的"露天客厅"来修建的，需要很大场地，并要求地形平坦或略有起伏，有利于中轴两侧形成对称的效果。有时需要起伏的地形，但高差不大，整体上平缓而舒展。

水渠和喷泉是勒诺特尔式园林重要的特征之一。凡尔赛宫苑的水渠成十字相交，维康府邸的水渠被当作横向的轴线。喷泉有"金字塔喷泉""阿波罗喷泉""水剧场"等，不胜枚举，且制作十分精美。除了水渠和喷泉以外，还常采用湖泊、河流形式，以形成镜面似的水景效果。除了喷泉外，动水较少，只在缓坡上做一些跌水景观。

在植物种植方面，广泛采用丰富的阔叶乔木，明显反映出四季变化。乔木一般集中种植在林园中，形成茂密的丛林。丛林内又设小型空间，体现统一中求变化，融变化于统一的思想。丛林的尺度与巨大的建筑、花坛比例协调，形成完美统一的艺术效果。丛林与花坛之间常用树篱作分隔线。树篱一般种得很密，使人们不能随意进出。

府邸近旁的刺绣花坛是法国园林的独创之一。在法国温和的气候条件下，适应以花卉为主的大型刺绣花坛，以追求鲜艳、明快、富丽的效果。在黄杨矮篱组成的图案中，底衬用彩色的砂石或碎砖，富有装饰性，犹如图案精美的地毯。

花格墙是勒诺特尔式园林中最为流行的一种庭园局部构成。花格墙虽然自古就有之，但这个时期将中世纪粗糙的花格墙改造成精巧的庭园建筑物并将它引用到庭园中，庭园中的凉亭、客厅、园门、走廊及其他所有建筑性构筑物常用它来装饰。

12.1.3 法国勒诺特尔式园林实例分析

法国勒诺特尔式园林作品很多，可以划分为宫苑园林、府邸花园和公共花园等三种类型。宫苑园林主要有凡尔赛宫苑、特里阿农宫苑和枫丹白露宫苑等，其中以凡尔赛宫苑最为有名；府邸花园主要有沃勒维贡特府邸花园、尚蒂伊府邸花园和索园等；公共花园主要有丢勒里花园等。下面结合实例分别对每一园林类型进行详细分析。

1. 宫苑园林

（1）凡尔赛宫苑（Le Jardin Du Chateau De Versailles）（图 12-1、图 12-2）　路易十四选择的凡尔赛，原是位于巴黎西南 22 千米处的一个小村落，周围是一片适宜狩猎的沼泽地。1624 年，路易十三在这里兴建了一所简陋的行宫，为砖砌的城堡式建筑，四角有亭，围以壕沟，外观朴实无华。路易十四 13 岁时初去凡尔赛，对此地风光情有独钟。登基后，遂决定不惜一切代价，在此营造前所未有的盛会场所。他聘请全国最著名的造园大师勒诺特尔主持兴建，又选用最杰出的建筑师、雕塑家、造园家、画家、水利工程师加盟其中。所以，凡尔赛宫苑的兴造，代表着当时法国文化艺术和工程技术上的最高成就。凡尔赛宫苑占地面积 1600 公顷，其中花园面积达 100 公顷，加上外围的大片人工林，总面积达 6000 余公顷。宫苑的中轴线长约 3 千米，如包括伸向外围及城市的部分，则长达 14 千米。从 1662 年始建，至 1689 年大致完成，历时 27 年之久。

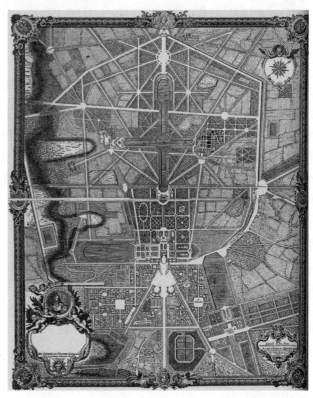

图 12-1　凡尔赛宫平面图（Marie Luise Gothein）

勒诺特尔所设计的凡尔赛宫园林，是吸取了意大利文艺复兴时期台地园设计的优点，结合法国的情况，创造出法国"勒诺特尔式"园林，将新的规则式园林设计推到了新的高峰。勒诺特尔在凡尔赛宫园林设计中采取了如下手法：

1）规模宏大。大胆地将护城河、堡垒合并，并向远处延伸，占地 110 公顷，建筑面积 11 公顷，花林面积 100 公顷，气势恢宏，令人叹为观止。

2）在均衡对称的布局的基础上，突出纵向中轴线。三条放射路，焦点集中在凡尔赛宫前广场的中心，接着穿过宫殿的中心，轴线向东南伸延，在这条纵向中轴线上布置

图 12-2　凡尔赛宫鸟瞰图

有拉托那（Latona）喷泉、长条形绿色地毯、阿波罗（Apollo）神水池喷泉和十字形大运河。在纵向中轴线两侧均衡对称地布置图案式花坛和丛林。中轴线左右两个外侧，布置有一对放射路通向十字形运河两臂的末端，左端是动物园，右端是大特瑞安农（Trlanon）园。站在凡尔赛宫前平台上，沿着这条中轴线望去，景观深远，严整气派，雄伟壮观，体现出炫耀君王权威的意图。

3）采用超尺度的十字形大运河。勒诺特尔对此设计从未感到怀疑，认为巨大的运河像伸出双臂的巨人，可以给人以无比深刻的印象。在中轴线上，大运河纵向长 1650 米，宽 62 米，横向长 1013 米，在东西两端及纵横轴交汇处，大运河拓宽成轮廓优美的水池。这个放大尺度的运河，当时供路易十四在水上游赏使用，现已成为法国运河公园的一个最好实例。从实践情况来分析，粗犷的大运河景观十分开阔，它与细致的中轴线上的两大喷泉池形成对比，它们结合在一起，加强了轴线的宏伟气势。

4）创造广场空间。在道路交叉处布置不同形式的广场，纵横向道路围起的绿地中也安排有各种空间，用作宴会、舞会、演出戏剧、游戏或放烟火使用，以满足国王奢侈享乐生活的需要。

5）丛林（Bosquet）背景。中轴线的突出，以及为宴会、演剧、舞会、娱乐使用的各种各样的活动空间，都是以丛林作为背景而形成的。如十字形大运河的外围丛林；左臂运河动物园丛林，并种有美丽的橘树林；特瑞安农丛林；拉托那、阿波罗水池喷泉之间两侧的丛林；宫殿北翼雕塑水池周围丛林，后改为三个喷泉的背景丛林；以及水剧场半圆形舞台的背景丛林；还有具有动物装饰的喷泉背景丛林等。丛林是凡尔赛宫园林的基础。

6）以水贯通全园。在纵向中轴线上布置连续不断的壮观水景，水景形式丰富，且水景技艺已大大超过意大利及其他欧洲国家水平。这里介绍一下中心拉托那和阿波罗两大喷水池，以了解其超凡的创造力。拉托那喷水池，中心是个有四层圆台的雕塑喷泉，四层逐级向内收进,环绕圆台的是许多张口的青蛙,一层台上还有人身蛙口的塑像,最上一层是女神像,当喷泉齐开放时,口中喷水,形成水山。这一壮观景色构成了花园景色的第一个高潮。阿波罗喷水池,中心是年青的太阳神和他的四匹战马,其半个身子露出水面;在其边上还有半人半鱼神吹喇叭,以宣布一日的新光。此中心雕像群的巨大喷泉以及浩大的水池,构成了花园景色的又一个高潮,它也是运河水景的前奏,并起着连接运河的作用。当然,当地水源并不丰富,是从较远处引水到宫中,由于耗水量极大,以致不能经常开放动人的喷泉。

7)采用洞穴。它作为建筑的一个部分被安排在园的北面。洞穴内部雕塑装饰有三组,中心是太阳神,有许多仙女围绕,左右两边是太阳神神马,还有半人半鱼神。洞穴是欣赏音乐演出的场所。

8)遍布塑像。在中心的两大喷水池中,是以拉托那和阿波罗神塑像为核心,雕塑生动细致,神态自如,起到了点睛的作用。在两大喷水池中间的林荫路两侧各布置一排塑像,栩栩如生,起到陪衬作用。在宫前两侧的横轴线和水池周围,也都布置有精美的雕像,同样起着点景和衬景作用。所以我们认为遍布雕像,也可以说是凡尔赛宫园林的一个特征。

9)建筑与花园相结合,改变建筑与花园缺少联系的不足之处。当时的建筑趋势是:同花园设计一样,要表现绝对的君权,走向古典主义,建筑要简洁,有一定的比例,没有过多的装饰,庄严雄伟。建筑与花园的空间造型十分协调,建筑与花园相结合,还表现在互相的联系上,除将建筑的长边及其凹凸的外形同花园紧密联系外,有的还将花园景色引入室内。

总之凡尔赛宫规模宏大,风格突出,内容丰富,手法多变,最完美地体现了古典主义的造园原则。但它是作为路易十四的纪念碑来建造的,因而宏伟有余而丰富不足,高度统一但缺乏变化。

(2)特里阿农宫苑(Les Jardin du Grand et Petit Trianon) 特里阿农宫苑因靠近凡尔赛宫苑而被许多人知晓,它因位于大运河横臂北端附近名叫特里阿农(Trianon)的村庄而得名。

特里阿农宫苑的建设是路易十四在凡尔赛宫建设后又一奢华生活的写照。在凡尔赛宫苑初步建成的1668年,路易十四在此举行了一次盛大的晚会,但这时的宫苑仍难以满足其需要。因此,不久以后,路易十四要求勒沃扩建宫殿。1670年,路易十四在大运河横臂北端附近名叫特里阿农(Trianon)的村庄,为蒙特斯潘侯爵夫人建造了一座小型收藏室,两侧配以亭廊。花园由园艺师勒布托(Michel Le Bouteux)设计,园内奇花异草,数量之多,令人叹为观止。

这座小型收藏室的立面和室内,因装饰了大量具中国式风格的白底蓝花的瓷砖和瓶饰,而被称为"特里阿农瓷宫"。由于法国传教士带回的中国工艺品,尤其是青花瓷器,在法国大受欢迎,因此形成一股中国热。特里阿农瓷宫便是以仿照中国的青花瓷瓷砖为装饰生活材料建造的。然而这座耗费巨资、效果平庸而怪诞的建筑存世不到20年。1687年,国王为了方便曼特农夫人(Mme. de Maintenon)在此居住,决定对特里阿农瓷宫进行改建。小芒萨尔负责宫殿的建造，宫殿又因以大理石饰面而被称为"特里阿农大理石宫"。花园加以扩大，气氛也比较庄重肃穆。

路易十四死后，特里阿农宫发生了很大的变化。特里阿农宫在路易十五时代因国王对植物的兴趣而部分被改造成植物园性质，从而使其具有了与其他宫苑不同的特质。路易十五从小就对特里阿农宫兴趣浓厚，认为这里不像凡尔赛宫那样豪华，更适宜居住。他将特里阿农大理石宫送给了王后，但王后并不十分喜爱。路易十五爱好植物学，因而将一部分花园改成植物园，鼓励进行外来植物的引种试验。1750 年，加伯里埃尔（Jacques-Ange Gabriel，1698—1782 年）在特里阿农的西面，建造了"新动物园"，并在其周围建立了广阔的引种试验花圃。这个起初只是为了满足路易十五喜好的游乐和消遣场所，后来成为非常重要的科研中心。1759 年在此建立了植物园，内有大型温室，并有许多观赏植物。1764 年以后，主要种植观赏树木。1830 年后，又增加了许多新品种和许多美观的外来树种。

1762—1768 年，路易十五在法国亭前建造了一处宁静的住所，称为"小特里阿农"（称路易十四的大理石宫为"大特里阿农"），周围有小型的法国式花园，一直延伸到特里阿农大理石宫。路易十六登基后，为王后在此建造了小城堡。不久之后王后就对花园进行了全面改造，形成英中式花园风格。

（3）枫丹白露宫苑（Le Jardin Du Chateau De Fontainebleau）（图 12-3）　枫丹白露森林是理想的狩猎场所。这里的湖泊、岩石和森林构成美妙的自然景观。城堡处在森林深处的一片沼泽地上。从 12 世纪起，法国历代君王几乎都曾在此居住或狩猎，历史上的许多重大事件也在这里发生，从而使它蒙上一层神秘的色彩。1169 年，坎特伯雷大主教将枫丹白露庄园中的小教堂献给了国王路易七世（Louis Ⅶ Le Jeune，1137—1180 年

图 12-3　今天的枫丹白露宫入口庭院

在位)。此后,它成了君王的行宫。15世纪英国入侵时,王宫迁往卢瓦尔河畔,枫丹白露一度遭荒弃。弗朗索瓦一世时期,宫廷迁回巴黎附近,枫丹白露又成为君王们的常来常往之地。1528年,入不敷出的弗朗索瓦一世将旧宫殿拆毁,只保留了塔楼,重新建造了一座行宫。新宫殿三翼在南面围合着"喷泉庭院",喷泉庭院是近似方形的内庭,16世纪时,有"赫拉克勒斯"雕像喷泉,王朝复辟时改为尤利西斯(Ulysse)雕像。新宫殿的北面是封闭的"狄安娜花园",园内有狄安娜大理石像。此后,这座宫殿随着君王的更替,经历了不断的改造修缮。

1645年,勒诺特尔改建了狄安娜花园,花坛中增加了黄杨篱图案,喷泉四周设刺绣花坛,装饰了雕像和盆栽柑橘。花坛本身很简单,只是尺度巨大。周围树木夹峙的园路高出花坛1～2米,围合出一个边长250米的方块,里面是四块镶有花边的草坪。草坪中央是方形泉池,池中饰以简洁的盘式涌泉。花园中视线深远,越过运河可一直望到远处的岩石山。花园台地的挡土墙,处理成数层跌水,接以水池。勒诺特尔重新利用了弗兰西尼的水工设施,处理成一个喷泉景观系列,可惜大部分已被毁坏。现在的花坛中也没有了黄杨图案,狄伯尔铜像也在大革命时期被熔化了。

2. 府邸花园

(1) 沃勒维贡特庄园(Vaux Le Vicomte)(图12-4) 该园是路易十三、路易十四时期财政大臣尼古拉·富凯(Nicolas Fouquet,1615—1680年)的别墅园,位于巴黎市郊,始建于1656年,南北长1200米,东西宽600米,由著名造园家勒诺特尔设计。设计者采用了严格的中轴线规划,有意识地将这条中轴线做得简洁突出,不分散视线,花园中的花坛、水池、装饰喷泉十分简洁,并有横向运河相衬,因而使这条明显的中轴线控制着人心,让人感到主人的威严。这个设计指导思想和具体设计手法,是后来凡尔赛宫园林设计的基础。该园使它的设计者一举成名,却使它的主人成为阶下囚。该园的主要特点有:

1) 花园宽敞辽阔,又并非巨大无垠。各造园要素布置得合理有序。整齐而协调的序列、适当的尺度、对称的规则皆达到难以逾越的高度。刺绣花坛占地很大,配以喷泉,在花园的中轴上具有突出主导作用。地形经过

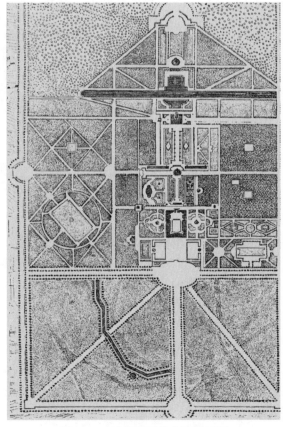

图12-4 沃勒维贡特庄园平面图

精心处理，形成不易察觉的变化。水景在中轴线上依次展开。环绕花园整体的绿墙，美观大方。

2）大轴线简洁突出。南北中轴线1200米，穿过水池、运河、山丘上的雕像等一直贯通到底，形成宏伟壮观的气势。

3）保留有城堡的痕迹。主要建筑的四周围有河道，这是中世纪城堡手法的延伸。虽早已失去防御作用，但在建筑与水面、环境结合方面，取得了较好的效果。

4）突出有变化有层次的整体。利用地形的高低变化，在中间的下沉之地，作有洞穴、喷泉和一条窄长的运河，形成形状、空间、色彩的对比。在建筑的平台上可观赏到开阔的有丰富变化的景观；若站在对面山坡上，透过平静的运河可看到富有层次的生动景色。

5）能满足多功能要求。根据园主要求，园内能举办堂皇的盛宴，庄丽的服装展览，以及戏剧演出（曾演出莫里哀剧）、体育活动和施放烟火等。

6）雕塑精美。在前面台地上或水池中，作有多种类型的雕塑，在后面山坡上立有大力神，并在中间凹地的壁饰上、洞穴中都作有动人的塑像。

（2）索园（Parc de Sceaux）（图12-5）　索园位于巴黎南面11千米处，是路易十四时期财政大臣科尔伯特的府邸花园，是勒诺特尔设计的又一古典园林作品。建筑最早建于1597年，后经拆毁又重建，花园则始建于1673年。索园面积很大，有400多公顷。地形起伏也很大，且低洼处是沼泽地，给勒诺特尔式园林设计带来了困难，勒诺特尔通过引水和挖填土方解决了这一难题。

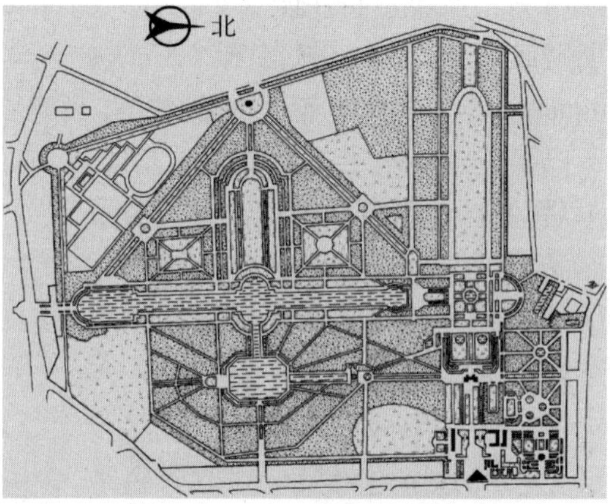

由于索园平面几近正方形，勒诺特尔采用了多条纵横轴线来控制构图。主轴线由东向西，穿过府邸建筑。府邸的东侧是整形树木夹峙的中轴路，中轴路继续向东

图12-5　索园平面图

延伸，形成贯穿城市的林荫道。在府邸的西侧，先是由三层草坪台地围合的一对花坛和花坛环绕着的圆形大水池，此后为尺度巨大的草坪散步道，视线开阔而深远，类似凡尔赛宫的林荫道，规模甚至超越凡尔赛宫。

南北向的轴线为一条一千五百多米长的大运河，将花园一分为二。大运河的中部扩大成椭圆形，从中引申出另一条东西向的次轴线。运河的西面处理成类似沃勒维贡特花园的绿荫剧场，两边以林园为背景。轴线西端是半圆形广场，从中放射出三条林荫道。运河的南面中心有巨大的八角形水池，与大运河相连，四周环绕着林园。八角形水池府邸之间，有一条南北向的次轴线，其中一段倚山就势修建了大型的连续跌水，即索园中著名的"大瀑布"。这条轴线一直伸向府邸的北面，两侧是处理精致的小林园，以整形树木构成框架，里面是草坪花坛，形成封闭而亲密的休息场所，与凡尔赛小林园颇有相

似之处。

索园中最突出的是水景的处理手法，尤其是大运河的设计，宏伟壮观，完全可以和凡尔赛的运河相媲美。

3. 公共花园

巴黎的丢勒里花园（Le Jardin du Chateau des Tuileries）是巴黎建造最早的大型花园（图12-6）。丢勒里宫最初是为弗朗索瓦一世的母亲兴建的府邸花园。1564年建筑师德劳姆开始建造长条形的宫殿；1570年德劳姆死后，由建筑师布兰接替，前后用了近十年时间。亨利四世时期，对卢浮宫进行了扩建，同时对丢勒里宫有许多规划设想。因为当时养蚕业传入法国，人们在园中种植桑树。路易十三时期，园中还设置了养蚕和动物饲养厂，经过不断地修建和改造，使得丢勒里花园在整体上失去了统一性和次序感。

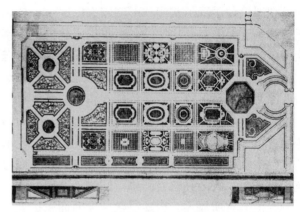

图12-6 经勒诺特尔改造的
丢勒里花园平面图

到了路易十四时期，由勒诺特尔改建扩建，将花园和宫殿统一起来，在宫殿前建造大型刺绣花坛，形成一个开敞空间，作为对比，刺绣花坛后面是茂密的林园空间，由16个方格组成。花园中还建造一些池泉和坡道，使花园魅力倍增。勒诺特尔在改造此花园中的突出成果是：

1）城市、建筑、园林三者结合为一体。花园的中轴线十分突出，在轴线上或两侧布置喷泉、水池、花坛、雕像，此轴线正对着卢浮宫的建筑中心，同样体现了君王的威严。这一轴线后来向西延伸，成为巴黎城市的中心轴线而闻名于全世界。这一著名花园轴线、城市轴线是勒诺特尔打下的基础。

2）此花园采用下沉式，扩大了视野范围，又减少城市周围对花园内的干扰。这种手法是现代城市值得借鉴的一种好做法。

经过勒诺特尔改造的丢勒里花园在统一性、丰富性和序列性上都得到了很大改善，成为古典园林优秀作品之一。

12.1.4 法国勒诺特尔式园林对欧洲的影响

勒诺特尔式园林形成之时，正是欧洲艺术上的巴洛克时代（约1660—1770年前后）之初，勒诺特尔式园林给巴洛克艺术带来了高贵典雅的风格。一方面由于勒诺特尔式园林的特征迎合了教皇、君主及贵族们的喜好；另一方面，17世纪下半叶，法国不仅在军事、经济上成为全欧洲首屈一指的强国，在政治及文化方面也成为全欧洲效法的榜样。因此，法国勒诺特尔式园林也随着巴洛克艺术的流行和法国文化在欧洲的影响，迅速传遍了欧洲，其影响长达一个世纪之久，并远远超出了宫廷范围，它逐渐代替意大利园林，成为统率欧洲造园的样式。欧洲各国也纷纷邀请法国的造园家来建造花园。勒诺特尔本人去过意大利和英国指导造园；克洛德·莫莱的两个儿子曾先后为瑞典和英国的宫廷服务；勒布隆在圣彼得堡参与园林和城市的建造，开创了造园家参与城市设计的先河。由于他们的努力和法国文化在欧洲的影响，法国古典主义园林在欧洲的统率地位一直延续到18世纪中叶，在有些国家延续的时间更长。

欧洲受勒诺特尔式园林影响较大，但由于各国地理、地形、气候、植被以及民族文化传统等方面的差异，使勒诺特尔式园林得到了丰富和发展，形成了具有各自国家和民族特色的园林风格。其中形成自己的特色并留下著名作品的国家主要有意大利、荷兰、德国、西班牙、俄罗斯和英国等。从地域上看，欧洲北部的国家由于地理特征与法国相似，因而更多地保持了勒诺特尔式园林的整体特征，空间处理上虽不那么激动人心，富于变化，但是与辽阔的平原景观十分协调。欧洲南部的国家山地较多，园林通常依山就势而建，很难形成法国勒诺特尔式园林那种广袤的空间和深远的透视效果，其处理手法是常在中轴线上将人们的视线引向天空，而不像意大利文艺复兴园林那样，将视线引向花坛，从而扩大园林的空间感。同时，造园要素，如花坛、园路、水池等，比例均比意大利台地园有所放大，台地层数减少而面积扩大了。

勒诺特尔式园林对欧洲主要国家的影响，我们将在下面的章节逐一介绍。

12.2　英国勒诺特尔式园林

12.2.1　英国园林概况及勒诺特尔式园林对其的影响

在查理一世（Charles Ⅰ，1625—1649年在位）时代，英国在造园方面无大发展。进入共和制时期（1649—1660年）后，在园艺事业方面虽有一定进展，但由于政局不稳，骚乱频繁，清教徒们又排斥生活上的享受，注重园林的实用性而反对其美观性，因此，这一时期几乎没有建造一个游乐性的花园。特别是在国内战争时期（1642—1648年），连都铎王朝和伊丽莎白时代建造的一些美丽庭园也几乎毁灭殆尽，只有汉普顿宫苑得以保留下来。

查理二世（Charles Ⅱ，1660—1685年在位）即位之后，加强了与外界的交流，并随着勒诺特尔在法国国内名声大振，他的名字也逐渐为英国人所知。勒诺特尔本人亲赴英国，在那里传播了勒诺特尔式造园。凡尔赛宫刚刚竣工，他就访问了英国，在英国，勒诺特尔完成的第一件工作就是对圣詹姆斯公园的改造，其实那不过是沿着庭院的北侧种上一些林荫树而已。勒诺特尔在英国逗留的时间虽然很短，但他还是将那里的不少庭园改造成了自己所创造的样式，满足了英国贵族们的愿望。除他之外，在英国从事造园活动的还大有人在。以前与勒诺特尔同来的佩罗也于1718年赴英，在白厅宫、詹姆斯公园、汉普顿宫内工作；勒诺特尔的外甥德戈兹也受雇于英国宫廷。后来，英国方面也积极派遣造园家去法国，创造了研究勒诺特尔式造园的良机，在这些赴法的造园家中，以约翰·罗斯（John Rose）最为著名。他回国后曾任查理二世的园林总监，并经营过一个园林设计公司，从而为各地的大型宅邸建造过不少花园，如肯特郡的克鲁姆园（Croome）以及达必郡的墨尔本宅园（Melbourne Hall），但都是一些小规模的勒诺特尔式花园。直到18世纪初期，主要在造园家乔治·伦敦（George London，1650—1714年）和亨利·怀斯（Henry Wise，1653—1738年）的指导下，英国才建造了一些勒诺特尔风格的园林。

其次，有关的造园书籍也在英国传播了法国式造园的信息。当时的法国造园书籍在英国传阅甚广，法国著作的英译版本也相继问世，拉·坎诺雷利的著作甚至还出了两种译本，即最初由伊夫林于1658年以《Complete Gardener》为题译出；1699年又由伦敦和怀斯翻译出版。约翰·詹姆斯将勒诺特尔的学生勒布隆的著作《园艺的理论与实践》（La Theorie et La Pratique du Jardinage）译为《The Theory and practice of Gardening》出版。该书阐述了在容易筑造管理的普通庭园中如何应用耗资巨大的勒诺特尔式造园法，因而深受英国人欢迎，阅读者甚众。

12.2.2　英国勒诺特尔式园林特征

英国的规则式园林虽然受到意、法、荷等国的影响，但也有自己的特色。

与欧洲大陆相比，其奢华程度大为逊色。虽用喷泉，却不十分追求理水的技巧，个别地方也有所谓的"魔法喷水"，如白厅宫中的"日晷喷泉"。不过相对来说，还是保持了比较朴素的风格。

英国国土以大面积的缓坡草地为主，树木也呈丛生状，园林中缺少像法国园林那样大片的树林，空间因而显得比较平淡。

受荷兰园林的影响，英国园林中的植物雕刻十分精致，造型多样，形象逼真。常用造型植物有紫杉、水蜡、黄杨、迷迭香等。花坛也更加小巧，以观赏花卉为主。

柑橘园、迷园都是园中常有的局部。迷园中央或建亭，或设置造型奇特的树木做标志。此外，在大型宅邸花园中，还常常设置球戏场和射箭场。

园林空间分隔较多，形成一个个亲切宜人的小园。英国规则式花园中除了结园、水池、喷泉以外，常用回廊联系各建筑物，也喜用凉亭。亭常设在直线道路的终点，或设在台层上便于远眺。有些亭装饰华丽，也有用茅草铺顶的亭，有的亭中还可生火取暖，供冬季使用。

日晷是英国园林中常见的小品，尤其在气候寒冷的地区，有时以日晷代替喷泉。初期的日晷比较强调实用性，后来渐渐注重其设计思想、造型及技巧了。

12.2.3　英国勒诺特尔式园林实例分析

英国勒诺特尔园林以汉普顿宫苑（Gardens of the Hampton Court）（图12-7）最为著名。

清教徒革命使英国政权落入克伦威尔（Oliver Cromwell，1599—1658年）及其儿子之手长达11年，这使英国大量的宫苑遭到毁坏。由于克伦威尔将汉普顿作为其宫殿，才使得这座大型皇家园林免遭破坏。

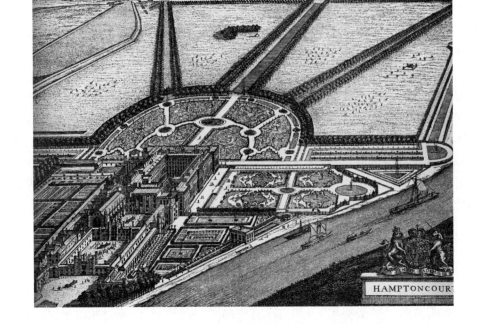

图 12-7　汉普顿宫苑鸟瞰图（戈塞因）

查理二世期间，对泰晤士河畔的汉普顿宫进行改造扩建，在园中开挖了一条长1200多米的运河，建造了三条放射状的林荫道。威廉三世时代，对汉普顿宫苑进行了进一步发展，除了将宫廷建筑进一步扩大外，还由赴法向勒诺特尔学习的英国造园师乔治·伦敦和亨利·怀斯规划设计了花园部分。主要内容是，在建筑前建造了一个半圆形巨大花坛，花坛中布置有一组向心的水池喷泉，巨大的圆形林荫路连接着三条放射线林荫大道，中轴线非明显突出，构成了汉普顿宫苑新的骨架，雄伟壮丽。但是由于气候原因，人们很少在园林中寻求林荫，因此汉普顿宫苑缺少凡尔赛宫苑中的林园，虽然威廉三世后来将宫殿北面的果园改成意大利式的丛林。

汉普顿宫苑大体上完整地保存下来了，作为一座大型的皇家宫苑，它显得精美壮观。然而，无论在宏伟的气势上，还是在装饰的丰富性上，都难以与凡尔赛宫苑相匹敌。

12.3　荷兰勒诺特尔式园林

12.3.1　荷兰园林概况及勒诺特尔式园林对其的影响

荷兰位于欧洲西部，西、北两面临北海，东与德国、南与比利时毗邻。全境均为低地，2/3的土地海拔不到1米，1/4的土地低于海平面，靠堤坝和风车排水防止水淹。境

第12章 勒诺特尔式时期欧洲园林

内河流密布，温带阔叶林气候，冬温夏凉。约前11世纪，一些日耳曼和克尔特部族在此定居，后沦为罗马帝国的一个边疆省份。4世纪，基督教传入，经济获得了初步发展。10世纪末，荷兰人开始大量建筑海堤和河堤，并为此设立专门机构。1463年正式成为国家，16世纪初受西班牙统治，1566年掀起尼德兰资产阶级革命，1579年北部七省独立，1581年联合建成共和国。17世纪继西班牙之后成为世界上最大的殖民国家，17世纪成为荷兰人的"黄金世纪"。随着航海业和海外贸易的大发展，阿姆斯特丹迅速成长为欧洲的银行业中心和"世界的仓库"。在这个时代里，荷兰的科学和文化事业取得了辉煌的成就。在艺术方面，涌现了许多现实主义艺术家，如画家伦勃朗（Rembrandt，1606—1669年）。

荷兰人素以喜爱花草而闻名于世界。15世纪末，荷兰就有了城堡庭园和城市居民宅园的建造。当时的园林构图十分简单，面积也不大，通常以一个或几个庭园组成，适宜家庭生活需要。16世纪初期，荷兰受到意大利文艺复兴运动的影响，园林有了较大的发展。16世纪的荷兰造园家中，最著名的是德弗里斯（Hans Vredeman de Vries）。他于1583年在安德卫普出版了10卷本的造园指导书，书名为《Hortorum Viridiariorumqe》，其中汇集了有关喷泉及洞窟的设计作品。他还在他的版画作品中效法建筑式样的分类方法，对园林的样式进行分类。17世纪上半叶以前建造的城堡庭园大多毁于战火，人们只能从过去的版画中了解17世纪上半叶荷兰城堡庭园的情况。荷兰的城堡建筑通常都饰有各种形式的山墙、塔、烟囱和精制的风标等，城堡中的主要房屋围绕中庭而建，城堡又被景色优美且舒适宜人的庭园所围绕。城堡周围有壕沟，上架吊桥联系内外。庭园中一般用水渠将果园、菜园、药草园及游乐性花园分隔开来，并以小桥联系各园。

荷兰人对花草情有独钟，以色彩鲜艳的花卉弥补园内景色的单调。当时更流行的是由意大利人设计的以彩色砂土装饰的花坛，在园路及林荫道上有时也铺着沙砾和大理石屑，或以砖块、瓷砖和石板铺装。大型花坛则以小水渠分成四块。鱼池是荷兰乡村住宅中的主要附属物，面积通常很大。园亭的设计丰富多彩，屋顶造型多样，常饰以镀金风向标和色彩艳丽的百叶门，为园林增添了魅力。

当法国勒诺特尔式园林在西欧国家大面积流行的时候，其影响并没有立即在荷兰扩大。自凡尔赛宫全盛时期以后又过了二十多年才问世的书籍中，仍未见介绍勒诺特尔样式的庭园。直到17世纪末，威廉三世（Williams Ⅲ 1650—1702年，1689—1702年为英国国王）在荷兰建造宫苑时，才开始小规模地模仿法国式园林。由于当时荷兰人口稠密，大量土地属于少数中产阶级，在富裕的阿姆斯特丹商人中，虽然为数不少的人都拥有多余的财力来建造大府邸，但他们的民主精神却阻碍了这种建设活动的开展。有人说勒诺特尔曾设计过荷兰黑特·罗的庭园，不过，没有任何证据足以说明勒诺特尔在此工作过。此外，在荷兰的大部分地区，树木生长常受到强风的袭击。并且，由于国土地势低而地下水位很高，难以生长根深叶茂的大树，从而无法产生法国式园林中极为重要的丛林及森林的景观效果，这也是勒诺特尔式园林在荷兰难以流行的缘故。

尽管如此，荷兰著名的造园家西蒙·施恩沃特（Simon Schynvoet）、丹尼尔·马洛特

（Daniel Marot）以及雅克·罗曼（Jacques Roman），他们三人都忠实继承了勒诺特尔风格，为宫廷设计了多座勒诺特尔风格的园林。施恩沃特设计了索克伦园，还建造了海牙附近的主要园林以及阿姆斯特与威赫特两河沿岸的许多别墅。马洛特是勒诺特尔的弟子，年轻时从凡尔赛赴海牙，不久便成为威廉三世的宫廷造园师。他为国王建造了休斯特·迪尔伦园，为阿尔贝马尔公爵在兹特芬附近建造了伏尔斯特园。杰克尤斯·罗曼也为威廉三世供职，他为威廉三世设计了著名的赫特·洛花园。除上述三人外，1689年生于海牙的让·凡·科尔（Jan van Call）也是当时有名的造园家，他设计的位于海牙附近的克林根达尔园和其他一些作品也都是勒诺特尔式的。

12.3.2　荷兰勒诺特尔式园林特征

首先，荷兰的勒诺特尔式园林少有以深远的中轴线取胜的作品，原因是大多数园林的规模较小，地形平缓，难以获得纵深的效果。法国式的刺绣花坛，很容易就被荷兰人所接受。但是荷兰人对花卉的酷爱，使得他们通常放弃了华丽的刺绣花坛，而采用种满鲜花的、图案简单的方格形花坛。再加上园路也常常铺设彩色砂石，因此荷兰的勒诺特尔式园林色彩艳丽，效果独特。

其次，荷兰勒诺特尔式园林空间布局紧凑。由于园林的规模不大，因此园林空间不可能像法国园林那样开阔宏大，而是以小巧精致取胜。园中点缀的雕像或雕刻作品数量较少，而且体量也比法国的有所缩小。

水渠的运用也是荷兰勒诺特尔式园林的特色之一。由于荷兰水网稠密，水量充沛，造园师往往喜欢用细长的水渠来分隔或组织庭园空间。荷兰园林中的水渠虽然不像勒诺特尔的水渠那么壮观，但同样有着镜面般的效果，将蓝天白云映入其中。

另外，造型植物的运用在荷兰也十分盛行，并且形状更加复杂，造型更加丰富，修剪得也很精致。园内的植物材料多以荷兰的乡土植物为主。但是，由于荷兰大部分地区受强风袭击，地势低凹，难以生长根深叶茂的大树，从而难以产生法国园林那种丛林或森林的景观效果。

12.3.3　荷兰勒诺特尔式园林实例分析

赫特·洛宫花园（Gardens of the Het Loo Palace）（图12-8）是荷兰最具勒诺特尔式园林风格的代表作。精美的赫特·洛宫花园始建于17世纪下半叶。当时的亲王、后来的英国国王威廉三世在维吕渥（Veluwe）拥有一座猎园，为能够经常来此狩猎，他购置了附近的赫特·洛地产，并于1684年兴建了一座狩猎行宫。宫殿由荷兰建筑师罗曼负责建造，开始采用巴黎建筑学院的设计方案，以后按建筑师丹尼尔·马洛特的设计方案建造，宫殿是由带翼屋的中央大建筑组成，它的两侧各有一个小花园，一个为"国王花园"，另一个为"王后花园"。最初的宫殿与花园设计完全反映了17世纪的美学思想，对称与均衡的原则统率全园。中轴线从前庭起，穿过宫殿和花园，一直延伸到上层花园顶端的柱廊之外，再经过几千米长的榆树林荫道，最终延伸到树林中的方尖碑。壮观的中轴线将全园分为东西两部分，中轴两侧对称布置，甚至细部处理都彼此呼应。

图 12-8　赫特·洛宫花园鸟瞰

　　与大门平行的横轴东侧，是"王后花园"的起点。王后花园布置了网格形的绿荫拱架，具有私密性花园的特征，王后花园还布置着铅制镀金喷泉的"绿色小屋"和"迷园"。花园中的乔灌木大都被修剪成金字塔形。为威廉三世建造的"国王花园"中，对称布置了一对刺绣花坛和沿墙的行列式果树。花坛采用了王家居室的色彩，以红、蓝色花卉构成，象征威廉三世的宫苑气氛。园中的斜坡式草地和大面积草坪可开展各种球类活动。

　　中央及次要园路的交叉点上布置着大量的水池、喷泉，并饰以希腊神像。高大的喷泉在平坦开阔的园地上突出其竖向尺度，对比强烈。中央园路的两侧布置有小水渠，将水引到花园中的各个水景处。在上层花园中，主园路伴随着两侧方块形树丛植坛伸向豪华壮丽的"国王泉池"。中央巨大的水柱，高达 13 米，四周环以小喷泉，从内径 32 米的八角形水池中喷射出来，形成花园的主景。

　　上层花园中的喷泉用水是从几千米外的高地上以陶土输水管引来的，下层花园中的用水则来自林园中的池塘。与众不同的是，清凉的水源在不断循环，因而使得花园中水池里的清水不断地涌着气泡，气氛更加活泼。另外，花园中的理水技巧也十分独特：以几条小水渠组成国王与王后姓氏的字母图案，里面隐含着细水管，将水出其不意地喷洒在游人身上。

12.4 德国勒诺特尔式园林

12.4.1 德国园林概况及勒诺特尔式园林对其的影响

德国位于中欧西部,北临北海和波罗的海,地势由南向北逐渐低平,中部为丘陵和中等山地,属温带气候,从西北向东和东南逐渐由海洋性转为内陆性气候。公元前后,在多瑙河和莱茵河流域,已定居着许多日耳曼部落。在民族大迁徙的洪流中,日耳曼民族中的萨克森人和弗里森人定居德意志北部,法兰克人定居于西部,图林根人定居于中部,阿雷曼人和巴伐利亚人定居于南部,逐渐形成部落联盟和部落公国。919 年,萨克森公爵亨利一世(Heinrich I,919—936 年在位)当选为东法兰克王国的国王,建立萨克森王朝,正式创立德意志国家。其子奥托一世(Otto I,936—973 年在位)962 年由罗马教皇加冕为神圣罗马帝国皇帝。11 世纪上半叶,德意志皇权处于极盛时代,神圣罗马帝国皇帝与罗马教皇产生激烈冲突,由此导致皇权的衰落和分离主义势力的加强。14 世纪中叶确立的诸侯邦国分立体制,更加剧了德意志的分裂。由于没有中央集权的统一国家和统一市场,严重妨碍了资本主义生产关系的发展。16 世纪初叶,出现了要求摆脱教皇控制、改革封建关系的宗教改革运动,继之又出现了大规模的农民战争。17 世纪初叶发生的三十年战争,使社会经济遭受严重破坏。战后,神圣罗马帝国分裂为 300 多个小邦,各邦诸侯在自己的统治范围内,建立起专制主义政权,最大的两个权力中心是普鲁士和奥地利。一直到 1871 年,普鲁士国王威廉一世(William I,1797—1888 年)加冕成为德意志帝国皇帝,才结束了德意志分裂割据的局面,实现了民族国家的统一。

16 世纪初期,德国造园的发展主要表现在对植物学的研究及新品种的栽培方面,为此,在 16 世纪初期就开始营造私人植物园。德国也受到意大利文艺复兴运动的影响,大批的德国学者奔赴意大利,他们为意大利造园思想在德国的传播而积极努力。然而,德国却没有像法国那样在意大利的影响下产生新的造园样式。在文艺复兴时期的德国宫廷花园都是由荷兰造园家们仿照意大利或法国样式来建造的。而由富裕阶层建造的小规模的城市庭园,则在设计及植物种植上表现出了德国传统的兴趣及爱好。直到 18 世纪,德国的大部分城堡仍保留着防御性的壕沟,园林也处于壕沟的包围之中,由一系列大小不一的庭园和花坛组成。园中装饰性喷泉的设计常常作为主要部分,花坛也十分精美,植物造型在德国也非常流行,园内大多建有园林建筑,如园亭、凉亭、鸟舍等,布置在花坛中央或四周。此外,高台也是常见的造园要素之一,呈四方形,其上筑有瞭望台,设有平缓的蹬道;亦有呈圆形的高台,蹬道则布置成螺旋形。

从 17 世纪后半叶开始,德国受法国宫廷的影响,君主们开始竞相建造大型园林,法国勒诺特尔式造园样式也随即传入德国。这些园林作品大多是由法国造园师设计建造的,也有一些是荷兰造园家设计的。海伦豪森宫苑就是勒诺特尔本人设计,由法国造园师夏尔博尼埃父子(Martin & Henri Charbonnier)建造的。而宁芬堡则是由荷兰造园师创建，后来经过法国造园师吉拉尔（Dominique Girard）改造而成的。设计建造夏尔洛滕堡的造园师高都（Simeon Godeau）和达乌容（Rene Dahuron）都来自凡尔赛。因此，从德国的勒诺特尔式园林中，主要反映的是法国勒诺特尔式造园的基本原则，同时也有荷兰勒诺特尔式园林风格的影响。

12.4.2 德国勒诺特尔式园林特征

尽管法国勒诺特尔式造园之风在德国盛行一时，也建造了许多规模宏大的勒诺特尔式园林，但从造园风格来说，德国勒诺特尔式园林特征并不显著，原因是德国园林大多出自法国或荷兰造园家之手，带有强烈的法国或荷兰的勒诺特尔式园林风格特征，同时也有意大利园林风格的影响。

如果要说德国园林的独到之处，可从造园要素的处理手法上概括为以下几点：

首先，德国勒诺特尔式园林中最突出的是水景的利用。园林中有法国式喷泉、意大利式的水台阶以及荷兰式的水渠，都处理得壮观宏丽，许多水景的设计都因达到青出于蓝而胜于蓝的效果而闻名世界。

其次，绿荫剧场在德国园林中较为常见，比意大利园林剧场更大，而比法国园林的绿荫剧场布局紧凑，并结合雕像，具有很强装饰性，同时兼具实用功能。某些绿荫剧场中的雕像从近到远逐渐缩小，在小空间中创造出深远的透视效果，是巴洛克风格强调透视原理的实际运用。

另外，德国勒诺特尔式园林风格虽不纯净却富于变化，原因是大多数园林建造周期很长，或前后经过多次改造，有着多种时期、多种风格并存的特点。建筑物或花园周围设有宽大的水壕沟，保留了更多的中世纪园林的痕迹。巴洛克透视原理的运用、巴洛克及洛可可式的雕像和建筑小品又具有文艺复兴的特点。

12.4.3 德国勒诺特尔式园林实例分析

德国的勒诺特尔式园林众多，代表作品有海伦豪森宫苑（Gardens of the Herrenhauser Palace）、宁芬堡宫苑 Gardens of the Nymphenburg Palace）、夏洛滕堡宫苑（Gardens of the Charlottenburg Palace）和施韦青根庄园（Gardens of the Schwetzingen Palace）等。下面主要介绍海伦豪森宫苑和施韦青根庄园。

1. 海伦豪森宫苑(Gardens of the Herrenhausen Palace)

海伦豪森宫苑（图12-9）距汉诺威2.5千米，与勒诺特尔设计的榆林大道——海伦豪森林荫道相连，原是1666年为约翰·弗里德里希公爵（Johann Friedrich von Carlenberg）建造的带花园的游乐宫，称为海伦豪森。宫殿由意大利建筑师奎里尼（Quirini）设计，花园由勒诺特尔设计，而后由法国造园师马尔丹·夏尔博尼埃和他的儿子亨利完成了花园的建造。从1680年起，公爵夫人索菲（Duchesse Sophie）逐渐将花园加以扩建，作为汉诺威宫廷的夏宫。1682年，公爵夫人将夏尔博尼埃请到汉诺威，并任命他为大公国宫廷的总造园师，希望他以法国式花园为样板，建造这座庄园。夏尔博尼埃赋予花园以巴洛克风格特征，并一直保留至今。1686年，在花园中建造了一座温室。1689

年，又建了一座露天剧场。阶梯式的观众席后面有绿荫凉架。1699 年，花园的南部完全重建，由四个方块组成，其中以园路再分隔成三角形植坛，中间种有果树，外围是整形的山毛榉，称为"新花园"。东、西两边各有半圆形广场濒临水壕沟。夏尔博尼埃又在南面做了一个更大的圆形广场，称之为"满月"，与两个半圆形广场相呼应。

使此园闻名的主要是水景，建筑前有叠瀑，在中轴上布置规模宏大的水池喷泉，其中最大的一个还有四个水池在其两侧轴线上相陪衬，喷泉喷水最高达 80 米，

图 12-9　海伦豪森宫苑全景（版画，1770 年）

成为欧洲之最。在众多整齐的花坛间布置有精美的雕像和花瓶装饰，花坛外围是壕沟，留有城堡痕迹。全园整体简洁壮丽。

2. 施韦青根庄园（Gardens of the Schwetzingen Palace）

施韦青根城堡（图 12-10）有着几百年的历史。据史料显示，从 1350 年起，这里就有一座防御性城堡，在随后的几个世纪里，城堡经历了重大的整修和扩建，城堡的性质和花园的布局方式也随着时代的变迁而不断得以改变。16 世纪时被改成狩猎城堡。17 世纪时，为了适应宫廷生活的需要，经过重大的改建，成为带有游乐性功能和设施的城堡，同时，花园部分也相应扩大。但是在 17 世纪末，花园大部分均遭到毁坏。

18 世纪，尤其是在亲王泰奥多尔（Carl Theodor，1724—1799 年）统治时期，将这座富于文化性和艺术性的中世纪庄园加以改建，采用了新的布局方式，使之与宫廷夏宫的地位相适应。泰奥多尔请当时欧洲最高水平的艺术家，

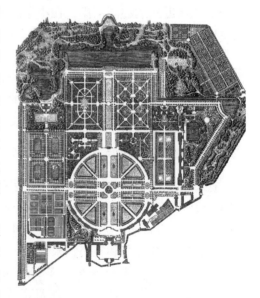

图 12-10　施韦青根庄园平面图

如凡尔夏菲尔特（Pieter Antoon Verschaffelt）、德·毕加格（Nicolas de Pigage）等人，为他在园中建造了一些娱乐性建筑，使之成为欧洲最美的花园之一。虽然城堡的宏大工程最终未能实施，然而，花园却成为欧洲园林的样板之一。1741 年，泰奥多尔完全按照法国式园林的风格，建造了花园的核心部分。此前根据卡尔·菲力普（Carl Philip）的设计意图，在 1721—1734 年间建造的花园部分，则完全遵循巴洛克园林的风格，构图绝对地均衡有序。

城堡作为中心建筑在这个巴洛克式园林的几何形的空间中起着重要的作用。城堡以粗糙的块石砌成，采用哥特式拱券结构，形成防御性城堡的外观，具有独特的美感。在中轴线上直接布置自然式的造园要素，形成和谐的构图。一些喷泉和小型喷水在草地上延伸，直至下沉的台地。中央园路两边夹以荷兰根树。在两条三甬道式林荫路的交点上布置着法国人甘巴尔（Barthelemy Guibal）塑造的"阿里翁喷泉"（Arion Fontaine），处于巨大的圆形空间的中心，周围是花坛。花坛边缘靠近城堡处建有平面为弧形的建筑物，起到限定空间的作用。花坛北面有1749—1750年建的柑橘园，南部供举行聚会用，西面建造了两座拱形棚架，围合着圆形园地。建筑之间的空地构成两条园路的起点。还没有一个巴洛克式花园曾经有过这样完整的圆形构图，它构成了施韦青根城堡花园的中心，也构成庄园的特色。

1762年花园重建时，西面和西北面都建了丛林和柑橘园，它们将花园的主轴线延长，构成面向"大湖"的开放性透视线。湖后的林园中，装饰着园林建筑和雕塑，其中有坐落在高地上的阿波罗神庙，透过由修剪的树墙门洞形成框景，使位于园路末端的阿波罗神庙更显秀丽端庄。附近还有一座由洛可可建筑师彼加热在1752年建造的露天剧场。稍北，还有一座彼加热建造的二层"浴室"及与之邻近的"喷水小鸟"泉池。"浴室"平面呈椭圆形，穹顶，两个入口厅堂与装饰华丽的中央大厅相连接，是园中最珍贵的园林建筑，"浴室"前临水有宽敞的草地，草地被一片葱郁的树丛围绕，显得宁静祥和。

12.5 俄罗斯勒诺特尔式园林

12.5.1 俄罗斯园林概况及勒诺特尔式园林对其的影响

俄罗斯位于欧亚大陆北部，地跨东欧、北亚的大部分土地。境内地势东高西低，70%的土地是平坦辽阔的平原，河流湖泊众多，河网稠密、水量丰富，沼泽广布，主要分布在北半部。全境多属温带和亚寒带大陆性气候，冬季漫长严寒，夏季短促凉爽，春秋季节甚短。9世纪，东斯拉夫人原始公社制度日趋瓦解，9世纪末形成一个大公国——基辅罗斯。12世纪，由于封建土地所有制的发展，基辅罗斯各地大贵族的势力随之增强，王公之间为争夺基辅大公的继承权彼此混战，基辅罗斯分裂为若干独立的公国。13世纪，蒙古人西侵罗斯，在伏尔加河下游建立金帐汗国，从此，东北罗斯（后称俄罗斯）处在蒙古人的统治下，西南罗斯（后称乌克兰）和西部罗斯（后称白俄罗斯）归并于波兰和立陶宛。在15世纪末到16世纪初，东北罗斯中的莫斯科公国相继征服各公国，结束东北罗斯长期分裂割据的局面，建立统一的俄罗斯国家。17世纪末，彼得一世（即彼得大帝）开始执政，他仿效西欧国家，对内实行改革，加强了俄国的经济、军事实力，在文化上获得显著进展，对外争夺世界霸权，夺得波罗的海的出海口，向南一直扩张到里海，俄国开始成为欧洲强国之一，园林艺术也因而得到发展。

俄罗斯园林始于12世纪上半叶；14～15世纪莫斯科花园建造有所发展；16～17世纪，莫斯科还建造了一些宫廷花园。彼得大帝以前的俄罗斯园林，与欧洲中世纪园林有许多类似之处。花园分属于国王、贵族及寺院，规模都不大，基本上是以实用为主的园林。采取规则式布局，布局简单。园中种植果树、浆果、芳香植物和药用植物。此外，园中也常有蜜源植物，如椴树、花楸树等。园中常设水池，既有装饰作用，又可供养鱼、灌溉，也是夏季游泳、冬季溜冰的场所。常以浓荫蔽日的林荫道通向园中建筑。郊区的花园多位于风景优美的地方。因此，实用与美观结合、规则式规划设计与自然环境结合是这一时期俄罗斯园林的特色。

但自彼得大帝执政后，法国勒诺特尔式园林流传很快。原因是彼得大帝醉心于西欧的园林，他曾到过法国、德国、荷兰，对法国式园林印象极为深刻。1714年，彼得大帝在阿默勒尔蒂岛、涅瓦河畔建造的避暑宫苑，设计构思就是以凡尔赛为样板的。1715年建造彼得宫时，特地从巴黎请来了法国造园师，其中有勒诺特尔的高徒勒布隆，彼得大帝对他委以重任，付以高薪。法国造园师们不负众望，巧妙利用天然地形，创造出绮丽的景观，使得彼得宫堪与凡尔赛宫相媲美。

12.5.2 俄罗斯勒诺特尔式园林特征

在俄罗斯园林发展史上，彼得大帝时代处于一个明显的转折期。在园林功能方面，由过去以实用为主，转向以娱乐、游憩为主；规模上日益宏大，并且由简单朴素的形式，转向构图上丰富多彩。像其他国家的勒诺特尔式园林一样，这一时期的俄罗斯园林在总体构图上追求比例的协调和完美的统一性。在总体规划中往往以辉煌壮丽的宫殿建筑为主，形成控制全园的中心，由宫殿向外展开的中轴线，贯穿花园，使宫、苑在构图上紧密结合，融为一体。

俄罗斯勒诺特尔式园林的特征主要体现在其造园要素的精心处理上。

首先，从选址和地形处理上，比起法国勒诺特尔式园林更胜一筹。如宫殿建在山坡上，利用水台阶和水渠造景，雕塑、喷泉更为精湛。还借鉴意大利台地园的经验和凡尔赛的教训，注重园址上是否有充沛的水源，保证了园林水景的用水。

其次，俄罗斯园林中既有法国园林那样宏伟壮观的效果，又有意大利园林中常见的那种处理水景和高差较大的地形的巧妙手法，使得这些园林常具有深远的透视线，而且形成辽阔、开朗的空间效果。

另外，用乡土树种来替代组成法国、意大利园林中植坛图案的主要材料黄杨。因为俄罗斯气候寒冷，园中难以种植黄杨，俄罗斯人试用乡土树种如桧柏代替黄杨，取得了成功；还以乡土树种云杉、冷杉、松、复叶槭、榆、白桦形成林荫道，以云杉、落叶松形成丛林。金碧辉煌的宫殿建筑和以乡土树种为主的植物种植，都使俄罗斯园林带有强烈的地方色彩和典型的俄罗斯传统风格。

12.5.3 俄罗斯勒诺特尔式园林实例分析

俄罗斯的勒诺特尔式园林以彼得堡夏花园（Gardens of the Summer Palace at Petersburg）、彼得宫（Gardens of the Peterhof Palace）、库斯科沃等园林为杰出代表，下面对彼得宫作详细介绍。

彼得宫坐落在彼得堡郊外濒临芬兰湾的一块高地上，始建于1709年，占地面积800公顷，包括宫苑和阿列克桑德利亚园两部分。宫苑又由面积15公顷的"上花园"及面积102.5公顷的"下花园"组成。"上花园"布局严谨，构图完美，园的中轴线与宫殿中心一致，中轴线穿过宫殿，又与"下花园"的中轴相连，一直延伸到海边。

宫殿以北的台地下面是一组雕塑、喷泉、台阶、跌水、瀑布构成的综合体。中心部位为希腊神话中的大力士参孙（Samson）搏狮像，周围扇斗形的池中也有许多以希腊神话为主题的众神雕塑，各种形式的喷泉喷出的水柱高低错落、方向各异、此起彼伏、纵横交错，然后，跌落在阶梯上、台地上，顺势流淌，汇集在下面半圆形的大水池中，再沿运河归入大海。宫殿的底部顺着下降的地势，形成众多的洞府，洞外喷泉水柱将洞府笼罩在一片水雾之中，宛如水帘洞一般。水池周围还有许多大理石的瓶饰，从瓶中也喷出巨大的水柱。

大水池两侧对称布置着草坪及模纹花坛，中间设有喷泉。草坪北侧有围合的两座柱廊，柱廊与宫殿、水池、喷泉、雕塑共同组成了一个完美的空间。水池北的轴线上为宽阔的运河，两侧为绿毯般的草地，草地上有一排圆形小水池，池中喷出一缕清泉，它们与宫前喷泉群的宏伟场面形成对比，显得十分宁静。草地旁为道路，路的外侧是大片丛林。这一轴线——运河、草地、道路及两旁丛林的处理，与凡尔赛中的大运河、国王林荫道及小园林三者之间有着惊人的相似之处。而且，在彼得宫的丛林中也有许多丰富的小空间，不同的是，这里的道路以宫殿、玛尔尼馆、蒙普列吉尔馆三者为基点，向外各放射出三条道路，在交叉点上布置引人入胜的景点，显得更为错综复杂，令人目不暇接。尤其是在宫前台地上，沿中轴线可以一直延伸到无垠的大海，其深远感虽不如凡尔赛，但在辽阔的程度上则有过之而无不及，若由宫殿居高临下眺望大海，则视线更加开阔。从运河桥上回望宫殿，宫殿显得雄伟壮观。这一地形上的特色，又具有意大利台地园的优点，在一定程度上弥补了彼得宫在规模上大大逊色于凡尔赛宫苑之不足。

在中轴线两侧的小丛林中，对称布置了亚当、夏娃的雕像及喷泉，雕像周围有12支水柱由中心向外喷射。丛林中有一处坡地上做了三层斜坡，内为黑白色棋盘状，称"棋盘山"。上端有岩洞，由洞中流出的水沿棋盘斜面层层下跌，流至下面的水池中。此外，在丛林中也设置了一些逗人开心的喷泉，如一柄伞或一株小树，当人们走近，伞的边缘和树上会流下雨水；当游人想在园椅上小憩时，周围地面会突然喷出许多小水柱。这种类型的喷泉在文艺复兴后期的意大利园林中曾经十分流行。

彼得宫是俄罗斯空前辉煌壮丽的皇家园林（图12-11），在选址方面俄国人显得青出于蓝而胜于蓝。另外，就宫殿的位置而论，建筑位于上、下花园之间，处于园林的包围之中，从景观效果来看，似乎更胜一筹。在解决大量喷泉的用水问题上，也比凡尔赛宫优越。

图 12-11　彼得宫平面图

12.6　意大利勒诺特尔式园林

12.6.1　意大利园林概况及勒诺特尔式园林对其的影响

　　勒诺特尔曾先后两次到意大利旅行。第一次旅行的年代不详，但从勒诺特尔式造园向意大利式造园学习了许多东西这一点来推测，他的那次旅行应在自己的样式形成之前。第二次旅行在英国之旅的翌年。那时，由于他已经创立了一种造园样式，并有自己的独到见解，所以与第一次旅行的不同之处是他以一种评判的眼光来考察意大利庭园。有人将帕姆费利别墅、路德维希别墅及阿尔班尼别墅等列为他当时的作品。但是，从年代上来看，只有帕姆费利别墅建于那个时代，而路德维希别墅则建在勒诺特尔时代之前，阿尔班尼别墅是在他死后才建造的，因此这些别墅是否为他设计尚存疑问。在罗马逗留期间，勒诺特尔拜见了教皇英诺森十一世，受到教皇的热烈欢迎。他向教皇出示了凡尔赛宫的设计图，教皇见后，被这座华丽壮观的宫苑设计所触动，对此赞不绝口。

　　勒诺特尔式造园在意大利北部较南部流行，尤其是伦巴第地区特别盛行，因为该地区地势相对平坦，恰恰适合于构成勒诺特尔样式之故。此外，米兰、特里诺、威尼斯的贵族们也热衷于法国式造园，其中的范例有米兰的卡斯式尔拉佐别墅、威尼斯的彼萨尼宫。它们大部分都沦为荒野或遭毁坏了，只有版画将它们的风貌保留下来。

但总体说来，意大利的造园艺术出自本乡本土，有着优秀的造园传统，所以勒诺特尔式在意大利并没有特别大的影响。

12.6.2　意大利勒诺特尔式园林特征

从地域上看，意大利属于欧洲南部，地形地貌较法国复杂，山地较多，因而从气势上看很难与法国勒诺特尔式园林那种广袤的效果和气势恢宏的壮观景象相比拟。但园林通常能依山就势而建，并因地势高差较大，因而景观空间的处理较为细腻。同时，常利用坡地使水景景观丰富多彩，激动人心。

12.6.3　意大利勒诺特尔式园林实例分析

卡塞塔宫苑（Caserta）是意大利的法国式庭园的代表作（图12-12）。它位于意大利南部、遥远的那不勒斯附近的卡塞塔小城中，据传是由建筑师万维特利于1752年动工兴造的，最初计划要在其中建造世界上最大的宫殿以及可与凡尔赛宫相匹敌的庭园。

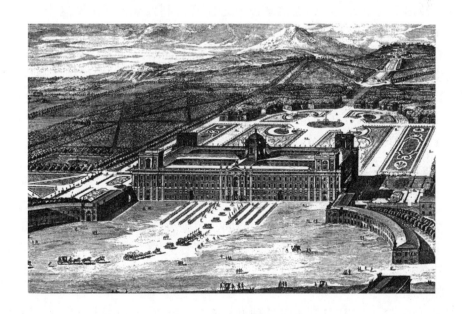

图12-12　卡塞塔宫苑鸟瞰图（Marie Luise Gothin）

宫苑的中心线从宫殿中心延伸至山脚下，在此轴线上布置有运河、花坛、叠水、喷泉、雕像，十分丰富多彩，两侧的丛林密布，变比多样。该宫中最引人注目的是小瀑布，它从山岗流下，穿过宫殿的主轴线，从五十英尺（约15.24米）高处飞落池中，池中装点着出现在狄安娜和阿克特翁故事中的人物群像，气势格外雄伟，震撼人心，形成了景观的高潮。水再从池中溢出，沿台阶一级一级地跌落下来，一直流到大花坛附近的大水池中，水池里设有尼普顿雕像。飞溅的水花与装饰在每一级台阶上的华丽的白色雕像相映成趣。

12.7 西班牙勒诺特尔式园林

12.7.1 西班牙园林概况及勒诺特尔式园林对其的影响

西班牙人虽然十分喜爱园林,但长期以来,造园主要是照搬其他国家的模式,并未根据自身的自然地理与气候条件创造出独具风格的园林形式。如在中世纪,主要是摩尔人建造的伊斯兰园林;在文艺复兴时期主要借鉴意大利和法国园林;而18世纪的皇家园林又明显受到法国勒诺特尔式园林的影响。

因为18世纪初,西班牙王位继承战争(1701—1714年)的结果,使波旁家族登上了统治地位。由于波旁家族与法国宫廷的血缘关系,这一时期的建筑与造园明显地表现出法国的影响。其中最具代表性的是拉·格兰贾宫苑,它是为腓力五世建造的,也是西班牙最典型的勒诺特尔式园林。国王的第二任王后是意大利法尔内塞家族的伊丽莎白。国王虽然在政治上受她的左右,但他却没有选用意大利人来担任筑造这个庭园的工作,他特意聘用了法国造园家卡尔提埃和布特勒特。装饰要素的制作也完全交给了法国艺术家,其中有蒂埃里(Jean Thierry)、弗莱民(Rene Fremin)、杜曼德莱(Dumandre)兄弟以及彼埃迪(Pitue)等人。与此同时,国王还计划在马德里以南的阿兰胡埃斯也建立一个勒诺特尔式风格的园林,庭园由"岛之庭"与"王子之庭"组成。"岛之庭"中有围绕大花园的小瀑布,"王子之庭"中做了一长排喷泉,喷泉的尽端建了一个称为"萨普德尔之家"的凉亭,景色十分绮丽。

12.7.2 西班牙勒诺特尔式园林特征

首先,西班牙勒诺特尔式园林在因地制宜上有所欠缺。由于西班牙地形起伏很大,很难开辟法国式园林所特有的平缓舒展的空间,也缺少广袤而深远的视觉效果。所以在构图法则上过多地模仿法国使西班牙勒诺特尔式园林失去了因地制宜的原则,结果使西班牙勒诺特尔式园林从平面构图上观察,与法国园林十分相似,而从立面效果看,空间效果就大相径庭了。

但西班牙勒诺特尔式园林在水景处理上较成功,能充分利用园址中起伏的地形变化和充沛的水源,加上西班牙传统的处理水景的高超技巧和细腻手法,制作大量的喷泉、瀑布、跌水和水台阶等,使得园中的水景多种多样,给园林平添了凉爽与迷人魅力。

另外,西班牙气候炎热,花园中有时种植乔木,这为法国园林所罕见。花坛往往处在大树的阴凉之下,加之周围的水体多样,形成凉爽、湿润而宜人的小气候环境。

西班牙勒诺特尔式园林在铺装材料上仍然采用大量的彩色马赛克贴面。同时在造园中融入许多浓郁的地方特色和传统情感。

12.7.3 西班牙勒诺特尔式园林实例分析

西班牙勒诺特尔式园林以阿兰胡埃斯宫苑(Aranjuez Royea Palace)和拉·格兰贾宫

苑为代表（Garden of La Granja Palace）。下面将主要介绍拉·格兰贾宫苑（图12-13）。

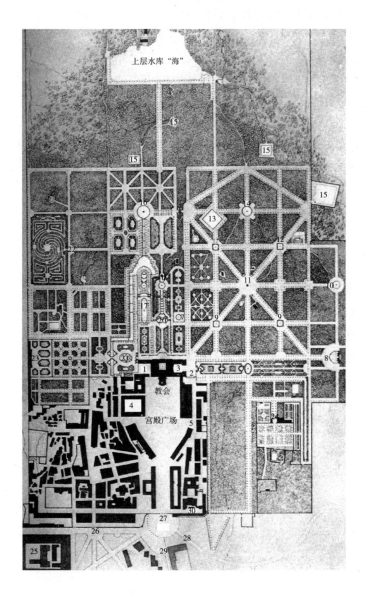

图 12-13　拉·格兰贾宫苑平面图
1—车辆庭院子　2—花园入口　3—马蹄形庭院　4—教士住宅　5—皇家管理人员处　6—信息女神花坛
7—信息女神喷泉　8—狄安娜泉池　9—龙泉池　10—拉托娜喷泉　11—八岔路口　12—浅水盘泉池
13—王后喷泉　14—花瓶泉池　15—水库　16—安德洛墨达喷泉　17—跑马场　18—希腊三贤池泉
19—授予亭　20—主瀑布与花坛　21—塞尔瓦水池　22—迷园　23—花卉园　24—古隐居所
25—水晶制作场　26—王后宫门　27—主入口　28—马德里公路　29—塞哥维亚公路　30—贡多尔宫

拉·格兰贾宫苑建造在马德里西北部的一座村镇上，离塞哥维亚10千米，面积约146公顷，规模远远小于凡尔赛。这里自古代的亨利克四世开始就营造了宫殿，腓力五世非常喜欢这个优美的地方，这正是筑造这个庭园的动机所在。

由于拉·格兰贾宫苑是建造在海拔一千二百多米处的山地园，所以很难开辟出法国式园林所特有的平坦而开阔的台地，但它的水源充足，可以不吝使用，这正是这个庭园地形的优越性所在。庭园的地势为东南及西南面高高隆起，东北面则急剧降低。主要花园部分设计得比较简单，在大理石的阶式瀑布的上面有一个美丽的"两枚贝壳喷泉"，下面则有一个半圆形水池将两个花坛拦腰隔断。除此之外庭园中还有"尼普顿喷泉"和"安德洛墨达喷泉"，为这些喷泉配置的各种雕像，更为它们锦上添花。"狄安娜浴场"的泉池被雕塑作品装饰起来，从中流出的水形成喷泉和小瀑布再落入半圆形的水池中。园中的水景非常丰富，尤其是喷泉的处理，喷水时的景致比凡尔赛的喷泉更加美妙，更富有变化和动感。从这些处理水景的手法中可以看出西班牙文艺复兴式造园的传统形式，但各水景之间缺乏相互的联系，整体景观也缺乏必要的节奏感，局部服从整体这一法国式造园的特征在这里丝毫不见。

思考练习

1. 勒诺特尔式园林是怎样产生的？
2. 分析凡尔赛宫苑的设计特色。
3. 简述法国勒诺特尔式园林特征。
4. 分析意大利文艺复兴园林与法国勒诺特尔式园林的异同。
5. 分析法国勒诺特尔式园林对欧洲各国的影响。

第 13 章　自然风景式时期欧洲园林
（约 1750—1850 年）

13.1　英国风景式园林

13.1.1　英国风景园产生的历史背景

在法国勒诺特尔式园林风靡百年之后，18 世纪中叶英国自然风景式园林的出现，结束了规则式园林统治欧洲长达千年的历史，成为西方园林艺术领域的一场脱胎换骨的革命。英国风景式园林的出现并不是偶然，而是受到一定的自然条件、社会、经济条件和理论基础的影响，另外，还受到中国园林风格的影响。

首先，英国风景式园林的产生与英国本身的自然地理和气候条件有较密切的关系。英国气候潮湿多雨，对植物生长尤其是草本植物生长十分有利。因而草坪、地被植物无须精心浇灌即可碧绿如茵。地形地貌以起伏的丘陵为多，这种地形特点更适合自然式风景园，而对规划式园林尤其是勒诺特尔式那样宏伟壮丽的园林却是一种制约。因为在英国的自然地理气候条件下，要想得到勒诺特尔式园林那样的效果，必须大动土方改造地形和花费更多的精力来修剪整形长势茂盛的植物，这不仅需要花费更多的劳力，还要浪费大量的金钱。所以英国得天独厚的自然条件为英国风景式园林的产生提供了沃土。

其次，英国风景式园林的形成和发展同当时英国的文学、艺术领域中出现的各种思潮及哲学尤其是美学观点的改变有着密切的关系。当时的诗人、画家、美学家中兴起了尊重自然的信念，他们将规则式花园视为对自然的歪曲，而将风景园视为一种自然感情的流露。这为风景园的产生奠定了理论基础。

再次，英国风景式园林的形成也与当时的政治、经济等社会因素密切相关。从 16 世纪开始，英国为争夺海上霸权而制造大量舰船，增加了对木材的需要，加之燃料和建筑材料的木材消耗，造成了森林面积不断缩减。为此，英国于 1544 年就颁布了禁止砍伐森林的法令，确定了 12 种树木必须加以保护，不得任意砍伐，其中主要有栎树，在一定程度上保护了英国草原上的丛林景观。此外，农业上采用牧草与农作物轮作制，亦是英国田野呈现出碧绿万顷，芳草天涯，牛羊如云的草原景观的重要原因。这些为风景式园林在英国的出现提供了良好的社会条件。

最后，英国风景式园林的形成在一定程度上还受到中国园林的影响。16 世纪中叶以后，欧洲基督教传教士纷纷来华传教，他们游览了中国皇家宫苑和江南山水写意园林之后，大开眼界，惊叹中国园林"虽由人作，宛自天开"的精湛技艺。当然，中国的自然山水园与英国的风景园虽同属自然式园林，但无论是在内涵还是外貌上，还有较大差别。中国园林源于自然却高于自然，反映了一种对自然美的高度概括，体现出一种诗情画意的境界；而英国风景园则更多地模仿自然，是自然的再现。产生上述差别的原因是因为园林风格的形成离不开本国独特的文化、艺术、宗教及文人道德观和审美观的影响。对于一个民族，要想真正领会另一民族的文化内涵不是一件轻而易举的事。因此，虽然当时英国也有不少人热衷于追求中国园林的风格，却只能取其皮毛而不能理解其精髓。

总之，18世纪英国自然风景园的产生是在其固有的自然地理、气候条件下，具备一定的政治、经济背景，受到各种文学、艺术思潮的影响而产生的一种园林形式。尽管在17世纪末叶到18世纪初期，引起过非议与争论，但仍是欧洲园林艺术史无前例的一场革命，并且对以后园林的发展产生了深刻而持久的影响。

13.1.2　促使英国风景园林形成的代表人物与代表作品

影响英国风景园林形成的主要人物不仅有造园界人士，还有政治家、思想家及文人等。并且首先是在政治家、思想家和文人圈子中产生的，他们借助于其社会影响，为风景式园林的形成奠定了理论基础。

1. 威廉·坦普尔（William Temple，1628—1699年）

他是英格兰的政治家和外交家，于1685年出版了《论伊壁鸠鲁的花园》一书。他认为英国过去只知道园林应该是整齐的、规则的，却不知道另有一种完全不规则的园林是更美的，更引人入胜的。他认为中国园林的主要成就在于创造出一种难以掌握的无秩序的美，可惜他的论点对于当时正处于勒诺特尔式热潮中的英国园林并未产生明显的影响。

2. 沙夫茨伯里伯爵三世（Anthony Ashley Cooper Shaftesbury Ⅲ，1671—1713年）

受柏拉图的影响，他认为人们往往对于未经人手玷污的自然有一种崇高的爱。与规则式园林相比，自然式要美得多，即使皇家宫苑中的美景也难以同大自然粗糙的岩石、布满青苔的洞穴、瀑布等具有的魅力相比。他的自然观不仅对英国，而且对法国、意大利等国都有巨大的影响。并且，他对自然美的歌颂是与对园林的欣赏、评价相结合的。因此，他的思想是英国造园界新思潮的一个重要支柱。

3. 约瑟夫·艾迪生（Joseph Addison，1672—1719年）

他是一位文艺家和政治家，于1712年发表《论庭园的快乐》。他批评英国的园林作品不是力求与自然融合，而是采取脱离自然的态度。他欣赏意大利埃斯特庄园中任丝柏繁茂生长而不加修剪的景观。他认为造园应以自然为目标，这正是风景园在英国兴起的理论基础。

4. 亚历山大·蒲柏（Alexander Pope，1688—1744年）

他是一位著名的诗人和园林理论家，曾发表《论绿色雕塑》一文。对当时流行的植物造型进行了尖锐的批评，主张摒弃这种违反自然的做法。由于他的社会地位和在知识界的知名度，其造园应立足于自然的观点对英国风景园的形成有很大的影响。

5. 斯蒂芬·斯威特则（Stephen Switzer，1682—1745 年）

他是一位园林理论家，伦敦和怀斯的学生，蒲伯的崇拜者，于 1715 年出版《贵族、绅士及造园家的娱乐》，批评园林中过分的人工化。对整形修剪的植物和几何形的小花坛及规则式小块园林等予以否定，认为园林应该是大片的森林、丘陵起伏的草地、潺潺流水及林荫下面的小路。

6. 贝蒂·兰利（Batty Langley，1696—1751 年）

贝蒂于 1728 年出版了《造园新原则及花坛的设计种植》一书，在园林规则设计方面提出融规则式与风景式园林为一体的方案。认为建筑前要有美丽的草地空间，并有雕塑装饰，周围有成行种植的树木；园路末端有森林、岩石、峭壁、废墟或以大型建筑为终点；花坛上绝对不用整形修剪的常绿树，草地中间的花坛不用边框圈围，不用模纹花坛；所有园林都应雄伟、开阔，具有自然美；在园路交叉点上可设置雕塑，景色欠佳之处可以堆叠土丘与山谷等给以点缀。虽然贝蒂·兰利的思想与真正的风景园林时代尚有一段距离，但是，毕竟已从过去的规则式园林的束缚中迈出了一大步。

7. 威廉·钱伯斯（William Chambers，1723—1796）

钱伯斯出身苏格兰富商家庭，曾在东印度公司工作，游历过中国，收集了许多中国建筑方面的资料，又在巴黎和罗马留学。他曾先后出版了《中国的建筑意匠》、《东方庭园论》等著作。认为当时的英国风景园中不过是原来的田园风光，而中国园林却是源于自然而高于自然；造园不仅是改造自然环境，而且应该使其成为高雅的供人休憩之地等。钱伯斯的声名显赫及其大力的推崇和提倡，使追求中国园林高雅情趣之风吹遍英伦全岛。

8. 查尔斯·布里奇曼（Charles Bridgeman，1690—1738 年）

他是自然风景式园林的实践者，真正的自然式造园是从他开始的。他首次在斯陀园（Stowe）中应用了非行列式的、不对称的树木种植方式，并且放弃了长期流行的植物雕刻。他是规则式与自然式之间的过渡状态的代表者，其作品被称为"不规则化园林"（Irregular Gardening）。布里奇曼在造园中还首创了称为"哈哈"的隐垣，即在园边不筑墙而挖一道宽沟，既可以起到区别园内外、限定园林范围的作用，又可防止园外的牲畜进入园内。而在视线上，园内与外界却无隔离之感，从而扩大了园的空间感。

9. 威廉·肯特（William Kent，1685—1748 年）

他是第一位完全摆脱了规则式园林的造园家，成为真正的自然风景园林的创始人。肯特也参加了斯陀园的设计工作，他十分赞赏布里奇曼在园中创造的隐垣，并对隐垣进行了改进，把直线改成曲线，并将沟旁的行列式种植改造成群落状，从而使得园与周围的自然地形更为相融。肯特初期的作品还未完全脱离布里奇曼的手法。不久他在园中就摒弃了绿篱、笔直的园路、行道树、喷泉等，他还善于以十分细腻的手法处理地形，使其高低错落有致，令人难以觉出人工刀斧的痕迹。对肯特来说，新的造园准则即完全模仿自然，再现自然。肯特的思想对当时风景园的兴起，以及对后来风景园林师的创作方法都有极为深刻的影响。肯特还是一位画家，受到法、意、荷等国风景画家的影响。肯特还认为画家是以颜料在画布上作画，而造园师是以山石、植物、水体在大地上作画。他的这一观点对当时风景园的设计有极大的影响。

10. 兰斯洛特·布朗(Lancelot Brown, 1715—1783 年)

布朗是肯特的学生,继肯特之后成为英国园林界泰斗,他设计的园林遍布全英国,被誉为"大地的改造者"。由他设计、建造或参与、改造的风景式园林约有二百多处。布朗设计的园林尽量避免人工雕琢的痕迹,以自由流畅的湖岸线、平静的水面、缓坡草地和起伏的地形上散置的树木取胜。他排除直线条、几何形、中轴对称及等距离的植物种植形式。

11. 汉弗莱·雷普顿(Humphry Repton, 1752—1818 年)

雷普顿是 18 世纪后期最有名的风景园林大师,主张风景园林要由画家和造园家共同完成,给自然风景园林增添了艺术魅力。他认为自然式园林中应尽量避免直线,但也反对无目的的、任意弯曲的线条。他也不像布朗那样,排斥一切直线,主张在建筑附近保留平台、栏杆、台阶、规则式花坛及草坪,以及通向建筑的直线式林荫路,使建筑与周围的自然式园林之间有一个和谐的过渡。在种植方面,采用散点式,更接近于自然生长中的状态。他还强调园林应与绘画一样注重光影效果。雷普顿还创造了一种值得赞赏的设计方法,即在他做设计之前,先画一幅园址现状透视图,然后,在此基础上再画设计的透视图,将二者都画在透明纸上,加以重叠比较,使得设计前后的效果一目了然。

虽然雷普顿改进了风景园的设计,将原有庄园的林荫路、台地保留,在高耸建筑物前布置整形的树冠,使建筑线条与树形相互映衬;运用花坛、棚架、栅栏、台阶作为建筑物向自然环境的过渡;把自然风景作为各种装饰性布置的壮丽背景。他这样做迎合了一些庄园主对传统庄园的怀念,并将自然景观与人工整形景观结合起来表现。但他的处理艺术并不理想,正如有人指出的"走进园中看不到生动、惊异的东西"。

雷普顿还出版了不少著作,如 1795 年出版的《园林的速写和要点》、1803 年出版的《造园的理论和实践的考察》、1806 年出版的《对造园变革的调查》、1808 年出版的《论印度建筑及造园》、1810 年出版的《论藤本及乔木的想象效果》及 1816 年出版的《造园的理论与实践简集》等。

13.1.3 英国自然风景园林类型

英国自然式风景园林可以划分为宫苑花园、别墅庄园、府邸花园等三种园林类型。

1. 宫苑花园

宫苑花园的代表作品有布伦海姆宫风景园(Park of the Blenheim Palace)和邱园(Royal Botanic Gardens, Kew)。

(1) 布伦海姆宫风景园 是凡布高于 1705 年为第一代马尔勒波鲁公爵(John Churchill Marlborough, 1650—1722 年)建造的,造型奇特,开始显示出远离古典主义的样式,但是,最初由亨利·怀斯建造的花园仍然采用勒诺特尔式。

1764 年,布郎承接了马尔勒波鲁后人建造风景园的任务,重新塑造花坛地形并铺植草坪,草地一直延伸到巴洛克式宫殿前。布朗又对凡布高建造的桥梁所在地的格利姆河段加以改造,只保留了"伊丽莎白岛",取消两条通道,在桥西面建了一条堤坝,从而形成壮阔的水面。原来的地形被水淹没了,出现两处弯曲的湖泊,在桥下汇合。因为水面漫溢到桥墩上，使桥梁与水面比例更加协调，水景壮美，引人入胜（图13-1）。这一成功的改造也使布朗成功地将巴洛克式的花园改为全新的风景园。

布朗创作的风景园是以几处弯曲的蛇形湖面和几乎完全自然的驳岸而独具特色。通道也不再是与入口大门相接的笔直通道，而是采用大的弧形园路与住宅相切。布伦海姆园林成为风景园的典型范例。

（2）邱园　此园位于伦敦西部泰晤士河畔，18世纪中叶后得到了较大发展。尤其是著名园林建筑大师威廉·钱伯斯在1758—1759年间对邱园的改造。此园与其他风景园不同的是，它是英国的皇家植物园，也一直是世界上令人瞩目的植物园之一，兼具科学性和艺术性。

邱园首先以邱宫为中心，以后在其周围建园，又逐渐扩大面积，增加不同局部（如棕榈温室部分），客观上形成了多个中心。其总体布局为自然风景式，西部有湖面，东部设水池，道路弯曲，将不同景观联系起来。邱园另一特点是建造了具有中国风格的园林建筑，如亭、桥、塔、假山等，为邱园增色不少。

局部的优美环境，自然的水面、草地，风姿美丽的孤植树，茂密的树丛，绚丽多彩的月季亭，千奇百怪的岩石园等，使邱园在园林艺术方面具有很高的观赏价值（图13-2）。而邱园中从欧洲、亚洲、澳大利亚、美洲等世界各地引种的植物，异彩纷呈，复杂多样，如中国的银杏、白皮松、珙桐、鹅掌楸等名贵树木使其在国际植物学方面具有很高地位。

图13-1　经布朗改造，使桥与湖面
　　　　比例有了明显改善

图13-2　邱园棕榈温室旁的自然式景观

2. 别墅庄园

别墅庄园的代表作品有查茨沃斯风景园（Chatsworth Park）和斯陀园（Stowe Park）。

（1）查茨沃斯风景园　查茨沃斯园因其长达4个世纪的变迁史以及丰富的园景而著称。自1570年以来，各个时代的园林艺术风格在此园交汇、调整、改造，具有多样性特征，成为世界上最著名、最迷人的园林之一。

查茨沃斯庄园最早建于15～16世纪，园中现在仍然保留着1570年修建的林荫道和建有"玛丽王后凉亭"的台地。1685年，在法国式园林的巨大影响之下，人们开始大规模地改造查茨沃斯庄园，仅规则式的花园部分，面积就达到48.6公顷。在建造乡村式住宅的同时，又在河谷的山坡上修建花园。当时英国最著名的造园师伦敦与怀斯参与了查茨沃斯庄园的建造，建有花坛、斜坡式草坪、温室、泉池、长达几千米的整形树篱和以黄杨为材料的植物雕刻。花园中还装饰着非常丰富的雕塑作品。

1750年以后，布朗指挥风景园林改建工程，重点是改造沼泽地，同时，也波及一部分原有花园的改造，重新塑造地形，铺种草坪。但布朗没有毁掉园内所有的巴洛克式景点。他保留1694—1695年由勒诺特尔的弟子格里叶（Grillet）建造的"大瀑布"。布朗最关注的是将河流融入风景构图之中，并为之付诸了实际行动。他首先采用比较隐蔽的堤坝将德尔温特河（Derwent）截流，从而形成一段可以展示在人们眼前的水面。随后在河道的一个狭窄处，建造了一座帕拉第奥式桥梁，通向新的城堡入口处的大面积的种植，起伏的地形，弯曲的河流，两岸林园的扩展以及堆叠的土山，能够使人们更好地欣赏德尔温特河流景色。

（2）斯陀园　园主人是考伯海姆勋爵（Lord Cobham，1699—1749年）。由布里奇曼设计，后由肯特作了补充，于18世纪中叶以后又由肯特的学生布朗作了更为自然的改造。它是自然风景式园林的一个杰作，是首先冲破规则式园林框框走上自然风景式园林道路的一个典型实例（图13-3）。

图13-3　布朗绘制的斯陀园透视图

为使花园的构图、形式与城堡建筑一致，在一个世纪的时间里，有许多建筑师和造园师参与工作，并经数次改造。花园规划最初采用了17世纪80年代的规则式，1715年后，花园的规模急剧扩大，园中点缀着一些建筑物和豪华的庙宇，直到1730年之前，斯陀园的风格还是规则式为主，似乎欲与凡尔赛相媲美。

布朗改造过的斯陀园，其特点是：去掉轴线，将原有的中轴线和直线道路都改为自由的曲线，从总体上彻底改变了严整的布局；将湖面做成曲线和小河湾，使湖面更加自然更加富有动感;草坪、树丛进行自然式配置,大片草地碧绿成茵,小块树丛散点成荫,使得新的花园贴近树林,树林贴近自然,这一新风格,人们称它为"Park like";并引进国外灌木、树木和当时世界流行的花木,使树种更为丰富;另外,虽然将规则式园林改为自然式,但仍保留着旧城堡园的痕迹。

3. 府邸花园

府邸花园代表作品是霍华德庄园(Park of the Castle Howard)和斯托海德花园(Stourhead Park)

(1)霍华德庄园(图13-4) 1699年查理·霍华德(Chazb Howad)聘请建筑师约翰·范布鲁爵士(Sir John Vanbrugh,1664—1726年)为其建造一座带花园的府邸,最初为巴洛克式风格,有巨大的穹顶,大量的瓶饰、雕塑和半身像。17世纪末,开始从规则式向风景式园林过渡。

霍华德花园地形起伏变化较大,面积达2公顷多,很多地方显示出造园形式的演变,其中以南花坛的变化最具代表性。府邸东面有带状小树林,称"放射线树林",由曲线形的园路和浓荫覆盖的小径构成路网,通向一些林间空地,中间设置环形凉棚、喷泉和瀑布。直到18世纪初,这个自然的树林与几何形花坛仍然并存,形成强烈的对比效果。

在府邸边缘,有"弧形散步平台",台下方有人工湖,岸边散置着树木,一派田园山水风光。1734年从湖中引出一条河流,沿岸设置"四风神庙""纪念堂""古罗马桥""金字塔"等,金字塔周围是一片辽阔的牧场。

(2)斯托海德花园 这是由园主自己设计建造的府邸花园,这是18世纪中叶在文化素养和革新精神的贵族中间流行的时尚。1717年亨利·霍尔一世(Hemri Hoare Ⅰ,1677—1725年)在威尔特郡买地造府,霍尔二世(Hemri Hoare Ⅱ,1705—1785年)于1741年开始建造风景园。首先将流经园址的斯托尔河截流,在园内形成一连串近似三角形的湖泊。因提升河水入园,好似这河水之首,故称此园为"Stourhead"。它是一座代表英国自然风景式园林的典型实例(图13-5)。

图13-4 霍华德庄园的城堡及罗马桥(版画,1844年)

图13-5 根据霍尔的风景画改绘的斯托海德花园的版画

其总体布局的设计具有如下特点:

1）总体为自然式。布局为自然风景式，各种树木都按自然生态生长，完全去掉了整形的植物。整形的树木在英国用得最多，这也是英国造园的一个特点，对于此种做法不能全部否定。

2）主景突出。中心为一较大湖面，形成开阔的湖色风光，湖中有岛、堤，周围是缓坡、土岗，湖后为大片树林和草坪，沿岸还布置有庙宇建筑，构成了一幅自然风景画面。

3）景色丰富。在湖面的窄处，设有五孔拱桥，桥旁有村庄、园路环湖布置，路边建造形态各异的庙宇，又形成了另一景观。此外，还有洞穴等景观。总之，景色变化丰富。

4）四季皆有景。该园的花木配置，考虑了四季的变化与特点，四季都有不同的景色可以观赏，所以有人称赞此园："其四季自然风光都适合拍照"。

13.1.4 英国自然式风景园的风格特征

首先，英国自然风景式园林的主要宗旨是模仿自然，再现自然。这与中国园林源于自然，表现自然却高于自然有很大的差别。英国风景园林所追求的是广阔的自然风景构图，较少表现风景的象征性，而注重从自然要素直接产生的情感。而中国园林重在对诗情画意的表述和意境的追求，反映一种对自然美的高度凝练概括。这些特征反映了中、英风景式园林的根本差异。

其次，英国风景式园林重在体现自然主义，但也有一定的浪漫主义。英国的不少风景式园林的造园家如雷普顿有着音乐、文学、绘画等多种艺术修养，他强调园林中应尽量不用直线，但也反对任意弯曲的曲线；他还强调园林与绘画虽有一定区别，但一样注重光影效果。绘画评论家普赖斯也反对布朗过分的自然主义，认为应努力地将绘画的意匠再现于庭园之中。

另外，成熟期的英国风景式园林排除直线条园路、几何形水体和花坛、中轴对称布局和等距离的植物种植形式。园内往往利用自然湖泊或设置人工湖，有曲折的湖岸线，或使近处草地平缓，远方丘陵起伏，森林茂密。树木配置以自然式为主，开阔的缓坡草地散生着高大的乔木和树丛，起伏的丘陵生长着茂密的森林。树木不需要人工修剪和整形。树木以乡土树种为主。总之，尽量避免人工雕琢痕迹，以自由流畅的湖岸线、动静结合的水面、缓缓起伏的草地上高大稀疏的乔木或丛植的灌木取胜。

13.1.5 英国风景式园林对欧洲园林发展的影响

18世纪中叶，英国自然风景式园林的形成和发展，否定了统治欧洲长达数千年的规则式园林一统天下的格局，给欧洲园林带来了新气象。欧洲诸国群起而效法，从意大利到德国，从法国到俄罗斯，到处掀起风景式园林高潮。尤其是法国和俄罗斯两国在引入风景式园林的同时，结合本国自然、人文条件，做出了独创性的贡献。法国吸收了英国风景式园林的优点，并受到中国风景式园林的影响，形成了独具特色的"英中式园林"。俄罗斯风景式园林也受到英国和中国风景式园林的影响，并结合本国气候特点，创造出了独具风格的俄罗斯风景园林。下面将分节对法国"英中式园林"、俄罗斯风景园和德国风景式园林作较详细的介绍。

13.2 法国"英中式园林"

13.2.1 法国"英中式园林"的形成

18世纪初,法国绝对君权的极盛时代已成历史,并随着英国自然式风景园林的形成,法国也掀起兴造绘画式风景园林的热潮。由于法国的风景式园林借鉴了英国风景式园林的造园手法,又受到中国园林艺术的影响,形成了一种新的园林风格,被称为"英中式园林"(Jardin Anglo-Chinois)。

但法国园林艺术改革运动和英国园林艺术改革运动却有着不同的特点。在英国,这场艺术革命的目的是为了创造更加美丽的花园,追求一个更适合散步和休息的理想场所。英国贵族毁坏一个规则式花园,目的不是指责建造规则式花园的那个时代,甚至也没有可以责难的人。而在法国,人们却利用这场艺术革命的思想来对抗过去的思潮,甚至仅仅由于对过去喜爱规划式园林的人的憎恨,而憎恨这类花园的形式。当然,贵族们也同样厌倦了持续半个多世纪的豪华与庄重、适度与比例、秩序和规则的风格。他们为了表明自己在艺术品位上的独立性,也选择了自然式风景园林。

法国在否定规则式园林而形成风景式园林的过程中,启蒙主义思想家卢梭(Jean Jacques Rousseau,1712—1778年)、狄德罗(Denis Diderot,1713—1784年)和布隆德尔(Jean Francois Blondel,1705—1774年)等发挥了重要的先导作用。他们把规则式园林和腐朽的封建贵族专制联系起来加以否定,主张学习英国和中国,对园林艺术进行彻底的革命。卢梭因仇恨封建贵族统治的腐朽社会,而仇恨所有规则式花园。启蒙主义思想家狄德罗在他的《论绘画》一书开头第一句话便是"凡是自然所造出来的东西没有不正确的",与古典主义"凡是自然所造出来的都是有缺陷的"观点针锋相对。他提倡模仿自然,同时,他要求文艺必须表现强烈的情感。建筑理论权威布隆代尔在1752年就指责凡尔赛宫,说它"只适合于炫耀一位伟大君主的威严,而不适合在里面悠闲地散步、隐居、思考哲学问题"。

除了启蒙思想家以外,造园先驱们的思想与行动也发挥了重要作用。其中的代表人物是吉拉丹侯爵(Louis-Rene, le marquis de Girardin)。他是卢梭思想的追随者,并将思想付诸实践,按照卢梭的设想于1776年在埃麦农维勒子爵领地上建成了一座风景式园林,这标志着法国浪漫主义风景园林艺术时代的真正到来。吉拉丹完全抛弃了规则式园林,同时他也指责尽力模仿中国式园林的做法,不赞成在园林中有大量的建筑要素。他认为应以画家和诗人的方式,来构筑景观。他强调处理好作为园林背景的周围环境,就像画家对背景的处理那样,应避免过于开阔的地平线。他还提倡使用乡土树种。

虽然,法国风景式造园先驱们的思想和著作与启蒙主义者相比,社会影响力微不足道,但他们对风景式园林的具体形成,却起着实质性的作用。

"英中式园林"在18世纪下半叶曾风行一时,但随着法国资产阶级大革命的爆发和拿破仑战争,给法国带来了更激进的新思潮,到18世纪末,"英中式园林"不再流行。

13.2.2 法国"英中式园林"风格主要特征

由于唯理主义哲学在法国的根深蒂固,古典主义园林艺术作为法国民族的优秀传统没有根本动摇,"英中式园林"仍然借鉴勒诺特尔的某些优秀设计法则,只是花园的规模和尺度缩小了,改变庄重典雅的风格,用小型纪念性建筑取代雕像,使花园更富人情味。

"英中式园林"往往以法国风景画家创作的反映自然景色和园林风光的作品为蓝本,再以造园的手法复制完成。

英国式的草坪花坛取代了色彩艳丽的花坛图案,在整齐精细的草坪边缘,用一些花卉做装饰,显得朴素、亲切、自然。

另外,17世纪中期以后,中国的绘画、工艺、园林深受法国人青睐,在法国风景式园林中出现了塔、桥、亭、阁之类的建筑物和模仿自然形态的假山、叠石、园路;河流迂回曲折,湖泊采用不规则形状,驳岸处理成土坡、草地、间以天然石块,有时在园林中设置石碑、陵墓、衣冠冢、断柱残垣或纪念性建筑等。虽然法国人对中国园林艺术理解还很肤浅,但也表明法国人在学习中国园林创作艺术道路上迈出了重要的一步。

13.2.3 法国"英中式"园林作品介绍

园林代表作品有埃麦农维勒林园(Parc d'Ermenonville)、小特里阿农王后花园(Le Jardin de La Reine du Petit Trianon)、麦莱维勒林园(Prac de Mereville)和莱兹荒漠林园(Desert De Retz)。下面主要介绍埃麦农维勒林园和小特里阿农王后花园。

1. 埃麦农维勒林园(见图13-6)

1763年,吉拉丹侯爵购置下埃麦农维勒子爵领地,并按照风景式园林的原则来改造

图13-6 埃麦农维勒林园城堡前的景观(版画)

这片面积 860 公顷的大型领地。从 1766 年开始，历时十余年，终于在一个由沙丘和沼泽组成的荒凉之地上，创建出一个真正的风景式园林，它是法国最好的风景式园林作品之一（图 13-6）。此园的特点是：

1）园主支持自然风景式造园。吉拉丹和卢梭是朋友，接受他提出的自然风景式园林的构思设想，他还访问过英国，认识了英国造园家钱伯斯等人，支持自然式造园的新思想。

2）总体布局为自然风景式。全园由三部分组成，包括大林苑、小林苑和偏僻之地。主体部分为大林苑，有一较大的水面，还有瀑布、河流、洞屋和丛林等，其布局与形式都为自然式。

3）水面中心有一小岛，岛因建设名人墓穴而著名。岛上种植挺拔的白杨树，建有卢梭墓，1778 年卢梭临终前两个多月是在此园中度过的，此岛因卢梭墓和白杨景观而出名。

4）偏僻之地十分自然。这部分有丘陵、岩石、树林和灌木丛林等，颇具自然野趣。

2. 小特里阿农王后花园

此园的建造分为两个阶段。并因两个阶段园主的喜好不同而具有不同特色。

第一阶段的园主为路易十五，路易十五主要模仿路易十四的凡尔赛宫内特瑞安农宫修建此园，于 1768 年完成，建有温室、花坛及引用了国外树种等，具有植物园特征。在花园的不规则式部分，英国园艺师克罗德·理查德（Claude Richard）为国王收集了许多美丽的外来树种。国王还聘请了当时著名的植物学家尤西厄（Bernard de Jussieu）来管理此园，由此可见路易十五对植物学的兴趣。

第二阶段的园主为路易十六的王后玛丽·安托瓦内特（Marie Antoinette）。路易十六继承王位后，将小特里阿农送给了王后玛丽·安托瓦内特，并为她修建了一座城堡。不久以后，王后对花园进行了全面的改造，使之具有了绘画式风景园的特点。

王后先是要求有一定造诣的植物学家小查理德进行设计，但是小查理德对园林设计并不在行，所以初次的设计并不合王后心意。1774 年，王后在参观了卡拉曼伯爵（Comte de Caramam）的花园后，非常欣赏，并要求为其提交一个方案。小查理德遵循了方案的意见，但负责建筑的建筑师米克（Richard Mique）所做的设计却远离了方案的原意。后来，画家贝尔·罗伯特参与了茅屋的造型、选址及岩石山和其他小型工程等的设计，才弥补了建筑师在这方面造成的不足。

设计者将台地改造成小山丘和缓坡草坪，并在园中布置了"爱神庙"圆亭、假山和岩洞。"爱神庙"建成后不久，王后参观了埃麦农维勒林园后又决定建造一个具自然风格的"小村庄"。10 座小建筑围绕着湖泊精心设计，从湖中引出了一条小溪，溪边建有"磨坊""小客厅""王后小屋"和"厨房"；在湖的另一侧，建有"鸟笼""管理员小屋"和"乳品场"等。

改造后的小特里阿农王后花园最后于 1784 年建成，是法国风景式园林的杰作之一。总体格局为规则式和自然式的混合，入口左面为规划式，右面与后面的大部分为自然式。

13.3 俄罗斯风景式园林

13.3.1 俄罗斯风景式园林的产生

18世纪中叶以后，英国自然风景式园林风靡全欧洲，俄罗斯也深受其影响，开始引入风景园林。俄罗斯风景园林的发展受到英国、中国的风景园林的影响，加之规则式园林需要经常性养护，投资大，成本高，渐为人摒弃，同时叶卡捷琳娜二世对英国自然风景园极为崇拜，积极支持风景式园林的建设活动，这一切促使规划式园林向自然式园林过渡。

当然，俄罗斯造园理论也对俄罗斯风景园的形成起了重要作用。18世纪末出版的一系列造园著作，为自然式园林创作大造舆论。其中代表人物是著名的园艺学家安得烈·季莫菲也维奇·波拉托夫（A. J. Polatov，1738—1833年），他出版了许多关于园林建设和观赏园艺方面的著作。他提出应结合本国的气候特点，创造出具有俄罗斯独特风格的自然风景园林；他承认英国风景园对俄罗斯风景园形成的影响，但主张不能简单模仿英国、中国或其他国家的园林；他强调师法自然，在自身的不断探索中表现俄罗斯自然风景之美。

13.3.2 俄罗斯风景式园林特征

俄罗斯风景园林发展分两个阶段，初期为浪漫式风景园时期，后期为现实主义风景园时期。浪漫主义风景园林中的景点多以风景画家的艺术作品为蓝本，如法国的洛兰、意大利的罗萨、荷兰的雷斯达尔等人的自然风景画。园林打破了直线、对称的构图方式，在充满自然和谐的环境中实现体形结合、光影变化等效果。浪漫式风景园中的植物虽然不再被修剪，但也未能充分发挥其自然美的属性，只是为了衬托景点、突出景色，起着框景或背景的作用。同时，园林景观往往人为创造一些野草丛生的废墟、隐士草庐、英雄纪念柱、名人墓地以及奇形古怪的岩洞、峡谷、跌水等，表现浪漫情调和意境，使游人产生情感共鸣。19世纪上半叶后，第二阶段的现实主义风景园林占主要地位。人们对植物的姿态、色彩和植物群落美产生了兴趣。园中景观不光重视建筑和山水等，也开始重视植物本身。以巴甫洛夫园为表率，俄罗斯园林开始了以森林景观为基础，展现园林自然风光的苍劲、雄奇、豪放之美为风格的作品。

由于气候的差异，俄罗斯大部分地区气候严寒，与英国湿润温暖的海洋性气候有很大的区别。因此，与典型的18世纪英国风景园主要以大面积的草地上点缀美丽的孤植树、树丛为其特色不同，俄罗斯风景园常在郁郁葱葱的森林中，辟出面积不大的林中空地，在森林围绕的小空间里装饰着孤植树、树丛，这种方式有利于冬季防风，夏季遮阳。

另外，在树种应用方面，俄罗斯风景园强调以乡土树种为主，云杉、冷杉、松、落叶松及白桦、椴树、花楸等是形成俄罗斯园林风格不可缺少的重要元素。

13.3.3 俄罗斯风景式园林作品介绍

俄罗斯风景园林以位于彼得堡郊外的巴甫洛夫风景园林（Pavlov Park）为主要代表。巴甫洛夫园位于彼得堡郊外，从始建的 1777 年起到 19 世纪 20 年代的全盛期，几乎经过了彼得大帝以后俄罗斯园林发展的所有主要阶段。因此，俄罗斯自然式园林的两个发展阶段，在这里都留下了明显的痕迹。

1777 年，在巴甫洛夫园只建了两幢木楼，辟建了简单的花园，园中有花坛、水池、中国亭（当时欧洲园林中的典型建筑）等。1780 年由建筑师卡梅隆（Kameron）进行全面规划，将宫殿、园林及园中其他建筑，按统一构图形成巴甫洛夫园的骨干。他还在园中建造了带有廊子的宫殿、古典的阿波罗柱廊、友谊殿堂等建筑。当俄罗斯园林风格转向自然式时，卡梅隆在全园的不少局部中，仍保留了规则式的构图，道路仍采取几何形图案，如星形区、白桦区、迷园、宫前区等。1796 年，园主保罗一世（Paul Ⅰ, 1796—1801 年在位）继承王位后，请建筑师布廉诺（B. Buliánro）进行宫与园的扩建，建设了宫前区及新、旧西里维亚区。此外，还在斯拉夫扬卡建了露天剧场、音乐厅、冷浴室等建筑，新添了许多雕塑及一些规则式的小局部。但这阶段总的说来并不成功。

19 世纪 20 年代，巴甫洛夫园在艺术上达到了最高的境界。巴甫洛夫园地势平坦，原为大片沼泽地，斯拉夫扬卡河弯弯曲曲流经园内，稍加整理后，有的地方扩大成水池；沿岸高低起伏，河岸高处种植松，更加强了地形的高耸感，有时河岸平缓，水面一直延伸到岸边草地上或小路旁；两岸树林茂密，林缘曲折变化；水面及两岸林地组成的空间忽而开朗，忽而封闭，使人心旷神怡，加上植物种植及配置方式的变化，形成一幅幅美妙的构图。

全园以乡土树种为主，成丛、成片人工种植的树林（其中不少是移植的大树），经过若干年后，宛如一片天然森林，并在森林中辟出不同的景区。因此，虽然由于建造年代不同，形成不同风格的局部，但全园却统一于森林景观之中。

13.4 德国风景式园林

13.4.1 德国风景式园林的形成

英国式造园传入德国的时间稍晚于法国，它给德国造园界带来的影响是巨大的。德国风景式造园的产生与德国当时的文艺思潮有着非常密切的关系，诗人与哲学家都充当了它的倡导者。

布罗克斯崇拜汤姆森，并翻译了他的《四季》。与布罗克斯训诫哲学化的自然诗作相反，以写作平和、如画一般的田园诗见长的克雷斯特，在 1749 年模仿《四季》创作了写景诗《春》（Der Frühling）。这两位诗人向德国人灌输了崇尚自然美的观念。接着，直接评论庭园的诗人们也出现了。哈格德隆是倡导德国风景式庭园的第一人，他曾疾呼"尊重自然，远离人工"。杰斯纳是风景式庭园的歌颂者，他说："比起用绿色墙壁造成的迷路、规则齐整、等距种植的紫杉方尖塔来，田园般的牧场和充满野趣的森林更加动人心弦。"诗圣歌德也诞生在德国风景式造园不断发展的年代，受到赫什费尔德的著作及沃利兹所造的庭园的启迪，开始对风景式庭园产生了兴趣，不久以后，他的成果就变成了魏玛林苑的创造。与以往风景式庭园的领导者和评论者不同，他不是一位纸上谈兵者，而是一位实际的造园家。

启蒙时期的哲学家苏尔则在其《美术概论》中指出："造园是从大自然中直接派生出来的东西，大自然本身就是最完美无缺的造园家。"他还主张："正如绘画描绘大自然之美那样，庭园也应该模仿自然美，将自然美汇聚到庭园之中。"著名的森林美学家赫什费尔德也十分爱好造园，并通过研究庭园和英国、法国的造园文献，对造园具有了独特的理解和认识。1773年他首先写出了《别墅与庭园艺术的考察》一书，接着又在1775年出版了短篇论文《庭园艺术论》。后来在1777年到1782年间，又出版了由五卷组成的同名巨著，更明确地创立了他的风景式造园的原理。他在上述著作中已经囊括了风景式造园的所有重要因素，即理论的、美学的、历史的因素。他还向艺术家、业余造园家们出示了大量的风景式造园实例，出版了庭园年鉴，通过评论和具体教授来传播造园思想。按照他的理论，庭园应该激发观者的所有情感，是一种使人得到或愉快或忧愁，或惊奇或敬畏，以及安静平和之感受的设施。他主张所谓"感伤的庭园"。赫什费尔德设想出情感化的庭园，但另一方面他却不完全排斥传统的规则式庭园，甚至还提出要保留林荫道及水工设施，要对实用性庭园加以更充分的关注。他的不足之处就是因为脱离了实际施工，致使他的理论大多无法予以实施。

德国哲学家康德也是一位关注着风景式庭园发展的人。在他的三大批判著作的最后一部《判断力批判》的"艺术的分类"一节中，对庭园做出了如下敏锐的考察"……造园术不是别的，只是用同样的多样性，像大自然在我们的直观里所呈现的，来装点园地（草、花、丛林、树木以至水池、山坡、幽谷），只是另一样地，适合着某一定的观念布置起来的。"

虽然在德国风景式造园的发展初期，就出现了许多指导者和评论家，其中既有赫什费尔德这样的著名美学家，也有歌德这种有独特癖好的实干家，但就是没有职业的风景式造园家。直到18世纪末才出现了斯凯尔，他在德国筑造了许多风景式庭园，同时还将过去仅是工匠工作的造园上升为艺术性的创作。以后，斯凯尔成为受人敬仰的德国风景式造园的创始人，从此德国才真正开始了风景式造园的时代。

1750年9月13日斯凯尔出生在纳绍·威尔堡。城堡领主死后，斯凯尔全家迁居苏维兹因根。斯凯尔直到二十岁才开始学习苏维兹因根的法国式庭园及建筑、数学、制图及语言学等。1773年他在法国一边研究植物学、植物栽培、外国树木种植法、温室建筑法等，一边在凡尔赛宫及推雷瑞埃斯庭园中工作，同年被公费派往英国学习风景式造园。在那里他结识了布朗及钱伯斯等，还参观了邱园、切尔西及其他一些贵族庭园，这使他的造园观念发生了剧变。1776年末，斯凯尔从英国回国后不久，便将施韦青根庭园的西北隅设计成英国式林苑，开始了德国风景式造园的时代。

13.4.2 德国风景式园林的特征

在形成德国风景式园林之前,德国是一个从未有过传统庭园样式的国度,英国风景式园林自然而然地被德国同化,带有更多的德国气息,从而在造园史上形成一种较法国风景式造园更为特殊的样式。

与其他国家的风景式园林不同,德国风景式园林带有明显的感伤主义色彩。18世纪末的德国人对带有废墟的富有浪漫色彩的感伤主义庭园念念不忘,特别是热衷于骑士气氛这种所谓的中世纪情趣,流行于将废弃的荒城纳入作为庭园一部分。还有一些庭园设有寺庙和洞室,还有造成寂寞恐怖感的园林设施等。

另外,德国早期的风景式庭园大部分是从规则式景园改造而来的,除了改造以外,还有不少创新之处。如沃利兹庭园中,被利内公爵命名为"伏尔甘"(Vulcan,希腊的火神)的人造火山,它的外形似平窑,内侧则用彩色玻璃造成,十分明亮。

13.4.3 德国风景式园林作品介绍

1. 沃利兹园(Worlitz Park)

此园在德绍(Dessau),建于18世纪下半叶,完成于19世纪初,为公爵弗朗西斯(Duke Francis)所有。弗兰西斯公爵从1769—1773年建设了这幢避暑府邸,庭园是由公爵的私人造园家休荷、纽马克及建筑师赫塞奇尔按照英国式设计建造的。据说后来爱则尔贝克也参加过这项工程,直到1808年始由休荷之子初步完成。该园的特点有:

1)总体布局为自然风景式设计,开阔的水面位于园的中心,形成对角线构图,并布置大小岛,景观丰富,富有变化。

2)大型水系的成功筑造。庭园基地主要为沼泽地,水系的建造,使庭园大部分为水所覆盖,其中有峡湾,也有纵横交织的水渠,还有岛屿,岛中心建有迷园,变化无穷。

3)小岛仿名胜。在大岛旁模仿建造法国埃麦农维勒的"白杨岛",上面竖立着卢梭的纪念墓碑和胸像。

4)创田园风光。在园的东北部,河流弯曲,架有许多小桥,布置有牧场、田野、林苑,形成宁静的田园风光。

5)有着感伤庭园的特征,有寺庙和洞室,还有造成寂寞恐怖感的地道设施等。池的东面还有"路易莎之岩",它给人一种肃穆庄严之感。

2. 穆斯考园(Muskau Park)

该园在德国穆斯考,建设时间为1821—1845年,设计人即此园所有者帕克勒(Puckler),他是排斥感伤主义庭园的代表人物。帕克勒学法律专业,后弃所学从军,19世纪上半叶对造园广泛进行研究,曾赴美国、英国等地,引进美国树种。他所设计的穆斯考园自然如画,弯曲的河流穿过园的中部,河两边有节奏地布置阔叶树林、美国树林和少量的针叶树林,并点缀一些建筑,构成了不同的林苑景观。建成后,因财力不足,将园让出,但此园成为德国自然风景式园林的一个典型实例。

思考练习

1. 阐述英国风景式园林是怎样形成的?
2. 影响英国风景园产生的代表人物和代表作品有哪些?
3. 试析英国风景式园林的类型及各自特点。
4. 试析英国风景式园林的特征。
5. 阐述法国"英中式"园林是怎样形成的?
6. 试析法国"英中式"园林特征。

第 14 章 西方近代园林（19 世纪）

14.1 欧洲近代园林

14.1.1 欧洲近代园林的诞生

18 世纪后期至 19 世纪初，英国的工业革命（约 1760—1830 年）给英国的社会、经济、思想、文化各方面都带来了巨大的冲击。蒸汽机的发明与新的能源（煤、石油、电）及材料（钢铁）的应用，大大促进了工业发展。新机器代替了手工业，交通运输业日益繁荣，也促进了国际贸易的发展。经济的发展促使了社会结构的改变，产生了以从事体力劳动为主的工人阶级和占有资本财富、工厂、矿山的资产阶级。同时，大量农民由农村涌入城市，加入工人阶级的行列之中，导致了城市的急速扩大。由于这种行为是自发的，缺乏合理的引导，因而给城市带来了许多新的矛盾。城市安全、环境、住宅、交通等问题也纷至沓来。英国是最早开始工业革命的国家，此后，工业革命的浪潮逐渐波及欧洲大陆其他国家，比利时、法国、德国等国家也纷纷采用大机器生产，工业蓬勃发展，经济繁荣兴旺，城市面貌一派欣欣向荣的景象。与此同时，也出现了和英国同样的城市问题。

城市问题尤其是城市环境问题的出现，亟须对已不适应社会发展的造园样式进行革新，这种对过去造园样式的反叛是大势所趋，不可避免的。因此，19 世纪新的园林体系应运而生，新的时代赋予园林以全新的概念，产生了在传统园林影响之下，却又具有与之不同的内容与形式的新型园林。欧洲封建君主政权的彻底覆灭，使许多从前归皇家所有的园林逐步被收为国家所有，并开始对平民开放。在伦敦和巴黎市区里开放的一些原属皇家的园林，成了当时上流社会不可或缺的表演舞台，也是公众聚会的场所，起着类似公众俱乐部的作用。在这些被改造的皇家园林中，有些原来是猎苑的被改建成动物园；有些原来是以观赏或栽培植物为主的被改建成植物园。

除原属皇族的园林对平民开放以外，城市公共绿地也相继诞生，出现了真正为居民设计，供居民游乐、休息的花园甚至大型公园。其实，谈及西方国家的城市公共绿地，其历史可以追溯到古希腊、罗马时代。当时的人们十分重视户外活动，社交活动、体育运动均很发达，随之也产生了城市广场、运动场、竞技场等，其中设置了林荫道、草坪，点缀着花架、凉亭，也布置了雕像、座椅。在神苑和学苑内也有类似的设施。可以说，这是西方早期公共园林的雏形。

当然，还有一些旧的庄园也常常在一定时期对公众开放，不过，这些庄园的主权仍属园主人所有，仍属私园。这些私园为了适应时代发展的要求，也进行了不同程度的革新。所以，在新型园林出现并得以发展的同时，私园也得到了新的发展。除了旧有的私园外，西方资产阶级为追求物质、文化享受，比过去的剥削者更重视园林建设，一个大资本家、富豪常拥有多处、多座私园。而且除继承传统园林外，特别注重园的色彩与造型的艺术享受，建筑富有自由奔放的浪漫情调，造景讲究自然活泼，丰富多彩。在植物方面，自然科学技术的发展，使园林采用新技术如繁育良种、人工育种、无性繁殖等，促进了以花卉植物为主的私园的较快发展。如英国19世纪的私园，不再是单色调的绿色深浅变化，而注重富丽色彩的花坛建造与移进新鲜花木；建筑物的造型、色彩也富有变化；花坛形状多变，且常组成花坛群；除花坛外，园中多铺开阔草地，周植各种形态的灌木丛，边隅以花丛点缀。英国的这类私园是近现代西方私园的典型，对欧美各国影响极大。

14.1.2　欧洲近代园林中的新型园林

新型园林的出现是近代园林发展的一个亮点。欧洲新型园林可分为城市公园、动物园、植物园和城市公共绿地等部分。

1. 城市公园

城市公园多由位于城市中心及周围地区的原皇家园林改为向市民开放游览的公园，也有一部分属于国家在城市及郊外新建的公共园林。代表性作品有英国伦敦市内的肯辛顿园（Kensington Garden）、海德公园（Hyde Park）、绿园（Green Park）、圣·杰姆士园（St James Park）及摄政公园（Regents Park），威尔士的博德南园（Bodnant Garden）；法国巴黎市内的蒙梭公园（Parc Monceau）、蒙苏里公园（Park Montsourie）、肖蒙山丘公园（Parc des Buttes Chaumont）；德国柏林的弗里德里希公园（Friedrich Park）等。

2. 动物园

多由原皇室猎苑改为向市民开放游览的公园，也有一部分是国家在野生动物聚栖且交通便利之地新建的供人们观赏的动物园。1828年，在伦敦的摄政公园，成立了人类历史上第一家现代动物园。此外，具有代表性的动物园还有法国的布劳涅林苑、德国的梯尔园等。

3. 植物园

植物园是利用原来的各种园林或新建园林，以观赏各种植物景观为主，兼有教学科研的目的，并向公众开放的园林。代表性园林有英国的邱园和法国的巴加特尔公园。英国的邱园已在前面英国的风景园林中提到过，作为植物园，邱园在世界上更有名。不过19世纪以前，邱园是以英国皇家风景园林为主，19世纪以来，随着植物引种技术的提高，植物种类的日益丰富，邱园作为英国皇家植物园的地位才最终确定。

4. 城市公共绿地

城市公共绿地包括：各类园林以外的广场、街心花园、绿岛、滨水绿地、赛场或游乐场、居住区小型绿地、工矿区绿地等。

14.1.3 园林作品介绍

1. 摄政公园（Regents Park）

摄政公园位于英国伦敦泰晤士河的北面，原为皇家贵族园林，后对公众开放成为公园。总体格局属自然风景式。园中有自然式水池，池中有岛，水中可划船；岸边园路有曲有直，草地上成丛的树木疏密有序，处处景色各异；园中还有竞技场，供聚会活动的草地；在园中园的玛丽王后花园中设置了露天剧场；园的西部还划出了一块三角形的园地做动物园。此园有笔直的林荫道，但未作成规整的轴线对称式景观。此园南边的肯辛顿园、海德公园、格林公园和圣·杰姆士园，其性质和摄政公园相似，像绿色宝石一样镶嵌在伦敦市，为大众服务、供市民休闲。

2. 博德南特花园（Bodnant Park）

博德南特花园是建于19世纪中叶的一座英国园林，位于威尔士的康威河谷（Conwy）地带。园址为一片山坡，地形起伏，还有山谷、溪流，环境幽美。园中地势东高西低，花园被规划成两大部分，即北部的规则式园林和南部的自然式园林。北部花园顺地势由东向西辟有几个台层，逐层下降，呈规则式布置，颇有意大利文艺复兴早期的风貌。花园南部基本保留了原地形，这里流水潺潺，杜鹃怒放，林木森然，景色古朴自然。

3. 肖蒙山丘公园（Parc de Buttes Chaumont）

这里原来是一处荒漠的山地，从1864年起，经过三年的整修，形成多个景点组成的绘画式园林。从乌尔克运河引水入园，形成溪流、湖泊，围绕四座山丘并且将二十多米高布满钟乳石的山洞做成瀑布景观，水流跌入宽阔的人工湖中。湖面耸立一座五十多米高的山峰，周围悬崖峭壁，山顶建有圆亭，形成全园中心；一座被称为"自殉者之桥"的悬索桥跨越山谷，将岛与湖岸连接起来。游人也可以乘船到达岛上。园中道路长达五千米，所经之地或弯或直，忽高忽低，时而林荫夹道，时而开阔明亮，采用收一放一收的设计原理，构成一条游动的路线，令人游兴不尽。

4. 文森（Bois de Vincennes）林苑和布洛涅（Bois de Boulogne）林苑

文森林苑位于法国巴黎市东郊，布洛涅林苑在西郊，奥斯曼（Haussmann Georges-Eugène Baron，1807—1891）任巴黎市长期间（1853年后）对巴黎市进行改建和绿化时，由爱鲁凡得（Alphand）于1871年在原有基础上建设这两个林苑，各有1000多公顷。基本上沿用英国自然式园林风格，由曲路、直线路、丛林、草坪、花坛、水池、湖、岛组成，在林苑内形成了许多不同景观的活动场所。布洛涅林苑还有由珍稀树种组成的色彩丰富的树丛。我们选择这个实例，主要是说明它在城市中的作用，除自身功能作用外，还起到在城市如人体两个肺的作用，它与城市内公园、绿地、塞纳河绿带联系起来，极大地改善了巴黎市区的生态环境。这种做法，很值得现代大城市效仿。

5. 蒙梭公园（Parc Monceau）

原是巴黎南郊的一个小村庄，1769年建为夏尔特公爵的规则式花园。1773年后，引水入园形成河流、沼泽和瀑布等水景，又设计了起伏的地形，增加许多主题性建筑物，如小堡垒、海战剧场、磨坊、清真寺尖塔、土耳其帐篷、哥特式遗址、火星神庙宇等。此外，园中还有意大利风格的葡萄园、蔷薇园、荷兰式风车等，以法国田园风光为基调，又充满异国他乡情趣。

此后，该园几经变迁，到1860年，公园划归巴黎市政府所有，园内又不断种植一些干形优美、花朵艳丽的花木，增添一些纪念性建筑物，如今仍保留19世纪中叶前的原貌。

14.2 美国近代园林

14.2.1 美国近代园林的产生

1492年，意大利水手哥伦布在西班牙王室的支持下，率领他的船队远航到达美洲，开辟了欧美两大洲航线。从此，欧洲诸国殖民者纷至沓来，而在北美尤以英国人为多。经过不断地拓展殖民地，到18世纪30年代，英国已经在北美大西洋沿岸建立了13个殖民地。在此期间，除英国人以外，也有不少人来自法国、西班牙、葡萄牙、荷兰等国家，另外还有大批来自非洲的黑奴。经过一个半世纪的发展，英属北美各殖民地经济往来日益密切，种族融合、文化交流不断加强，开始形成融多民族因素的美利坚民族。并且随着欧洲启蒙思想在北美的传播，美利坚人民的民族和民主意识与日俱增。

然而，美国成为一个独立国家的时间却很短，直到1776年美利坚合众国才正式成立。在此之前的殖民时期，美国各地只有小规模的宅园，无豪华壮观可言，其形式也基本上反映了殖民地各宗主国园林的特征，称之为早期殖民式庭园。早期殖民式庭园一般由果树园、蔬菜园及药草园组成，园内及建筑周围点缀着花卉和装饰性灌木。18世纪中叶，出现了一些经过规划而建造的城镇，呈现出公共园林的雏形。如波士顿在市镇规划中，保留了公共花园用地，为居民提供户外活动场所，费城在独立广场也建有大片绿地。

19世纪，当美国独立并完成一系列政治、经济、文化改革之后，社会政治、经济进入相对稳定时期，园林才得以快速发展。影响19世纪美国园林发展的两位巨星为道宁和奥姆斯特德。道宁（Andrew Jackson Downing，1815—1852年），他靠自学成才，集园艺师、建筑师于一身，1814年出版专著《园林理论与实践概要》。1850年他去英国访问，英国自然风景式园林给道宁以深刻启示。他也高度评价美国田园风光、乡村景色，强调师法自然，主张给树木以充足的空间，充分发挥单株树的景观效果，表现其美丽的树姿及轮廓。他主持设计的卢埃伦公园成为当时郊区公园的典范，他还改建了华盛顿议会大厦前的林荫道。遗憾的是正值风华正茂的道宁于36岁时不幸溺水身亡。

道宁之后的杰出园林大师是奥姆斯特德（Frederick Law Olmsted，1822—1903年），他继承并发展了道宁的思想。1854年他与沃克斯合作，以"绿草地"为题赢得了纽约中央公园设计方案竞赛大奖，从此名声大振。他科学地预见到由于移民成倍增长，城市人口急剧膨胀，必将加速城市化进程，因此，城市绿化将日益重要，而建设大型城市公园则可使居民享受城市中的自然空间，是改善城市生态环境的重要措施。奥姆斯特德虽然没有留下多少理论著作，但他却主持制定了很多城市公园规划、道路及绿地规划，使美国城市公园建设后来居上，走向世界前列。

近代美国园林在吸收借鉴英国自然风景式园林风格的基础上，结合本国自然地理环境条件，加以独特创造，形成了美国特色的园林风格。近代美国园林不仅为观赏园林艺术之美而创造，更重要的是为公众的身心健康而造。美国在公园建设方面还表现其独创性，美国率先兴起的国家公园，与传统欧洲园林有较大差异，没有明显的继承性。美国的国家公园以冰川、火山、沙漠、矿山、山岳、水体、森林和野生动植物等自然资源保护为主，兼及人文资源的保护，即在科研、美学、史学等方面有价值的资源都给予保护。另外，美国在城市园林绿地建设中，把公园和城市绿地纳入一个体系进行系统规划建设，从而产生城市生态规划，这对欧洲乃至世界城市绿地园林建设的发展都有着重大意义。

14.2.2 美国近代园林的类型

1. 城市公园

与欧洲城市公园产生背景不同，最早的欧洲城市公园大部分是由原皇家园林改建的，而美国因为没有悠久的历史，城市公园多是由政府利用公共土地为普通市民创建的娱乐、休闲场所。

除了奥姆斯特德设计的纽约中央公园外，还有蒙特利尔的皇家山、波士顿的富兰克林公园及布鲁克林的展望公园等优秀作品。

2. 城市园林绿地系统

城市公共绿地如城市广场、滨水绿地、学校周围等公共绿地起源于欧洲，但是把城市园林绿地作为一个系统考虑却是美国人开创先河。城市园林绿地系统创新于美国并从美国流行开来。绿地系统规划的发展促进了城市生态规划的产生，并对欧洲产生了巨大影响。

美国的城市绿地系统中以"翡翠项链"规划最为突出。蓝色的水是宝石，绿色的树是项链。如从1881年起，奥姆斯特德设计波士顿公园时，就将此公园与其他城市绿地作为一个系统来统筹考虑。从富兰克林公园到波士顿公园再到牙买加绿带，蜿蜒的城市绿地如项链般围绕着城市，城市绿地并与查尔斯河相连，构成了以"翡翠项链"闻名遐迩的城市绿色走廊。这一规划不仅对提升城市环境景观，还对维持城市的生态平衡都有着十分重要的意义。

继波士顿公园系统之后，芝加哥、克利夫兰、达拉斯等城市也竞相仿效，欧洲不少国家也陆续建立起自己的城市绿地系统，从而大大推进了城市生态系统的良性循环。

3. 国家公园（National Park）

国家公园是19世纪诞生于美国的又一种新型园林。19世纪末，随着工业高速发展，大规模地敷设铁路、开辟矿山，美国西部大片草原被开垦，由于肆意砍伐，茂密的森林遭到严重破坏，以致大量生活在这片富饶土地上的动物失去了赖以生存的栖息之地，植物群落也遭到破坏。当时，一些有识之士因预感到将会出现的可悲后果而大声呼吁，阐述保护自然的重要性，引起了政府的重视，遂于1872年，由当时的美国总统格兰特（Ulysses Simpson Grant，1822—1885年）签发了建立世界上第一个国家公园——"黄石国家公园"（Yellowstone National Park）的决定。建立国家公园的主要宗旨在于对未遭受人类重大干扰的特殊自然景观、天然动植物群落、有特色的地质地貌加以保护，维持其固有面貌，并在此前提下向游人开放，为人们提供在大自然中休息的环境。同时，也是认识自然、对大自然进行科学研究的场所。

美国著名的国家公园有黄石国家公园、大峡谷国家公园（Grand Canyon National Park）、夏威夷火山国家公园（Hawaii Volcanoes National Park）和红杉国家公园（Sequoia National Park）等。其中以黄石国家公园最为有名。黄石国家公园是美国最大（占地88.87万公顷）的国家公园，它以天然喷泉众多而吸引游人，有的喷泉高达90米，有的以水温高而具特色。还有一些间歇喷泉十分有趣，如"老忠实泉"有规律地每隔33~39分钟喷水一次。

虽然美国历史很短，所谓的古迹，与历史悠久的欧洲及东方的中国、印度无法相比，然而，他们对于古迹的尊重态度却是值得推崇、赞誉的。至今，美国已有40个国家公园，国家公园系统占地总面积约1254万公顷，约占美国国土面积的1.39%，每年接待来自美国及世界各地的游人有2亿之多。

14.2.3 园林作品介绍——纽约中央公园

1857年，奥姆斯特德在纽约市中心修建了美国第一个城市大公园——中央公园。当时，公园面积为340公顷，公园最惹人注意的是中央大草坪，还安排了各种活动设施，并有各种独立的交通路线，有车行道、骑马道、步行道及穿越城市的公交路线等。

该园特点是：

1）与城市关系密切。位于纽约曼哈顿岛中心部位，改善了城市中心的环境，又便于市民来往。

2）保护自然的观点。总体布局为自然风景式，利用原有地形地貌和当地树种，开池植树。

3）视野开阔。中间布置有几片大草坪，游人可观赏到不断变化的开敞景观。

4）隔离城市。在边界处种植乔木、灌木，不受城市干扰，进入公园就到了另外一个空间环境。

5）曲路连贯。全园道路随景观变化做成曲线形，且曲路连通可游览整个公园。

14.3 近代园林风格及特征

1）继承优秀园林文化，改造历史遗留园林，使之适应公众游憩娱乐，是近代欧洲园林的根本特征。

19世纪以前，尤其是文艺复兴以来，西方园林已经历了许多不同类型风格的阶段发展，积累了丰富的造园经验，有不少的造园风格或形式对欧洲乃至全世界都产生过深远的影响。所以处于过渡时期的19世纪园林首先是对传统优秀文化的继承。

文艺复兴时期的意大利园林，其主要成就在于将建筑学中相关的比例、尺度、均衡、协调等美学原理，以及空间设计、视角处理等手法应用于园林之中，使其达到了前所未有的艺术上的辉煌。这一时期的造园家多为建筑师，他们将庭园作为建筑的室外延伸部分，使园林与建筑相互协调，融为一体。17世纪法国古典园林在继承文艺复兴时期意大利园林艺术精华的基础上，结合本国自然风貌及其时代特点，使园林走出庄园的狭小范围，并摆脱了完全依附于建筑的从属地位，成为相对独立的艺术形式，进而以园林表现一代君主的权势、威力，甚至使凡尔赛成为极盛时期法兰西的象征，这种风格对欧洲各国园林产生了巨大影响。18世纪英国自然风景园的产生，则是西方园林史上的一次重大变革，它改变了自古希腊、罗马以来一千多年在西方园林史上占统治地位的规则式园林风格。如果说16—17世纪的意大利、法国园林由于建筑师的参与，并将建筑学原理应用于园林设计之中，大大提高了园林的艺术水平，那么，18世纪的英国自然式风景园则首次吸引了众多的文学家、哲学家、诗人、画家的参与。他们从理论上抨击规则式园林，歌颂自然，在这场园林艺术的重大变革中起到了举足轻重的作用。就其对后世园林艺术的影响来说，18世纪英国自然风景园比其他时期的园林，有着更重要的作用。

所以，19世纪的园林在造园风格和形式上没有出现太多惊人变化，更多的是循着历史的发展脉络，吸收了文艺复兴及古典时期的优秀传统，承继了18世纪英国风景园林的风格特点。然而，由于时代政治、经济的快速发展，促使了社会结构的重大改变，一些历史遗留下来的园林即使是优秀园林也需加以适当改造，才能适应公众的要求。

2）为适应时代发展的要求，出现了新的园林类型，并更关注普通市民的需要。

国家公园、城市公园、动物园、植物园、公共绿地等都是为适应时代发展要求而出现的新型园林类型。

19世纪以前的造园活动绝大部分是皇家、贵族或有钱人士发起的，对园林的享受也似乎成了他们的专利。随着工业革命的到来，资本主义革命终于导致欧洲君主政权的覆灭。普通平民享有更多的民主、自由的权利，成为园林的主要欣赏群体之一。一些原属皇室的园林得以向平民开放，成为公园。另外，为缓解城市矛盾，也建立了一些城市公共绿地。同时，在美国率先兴起的国家公园，不论是产生背景、立意，还是内容、形式、功能，都与西方传统园林有着很大的差异，没有明显的继承性，而更多地呈现出创新的特点。

3）植物的引种驯化和大量建造植物园也是19世纪园林发展的一个趋势。

对植物的关注已有悠久的历史。古希腊、罗马时代，在帝王及贵族中间已开始有了对异地植物的兴趣，战胜国的首领往往从国外带回各种罕见的植物，并把它作为一种战利品的象征。这可算作最早、最原始的引种驯化工作了。16世纪中叶，在意大利威尼托的帕多瓦大学已设立了搜集多种植物、按分类布置的植物园。然而，大规模地引种驯化、搜集植物种类和品种却是从18世纪末开始的。1759年英国邱园的兴建，在当时的欧洲产生了强烈的轰动效应。从建园到1789年的30年间，搜集植物达5000种，至1810年又增加了一倍。交通及航海事业的发达，使引种工作更为顺利。此外，英国在世界各地殖民统治地位的加强，也使各大洲的植物源源不断地涌入英国。此后，欧洲及北美各国也相继建造了规模庞大的植物园。植物园内又兴起了各种专类园，如月季园、鸢尾园、宿根花卉园以及岩石园、水生植物园等，大大丰富了植物园的内容。

另外，植物种类的增加，使植物对园林外观的改善作用越来越明显，也使造园者开始更加重视园林中植物的运用。而且随着生态园林理论的引入，人们更加注意植物的生态习性，植物园中不仅按分类布置植物，而且要求按自然生态习性配置植物。英国园林师巴里（Sir Charles Barry，1795—1860年）和帕克斯顿都对按生态习性配置植物的做法十分重视，在他们设计的园林中，不仅在植物园内，在一般园林中，也随园内不同地势（山坡、溪谷）、不同朝向（向阳或背阴）、各种土壤及不同的小气候条件布置不同的植物，这种做法开始成为园林设计的一种新时尚。因此，许多植物学家也加入到造园家的行列中，同时，也要求造园家在植物学方面有更深的造诣。

对园林中植物配置的关注促进了园林植物设计法则的形成，并已逐渐形成一个专门的学科。植物配置既要符合植物自然条件、生态条件和植物生长的要求，又要体现美的原则，在花、叶的色彩，树木的体型、轮廓等方面，相互之间既要有对比也要有调和，植物风格要与建筑造型协调，使植物配置不仅成为使园林绿化的手段，还成为使园林美化的重要途径。

思考练习

1. 试析西方近代园林风格与特征。
2. 试析欧洲新型园林的类型有哪些？
3. 阐述美国国家公园是怎样诞生的？

第 3 部分 西亚园林史

第 15 章 古代西亚园林

15.1 美索不达米亚的造园

15.1.1 美索不达米亚概况

世界最早的文明之一——美索不达米亚文明（又称两河文明）发源于底格里斯河和幼发拉底河之间的流域。美索不达米亚，希腊语意思就是"两河之间"，是古巴比伦的所在，即在今伊拉克共和国境内。

前4000—前2250年是美索不达米亚文明的鼎盛时期，《旧约全书》称其为"希纳国"。两河沿岸因河水泛滥而积淀成肥沃土壤，史称"肥沃的新月地带"。由于两河不像尼罗河一样是定期泛滥的，所以确定时间就必须靠观测天象。住在下游的苏美尔人发明了太阴历，以月亮的阴晴圆缺作为计时标准，把一年划分为12个月，共354天，并发明闰月，与太阳历相差11天。前4000年，苏美尔人最早发明了表意和指意符号的象形文字，因为这种文字大多刻在砖、石或泥板上，起笔重而印痕较深，成尖劈形，形似木楔，所以被称为楔形文字。前3500年出现了城市，实行奴隶主统治。奴隶主为追求物质和精神享受，修建了形式多样的园林。

前4000年，最早生活在这里东南部的苏美尔人和西北部的阿卡德人，建立了奴隶制国家，创造出辉煌的文化。大约前1900年，来自西部的阿莫里特人征服了整个美索不达米亚地区，建立了强盛的巴比伦王国。都城设在幼发拉底河下游的巴比伦城，是当时两河流域的文化与商业中心。著名的汉谟拉比（前1792—前1750年在位）是巴比伦第一王朝的第六位国王，他统一了分散的城邦，疏浚沟渠，开凿运河，使国力日益强盛。同时也大兴土木，建造了华丽的宫殿、庙宇及高大的城墙。汉谟拉比死后，国力日衰。北部的亚述人趁机摆脱了巴比伦的控制，宣告独立，并在约前8世纪征服了巴比伦，统一了两河流域。以后，迦勒底人又打败了亚述人，建立了迦勒底王国。国王尼布甲尼撒二世（前604—前562年在位）统治时期为其鼎盛时期，巴比伦城再度兴盛起来，成为西亚的贸易及文化中心，城市人口曾高达10万人。尼布甲尼撒二世大兴土木，修建宫殿、神庙，在他死后国力渐衰。前 539 年，波斯人占领两河流域，建立了波斯帝国（约前 550 年—前 330 年）。前 331 年，罗马的亚力山大大帝最终使巴比伦王国解体。

古代巴比伦文化也是两河流域的产物。在河流形成的冲积平原上，林木茂盛，加之温和湿润的气候，使这一地区十分美丽富饶。两河的流量受上游地区雨量的影响很大，有时也泛滥成灾。一马平川的地形，使这里无险可守，以至战乱频繁。

15.1.2 美索不达米亚园林类型

美索不达米亚园林有猎苑、圣苑和宫苑三种主要的类型。

1. 猎苑

与古埃及园林为人工的规则式相反，在天然森林资源丰富的两河流域，却发展了以森林为主体、以自然风格取胜的园林，以狩猎为主要目的的猎苑。美索不达米亚的居民崇拜参天巨树，也渴求绿树浓荫，生活与猎苑息息相关。

前 8 世纪后半叶，各亚述先王用文字绘画记载了猎苑的情形，亚述人十分热衷于人造山丘、台地，将宫殿建在大山岗上，或将礼拜堂、神庙等设在猎苑内的小丘上。建筑物都有露天的成排小柱廊，近处有河水流淌，山上松柏成行，山顶还建有小祭坛（图 15-1）。

图 15-1 宫殿浮雕中描绘的猎苑

2. 圣苑

埃及由于缺少森林而将树木神化，古巴比伦虽有郁郁葱葱的森林，但对树木的崇拜之情却也毫不逊色。在远古时代，森林便是人类躲避自然灾害的理想场所，这或许是人们神化树木的原因之一。出于对树木的尊崇，人们常常在庙宇周围呈行列式地种植树木，形成圣苑。

亚述国王萨尔贡二世的儿子辛那赫里布建造了祭祀亚述历代守护神亚述尔的神庙。神庙四周造有神苑，该遗址面积为 1.6 公顷。在建筑物的前面，沟渠绕墙，并排流淌小水溪。岩石地上有许多圆形古穴址，它们深入地下 1.5 米，周围树木成行。在如此幽深的神苑的环抱之中，亚述尔神庙昂然挺立。神苑内对称地种着成排的树木，这与古埃及庭园的植树法非常相似。

3. 宫苑

传说中的巴比伦空中花园，始建于前7世纪，被列为古代世界七大奇迹之一。空中花园实际上是一个筑造在人造石林之上，具有居住、游乐功能的园林式建筑体（图15-2）。

图15-2 空中花园复原图

千百年来，关于"空中花园"有一个美丽动人的传说。新巴比伦国王尼布甲尼撒二世娶了米底的公主米梯斯为王后。公主美丽可人，深得国王的宠爱。可是时间一长，公主愁容渐生。尼布甲尼撒不知何故，公主说："我的家乡山峦叠翠，花草丛生。而这里是一望无际的巴比伦平原，连个小山丘都找不到，我多么渴望能再见到我们家乡的山岭和盘山小道啊！"原来公主害了思乡病。于是，尼布甲尼撒二世令工匠按照米底山区的景色，在他的宫殿里，建造了层层叠叠的阶梯式花园，上面栽满了奇花异草，并在园中开辟了幽静的山间小道，小道旁是潺潺流水。工匠们还在花园中央修建了一座城楼，矗立在空中。巧夺天工的园林景色终于博得公主的欢心。由于花园比宫墙还要高，给人感觉像是整个御花园悬挂在空中，因此被称为"空中花园"，又叫"悬苑"。当年到巴比伦城朝拜、经商或旅游的人们老远就可以看到空中城楼上的金色屋顶在阳光下熠熠生辉。所以，2世纪，希腊学者在品评世界各地著名建筑和雕塑时，把"空中花园"列为"古代世界七大奇迹"之一。从此以后，"空中花园"更是闻名遐迩。

巴比伦空中花园的绝妙之处除了它奇特的构思和精美的工艺之外，还有设计巧妙的供水系统。在这个干旱少雨的地方，要满足花园内植物所需的水分和水池、溪流以及喷泉所需的用水，必定要在整体设计时就将供水系统考虑进去，而巴比伦空中花园的供水系统十分完美，它采用的是一种螺旋装置的供水设备，使用的时候，奴隶们不停地摇动连接着螺旋叶片的把手，水便会从河流中被旋状叶片汲起，经由隐藏的通道流向花园，再经人工河流返回地面。另一个难题是在保养方面，因为一般的建筑物，要长年抵受河水的侵蚀而不塌下是不可能的，由于美索不达米亚平原没有太多石块，研究人员相信空中花园所用的砖块是与别处不同的，它们被加入了芦苇、沥青及瓦，更有文献指出石块被加入了一层铅，以防止河水渗入地基。

15.1.3　美索不达米亚园林风格与特征

从美索不达米亚园林的形成及其类型来看，美索不达米亚园林深受当地自然条件、宗教思想、工程技术发展水平的影响。

美索不达米亚处于两河流域，这里雨量充沛，气候温和，茂密的天然森林广泛分布。人们眷恋过去的渔猎生活，造成以狩猎娱乐为主要目的的猎苑。苑中有许多人工种植的树木，品种主要有香木、意大利柏木、石榴、葡萄等，豢养着各种用于狩猎的动物。

两河流域多为平原地带，人们十分热衷于堆叠土山，用于登高瞭望，观察动物的行踪。有些土山上还建有神殿、祭坛等建筑物。在森林茂密的美索不达米亚，人们对树木同样怀有极高的崇敬之情。因此，古巴比伦的神庙周围常常建有圣苑，树木呈行列式种植，与古埃及圣苑的情形十分相似。耸立在林木幽邃、绿荫森森的氛围之中的神殿，具有良好的环境，树林也加强了其肃穆的气氛。

美索不达米亚的宫苑和宅园，最显著的特点就是采取屋顶花园的形式。在炎热的气候条件下，起到通风和遮阳的作用。空中花园被誉为古代世界七大奇迹之一，就是建造在数层平台上的屋顶上，反映出当时的建筑承重结构、防水技术、引水灌溉设施和园艺水平走在世界的前列。

15.2　古波斯园林

15.2.1　古波斯概况

前6世纪，古波斯兴起于伊朗西部高原、波斯湾东岸。居鲁士大帝统一古波斯部落，建立阿契美尼德王朝（前550—前330年），被称为波斯第一帝国。居鲁士大帝于前553—前550年击败了当时统治波斯的米底王国，使波斯成为一个强盛的君主制帝国。居鲁士大帝先后征服了吕底亚王国、巴比伦城等地区，仅用了20年的时间，就建立了一个庞大的波斯奴隶主帝国。前529年，居鲁士死于一次部落战争。大流士一世（前522—前486年在位）时，波斯帝国国力日益强盛，并入侵希腊。前479年，波斯人被驱赶出希腊全境。至前330年，波斯的独立地位被亚历山大大帝军队推翻。古波斯阿契美尼德王朝是当时世界上版图最大的帝国，也是第一个地跨亚欧非三洲的帝国。

3世纪初安息帝国的一个地方总督的儿子阿尔达希尔一世由于扩张地方势力而和帝国开始战争。经过战争，阿尔达希尔一世推翻安息帝国并杀死国王，于224年正式建立萨珊王朝，226年迁都泰西封。萨珊王朝因阿达希尔的祖父而命名。波斯人自古波斯阿契美尼德王朝这个古代君主制国家之后的再次建国并统一，被认为是波斯第二帝国。

古波斯充分吸取了埃及文化和两河流域文化的优秀成果，创造了灿烂的波斯文化，最突出的特点就是其文化折衷性。古波斯文化发达，都城波斯波利斯是当时世界上有名的大城市，对周边国家、地区的经济、文化影响很大。波斯花卉发展最早，资源丰富，后传入世界各地，是亚洲造园的发祥地之一。

15.2.2 古波斯园林类型

古波斯园林大致包括游猎园、宫苑、庭园等园林类型。

1. 游猎园

古波斯人的祖先经历了原始狩猎生活方式，进入农耕文明以后，狩猎作为获取生活资料的主要方式已经走出了历史舞台，但是奴隶主们仍然怀念过去的狩猎生活，狩猎便演化成了一种娱乐活动，为此，他们圈地造园，圈养动物，作为狩猎活动的游猎园，与巴比伦的猎苑极为相似。

2. 宫苑

波斯的大型建筑不是神庙，而是宫苑。它们不是用来赞美神，而是颂扬"王中之王"，体现出波斯建筑的纯世俗性质。波斯建筑采用带沟槽的圆柱和浮雕，前者源于希腊，后者则与亚述人的浮雕相似。其最著名的宫苑是大流士和薛西斯在波斯波利斯的王宫，这座王宫是仿卡纳克神庙建造的，中间是一座接见贵族百官的宏伟百柱大厅，周围则有数不清的房间供官衙办事及宦官、后妃居住之用，并设有水池、喷泉等景观设施。

3. 庭园

庭园是古波斯最典型的园林形式，开创了伊斯兰园林的先河。由于历史久远，今天并没有保存下来的庭园作品，只是在萨珊王朝科斯洛一世时期流传下来的地毯上绣有当时庭园的景象。庭园呈长方形，周围是矩形花坛、草坪、沟渠、柏树、果树等。中央有矩形水池，四条规则水池渠流向四方。在园路的交叉点上，设置了用青瓷砖镶边的浅水池，以及缭绕着蔓藤的圆亭，这种园林布局成为后世伊斯兰园林的原型。

古波斯庭园中最著名的是天堂园。古波斯天堂园通常面积较小，四周有围墙，外观显得比较封闭，类似建筑围合的中庭，与人的尺度非常协调，内设十字形的林荫路，构成中轴线。中轴线将园林分成四个区域，栽花种草，十字形林荫路交汇点处设中心水池，象征天堂，故名"天堂园"。

15.2.3 古波斯园林风格特征

1）波斯地处荒漠高原，气候干旱，水显得非常珍贵，不仅种植植物需要水，而且增加湿度、改善环境小气候更需要水，所以水成为波斯园林中重要的造园要素。干旱气候下，为保证植物的正常生长，灌溉成为关键，特殊引水系统成为园林的一个特点。人们利用山上的雪水，通过地下管道引入园林，以减少地表蒸发，在需要的地方，从地表打井至地下管道处，再将水提上来。由于水的珍贵性，波斯园林中的水景，放弃了大面积的水体形式，而采用盘式涌泉，泉水几乎是一滴一滴地跌落。水池之间以狭窄的明渠连接，坡度很小，偶有小水花。

2）波斯园林建筑通常是世俗性建筑，而非神庙。建筑风格吸收了疆域内各种风格的建筑特色，兼收并蓄，是一种典型的折中风格。

3）古波斯民族酷爱绿荫，在庭园的土墙内侧都密植绿荫树，主要树种有蔷薇、悬铃木、橡树、柏树、松树、箭杆杨、柳树、柑橘、合欢等。

思考练习

1. 简述美索不达米亚园林风格特征。
2. 分析巴比伦空中花园的主要特点和成就。
3. 简述古波斯园林风格特征。

第 16 章 伊斯兰园林

伊斯兰教在 7 世纪由麦加人穆罕默德创立,在阿拉伯半岛上首先兴起,伊斯兰(al - Islam)系阿拉伯语音译,原意为"顺从""和平",指顺从和信仰创造宇宙的独一无二的主宰安拉及其意志,以求得两世的和平与安宁。7 世纪上半叶,半岛各部落相继归信伊斯兰教,承认穆罕默德的领袖地位,基本上实现了阿拉伯半岛的政治统一。阿拉伯帝国形成之后,作为先知继承者的哈里发们为了巩固自己的统治,并满足阿拉伯人对商路和土地的要求,掀起了长达一百多年的扩张运动。在鹰旗旗帜下,沙漠中的阿拉伯人游牧民族开始了征服世界的行动。阿拉伯人以惊人的速度崛起于拜占庭和波斯的南部边疆,他们不断扩张,建立了一个地跨亚、欧、非三大洲的封建军事帝国,极盛疆域达 1340 万平方千米。7—17 世纪,在伊斯兰的名义下,曾经建立了倭马亚、阿拔斯、法蒂玛、印度德里苏丹国家、土耳其奥斯曼帝国等一系列大大小小的封建王朝。

伊斯兰园林是世界三大园林体系之一,是古代阿拉伯人在吸收两河流域和波斯园林艺术基础上创造的,以幼发拉底、底格利斯两河流域及美索不达米亚平原为中心,以阿拉伯世界为范围,以叙利亚、波斯、伊拉克为主要代表,影响到欧洲的西班牙和南亚的印度,是一种模拟伊斯兰教天国的高度人工化、几何化的园林艺术形式。阿拉伯人原属于阿拉伯半岛,7 世纪随着伊斯兰教的兴起,阿拉伯人建立了横跨欧、亚、非的阿拉伯帝国,形成了以巴格达、开罗、科尔多瓦为中心的伊斯兰文化,伊斯兰园林形式随之遍及整个伊斯兰世界。它与古巴比伦园林、古波斯园林有十分紧密的渊源。

伊斯兰园林以阿拉伯半岛为中心,遍布亚非,波及欧洲。阿拉伯地区常干旱缺水,而其植物资源却很丰富。在沙漠弥足珍贵的绿洲中,伊斯兰庭院是《古兰经》中美丽而富足的天国象征,有着十字交叉的河流、可供遮阴或观赏的植物,是伊斯兰园林典型的园林形式。

16.1 波斯伊斯兰园林

16.1.1 波斯伊斯兰园林概况

波斯的造园是在气候、宗教、国民性这三大因素的影响下产生的。首先,由于波斯地处风多荒瘠的高原,气候多干旱、酷暑,因而水成为庭院中最重要的元素,储水池、沟渠、喷泉等各种水景设施支配着庭院的构成。其次,宗教也影响着庭院的设计。古波斯人信仰的拜火教认为,天国中有金碧辉煌的苑路、丰硕的果实、盛开的鲜花和华丽的凉亭;征服波斯的阿拉伯人也在拜火教徒中宣扬穆罕默德的宗教信仰。中世纪波斯庭院中的果树、花卉、凉亭及一些相连的小庭院等,即是对穆罕默德教文化和拜火教宗教文化的融合。至于国民性，最好的体现就是波斯人都喜欢绿荫树，他们将绿荫树密植在高大的土墙内侧，以获得一种独占感并防御外敌。

波斯伊斯兰园林的主题来自美索不达米亚神话，即生命中有四条河流；同时，波斯伊斯兰园林还深受古波斯园林艺术的影响。多方因素的交汇融合催生了经典的波斯伊斯兰园林形式。伊斯兰园林样式在中世纪的发展受到波斯文化很大的影响，自从波斯7世纪初被阿拉伯人所灭，一种可称之为"波斯阿拉伯式"的新样式由此产生。大量波斯文化的加入，以及其他被征服国比如叙利亚、北非的文化，使阿拉伯人迅速吸收了充足的营养，从而形成自己独特的园林风格。从古波斯时代开始就流行的花园样式是花圃陷在水渠和渠边道路的平面之下，这种风尚一直被伊斯兰园林传承，在后来的西班牙安达卢西亚尤其盛行。

在伊斯兰世界的园林中，"天国花园"的概念随处可见。宫廷的富丽、国家的荣耀和花园建造技术的娴熟手艺都与追求天国花园的美好梦想有关。伊斯兰园林，既包含向往天国的文学主题，又是理想化的乐园，它被设计成满足奢侈安逸和感官快乐的场所，提供佳肴、美酒、音乐、芳香以及感官上的愉悦。

波斯和美索不达米亚为伊斯兰园林提供了原型。早在前6世纪，阿契美尼德王朝的行政中心就已经出现了以水为中轴，有围墙的花园。5—6世纪，在美索不达米亚和叙利亚出现了郊外花园和动物花园。阿拔斯王朝836—892年的首都萨马拉位于巴格达北约120千米处，建有大量宫殿和花园，极尽规模及奢华，是整个伊斯兰宫殿花园建造史的分水岭。这时的伊斯兰宫殿都围起宽大的庭院，花园被水道分割，点缀着喷泉和水池。

这些伊斯兰园林都有一个确定的中心，那里是一个喷泉，泉水从地下引来，喷出之后沿着十字形的水渠向四方流出。十字水道将庭园分割成四部分，这四个方向的水渠代表《古兰经》中自天堂流出的水、乳、酒、蜜四条河；水有时从四个方向流回到中心源泉，象征着来自宇宙四个角隅的能量又返回这个中心。在沙漠弥足珍贵的绿洲中，有十字交叉的河流从中流过，伊斯兰庭园正是《古兰经》中美丽而富足的天国象征。

16.1.2 波斯伊斯兰园林类型及园林作品介绍

波斯伊斯兰园林主要有水法园、王宫庭园、别墅园、城堡等。

1. 水法园

阿拉伯地区自然条件近于波斯，干旱、少雨、多沙漠，故把水看得极为珍贵。伊斯兰园林中充分发挥水的作用，对水特别爱惜和敬仰，甚至神化起来，一点一滴都要蓄积入大大小小的水池之中，或穿地道，或掘明池，延伸到各处有绿地的地方，水法由西班牙传到意大利后，得到发展，更加巧妙和壮观。

2. 王宫庭园

王宫庭园是波斯伊斯兰园林主要的类型。

（1）柴哈尔园 萨非王朝的阿拔斯一世移居伊斯法罕城（今伊朗境内），建造了马依坦公园广场，广场两边为有名的"柴哈尔园"。根据17世纪法国旅行家夏尔丹的记述，其大路中央有沟渠，沟渠两侧是逐级登临低而宽的台地，在各个台地上都有宽阔的水池，水池的大小和形态各异。沟渠和水池的边沿上，都用石头镶有两人并列般宽的边，水都自高处台地向低处成瀑布状落下。在栽着行道树的大路两端，各置一个园亭，成为路的终点。马依坦公园广场与柴哈尔园之间，有宽广的方形宫殿区，建有各种园亭，位于庭园的四周，其中有被称作"四十柱宫"的建筑，17世纪毁于火灾，由阿拔斯一世按原貌重建。园亭为长方形，有围墙围绕，并带有前廊。前廊有三排柱子，每排有6根，支撑着木结构的屋顶。沟渠环绕园亭，并从亭中流过，然后贯穿全园。庭园被规则的花坛划分，其间有栽有行道树的路。

(2) 伊拉姆园 在波斯文化名城设拉子（今伊朗境内）附近有很多知名的庭园，波斯著名诗人哈菲兹称颂设拉子是"到处都有橡树围着、绮丽、有小溪的庭园"。伊拉姆园就是其中的一座。"伊拉姆园"原意是阿拉伯语"庭园"的意思，因《古兰经》中的阿拉伯传说中的庭园叫作"用柱子装饰的伊拉姆"而沿用。

伊拉姆园以橘林而著称。长而笔直的柏树林荫道，给到访者以热情款待的印象。平面构图上，最显眼的是长轴，庭园的一切情趣都是沿着长轴布置，在其两侧均衡地密植着柑橘树，果园都可得到灌溉。

(3) 法萨巴德园 位于大不里士城（今伊朗境内），大不里士城曾是15世纪末白羊王朝的首府，其庭园因1300年马可波罗的访问而闻名于世。恺加王朝时，历代太子都习惯居住在大不里士，名园有"八个乐园"、"夏各尔"、"夏科尔"等，离"夏科尔"不远处就是"法萨巴德园"。庭园的中心被掩隐在果园内，长长的水路轴线使得整体形成波斯风格。从庭园末端的中央部分，可清晰地看到林荫道。

3. 别墅园

距阿斯特拉罕数公里处的阿秀那孚镇附近艾布士山的山坡上，有天苑别墅遗址，是阿拔斯一世时代的建筑。德国研究东方的学者萨雷，曾记述这里有7个很规则的长方形庭园，占地面积适当，向西倾斜的有"泉水园"，向北倾斜的有"波斯王园"。其主庭部分都布置成台地状，台地上都建有主要建筑，两个园分别有围墙，但设计上却不统一。波斯王园有一个大庭院，并在长为450米、宽为200米的地面上重叠着10层台地。墙间有宽广的沟渠通过，自一个台地贯流到另一个台地，然后汇入瀑布，再经第五个台地的园亭流下。沟渠与长方形的水池相通，水池周围有花坛，花坛被沟渠的十字形支流分成4部分。山顶有老人园，园中有大宫殿式圆屋顶的大园亭。妇女室里有围着高墙的"家庭园"。主庭院东面有高地，有阶梯可上。庭园的园林景观布置主要有水池、沟渠和巨大的柏树。

4. 恺加城堡

恺加王朝的创始人阿迦·穆罕默德于1796年定都德黑兰。法特赫-阿里沙于1797年继承王位后，建造了庭园、宫殿、广场、大使馆和个人住宅等。恺加城堡就是这一时代的建筑。

恺加城堡，由宽阔、平坦的区域和设在陡坡上的台地状的围墙构成，坡下有大水池。据记载："设计了两旁种有繁茂的杨树、柳树、多种果树及很多蔷薇的平行园路"。庭园的中央建有凉亭，是用绿色大理石砖和珐琅瓷砖建造的。

16.1.3 波斯伊斯兰园林的风格特征

1）从布局上看，伊斯兰园林面积较小而且封闭。庭园大多为矩形，最典型的布局方式是以十字形抬高的园路，将庭园分成四块，园路上设有小水渠。或者以此为基础，在分割出更多的几何形状部分。

2）面积很大的园林，亦分为若干小型封闭的院落，院落之间只有小门连通，有时可以通过隔墙栅格和花窗隐约看到相邻的院落，这些花窗类似中国古典园林的漏窗。园内的装饰物很少，仅限于小水盆和几条座凳，体量与园林空间的体量相宜。

3）由于阿拉伯地区普遍干旱少雨，所以非常重视水景的建设。水池是组成庭园的重要部分，大多配置在建筑物的前方，也有设置在建筑物内部的，形状多为方形和八角形，没有圆形。设有描绘成地毯图样的渠道，渠道往往成为重要的园林设施，不但可以调节小气候，还可以分隔空间。喷泉在伊斯兰园林中，也较为常见。

4）在并列的小庭园中，每个庭园的树木尽可能用相同的树种，以便获得稳定的构图。园林中多设黄杨组成的植坛。庭园里的植物首推蔷薇，其次是悬铃木和松树。

5）装饰上与住宅建筑一样，彩色陶瓷马赛克的使用十分广泛。

16.2 西班牙伊斯兰园林

16.2.1 西班牙伊斯兰园林概况

640年，阿拉伯人在攻占叙利亚之后，向埃及进军。此后，他们便期盼着在西班牙扩展自己的宗教势力范围。711年，第一批身为伊斯兰信徒的摩尔人穿越直布罗陀海峡来到西班牙。

在摩尔人统治下，伊斯兰西班牙超越了欧洲其他国家而成为文明中心。摩尔人的农业和园艺知识得到长足进步，他们吸收其他文化，发明了花园及其相关房屋设计的审美导则，尽管这些导则并不十分严格。用灰泥墙体所分隔的台地花园成为这种新文化的最爱。在伊斯兰宫殿庭园中，人们可以发现其与过去的沙漠绿洲的联系。这些庭园被白墙环绕，被水道和喷泉切分，并种植了大量的常绿树篱和柑橘树。摩尔人将自己的旧习惯带到了西班牙，并对这些旧习性加以改善。尽管摩尔人最终被基督教徒逐出西班牙，但他们对于整个西欧景观设计的影响至今依然显而易见。

西班牙伊斯兰园林在整体上继承了波斯伊斯兰园林的经典模式，后经过长期的发展，形成了自己特有的样式。受西亚文化，尤其是波斯和叙利亚文化的影响，西班牙庭院中虽允许引进一些外国植物，但始终以西班牙阿拉伯式造园为标准，并在此基础上创造了富有东方情趣的西班牙阿拉伯式造园，即西班牙伊斯兰式造园。西班牙阿拉伯造园文化的早期领袖阿卜德·拉赫曼热衷于园艺，竭尽全力将西亚文化移入国内，将各种珍稀的外国植物移植到西班牙。他的继承者们也非常热衷园艺，从罗马遗址中借鉴了所需要的结构、材料，并用于自己的造园实践，为西班牙伊斯兰造园的发展提供了莫大的空间。在西班牙王室庭院中，多有铺砌釉面砖的壁脚板、墙身、横饰带、覆有装饰性植物主题图案的系列拱门等，使庭院显得更华丽、耀眼。

16.2.2　西班牙伊斯兰园林的类型及园林作品

西班牙伊斯兰园林类型主要有宫苑和别墅花园。

1. 宫苑

宫苑代表性作品为阿尔罕布拉（Alhambra）宫（图16-1）。

阿尔罕布拉宫（Alhambra Palace），又名艾勒哈卜拉宫、阿尔汉布拉宫。阿尔罕布拉宫，始建于9世纪，13世纪以前，它一直是军事城堡，后经改建成为王室宫殿。1492年摩尔人被逐出西班牙后，建筑物开始荒废。1828年在斐迪南七世资助下，经建筑师何塞·孔特雷拉斯与其子、孙三代进行长期的修缮与复建，才恢复原有风貌。

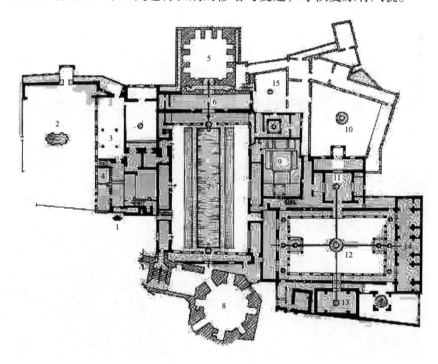

图16-1　阿尔罕布拉宫平面图
1—入口　2—马丘卡庭院　3—联合厅　4—联合厅邻室　5—科马列斯塔　6—祝圣厅
7—桃金娘中庭　8—卡洛斯五世宫殿　9—皇家浴场　10—达拉哈中庭
11—两组妹厅　12—狮庭　13—阿本瑟拉黑斯厅　14—诸王厅　15—雷哈中庭

在西班牙的阿拉伯式宫殿中，阿尔罕布拉宫并非最重要者，但却是保存得最完好的一例。这座孤立的宫殿位于西班牙南部的格拉纳达，处在格拉纳达城东南山地外围一处丘陵起伏的台地上，由格拉纳达王国的摩尔人君主兴建于9世纪，并保留了摩尔人的建筑风格：其厚重的、堡垒式的外形即是为了抵御基督教徒的入侵。在这个集城堡、住所、王城于一身的独特建筑综合体中，人们可以体会到伊斯兰艺术及建筑的精致与微妙。

在阿拉伯语中,"阿尔罕布拉"是红色的意思,它代表了该宫殿所在地的山体颜色,而宫殿的外墙也是用细砂和泥土烧制的红色砖块砌筑,所以人们又称其为"红堡"。在高地环境中,阿尔罕布拉宫具有鲜明的色彩,摩尔诗人用"翡翠中的珍珠"来描述其建筑明亮的色泽及其周边丰饶的森林资源。春季,阿尔罕布拉宫中繁衍着由摩尔人种植的野花和野草,以及玫瑰、柑橘和桃金娘,这些,构成了阿尔罕布拉宫独特的环境特征。该宫殿用不同的台地连接,并借此与周围地形相适应。台地长约730米,最宽处约200米,覆盖面积约14公顷。

在阿尔罕布拉宫中,有四个主要的中庭(或称为内院):桃金娘中庭(7)、狮庭(12)、达拉哈中庭(10)和雷哈中庭(15)。环绕这些中庭的周边建筑的布局都非常精确而对称,但每一中庭综合体的自身空间组织却较为自由。就这四个中庭而言,最负盛名的当属"桃金娘中庭"和"狮庭"(图16-2、图16-3)。

图16-2 桃金娘中庭

宫殿中的"桃金娘中庭(Patio de los Arrayanes)"是一处引人注目的大庭院,也是阿尔罕布拉宫最为重要的群体空间,是外交和政治活动的中心。它由大理石列柱围合而成,其间是一个浅而平的矩形反射水池,以及漂亮的中央喷泉。在水池旁侧排列着两行桃金娘树篱,这也是该中庭名称的渊源。在桃金娘中庭内,可以欣赏两个极佳的建筑外观,其一为一座超出40米的高塔,在塔上能够观看引人入胜的美景。周边建筑投影于水池中,纤巧的立柱、优雅的拱券以及回廊外墙上精致的传统格状图案,与静谧而清澈的池水交相辉映,使人恍如处于漂浮空灵的圣地之中。

通过桃金娘中庭东侧,可以来到狮庭,也即苏丹家庭的中心。在这个穆罕默德五世的宫殿中，四个大厅环绕一个非常著名的中庭——狮庭（Patio de los Leones）。列柱支撑起雕刻精美考究的拱形回廊，从柱间向中庭看去，其中心处有12只强劲有力的白色大理石狮托起一个大水钵（喷泉）。在阿拉伯艺术中，这种用狮子雕像来支承喷泉的做法是很令人称奇的，可将其理解为君权和胜利的象征，而这里的狮子雕像的形态还会让人回想起古代波斯雕刻家的作品。

狮庭是一个经典的阿拉伯式庭院，由两条水渠将其四分。水从石狮的口中泻出，经由这两条水渠流向围合中庭的四个走廊。走廊由124根棕榈树般的柱子架设，拱门及走廊顶棚上的拼花图案尺度适宜，且相当精美，其拱门由石头雕刻而成，做工精细、考究、错综复杂，同样，走廊顶棚也表现出当时极其精湛的木工手艺。由于柱身较

图16-3　狮庭

为纤细，常常将四根立柱组合在一起，这样，既满足了支撑结构的需求，又增添了庭院建筑的层次感，使空间更为丰富、细腻。人们在这样的环境中，很容易放松精神和转换个人心态。在狮庭，同样可以看到与中世纪修道院相似的回廊。它按照黄金分割比加以划分和组织，其全部的比例及尺度都相当经典。这种水景体系既有制冷作用，又具有装饰性。

2. 别墅花园

别墅花园的典型代表是格内拉里弗（Generalife）花园，格内拉里弗花园建造在格拉那达城的一处名为太阳山（Cerro del Sol）的山坡上，它与其西南面的阿尔罕布拉宫隔着一条山谷相对而立。这里原有格拉那达最早的伊斯兰国王建造的宫廷花园，1319年由阿布·瓦利德（Abu I-Walid）扩建，作为他的夏宫。

如果说阿尔罕布拉宫的特征在于其惊人的复杂和精细，那么，同样建于格拉纳达的"格内拉里弗"则表现出彻头彻尾的豪华。格内拉里弗有"建筑师之园"的含义，它与阿尔罕布拉宫接壤，只需通过一座架设于溪谷之上的桥梁就可从阿尔罕布拉宫抵达。它是苏丹的夏宫，其内的设施略感凉爽，包括数个非同寻常的园庭。这些园庭建造于14世纪初，迄今仍保持其原有形态，包括若干对称种植的台地花园。这些可爱的花园内，有着不计其数的小水渠、喷泉和喷射水流（图16-4）。

经台地花园，场地入口可径直导入内庭——水渠中庭（Patio de la Acequia），它是格内拉里弗中一个典型的精美园庭，也是所有花园的最高点。庭院的中心主要由一个长形的水渠构成，它从主人住宅导向位于庭院另一端的门房。为使该空间更为凉爽，并达到

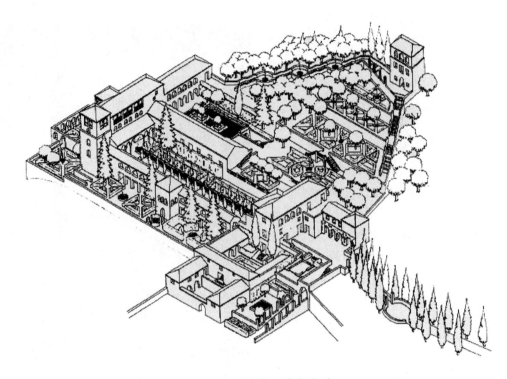

图 16-4　格内拉里弗宫鸟瞰

悦目悦耳的功效，水渠两侧还设有若干喷头，产生一道道高射的、连续不断的拱形水流。庭院周边的建筑物底层是一条开放的拱廊，边缘是装饰性的拱门。从处于有利位置的观景点俯瞰中庭，映入眼帘的即是格内拉里弗最为壮观的景致。由于有喷射水流的存在，水渠中庭的环境气氛显得更为活泼、亲近。

水渠中庭北面是另一个水景庭园——罗汉松中庭（Patio de los Cipresses），该中庭呈规则的几何形态，同样设有喷射的水流及高大的周边建筑物，属典型的摩尔人式庭园设计。修剪得四四方方的树篱有意凸显了建筑物的形体，并为完全白色的墙面增添了深色。

在原始设计中还包含了其他一些较高的平台，不过在后来都经过了修改和重建。在 18 世纪初，格内拉里弗的边远地区又增添了大量的庭园，以及壮美的罗汉松林荫道。如今的格内拉里弗，每年都会开展一次音乐和舞蹈节庆，而花园的场景，便为节庆带来几分神秘的感觉。

中世纪的西班牙伊斯兰建筑，选用的是非常简单的建筑材料：灰泥、木材和瓷砖等，但这些建筑内外空间的组合及布局却反映出摩尔人式建筑的要旨，即在营造优美的居住环境的同时，又能为居者提供凉爽的小气候条件。不过，为防止入侵，它们自始至终都不对外显露其内部的富有和华美。所以，它们的外观朴素耐用，内部却如同豪奢华美的天堂。事实上，伊斯兰园林的起源是对农业的直接模仿，后来，它发展为对灌溉、气温调节和植物种植的一种研究。再往后，这种园林设计理念逐渐风行，并出现于许多其他类型的园林设计之中。其中庭的平面布局较简单，但因其整体设计非常注重细部，从周边建筑至院落中的花草小品，常令人驻足观赏。直至今日，停留在这样的庭园中，人们依然可以获得身心的放松，依然能被庭园的环境气氛所深深打动。

16.2.3　西班牙伊斯兰园林的特征

1）西班牙伊斯兰园林，受多种文化的影响。从印度、土耳其、叙利亚引种植物；借鉴了罗马人的结构、材料和做法，将山坡开凿成多层台地，以高墙围合，形成封闭的小空间；墙内栽种成行的大树，布置平行或交叉的运河、水渠，以之分割空间，这是典型波斯伊斯兰园林的做法。

2）园中常用黄杨树、月桂、桃金娘等修剪成绿篱，用以分割园林，形成局部空间。园中常用的植物还有柠檬、柑橘、松、柏、夹竹桃、月季、薰衣草、紫罗兰、薄荷、百里香、鸢尾等，也比较喜欢用芳香植物。此外，常用攀缘植物如常春藤、葡萄等爬满凉亭。

3）道路常用有色的小石子或马赛克铺装，组成漂亮的装饰图形。地面、栏杆、座凳、池壁等常用鲜艳的陶瓷马赛克镶铺，显得十分华丽。

16.3　印度伊斯兰园林

16.3.1　印度伊斯兰园林概况

印度历史悠久，是世界上最早出现文明的地区之一。8世纪，阿拉伯人开始入侵印度，引进了伊斯兰文化。11世纪开始，突厥人入侵北印，并建立了德里苏丹国。库特布丁·艾伊拜克于1206年采用苏丹头衔统治被征服的北印度地区，定都德里。此后直到莫卧儿帝国建立，北印度的历史即为德里苏丹国的历史。在德里苏丹国时期，印度的伊斯兰教文化有了很大发展。来自中亚的突厥化的蒙古人在16世纪初建立了莫卧儿帝国，意为"蒙古人的帝国"。其统治者信奉伊斯兰教。莫卧儿帝国统一了几乎整个印度半岛，成为当时世界强国之一。但是，莫卧儿帝国的统治同样因地方的反抗和统治者的残暴昏庸而迅速衰落。1526年，突厥人帖木儿的直系后代巴卑尔从中亚进入印度，巴卑尔建立的政权被称为莫卧儿帝国。经过多年的征战，巴卑尔的孙子阿克巴在1556年关键的第二次帕尼帕特战役中打败了喜穆，于是在印度再也没有可以与莫卧儿人抗衡的力量了。阿克巴是莫卧儿帝国的真正建立人和最伟大的皇帝。他在漫长的统治期间征服了印度北部全境，并把帝国的版图第一次扩展到印度南方。

莫卧儿王朝时期，印度积极与外国进行商业和文化的交流，文化艺术出现了印度、土耳其、阿拉伯、波斯文化融为一体的倾向。尤其是建筑样式完美无缺地反映了印度教风格与伊斯兰教风格之间相互影响的结果。

据古代诗歌的描述，古印度宫殿与庭院有着密切的关系。庭园构成的主要要素为水。水常常被储存在水池中。庭园中的水池有多种功能，既是荡漾着清新凉爽气息的泉池，也是进行沐浴、净身等宗教活动的浴池，还是浇灌植物用的储水池。此外，凉亭也是印度伊斯兰园林中不可缺少的，兼有装饰与实用的功能。人出于纳凉的需求，十分重视庭园中的绿荫树，尤其喜欢开花的高大树木，却极少用花草造园。

由于阿拉伯人几经入侵印度，古印度文化也受到极大的冲击，因此，逐渐出现了印度伊斯兰园林。印度伊斯兰园林主要有两种类型，其一是陵园，位于印度的平原上，通常建造于国王生前，当国王死后，其中心位置作为陵墓场址并向公众开放。闻名世界的泰姬陵便是如此。其二是游乐园。这种庭院的水体比陵园多，最大的特点是水景多采用跌水或喷泉等动态形式，而不是水池般呈静止状态。

16.3.2 印度伊斯兰园林的类型及作品园林

印度伊斯兰园林除了宫苑、庭园外，克什米尔地区风景优美，一直是印度历代国王夏季别墅的所在地，其中最为著名的是"里夏德园"和"夏利玛尔园"。陵园是印度伊斯兰园林的主要类型，巴卑尔之后的几代国王的陵墓，如胡马雍、阿克巴、沙·贾汗及沙·贾汗王后泰姬·玛哈尔的陵墓均是典型的伊斯兰园林。

1. 庭园

忠实园，位于巴卑尔墓地附近，在留存下来的"忠实园"画面中描绘了巴卑尔在忠实园亲自指导建园的场景。园中有两位工匠师在测定路线，一位建筑师拿设计图给巴卑尔看。画面中央是一个方形水池，向四方引出水渠，设计有四块下沉式的花圃，是典型的伊斯兰式花园。

2. 陵园

（1）泰姬陵　泰姬陵全称为"泰姬·玛哈尔陵"，是一座白色大理石建成的巨大陵墓清真寺，是莫卧儿皇帝沙·贾汗为纪念他心爱的妃子而建的。1631年玛哈尔死于他们的第十四个孩子出生之后，时年39岁。沙·贾汗极度伤心，据说一夜间白了头发。同年这座陵墓动工修建，当时的许多工匠都是来自欧洲。直到1653年这座陵墓才被建成。为了设计和建造这座陵墓，除了调集全印度最好的建筑师和工匠外，还聘请了土耳其、伊朗、阿富汗等国的建筑师和工匠来参与设计和施工。泰姬陵是印度伊斯兰艺术最完美的瑰宝，是世界遗产中的经典杰作之一，被誉为"完美建筑"，又有"印度明珠"的美誉。

泰姬·玛哈尔陵开创了墓园布局新形式：墓穴置于墓园一端，整个花园展现在墓前。花园用十字形水渠分成四块，水渠交叉处有水池，花圃低于地面，种植高大茂盛的树木花卉，不加修剪，保持自然形态（图16-5、图16-6）。

泰姬陵整个陵园是一个长方形，长576米，宽293米（另一资料：陵区南北长580米，宽305米），总面积约17公顷。四周被一道红砂石墙围绕。正中央是陵寝，在陵寝东西两侧各建有清真寺和答辩厅这两座式样相同的建筑，两座建筑对称均衡，左右呼应。陵的四方各有一座尖塔，高达40米，内有50层阶梯，是专供穆斯林阿訇拾级登高而上的。大门与陵墓由一条宽阔笔直的用红石铺成的甬道相连接，左右两边对称，布局工整。在甬道两边是人行道，人行道中间修建了一个"十"字形喷泉水池。

第16章 伊斯兰园林

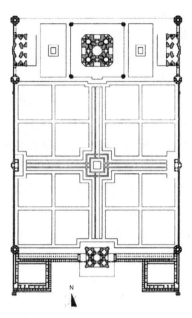

图 16-5　泰姬陵　　　　　　　　图 16-6　泰姬陵平面图

陵园分为两个庭院：前院古树参天，奇花异草，芳香扑鼻，开阔而幽雅；后面的庭院占地面积最大，有一个"十"字形的宽阔水道，交汇于方形的喷水池。喷水池中一排排的喷嘴，喷出的水柱交叉错落，如游龙戏珠。后院的主体建筑，就是著名的泰姬的陵墓。陵墓的底部为一座高7米、长宽各95米的正方形大理石基座。陵墓边长近60米，整个陵墓全用洁白的大理石筑成，顶端是巨大的圆球，四角矗立着高达40米的圆塔，庄严肃穆。象征智慧之门的拱形大门上，刻着《古兰经》。

（2）胡马雍陵　胡马雍陵（Mausoleum of Humayun）建于1556年，是莫卧儿王朝第二代皇帝胡马雍（Humayun）的陵墓，也是伊斯兰教与印度教建筑风格的典型结合。陵墓主体建筑由红色砂岩构筑，陵体呈方形，四面为门，陵顶呈半圆形。整个建筑庄严肃穆、亮丽清新，为印度乃至世界建筑史上的精品。

胡马雍的陵墓是阿克巴时代莫卧儿建筑风格发展中一个突出的里程碑。它巧妙地融合了伊斯兰建筑和印度教建筑的风格，开创了伊斯兰建筑史上的一代新风。这组建筑群规模宏大，布局完整。整个陵园坐北朝南，平面呈长方形，四周环绕着长约2千米的红砂石围墙。陵园内景色优美，棕榈、丝柏纵横成行，芳草如茵，喷泉四溅，实际上是一个布局讲究的大花园。

陵园呈方形，陵墓位于正中，前后左右沿轴线的路呈十字形，把陵园分成四大块，然后每块再分成小块。园内四季常绿，果树茂盛，乔木成荫，花卉灿烂美观。

3. 别墅园

（1）夏利玛尔园　"夏利玛"意为"娱乐宫"或"喜乐宫"，夏利玛尔园是距今300多年前的莫卧儿王沙·贾汗皇帝于1642年下令修建的。该园占地面积20公顷，采用波斯园林建筑形式，呈长方形，周围有高墙环绕。园基址分为三层，建有大理石亭阁、喷水池、人工瀑布等。修建者将大自然的不同风貌完整地移植到园中，创造出一个典雅而富于魅力的园林环境。

夏利玛尔园有3处喷水池，喷水池四周和中间都是用乳白色大理石雕成的各种花卉状的喷头，喷出的水柱高达三四米；园中共有喷泉400多个，每个喷泉都安装了彩灯；入夜，明月当空，亭台楼阁倒映在一潭碧波之中，耳闻泉水淙淙，如击珮鸣珰；清泉从朵朵白玉般的石雕花蕊中喷出，被各色彩灯映照，银光闪烁，晶莹夺目；远处长廊交错，大理石雕柱林立，参天大树浓荫翳蔽，一派诗情画意，堪称世界园林一绝。

（2）里夏德园　里夏德园是一座地处达尔湖南面的美丽别墅园。庭园由12个台地组成，自湖的东岸向山腹梯次增高。沟渠里的流水，成小瀑布跌落而下。储水池、水渠和喷泉水流不断，增添了园林的生气。台地上建有花坛，花坛里栽有蔷薇、百合、天竺葵、紫菀、百日草和大波斯菊等花卉。花园的景色四季皆美，尤其是箭杆杨和悬铃木的黄叶映照着青黑色的山石的秋色更美。

16.3.3　印度伊斯兰园林的特征

1）莫卧儿王朝时期的建筑样式完美地反映了印度教风格与伊斯兰教风格相互影响的结果。

2）印度伊斯兰园林依然以伊斯兰"天国"为样本，构建简单的园林。十字形的水渠，划分成规则的园林空间，水渠交汇处设有喷泉，喷出后的水流向四方。

3）水成为印度伊斯兰园林最主要的元素，水常被用来灌溉、调节小气候和创造景观，此外还有沐浴的功能。

4）园亭是庭园之中不可或缺的构筑物，兼有造景和实用的功能。

5）园林植物种植，侧重创造绿荫，往往园林中能够形成大片的绿荫。习惯栽植观赏树木，少用花草。

思考练习

1. 分析伊斯兰园林与古波斯园林间的联系。
2. 简述阿尔罕布拉宫的主要特征。
3. 简述波斯伊斯兰园林、西班牙伊斯兰园林、印度伊斯兰园林的特征。

第 4 部分　日本园林史

第 17 章　日本园林

日本，古称邪马台、倭国、大和国，位于亚洲东部太平洋上，面积约为 3770 万公顷。日本境内多山地，少平原，67% 为山地，可耕地面积只占国土面积的 15%，住宅面积仅为 3%。气候温暖，雨量丰富。日本属岛国，当地人热爱大自然，在日本的文化中处处洋溢着对大自然的亲切感情。日本园林的基本特征是典型地再现大自然的美。但局促的用地条件，决定了日本园林创作中的主要难题就是解决有限的园林空间与广阔无垠的自然山水之间的矛盾。

由于受中国文化的影响，日本古代园林的造园思想和园林艺术理论与中国园林艺术一脉相承，同属于东方造园体系，在园林布局上都偏重于自然山水园林和自然式建筑庭园形式，园林风格大多属于写意园林，追求风景如画的效果，景观偏于静态，有"阴郁朦胧"的特色。但到后期，日本园林有了自己的发展，形成自己独特的风格，诸如枯山水、茶庭、神社庭等，至少同现存的中国明、清时代的园林有相当大的差别。

17.1　历史的演变

日本历史可分为上古时代、古代、中世、近世和现代五个时代，每个时代又分为若干朝代。据此，园林历史可分为上古时代园林、古代园林、中世园林、近世园林和现代园林五个阶段，上古时代园林指的是弥生时代（前 3 世纪—公元 300 年）、大和时代（300—592 年）；古代园林指的是飞鸟时代（592—710 年）、奈良时代（710—794 年）、平安时代（794—1192 年）；中世园林指的是镰仓·南北朝时代（1192—1392 年）、室町时代（1393—1573 年）；近世园林指的是安土桃山时代（1573—1603 年）、江户时代（1603—1867 年）；现代园林指的是明治时代（1868—1912 年）、大正时代（1912—1926 年）、昭和时代（1926—1989 年）、平成时代（1989—2019 年）、令和时代（2019—现在）。

17.1.1　日本上古时代园林

1. 弥生时代（前 3 世纪—公元 300 年）

考古资料证明，早在石器时代，日本列岛上就有人类居住，世界上最古老的可确定年代的陶器正是日本绳纹陶器，制作约在一万年前。沿海岸、河川地区的日本先民，形成了以捕捞为主的经济，居住在森林地带的先民以狩猎和采集为主，居住在丘陵台地或平原地区的先民，日渐以其原始的农耕方式出现。前3世纪前后，日本出现的"归化人"（亚洲移民），给日本文化肌体注入了中国先进的文化血液，才使日本跃入了以农耕为主的弥生时代。日本采用了中国技术，包括青铜和铁器的铸造、编织和使用陶轮，整个社会更趋向于定居方式，而且形成了社会等级，并受到新生的神道宗教的严格约束。

日本崇拜多神，神灵充斥着日本人的整个世界，山河、湖海、树木、岩石、动物、自然界万物都寓宿着神灵，号称"天地神祇八百万"。712年成书的《古事记》和720年成书的《日本书纪》中的"神代卷"中记录了日本上古宗教和神话。从日本上古宗教和神话中，透露出日本神道起源的信息。古代的日本人有着强烈的石神崇拜心理，只要看到巨石、阴阳石、形色奇特的石头，便作为神体加以供奉。而且，将石神崇拜与民间疗法结合起来，渗透到日常生活中。民间医生认为石神附体的石头，可以产生止咳嗽、止牙痛、除瘊子、使妇女顺产等特殊功效。《出云国风土记》记载道："神名樋山以西，有丈余石神及百种小石神，乞雨显灵"。日本国歌《君之代》中所体现的"石"的观念以及子生于石的民间传说，都反映了石信仰对日本人有着不可思议的影响。所以神灵下凡停留的地方也是巨石，称"盘座（又称岩座）""岩境"。日本古人认为，祖先神来自天上，天皇就是天神之孙，称为"天孙"，岩境就是为天孙下凡而准备的。于是，古代日本人在山顶上建起想象中的天岩座作为祖先神的神座，或者将一些奇特之石或石群视为天神下凡时落脚的天座、岩境，以氏族为单位加以奉祭。图17-1为日本上古时期兵库县石像寺上盘座。

图17-1　日本上古时期兵库县石像寺上盘座

神池是"渡来民族"即移居者用来祭祀祖先神的宗教性形体。渡来民族掘池筑岛，在池中筑三岛或多岛，以池为神池，喻作海，以岛比喻海之彼岸的常世国，在中岛上设置神座，祭祀祖先神。这样，神池就成了宗教场所。神池的基本结构是由池、岛、池汀等组成。具体造型因渡来民的来源、各祭祀的神灵而异。

日本列岛在历史上有一个相当长的氏族社会，神道精神是日本民族自然观的起源，认为任何大自然中的物体的共同特征是都有自己的神性，应该受到尊重，这种思想进而影响了日本的园林设计，如对岩石美的欣赏与评价、广泛使用的卵石池岸或卵石铺装区等。弥生时代庭园尚未形成，但神池与岩座已经形成。神池成为池泉庭园的源流，岩座成为石组的源流，日本池庭某些因子也已经在盘座、盘境和神池之中孕育。

2. 大和时代（300—592年）

根据中国《史记》记载，日本远古时代曾有100多个小国家。到3世纪，其中之一的大和民族在广袤的大和平原上崛起，经过多年征战，于5世纪统一了日本群岛，在日本奈良地区建立了"大和国"。大和政权较之前朝更需要先进国家输入先进的文化，于是，日本朝廷经常派遣使者到中国。根据《宋书·夷蛮传》记载，倭人与中国"世修贡职"，南朝时，倭之五王频频遣使求爵号，以求得中国的认可。日本大和时代正值中国的魏晋南北朝时期（220—589年），中国汉代以来的仙境"一池三山""模山范水"的做法、建筑木结构体系和魏晋时期三月三所玩的游戏"曲水流觞"等一些文化都传到了日本。此时，日本的宫苑庭院全面地接受了中国汉晋以来的宫苑风格，712年成书的《古事记》和720年成书的《日本书纪》中记述了这个时期有关宫苑庭院建设的一些情况。例如在3~4世纪，孝照天皇建有掖上池心宫，崇神天皇建有矶城瑞篱宫，乐仁天皇建有缠向珠城宫，反正天皇建有紫篱宫，武烈天皇建有泊濑列城宫，这些宫苑外围开凿壕沟或筑土城绕周遍，只留可供进出的桥或门。内中有列植的灌木和用植物材料编制的墙篱，宫苑里都开有泉池，以作游赏和养殖。《日本书纪》卷十六载武烈天皇八年（505年）宫苑"穿池起苑，以盛禽兽，而好田猎，走狗试马，出入不时"（如同中国灵囿）。

中国的曲水宴，源于水边祓禊的原始祭祀活动，是于水畔饮酒作乐的一种形式，引水环曲为渠，以流酒杯于水上。晋穆帝永和九年（353年）三月三日，王羲之、谢安、许询、支遁和尚等41人会于会稽山阴之兰亭，在曲水之畔，以觞盛酒，顺流而下，觞流到谁面前，随即赋诗一首，如作不出，便罚酒三觞。结果王羲之乘着酒兴，汇集诸人雅作，并写下了千古传诵的《兰亭集序》。"曲水流觞"的环境和形式，成为中国园林造景的最好模板，后之私家园林大致都取其文字、饮之内涵，曲水大多写意于水形，而宫苑中则将"曲水宴"变成一种仪式，但往往筑亭于室内，如乾隆花园和恭亲王府中的曲水亭等（图17-2）。曲水宴作为贺宴很早就传到了日本，成为一种风流雅举而流行于宫

图17-2　乾隆花园曲水亭

廷、贵族、武将之中，并引入园林。《日本书纪》卷十五载显宗天皇元年（485年）"三月上巳，行幸后苑，另设曲水宴"。

6世纪中叶，佛教东渡到日本，这给日本整个社会生活带来巨大而深刻的改变，这其中也包括园林。钦明天皇时期，宫苑中开始起筑须弥山，以应佛国仙境之说，池中架设吴桥以仿中国苑园的特点。6世纪末，佛教的影响更广泛，在宫苑的湖边池畔或寺院之中，除了起筑须弥山外，还广布石造，一时山石成为造园的主件。这是模仿中国汉代以来"一池三山"的做法。

日本大和时期的园林在带有中国殷商时代苑囿特点的同时，也带有该时期的自然山水园风格，属于池泉山水园系列。从技术上看，当时园林就有池、矶，而且是纯游赏性的，可见技术已达一定水平。从活动上看，曲水宴的举行和欣赏皆是文人雅士所为，显示出当时上层阶级的文化品位已经达到较高的审美境界。

从整体看，日本早期的园林更多的是为了防御、防灾或实用而建的宫苑，周围开壕筑城，内部掘池建岛，宫殿为主体，其间列植树木。而后学习中国魏晋南北朝宫苑，加强了游观设置，以观赏、游乐为主要设景、布局原则，创造了崇尚自然的朴素园林特色。

17.1.2 日本古代园林

1. 飞鸟时代（592—710年）

592年，推古天皇即位，定都飞鸟，从此至710年，史称"飞鸟时代"，历推古、舒明、皇极、孝德、齐明、天智、弘文、天武、持统、文武、元明十一位天皇。这一时期是日本奴隶制度衰落、瓦解和封建制度萌芽和发展时期，也是中国文化通过朝鲜半岛等开始大量进入日本的时期。推古女皇即位翌年，圣德太子摄政，总揽一切事务，开始推行了一系列重大国政改革，定冠位十二阶，制《宪法十七条》，对隋唐实行平等外交，派遣隋使和留学生，引入佛教等。这时期的佛法之所以能得到大力弘扬是因为圣德太子听说隋文帝大力复兴佛教以后，国内大治，企图仿效。更是由于推行佛教可以把崇拜多神的日本豪族吸引到佛教上来，而佛教中的君王权利神授思想正好迎合并支持了这种加强天皇中央集权的理论需要。事实证明改革是成功的，虽然物部、大伴和苏我三氏矛盾加剧，但氏姓制度、国造制、部民制以及以皇室为中心的统治体制得到确立和巩固。

佛教的兴隆带来了佛教艺术的兴盛，形成了以寺院建筑佛像雕刻为中心的飞鸟、白凤天文化，并催生出日本大批的寺院，全国范围内建佛寺、修佛塔、度僧尼、行法会。作为佛世界的象征，须弥山自古以来是日本园林主要的景物之一，现存古代园林中，诸如涉成园、毛越寺、一休寺、聚光寺、圆城寺等都有须弥山造型。图17-3为天龙寺全图，其中就有须弥山的造型。齐明天皇曾三次构筑过须弥山。《日本书纪》卷二十六载："辛丑，作须弥山像于飞鸟寺西。且设盂兰盆会。暮飨睹货逻人"。在佛教盛行的当时，须弥山成为日本朝廷对外展示先进文化水准的载体。1936年在飞鸟川东面的考古中，发掘出齐明六年（660年）建造的须弥山，石像高2.4米，分上中下三段，下段有两个吸水孔，中段周围有五个喷水孔，石像边还有石组铺地，园中要素显然具有池泉园的特征。

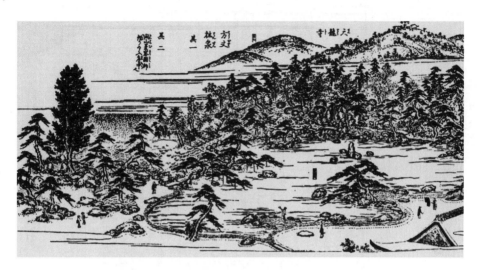

图 17-3　天龙寺全图

推古天皇时期出现了日本园林史上的第一个私家园林，《日本书纪》中记载，推古三十四年苏我马子死，飞鸟川边苏我家南庭中有水池和小岛，时人称苏我马子为岛大臣，从描述中判断，该园林仍属池泉园。

昭和十年（1935年）和昭和四十六年（1971年）两度发掘了藤原宫及内庭，发现在太极殿东有东殿，东殿东西向，南北接以回廊，殿东园林区域，园中有一池一屋。池为曲折形水池，南北约65米，东西约40米，最狭处为15米，池边采用洲浜缓坡入水的形式，这是中国园林所没有的，就此也证明了，日本园林在飞鸟时代就开始不知不觉走向个性化道路。

昭和四十八年（1973年），考古学家在奈良的橿原地区明日香村石舞台北面发掘了飞鸟时代飞鸟岛上的皇宫庭园遗址，园中有一个边长为15米和35米的长方形水池，池底铺以直径约30厘米的鹅卵石，池壁用稍大河石砌成，北岸中部有直径约30厘米，长约8米的木管，管上盖15厘米的盖板，水管从南面高地上引水入池，由此可见当初的给排水工程。次年在明日香村还发掘了小垦田宫苑遗址，园区位于宫殿的南面约20米的地方，园中有一个不规则圆形水池，池西南有一条S形曲沟，池底和沟底铺卵石较小，池壁砌卵石较大，从中可见曲水流觞的往日情景。

飞鸟时代的日本造园水平远胜于大和时代，除了池泉式和曲水流觞与前朝一脉相承外，池泉园中增设了岛屿、桥梁建筑，其中环池的滨楼是借景之所，也是池泉园的标志。水边佛寺及须弥山的建造说明佛教在这时期开始渗入园林。而私家园林作为一种新的园林类型开始出现，造园手法上首创了洲浜的做法，成为后世的宗祖。这时期池泉山水园系列有藤原宫内庭、飞鸟岛宫庭园、小垦宫庭园、苏我氏庭园。另外，动植物中的橘子和灵龟都因其吉祥和长寿的象征而登堂入室。

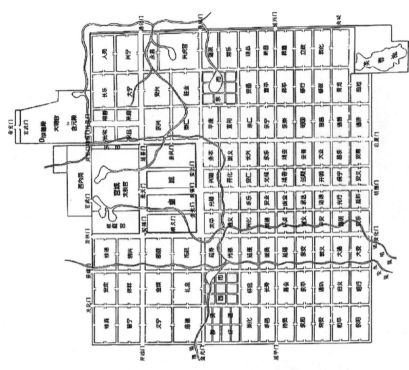

图17-4 日本平安京图与中国唐长安图比较（复原图）

2. 奈良时代(710—794 年)

710 年日本迁都至平城京（现在称奈良），日本的历史从此进入"奈良时代"。奈良时代是日本社会繁荣鼎盛的时期，也是日本与中国进行文化交流的第一个鼎盛时期，此阶段正是中国初盛唐时期。初盛唐文化如日中天，对周边民族产生了巨大的辐射力，中国都城长安有叙利亚人、阿拉伯人、波斯人、吐蕃人与安来人来定居，其中最多的是日本人。日本进入对中国文化全盘接受和刻意模仿阶段，从铜币的设计到妇女的发髻、从室内的布局到围棋……连都城平城京都完全仿照唐长安城而建，城门的名称也照样采用（图 17-4）。在唐文化的影响下，《古事记》《日本书纪》《怀风藻》和《万叶集》最古的一批史籍出现。中国的汉唐园林文化也大踏步地走进日本园林。

奈良城周围，兴建了大量中国式园林，史载有平城宫南苑、西池宫、松林苑、鸟池塘和城北苑等，另外还有平城京以外的郊野离宫，如称德天皇（718—770 年）在西大寺后院的离宫。城外私家园林还有橘诸兄（684—757 年）的井手别业、长屋王（684—729 年）的佐保殿和藤原丰成的紫香别业等。

昭和五十年（1975 年）发掘的平城京左京三条二坊 4200 平方米，结果发现东西 60 米南北 70 米的范围内为奈良前期到后期时存在的庭园，园北高南低，凿一条细长曲水，北方从菰川引水，然后将所引之水注入相当于池泉头、配置有护岸石组的沉淀池，最后将经过沉淀的净水注入池中。池泉的池底、护岸和土坡均用石材敷设，池泉曲线丰富，形态复杂，呈北为首、南为尾的龙形池。在蜿蜒的岬角旁多布置有若干小型石组，为池泉营造出一种犹如大江大河的气势。池泉四面环墙，中轴线布置在南北方向上，在其西侧有建筑面向池泉而建。庭院特色既是曲水宴，又是观赏式的池泉庭院（图 17-5）。

奈良时期的园林大多以水为中心，有水池泉，水中有岛，池泉式庭园。规模上则更加规范化，比飞鸟时代更进一步，水池一面有厅堂，其余三面绿化，规模不大，不可泛舟。

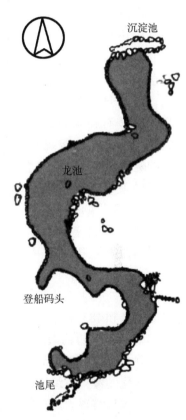

图 17-5 平城京左京三条二坊平面示意图

3. 平安时代(794—1192 年)

794 年，恒武天皇迁都平安京，开始了日本的平安时期。平安前期中日的文化交往还十分频繁。但到了 894 年，随着遣唐使的废止，日本逐渐摆脱了对中国文化的模仿，注重发展自己的文化，完成了汉风文化向和风文化的过渡，"国风文化""国学文化"走向繁荣。在书法上，以小野道风为代表的"三迹"傲居书坛；绘画上，相对于"唐绘"而发展起来的"大和绘"；审美习惯上，改变了以往对梅花的尊崇，出于发展本国文化的需要，从平安中期开始改赏樱花。从此，樱花被日本人视为美的象征、民族性情的代表，成为"国花"。"国文学"的繁荣表现在《古今集》《伊势物语》《竹取物语》《宇津保物语》《落洼物语》《源氏物语》《土佐日记》《紫式部日记》《枕草子》等著作的出现；净土教发达；美术、建筑、园林、雕刻和绘画的民族化。如果说奈良时代是吸取盛唐文化的话，弘仁时期就是吸取晚唐文化，藤原时期就自身民族文化形成的日本化。

平安时期的日本园林是史上的辉煌时期，园林比较发达，舟游式池泉庭园为一个重要类型。文化上，吸收中国唐文化和汉地佛教，摆脱了完全模仿，而形成了复合、变异的阶段，反映在园林中出现了类型、形式上的差异。

皇家园林表现为水面较大，可泛舟。平安时代的皇家园林有神泉苑、冷然苑、淳和院、朱雀院及城外的嵯峨院、云林院等。最著名的就是神泉苑（图17-6），它是平安时期第一代天皇桓武天皇建造的宫苑，虽然园林已毁，但从

图17-6 神泉苑龙首舟

"田中家藏古指图写"和现存考古资料上可清楚地见到园林的格局。首先，从命名上看，以神泉为名，表明是池泉园的规制。泉水从东北高处流向西南低处的园池，池中设岛，方广133米和183米，中轴明显，池北正中面南为乾临阁，两侧有曲廊接两阁，廊南折在端部终于临水的钓殿。神泉苑面积很大，东西2町（约1.98公顷），南北4町（约3.97公顷）。平安第二代天皇嵯峨天皇的离宫嵯峨院，园中除了大泽池仿中国洞庭湖外，还有日本化的瀑布石组，名古曾泷。

私家园林表现为出现作为宅院形式的寝殿式庭园。"寝殿造"的建筑形式是日本在飞鸟时代从中国引进的一种建筑样式，在平安时代逐渐成熟流行开来，成为宫廷贵族所喜爱的主要建筑类型。依附于这种建筑而发展起来的寝殿造庭园也流行起来。一般寝殿的南侧是大面积的花园。被称为"寝殿"的建筑一般多放在庭园的中央，坐南朝北。其左右或者是后方的附属建筑被称为"对屋"。寝殿是一家之主的寝室，对屋是供家族中其他成员使用的寝室。寝殿的南方是主要庭园，有用石子铺设的园路。再往南是人工挖的湖和用挖湖的土堆成的山。一般在湖中设置中之岛，并用小桥进行连接。另外，从对屋通过回廊可以到达南侧的湖岸，在那里有被称为"泉殿"或"钓殿"的庭园建筑，其建筑形式多为一半伸出水面，作为夏季纳凉或是钓鱼、欣赏庭园景色的场所。人们在湖中荡漾着小舟，有音乐的伴奏，吟诗作歌或举行酒宴等活动。不过这只是一种规范的描

述，因地形的变化，湖的形状、建筑的配置等都随之自由地变化（图17-7）。

寺庙园林上表现为受中国道家神仙思想和中国汉地佛教的净土宗教的影响而形成的净土宗庭园。9世纪以后，日本寺庙开始营造净土式庭院，以自然风景式庭院为主体，不仅有池、泉、岛、树、桥，还有亭台、楼、阁等建筑，寺院中流行大门、桥、中岛、金岛和三尊石共一线的净土庭院。

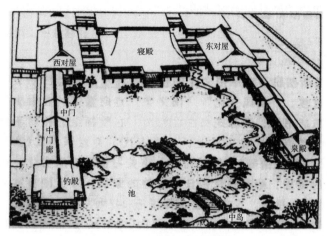

图17-7　寝殿造园林图略

10世纪中叶到12世纪，日本贵族笃信净土教，不仅净土寺努力在寺院中营造净土气氛，更有宫廷贵族或在自家园林中建寺造佛，或将豪宅直接改造为净土宗寺庙，追求净土世界。这种新型的园林以自然风景为主，园内以金堂为中心，堂前掘池植莲称"八德功水"，池内筑岛架桥，以绿树绕池，四处配置亭台楼阁。

寝殿式庭园和净土宗庭园，面积都比较大，湖和土山以具有自然山水形态的湖面为主。如果湖面较大则必在湖中堆置岛屿，通过桥梁连接湖岸，有时也以一湾溪流代替湖面。树木和建筑沿湖配列，基本上是天然山水的模拟。这种园林样式，正是"池泉筑山庭"的基本样式。日本作为岛国，四周为海洋，风景秀丽，"池泉筑山庭"反映了日本人民对祖国海洋岛屿的感情，说明具有日本民族特色的池庭在平安时期奠定了发展的基础。

平安时期的日本庭院对中国兴造理论中的"风水"也十分重视，并把它看成是日本宫殿和庭院设计中不可缺少的考虑因素。如为了带来好运，水必须从东方流入园内，在房下流过，最后从西南流出。那个时代，几乎所有的建筑，不管是住宅还是寺庙等大都面向南而建造，背后有山作依靠，并被视为最理想的布局方式。正因为如此，庭园建筑都是面向正南而建造。在其北部或者东北部设有流水，水流从对屋间穿过流入南面的湖中。湖中的水一般是采用从东部流进、西部流出的手法。湖岸做成自然曲折的形状，并且点置着大小不一的庭石，其间种植着野生的花草和灌木，表现自然界的景色。在湖周围的山、岛上到处可看到自然式的石组和种植，还有叠水、小溪等，均是追求创造和再现一种自然景色的情趣。

造园理论上，1028年藤原赖通的儿子橘俊纲（1028—1094年）在总结了前代造园经验的基础上，把对寝殿造庭园的亲身体验写成了世界上第一部造园书籍《前庭秘抄》（作庭记）。《前庭秘抄》全书分"地割、石组、池、中岛、遣水、瀑布、树事、杂事、寝殿造"等几部分。书中较全面地描述了寝殿造园林的具体构筑技法，论述了庭园建造中形态类型、立石方法、缩景表现、水景题材、山水意匠等问题的解决方法。

平安时代的园林总体上受唐文化影响十分深刻，中轴、对称、中池、中岛等概念都是唐代皇家园林的特征，在平安时代初的唐风盛行时期表现更为明显，在平安时代中后期的国风时期表现减弱,主要变化就是轴线的渐弱,不对称地布局建筑,自由地伸展水池平面。由唐风庭园发展为寝殿造庭园和净土庭园是平安时代的最大特征。

17.1.3 日本中世园林

1. 镰仓·南北朝时代(1192—1392年)

12世纪末,日本皇室内政治斗争加剧,双方都要靠武力打败对方。结果武士的势力逐渐强大。1192年,源赖朝压服贵族,任"征夷大将军",建立镰仓幕府,政治中心东移,标志着日本的第一个武士政权诞生。从此日本开始了武士执政的历史,传统的贵族文化开始衰退,武士文化迅速成长,国家从贵族政治转变为武士政治。武士政权建立后的相当长的时期内,文化素质低下的武士阶级尽管掌握了政权,却无法承当起文化建设的重任,文化的主角成了僧侣和失意的贵族,造园家是知识阶层的兼职僧侣——立石僧。

在镰仓时代前期,日本园林的设计思想也是寝殿造园林的延续,寺院园林也是净土园林的延续。只是到了镰仓时代的后期,也就是说到了13世纪初,下层武士的不满和倒幕势力的强大,国内战争四起,政权的不稳定使人们更多地用佛教禅宗的教义来指导现实生活。于是,开始有人皈依全新的佛教派别——禅宗。在此影响之下,寝殿式庭园建筑渐渐地与武士家的生活不相适应,取而代之的是更加简单、素朴的武家造庭的手法,产生了禅宗庭院。

禅宗追求于深山幽谷之大自然环境中冥想、坐禅、参悟,是一种主张自我变革、自律的宗教。禅者摒弃外部繁杂、喧闹的世界。受禅宗思想的影响,回游式庭院便诞生了,典型作品有惠林寺庭院(图17-8)、永保寺庭园(图17-9)和瑞泉寺庭园等。

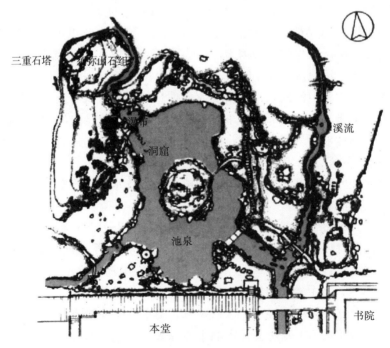

图17-8 惠林寺庭院平面示意图

永保寺庭园于正和二年（1313年）由梦窗国师创建，属于池泉舟游式兼回游式庭院。在池泉庭中，西北侧有梵音岩，在岩山的东侧布置了一座中岛状的半岛，半岛上建有观音堂。自南岸的半岛向观音堂架设了一座长长的拱桥——无际桥。同时在观音堂的东侧也配置了一个小岛，并在岛的东西两侧各架了一座平桥。通常拱桥、平桥、中岛、佛殿等是净土式池泉庭院的构成要素。只是在永保寺庭园中，设计者将上述元素压缩成拱桥、观音堂、平桥，而且拱桥与平桥呈直角布局。在拱桥的中间有一幢带人字形屋顶的桥殿——无际桥（图17-10），是观赏梵音岩、瀑布、池景以

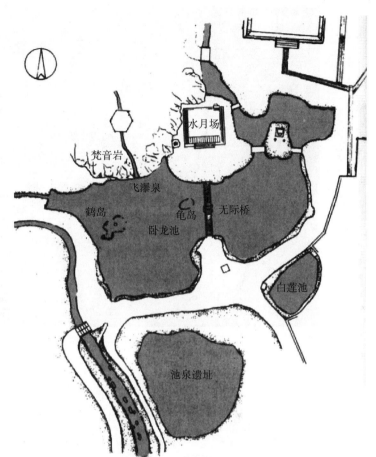

图17-9　永保寺庭园平面示意图

及入禅的地方，这是日本庭院首次出现的景观形式。这是一个具有回游要素的庭院，人们可以在池泉之上、游舟之中眺望池水，沿着岸边可以逍遥散步、悟禅。

镰仓时代后，是日本镰仓与室町两个皇统对峙的南北朝。南北朝时代，庄园制度进一步瓦解，乡间武士阶层抬头，分割庄园主土地领有权，并向幕府一元领导迈进。同时，各地守护大名纷纷扩大自己势力范围，建立独立王国，大名之间激烈征战。人们在不安和惊慌中寄托于佛教世界，寺院及其园林与前朝比，更加受到各阶层的欢迎。因此，寺院园林作为战乱时期世人的避难所而相对稳定，从而成为枯山水的试验场。作为时代的造园巨匠梦窗疏石被尊称为国师，他不仅禅理、诗画兼备，而且建筑和造园皆精，他的活跃年代从镰仓时代一直延续到南北朝的中期，当然，他大量的枯山水实践也是在这一时期完成的，如天龙寺庭园、西芳寺庭园、临川寺庭园、吸江庵庭园等。

历应二年（1339年）梦窗国师受邀对西芳寺庭园进行修建，他将其中原为净土式庭园改造得更符合禅境。庭园由平池的池泉庭园和坡地的枯山水两部分组成（图17-11）。在原来的主殿——西来堂上悬挂起匾额，主殿的南侧添建一座二层的琉璃殿，琉璃殿的二层供奉有水晶舍利塔。琉璃殿与西来堂、僧房有连廊。此外还改造池泉，开辟溪流。

图 17-10　永保寺无际桥

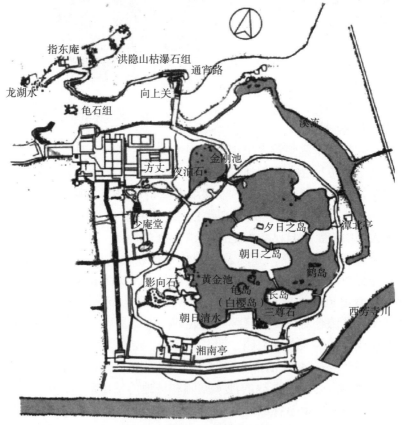

图 17-11　西芳寺庭园平面示意图

在南、北两侧分别建筑了潭北亭和湘南亭，建造了泊船的舟屋，还架设了一座长长的拱桥——邀月桥，使整座庭园成为极富舟游、回游之乐的场所。池泉之所以称为黄金池（图 17-12），仅仅是保留了原净土庭院的池名。经过改造后的池泉，其主要特色在于景趣存在峰回路转之间，在保留净土世界的同时，也反映禅的世界，使整座庭园既具有净土的灿烂之美，又带有禅道的静寂与幽玄，极为和谐。

梦窗国师是枯山水庭园的先驱，他所做的庭院具有广大的水池，曲折多变的池岸，池面呈"心"形。从置单石发展叠石组，还进一步叠成假山，设置泷石（瀑布石），植树远近大小与山水建筑相配合。利用夸张和缩写的手法创造出残山剩水形式的枯山水风格。

图 17-12　西芳寺庭园从潭北亭看黄金池

镰仓·南北朝时代的园林作品多，遗存也多。武家政治和动荡社会使人们试图远离尘世的不安，遁入佛家世界，因此寺院园林大盛。镰仓时代依然维持前朝的净土园林格局。具体做法上还是中心水池、卵石铺底、立石群、石组、瀑布等。景点布局也从舟游式向回游式发展，舍舟登陆，依路而行，大大增加了游览乐趣。后期流行的禅宗思想，使一大部分寺院改换门庭，归入禅林。在寺园改造和新建的过程中，用心字形水池也表示以心定专一，力求顿悟有关。枯山水的思想在镰仓时期已经产生了，只不过真正成形的园林实例我们现在未找到。后来南北朝的西芳寺庭园、临川寺庭园、天龙寺庭园等才有了枯山水的实践。枯山水与真山水（指池泉部分）同时并存于一个园林中，真山水是主体，枯山水是点缀。池泉部的景点命名常带有禅宗意味，喜用禅语，枯山水部用石组表达，主要用坐禅石表明与禅宗的关系，而西芳寺庭园则用多种青苔喻大千世界。

这个时期的皇家园林有 1199 年始建于大阪府三岛郡的水无濑殿庭园，位于水无濑川和淀川的交汇点上，是后鸟羽天皇的离宫，面积约 4 公顷，内有尾上殿、泷殿、渡殿和钓殿。园林中心为鹤池，据各殿可借景百山。遗憾的是这个时期的私家园林遗物全无。

2. 室町时代（1393—1573 年）

镰仓·南北朝时期正值中国宋元时期，元代以"马上"得天下，仍然以"马上"得天下的精神来治理这个国家，实行民族压迫和民族歧视，重视武功而轻视文治。汉族人失去了传统"学而优则仕"的晋升之路，消极苦闷。文人中消极遁世以及复古主义思想泛滥。艺术上，更加追求抒发内心情趣和超逸意境，文人画更发展了诗的意趣和写意性这一美学原则。宋元时期是中国山水画发展趋向成熟，写意山水园成为中国造园的主流的时期。这时期中日关系虽然时有摩擦，但文化的交流依然十分频繁，中日僧侣交往甚密，文化交流主要由入宋学佛的学问僧侣来担任。在中国禅宗文化影响下，镰仓时期天皇居住的京都和武士幕府的镰仓都模仿中国的禅林制度，各自确立了五山。室町幕府时期，京都和镰仓的禅寺混合成新五山，五山禅僧中很多人留学过中国，汉学造诣很深，以五山僧侣形成的以汉诗、汉文化为中心的文化，史称"五山文学"。五山文学给日本园林注入了鲜明的佛教空寂色彩，五山禅僧深谙中国禅宗佛教的哲理，娴熟禅宗山水画的写意技法，因此他们设计、营造的枯山水园林就成为禅宗精神的载体。

室町时期，随着禅宗思想的深入，武家很多都皈依禅宗，禅宗寺院被十分广泛地建造。随着贵族衰落，武士当权，社会上具有文化的阶层从朝廷贵族转到了禅宗僧侣身上。当时的禅僧追求一种高尚的教养境界，而在衣食方面却十分简朴。此时出现了与北宗画中相同的、石组、白沙铺地等在以前很少见到的一种山水式庭园，其中立石表现着群山，石间有叠水和小溪，并流过山谷间汇入大海这样一种情景的描写。也有通过一片白沙来表现宽广的大海，其间散置着几处石组来反映海岛等象征的表现。这些作品的共同特点在于每位观赏到此景的人，都可以有自己的感想、体验和理解。在禅宗之精神和中国水墨画理论的强力影响下，以僧侣为主的造园大师，标新立异，构筑了以石头为主要材料的枯山水园林，并且发展成为独立的庭院形式，多半出现于寺院。京都的大德寺大仙院和龙安寺方丈南庭就是这种庭园的代表作品。

京都的大德寺大仙院庭园（图17-13）是面积仅仅只有大约99平方米的枯山水庭园。庭园的东北部有两块竖立的巨石枯瀑，背后有椿树作衬托。而枯瀑的下方则是由自然形状的庭石做成的石桥，下方是白沙，象征着溪流，这种用白沙表现的溪流，穿过庭园的廊下直至南庭（图17-14）。在石桥的右侧有一组鹤石，左侧是龟石。在园中还配置了象征着江河中的浮舟、蓬莱石和远山的石组，刻画了北宗山水世界的意境。大仙院庭园是十分具象和有动感美的庭园。它的特点是庭园平面为L形，潭口有两块立石，左右是溪流，并且很好地利用石桥和石舟等来表现山水和溪流，是受水墨画影响的极为典型的枯山水代表庭园。庭园中山石的名字既有诸如观音石、不动石、坐禅石、明镜石、达摩石等被冠以与禅学相关的名字，也有扶老石、灵龟石、长船石、仙帽石等带有神仙蓬

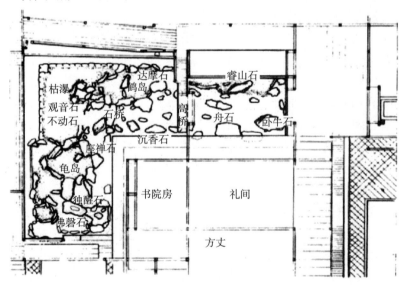

图17-13　京都大德寺大仙院庭园平面示意图

莱意味的名字，也有佛磬石、沉香石、拂子石、法螺石等象征法器的名字，还有龟头石、虎头石、卧牛石、佛手石等表现山石形状的名字。由此可以看出，建造该庭园不仅仅是为了观赏，从某种意义上还有论禅的作用。大仙院庭园是以具象的手法表现没有水的山水、溪流和小桥，很直观地反映大自然的动感和情趣。

图 17-14　京都大德寺大仙院枯瀑

龙安寺方丈南庭（图 17-15）建于 15 世纪，平庭呈长方形，长 28 米，宽 12 米，占地面积 336 平方米，是借鉴从中国传入的盆石的手法，综合了北宗画的构想而完成的作品。庭园一面临厅堂，其余三面围以古老、低矮的土墙，庭园全部铺白沙，在方丈的前

图 17-15　京都龙安寺方丈南庭

方只设置了15块庭石，庭石分5组，按5、2、3、2、3的组合，按不同的距离、比例、向背，零星错落安置在水纹状的白沙中，庭中没有一草一木。在白沙上耙出波纹状，以此想象海中仙岛；主体石造作"瀑布"状，以此象征峰峦起伏的山景；东西向的水纹状白沙借以高度概括出无水似有水，无声寓有声的山水境界。最初这里是举行仪式的空间，到了室町时代，这个空间渐渐失去了这种功能，并作为庭园空间被利用起来。庭园中不仅仅是传统的山水表现，而且还用一种新的作庭手法来表现设计意图，被称为"渡虎子之庭"。其巧妙的配置，严格保持着美的韵律，反映了枯山水庭园的特征，同时又作为十分有代表性的借景园而存在。从中可以领略到这种不用水来表现山水的意境，这种用抽象的表现手法进行创作可以说是枯山水庭园的特点之一。

龙安寺方丈南庭是平庭枯山水式庭院最为著名的代表作，它借鉴中国水墨画的表现技法，以岩石、白沙、青苔等作素材，采用象征主义、抽象主义的表现手法将此三者巧妙组合起来。不着一草一木却能摹写、容纳大千世界的自然万物。石头、白沙、青苔的运用产生了另一种世界，转化为一种日本式的幽玄和空寂之美，表现了日本艺术的纯粹性。

枯山水园林风格的发展与成熟是日本园林在这个时期的主要成就之一。枯山水园林从平面构成上可以分成两种类型：一种是池泉式，在庭内堆土或叠石成山、成岛，使庭内富于起伏变化，如京都大德寺大仙院；另一种是平庭式，就是仅在平坦的平庭内点置、散置、群置石山，如龙安寺方丈南庭。它们的共同点就是把重点放在石组的放置、组合上，并注重石材的选择。例如，石形要求稳重，底宽顶削，不做飞梁、悬挑等处理，也很少堆土成山。选择壁立的巨石，缝隙象征瀑布，用大片的白沙或松针苔藓象征水波。此外，枯山水园林庭院的植株不太高大，同时注意树姿修剪并要求不失其自然。

当然，这一时期也有大量的寺院还是建造池泉式园林，如净土真宗的中兴者莲如和尚在延德元年（1489年）营建山科南殿庭园（京都），就有一个300平方米的水池，池中设两个小岛，池东北有曲流引水入池，池边建山水亭。福冈县英彦山的龟石坊庭园是室町末期神佛交融时代的园林，园中有500平方米的水池，为树林所包围，石组做成瀑布，在闻声中体验大自然的美好。一乘谷城的南阳寺庭园是大名朝仓义景建造的武家式寺院园林，样式为池泉园，以池为中心，汀线突入水池，先端立石强调主景，沿池的建筑可借景溪谷、山景和园池。

在寺院园林中也有把枯山水与池泉结合在一起的，如室町中后期画家雪舟等杨设计的常荣寺庭园。常荣寺庭园的枯山水部分，用平铺草地与石组构成，石组三个、三个、二个分三组，几组朝向一个富士山形的主石，顾盼呼应。在池泉部设水池，置两岛，在池东北更有一个枯瀑布。福冈县英彦山的旧座坊庭园在山麓掘池，依山建书院，成为该时代崇文风尚的场所。池东南有涌泉，泉左立巨大枯瀑布石组，是武家力量的象征。英彦山的政所庭园也是以水池为中心，在池边建书院建筑，并立巨大石组，显示武人的风范。

私家园林主要有京都鹿苑寺（又名金阁寺）庭院、京都慈照寺（又名银阁寺）庭院、朝仓氏园、鸟羽山城园、平井馆园、江马馆园等，造园的主人大多为在各地的武家大名与将军。京都鹿苑寺庭院（图 17-16）是三代将军足利义满在北山殿建造的，面积约 93076 平方米，是舟游式与回游式相结合的庭院。在池泉的中心建有一座三层的黄金舍利殿（图 17-17），一层为寝殿式，二层为书院式，三层为唐代禅宗式。建材上一层采用白木，而二、三层则饰金箔。在舍利殿正面配建了一座细长的岛，叫芦原岛，岛中央配置有带台座的三尊石，象征着蓬莱岛。在芦原岛东侧斜立着的细川石，显示着支持义满将军的细川家族的实力。京都慈照寺庭院（图 17-18）是八代将军足利义政在东山殿建造的，面积约 22338 平方

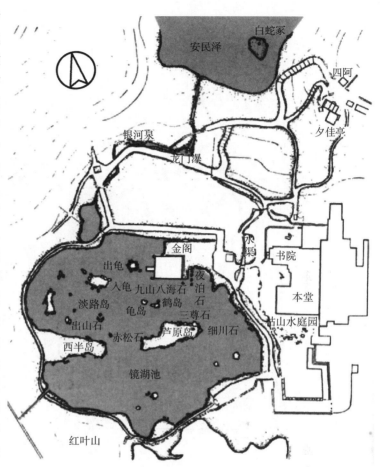

图 17-16 京都鹿苑寺庭院平面示意图

图 17-17 京都鹿苑寺庭院黄金舍利殿

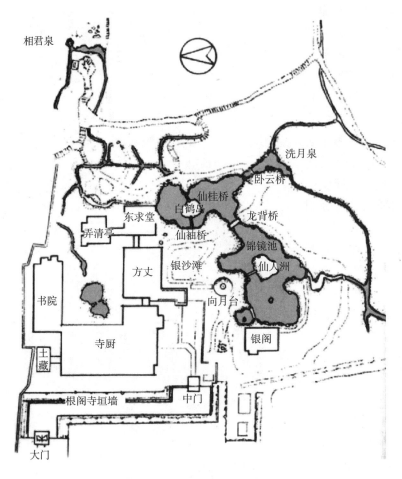

图 17-18　京都慈照寺庭院平面示意图

米,是枯山水与回游式池泉园相结合的例子。在银阁前的平地上,用白沙耙出海波式沙滩,在沙滩上堆起白色沙堆(图17-19),与银阁的银灰色相呼应,同时以沙喻海,体现了禅宗的观照自然与人心的思想。

室町时代池泉式园林比前一时期的园林更为成熟。体现为:寝殿造建筑形式逐渐消失,演变成书院式住宅样式,这也是日本近代住宅建筑的萌芽。书院建筑空间划分自由,非对称,内部空间可分可合,

图 17-19　用沙子营造的银沙滩

由柱支撑,分隔灵活,内外空间通过桥廊过渡和联系;从庭园布局手法上看,轴线式逐渐消失,中心式为主,以水池为中心成为时尚;从游览方式上看,舟游渐渐被回游取

代，园路、铺石成为此朝景区划分与景点联系的主要手段。

早在中国禅宗传入日本的同时，饮茶风气也在日本流传开来，并在日本形成茶道，认为茶道能够规范日常行为，从而提高人们自身的觉悟。室町时代，社会秩序暂趋稳定，开始重视由宋时传入的禅院清规和日僧道元《永平清规》等戒律，"金刚乱舞"式的茶风逐渐消失，代茶会而起的是在中国式茶亭的基础上发展起来的具有日本特色的书院茶汤，讲究礼仪，重视修身养性，并出现了专职的茶人。到室町末期，茶道开始与庭园结合，初次走入园林，成为茶庭的开始。雏形期的茶庭，位于四叠半（约 7.29 平方米）大的茶室前，庭内不植树木、不立石、不铺沙、不置栗石，以免转移茶客视线，无法集中于茶事。

室町时代涌现出许多造园家，如善阿弥祖孙三人、狩野元信、子健、雪舟等，同时出现了《山水并野形图》《嵯峨流庭古法秘传之书》等造园著作。《山水并野形图》为增圆僧正所著，该书与《作庭记》一起被称为日本最古的庭园书，《嵯峨流庭古法秘传之书》为中院康平和藤原为明合著。

17.1.4　日本近世园林

1. 安土桃山时代（1573—1603 年）

日本在 15 世纪中叶，幕府内部产生了分裂，发生了"应仁·文明之乱"，日本历史进入了战国时代。中央政府的权威衰落，地方诸侯蓄养武力，纷纷自立，相互征讨。出身卑微的丰臣秀吉，因战功卓著，受到 16 世纪名将织田信长重用。织田信长死后，丰臣秀吉继续东征西伐，在 1592 年消灭各地军阀，结束了百年战争，完成了日本的统一，其功绩相当于中国的秦始皇结束战国时代的功绩。安土桃山时代历时三代将军（织田信长、丰臣秀吉、德川家康）共 30 年，虽时间不长，而且大多处于战争之中，只有 12 年安定局面，但在社会改革中措施得当有力，废除庄园制，推进兵农分离，收缴武器，废除商业座，实行东市乐座，实行朱印制，统一货币和度量衡等，经济得到了发展，外贸也得到振兴。在文化方面，在短短十多年中形成了桃山文化，美术摆脱了佛教的束缚，走向了大众。代表日本文化的茶道、能乐、净琉璃、歌舞伎等十分兴旺，趋向成熟。园林方面，意境简约朴素、和寂清静的草庵风茶室和茶庭得到完善和发展。

茶道出现于室町时代的中期，到了安土桃山时代逐渐盛行，茶道仪式已从上层社会普及到民间，成为社会生活中的流行时尚。随着茶道的发展涌现了茶道六宗匠，他们分别是：村田珠光（1423—1502 年）、武野绍鸥（1502—1555 年）、千利休（1522—1591 年）、古田织部（1544—1615 年）、小堀远州（1579—1647 年）、片桐石州（1605—1673 年）。千利休创立了草庵风茶室，应用于茶庭（茶庭也称露地）之中，提倡枯寂精神本位，用草庵茶室、飞石和圆形路线的茶庭布局，成为安土桃山时代最伟大的茶道宗匠。古田织部继承佗茶精神，提倡六分观景四分实用，用曲折路线增长游览路线，他的茶庭作品也大致形成于桃山末江户初。小堀远州生于桃山时代，其园林活动却大部分集中于江户时代，他遵从书院风茶室，创造远州流茶庭，提倡蹲踞本位。

茶的精神是一种对自然的尊敬，轻视华丽。在自然宁静的环境中，宾主相和，是一种以饮茶为极乐的茶文化社交活动。因为这种精神是由禅的教理产生出来的，所以自然而然地出现了适合这种特殊环境的茶室，它们很多被独立建造在庭园中。茶室建筑一般为草庵式茶室，面积不大，屋顶覆草，由席子定规格，置于茶庭最后部，先进茶庭，再入茶室。茶庭非常注重自然的姿态，在茶道上配置了各种设施，除了普通的园路外，还有飞石、丁布，另外也设置了起照明作用的石灯笼，洗手用的蹲踞或洗手钵。种植上大部分为草地和绿苔，避开花灌木而选择常绿树为主的植栽，即使选择开花植物也只用梅，防止干扰情绪。茶庭成为培养情绪的缓冲地带，到达茶室须经过朴素露地门，主人与客人在腰挂处等待见面，显出主人诚意，而客人须经厕所净身、蹲踞或洗手钵净手，经铺满松针的曲折点石道路到达茶室，在室外脱鞋、挂刀折腰躬身方能入茶室进行饮茶。茶道中洗练精巧、简单朴素的美学原则反映在庭院的设计中。

在京都的表千家露地（图 17-20）是千利休的儿子少庵根据其父的茶道精神在 1593 年创立的茶庭。表千家露地中不审庵曾在天明八年（1788 年）的大火中被烧毁，但之后很快得以重修并保留至今。茶室主要包括位于宅第最深处的不审庵，与前面建筑相连的

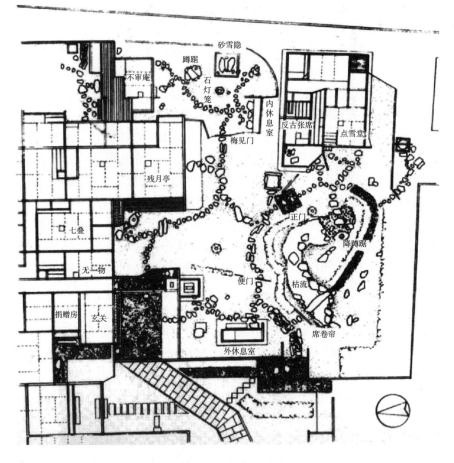

图 17-20　京都表千家露地平面示意图

残月，以及远离庭中的点雪堂。茶庭分为外露地和内露地两重。从入口到外休息室，再从休息室前的便门到梅见门为外露地部分，分散布置着露地口、外腰挂、蹲踞、中潜门、点雪堂等。从梅见门到不审庵为不审庵的内露地。梅见门到躏口（茶室特有的仅能侧身而过的小门）分散布置着内休息室、砂雪隐（原为在露地内供有身份的人使用的厕所，后演变成为一种露地装点）、蹲踞。砂雪隐旁有一盏大大的六角石灯笼，为增添景趣起到画龙点睛的作用（图17-21）。

图17-21 不审庵茶庭景观

　　就一般的茶庭结构而言，茶庭的面积比池泉筑山庭小，要求环境安静便于沉思冥想，故造园设计比较偏重于写意。它重在近距离体验，在一个狭小的空间内，试图充分体现出大自然的美与寂静。强调以自然界的某一片段，来表现整个大自然的精神，往往是竹篱墙垣、柴扉门，铺设"飞石"路面或"敷石"路面，安置卵石或点景石，表示嶙峋的山路，用蹲踞式的石水钵仿照涌泉之水，以所铺松叶暗示茂密的林木，常绿树自由式散植于蜿蜒小径两旁，其间还置有石灯笼、石塔，表示通向深山草庵的山路。游人漫步其中，恍如置身在经过风吹雨打露在地表上的幽径，或在荒芜、幽静的神社神路上一样，步移景换趣变，又给人以置身深山幽谷的感觉，野趣盎然，古雅空寂。茶庭中的白沙、石头、苔藓等，都是观赏者"参禅悟道"的对象，具有简素、孤高、自然、幽玄、脱俗、静寂和不匀整性的性格特征，它们仅仅作为表现自然精神的一种符号，人们在土墙规范下的境地，反观自身，感受"观空如色，观色如空"的禅宗理念，于静中求得永恒的世界，即直觉体认禅宗的"空境"。园林中的岩石、水流、群山、树木、小桥、曲径，也是人生坎坷的象征，石灯笼则似神明般引照着人们从此岸世界投入到彼岸世界的永恒之中。而园内通往茶室窄小得只能让人俯身屈膝通过的中门（即中潜），则使越过者尤其是位尊权重者产生谦逊谦恭之情。人们在茶庭品位清茶苦味之时，也即在品尝人生、领悟人生之真谛，回味自己的坎坷人生，溶自己心灵与自然为一体，以达到人与自然的高度和谐、人与自然的一体化，并最终实现永恒的境界。

茶庭隆盛与定型是日本桃山时代园林发展历史上的一大成就，出现了不少很优秀的作品，并影响后世园林的发展。除此之外，这一时期的园林有传统的池庭、豪华的平庭、枯寂的石庭，皇家园林和武家园林仍旧以池泉为主题，书院造建筑与园林结合也使得园林的文人味渐浓。

安土桃山时代出现的造园名家有千利休、古田织部、小堀远州等，造园的理论著作有矶部甫元的《钓雪堂庭图卷》和菱河吉兵卫的《诸国茶庭名迹图会》等。

2. 江户时代(1603—1867年)

1603年，德川家康统一了日本，建立了长达二百多年的武士政权，在江户（今东京）建立新幕府，史称江户时代。江户时期，政治上实行幕藩体制，各藩大名分割统治辖区，对外闭关锁国，因财政危机而于1854年被迫开国之后，民族危机造成农民运动和讨幕运动，最后只有把大政奉还于天皇，结束近676年的武家政治。江户时代是一个社会逐渐安定的时代，也是以人为中心的时代，封建文化的发展在近三百年的历程中到了顶点。儒家取代佛家在思想上居于统治地位，人文精神的发展、个性思想的抬头、文学艺术的发展使园林的儒家味道也渐渐地显露出来。

江户时代是日本园林发展的黄金时期，园主主要为皇家、武家、僧家，呈三足鼎立的状态，尤以武家造园为盛，佛家造园有所收敛，大型池泉园较少，小型的枯山水多见。庭园多是以筑山流水的处理手法营造庭园，在湖中设置蓬莱岛象征着长命百岁。庭石也是按七、五、三的形式进行配置，表示一种祝愿的寓意，而且还十分流行用佛名来命名庭石。型木、型篱、青苔、七五三式、蓬莱岛、龟岛、鹤岛、茶室、书院、飞石、汀步等都在此朝大为流行。同时，由于儒家的中庸思想，和《易经》中的天人合一思想的发展，终于把池泉园、枯山水、茶庭等园林形式进一步综合到一起。茶庭、池泉园、枯山水三驾马车齐头并进，互相交汇融合，茶庭渗透入池泉园和枯山水，呈现出胶着状态。回游园林得到进一步发展，主要特点表现为：第一，占地面积大，以水池为中心，水池四周堆土为山，形成海岛和乐陵景观。第二，环状道路贯穿全园，以动观为主，强调景观之间的横向间连续的意象。第三，把茶庭、书院造庭园作为回游园中相对独立的园中园。第四，园林中建筑比重小，布置疏朗，植物配置比重大，强调植物的自然造景。第五，宗教意义淡化，水体与石头非宗教意义，主要是为塑造景观服务。到了中期以后，庭园已经失去了室町时代的禅味，也没有安土桃山时代的豪华，有的是独创性和新鲜感，而这种倾向一直延续到明治时代。

综合性的皇家园林有修学院离宫、仙洞御所庭园、京都御所庭园、桂离宫、旧浜离宫园、旧芝离宫园。

皇家园林代表作的京都桂离宫（图17-22），是智仁亲王携其子智忠亲王两人，在小堀远州之弟小堀正春的协助之下完成的，从1617年动工到1625年完工历时九年。园林是舟游与回游结合的池泉园林，其中还有书院和茶室，显出当时造园的综合性。

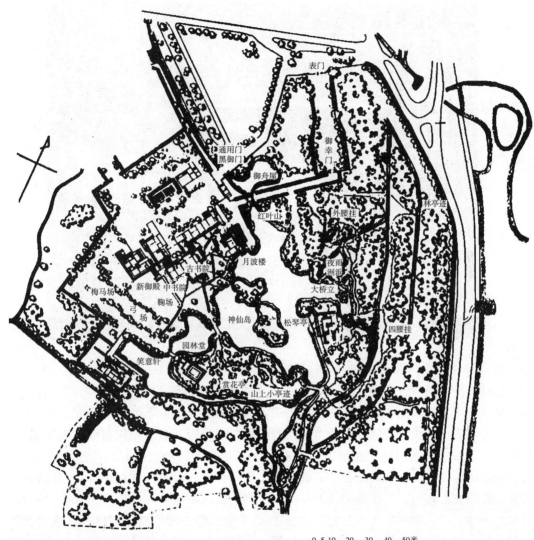

图 17-22 桂离宫总平面图

庭园东西长 266 米，南北 324 米，面积约 66990 平方米。庭园的西部主要以书院、茶庭为主，东部为池泉。水面 8853.9 平方米，没有溪流和叠水。在水面中有一个被称为"大岛"的岛，其中有园林堂和赏花庭，另外还有两个"中岛"（图 17-23）。同时在东北部有被称为"出岛"的两个小岛，松琴亭所在地也形成了从东南至西北走向的出岛，在这个三角形地带营造了多处书院。

山庄的东部有一条被称为桂川畔的小路，并通过一片竹林，这里最早被称为桂离，表现出山庄庭园与自然相协调的造园思想。接下来，从表门入，通过一条沙砾小道来到御幸门。门两侧连接着围栏，入门后有一条用红、青、黑色的沙砾铺设的御幸道。从御幸道向左侧眺望，可以看到红叶山，又称为红叶马场，山上种植了很多红枫。这座山是

图 17-23　京都桂离宫中岛水石庭园

作为远处月波楼的对景而设计的，从红叶山渡过大飞石就可以到达松琴亭，正面是苏铁山。这里的飞石多采用自由自在的设计手法，与池岸的飞石十分相似。

从赏花庭往西北走，通过土桥再往西南就可以到达园林堂，如果再往西北走通过土桥就是古书院正面的出岛。在桥的前面有一个石灯笼，桥的北侧有两个东西并排的中岛，设置了两处连接桥，周围并没配置石组，只是种了几棵苍劲的松树。古书院前的池畔作为船停靠的码头。再往南走是梅马场，东侧的园林堂是作为桂离宫家族世世代代的牌位堂而建造的，周围的飞石（汀步或庭石）十分自然，几乎能达到以假乱真的程度。从梅马场再往南可以看到三角雪见的石灯笼，东侧是笑意轩。其前面有三光灯笼，造型简练，开了三个口，并命名为日、月、火。

建筑和庭园十分有机地结合在一起的桂离宫是近世庭园中最完美的作品之一。而且，尽管不是一个设计者一次完成的作品，但是庭园整体上保持了高度的协调性。无论是建筑还是庭园部分的细部处理都表现了设计和施工者的非凡才华，及庭园的主人智仁、智忠两亲王杰出非凡的文化修养。

这个庭园最具特色的部分全部由人工建造。作为茶道十分盛行时代的作品，庭园整体就像是连续的茶庭。园内的建筑（月波楼、松琴亭、赏花亭、笑意轩、园林堂等）都是围绕着心字池协调统一地设置在园中。另外，在细部处理上也做得十分成功，例如，在园中设置了各种不同寓意的石灯笼和手水钵，还有飞石和延段、角飞石和自然石飞石等人工加工的材料。从这些方面可以体会到桂离宫是受远州师匠古田织部影响的艺术造诣最高的作品。

修学院离宫庭园（图17-24）位于京都东北的比睿山西侧，最早修建修学寺，现在的修学院离宫庭园大约完成于万治二年（1659年）。营建这所庭园经历了多次的改建、修复、重建等复杂的过程。宽永十七年（1640年）营造了丹照寺；庆安元年（1648年）建造了山顶上的茶屋；接着又在庆安二年（1649年）营建了御殿，后来被称为丹通寺；明历二年（1656年）把丹照寺移建到大和八岛上等。现在的修学院离宫由下茶屋、中茶屋、上茶屋构成，并由御幸道把这三部分连接起来。

图17-24　修学院离宫庭园全景

下茶屋以寿月观为中心，主要部分占地面积有4383平方米，如果加上周围的附属部分面积大约是现在的几倍。寿月观属于书院建筑，现在的寿月观是文政七年（1824年）以后重建的。这组建筑的东、南、西侧被溪流包围，西南是叠水，297平方米的水面被分为三部分。现在的下茶屋庭园是经过灵元天皇和光格天皇改建后形成的。溪流长约50米，修建了15处相关的景点，池岸由自然石组做成。园中还包括袖形灯笼、橹弄灯笼、三基石灯笼等形式丰富的石灯笼，这也是下茶屋庭园的一大特色。

中茶屋位于下茶屋的东南方，比睿山的登山口，音羽川的右岸。中茶屋的主要部分有6930平方米，如果包括周围的附属部分面积将是现在的几倍。天和二年（1682年），在这里建了观音堂，开创了"圣明山林丘寺"。到了明治十九年（1886年），只留下了客殿和乐只轩，书院等其他建筑被移建到东北侧的山边，也就形成了现在的林丘寺。客殿在东侧，乐只轩在西侧，并从西南至西北挖了一条弯曲的小溪流，客殿的东侧是石墙，与林丘寺相接。中茶屋有两处石桥，增加了从客殿看过去的景观。

上茶屋部分是以倒三角形的浴龙池为中心的回游式大池泉庭园。御幸门位于池泉的正南，门南的长方形广场保持从东北至西南的主轴线，云亭和穷邃亭也都是沿着这个方向。进入御幸门后有两条路，直走的路可到达云亭，从这里可以眺望四周的景色。浴龙池约11550平方米，其中有三个较大的岛和二个小岛。中心的岛最大，穷邃亭就建在这个岛上，被称为园中的十景之一。

修学院离宫分上中下三部分，下、中茶屋的规模很小，但是它的优美之处体现在石组、灯笼、小溪等细部处理上，特别是灯笼的种类和美的价值是其他庭园所无法比拟的。而与下、中茶室相反，上茶室庭园规模大，其中水面占了很大一部分，游人可以通过池中的大小五个岛，游览园中的景色。而且这部分的另一大特色是大面积的植栽修剪，体现自然美与人工美的完美结合。

由于园中丰富的景观变化，修学院离宫形成了八景，即：邻云夜雨、茅檐秋月、平田落雁、修学晚钟、松崎夕照、村路晴岚、睿峰暮雪和远岫归樵。

现在的仙洞御所庭园（图17-25）位于京都御所的东南，由后水尾天皇的仙洞御所庭园和东福门院的女院御所庭园组成。全园面积为49137平方米，其中北池为21780平方米，南池为27357平方米，是一个水面占很大部分的大池庭。现在的庭园主要建造于江户初期至末期，跨越了近一个时代才完成，丰富的景观与桂离宫和修学院离宫一同被世人赞绝。这里原为土御门殿京极殿的旧址，初期的营造是在永禄十二年（1569年）左右，当时由织田信长进行规划，其后丰臣秀吉又进行了一些扩大修改，增加了一部分庭园。历史上它被多次烧毁、重建、改造，最后形成今天这样一个优雅的庭园。从园中也可以看到各个时代的痕迹。值得注意的是，无论哪个时代，贵族们对"优雅"的喜好是始终不变的。

图17-25　仙洞御所庭园

庭园的南池被八之桥藤架等分为两部分，包括北池在内，庭园由三部分组成。从北开始有"真、行、草"三池庭。北池部分东西稍稍长一些，东面、南面和北面是筑山，其北岸上部是"纪氏遗址碑"和"芝御茶屋遗址"，东北山丘上是镇守社。这部分的山丘被称为寿山，山丘的北面是"御田迹"和"御田社"两块稻田。沿着镇守社南侧的池岸向东走，就可以到达岛的东桥，过了东桥就可以看到北池鹭岛。由此往东南，有一处溪流的潭，与南池雄健的雄潭相比，此处则是一种轻盈溪流的雌潭。南池部分南北稍细长，中岛三岛分布在南北，北部的二岛中西侧是八之桥，东侧是二桥。西部有一段由北至南的粟石池岸，所以北部十分宽阔，而南部则显得较狭小。诸如此类江户初期经常被应用的手法在栗林园南湖岛（三岛）和修学院离宫上的御茶屋（三岛）等庭园都可见到。此外，园中还有一处被称为"悠然台"的地方，是赏月饮茶的好去处。"悠然"命名是从陶渊明"悠然见南山"的诗句中引借过来的。另外，现存的"醒花亭"也是来自李白的诗意。

无论是北池还是南池，园路都设置在山前，沿着园路可以从不同角度观赏庭园。这种池泉回游式庭园，与镰仓时代和室町时代的庭园在造景方面有很大区别。筑山中的小路丰富，而且道路都呈曲线形，中岛也有变化丰富的小桥。仙洞御所庭园虽然经过多次的变迁，也受到了各时代的不同程度的影响，然而现在的庭园还可以看到这些痕迹。但是，多数人还是把仙洞御所称为远州派庭园。池被分为三部分，从而形成了北侧的"真"山水，中间有"行"山水和南侧的"草"山水庭园，是一个非常典型的有代表性的回游式庭园。

综合性的武家园林代表有小石川后乐园、六义园、金泽兼六园、冈山后乐园、水户的偕乐园、高松的栗林园、广岛的缩景园、彦根的玄宫乐乐园、熊本的成趣园、鹿儿岛的仙岩园、白河的南湖园等。

京都的二条城二之丸庭园（图17-26）是江户时代开创者德川家康在1601年（江户初期）始建，由小堀远州指导设计，历时四年建造而成，面积273900平方米。庭园南面是大岛，由大岛向西北对岸架设一座高而轻巧的大石桥。东面是曲

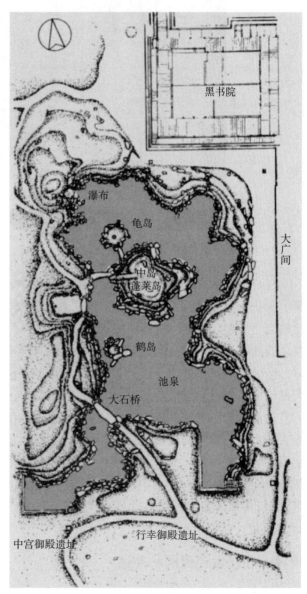

图17-26 京都二条城二之丸庭园平面示意图

折大书院，西面格局为一池三岛。中岛为蓬莱岛，蓬莱岛南北各配置一小岛，南为鹤岛，北为龟岛。鹤岛的西鹤带有两翼，十分强壮，龟岛则成为蓬莱岛的渡桥。西北是一条三段式瀑布，巨石林立（图17-27）。二条城二之丸庭园是江户时代最经典、投入最多的武家书院造池泉园，书院及龟鹤岛的流行是上代的遗风发展，巨石布置是武家气势的表现。

图17-27　二条城二之丸庭园中岛、龟岛与瀑布

　　江户时代的佛家园林也很多，著名的有南禅寺方丈庭园、金地院、大德寺方丈庭园、大德寺取光院、真珠庵、孤篷庵、兹光院及妙心寺四庭园等。位于京都的南禅寺方丈庭园是金地院方丈崇传请小堀远州设计的平庭枯山水，平地上大部分为白沙，背面为树木几株，树前东西一列五个景石，最大者高达1.8米，长达3.7米，令人震撼。南禅寺的金地院是江户初期（1630年左右）崇传请小堀远州设计贤庭督造的枯山水，在方丈前面设有蓬莱石组、龟鹤岛石组。

　　江户时代出现许多造园家，其中的小堀远州、东睦和尚、贤庭、片桐石州等取得了令人瞩目的成就，尤以小堀远州为最。园林理论书籍数量多、涉及广，远远超过前代。主要有北村援琴的《筑山庭造传》上篇，东睦和尚的《筑山染指录》、篱岛轩秋里的《筑山庭造传》下篇、《都林泉名胜图会》《石组园生八重垣传》，石垣氏的《庭作不审书》，以及未具名的《露地听书》《秘本作庭书》《庭石书》《山水平庭图解》《山水图解书》和《筑山山水传》等。

17.1.5　日本现代园林简述

1. 明治时代（1868—1912年）

明治时代在政治上提倡与民同乐，与武家专制思想相反，也迎合了当时世界的资本主义民主革命。在园林上最大的革命是公园的诞生。公园的来源有三种，一是古典园林原封不动地改名公园，二是古典园林经改造后更名为公园，三是新设计的公园。在更名改建公园的过程中，也存在着传统保存论和全面西化论，起初西化论占上风，后来传统论有所抬头。

明治时代是革新的时代，因引入西洋造园法而产生了公园，大量使用缓坡草地、花坛喷泉及西洋建筑，许多古典园林在改造时加入了缓坡草地，并开放为公园，举行各种游园会。寺院园林受贬而停滞不前，神社园林得以发展，私家园林以庄园的形式存在和发展起来。这一时代的造园家以植治最为著名，他把古典和西洋两种风格进行折中，创造了时人能够接受的形式。在青森一带产生了以高桥亭山和小幡亭树为代表的武学流造园流派，则严格按照古典法则造园。

2. 大正时代(1912—1926 年)

大正时代由于只有不到 15 年，故园林没有太多的作为，田园生活与实用庭园结合，公共活动与自然山水结合，公园作为主流还在不断地设计和指定，形成了以东京为中心的公园辐射圈。

大正时期的园林风格，传统园林的发展主要在于私家宅园和公园，一批富豪与造园家一起创造了有主人意志和匠人趣味的园林，传统的茶室、枯山水与池泉园任意地组合，明治时代的借景风、草地风和西洋风都在此朝得以发扬光大。人们从寺园走出，进入宅园之后，奔入西洋式公园里，最后回归大自然，这是一个人类与大自然分合历史上的里程碑。园林研究和教育在此期间亦发展迅速，培养了一批造园家活跃于造园领域。

3. 昭和时代(1926—1989 年)

昭和期间的园林发展分为战前、战时、战后三个时期。战前，日本园林的发展飞速；1937 年，全面侵华战争开始，所有造园活动停止，全民投入战争；1945 年日本投降，战争结束后，日本开始了全面建设公园的热潮。

从总体来看，昭和时代历史较长，在位 63 年，但仍保存君主立宪制，在园林上也是既有传统精神，又有现代精神。特别是 20 世纪 60 年代后的造园运动更以传统回归为口号，给日本庭园打上深深的大和民族烙印。

4. 平成时代(1989—2019 年)

平成天皇在昭和天皇 1989 年 1 月 7 日去世后即位，这是日本后现代建筑和造园的时代。平成时代日本传统园林思想被日本现代景观设计师很好地继承下来，大量借鉴西方造园手法，并与现代景观设计理论结合，实现了东西方的融合，形成了日本式现代园林。平成时代日本现代园林运用现代造园手段表现出传统园林的韵味。作品中既具有西方现代现实主义精神，又能从中体会到静、虚、空灵的东方式的抽象境界。

1993 年枡野俊明完成了金属材料技术研究所中庭"风磨白练的庭"。他在日本传统庭院艺术和手法的基础上，实现了现代与传统的自然结合，运用了枯山水的手法，用石头组成白色干旱的庭园空间，象征力量的置石朝向建筑，形成几个层次，创造一个"静心"的场所。无论是在平面构图还是细部处理上，他都有独创之处，受到同行很高的评价，获得 1996 年日本造园学会奖及横滨文化奖励奖。与枡野俊明同时期的，还有很多优秀的景观设计师，如户田芳树、三谷彻、长谷川浩己等，他们在继承传统的基础上，利用自己的设计理念，努力创造更适合社会生活的新庭院。户田芳树的设计理念提倡自然要素与人工要素有机结合，创造空灵、幽远的精神意境。在他的作品中常出现的平滑流畅的曲线形矮墙、大面积缓坡草坪、开放简捷的空间、蜿蜒的小溪流水以及水墨画般的水中倒影，与欧美景观设计非常接近。但是仔细欣赏作品的每个部分时，东方文化，尤其是日本文化蕴含其中，给人以似曾相识的感觉（图17-28）。三谷彻、长谷川浩己的设计立足于感受场地、体验朝夕、四季更替，遵循场地的变化规律，实现"没有设计的设计"。他们的作品在单纯宁静中突现活力，在满足功能的前提下有机地结合景观创造。直线的运用、简洁的景观塑造、自然中表现人工，这些在传统庭院中都能捕捉到影子。

日本园林文化是日本本民族文化与传入日本的中国文化的一种融合，也是一种以非常独特的形式发展起来的文化。日本园林十分强调来源于自然，但不简单地模仿自然，反映了其民族的自然观。沙石之间的流水、庭院角落的植物与组石、园林中的山景、小溪以及园中的树木，无不与日本作为岛国相适应，其茶室庭院也与日本茶文化紧密相关，是茶道的体现。日本园林建筑少，体量小，表明人力的弱小，极力尊重自然造化的天巧。较少用围墙，即使用，也以虚和薄为特色，表明人与自然的亲近。在山水方面，山水尺度都偏小，一般都用覆盖草皮的土山，而不用叠石假山，水域也更接近自然溪流沼泽，人工味较淡。在植物方面，日本的大量绿化和用普通植物及草地的方法则显出日本人比较谦虚和谨慎。

日本园林受到"空、寂、灭"的影响，剔除了设计中的刻意加工，却可以让人产生回味无穷，心神俱醉的意境。日本园林景观布局是优美和谐的，但对具体构成整体景观的每一个细部进行设计时，同样精心打造。日本人对细部设计表现出其他国家民众少有的关注，从而使得其设计作品更富有魅力，更耐人寻味。

日本园林风格虽然受我国园林艺术的影响，但经过长期的发展与创新，已形成日本民族独有的自然式风格的山水园。可以认为，日本园林起初重在把中国园林的局部内容有选择、有发展地兼收并蓄入自己的文化传统中，同时吸收许多西方园林（特别是在园林建筑方面）的优秀之处，后来则通过中国禅宗的传入，把对园林精神的追求推向极致，并产生和发展了具有自己民族风格、在国际上颇有影响的园林形式。

总的来说，弥生时代和大和时代是日本园林发源期，飞鸟时代和奈良时代是中国式自然山水园的引进期，平安时期是日本化园林的形成时期和三大园林（皇家、私家和寺院园林）的个性化分道扬镳时期，中世的镰仓时代、南北朝时代和室町时代则是寺社园林的发展期。近世的安土桃山时代是茶庭露地的发展期，近世的江户时代是茶庭、石庭与池泉园的综合期，而现代的日本园林是一个传统与西方融合的新时期。也可以是说，飞鸟、奈良时代是中国式山水园舶来期，平安期是日本式池泉园的"和化"期，镰仓、南北朝、室町期是园林佛教化的时期，安土桃山期是园林的茶道化期，江户期是佛法、茶道、儒意综合期。

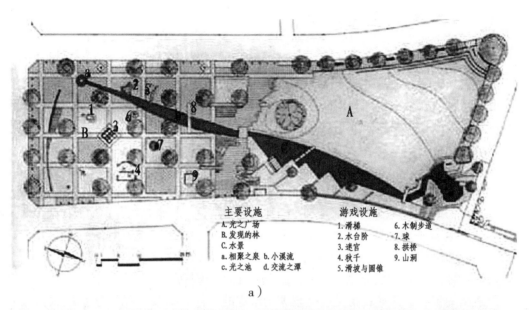

图 17-28　户田芳树作品——八千代兴和台中央公园
a）公园总平面　b）水池中设置的汀步

17.2 日本造园要素概要

日本古典园林受禅宗的影响很深,在布局手法上是介于形象思维和抽象思维之间,以宗教的方式把握园林和世界,实现物哀的和枯寂的审美体验,其审美终极是人佛合一,庭园造园要素集中表现和反映庭园内涵和精神境界。与中国古典园林造园要素区别的是,日本古园林主要造园要素主要是由石组、石灯笼、洗手钵、水潭、植物等构成。

17.2.1 石组

日本传统文化中对石有特殊的崇敬,在日本,石一般象征永恒不灭、有精神寄托的含义。以石组成景,用石景体现精神内涵是日本园林的一大特色。石组是指在不加任何人工修饰的状态下,自然山石的组合,把天然石块散置或形成石组,其构图手法亦自成一体。一般有三尊石组、须弥山石组、蓬莱石组、鹤龟石组、七五三石组、五行石和四石组等。

1)三尊石组。"立石要立三尊佛,按品字形排列横卧",这是《作庭记》中关于三尊石组造型的记载。三尊石组是按佛教理论做成的三尊石,按"品"字形摆放,通常中心石头(释迦石,称主石)略高,左右两侧的石块(称为侧石)略小,三尊组合,呈高低状(图17-29)。

2)须弥山石组。在佛教的宇宙观中,倡导天动说。据说,须弥山是被视为矗立于世界中心的高山,在山下还有八座山相互环绕(九山八海),在外侧海中有岛屿,南边的岛屿(南阎浮提岛)上有人居住,日月均以须弥山为中心旋转。人们就是由此产生灵感,做出须弥山石组的造型,大概是:中心岩石大多为直立略显倾斜,而且显得坚强有力。图17-30为建于平安毛越寺的须弥山石组。

图17-29 三尊石组　　　　图17-30 平安时代岩手县毛越寺的须弥山石组

3）蓬莱石组。按照中国古代神话传说，在东海中有蓬莱、方丈、瀛洲三座仙山，为神仙居所。这种神话传说的核心是道教思想，以长生不老为目的。传入日本后，人们希望通过实践体验，进一步领悟而成为神仙，于是就把这些愿望寄托在有形的山石上，并将其引入日本庭园。和须弥山石组造型不同的是，蓬莱石组造型多为无棱角、形状柔和的岩石。图 17-31 为江户初期京都六义园的蓬莱石组。

4）鹤龟石组。据说中国战国时代的帝王、霸主和武将们都期望自己能成为仙人，能像仙鹤一样自由飞翔，看到千里之外的东西；像海龟一样能潜入深海，长生不老。后来作为一种蓬莱神话传入日本，就出现了鹤龟仙境的石组造型。鹤龟石组为二组石。

5）七五三石组，是一种固定的石组组合方式，组合中有三组石景，分别为七石景、五石景和三石景（图 17-32）。京都真珠庵从南庭到中门的苔庭之中有一列七五三石组。

图 17-31　江户初期京都六义园的蓬莱石组

图 17-32　七五三石组示意图

6）五行石。即五石组，古书中记载的五行石是按五行理论构成，根据石的开头进行组合的一种形式。

7）四石组。四石组通常做成洗手钵石组，包括洗手钵、置灯石、搁桶石和踏脚石，组合形式大多如图 17-33。

17.2.2　飞石、延段

日本庭院的园路一般用沙、沙玉切石、飞石和延段等做成，特别是茶庭，用飞石和延段较多。飞石类似于中国园林中的汀

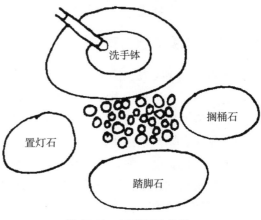

图 17-33　四石组示意图

步，按照不同的石块组合分四三连、二三连、千鸟打等，两条交叉处放置一块较大石块，称踏分石。延段即由不同石块、石板组合而成的石路，石间距成缝状，不像飞石那样明显分离（图17-34）。

17.2.3 石灯笼

石灯笼最初是寺庙的献灯，后广泛用于庭园中，作为茶道礼仪和园林的小品。在日本后期庭园中，石灯笼不仅有点景的作用，同时还有照明功能。石灯笼形状多样，具体设置要根据庭园的样式、规模、环境而定。图17-35为日本园林中各种石灯笼造型。

17.2.4 洗手钵与蹲踞

洗手钵是洗手的石器，是茶庭中必备的园林用品。可分为见立物、创作形、自然石、社寺形等几种。高的称洗手钵，较矮的洗手钵一般配役石，合称蹲踞。当茶会之时，茶客在进入茶室之前，经过茶庭时必须在洗手钵或蹲踞前洗手和漱口，以达到清净身心的目的。洗手的顺序是从主人开始，依身份贵贱次序进行。图17-36为日本古典园林中各种洗手钵造型。

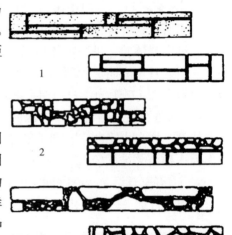

图17-34 延段
1—真·延段 2—行·延段 3—草·延段
4—布石·短册石

17.2.5 石塔

日本石塔种类很多，有宝塔、五重塔、宝匣印塔、无缝塔、石幢，还有把佛像刻在岩石上面的摩崖佛以及呈三、五、七、九、十三等单数的多层塔等。其中体量较大的五重塔、多层塔可单独成景，体量较小者可作添景，一般避免正面设塔。日本园林中石塔一般不高，不可登临，仅作为景观小品用。

17.2.6 墙篱、庭门和庭桥

墙篱（图17-37a、图17-37b）是日本园林中空间划分与围合的有效手段之一。墙篱一般有两种，一种是把某一处围起来，把空间内外隔离或遮蔽起来，这种是实隔的手法，属围墙性质的墙篱。另一种是墙篱中留有间隙，可透过墙篱欣赏园内景趣，这种是虚隔的手法，属篱笆性质的墙篱。日本多竹，竹篱十分盛行，其做工十分考究。编制方法也五花八门，霹、削、弯、排、编，纵横交错，错落有序。墙篱命名比较随意，一些具有传统特色的作品，往往是根据地名或寺院名来命名的。

庭门和庭桥形式较独特，种类也丰富。

第17章 日本园林

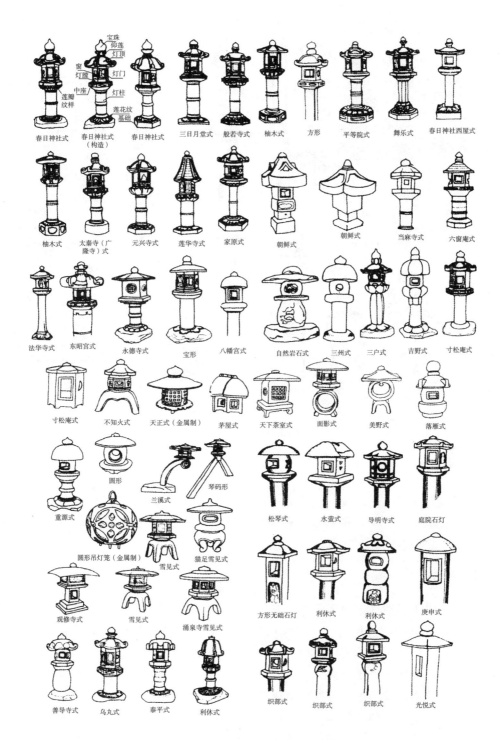

图 17-35 石灯笼

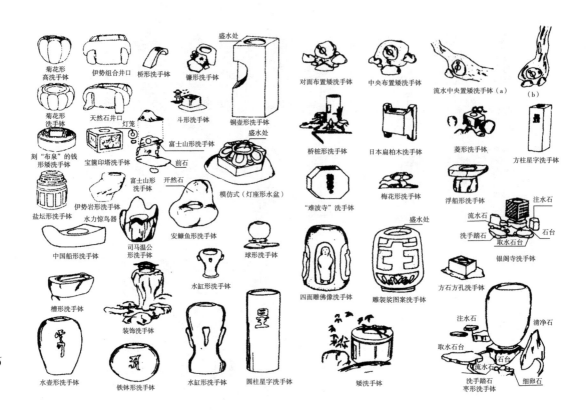

图 17-36　洗手钵

17.2.7　潭和流水

潭常和瀑布成对出现，按落水形式不同分为向落、片落、结落等 10 种。为了模仿自然溪流，流水中设置了各种石块，转弯处有立石，水底设底石，稍露水面者称越石，而起分流添景之用者则称波分石。

17.2.8　种植

在日本，出于当地气候地理条件特点及造园师对庭园植物配置的特殊要求，其园林种植设计亦具有自身的性格特征。庭园植物与周围环境及园林整体景观非常融合、统一，相得益彰。同一园内的植物品种一般不多，常常是以一两种植物作为主景植物，再选用另一两种植物作为点景植物，层次清楚，形式简洁而美观。园内的主要树木大都经常修剪整形，植物形体高雅、沉静，植物色彩生动、靓丽（图 17-38）。

日本庭园中的整形的树称为役木，役木又分为独立形和添景形两种。独立形役木一般做主景观赏，添景形役木则配合其他物件使用，如灯笼空木配合石灯笼造景。日本庭园植物为高雅、沉静的日本园林增添了浓墨重彩的一笔。

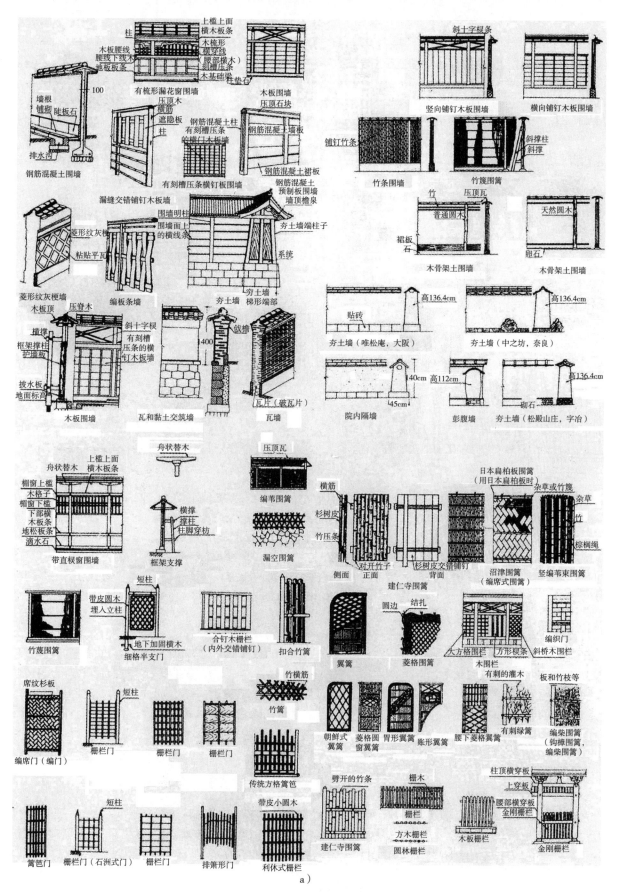

图 17-37 墙篱

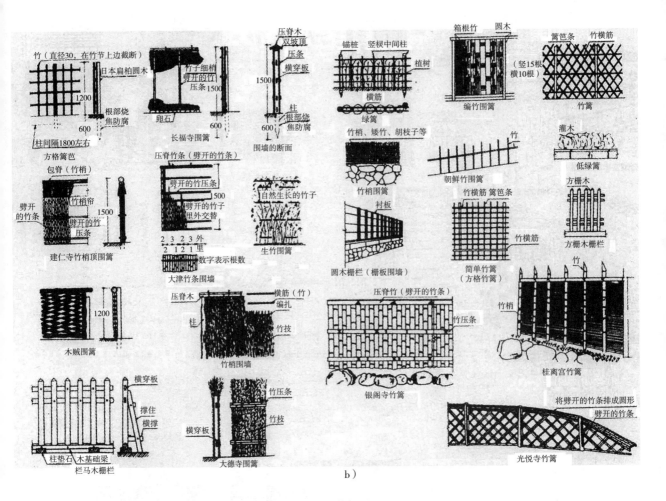

b)

图 17-37 墙篱（续）

图 17-38 京都等寺院方丈北庭种植

附录 相关名词解释与日本园林综合表

一、名词解释（录自刘庭风《日本园林教程》，并略作增删）

1) 垣塀：园林中的土围墙。

2) 腰挂：茶庭中用于休息的坐凳。

3) 待合：茶庭中用于等待的建筑，往往与坐凳结合成为待合腰挂。

4) 洗手钵：是茶庭中的显著标志，用于茶道仪式的净手，通常为石制。茶道宗匠们皆有各自喜欢的样式。

5) 石灯笼：是随佛教一起从中国传入日本的应用于园林中的用于殿堂献灯的变体。较古老的还有铜灯笼，如奈良东大佛殿的铜灯笼，后来常用石雕成。在战国时代，用于神社照明；在室町末期产生茶庭了之后，被用作茶道照明工具；在安土桃山时代已经很盛行；在江户时代，书院造庭园盛行后，又被用于书院前照明和点缀。从立面构成看，自上而下依次分为宝珠、笠、火袋、中台、竿、台石、基础。每个部分都有不同的变形。火袋和笠的横截面在各朝也有变化。如奈良时代为八角形，平安后期至镰仓时代为六角形，镰仓中期为四角形，江户时代初期为三角形和圆形等。茶道名人也创造了各自的样式，并以他们的名字命名，如利休形、远州形、绍欧形、有乐形、织部形。还有许多变体为人们所称道，如袖形、朝鲜形、槠形、瓜果形、劝修寺形、五重塔形、面影形、落雁形等。在配置上，石灯笼常置于路边、树下或水中。

6) 蹲踞：在茶室附近供茶客洗手用的低矮的洗手钵，因茶客须先蹲踞而后才能洗手，故得此名。

7) 蹲踞组石：是以蹲踞为中心的一组功能石，包括踏石（用于站立）、汤桶石（用于搁置水壶）、手灯石（用于搁置小灯笼）、控石、佛石和疏水石（防治落水飞溅）等。

8) 寄付：在茶庭外门口处用于客人整理衣物的场所。

9) 雪隐：茶庭中的厕所。砂雪隐，即在内陆中供贵客用的铺砂厕所，往往装饰性大于实用性，有饰雪隐、装雪隐和石雪隐之称。在外露地中有实用性较强的下腹雪隐。

10) 尘穴、尘壶：在茶室门中设计的一个用于盛垃圾的地方，后成为装饰品。

11) 蹦口：茶室特有的仅能侧身而过的小门，用于客人进出。

12) 贵人口：蹦口的一种，在门口设有两道幛子，用于重要客人出入。

13) 步石：在庭院中用于步行的石块，分为铺石、飞石、汀石和阶石等。

14) 飞石：日本古典园林中，常用块石或碎沙铺底，步道上的块石犹如随意飞抛而成，称为飞石。

15) 阶石：用于茶室门口的几块功能步石，由高至低依次为：踏脱石（用于脱鞋）、滴水石（用于承屋檐滴水）、蹬脚石（用于上阶蹬脚）、挂刀石（用于挂刀时站立）。

16）亭主石：在茶庭中园主为欢迎客人所站立的功能石，在中潜门附近。

17）客石：位于中潜门（双重露地之间的分隔门）边的置石。每当茶会之时，亭主（园主）欢迎客人时客人所站立的功能石。

18）乘越石：茶亭中在亭主石和客石之间用于装饰的景石。

19）控石：茶亭步石或中潜门附近，用于添点的功能石。

20）寂：茶道和俳沟中远离人间喧嚣，追求苍古和凄凉的美学境界。

21）守关石：也称留石、止石，用于茶亭的飞石歧路终点，用蕨藤十字形扎结作为禁止通行的标识。

22）佗：常用于表现茶道之美，指朴实、空寂的美学境界。

23）广缘：宽广的走廊，常作观赏园景之用。

24）月见台：用于观赏园林或月亮的木平台，常有顶棚。

25）枯池：无水的水池，有池形，无池水，池底常铺以卵石。

26）远山石：庭园中表现为远山的石组。

27）舟形石：在枯山水的溪流中，形似扁舟的景石。

28）伽蓝石：把寺院的柱础石用于园林中，作为飞石或洗手钵，上面有孔，可当水穴。因源于寺院，故名。

29）岩岛：用石组堆成的小岛。

30）中岛：在池泉园的水池中设置的最大的岛屿，成为园林中心，故名。

31）曲水式：曲水是在园林中模仿溪流的水景，在中国和日本用于文人的曲水流觞活动，这种形式的庭院称为曲水式。

32）须弥山：佛教认为，世界以妙高山为中心，上面居住有释天大帝，半山腰有四大天王的居所，北面黄金，东面白银，南面琉璃，西面水晶，日月在其周围环绕。于是造园家以此为依据造石景。最早的是飞鸟时代的须弥山石像，后来又有筑山以象征须弥山。

33）九山八海：佛教认为，须弥山有九重，周围绕以八海，故名。在庭园中用单个石块或多个石块模仿此景。

34）三尊石：用三个景石象征佛教三尊，一种说法为释迦牟尼、阿弥陀佛和大日三尊，一种说法为阿弥陀佛、势至、观音三尊，用于枯山水、池泉园之中，最常用的是在枯泷口的组石。

35）泷：即瀑布，在池泉园中为真水，在枯山水中用白砂代替。泷口，即瀑布口，其做法固定，有守护石、童子石、受水石、分水石和回叶石。

36）四方佛：在石制小品的宝塔四角或四面雕刻佛像的做法，在洗手钵的四面常用这种做法。

37）缩景：指模仿异地风景的园林景观的做法。

38）神仙岛：道家认为，在东海上居住着仙人，他们不食五谷而长命百岁，于是秦始皇就派徐福东渡求长生不老药。在园中凿池设岛，以象征神仙所居之岛。神仙岛有蓬莱、方丈、瀛洲三岛，与一个水池合称一池三山定制，此风传入日本之后依旧如此。

39）出岛：指半岛。

40）洲滨：用卵石铺成的入水坡地做法，在平安时代已盛行，在江户时代仍常用于池泉园林中。

41）遣水：在平安时代引水溪流的做法，溪流常做成曲流形式，在源头有泷口。

42）筑山：指用土堆成的假山，最早出现于《筑山庭造传》和《筑山山水传》。筑山依配石的完整程度分成真式、行式和草式。完整的真式筑山有一之山、二之山、三之山、守护石、月阴石、副石、座胴石、上座石、清造石、游鱼石、水盆石和窥视石等。

43）佛菩萨石：用佛教菩萨来命名的景石群组，是石组中最多的一种。

44）禅学：是魏晋时期与般若学相对立的佛教观点，主张默坐专念，后来南朝宋末达摩来华，创立禅宗，主张专修禅定，不立文字，教外别传，直指人心，见性成佛，以简单的修行方法取代繁琐的仪式，传入日本后迎合时世，迅速传播开来。

45）茶庭：即茶室的庭园，也称"露地"，指的是从庭园大门到茶室建筑之间的空间，是由茶道仪式场所演变为自带特定庭园的小型庇护空间。

46）金刚乱舞：镰仓时期，日本政局长期不稳定，失意的武士和贵族在社会上游荡，把饮茶当作游兴，以炫耀精致的茶具，品茗猜茶赌输赢，斗茶后助以美味佳肴和丝竹歌舞，极尽豪华奢侈。日本人称这种不论身份、不拘礼节的茶会叫"金刚乱舞"。

47）神祇："神"指天神，"祇"指地神，"神祇"泛指神。

48）岬角：向海突出的夹角状的陆地。它常常是被海水淹没的一部分山地，或是还没有被海水冲蚀掉的山地的一部分。

49）一池三山：是中国古代宫苑建筑中常见的规划形式。通常表现为在一片水域中布置三座岛屿。"一池"指太液池，"三山"指"蓬莱""方丈""瀛洲"三座仙山。

50）模山范水：突破了幻想中神山仙海模式，直接取法自然界的真山水的造园方式。

51）国民公园：指开放旧有皇家园林供一般公民参观使用的公园。

52）别庄公园：指明治时代以后，随着国家经济的发展和个人财富的积聚，私家园林在贵族、富商间复兴起来，他们在郊区竞相建造别墅和花园，风格为西洋建筑和草坪。

53）洋风园林：指明治时代对外开放后，日本一批学者到欧洲考察，带回欧洲的建筑和园林样式，仿建于国内。这类在西洋造园理论指导下建造的具有西洋园林特征的园林被称为洋风园林。

二、日本园林综合表（录自刘庭风《日本园林教程》，并略作更改）

年　代	政　治	造园风格	代表作	人物及其他
弥生时代（前3世纪—公元300年）		庭园尚未形成，池泉庭园与石组的源流神池、岩座已经形成		
大和时代（300—592年）	大和国建立	苑囿式池泉山水园、皇家园林	掖上池心宫、矶城瑞篱宫、泊濑列城宫	
飞鸟时代（593—710年）	定都飞鸟 推古天皇即位 圣德太子大化改新 苏我马子传入佛教 派遣隋使向隋朝学习	舟游式池泉式庭园、私家园林出现	藤原宫内庭、飞鸟宫庭园、小垦宫庭园、苏我氏宅园	路子工、苏我马子
奈良时代（710—794年）	定都奈良（平城）《古事记》《日本书记》《万叶集》《怀风藻》派遣唐使向唐帝国学习	舟游式池泉园	皇园：平城宫南苑、东苑庭园（修复）、西池宫、松林苑、鸟北池塘、城北苑 私园：井手别业、佐保殿庭园、紫香别业	橘诸兄、藤原丰成
平安时代（794—1192年）	迁都平安京 摄关政治 院政与武家对抗 幕府产生 从全面吸收唐文化到日本本土文化形成《源氏物语》	寝殿造庭园、净土式庭园	皇园：神泉苑、冷然院、淳和院、朱雀院、嵯峨院、云林院 私园：东三条殿、堀河殿、土御门殿、高阳院 寺院：平等院、法金刚院、法成寺、法胜寺、毛越寺园、观自在王院、白水阿弥陀堂、净琉璃寺	藤原赖通、嵯峨天皇、百济河成、巨势金冈、源融、琳贤、静意 橘俊刚：《作庭记》
镰仓·南北朝时代（1192—1392年）	源赖朝建立镰仓幕府，镰仓幕府与室町幕府形成南北两朝对峙状态	枯山水出现、池泉回游式	皇园：水无濑庭园、龟山殿 寺园：惠林寺园、永保寺园、瑞泉寺园、永福寺园、称名寺园、柏社园、天龙寺园、西芳寺园、临川寺园、吸江庵园 私园：不详	梦窗国师、静玄法师、西园寺公经、慈信、二阶堂道蕴、彻翁义亭、义堂周信

（续）

年代	政治	造园风格	代表作	人物及其他
室町时代 （1393—1573年）	足利义满迁幕府于室町 足利义满时北山文化和足利义政的东山文化	舟游和回游结合的书院造庭园、石庭出现	皇园：不详 私园：金阁寺园、银阁寺园、朝仓氏园、鸟语山城园、平井馆园、江马馆园 寺园：大仙院、灵云院、退藏庵、龙安寺石庭、山科南殿园、南阳寺园、常荣寺园	善阿弥、狩野元信、子健、雪舟等杨、古岳宗亘、一休宗纯 增圆：《山水并野形图》 中院康平、藤原为明：《嵯峨古法秘传之书》
安土桃山时代 （1573—1603年）	丰臣秀吉统一日本，创立桃山幕府 武家雄健气派和茶道朴素简约形成对比 人文意识抬头，向世俗化和人情化发展	书院造庭院、茶庭出现	寺园：三宝院庭园、滴翠园 私园：表千家露地 皇园：不详	丰臣秀吉、义演准后、子健、贤庭、千利休、古田织部 矶部甫元：《钓雪堂庭图卷》 菱河吉兵卫：《诸国茶庭名迹图会》
江户时代 （1603—1867年）	德川家康创立江户幕府 以人文中心，儒家取代佛家	池泉园、茶庭、枯水山	皇园：桂离宫、修学院离宫、仙洞御所 寺园：南禅寺方丈园、金地院、大德寺方丈园、聚光院、真珠庵、孤篷庵、慈光院、妙心寺四重院（大方丈园、小方丈园、东海庵、玉凤院） 私园：二条城二之丸庭园、栗林园、小石川后乐园、冈山后乐园、兼六园、六义园、里千家露地、武者小路千家露地、堀内家露地、薮内家露地、如庵、止观亭、天然图画亭	小堀远州、东睦、贤庭、片桐石州、智仁、智忠、上田宗个、朱舜水、北村幽庵、贺茂真渊、日行上人 北村援琴：《筑山庭造传》前篇 里岛轩秋里：《筑山庭造传》后篇 《都林泉名胜图》《石组园生八重垣》 东睦：《筑山染指录》 石垣氏：《夜作不审书》 作者不详：《露地听书》《秘本作庭书》《庭石书》《山水平庭图解书》《筑山山水传》
明治明代 （1868—1912年）	皇权回归，实行明治维新，废藩置县，神佛分离，扶持资本主义，军国主义抬头，对外军事扩张	别庄庭园、洋风庭园	寺园：清风庄、天授庵、宝相院、鹿王院二园 皇园：明治离宫庄园 私园：无邻庵、清澄园、依水园、浮月楼、相马氏园、加藤氏园、秀芳园、清藤氏园、西厢侯爵邸园 公园：浅草公园、芝公园、上野公园、常盘公园、舞鹤公园、日比谷公园	植冶、高桥亭山、小幡亭树 志贺重昂：《日本风景论》 小岛鸟水：《日本山水论》 园林高等院校成立

(续)

年 代	政 治	造园风格	代 表 作	人物及其他
大正时代 (1912—1926年)	大正天皇主政，民主运动活跃，提倡自我人格	国定公园、国立公园、别庄庭园	公园：饭山公园、江户川公园、扫部公园、琴林公园、和歌山公园、冈崎公园、井头公园、明石公园、龟山公园、上田公园、樱宫公园、神田桥公园、千鸟渊公园、乃木公园 私园：养和园、芦花浅水庄、碧云庄、鹤家庭园、天籁庵、温山庄 寺园：光云寺园	田村刚 日本庭园协会成立 《庭园》杂志出版
昭和时代 (1926—1989年)	天皇建立法西斯统治，掀起太平洋侵略战争、战后开始重建国家	国立公园、国定公园	公园：云仙公园、雾岛公园、濑户内海公园、阿寒公园、大雪山公园、日光公园、中部山岳公园、十和田公园、富士箱根公园、吉野熊野公园、大山公园 私园：川和氏园、藤井氏园、山崎氏露地、临水亭、海印山庄、山田氏园、宫川氏园、绘野氏园、重森氏园 寺园：清乐寺七贤庭、龙源院东滴壶、龙吟庵	公园协会、日本山岳协会、芝草学会、日本造园联合会创立 《国立公园法》《自然公园法》《都市公园法》颁布 《造园修景》杂志创刊
平成时代 (1989—2019年)	把传统精神融入现代生活	国立公园、国定公园、主题公园	至1981年1月有27个国立公园 至1984年1月有48个国定公园	

注：1. 为简略起见，庭园多略为园，其义同。
　　2. 人物中有些官名省略，如亲王、僧正、和尚等。

 **思考练习**

1. 简述中国古典园林是如何影响日本园林的发展的。
2. 日本园林发展可分为哪几个阶段，各阶段分别有哪些特点？
3. 说明日本枯山水和日本茶庭的特征及历史演变过程。

参 考 文 献

[1] 童寯.造园史纲[M].北京:中国建筑工业出版社,1983.
[2] 陈植.园冶注释[M].北京:中国建筑工业出版社,1988.
[3] 彭一刚.中国古典园林分析[M].北京:中国建筑工业出版社,1988.
[4] 张家骥.中国造园史[M].哈尔滨:黑龙江人民出版社,1986.
[5] 针之古吉.西方造成园变迁史——从伊甸园到天然公园[M].邹洪灿,译.北京:中国建材工业出版社,1991.
[6] 安怀起.中国园林史[M].上海:同济大学出版社,1991.
[7] 任常泰,孟亚南.中国园林史[M].北京:北京燕山出版社,1993.
[8] 胡长龙.园林规划设计[M].北京:中国农业出版社,1995.
[9] 陈志华.外国建筑史(19世纪末叶以前)[M].北京:中国建筑工业出版社,1996.
[10] 章俊华.内心的庭园[M].昆明:云南大学出版社,1999.
[11] 大桥治三.日本庭园:造型与源流(上、下)[M].王铁桥,张文静,译.郑州:河南科学技术出版社,2000.
[12] 郦芷若,朱建宁.西方园林[M].郑州:河南科学技术出版社,2001.
[13] 陈志华.外国造园艺术[M].郑州:河南科学技术出版社,2001.
[14] 游泳.园林史[M].北京:中国农业科学技术出版社,2002.
[15] 胡长龙.园林规划设计(上册)[M].2版.北京:中国农业出版社,2002.
[16] 周维权.中国古典园林史[M].北京:清华大学出版社,2003.
[17] 张祖刚.世界园林发展概述——走向自然的世界园林史图说[M].北京:中国建材工业出版社,2003.
[18] 王毅.中国园林文化史[M].上海:上海人民出版社,2004.
[19] 大桥治三,斋藤忠一.日本庭园设计105例[M].黎雪梅,译.北京:中国建筑工业出版社,2004.
[20] 曹林娣,许金生.中日古典园林文化[M].北京:中国建筑工业出版社,2004.
[21] 刘庭风.日本园林教程[M].天津:天津大学出版社,2005.
[22] 郭凤平,方建斌.中外园林史[M].北京:中国建材工业出版社,2005.
[23] 陈植.中国造园史[M].北京:中国建筑工业出版社,2006.
[24] 汪菊渊.中国古代园林史[M].北京:中国建筑工业出版社,2006.
[25] 唐春来.园林规划设计[M].北京:中国建筑工业出版社,2006.
[26] 辛树织.禹贡新解[M].北京:农业出版社,1964.
[27] 虞世南.北堂书钞[M].北京:中国书店,1989.
[28] 王云五.礼记今注今译(下册)[M].台北:台湾商务印书馆,1970.
[29] 古敬恒,刘利.新编说文解字[M].徐州:中国矿业大学出版社,1981.
[30] 刘起钎,吴树平,赵超等.全注全译史记[M].天津:天津古籍出版社,1995.
[31] 班固.汉书[M].北京:中华书局,1999.
[32] 司马相如,朱一清,孙以昭.司马相如集校注[M].北京:人民文学出版社,1996.
[33] 范晔.后汉书[M].郑州:中州古籍出版社,1996.
[34] 刘义庆,曲建文,陈桦.世说新语译注[M].北京:北京燕山出版社,2009.
[35] 顾绍柏.谢灵运集校注[M].郑州:中州古籍出版社,1987.
[36] 欧阳修,宋祁.新唐书[M].北京:中华书局,1975.

[37] 白居易. 白居易全集 [M]. 珠海: 珠海出版社, 1996.
[38] 沈泽宜. 诗经新解 [M]. 上海: 学林出版社, 2000.
[39] 刘向, 刘歆. 山海经 [M]. 长春: 吉林摄影出版社, 2004.
[40] 司马光. 资治通鉴 [M]. 沈阳: 万卷出版社, 2008.
[41] 顾绍柏. 谢灵运集校注 [M]. 郑州: 中州古籍出版社, 1987.
[42] 杨衒之, 周振甫译注. 洛阳伽蓝记译注 [M]. 南京: 江苏教育出版社, 2006.
[43] 陈蓓, 张胜松. 日本园林的设计理念概述 [J]. 城市, 2007 (1): 70-72.
[44] 刘磊, 章俊华. 对日本现代园林设计风格的思考 [J]. 中国园林, 2007 (4): 69-74.
[45] 刘珊珊. 北宋东京著名的皇家水上园林——金明池的盛衰 [J]. 华中建筑, 2008 (6): 185-188.
[46] 肯尼斯J哈蒙德. 明江南的城市园林——以王世贞的散文为视角 [J]. 衡阳师范学院学报, 2007 (1): 49-54.
[47] 贾珺. 元明时期的北京私家园林 [J]. 华中建筑, 2007 (4): 102-104.
[48] 顾凯. 重新认识江南园林: 早期差异与晚明转折 [J]. 建筑学报, 2009 (1): 106-110.
[49] 周丽, 雷维群, 董丽. 伊斯兰园林的主要类型及其特色 [J]. 湖南农业大学学报 (自然科学版), 2010, 36 (2): 101-104.
[50] 董慧. 两宋文人化园林研究 [D]. 北京: 中国社会科学院研究生学院, 2013.
[51] 周晓兰. 扬州休园考 [D]. 北京: 北京林业大学, 2012.
[52] 丁晓叶. 日本园林起源、发展及现状 [Z]. 2007.